国家自然科学基金项目（51375361）

陕西省工业科技攻关项目（2015GY068、2012K09-15）

U0712401

西门子运动控制技术及工程应用

编著　同志学　吴晓君

参编　杨　前　张学锋　翟颖妮

　　　刘昌军　李丽霞

国防工业出版社

·北京·

内容简介

本书从西门子运动控制器的应用出发,以清晰易懂的运动控制功能描述、典型的应用实例,详细、全面地介绍了西门子运动控制器中最为通用的 SIMOTION C240 运动控制器的应用技术。

本书共分 10 章,第 1 章为 C240 运动控制器系统的硬件组成;第 2 章介绍 C240 的开发软件 SIMOTION SCOUT 的基本使用方法;第 3 章介绍一个完整的实战全过程;第 4 章详细介绍在 SCOUT 软件中应用各种编程语言的编程方法;第 5 章介绍 C240 的一些特殊运动控制功能;第 6、7 章分别介绍轴的同步运动控制和路径控制编程;第 8 章介绍 C240 的通信方法;第 9、10 章以实战的方式分别详细介绍以电子齿轮、电子凸轮的同步控制为核心的电气伺服系统和液压伺服系统应用实例。

本书条例清晰、内容完整,并配有大量的截图,深入细致地阐述了运动控制器 C240 的开发应用,非常适合读者自学和掌握。

本书适用于广大工业产品用户、系统工程师、现场工程技术人员及大专院校相关专业师生,对从事机器人研发的工程技术人员和研究生具有较高的参考价值。

图书在版编目(CIP)数据

西门子运动控制技术及工程应用/同志学,吴晓君编
著. —北京:国防工业出版社,2016.1
ISBN 978 - 7 - 118 - 10532 - 2

Ⅰ.①西… Ⅱ.①同…②吴… Ⅲ.①自动控制系
统 Ⅳ.①TP273

中国版本图书馆 CIP 数据核字(2015)第 266029 号

※

国防工业出版社出版发行

(北京市海淀区紫竹院南路 23 号 邮政编码 100048)
北京奥鑫印刷厂印刷
新华书店经售

*

开本 787×1092 1/16 印张 26¼ 字数 655 千字
2016 年 1 月第 1 版第 1 次印刷 印数 1—3000 册 定价 78.00 元

(本书如有印装错误,我社负责调换)

国防书店:(010)88540777   发行邮购:(010)88540776
发行传真:(010)88540755   发行业务:(010)88540717

前　言

运动控制起源于早期的伺服控制(Servomechanism)。运动控制就是对机械运动部件的位置、速度等进行实时的控制管理,使其按照预期的运动轨迹和规定的运动参数进行动作。

自 20 世纪 80 年代运动控制器得以应用以来,经历了三个发展阶段。第一阶段,以单片机和微处理器为核心的运动控制器,在一些需要点位控制、对轨迹要求不高的轮廓控制中有所应用;第二阶段是以专用芯片为核心处理器的运动控制器。由于可以驱动多轴联动,应用到了激光加工、纺织设备、电子产品加工等领域;第三阶段是基于 PC 总线、以 DSP 为核心的开放性运动控制器。这类运动控制器充分利用 DSP 的高速数据处理功能和配套器件超强的逻辑处理能力,提供了多轴协调运动和复杂的轨迹规划、实时插补运算、误差补偿、伺服滤波等功能,能够实现多轴伺服驱动、实时控制管理,而且方便使用者按实际工程要求进行个性化参数设置。

近年来,随着运动控制技术的不断创新和完善,基于 PC 总线的通用多轴联动运动控制器作为一个独立的工业自动化控制类产品,得到了迅猛发展,被越来越多的产业领域接受,已经达到一个引人瞩目的市场规模。这种多轴联动的运动控制器,具有以下特点:

(1)硬件配置简单。按工程要求选用合适的运动控制器、计算机或工控机,插入 PC 总线,联接信号线即可构成硬件控制系统。

(2)可以使用 PC 及其专用上位软件。完成运动控制器参数配置后,控制系统还可利用丰富的计算机资源。

(3)同一公司生产的运动控制器,其软件代码通用性能好,可移植性高。

目前运动控制器的代表产品有:西门子 SIMOTION 运动控制系统、美国 Delta 运动控制系统、台达运动控制系统、研华运动控制系统、固高运动控制系统、众为兴运动控制系统等。这些运动控制器的差异,主要表现在硬件接口(输入/输出信号种类、性能)、软件接口(运动控制函数库、功能函数)的不同。

西门子 SIMOTION 运动控制器,是一系列极具特色的运动控制器产品。完整的 SIMOTION 运动控制由"一套系统"来完成所有的控制任务,特别适用于要求多部件联动机械设备的运动控制任务。一套完整的西门子 SIMOTION 运动控制系统,无论是 C 系列、D 系列还是 P 系列,均由三部分组成,即硬件平台、工程开发系统(参数设置模块)和实时软件模块。

SIMOTION 各种运动控制器均使用同一种工程开发工具,实际工程中需要根据控制任务性质,选择运动控制器类型,即西门子运动控制器具有针对特定应用领域的优势。C\D\P 型运动控制器的区别在于:

(1)SIMOTION C 控制器采用与 S7 – 300 PLC 相同的模块化设计。该系列运动控制器具有多个模拟量驱动/步进电机驱动接口用于连接驱动器,而且带有若干数字量输入及输出端口。应用时,可以使用 S7－300PLC 的 I/O 模块及功能模块扩展。C 系列具有极高的灵活性,可以满足许多工程应用领域的要求。

(2) SIMOTION D 系列运动控制器是紧凑型系统,特点是集成了 SINAMICS 多轴驱动系统在控制模板上,成为一个极其紧凑的、拥有控制器及驱动器的系统。该系列运动控制器将运动控制与驱动器功能集成在一起,因此系统具有极快的响应速度,SIMOTION D 特别适用于小型机械。

(3) SIMOTION P 系列针对有开放性需求的控制任务,是基于 PC 的运动控制系统。采用具有实时处理能力的 PC 操作系统,除了完成 SIMOTION 控制任务之外,也能执行其他的 PC 应用程序,如操作员监控、过程数据分析、标准 PC 应用等。

无论 SIMOTION C 型、SIMOTION D 型,还是 SIMOTION P 型,其 PC 平台和系统资源相同,而且工程开发过程相似。此外,不同的硬件平台可以组合在一起,用于处理更为复杂的控制任务,因而具有功能搭配灵活、针对性强的特点。

本书选用 SIMOTION C 系列中的 C240,是基于这款控制器应用性广泛、灵活性强、性价比好等因素的考虑。这款控制器集成了运动控制模块,执行元件可以是伺服电机或步进电机,也可以是变频电机或液压驱动元件。技术人员需要了解被控对象的工艺要求、参数设置模块和实时软件模块。C240 应用已遍及众多领域,特别是交流伺服的多轴控制系统中,它能充分利用计算机资源,方便实现运动轨迹规划完成既定运动和高精度伺服驱动。

书中内容从西门子运动控制器的工程应用出发,以清晰易懂的运动控制功能描述,结合多个典型案例,全面介绍了西门子运动控制器 SIMOTION C240。本书典型案例来源于编者做过的工程项目,并查阅了大量公开和内部发行的资料。编者从实际工程应用的需求出发,有的放矢地介绍了 SIMOTION C 系列中的 C240 系统构成、调试、参数设置等应用技术,相信读者在掌握了 C240 控制器基本原理和应用技能的基础上,可以较快地掌握其他型号的运动控制器控制复杂设备的方法。

本书由国家自然科学基金项目(51375361)和陕西省工业科技攻关项目(2015GY068、2012K09－15)提供资助。本书由西安建筑科技大学同志学、吴晓君担任主编。第 1、2 章由杨前编写,第 3、7 章由张学锋编写,第 4 章由翟颖妮、刘昌军编写,第 5 章由吴晓君编写,第 6 章由李丽霞编写,第 8、10 章由同志学编写,第 9 章由吴晓君、李丽霞编写,全书由同志学统稿。北京市思路盛自动化系统集成有限公司的孙涛先生提供了部分硬件设备和原始资料,并给予技术上的指导,在此表示深深的感谢。本书部分章节在编写中参考了相关文献,在此谨对相关文献的同行表示由衷的感谢。

由于编者水平有限,编写时间仓促,书中难免有错误和不妥之处,敬请读者批评指正。

编　者

2015 年 9 月 10 日于西安

目　录

第1章 运动控制系统硬件组成

1.1 西门子运动控制器概述

1.1.1 应用背景与发展趋势

现代科学技术的不断发展给机械制造行业带来了机遇的同时也带来了更多的挑战。即使最先进的机器也必须不断满足更高的要求，必须应对诸如高产品质量、循环率不断提高的最高程度的生产能力和最低寿命周期成本的挑战。因此，电子元件正在逐步取代机械部件，不仅如此，控制系统还必须承担更多复杂的处理任务，控制更多的轴，必须应对更短的创新周期，以跟上快速变化的市场需求步伐。另外，在满足高效率、高质量的同时还必须尽量降低成本、控制机器价格。

在机械制造领域中，尤其是那些依赖于运动控制的机器，它们的运动以往是依靠机械元件以及若干电子装置来完成的，如齿轮、凸轮、位模块等，这也意味着，即使是一个很小的功能变化或者额外的功能需求，也需要更换元件、更新结构、重新编程。同时，由于机械磨损在所难免，系统控制准确度会逐渐降低，需要大量的备件库存。而在市场竞争日益激烈的今天，势必要求产品多样化、质量提高、产能增加，这就使得生产机械的运动越来越复杂，对速度及准确度的控制要求也越来越高，而传统的生产机械越来越难满足这些要求。能够取代这些独立元件的方法是使用一种功能全面的自动化系统，它必须能够提供针对不同控制任务的解决方案，西门子运动控制器 SIMOTION 系统正是在这种环境下诞生的。

SIMOTION 系统作为一个单一的系统，集运动控制、逻辑控制与工艺控制功能于一身，能够最大程度简化工程系统的开发与调试时间，同时还能保证较高的循环率和最高的产品质量。模块化的设计顺应了模块化机器概念的趋势，使用 PROFIBUS 和 PROFINET 实现模块之间的通信，使 SIMOTION 运动控制系统具有更大的灵活性。目前，SIMOTION 系统已广泛应用于印刷、包装、纺织、连续物料加工、金属成型等行业。

SIMOTION 系统适用于所有执行运动控制任务的机器，从简单机器到高性能机器，其目的是为众多运动控制任务提供一个简便而灵活的解决方案。SIMOTION 系统将运动控制功能与大多数机器中所具有的另外两种控制功能(即 PLC 功能和工艺控制功能)结合在一起。通过这种方法，可以在同一个系统内同时实现轴的运动控制和机器逻辑控制。这也适用于对液压轴进行压力控制等工艺功能，位置控制定位模式和压力控制之间可实现无缝切换。将运动控制、PLC 和工艺功能这三种控制功能组合在一起可以降低工程组态开销、提高机器性能，同时也节省了各个控制部件之间的数据传输时间，便于对整个机器进行统一、透明的编程和诊断。

1.1.2 SIMOTION 系统的组成及功能

SIMOTION 运动控制系统由硬件平台、工程开发系统以及实时软件模块组成，如图 1-1 所示。

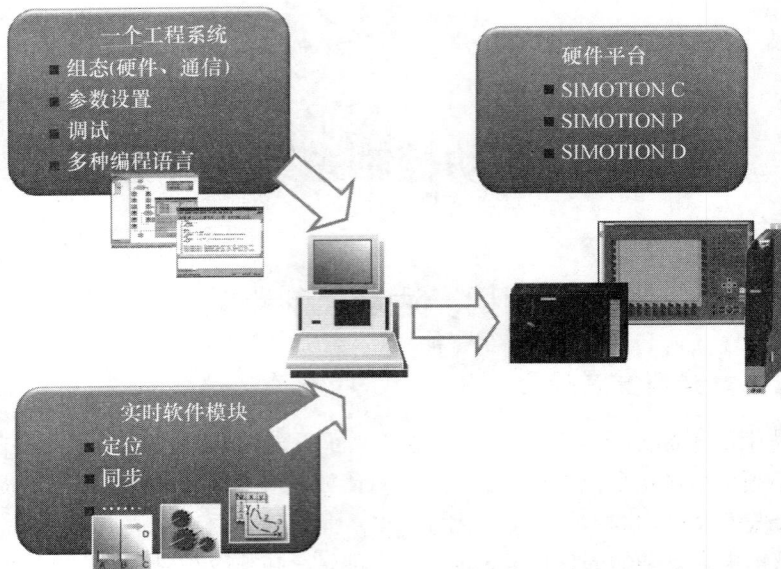

图 1-1　SIMOTION 系统组成

工程开发系统即 SIMOTION SCOUT 软件系统，它为 SIMOTION 系统提供了系统组态、一体化编程、参数设定、调试及故障诊断工具；实时软件模块使逻辑控制、运动控制与工艺控制功能融为一体，以工艺对象的形式封装诸如轴、凸轮等具有典型功能的对象，用户可以直接使用；不同的硬件平台使用相同的工程开发系统和实时软件模块，能够满足用户灵活配置的需要。

SIMOTION 系统主要包括三大功能：逻辑控制功能(PLC)、运动控制功能以及其他工艺功能。在运动控制要求比较高的场合，SIMOTION 系统利用自带的梯形图编程工具极大地方便了用户从使用 PLC 到 SIMOTION 的过渡。对于各种运动控制，SIMOTION 系统提供了可扩展的工艺包，使用户能够根据自己的需要进行选择，从而节省了工程成本。如在某些需要温度控制等工艺控制的场合，使用 SIMOTION 的工艺功能可以极大地减少用户编写程序的工作量。

1.1.3　硬件平台

目前，SIMOTION 家族有三种硬件平台，即基于控制器的 SIMOTION C、基于 PC 的 SIMOTION P 和基于驱动的 SIMOTION D。型号包括：

(1) 控制器平台：C240。

(2) 驱动器平台：D410，D410-2，D4x5，D4x5-2。

(3) PC 平台：P320-3，P350-3。

每个硬件平台都有其自身的优点，分别在特定应用中使用。各种平台也可以非常容易地组合使用，这在模块化机器和装置中是一个特别的优势。这是因为，各个硬件平台始终具有相同的系统结构，即不管使用哪个平台，功能和组态总是完全相同的。在与伺服驱动器进行连接时，PROFIBUS 或 PROFINET 通信连接将优先作为标准的解决方案，也可以通过模拟量接口或脉冲接口与伺服驱动器连接。

1. SIMOTION C 硬件介绍

SIMOTION C采用与西门子 S7-300 PLC相同的模块化设计，两者有相似的外观。

SIMOTION C的特点是模块化，使用灵活，可以扩展S7-300 PLC的I/O模块及功能模块。目前，SIMOTION C控制器型号分为C240和C240PN，其外形分别如图1-2(a)、(b)所示。

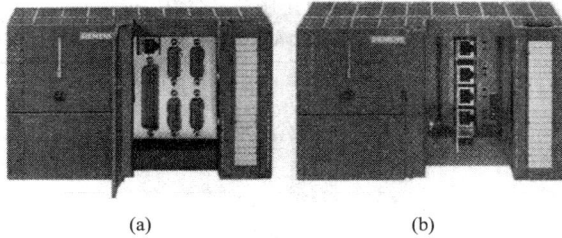

(a)   (b)

图 1-2   SIMOTION C 外观图

(a) C240；(b) C240PN。

如图 1-2(a)所示，SIMOMTION C240 具有 4 个模拟量驱动/步进电动机驱动接口用于连接驱动器，并且带有若干个数字量输入及输出端口。C240 带有两个具有时钟同步功能的 PROFIBUS 接口以及一个以太网接口，提供了多种通信方式的选择。通过 PROFIBUS 接口可以连接分布式的驱动器及 I/O 模块。此外，PROFIBUS 接口也可以用于与操作面板(如 SIMATIC HMI)或上一级的控制器(如 S7 系统)进行通信。

SIMOTION C 最多可以带 32 个轴，具体应用中可连接的最大轴数与系统的 CPU 利用率有关，可以用 SIZER 软件进行计算。

2. SIMOTION D 硬件介绍

SIMOTION D 是基于驱动的运动控制系统，它是一个极其紧凑同时具有强大控制功能的运动控制系统。SIMOTION D 中集成了西门子 SINAMICS S120 伺服驱动器的一个控制单元，可以方便地与 S120 驱动器的功率组件相连接。

SIMOTION D 具有若干种规格，具有不同的性能。SIMOTION D410 用于单轴应用，有 D410DP、D410PN 等型号。SIMOTION D410 对于 PLC 功能及单轴紧凑型运动控制应用是一个非常完美的解决方案。

SIMOTION D410-2/D4x5/D4x5-2 用于多轴应用，在 PLC 及运动控制性能方面存在差别：

(1) SIMOTION D410-2，最多 8 轴，接口如图 1-3 所示。

(2) SIMOTION D425/D425-2，基本性能，最多 16 轴。

(3) SIMOTION D435/D435-2，标准性能，最多 32 轴。

(4) SIMOTION D445-1/D445-2，高性能，最多 64 轴。

(5) SIMOTION D455-2，最高性能，最多 128 轴，接口如图 1-4 所示。

在具体应用中，SIMOTION D 可连接的最大轴数与系统的 CPU 利用率有关，可以用 SIZER 软件进行计算。

3. SIMOTION P 硬件介绍

SIMOTION P 是一个基于 PC 的运动控制系统。它使用 Windows 操作系统，同时带有 SIMOTION 的实时软件模块。这样就可以在任何时刻将 PC 应用程序与 SIMOTION 机器应用程序一起运行。例如，可以同时运行 SIMOTION 工程开发系统、操作员控制应用程序、过程数据分析程序以及标准 PC 应用程序等。另外，还可以通过不同尺寸的面板来操作 SIMOTION P，这些面板可通过键盘、鼠标或触摸屏来操作。

3

X23
编码器接口(HTL/TTL/SSI)

X100
DRIVE_CLiQ接口

X24
PROFIBUS DP接口

X21
PROFIBUS DP/MPI接口

X124
电源接口

X120
温度传感器接口、故障安全数字量
输入、EP端子

X121
隔离的数字量输入、快速点输入

X130
隔离的数字量输入、故
障安全数字量输出

X131
快速数字量输入/输出、
模拟量输入
S5.0
模拟量输入的DIP开关

X127 PN/IE
以太网接口

M4螺母(Torx T20)
保护导体,或者等电势
联结

M3螺母(Torx T10)
屏蔽层连接

LED显示:
RDY
RUN/STOP
OUT>5V
SF/BF

CF卡插槽

铭牌标签

BOP接口
(无功能)

RESET按钮

T0,T1,T2,M
测量孔

服务选择开关

模拟选择开关

DIAG按钮

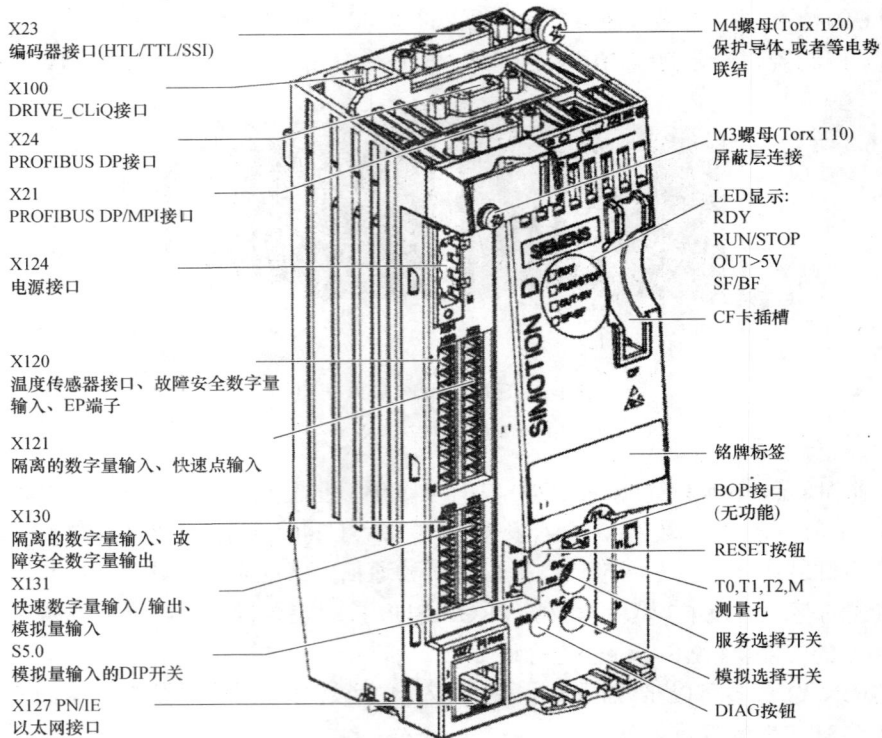

图 1-3　SIMOTION D410-2 DP 接口图

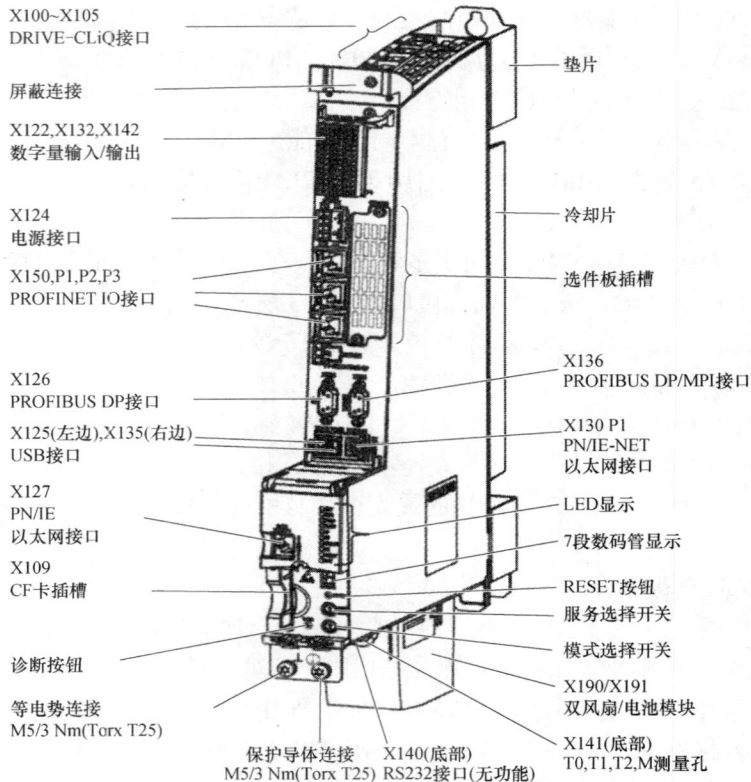

X100~X105
DRIVE-CLiQ接口

屏蔽连接

X122,X132,X142
数字量输入/输出

X124
电源接口

X150,P1,P2,P3
PROFINET IO接口

X126
PROFIBUS DP接口

X125(左边),X135(右边)
USB接口

X127
PN/IE
以太网接口

X109
CF卡插槽

诊断按钮

等电势连接
M5/3 Nm(Torx T25)

保护导体连接
M5/3 Nm(Torx T25)

X140(底部)
RS232接口(无功能)

垫片

冷却片

选件板插槽

X136
PROFIBUS DP/MPI接口

X130 P1
PN/IE-NET
以太网接口

LED显示

7段数码管显示

RESET按钮

服务选择开关

模式选择开关

X190/X191
双风扇/电池模块

X141(底部)
T0,T1,T2,M测量孔

图 1-4　SIMOTION D4x5-2 DP/PN 接口图

4

SIMOTION P 现有 P320-3 和 P350-3 两款产品。相比之下，P320-3 的外形结构显得更为紧凑，但其现场总线接口只有 PROFINET；而 P350-3 根据总线接口的不同，分 PROFIBUS 和 PROFINET 两个版本，可以根据实际需求进行选择。SIMOTION P 外形如图 1-5 所示。

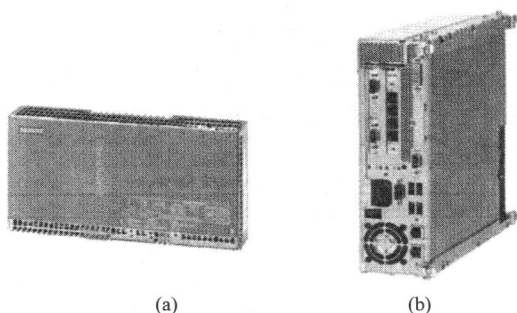

(a)　　　　　　　　　(b)

图 1-5　SIMOTIONP 外形

(a) P320-3；(b) P350-3。

SIMOTION P320-3 和 P350-3 的接口分别如图 1-6 和图 1-7 所示。

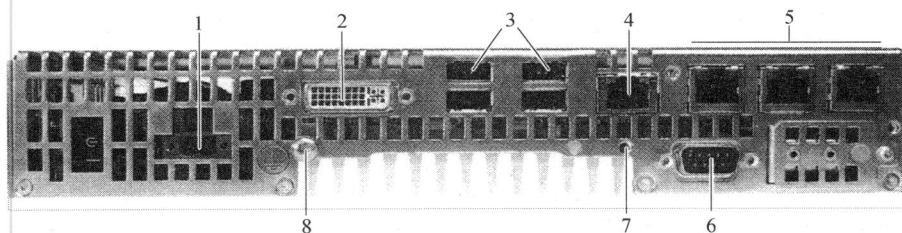

图 1-6　SIMOTION P320-3 接口

1—24V 电源接口；2—DVI/VGI 显示器接口；3—USB×4；4—以太网接口；

5—PROFINET 接口；6—COM 串口；7—USB 电缆固定端子；8—PE 端子。

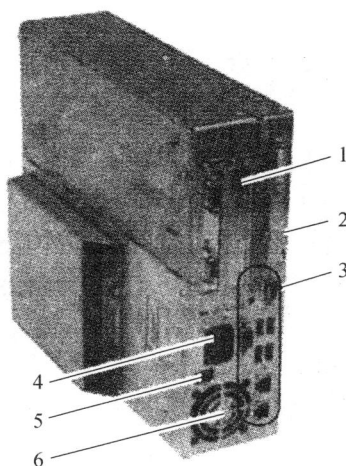

图 1-7　SIMOTION P350-3 接口

1—扩展槽；2—CF 卡槽盖板；3—接口，包括 PROFIBUS×1，USB×4，Ethernet×2；

4—24V 电源接口；5—开关；6—风扇。

1.1.4 SIMOTION 软件结构

SIMOTION 的实时软件运行系统包括内核(Kernel)、工艺包(TP)与工艺对象(TO)、功能库、用户程序等。SIMOTION Kernel 是 SIMOTION 的基本功能，包括逻辑和数学运算、开闭环控制等，如图 1-8 所示。程序可以周期执行、时间触发或中断事件触发执行。Kernel 实际上可以完成 PLC 的必要的功能，满足 IEC61131-3 的标准，同时还有各种组件的系统功能，如输入输出。不带 TP 和 TO 的 SIMOTION 与 PLC 一样，可完成 IEC61131-3 中规定的功能。

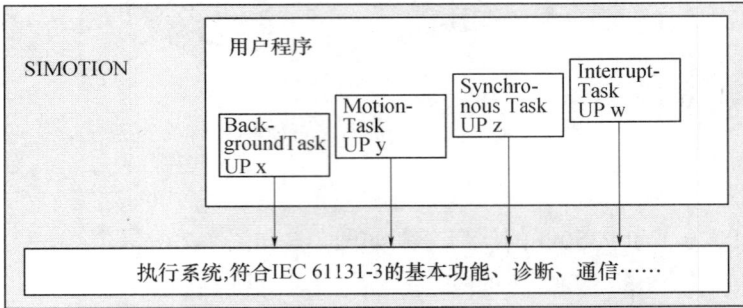

图 1-8　SIMOTION 内核

工艺包(Technology Package，TP)，在项目下载时，一同下载到运行系统中。在 SCOUT 软件中通过插入工艺对象(Technology Object，TO)可以创建一个与相应的 TO 类型相关的实例，包括数据、参数、报警列表等。此外，SIMOTION 中还有包括系统功能和运动控制功能的库。功能库包括了访问 TO 变量的功能，并在 SCOUT 软件里建立了连接。用户程序就是在基本功能、工艺包和各种功能库的基础上开发出来的。SIMOTION 的软件架构如图 1-9 所示。

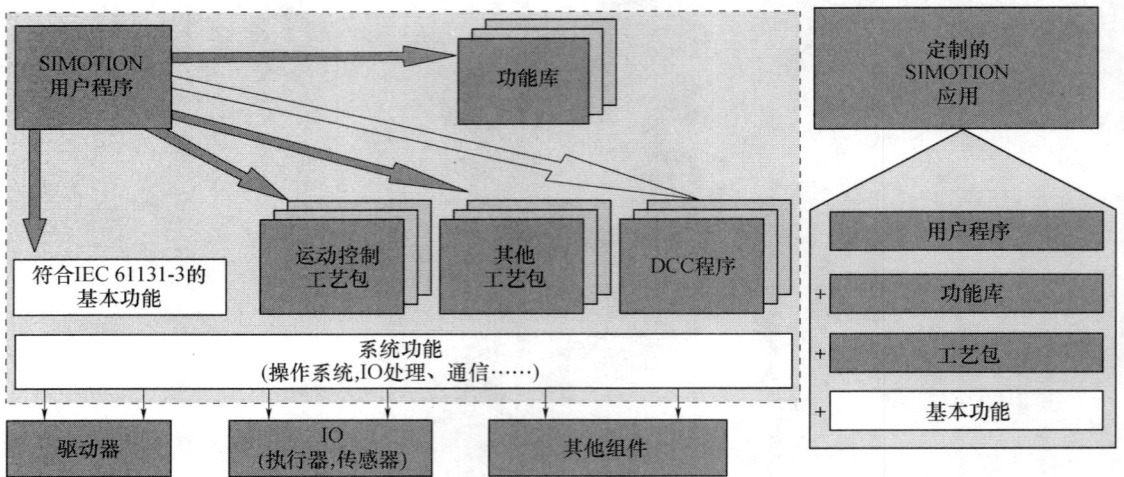

图 1-9　SIMOTION 软件架构

1.2 C240 接口

1.2.1 SIMOTION C 系列控制器对比

SIMOTION C 控制器型号分为 C230-2、C240 和 C240PN，其中 C230-2 早已停产。
C230-2 具有 4 个模拟量接口用于连接驱动器，并且带有若干数字量输入及输出端口。

C240、C240PN 与 C230-2 相比，有更大的存储器空间和更高的性能。C240PN 还具有 PROFINET 接口，但是没有驱动接口，可以用 PROFINET 接口来连接驱动设备。C240 和 C240PN 的区别如表 1-1 所列。

表 1-1　SIMOTION C 系列运动控制器比较

	C240	C240PN
订货号	6AU1 240-1AA00-0AA0	6AU1 240-1AB00-0AA0
MMC 卡订货号	6AU1 720-1KA00-0AA0(64MB)	
IO 接口(X1)	有	有
输入的应用 (B1～B4)	数字量输入 外部零点 全局测量输入	数字量输入 全局测量输入
驱动接口(X2)	模拟量驱动器 步进电动机驱动器 模拟量/数字量输出	无
模拟量输出的滤波	带滤波器 不带滤波器	无
测量系统接口 (X3～X6)	编码器连接 计数器输入	无
以太网接口(X7)	有	有

1.2.2 SIMOTION C 接口

C240 的接口如图 1-10 所示。C240 PN 的接口如图 1-11 所示。下面对这两款控制器的接口进行详细的介绍。

1. 模式选择开关

SIMTION C 的"模式选择"开关用于运行模式的切换，共有 4 个位置(SCOUT 软件在线软开关有 4 个位置，但 SIMOTION C 本体上的开关仅有 3 个位置)。

1) "RUN" 模式

SIMTION C 执行用户程序和相关的系统函数：

(1) 读取输入映像区。

(2) 执行分配到执行系统的用户程序。

(3) 写入到输出映像区。

(4) 工艺包(TP)被使能(激活)，执行用户程序指令。

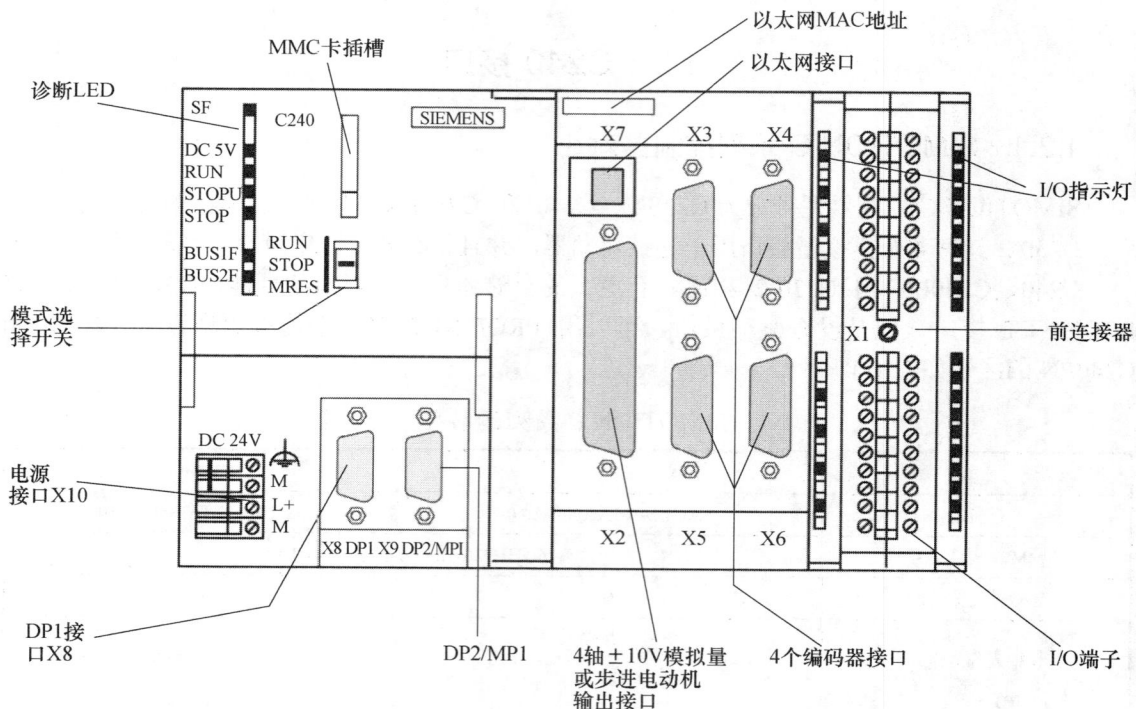

图 1-10　SIMOTION C240 的接口

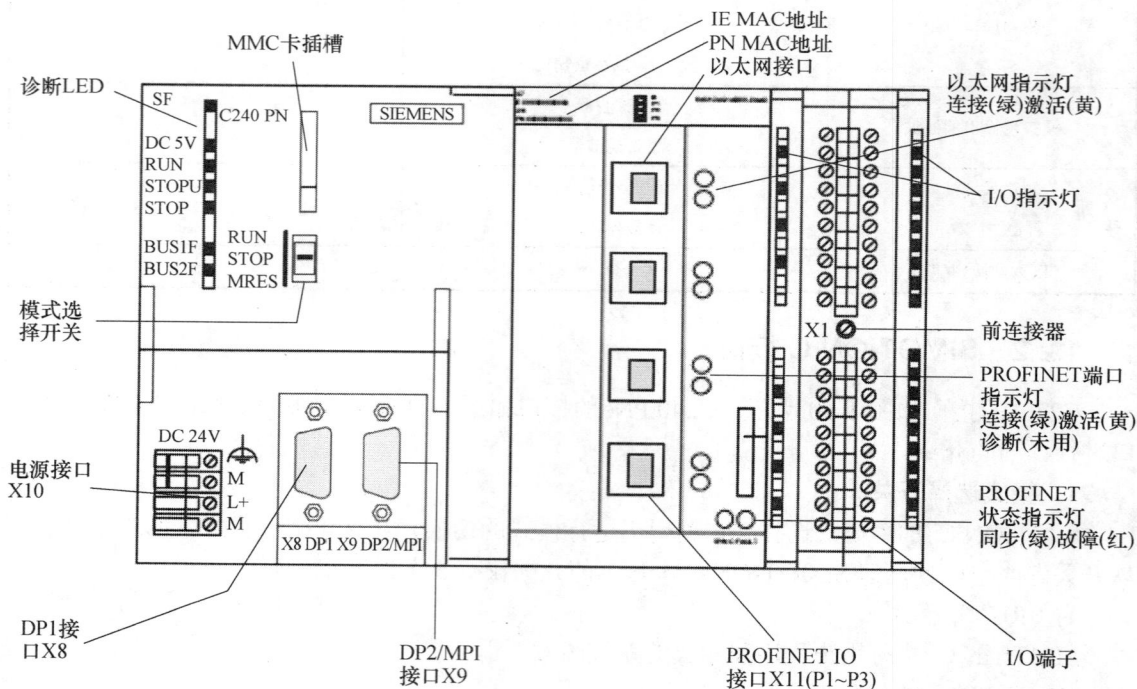

图 1-11　SIMOTION C240 PN 的接口

2) "STOPU" 模式

SIMOTION C 本体的开关无此位置, 只能通过 SCOUT 软件在线改到此状态。

(1) 不执行用户程序。

(2) 工艺包(TP)被使能，可以使用测试和调试功能。

(3) I/O 模块处于安全状态。

3)"STOP"模式

(1) 不运行用户程序。

(2) 可以下载程序。

(3) 系统的服务(如通信)是使能的。

(4) I/O 模块处于安全状态。

(5) 工艺包(TP)未使能，不能执行轴的运动。

4)"MRES"模式

用于存储器复位。

2．诊断 LED

诊断 LED 可以指示控制器所处的状态，如表 1-2 所列。

表 1-2　诊断 LED 标志的意义

LED	意　义
SF(红)	SIMOTION C 故障
5VDC(绿)	5V 供电指示
RUN (绿)	运行状态
STOPU(黄)	STOPU 状态
STOP(黄)	停止状态
BUS1F(红)	PROFIBUS DP1(X8)接口故障
BUS2F(红)	PROFIBUS DP2(X9)接口故障

3．以太网接口 X7

使用此接口可以将 SIMOTION　C 控制器连接到工业以太网上，通信速率 10/100Mb/s。通过此接口可以实现：

(1) 与 STEP 7 或 SCOUT 软件通信。

(2) 与分布式 I/O 设备(如西门子人机界面等)通信。

(3) SIMOTION 和 SIMATIC NET OPC 通信。

4．PROFINET 接口 X11(仅限 C240 PN)

SIMOTION C240 PN 提供一个通信速率为 100Mb/s 的 PROFINET IO 接口(X11:P1～P3)。支持下列操作：

(1) IRT：支持"high flexibility"或"high performance"选项，实时同步通信。

(2) RT：IO 控制器和 IO 设备的周期性的实时通信。

(3) 标准工业以太网：TCP/IP、UDP、HTTP、FTP 等，还可以与 STEP 7 、SIMOTION SCOUT 或 SIMATIC NET OPC 通信。

SIMOTION C240 PN 可以用做 IO 控制器或者智能 IO 设备。以下设备可以连接到 PROFINET 接口：

(1) PG/PC编程设备。

(2) SIMATIC人机界面。

(3) 带PROFINET接口的SIMATIC S7控制器。

(4) 带PROFINET接口的分布式I/O(如SIMATIC ET 200M)。

(5) 带PROFINET接口的驱动器。

(6) 带PROFINET 接口使用PROFIdrive profiles/ IEC61800-7的SIMOTION设备。

(7) 电信适配器。

(8) 网关。

5．PROFIBUS DP 接口(X8X9)

SIMOTION C 提供了两个 PROFIBUS DP 接口。波特率最大为 12Mb/s。其中 X9 还可用做 MPI 接口。

两个接口都可设为标准 DP 主站或智能从站，如果两个接口都设置成等时同步模式，必须设置成相同的 DP 周期。

以下设备可以连接到 PROFIBUS DP 接口：

(1) PG/PC编程设备。

(2) SIMATIC人机界面。

(3) 带PROFIBUS DP接口的SIMATIC S7控制器。

(4) 分布式I/O (如SIMATIC ET 200M)。

(5) SIMOTION控制器。

(6) 电信适配器。

(7) 带PROFIBUS DP接口使用PROFIdrive profiles/ IEC61800-7的SIMOTION的驱动器(如SIMODRIVE 611 universal)。

6．集成驱动接口 X2(仅限 C240)

X2 接口包含了±10 V 模拟量输出驱动和步进电动机驱动(脉冲输出驱动)以及使能信号等，最多可以连接 4 个轴。C240 的 X2 接口还可以作为标准的 4 个模拟量输出和 4 个数字量输出使用。

X2 接口用于模拟量驱动时所使用的针脚及其定义如表 1-3 所列，图 1-12 所示接线图为 C240 与变频器连接的典型应用。

表 1-3　用于模拟量驱动时所使用的针脚及其定义

针脚编号	标识	类型	端子定义
1/34	SETP1/REFPOT1	±10V	轴 1 模拟量输出(正/负)
35/2	SETP2/REFPOT2	±10V	轴 2 模拟量输出(正/负)
3/36	SETP3/REFPOT3	±10V	轴 3 模拟量输出(正/负)
37/4	SETP4/REFPOT4	±10V	轴 4 模拟量输出(正/负)
14/47	CTREN1.1/1.2	NO 触点	轴 1 "驱动使能"
15/48	CTREN2.1/2.2	NO 触点	轴 2 "驱动使能"
16/49	CTREN3.1/3.2	NO 触点	轴 3 "驱动使能"
17/50	CTREN4.1/4.2	NO 触点	轴 4 "驱动使能"

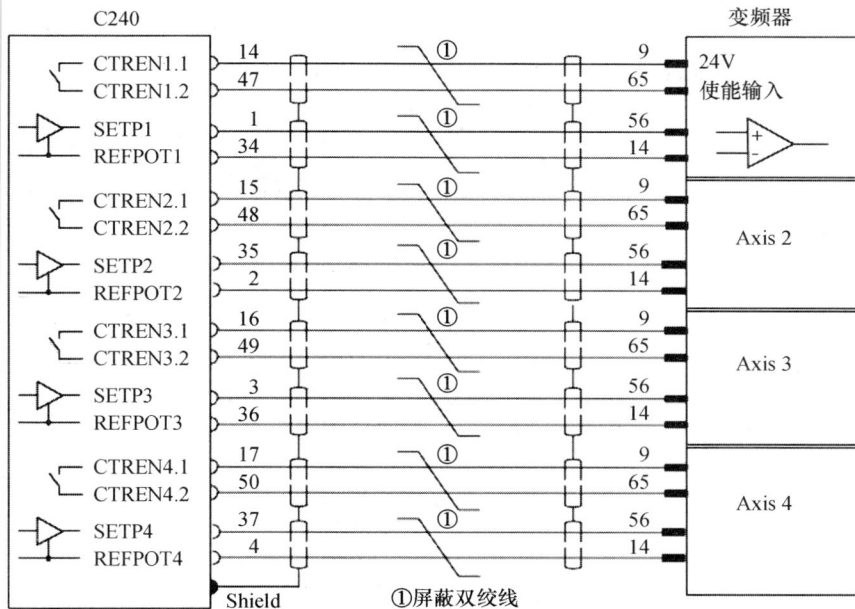

图 1-12 C240 与变频器的连接

X2接口用于步进电动机驱动时所使用的针脚及其定义如表1-4所列,其典型应用如图1-13所示。其最大输出脉冲频率为 750kHz。

表 1-4 用于步进电动机驱动时所使用的针脚及其定义

针脚编号	标识	类型	端子定义
5/38	PULSE1/1_N	脉冲	轴 1 的脉冲串输出(正/负)
6/39	DIR1/1_N	脉冲	轴 1 的方向输出(正/负)
40/7	PULSE2/2_N	脉冲	轴 2 的脉冲串输出(正/负)
41/8	DIR2/2_N	脉冲	轴 2 的方向输出(正/负)
9/42	PULSE3/3_N	脉冲	轴 3 的脉冲串输出(正/负)
10/43	DIR3/3_N	脉冲	轴 3 的方向输出(正/负)
44/11	PULSE4/4_N	脉冲	轴 4 的脉冲串输出(正/负)
45/12	DIR4/4_N	脉冲	轴 4 的方向输出(正/负)
18/19	ENABLE1/1_N	脉冲	轴 1 使能(正/负)
20/21	ENABLE2/2_N	脉冲	轴 2 使能(正/负)
26/27	ENABLE3/3_N	脉冲	轴 3 使能(正/负)
28/29	ENABLE4/4_N	脉冲	轴 4 使能(正/负)
22~25	GND		

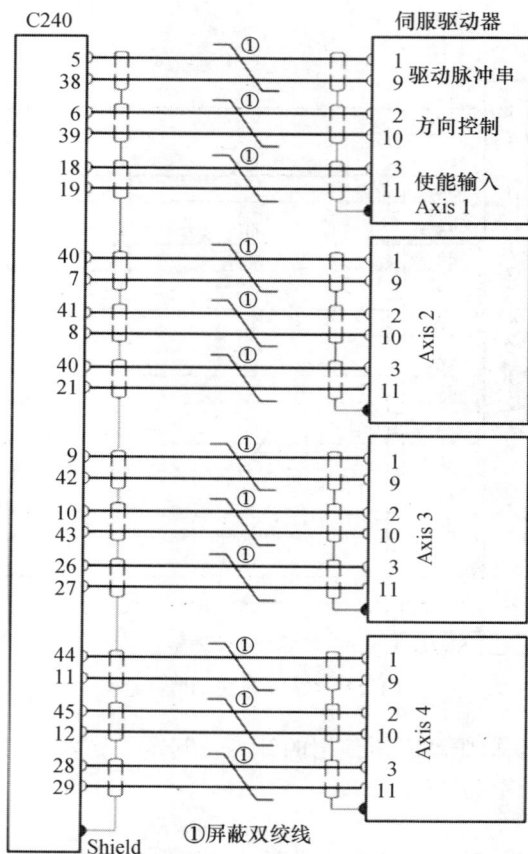

图 1-13 C240 与伺服/步进电动机的连接

C240 的 X2 接口作为标准的模拟量和数字量输出使用时,所使用的端子及其定义如表 1-5 所列,默认配置如图 1-14 所示,示意图如图 1-15 所示。在 SCOUT 软件中可以定义 IO 变量来访问该模拟量和数字量输出,其默认硬件地址如表 1-5 所列。模拟量的取值范围是 ±32768,对应的输出电压范围是 ±10V。

表 1-5　用于标准模拟量和数字量输出时所使用的针脚及其定义

针脚编号	标识	类型	端子定义	默认硬件地址
1/34	SETP1/REFPOT1	±10V	模拟量 1 输出(正/负)	PQW128
35/2	SETP2/REFPOT2	±10V	模拟量 2 输出(正/负)	PQW160
3/36	SETP3/REFPOT3	±10V	模拟量 3 输出(正/负)	PQW192
37/4	SETP4/REFPOT4	±10V	模拟量 4 输出(正/负)	PQW224
14/47	CTREN1.1/1.2	NO 触点	数字量输出 1	PQ130.0
15/48	CTREN2.1/2.2	NO 触点	数字量输出 2	PQ162.0
16/49	CTREN3.1/3.2	NO 触点	数字量输出 3	PQ194.0
17/50	CTREN4.1/4.2	NO 触点	数字量输出 4	PQ226.0

12

插槽	模块...	订货号...	固件	MPI 地址	I 地址	Q 地址
1						
2	C240	6AU1 240-V4.4	2			
X8	DP1				4095*	
X9	DP2/MPI			2	4094*	
X1	I/O				66...67	66
X1	BERO/MT				64...65	
X3	Drive				128...159	128...159
X4	Drive				160...191	160...191
X5	Drive				192...223	192...223
X6	Drive				224...255	224...255
X7	PNxIE				4093*	
X7 P1	Port 1				4092*	

图 1-14　C240 硬件组态界面

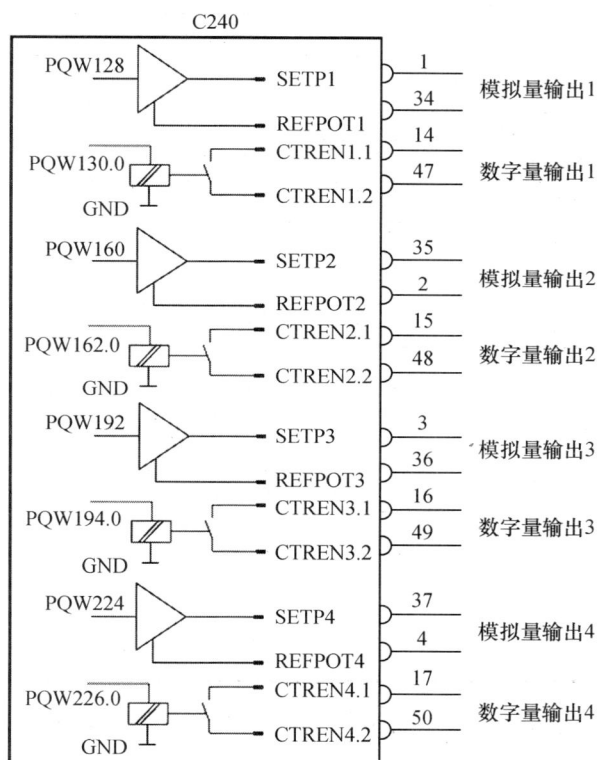

图 1-15　标准模拟量和数字量输出驱动示意图

模拟量输出驱动、步进电动机驱动和标准模拟量输出等三种输出模式可以混和使用，但一个通道只能选择其中一种输出模式。

7．编码器接口 X3、X4、X5、X6

X3，X4，X5，X6 接口是 15 针 SUB-D 接口，分别对应轴 1～4 的编码器输入通道。每一个接口都可以连接旋转型或直线型编码器。这些编码器可以安装在机器上或集成在电动机上。可以是绝对值 SSI 编码器(端口允许的最高波特率为 1.5Mb/s)，也可以是增量 TTL 编码器(端口允许的最高输入频率为 1MHz)。编码器端子定义如表 1-6 所列。可以连接的编码器有：

(1) 5V 或 24V 供电的 TTL 增量式编码器。

(2) 24V 供电的单圈/多圈 SSI 绝对值编码器。

(3) 5V 供电的 TTL 轴位置编码器。

(4) 由带增量式旋转编码器的 SIMODRIVE 驱动模块提供轴位置的正弦信号。

(5) 由带增量式旋转编码器的 SIMODRIVE 解析模块提供解析。

(6) 5V 供电的直线位移 TTL 编码器。

(7) 经外置脉冲整形装置提供正弦信号的直线位移编码器。

表 1-6 编码器接口端子定义

针脚编号	标识		类型	功能
	TTL	SSI		
1	未定义			
2		CLS	5V 输出	SSI 时钟正
3		CLS_N	5V 输出	SSI 时钟负
4	P5EXT		输出	5 VDC 供电
5	P24EXT		输出	24 VDC 供电
6	P5EXT		输出	5 VDC 供电
7	MEXT		输出	电源地
8	未定义			
9	MEXT		输出	电源地
10	Z		5V 输入	参考零脉冲正 (Ua0)
11	Z_N		5V 输入	参考零脉冲负 (/Ua0)
12	B_N		5V 输入	B 通道负 (/Ua2)
13	B		5V 输入	B 通道正 (Ua2)
14	A_N		5V 输入	A 通道负 (Ua1)
		DATA_N		SSI 数据负
15	A		5V 输入	A 通道正 (Ua1)
		DATA		SSI 数据正

需要注意的是：如果增量式编码器不带 "0" 信号，则必须将 4 或 6 脚连接到 10 脚，将 7 或 9 脚连接到 11 脚。

X3，X4，X5，X6 接口还可以作为 4 个高速计数器输入端口(使用增量旋转编码器时，不使用 0 脉冲)，在 SCOUT 软件中可以用 WORD 类型的 I/O 变量进行访问。4 个计数器的默认地址为：X3——PIW128，X4——PIW160，X5——PIW192，X6——PIW224。

8．I/O 接口 X1

X1 接口为数字量 I/O 端口，包含了 8 个数字量输出(Q0～Q7)、1 个继电器输出(RDY)和 12 个标准数字量输入(I0～I11)、4 个轴的外部零点信号输入(B1～B4)、2 个测量脉冲信号输入(M1～M2)，其接线和系统默认地址如图 1-16 所示。

18 个数字量输入点(I0～I11、B1～B4、M1～M2)可以作为标准数字量输入使用。除此之外，B1～B4 输入端口还可以作为轴回零时的参考外部零点信号输入(分别对应轴 1～4，对应关系不可更改，在 SIMOTION 中激活)，也可作全局测量(global measuring)的高速脉冲输入；M1～M2 可以作为局部测量(local measuring)的测量脉冲输入点，其接线如图 1-17 所示。

14

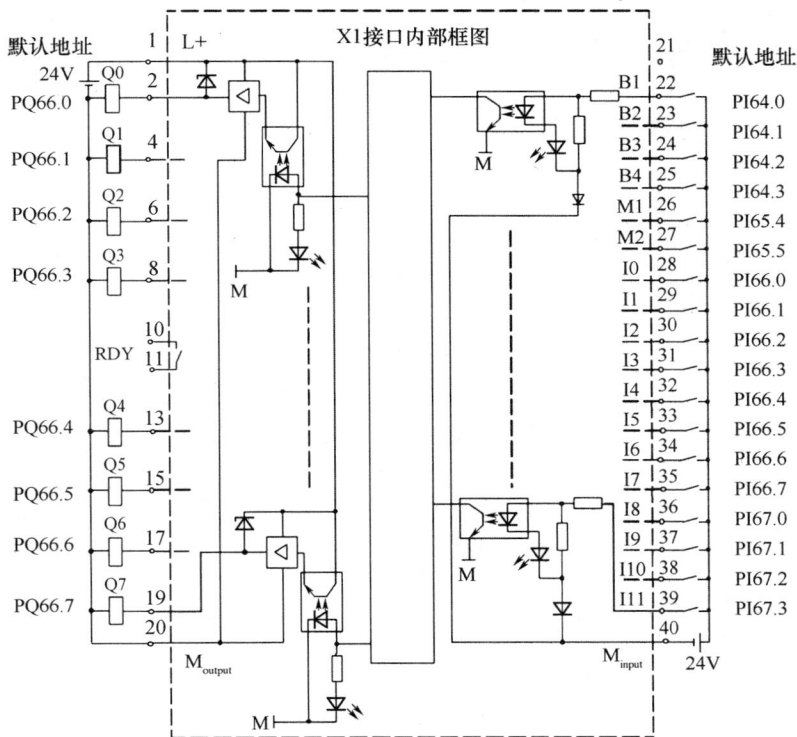

图 1-16　SIMOTION C 的 X1 接口电路图

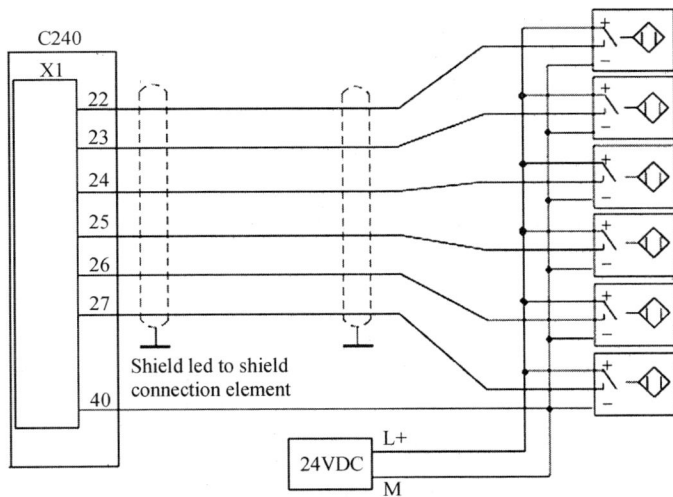

图 1-17　B1～B4 以及 M1～M2 的接线

RDY继电器输出用以指示C240的状态，控制器在运行模式下RDY触点闭合，在下列情况下会断开：

(1) 上电后初始化。

(2) 存储器复位。

(3) 有故障。

(4) STOP模式。

15

(5) STOPU模式。

X1接口的8个数字量输出，除用做普通控制的开关量输出之外，Q4～Q7输出还可作为轴1～4的方向信号。

1.2.3 I/O 模块扩展

1. 使用集中式 I/O 模块进行扩展

S7-300 PLC I/O 模块可直接插入 SIMOTION C 的机架上，通过背板总线连接。单机架最多可以安装 8 个扩展模块(图 1-18)。

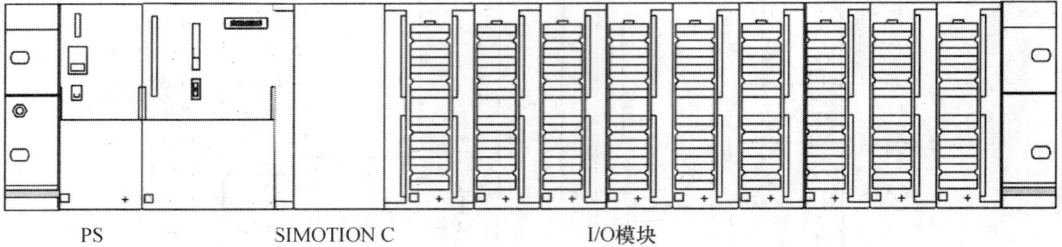

图 1-18   C240 和 8 个 I/O 模块的布置

通过使用一对 IM 365 模块扩展机架(不支持带 IM 360/IM361 的多机架结构)，可以将扩展模块数量增加到 16 个。但集中式 I/O 模块的数量也受限于背板总线所需的电力，2 个机架上的所有模块的总功耗不能超过 1.2 A，第一个机架(SIMOTION C 所在机架)总功耗不应超过800mA。接口模块 IM 365 必须插入第 3 槽(所有信号模块之前)，如图 1-19 所示。

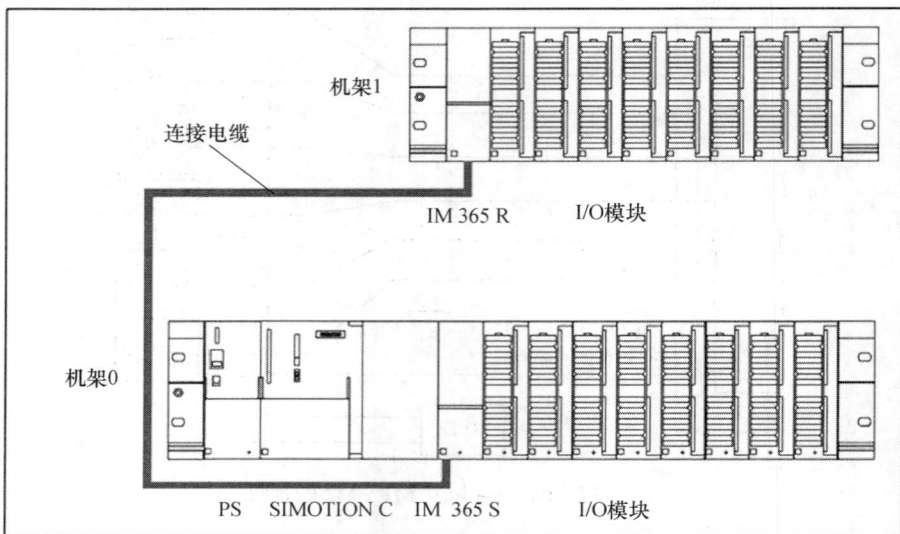

图 1-19   两个机架的模块布置

每个机架可以安装 8 个 I/O 模块，模拟量模块总共最多安装 4 个。

2. 使用分布式 I/O 进行扩展

(1) SIMATIC ET 200S。

(2) SIMATIC ET 200M。

(3) SIMATIC ET 200pro。

(4) SIMATIC ET 200eco。

3．通过 IM 174 的位置控制

IM174 模块(4 轴接口模块)可用于连接带有模拟量接口的伺服驱动器或带有脉冲方向接口的步进电动机驱动器。

SIMOTION C 和 IM174 之间通过 PROFIBUS DP 连接。可将下列设备连接到 IM 174 模块：4 个驱动装置，或 4 个编码器，或数字量输入和输出。

1.3 C240 的配置方案

SIMOITION C240 可以与 PLC、触摸屏、I/O 模块、上位机 PG/PC、驱动器等设备组成一个完整的应用系统，如图 1-20 所示。

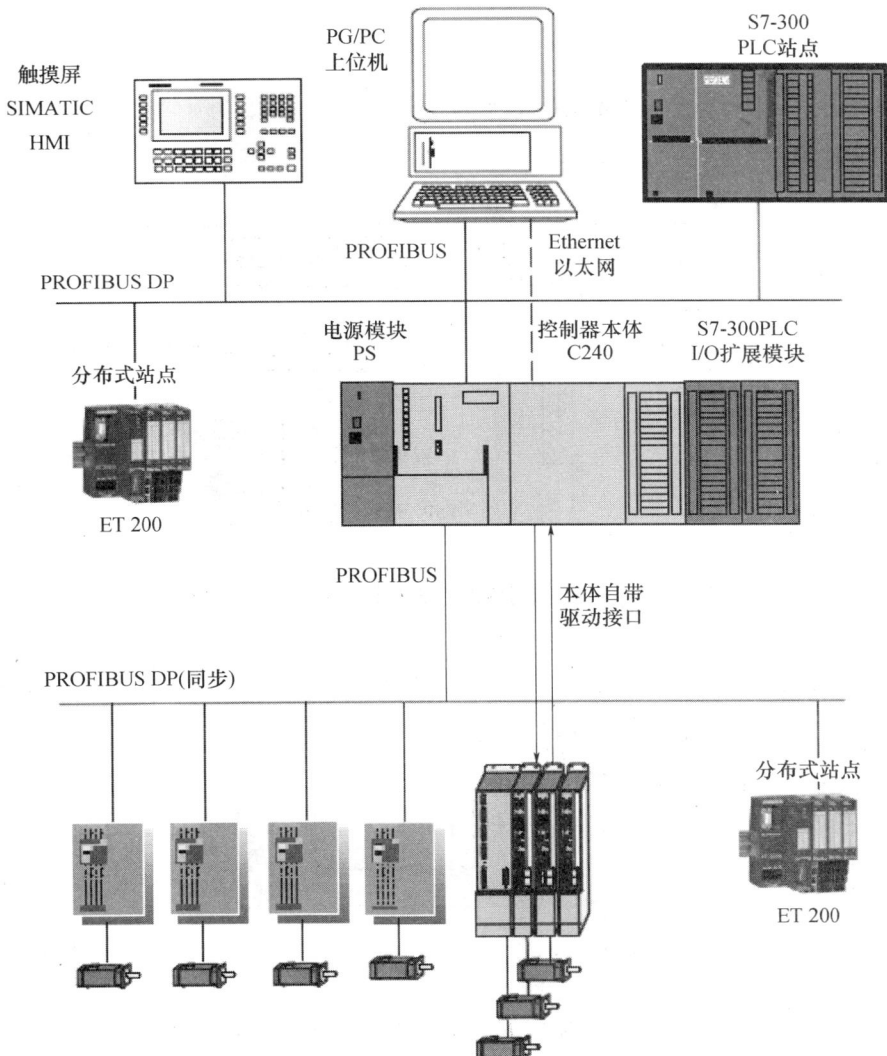

图 1-20 基于 SIMOITION C240 的自动控制系统

C240 可以使用自带的驱动器接口(X2)连接模拟量接口驱动器(图 1-21 和图 1-22)，或脉冲量接口的步进电动机驱动器(图 1-23)，或者通过 PROFIBUS 通信接口连接驱动器(图 1-24)。C240 最多可以带 32 个轴，具体应用中可连接的最大轴数与系统的 CPU 利用率有关，可以用 SIZER 软件进行计算。

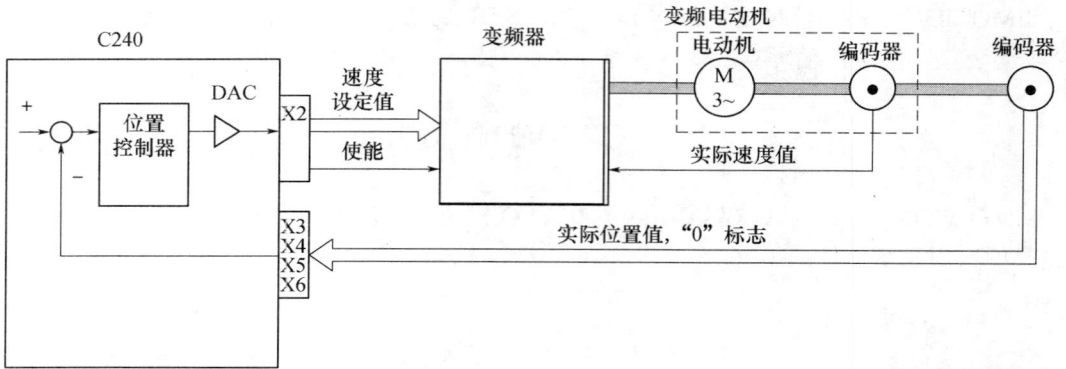

图 1-21　C240 通过 X2 接口连接具有模拟量接口的变频器

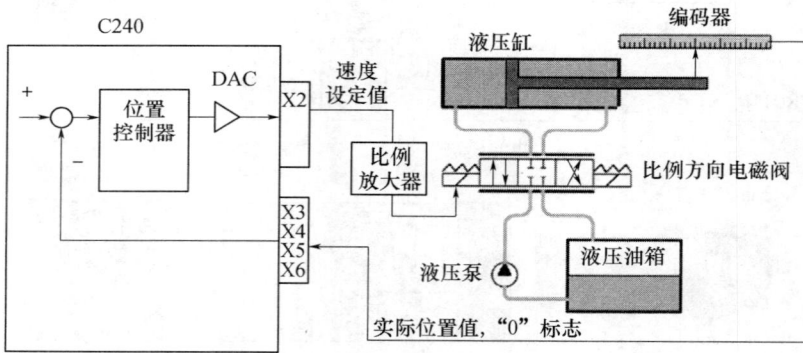

图 1-22　C240 通过 X2 接口连接液压比例伺服系统

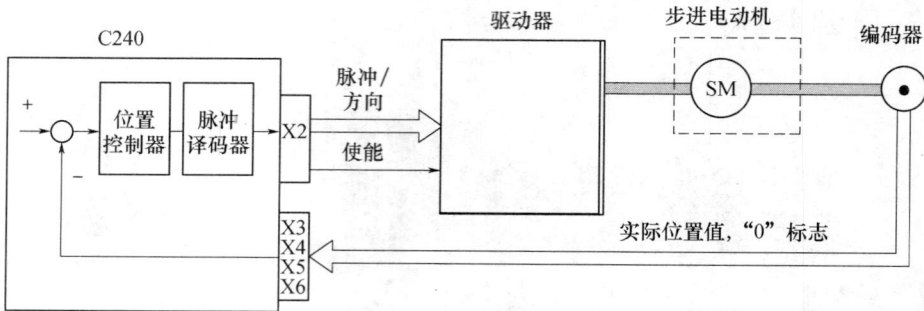

图 1-23　C240 通过 X2 接口连接具有脉冲驱动的步进电动机

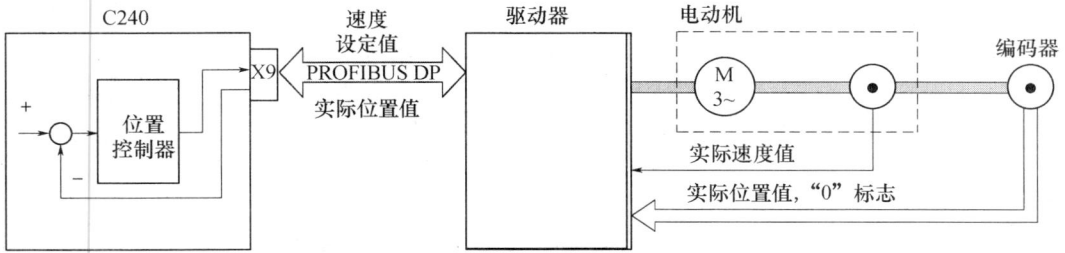

图 1-24 C240 通过 PROFIBUS DP 接口连接驱动器

1.4 SIMOTION 的扩展模块 IM174

1.4.1 概述

作为SIMOTION的扩展模块，IM174为其提供了一个设定通道、4个编码器的反馈通道以及数字量输入/输出接口。其中设定通道中含有4个模拟量输出与4个脉冲输出。

IM174 接口模块做为DP 的从站，最多可以连接4个轴。IM174 通过PROFIDrive 协议(标准报文3)与运动控制器通信。控制器计算出速度设定值传送到IM174，IM174 根据设置将设定值转换为模拟量或步进电动机的脉冲驱动信号，同时IM174 把实际值传送给控制器。每个轴可以连接一个TTL 编码器或者SSI 编码器作为位置反馈信号，也可以不带编码器。

1.4.2 IM174 的接口

IM174的接口和外观如图1-25所示，功能如表1-7所列。

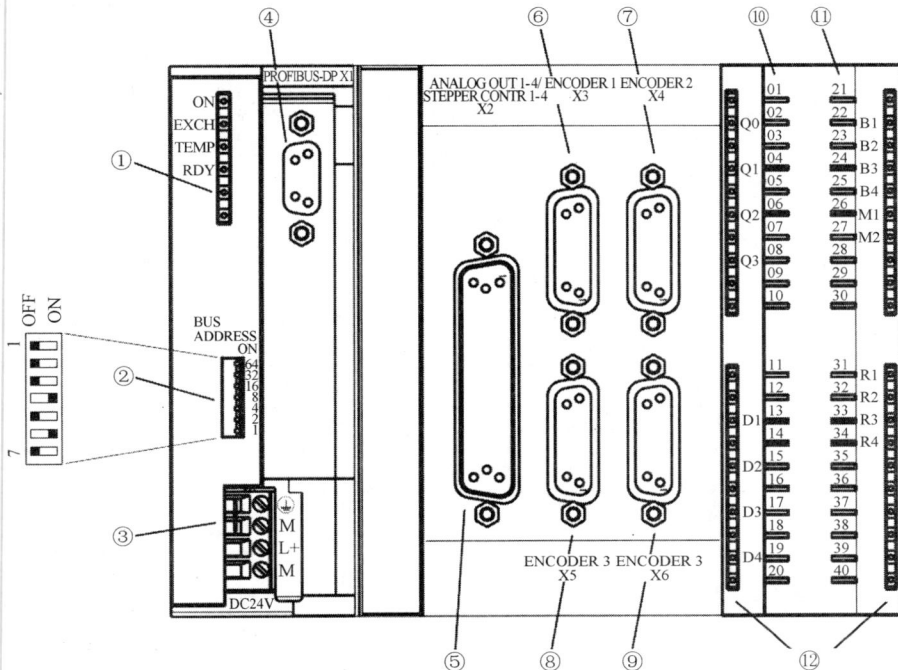

图 1-25　IM174 的接口

表 1-7　IM174 的接口

号码	名称	作　用
1	ON/EXCH/TEMP/RDY	诊断用LED 显示
2	BUS ADDRESS	DIP 开关，设置DP 地址
3	24 VDC	外部电源供电
4	X1	PROFIBUS 接口
5	X2	±10 VDC 模拟量或步进电动机接口输出，轴1～4
6	X3	轴1 编码器接口
7	X4	轴2 编码器接口
8	X5	轴3 编码器接口
9	X6	轴4 编码器接口
10	X11	数字量输出接口
11	X11	数字量输入接口
12		数字量输入输出的LED 显示

1. X2 驱动接口

X2接口包含了模拟量和步进电动机的驱动接口以及使能信号等。端子的定义如表1-8所列。接口用法与C240相同。

表 1-8　IM174 的 X2 接口的端子定义

端子号	标识	类型	功能
1/34	SW1/BS1	AO	轴1 的模拟量设定值 (±10 V)
35/2	SW2/BS2	AO	轴2 的模拟量设定值 (±10 V)
3/36	SW3/BS3	AO	轴3 的模拟量设定值 (±10 V)
374	SW4/BS4	AO	轴4 的模拟量设定值(±10 V)
5/38	PULSE1/PULSE1_N	DO	轴1 的脉冲输出正/负
6/39	DIR1/ DIR1_N	DO	轴1 的方向输出正/负
40/7	PULSE2/PULSE2_N	DO	轴2 的脉冲输出正/负
41/8	DIR2/ DIR2_N	DO	轴2 的方向输出正/负
9/42	PULSE3/PULSE3_N	DO	轴3 的脉冲输出正/负
10/43	DIR3/ DIR3_N	DO	轴3 的方向输出正/负
44/11	PULSE4/PULSE4_N	DO	轴4 的脉冲输出正/负
45/12	DIR4/ DIR4_N	DO	轴4 的方向输出正/负
13	-	-	-
14/47	RF1.1/RF1.2	K	轴1"驱动使能"，继电器触点1/2
15/48	RF2.1/RF2.2	K	轴2"驱动使能"，继电器触点1/2
16/49	RF3.1/RF3.2	K	轴3"驱动使能"，继电器触点1/2
17/50	RF4.1/RF4.2	K	轴4"驱动使能"，继电器触点1/2
18/19	ENABLE1/ ENABLE1_N	DO	轴1 使能正/负

端子号	标识	类型	功能
20/21	ENABLE2/ ENABLE2_N	DO	轴2 使能正/负
22-25	GND	DO	—
26/27	ENABLE3/ ENABLE3_N	DO	轴3 使能正/负
28/29	ENABLE4/ ENABLE4_N	DO	轴4 使能正/负
30-33	—	—	—

2．编码器接口 X3，X4，X5，X6

X3，X4，X5，X6分别对应轴1～4，可以连接SSI或TTL编码器，用法与C240相同。

3．X11 的数字量输入

B1～B4是回零时外部零点参考，分别对应轴1～4。M1、M2 是测量输入点。R1～R4是驱动就绪信号，如表1-9所列。这些都是复用端子，也可作为普通数字量输入点，接口用法与C240相同。

4．X11 的数字量输出

一共有8个数字量输出。RDY 继电器输出是为了指示IM174 的状态。端子定义如表1-10所列，接口用法与C240相同。

表 1-9　IM174 的数字量输入 X11 端子定义　　表 1-10　IM174 的数字输出 X11 端子定义

端子号	标识	类型	功能
22	B1	DI	轴1 的外部零点
23	B2	DI	轴2 的外部零点
24	B3	DI	轴3 的外部零点
25	B4	DI	轴4 的外部零点
26	M1	DI	测量输入点 1
27	M2	DI	测量输入点 2
31	R1	DI	轴1 "驱动就绪" 信号
32	R2	DI	轴2 "驱动就绪" 信号
33	R3	DI	轴3 "驱动就绪" 信号
34	R4	DI	轴4 "驱动就绪" 信号
40	2M	VI	供电电压参考点
21，28-30，35-39(空)			

端子号	标识	类型	功能
1/20	1L+ /1M	VI	24V 电源正/负
2	Q0	DO	数字量输出1
4	Q1	DO	数字量输出2
6	Q2	DO	数字量输出3
8	Q3	DO	数字量输出4
10 /11	RDY1/ RDY2	K	"就绪"信号继电器输出
13	D1	DO	信号继电器输出5 或轴1 的方向信号
15	D2	DO	信号继电器输出6 或轴2 的方向信号
17	D3	DO	信号继电器输出7 或轴3 的方向信号
19	D4	DO	信号继电器输出8 或轴4 的方向信号
3，5，7，9，12，14，16，18(空)			

5．LED 指示灯

通过LED指示灯可以对IM174 的状态进行诊断，其功能定义如表1-11所列。

表 1-11　IM174 的 LED 指示灯功能定义

标识	颜色	功能定义
ON	绿色	供电电压。显示供电电压正常
EXCH	绿色	数据交换。灯亮时表示与主站正在进行周期性数据通信
TEMP	红色	过温。灯亮时表示模块超过了一定的温度。这种情况下，驱动按设定的延时关机时间停机。见参数设置章节中的延时关机设置
RDY	红色	准备好。灯亮时表示有故障

6．DP 地址的设置

DP接口的地址可以通过DIP 开关进行设置，如图1-26所示。设置后需要重新上电才有效。

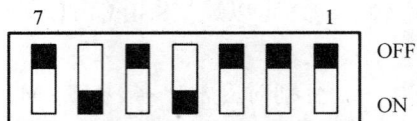

图 1-26　DP 地址的设置

第2章　SCOUT 软件使用方法

SIMOTION SCOUT软件是西门子SIMOTION运动控制器的编程开发软件。本章主要介绍其界面组成及使用方法。

2.1　SCOUT 软件界面

如图2-1所示，SCOUT软件工作界面分为5个部分，即项目导航栏、菜单栏、工具栏、状态栏和工作区。

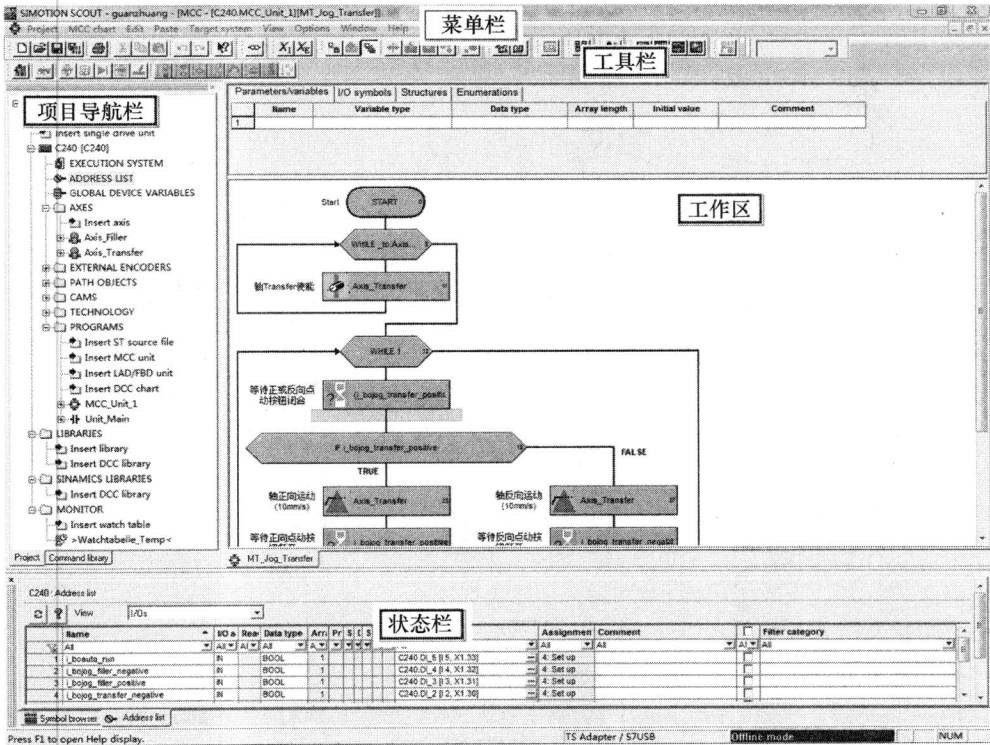

图 2-1　SCOUT 工作界面

其中，菜单栏的菜单分为两种，一种是始终可见且固定不变的菜单(如"Project""Target system""View""Options""Window""Help")，另一种是动态菜单，根据当前所选内容不同而不同；另外，"Edit"和"Insert" 菜单只有项目打开后才出现。

项目导航栏有"Project"和"Command library"两个选项卡。其中"Project"选项卡显示整个项目结构和用于管理的项目元素；"Command library"选项卡以目录树形式显示编程所需的指令和功能。

创建一个新项目有5个基本步骤：①创建项目；②硬件组态；③配置轴及其工艺对象；④编程；⑤测试并优化。

2.2 项目管理

1．创建新项目

(1) 单击"开始→SIMOTION SCOUT"或双击桌面图标打开"SIMOTION SCOUT"软件。对于Windows 7系统，依次单击"Start→All Programs→Siemens Automation→SIMATIC→STEP 7→SIMOTION SCOUT "。

(2) 在菜单栏，依次单击"Project→New"，打开"新建项目"窗口，如图2-2所示。

(3) 在图2-2中的"Name"对话框中输入项目的名称，在"Storage location"对话框中输入项目的存储位置(路径)。

(4) 单击"OK"按钮确认。新建项目的图标和全名就出现在图2-3中所示项目导航栏的顶端。

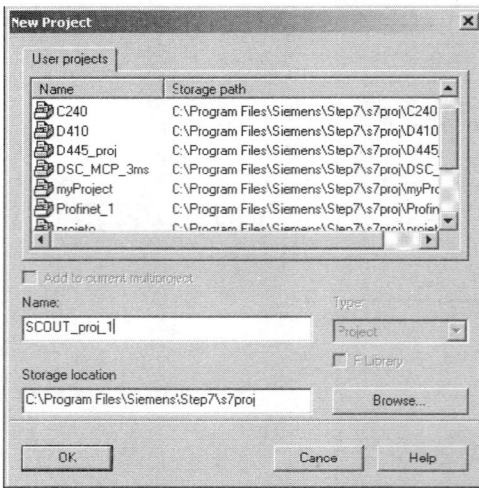

图 2-2　"新建项目"窗口　　　　　　　　　　图 2-3　新创建的项目

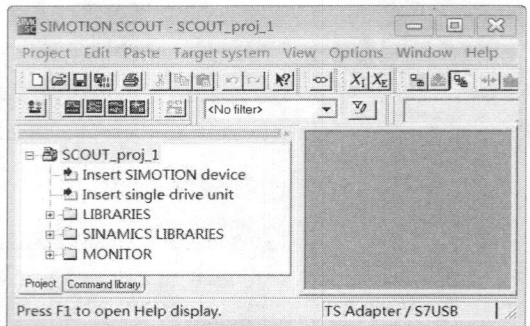

2．打开已有项目

(1) 选择菜单"Project→Open"。

(2) 在图2-4中的"User projects"选项卡上，选择所需的项目。如果需要的项目不在默认路径下，单击"Browse..."按钮，然后按屏幕说明操作。

(3) 单击"OK"按钮确定。

如果打开一个旧版本的项目，将出现一条消息(图2-5)，询问该项目是否应该被转换到新版本，单击"OK"按钮即可。

转换完成后，会弹出如图2-6所示消息窗，表示转换后的项目变为"只读"项目。这时需要用鼠标右键单击菜单"Project"，在弹出的菜单中选择"Cancel project write protection"(图2-7)，即可取消项目的写保护(项目即可编辑修改)。

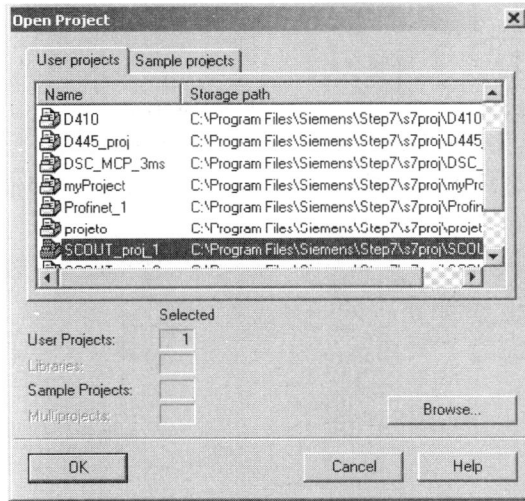

图 2-4　打开已有项目

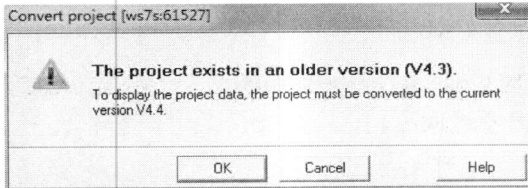

图 2-5　打开低版本项目时弹出的消息窗

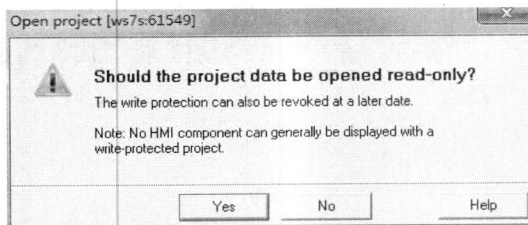

图 2-6　打开低版本项目时自动变为"只读"项目

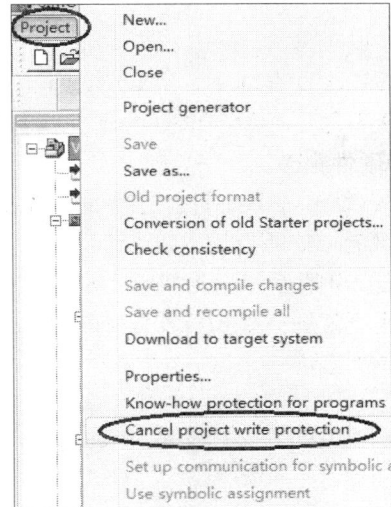

图 2-7　取消项目的写保护

3. 保存和编译项目

项目必须保存和编译才能下载。SIMOTION SCOUT在"Project"菜单里有三个指令用于保存和编译：Save(保存)；Save and compile changes (保存并编译更改了的内容)；Save and recompile all(保存并全部编译)。

2.3　C240 系统的硬件组态

2.3.1　C240 本体的组态

硬件组态是在 SCOUT 软件中对模块、通信、网络等进行配置。下面以 C240 为例，说明 SIMOTION C 的组态步骤。

1. 新建项目

打开 SCOUT 软件，建立一个新项目。

2. 插入 C240

如图 2-8 所示，在新建项目下双击"Insert SIMOTION device"，在弹出的"Insert SIMOTION device"窗口中选择设备(如 SIMOTION C，C240，V4.4，注意版本要与实际的版本一致)，单击"OK"按钮。

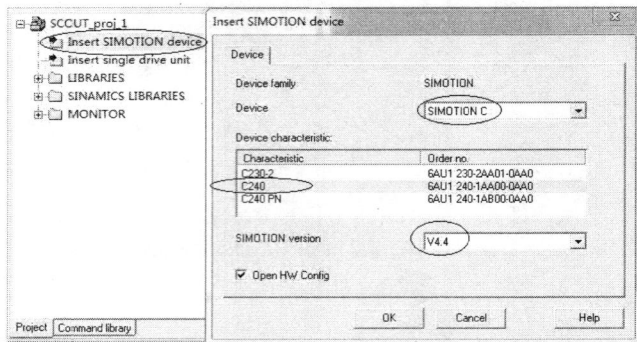

图 2-8　插入新设备 C240

在插入设备窗口中，默认情况下，"Open HW Config(打开硬件组态)"已钩选，这样，当插入设备之后，会自动打开硬件组态界面。也可不选此项。

3. 硬件组态

双击 C240 进入硬件组态界面，或在新建项目完成后自动进入，进行硬件组态。

1) 组态 MPI 通信

如图 2-9 所示，双击机架上 C240 的 X9- DP2/MPI 接口，在弹出的"DP2/MPI 属性"窗口中，选择"常规→接口→类型(MPI)"。单击"属性…"按钮，在弹出的"MPI 接口属性"窗口中选择"常规→子网→MPI(1)"，单击"确定"按钮。

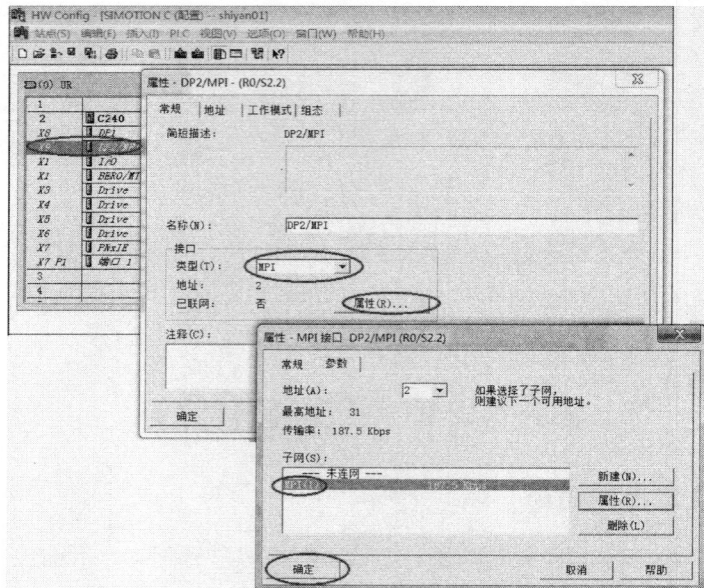

图 2-9　组态 MPI 通信

完成后的 MPI 设置如图 2-10 所示。

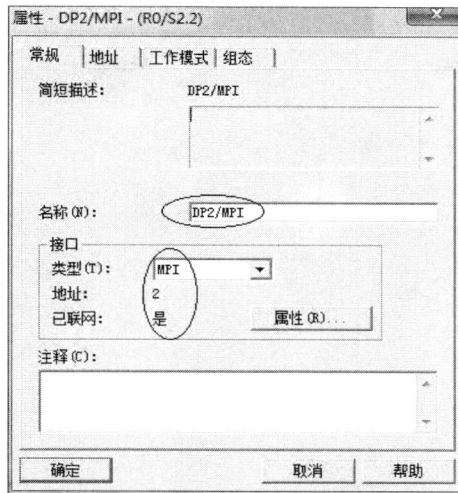

图 2-10　设置完成的 MPI 通信网络

2) 组态工业以太网通信

如图 2-11 所示，双击机架上 C240 的 X7- PNxIE 接口，在弹出的"PNxIE 属性"窗口中选择"常规→接口"，单击"属性..."按钮。在弹出的"以太网接口属性"窗口中，设置 IP 地址是 192.168.10.22，子网掩码为 255.255.255.0。然后，单击"新建(N)..."按钮，对弹出窗口确认，建立 Ethernet(1)以太网。

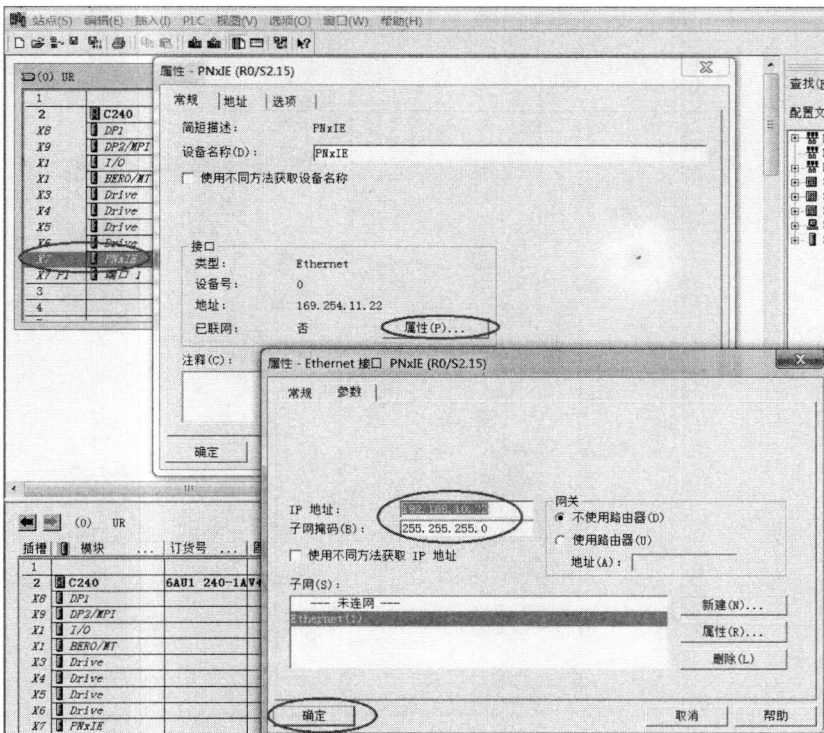

图 2-11　组态工业以太网

最后，选择网络"子网→Ethernet(1)"，如图 2-11 所示。单击"确定"按钮，组态完成的以太网属性如图 2-12 所示。

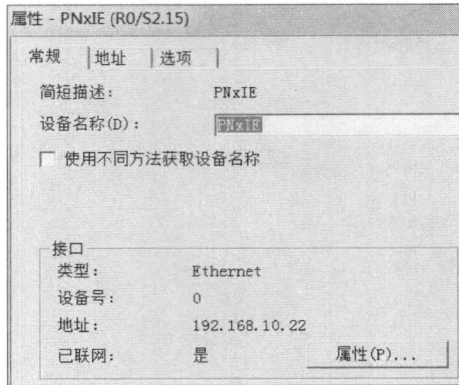

图 2-12 组态完成的以太网

注意：C240 和上位机要进行以太网通信，两者的 IP 地址必须在同一网段，子网掩码相同。

3) 组态 DP 总线通信

如图 2-13 所示，双击机架上 C240 的 X8- DP1 接口，在弹出的"DP1 属性"窗口中，单击"属性(R)…"按钮。在弹出的"PROFIBUS 接口属性"窗口中，可以修改此接口的地址，然后单击"新建(N)…"按钮，在弹出的"新建 PROFIBUS 子网属性"窗口，选择"网络设置"选项卡中的"传输率"和"配置文件"，确认即可。

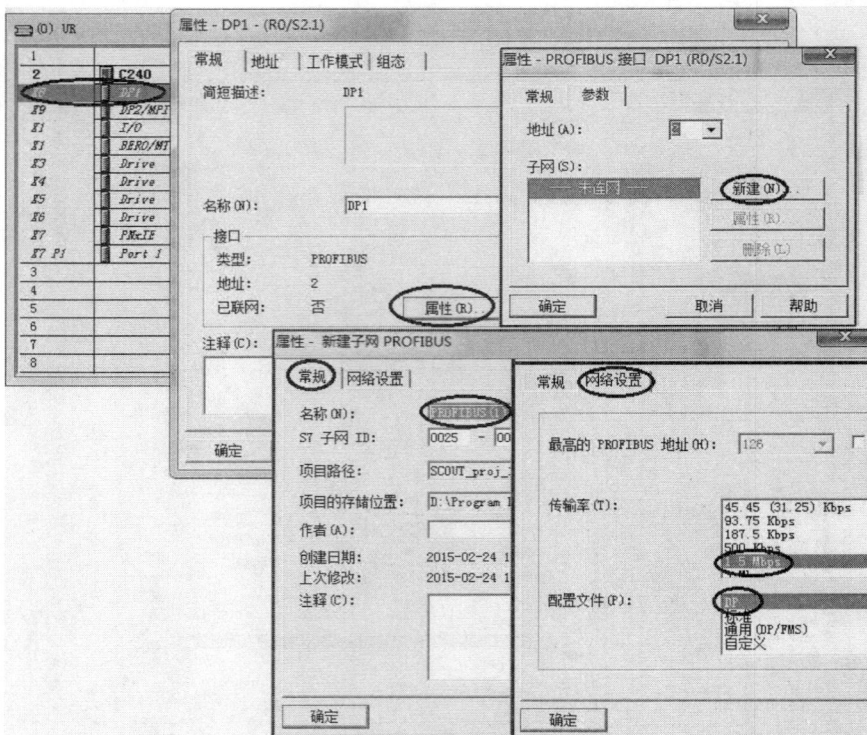

图 2-13 创建 DP 总线

组态完成后的 DP 总线如图 2-14 所示。

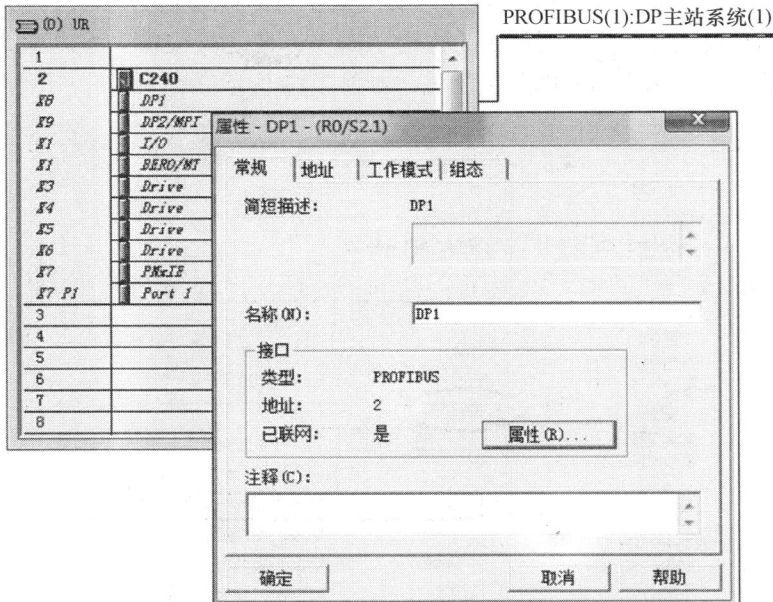

图 2-14　组态完成后的 DP 总线网络

单击"编译并保存"按钮 ，完成 C240 本体的硬件组态。

2.3.2　I/O 扩展模块的组态

C240 使用与 S7-300PLC 相同的 I/O 模块，其注意事项见第 1 章。下面举例说明组态过程。

(1) 在硬件组态窗口，打开硬件目录(一般位于右侧)，找到需要的 I/O 模块，按图 2-15 所示直接拖入到空槽当中。

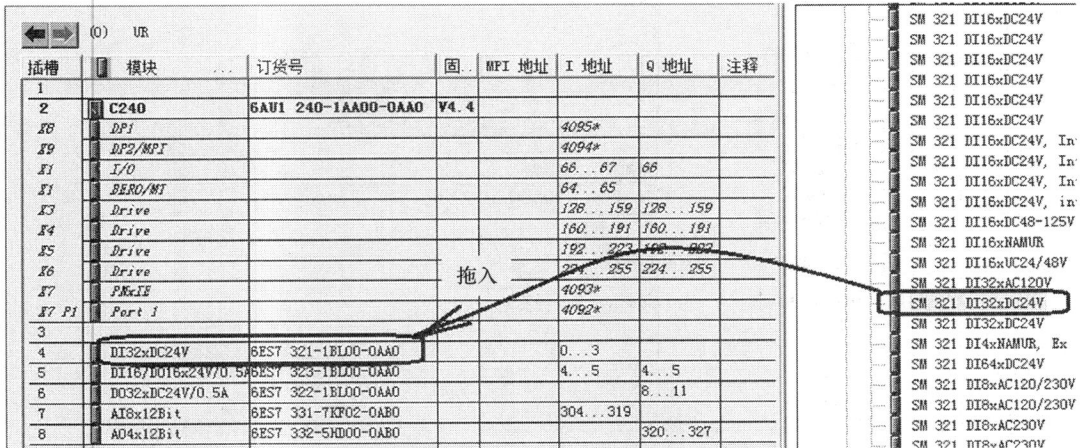

图 2-15　C240 的 I/O 扩展模块的组态过程

(2) 对于某些模拟量模块还需根据使用情况修改其信号类型和测量范围的默认值。

双击图 2-15 中 7 号槽内的 SM331 AI8×12bit 模拟量输入模块，根据实际电路中输入信号的类型进行设置。本例中的传感器既有 4 线制 0~20mA 电流信号，也有 2 线制 4~20mA 电流

29

信号，还有-5～+5V 的电压信号。如图 2-16 所示，选择"输入"选项卡，单击"0-1"通道对应的"测量型号"，选取需要的信号类型(应该注意的是，此模块的每两个通道由一套参数控制，另外必须调整模块硬件上的量程卡的位置 ABCD，使之与组态一致)，对于不用的通道可以不激活。最后，单击选择信号的测量范围，如图 2-17 所示。

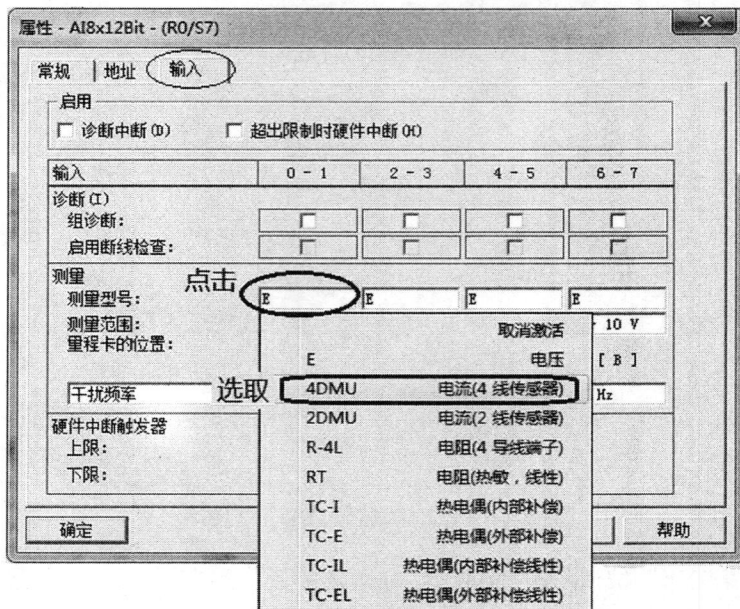

图 2-16　输入模块的测量类型配置

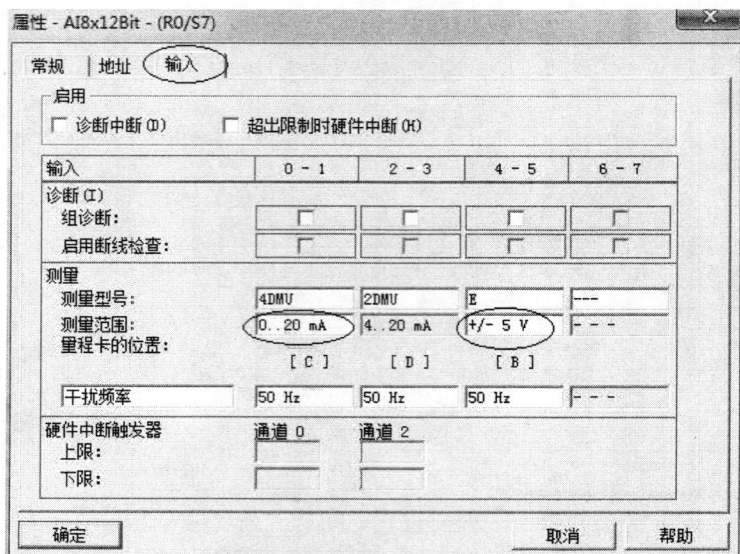

图 2-17　设置完成的输入模块测量类型

　　(3) 双击图 2-15 中 8 号槽内的 SM332 AO4×12bit 模拟量输出模块，根据实际进行设置。方法类似输入模块，设置结果如图 2-18 所示。

　　配置完成后，单击"编译和保存"按钮。

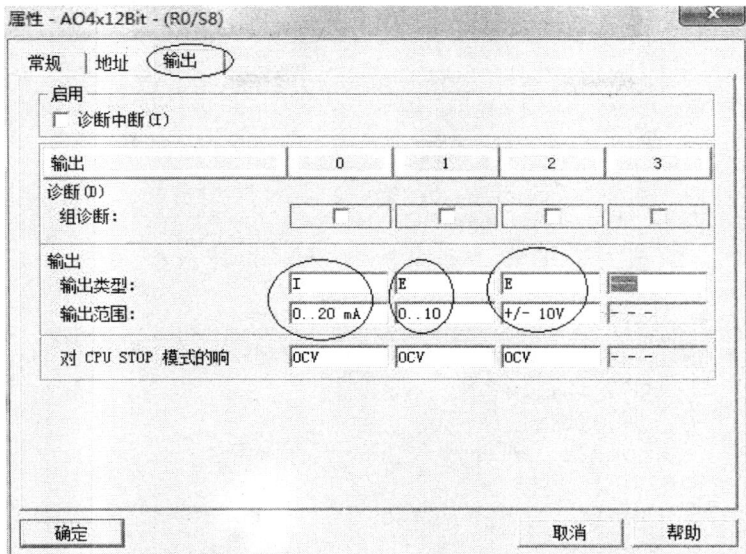

图 2-18 设置完成的输出模块测量类型与范围

2.3.3 网络组态

在硬件组态窗口，单击"网络组态"工具按钮，打开网络组态窗口，如图 2-19 所示。方法与过程同 STEP 7 网络组态，此处略。

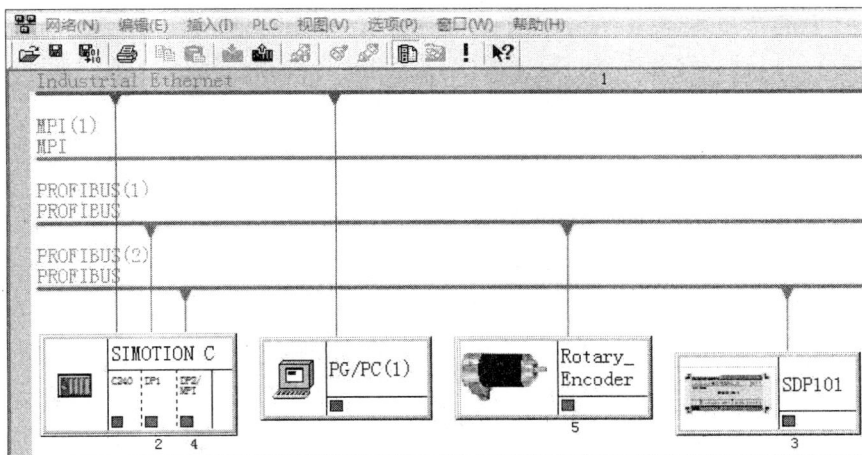

图 2-19 网络组态界面

2.3.4 编程口设置

1. 通过 MPI 编程电缆的 PG/PC 通信

如图2-20所示，在菜单栏单击"Options→Set PG/PC interface"；在弹出的图2-21所示窗口中选择"PC Adapter(MPI)"，即可以通过MPI适配器将C240的X9接口和PG/PC相连，进行编程通信。

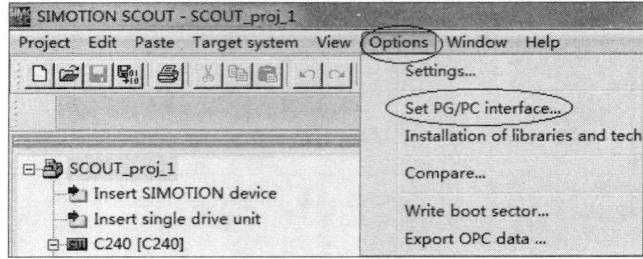

图 2-20 编程口通信设置

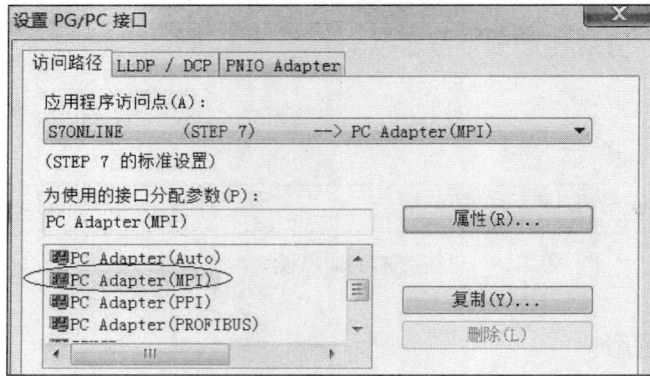

图 2-21 选择 MPI 接口作为编程口

2. 通过网线的 PG/PC 通信

在图2-20中的菜单栏单击"Options→Set PG/PC interface"，在图2-22所示窗口中选择TCP/IP。这样就可以使用普通网线将C240的X7接口和上位机的普通网卡连接起来，进行TCP/IP的编程通信。

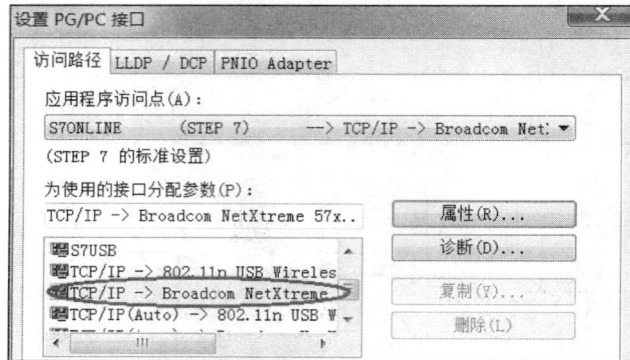

图 2-22 选择 TCP/IP 接口作为编程口

2.4 SIMOTION I/O 变量管理

2.4.1 SIMOTION I/O 变量的创建

全局用户变量包括I/O 变量、全局设备变量以及单元变量。后两者属于内部变量。

如图2-23所示，在项目导航栏上双击"ADDRESS LIST"，在详细信息栏中出现图2-24所示"Address list"，在其中定义的I/O变量。I/O 变量的作用域为整个项目，可以被所有Program、FC、FB 访问，也可以被HMI访问。

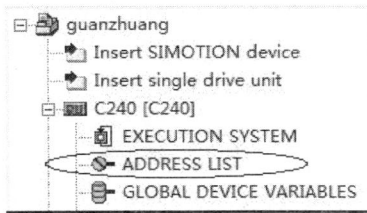

图 2-23　C240 中的 I/O 变量表标签

图 2-24　I/O 变量列表

1. 创建 I/O 变量的规则

(1) I/O 变量的地址必须和硬件配置相对应。

(2) 多字节 I/O 变量不得同时包含地址 63 和 64(即这两个字节不得连用)。如 PIW63、PID61、PID62、PID63、PQW63、PQD61、PQD62、PQD63 都是不允许的。

(3) 多字节 I/O 变量的地址(如 WORD、ARRAY 数据类型)必须在硬件组态中位于一个 I/O 模块的连续地址范围内。

(4) 一个 I/O 地址(输入或输出)只能用于一个 I/O 变量(字节、字、双字或数组类型)，位变量除外。

(5) 如果有多个进程(如 I/O 变量，工艺对象，PROFIdrive 报文)访问同一个 I/O 地址，会出现以下情况：

① 对于 BYTE、WORD 或 DWORD 数据类型的输出变量，只能有一个进程可以写访问。但允许所有进程读该变量。

② 所有程序必须使用相同的数据类型(BYTE、WORD、DWORD 或 ARRAY)来访问同一个 I/O 地址。

注意：如果想使用一个 I/O 变量读取 PROFIdrive 报文传输的内容，I/O 变量的长度必须与报文的长度相匹配。

2．创建 I/O 变量(仅限于离线模式)

(1) 在 SIMOTION SCOUT 的项目导航栏，双击 SIMOTION 设备(如 C240)下的"ADDRESS LIST"。

(2) 选择想要插入 I/O 变量之后的行，在右键菜单中选择"Insert new line"命令，或者滚动到表的最后一行(空行)，单击。

(3) 在空行中分别输入以下内容(如图 2-24 所示)：

① I/O 变量的名称。

② I/O 变量地址。可以选择"IN"或"OUT"项，这样需要分配符号给I/O变量；也可以输入一个固定的地址(如PIB1，PI0.0，PIW288，PQD20，%I0.2等)。

③ 输出变量的选项。

如果只想读取输出变量，可以激活"Read only"复选框。只读输出变量不能分配给一个循环任务的过程映像。

(4) 还可以输入或选择以下选项(不适用于 BOOL 数据类型)：

① 数组长度(数组的大小)。

② 过程映像或直接访问。对于过程映像，需要选择循环任务，并且这些任务必须在执行系统中启动(否则不可选)。对于直接访问，选择空白项。

③ Strategy(策略)，出错事件的应对行为。

④ 显示格式。

⑤ Substitute value(替换值)(如果为数组，则针对每个元素)。

(5) 选择了"IN"或"OUT"作为 I/O 地址，按下述方法为变量分配符号(图 2-25)。

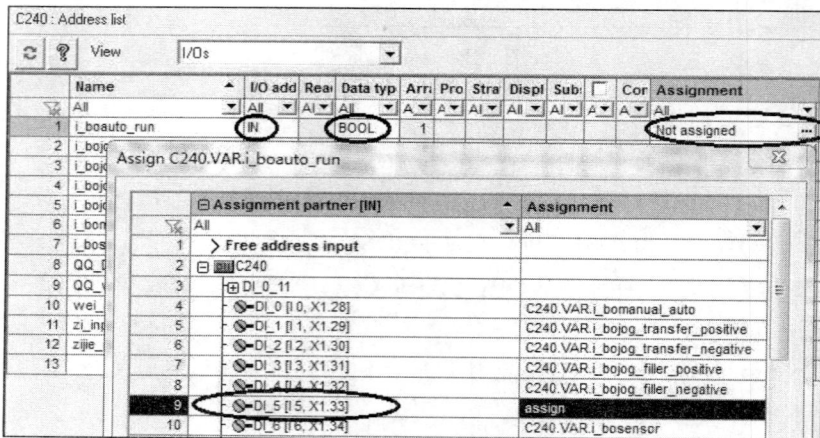

图 2-25　为 I/O 变量分配符号

在"Assignment"列中，单击[...]按钮，打开一个窗口，显示 SIMOTION 设备的可供分配的符号。只有和数据方向(输入/输出)和数据类型相匹配的那些符号才显示出来，选择符号即可。

3．固定的过程映像区

BackgroundTask 的固定过程映像区是 SIMOTION 设备的 I/O 地址映像空间的一个子集，其大小为 64B(地址范围从 0～63)。

注意：BackgroundTask 的固定过程映像区，即使没有对应的 I/O 或未在硬件配置中配置，这个区域仍然视为正常的内存地址，可以用如下所示绝对地址方式访问。

字节型数据：%IB0～%IB63		%QB0～%QB63
字型数据：%IW0～%IW62		%QW0～%QW62
双字型数据：%ID0～%ID60		%QD0～%QD60
位型数据：%I0.0～%I63.7		%Q0.0～%Q63.7

在 I/O 变量表中定义方法同一般 I/O 变量。

2.4.2　I/O 变量表的导入导出

可以对全局设备变量(Global Device Variables)或 I/O 变量(Address List)进行导入导出操作。在 Simotion 项目中如果需要创建大量的全局设备变量或 I/O 变量，可以先在 Microsoft Office Excel 中将这些变量编辑成 CSV 文件，然后再将其导入至 Simotion Scout 的变量表中，这样可以减少编程人员的工作量，也便于保存和移植 Simotion 项目的变量表。

1. 将 Address List 中的 I/O 变量导出生成 CSV 文件

(1) 双击项目导航栏中设备下的"Address List"，项目下方可出现 I/O 列表(图 2-24)。

(2) 用鼠标右键单击图 2-26 中 I/O 变量表左上角方框位置；或单击 I/O 表右上角以全选表格，然后在表格的任一位置单击鼠标右键，出现选择菜单。

(3) 选择图 2-26 图中的"Save as"命令，弹出如图 2-27 所示的窗口。

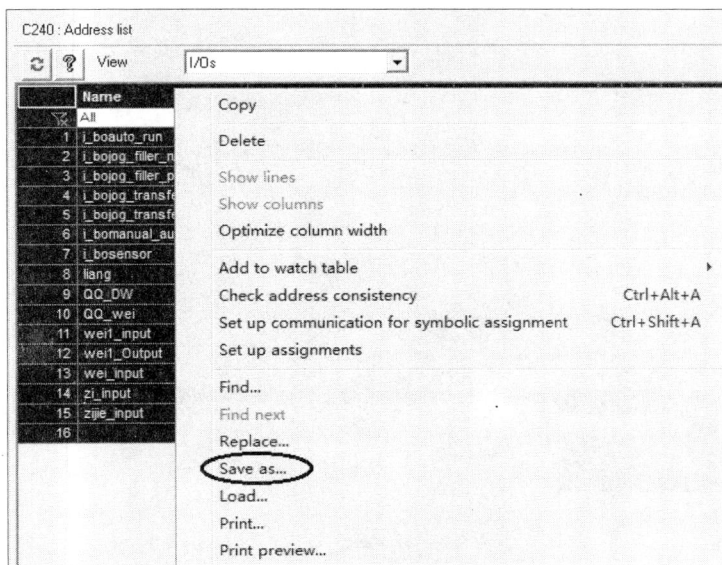

图 2-26　选择 I/O 变量表

(4) 在图 2-27 所示的窗口中，选择导出文件的存储路径并输入文件名，单击"保存(S)"按钮。

(5) 生成的 Excel 文件格式如图 2-28 所示。

(6) 可在导出的 Excel 表中进行 I/O 变量的定义及编辑。

2. 将 CSV 文件导入到 SIMOTION 的 I/O 变量表中

(1) 双击"Address List"，出现 I/O 变量表。

(2) 用鼠标右键单击图 2-29 中 I/O 变量表左上角方框位置；或单击 I/O 表右上角以全选表格，然后在表格的任一位置单击鼠标右键，出现选择菜单。

图 2-27　保存 I/O 变量到文件

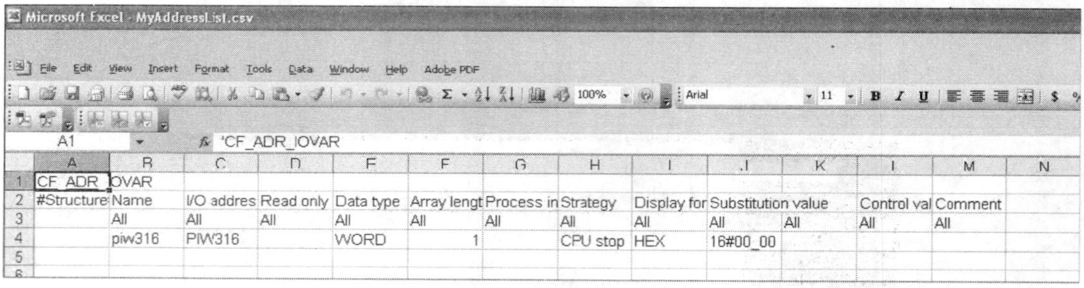

图 2-28　导出的 I/O 变量文件格式

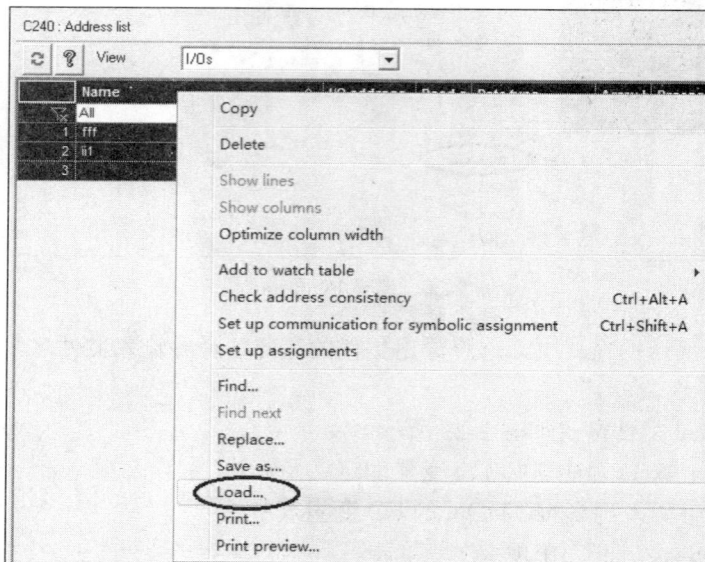

图 2-29　导入 CSV 文件

(3) 选择图 2-29 中的“Load”命令，出现“CSV”文件选择对话框，如图 2-30 所示。

(4) 在图 2-30 所示的对话框中，选择需要导入的 CSV 文件。

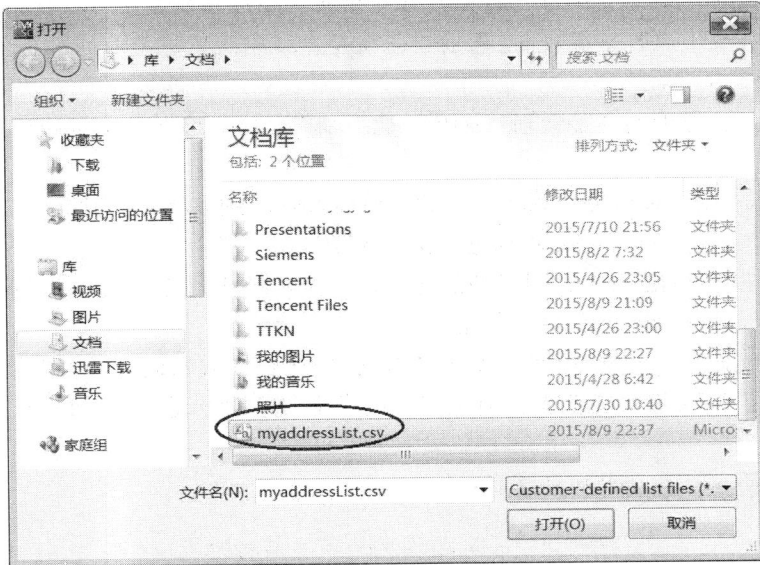

图 2-30　选择需要导入的 CSV 文件

(5) 导入后的 I/O 表如图 2-31 所示。

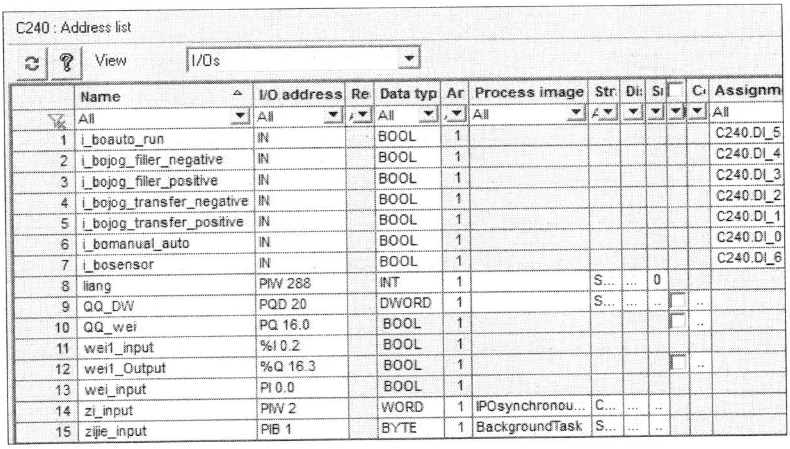

C240 : Address list

View　I/Os

	Name	I/O address	Re	Data typ	Ar	Process image	Str	Di	Si		C	Assignm
	All	All		All		All						All
1	i_boauto_run	IN		BOOL	1							C240.DI_5
2	i_bojog_filler_negative	IN		BOOL	1							C240.DI_4
3	i_bojog_filler_positive	IN		BOOL	1							C240.DI_3
4	i_bojog_transfer_negative	IN		BOOL	1							C240.DI_2
5	i_bojog_transfer_positive	IN		BOOL	1							C240.DI_1
6	i_bomanual_auto	IN		BOOL	1							C240.DI_0
7	i_bosensor	IN		BOOL	1							C240.DI_6
8	liang	PIW 288		INT	1		S...	...	0			
9	QQ_DW	PQD 20		DWORD	1		S...	...	..		..	
10	QQ_wei	PQ 16.0		BOOL	1						..	
11	wei1_input	%I 0.2		BOOL	1							
12	wei1_Output	%Q 16.3		BOOL	1						..	
13	wei_input	PI 0.0		BOOL	1							
14	zi_input	PIW 2		WORD	1	IPOsynchronou...	C...	...	..			
15	zijie_input	PIB 1		BYTE	1	BackgroundTask	S...	...	..			

图 2-31　从 CSV 文件中导入的 I/O 变量表

2.5　轴对象的创建

2.5.1　概述

在运动控制中，轴是最常见的被控对象。在一般应用中，轴与机械负载直接连接，可以带动负载完成旋转运动、直线运动、夹紧物件等操作。在复杂应用中，还可能要求多轴协调动作，如要求多轴速度同步、位置同步、使负载沿规定的路径运动等。实现了对轴的控制，也就实现了对机械运动的控制。

在 SIMOTION 运动控制系统中，轴是作为一种工艺对象(TO)提供给用户使用的，可通过轴控制指令实现轴的使能激活、绝对运动、相对运动、电子齿轮同步等运动控制，同时还提供了轴的驱动监控功能。轴工艺对象还提供了系统变量，通过系统变量可以获得轴的状态信息。在 SIMOTION SCOUT 软件中编程时，可通过系统指令或系统变量来访问轴工艺对象以实现对驱动及电动机的控制与监控。

轴工艺对象可应用于电气驱动轴、液压轴或虚轴。在配置过程中，可将轴定义为下述控制类型：

(1) 速度轴(Speed-controlled axis)：可以对轴进行速度控制。

(2) 位置轴(Positioning axis)：对轴进行位置控制。

(3) 同步轴(Following axis)：同步轴是建立在位置轴的基础之上，它可通过同步跟随对象提供的电子齿轮及电子凸轮同步功能实现与主值的同步运动。

(4) 路径轴(Path axis)：路径轴可与路径对象相关联(路径对象最多可以连接 3 个路径轴)，实现在二维/三维坐标系统中的直线、圆弧或多项式路径运动，还可以关联一个同步轴与此路径对象同步运行。

不同类型轴所支持的功能如表 2-1 所列。

表 2-1　不同类型的轴所支持的功能

功能	速度轴	位置轴	同步轴	路径轴
给定速度	√	√	√	√
运行于转矩限幅	√	√	√	√
按照指定 MotionIn 接口运行	√	√	√	√
位置方式运行		√	√	√
运行于 Travel to fixed endstop		√	√	√
回零		√	√	√
高级功能				
快速测量输入		√	√	√
快速输出		√	√	√
快速输出序列		√	√	√
电子齿轮同步			√	√
电子凸轮同步			√	√
路径插补	--			√

根据运动类型，轴可分为直线轴或旋转轴，可将直线轴或旋转轴定义为模态轴。模态轴的模态范围可通过一个起始值及模态长度来定义，其位置以模态长度重复运行。根据所使用的驱动类型，轴又可分为电气轴、液压轴或虚轴，在轴的配置过程中可进行相关设置。

直线轴的坐标以长度为单位，如 mm；而旋转轴的坐标以角度为单位，如度或弧度。

位置轴的控制模式如表 2-2 所列。

在轴的配置中，如果是液压轴，则可配置阀的类型及闭环控制模式，阀的类型如表 2-3 所列。

表 2-2 位置轴的控制模式

模式	描述
standard	位置控制
standard+pressure	位置控制和压力控制/压力限制
standard+force	位置控制和力控制/力限制

表 2-3 液压轴中阀的类型

阀类型模式	描述
Q-valve	带 Q 阀的轴(流量控制)
P-valve	带 P 阀的轴(压力控制)
P+Q-valve	带 P+Q 阀的轴(压力+流量控制)

液压轴闭环控制模式选择如表 2-4 所列。

在轴的配置中,如果是虚轴,则不需要选择驱动单元。虚轴可作为多轴同步的主轴或用做编程功能的测试。

表 2-4 液压轴的控制模式

闭环控制	描述
standard	仅用于位置控制
standard+pressure	位置控制和压力控制
standard+force	位置控制和力控制

2.5.2 轴的单位

SIMOTION 的工艺对象(如轴对象)的位置、速度、加速度、时间、压力及转矩等变量可用 SI 或 US 系统单位(公制或英制)来表达,可在配置过程中进行定义,如图 2-32 所示为轴的单位及设置画面。

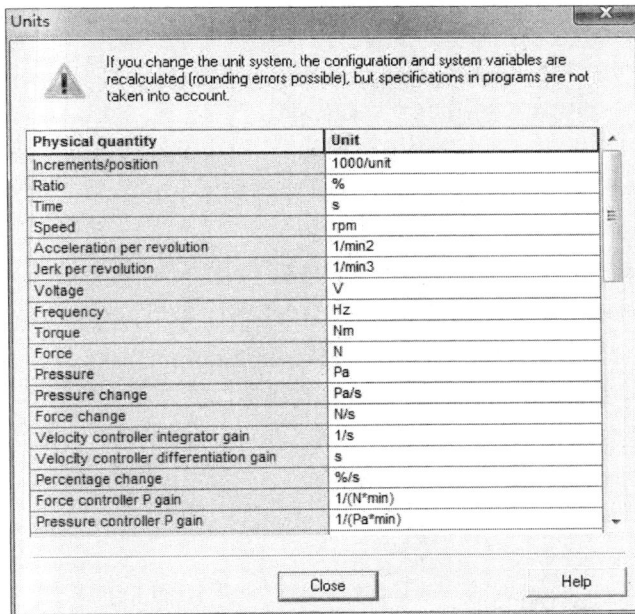

图 2-32 轴的单位配置

2.5.3 轴的创建

1. 脉冲驱动的电气实轴创建(请参考本书 3.4 节相关内容)
2. 模拟量驱动的液压实轴创建(请参考本书 10.4 节相关内容)
3. 路径轴创建(请参考本书第 7 章相关内容)
4. 通过 DP 总线驱动的速度轴创建(略)
5. IM174 扩展轴的组态(略)

2.6　SIMOTION 的任务执行系统

SIMOTION 中的执行系统(EXECUTION SYSTEM)管理着系统任务以及用户任务的有序执行，每一个任务只有在满足特定条件的时候才会启动，而用户编写的程序只有分配到任务中才能真正被执行。执行系统分为不同的等级，每个等级可以包含一个或多个任务(TASK)，每个任务中又可以分配一个或多个程序。因此，用户可以通过将程序分配到不同的任务，来指定程序运行时的优先级或执行顺序。同一个程序可以分配到不同的任务中，且相互之间不受影响。分配到任务中的程序可以是 MCC、LAD 或 ST 程序。

2.6.1　任务介绍

总体来说，SIMOTION 的任务分为系统任务和用户程序任务，下面对这些任务进行详细介绍。

1．系统任务

1) 通信

通信包括 PROFIBUS、PROFINET IO 网络的连接及 IO 处理，还有非周期通信，如 trace 等。

2) 运动控制

运动控制包括 IPO/IPO_2，position control (servo)中执行的任务，当使用工艺包时，系统自动分配执行系统，用户程序不会影响工艺程序的执行。

2．用户程序任务

在用户程序任务中可以执行运动控制、逻辑控制和工艺功能等。用户程序任务包括：

1) 启动任务(StartupTask)

当 SIMOTION 的运行模式从 STOP 或 STOPU 转到 RUN 时触发启动任务(StartupTask)。此任务可以用于变量的初始化和工艺对象的复位。在这个任务中，由于工艺对象正在初始化，不能执行运动控制指令。当此任务执行时，除了 SystemInterruptTasks 外，其他程序均不执行。

此任务结束，达到 RUN 模式后，启动下面的任务：

(1) SynchronousTasks。

(2) TimerInterruptTasks。

(3) MotionTasks。

(4) BackgroundTask。

2) 同步任务(SynchronousTasks)

SynchronousTasks 的执行与指定的系统时钟同步。SIMOTION 中包括下列的同步任务：

(1) ServoSynchronousTask：与伺服时钟周期同步，在此任务中可以运行对时间有严格要求的任务，如对 I/O 的快速响应程序、PROFIBUS DP 通信数据的同步处理、伺服设备的设定值修改。

(2) IPOSynchronousTask/IPOSynchronousTask_2：与 IPO/IPO2 周期同步。在 IPOSynchronousTask 中，可以实现对时间有严格要求的功能，用户程序在插补之前运行，在此任务中可以执行一些对工艺对象的操作。

3) 时间驱动任务(TimerInterruptTasks)

用于执行有固定循环周期的任务，在程序执行结束后自动重新执行。SIMOTION 中包含

5 个 TimerInterruptTasks，用于周期性程序的执行。TimerInterruptTasks 在固定的周期内被循环触发，这个周期要设为插补周期的倍数。在此任务中可以实现闭环控制或者监控功能程序。

4) 事件驱动任务

事件驱动任务包括 SystemInterruptTasks 和 UserInterruptTasks。当一个事件发生时，启动此类任务，执行一次后停止。当一个系统事件发生时，SystemInterruptTasks 被调用。

(1) SIMOTION 包含下面的 SystemInterruptTasks：

① TimeFaultTask：当TimerInterruptTask 运行超时时执行。

② TimeFaultBackgroundTask：当BackgroundTask 运行超时时执行。

③ TechnologicalFaultTask：当TO发生故障时执行。

④ PeripheralFaultTask：发生 I/O错误时执行。

⑤ ExecutionFaultTask：执行程序错误时执行。

(2) 下列错误发生时将启动 ExecutionFaultTask 中的程序，并且发生错误的任务将会被停止执行：

① 浮点数的错误操作，如对负数取对数、错误数据格式等。

② 除以0的操作。

③ 数组超限。

④ 访问系统变量错误。

(3) 如果 SystemInterruptTasks 被触发，并且它没有被分配程序，那么 CPU 会停机。对于下面的任务，如果发生了错误，可以在 ExecutionFaultTask 中用命令重新启动该任务：

① StartupTask。

② ShutdownTask。

③ MotionTasks。

(4) 如果下面的任务发生了错误，在 ExecutionFaultTask 结束后 CPU 会停机，并启动 ShutdownTask：

① BackgroundTask。

② TimerInterruptTasks。

③ SynchronousTasks。

④ ExecutionFaultTask 和 ShutdownTask中的编程错误会导致系统立即停机。

当一个用户自定义事件发生时，UserInterruptTasks 被调用。SIMOTION 中包含两个用户中断任务：UserInterruptTask_1 和 UserInterruptTask_2。必须指定 UserInterruptTask 的条件，当条件满足时，UserInterruptTask 被执行。如果同时触发两个中断任务，UserInterruptTask_1 将在 UserInterruptTask_2 之前被执行。如果使用 UserInterruptTask，那么也必须使用 IPOsynchronousTask，因为 UserInterruptTask 的条件在 IPO 周期中被检查。UserInterruptTask 在 StartupTask 和 ShutDownTask 执行期间不被执行。

5) 自由运行任务

自由运行任务在自由执行等级中执行，包括 MotionTasks 和 BackgroundTask。MotionTasks 用于运行顺序执行的指令，如运动控制的指令等，共有 32 个(MotionTask_1～MotionTask_32)。MotionTasks 通常通过用户程序的任务控制指令(如_startTaskID，_stopTaskID)来启动或停止任务。也可以通过设置为 CPU 在达到 RUN 模式时自动启动。可以通过_getStateOfTaskID 指令查询任务的状态。MotionTasks 只执行一次，没有事件监控，也就是说

MotionTasks 中的程序可以无限期的执行。MotionTasks 在执行完或者是系统达到 STOP 或 STOPU 模式时停止。如果有等待指令(Wait for condition /WAITFORCONDITION)，任务将被挂起，设置的条件在 IPO 周期内被检查，当条件满足时任务将继续执行。

BackgroundTask 用于非固定周期的循环程序的执行。Start-up 任务后开始执行，在程序结束时自动重新执行。适于执行后台程序或逻辑处理程序等。BackgroundTask 的循环时间被监控，一旦超时，会触发 TimeFaultBackgroundTask，如果此任务中没有分配程序则会造成 CPU 进入 STOP 模式。

6) ShutdownTask

ShutdownTask 在 CPU 从 RUN 模式到 STOP 或 STOPU 模式时被执行一次。可以执行例如设置输出点的状态或轴的停止指令等。此任务不会在系统失电时执行。另外，还需要设置 ShutdownTask 的监控时间，过了设置的时间后 CPU 会自动切换到 STOP 模式。

2.6.2 任务执行的优先级

任务执行等级定义了执行系统中的程序执行的时间顺序,每个执行等级包含一个或几个任务，如图 2-33 所示。

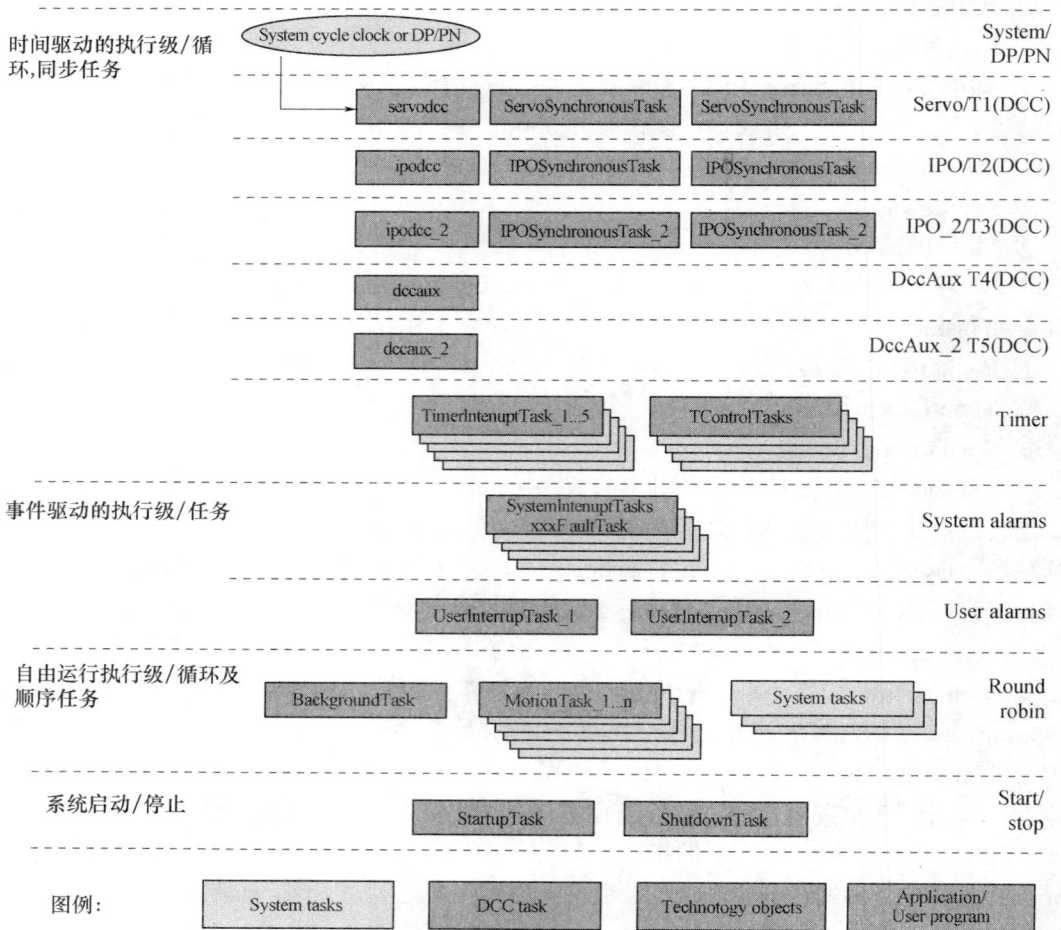

图 2-33 任务在执行等级中的分配

42

执行等级包括：

(1) 同步执行等级(Synchronous execution levels)：与伺服控制或者插补时钟周期同步。

(2) 时间驱动的执行等级(Time-driven execution levels)：按照用户指定的时间周期触发任务执行。

(3) 事件驱动的执行等级(Event-driven execution levels)：事件触发任务，包括系统中断任务和用户中断任务。

(4) 自由运行执行等级(Free-running execution levels)：自由循环执行的任务，包括MotionTasks和BackgroundTask。每个MotionTasks只执行一次；BackgroundTask循环执行，执行的时间由Task中的程序长度决定。

(5) 系统启动和停止任务：其中StartupTask在CPU从STOP状态切换到RUN状态时执行；ShutdownTask在CPU从RUN状态切换到STOP状态时执行。

系统任务由系统自动执行，其执行顺序不可改变，用户无法分配程序到系统任务中。

如果两个任务的程序在某个时刻同时执行，那么任务的优先级决定了哪个任务先执行，任务的优先级不能由用户改变。

注意事项：

(1) 对于TimerInterruptTasks，设定的时间越短优先级越高。

(2) 所有的UserInterruptTasks优先级是一样的，按照触发的顺序一一执行。

(3) Wait for condition指令可以暂时提高MotionTask的优先级。

2.6.3 执行系统的配置

1. 分配程序到执行等级和任务中

用户的程序必须分配到执行等级和任务中才能执行。可以分配MCC、ST或LAD/FBD程序到一个或多个任务中。也可在一个任务中分配多个程序。分配的程序按照列表中的顺序依次执行，此顺序可以在SCOUT中指定。后面的程序必须在前面的程序结束后才能执行。可以将一个程序分配到几个任务中，此时他们在不同任务中独立运行。

分配一个程序到执行系统中，也就定义了该程序的执行优先级、执行模式(是顺序执行还是循环执行)以及程序变量的初始化。分配一个程序到一个或多个任务时应注意：

(1) 被分配的程序必须被编译过且没有错误。

(2) 在下载程序之前进行分配。

(3) 当一个程序在执行时，有可能被另外一个任务调用。这时系统不能保证数据的一致性。

(4) 当分配了一个程序到任务后，即使重新编译程序也会保持分配状态。

在SCOUT项目浏览界面中选择"EXECUTION SYSTEM"打开任务配置界面，如图2-34所示。

在任务配置的左侧可以看到执行等级树，在每个执行等级下有分配的任务和程序的列表。给任务分配程序的步骤如下：

(1) 选择要分配程序的任务。

(2) 选择Program assignment标签项，在左侧的窗口会列出所有可分配的程序。

(3) 在左侧的窗口选择要分配的程序。

(4) 单击">>"按钮，选定的程序出现在右边的窗口中。

(5) 在右侧窗口中选中相应的任务，按上下箭头按钮调整程序的运行顺序。

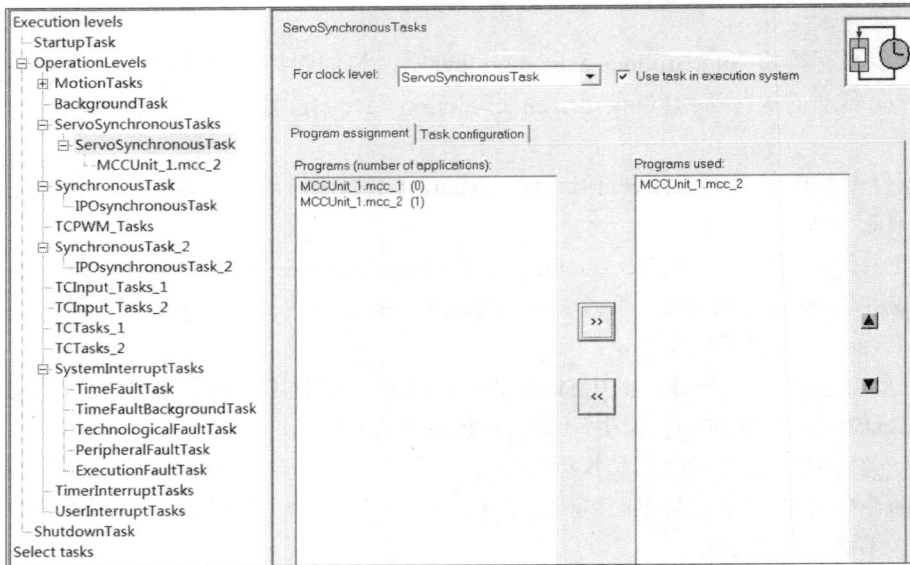

图 2-34　执行系统任务配置界面

（6）还可以在Task configuration标签中进行更多的设置，如程序出错的处理方式、周期任务的看门狗时间、MotionTasks的启动模式等。

全部设置完成后，可以建立连接，然后下载到目标系统中。

2. 设置系统循环时钟

在SIMOTION 硬件配置中，如果SIMOTION的某个接口被设置成了等时同步 DP/PN模式，则时钟周期的设置被用做总线时钟周期。DP/PN的通信、伺服以及插补周期均与总线时钟周期同步。如果想要等时同步地访问IO变量，必须进行此设置。支持等时同步的驱动设备有SIMODRIVE 611U、MASTERDRIVES MOTION CONTROL和SINAMICS。也可以连接不支持等时同步模式的驱动，如Micromaster MM4 和 MASTERDRIVES VC。如果未设置等时同步模式，也可以设置基本的系统时钟，伺服和插补周期与基本的时钟同步。

1）系统时钟周期

一旦选择了时钟周期的源，就可以定义各个同步的周期时间，他们是基本时钟周期的倍数。SIMOTION中有下述时钟周期：

（1）Bus cycle clock：总线时钟周期。

（2）Servo cycle clock：伺服时钟周期。输入输出在此周期内被刷新。包括轴的位置控制以及集中式IO或分布式IO的处理。伺服时钟周期与总线时钟周期的比例可以是1:1或2:1。

（3）IPO cycle clock：轴运动是在IPO时钟周期内被计算。IPOSynchronousTask也在此周期内执行。IPO周期与伺服周期的比率可以设置成1:1到1:6。

（4）IPO_2 cycle clock：IPO_2时钟周期可以运行低优先级的轴。此外，IPOSynchronousTask_2和PWM Task (TControl) 也在此周期内执行。IPO_2与IPO时钟周期的比率可以设置成1：2到1:64。

2）系统时钟周期的设置(图2-35)

（1）通过菜单"Target system→Expert → Set system cycle clocks..."，或者用鼠标右键单击"EXECUTION SYSTEM"选择"Expert→ Set system cycle clocks"，可打开设置页面。

44

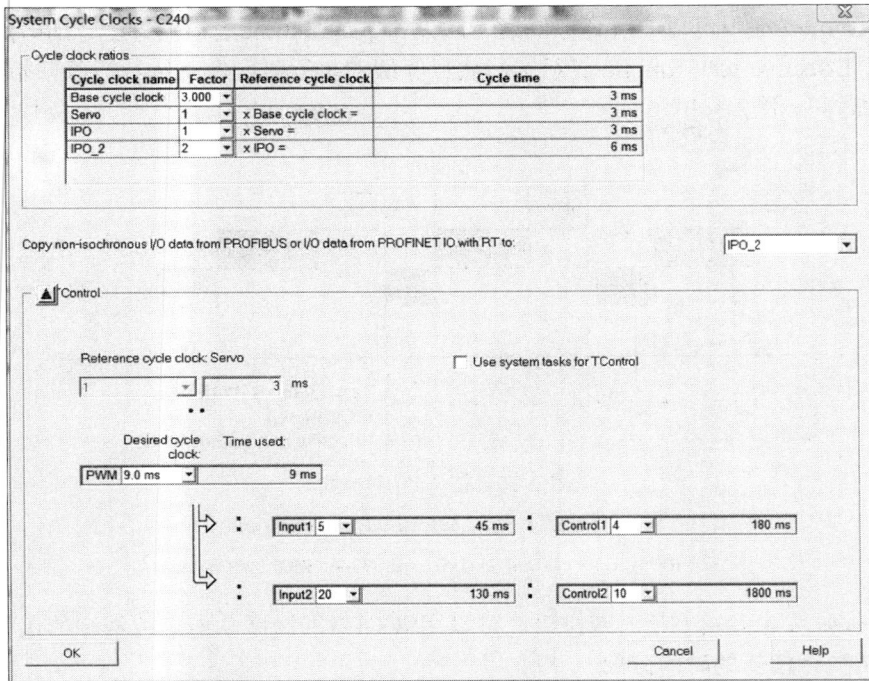

图 2-35　系统时钟周期的设置

(2) 如果没有设置等时同步模式，则可以指定基本的总线时间。

(3) 设置各个时钟之间的比例关系。

(4) 如果使用了Tcontrol，则需对TControl系统任务以及时钟周期进行设置。

3) 给 TO(工艺对象)分配系统时钟周期

可以分配TO的计算周期来改变TO的优先级、优化系统的性能。一般情况下，可以分配低优先级的工艺对象到IPO2，如外部编码器。分配IPO或伺服时钟周期给高优先级的TO。可以设置的时钟周期如表2-5所列。

表 2-5　工艺对象可以分配的系统时钟周期

运动控制任务	高优先级	中等优先级	低优先级
工艺对象	伺服周期时间	插补时钟周期	插补时钟周期2
Drive axis		默认	√
Positioning axis		默认	√
Synchronous axis		默认	√
External encoder		默认	√
Output cam	√	√	√
Cam track	√	√	√
Measuring input	√	√	√

4) 任务运行时间

可以用任务运行时间检查系统的性能是否可以满足要求。在设备的变量Taskruntime和

Effective task runtime中可以查看任务的运行时间。Taskruntime是指任务运行的时间(不包括中断的时间)，Effective task runtime显示实际执行等级的执行时间，从执行等级开始到最后任务结束所需的时间如图2-36所示。

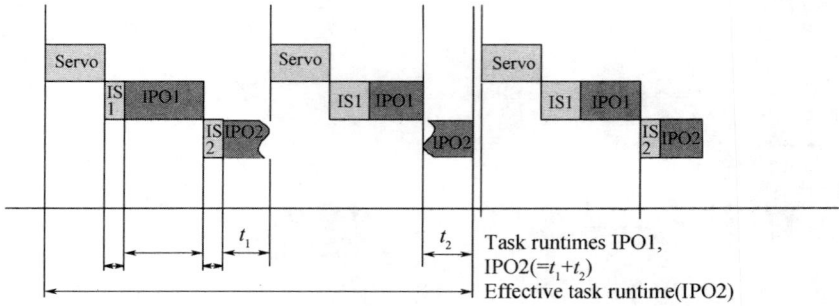

图 2-36　任务的运行时间

Servo—伺服循环周期；IS1—IPOSynchronousTask；

IS2—IPOSynchronousTask_2；IPO1—IPOTask；IPO2—IPOTask2。

系统运行时可能会发生超时或溢出。可以用SCOUT的诊断功能监控程序的运行。

3．自由执行任务的时间分配

除了高优先级的用户和系统任务外，剩余的时间是留给MotionTasks 和BackgroundTask的。在自由执行任务级别中，任务是自由地顺序执行。由于是循环执行，因此执行时起始顺序是不确定的。在此循环中一个任务可以在指定的时间内连续执行，然后转到下一个任务，如果任务执行结束就会直接转到下一个任务，如图2-37所示。可以通过设置来决定MotionTasks 和BackgroundTask在自由执行任务级别中执行时间的分配。

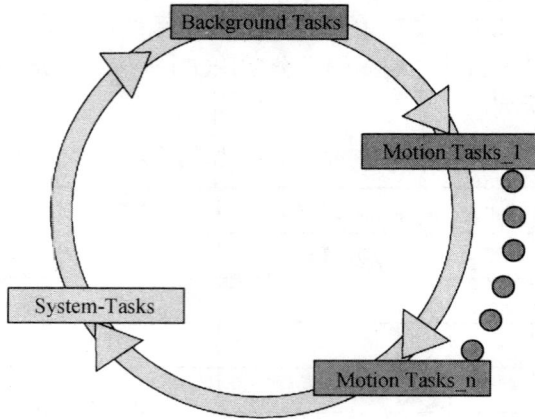

图 2-37　自由时间分配

自由执行任务等级的时间分配如下：

(1) 在任务分配窗口中选择MotionTask或BackgroundTask，选择任务配置标签。

(2) 在图2-38中，单击时间分配按钮"Time allocation"。

(3) 在打开的如图2-39所示的窗口中用滑动条设置BackgroundTask的时间分配，单击"OK"按钮确定。

46

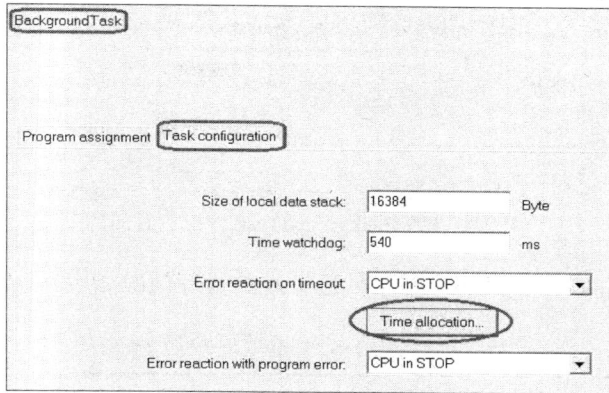

图 2-38　设置背景任务的时间分配

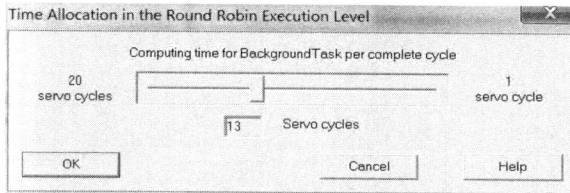

图 2-39　时间分配滑动设置

下面通过两个例子说明自由执行等级时间的设置。

[例2-1]　如果设置BackgroundTask的运行时间为1个伺服周期，如图2-40所示。在此设置下，BackgroundTask执行一个伺服周期，然后运行所有的MotionTask，但每个MotionTask最多运行2个伺服周期。然后BackgroundTask再执行一个伺服周期。

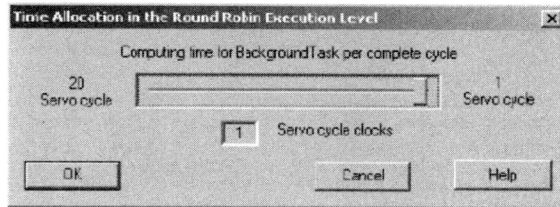

图 2-40　为 BackgroundTask 分配的时间片

在有两个MotionTask的情况下，自由执行等级的执行情况如表2-6所列。

表 2-6　自由执行等级的执行情况

Servo cycle clock1	Servo cycle clock2-3	Servo cycle clock4-5	Servo cycle clock6	Servo cycle clock7-8
Background Task	Motion Task1	Motion Task2	Background Task	Motion Task1

[例2-2]　如果设置BackgroundTask的运行时间为20个，则伺服周期如图2-41所示。在此设置下，BackgroundTask执行20个伺服周期，然后运行所有的MotionTask，但每个MotionTask最多运行2个伺服周期。然后BackgroundTask再执行20个伺服周期。

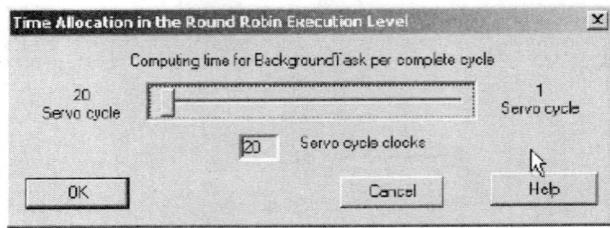

图 2-41　为 BackgroundTask 分配的时间片

在有两个MotionTask的情况下，自由执行等级的执行情况如表2-7所列。

表 2-7　自由执行等级的执行情况

Servo cycle clock1-20	Servo cycle clock21-22	Servo cycle clock23-24	Servo cycle clock25-44	Servo cycle clock45-46
Background Task	Motion Task1	Motion Task2	Background Task	Motion Task1

第3章 SIMOTION 项目实战初步

3.1 项 目 简 介

本章通过一个实际项目介绍SIMOTION项目的完整创建过程。

如图3-1所示，传送带Transfer沿正向一直运行，当传感器Sensor1 检测到瓶子，罐装头Filler 开始齿轮同步，传送带向前运动100mm后，Filler 与Transfer 实现速度同步，同时通过快速输出功能输出信号(开始灌装)，当传送带位置为800mm时，快速输出功能关闭输出信号(停止灌装)，同时罐装头(Filler)开始解除与传送带(Transfer)的速度同步，当传送带向前运动100mm后，Filler 完成同步解除，然后快速回到起点，等待下一次运动。其中，罐装头、传送带移动距离与电动机转数之比均为10mm/rev。

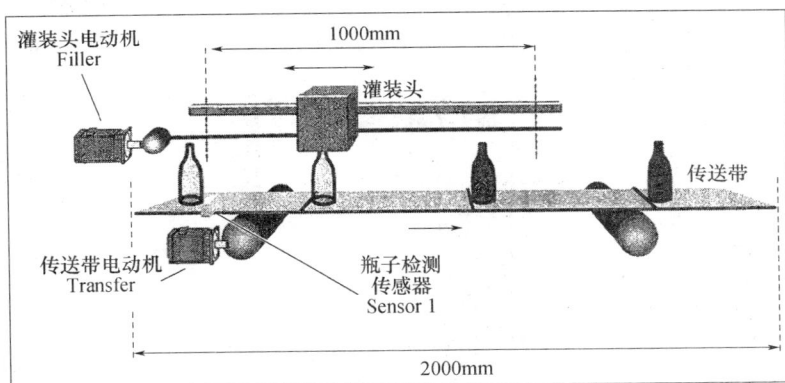

图 3-1 灌装生产线

项目使用的硬件包括SIMOTION C240、伺服电动机与驱动器(分别为传送带和罐装头运动电动机)、启动按钮(NO)、瓶子检测传感器(NO)、电控罐装阀门。

项目使用的软件包括STEP 7、SIMOTION SCOUT等。

3.2 SINAMICS V90 伺服驱动器设置

SINAMICS V90是西门子的一款小型伺服驱动器,它与SIMOTICS S-1 FL6伺服电动机组成伺服驱动系统(图3-2)，可实现位置控制、速度控制和扭矩控制。

SINAMICS V90可以与西门子运动控制产品SIMOTION C240配合使用，SIMOTION C240通过输出脉冲+方向信号，控制SINAMICS V90实现速度控制及位置控制。其特点在于可以在C240中创建多个位置轴，各轴间可以实现电子齿轮同步运行、电子凸轮同步运行以及路径插补运行。C240本机自带4路步进电动机脉冲输出驱动+方向控制信号，可最多连接4个V90实现定位控制；如果位置控制轴数超过4个，可以通过扩展IM174模块来连接更多数量的V90。

图 3-2　SINAMICS V90 伺服驱动器与伺服电动机

3.2.1　SINAMICS V90 伺服系统简介

1．SINAMICS V90 伺服系统连接图

　　如图3-3所示为V90伺服系统的连接图。在数控系统中最常用的是外部脉冲位置控制(PTI)，其接线图如图3-4所示。

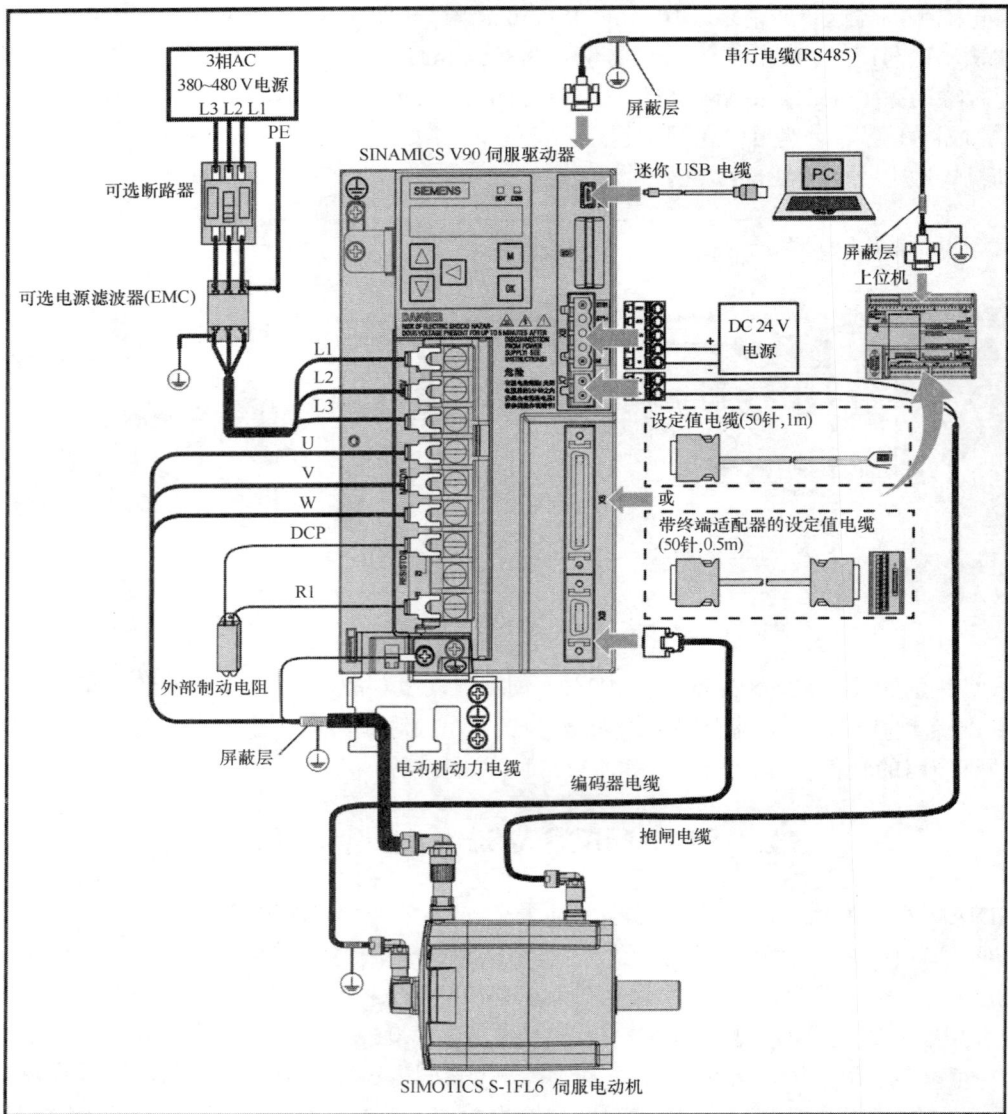

图 3-3　SINAMICS V90 伺服系统连接图

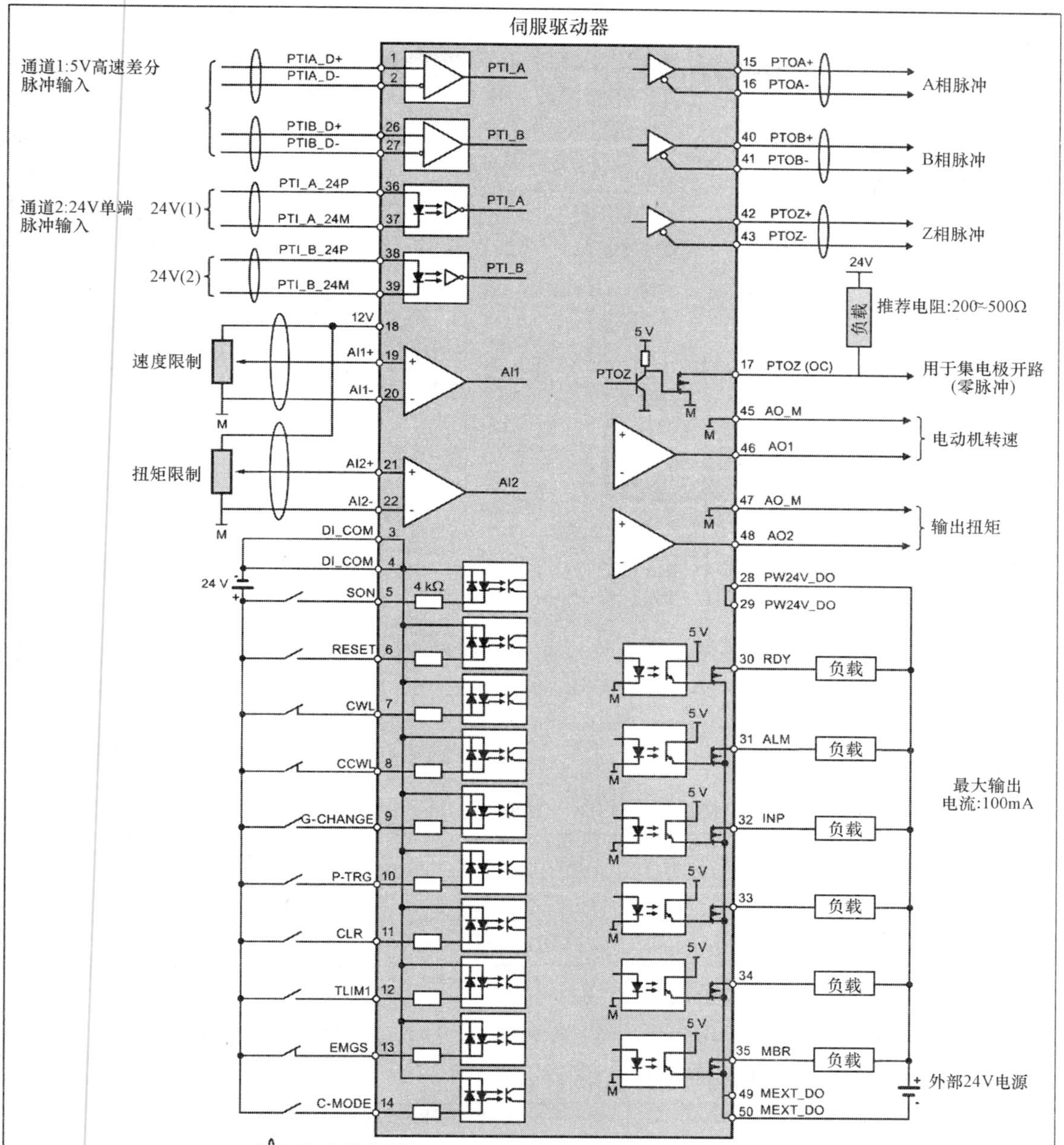

伺服驱动器

通道1:5V高速差分脉冲输入

通道2:24V单端脉冲输入

图 3-4　SINAMICS V90 伺服系统位置控制的连接图

2. 伺服驱动器的控制模式设置

伺服驱动器通过设置参数 P29003 可选择基本控制模式：0 为外部脉冲位置控制模式(默认值)。1 为内部设定值位置控制模式；2 为速度控制模式；3 为扭矩控制模式。

V90 可以通过外部脉冲给定进行位置控制，可支持两种脉冲信号输入，即 24V 集电极脉冲信号和 5V 差分脉冲信号；而输入控制脉冲有 A/B 相和方向+脉冲两种形式。通过 P29014 参数进行脉冲信号类型的设置。

P29014=0 为 5V 差分脉冲信号输入(RS485)，接口为 X8-1(PTIA_D+)，X8-2(PTIA_D-)，X8-26(PTIB_D+)，X8-27(PTIB_D-)，外部接线如图 3-5 所示；P29014=1 为 24V 单端，接口为 X8-36(PTI_A_24P)，X8-37(PTI_A_24M)，X8-38(PTI_B_24P)，X8-39(PTI_B_24M)，外部接线如图 3-6 所示。

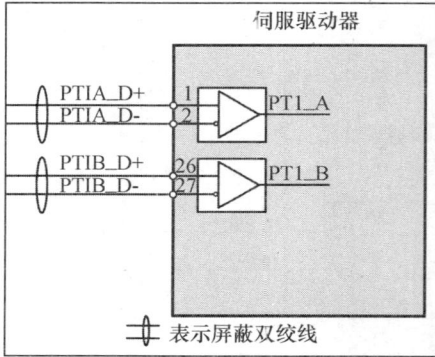

图 3-5　使用 5V 差分 PTI 接法　　　　　图 3-6　使用 24V 单端 PTI 接法

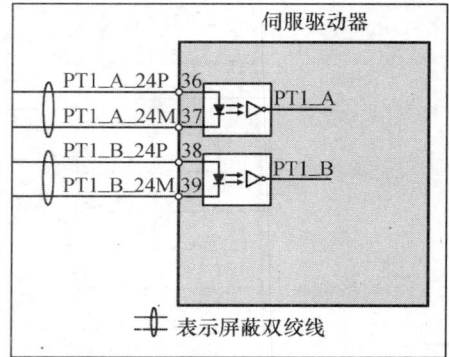

3．电子齿轮比设置

电子齿轮比是用来放大或缩小从上级控制器所获得的脉冲频率。电子齿轮比的分子是电动机转一圈编码器的脉冲个数，其分母是使电动机转一圈通过上级控制器所发出的脉冲数。

对于V90而言，其伺服电动机存在两种编码器类型，即增量型编码器和绝对型编码器。其分辨率如表3-1所列。

表 3-1　SINAMICS V90 伺服电动机编码器的分辨率

类型	规格	分辨率/ppr
增量型编码器	2500	10000
绝对型编码器	20位	1048576

可以通过两种方式设置电子齿轮比(图3-7)：

(1) 电子齿轮比=编码器分辨率/P29011(P29011 是电动机转一圈需要的脉冲数)。

(2) 当 P29011=0 时，电子齿轮比 = P29012/P29013。

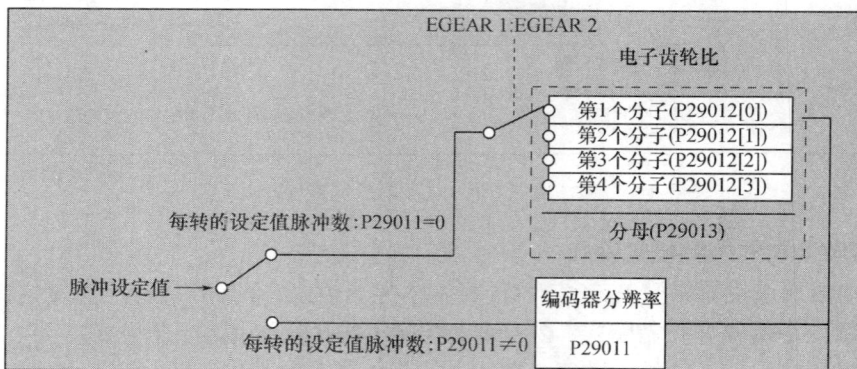

图 3-7　设置电子齿轮比的方式

电子齿轮比是用于脉冲设定值倍乘系数。通过分子和分母实现。四个分子(P29012[0]，P29012[1]，P29012[2]，P29012[3])和一个分母(P29013)用于四个电子齿轮比设置，取值范围如表3-2所列。

表 3-2   P29012[0-3]和 P29013 的设置范围

参数	范围	出厂设置	单位	描述
P29012[0]	1～10000	1	—	电子齿轮比的第一个分子
P29012[1]	1～10000	1	—	电子齿轮比的第二个分子
P29012[2]	1～10000	1	—	电子齿轮比的第三个分子
P29012[3]	1～10000	1	—	电子齿轮比的第四个分子
P29013	1～10000	1	—	电子齿轮比的分母

一般情况下，编码器装于电动机轴上，为了能准确反映工作装置的转速，采用电子齿轮比的设置方法。表3-3中举例说明了电子齿轮比的计算过程。

表 3-3   伺服传动系统中电子齿轮比的计算示例

步骤	描述	机械结构	
		滚珠丝杠	圆盘
		电机 负载轴 工件 编码器分辨率：10000ppr 滚珠丝杠的导程：6mm	负载轴 电动机 编码器分辨率:10000ppr
1	机械结构参数	• 丝杠导程：6mm • 传动比：1:1	• 旋转角度：360° • 传动比：1:3
2	编码器分辨率	10000	10000
3	LU	1LU=1 μm	1LU=0.01°
4	电动机每转所需控制脉冲数	6mm/0.001mm×(1/1)=6000	360°/0.01°×(3/1)=108000
5	电子齿轮比	10000/6000	10000/108000
6	设置参数 $\left\|\frac{P29012}{P29013}\right\|$	10000/6000	10000/108000=5/54

3.2.2   实现位置控制的 V90 接线与参数设置

本项目中使用C240的X2的第一路步进电动机控制通道，通过发出脉冲+方向的信号控制V90做定位运行，无位置编码器反馈，C240与V90的接线如图3-8所示。

53

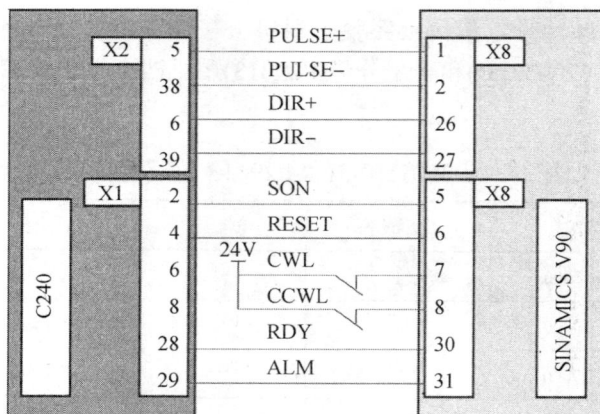

图 3-8　C240 与 V90 的接线

C240本机自带的X2接口最多可输出4路步进电动机控制脉冲，它是标准的RS422差分信号，C240与V90之间的脉冲在不对称的情况下连接线最长为10m。

V90的PTI模式参数设置流程如图3-9所示。本例V90设置的参数如表3-4所列。

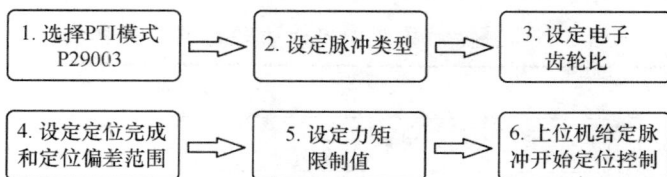

图 3-9　PTI 参数设置流程

表 3-4　PTI 模式下 V90 的参数设置

参数设置	说　明
P29003=0	P29003 为设置控制模式，等于 0 时为 PTI
P29010=0	选择脉冲+方向的形式
P29011=0	设置电子齿轮比
P29012=1	
P29013=1	
P29301[0]=1	设置 DI1 为 SON,伺服使能
P29302[0]=2	设置 DI2 为 RESET,复位故障
P29303[0]=3	设置 DI3 为 CWL, 正 限 位
P29304[0]=4	设置 DI4 为 CCWL, 负限位
P29330=1	设置 D01 为 RDY,伺服准备好
P29331=2	设置 D02 为 ALM,伺服报警
P2544	设定输出定位完成信号输出的幅度
P2546	设定定位偏差可接受的范围
P1520	设定转矩正限幅
P1521	设定转矩负限幅

3.3 硬件组态

(1) 打开SIMOTION SCOUT软件，创建一个名为 "guanzhuang" 的新项目，并插入设备 SIMOTION C240，如图3-10所示。

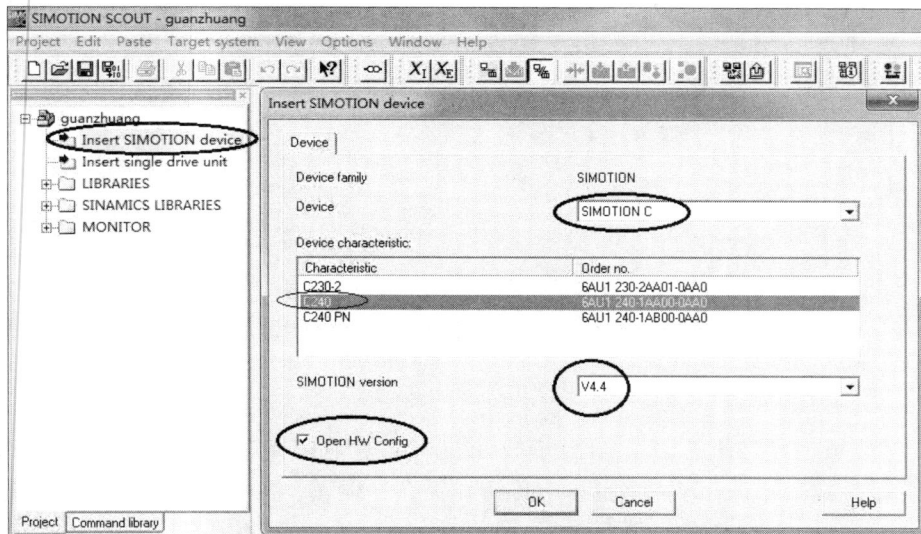

图 3-10　插入 SIMOTION 设备 C240

(2) 打开硬件配置窗口(插入新设备后自动打开)，本项目只用到C240本体。为了编程方便，可以建立MPI网络和以太网。

建立MPI网络的方法(图3-11)：双击机架上的"DP2/MPI"槽(此端口既可以用作DP接口，也可以用作MPI接口)；在弹出的"DP2/MPI属性"窗口的"常规"选项页上，选择接口类型为 "MPI"；单击"属性"按钮，弹出MPI属性窗口；单击"新建"按钮，选择新建的MPI(1)子网；确定，返回。

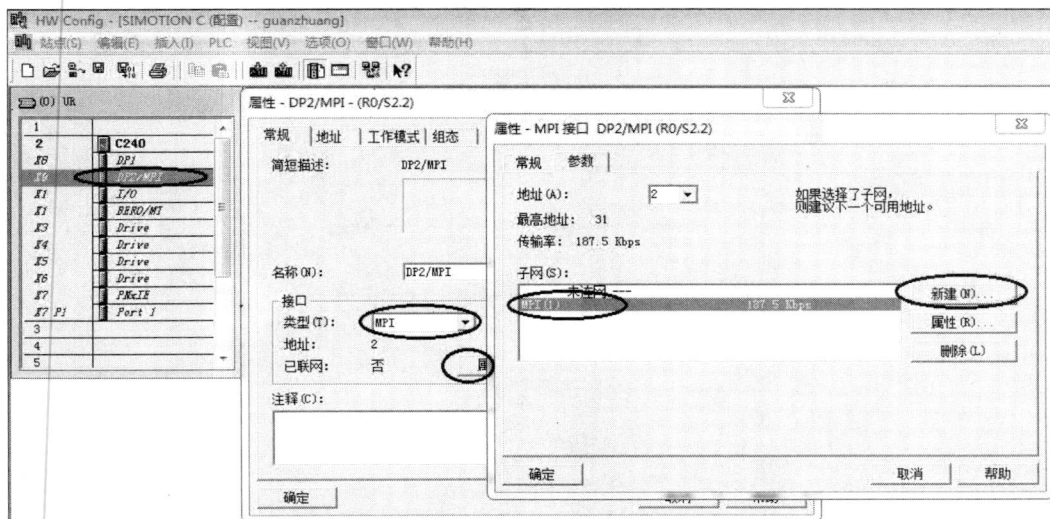

图 3-11　建立 MPI 网络

55

建立以太网的方法(图3-12)：双击"PnxIE"槽；在弹出的"PnxIE属性"窗口的"常规"选项页上，单击"属性"按钮，弹出以太网接口属性窗口；修改IP地址和子网掩码，单击"新建"按钮，并选择新建的Ethernet(1)子网；确定，返回。

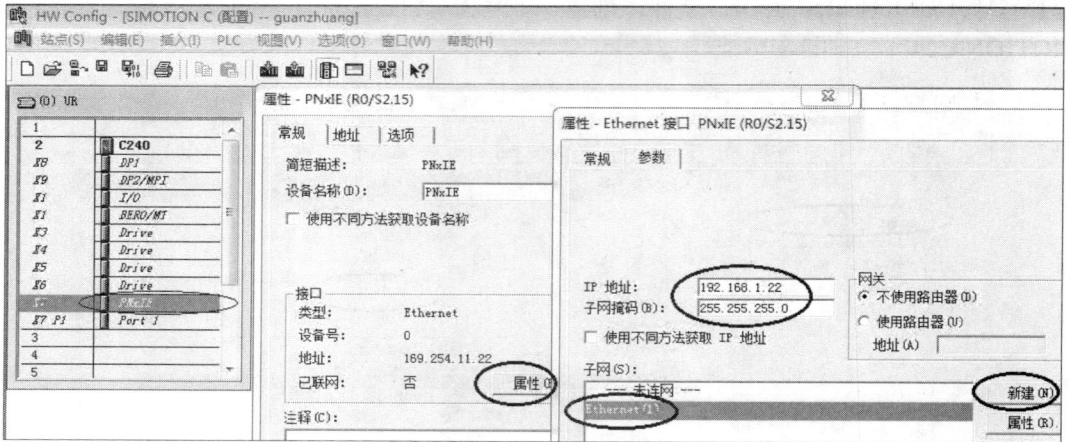

图 3-12　建立以太网

(3) 配置完成的硬件组态如图3-13所示。单击"保存和编译"按钮，确认无错；单击"组态网络"按钮，弹出如图3-14所示窗口；单击"保存并编译"按钮，确认无错；关闭窗口。

插槽	模块…	订货号		固件	MPI 地址	I 地址	Q 地址
1							
2	C240	6AU1 240-1AA00-0AA0		V4.4	2		
X8	DP1					4095*	
X9	DP2/MPI				2	4094*	
X1	I/O					66…67	66
X1	BERO/MT					64…65	
X3	Drive					128…159	128…159
X4	Drive					160…191	160…191
X5	Drive					192…223	192…223
X6	Drive					224…255	224…255
X7	PNxIE					4093*	
X7 P1	Port 1					4092*	

图 3-13　配置完成的硬件组态

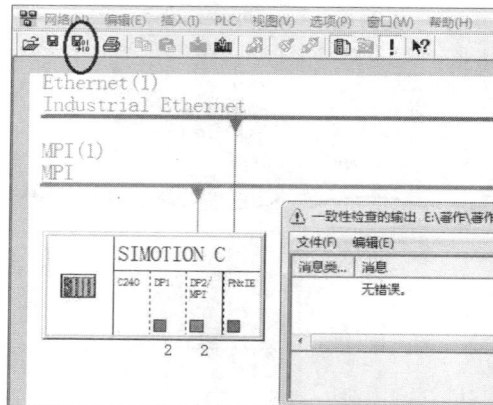

图 3-14　网络组态编译无错

56

3.4 创建轴及工艺对象

3.4.1 创建轴

1. 创建名为 Axis_Transfer 的线性位置模态轴

(1) 如图3-15所示，双击导航栏中"AXES"下的"Insert axis"，创建一个位置轴，输入轴名称为"Axis_Transfer"，钩选速度控制及位置控制，单击"OK"按钮。

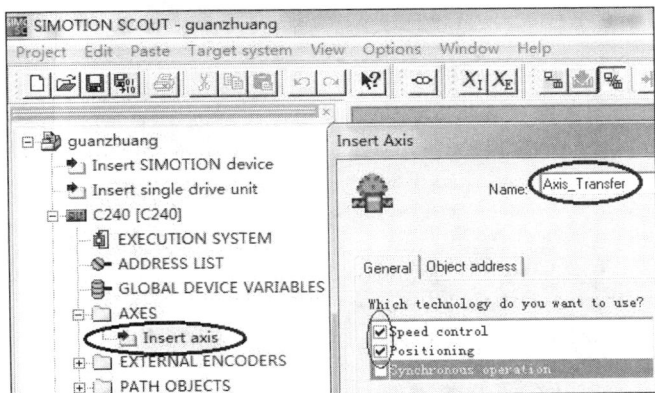

图 3-15　创建轴 Axis_Transfer

(2) 选择轴"Axis_Transfer"的类型为线性(Linear)、电气轴(Electrical)，如图3-16所示。

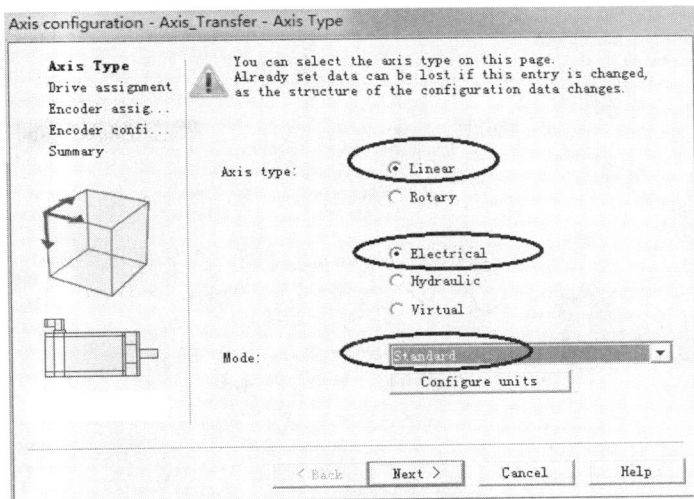

图 3-16　选择轴"Axis_Transfer"的类型

(3) 由于伺服系统选择"脉冲+方向信号"的控制方式，而本系统将伺服电动机和步进电动机归为同一类，所以在图3-17中选择驱动类型为步进电动机"Stepper mot."；输出通道选择C240的第一输出通道，最大脉冲输出频率(Max.frequency)为500kHz，电动机每转一圈所需的脉冲数量(Steps per revolution)为10000；数据输入完成后在"Corresponding to a motor speed of"中显示对应的电动机速度值3000r/min。

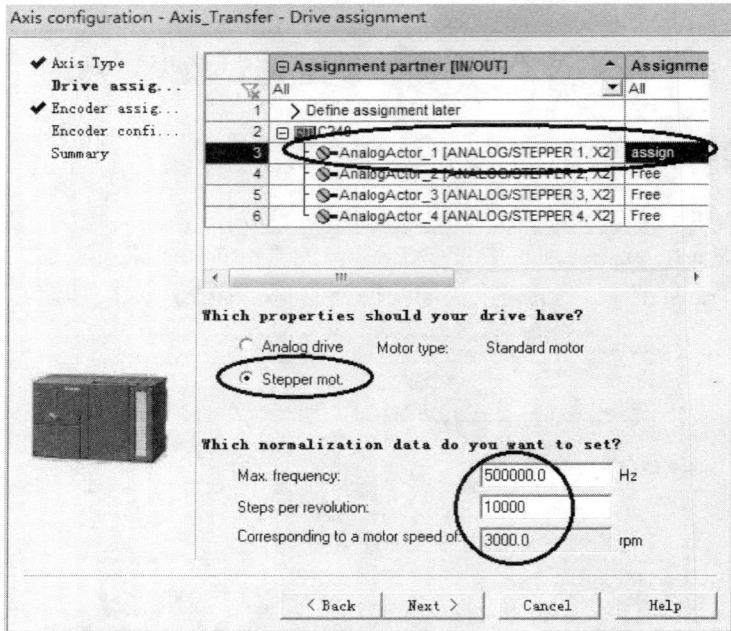

图 3-17　设置轴 "Axis_Transfer" 的电动机控制参数

(4) 选择编码器通道以及编码器的类型、脉冲数。本例中未接位置反馈编码器,所以选择如图3-18所示。

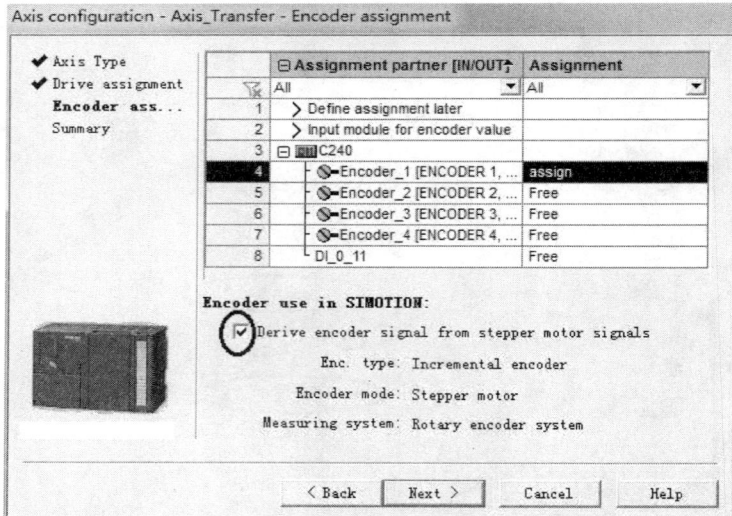

图 3-18　设置轴 "Axis_Transfer" 的编码器反馈

(5) 创建完成的轴如图3-19所示。

(6) 设置轴的机械数据。如图3-20所示,在项目导航栏新建轴 "Axis_Transfer" 下(单击可展开),双击轴的属性 "Mechanics",在弹出的窗口中勾选 "Modulo axis",并设定开始值(0)和模态长度(2000)。本例中设置电动机转一圈负载的行程为10mm,此处的设置数据用于V90的电子齿轮比的计算。

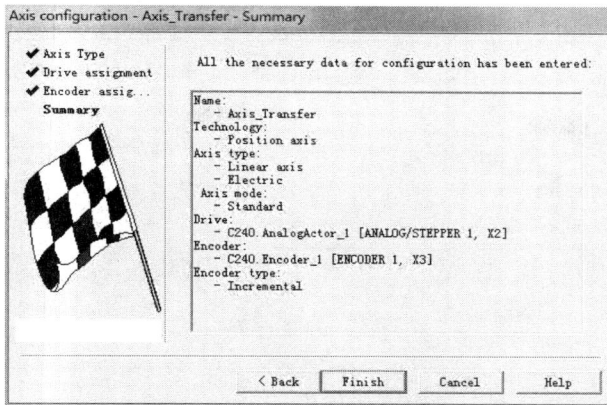

图 3-19　创建完成的轴 Axis_Transfer

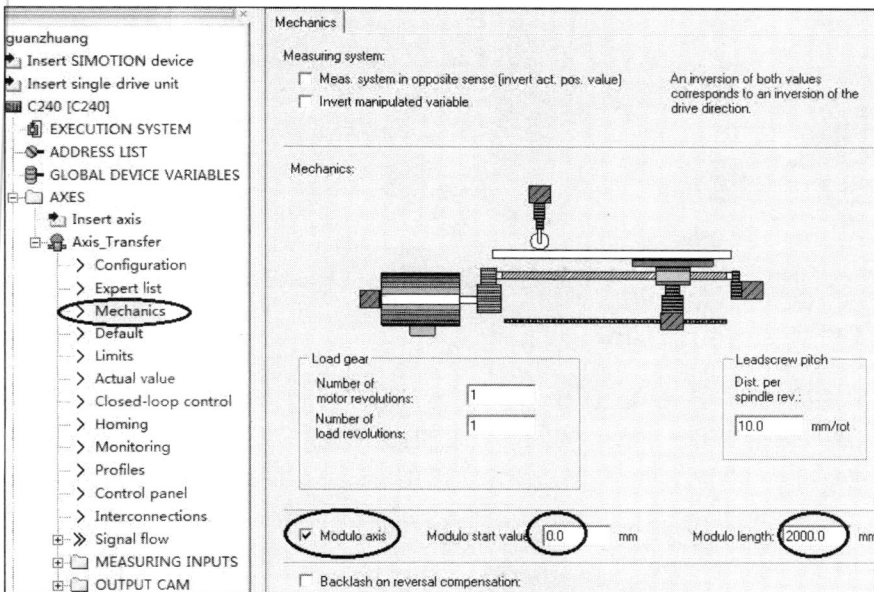

图 3-20　创建完成的轴 Axis_Transfer

2．创建名为 Axis_Filler 的线性同步轴

(1) 双击"Insert axis"，创建一个同步轴，输入轴名称为"Axis_Filler"，选择速度控制、位置控制和同步操作，单击"OK"按钮，如图3-21所示。

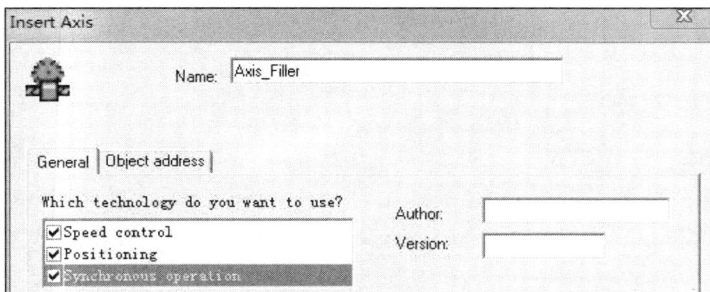

图 3-21　创建轴 Axis_Filler

(2) 选择轴"Axis_Filler"的类型为线性(Linear)、电气轴(Electrical)。

(3) 选择驱动类型为步进电动机；输出通道选择C240的第二输出通道，其他同轴"Axis_Transfer"。

(4) 选择编码器，同轴"Axis_Transfer"。

(5) 创建完成的轴如图3-22所示。

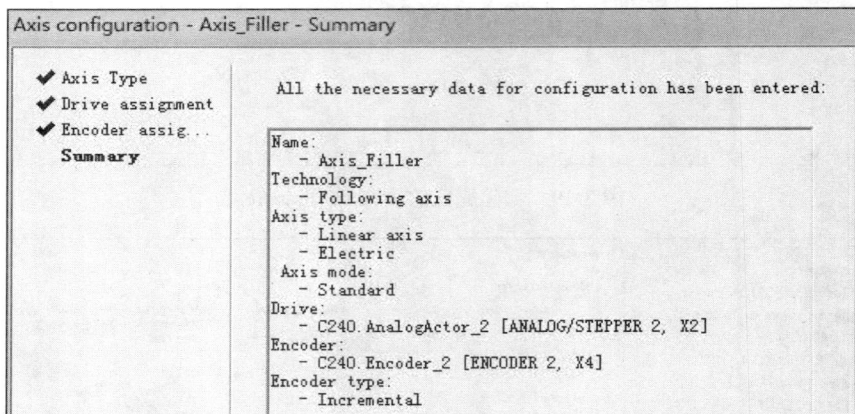

图 3-22　创建完成的轴 Axis_Filler

(6) 设置轴的机械数据。传动比和导程设置同轴"Axis_Transfer"。

3.4.2　齿轮同步对象的配置

在轴配置完成以后，需要配置同步轴"Axis_Filler"与主轴"Axis_Transfer"的互连，双击"C240→AXES→Axis_Filler→Axis_Filler_SYNCHRONOUS_OPERATION→Interconnections"，在右侧窗口选择使用主轴"Axis_Transfer"的设定值Setpoint，如图3-23所示。

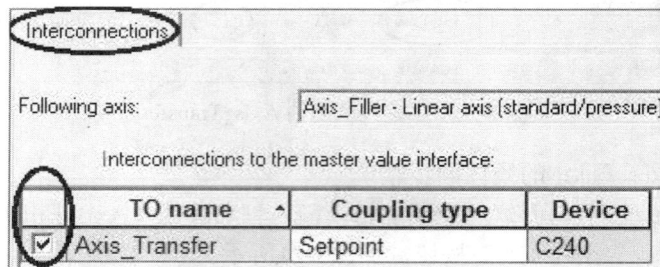

图 3-23　两轴的齿轮同步配置

3.4.3　创建快速输出

OUTPUT CAM是SIMOTION中用于快速输出的对象。本项目中罐装阀的控制可以使用OUTPUT CAM功能实现，罐装阀的通断由轴"Axis_Filler"的位置决定，所以需要为轴"Axis_Filler"配置一个OUTPUT CAM。该对象通过SIMOTION C240集成的DO点输出。

(1) 依次打开"C240→AXES→Axis_Filler→OUTPUT CAM"，双击其中的"Insert output cam"，创建一个快速输出对象(名称为默认值)，如图3-24所示。

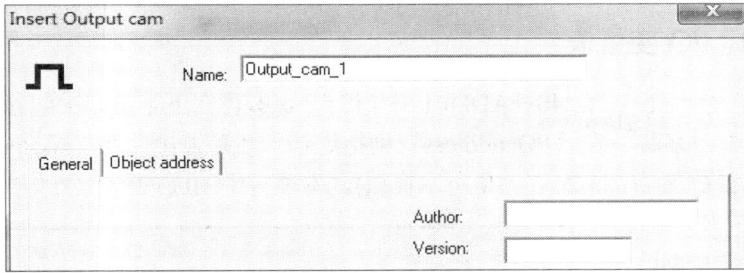

图 3-24 插入 output cam

(2) Output cam参数设置。双击刚刚创建的"Output_cam_1"下的Configuration(首次自动打开)，在右边页面进行设置。如图3-25所示，勾选"Activate output"，选择"Fast digital output(DO)(D4xx，C240)"，然后单击Output后的 [...] 按钮，在弹出的"Assign Output_cam_1.Output"窗口中，选择C240的8DO中的Q0。

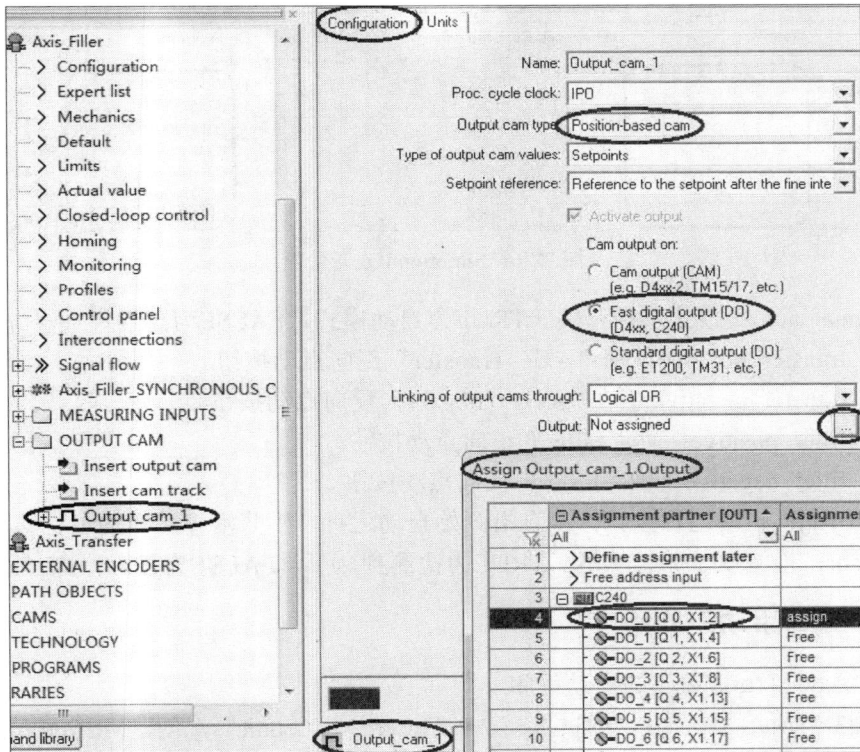

图 3-25　Output cam 参数设置

这样，本项目中所使用的轴及工艺对象已配置完成。

3.5　编　　程

项目程序需要根据实际工艺编写，本项目中将程序分解为回零操作、点动操作(传送带和罐装头分别正反向点动)、自动操作和主程序、错误处理等部分。使用MCC语言编写与运动控制相关的程序，使用LAD/FBD编写了周期性执行的逻辑控制程序。

3.5.1 创建 I/O 变量表

在项目导航栏中，双击"C240→ADDRESS LIST"，即可在下半窗口中配置全局I/O变量。在"Name"列输入变量名称，在"I/O address"列指定输入还是输出，在"Assignment"列单击按钮浏览到系统中的I/O变量(图3-26右上角所示窗口)。本项目中的I/O变量配置如图3-26所示。

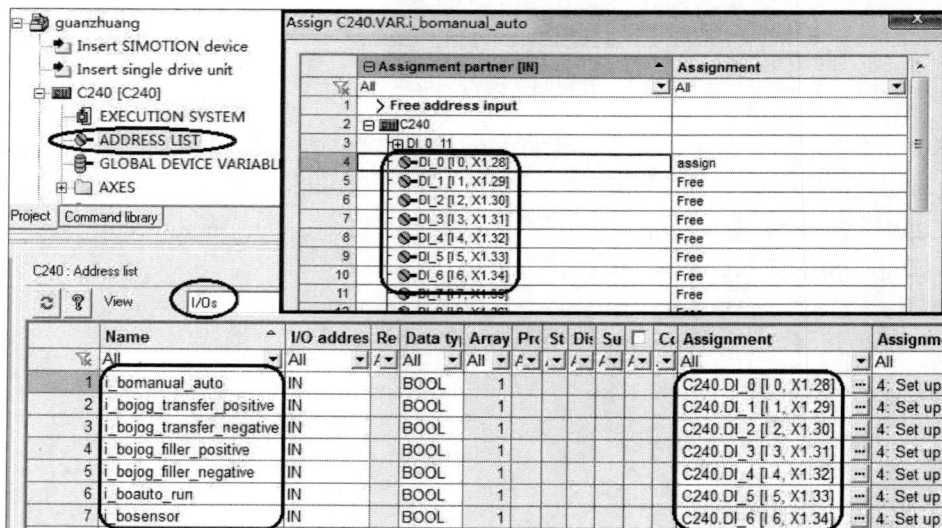

图 3-26　Simotion IO 变量表

i_bomanual_auto：模式选择开关。TRUE为自动模式，FALSE为点动模式。

i_bojog_transfer_positive：轴"Axis_Transfer"正向点动按钮。

i_bojog_transfer_negative：轴"Axis_Transfer"反向点动按钮。

i_bojog_filler_positive：轴"Filler"正向点动按钮。

i_bojog_filler_negative：轴"Filler"反向点动按钮。

i_boauto_run：自动运行按钮。上升沿开始自动运行。下降沿停止自动运行。

i_bosensor：检测瓶子的传感器。TRUE为检测到瓶子，FALSE为没有检测到瓶子。

3.5.2 编写手动控制程序

1. 轴"Axis_Transfer"的点动程序

(1) 如图3-27所示，在项目导航栏，双击"Insert MCC unit"，创建MCC单元，将其命名为"MCC_Unit_1"。

(2) 如图3-28所示，在新建MCC单元下，双击"Insert MCC chart"，创建MCC 程序段，将其命名为"MT_Jog_Transfer"。

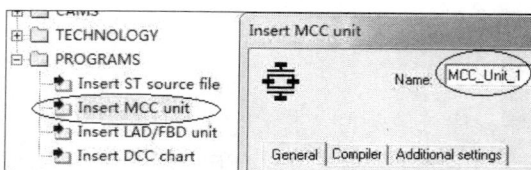

图 3-27　创建 MCC 单元

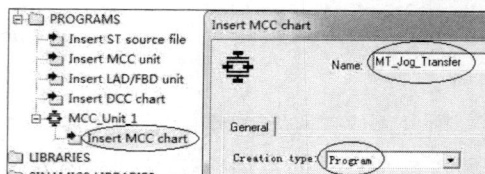

图 3-28　创建 MCC 程序段"MT_Jog_Transfer"

(3) 在新建"MT_Jog_Transfer"程序段中编写如图3-29所示的MCC程序。

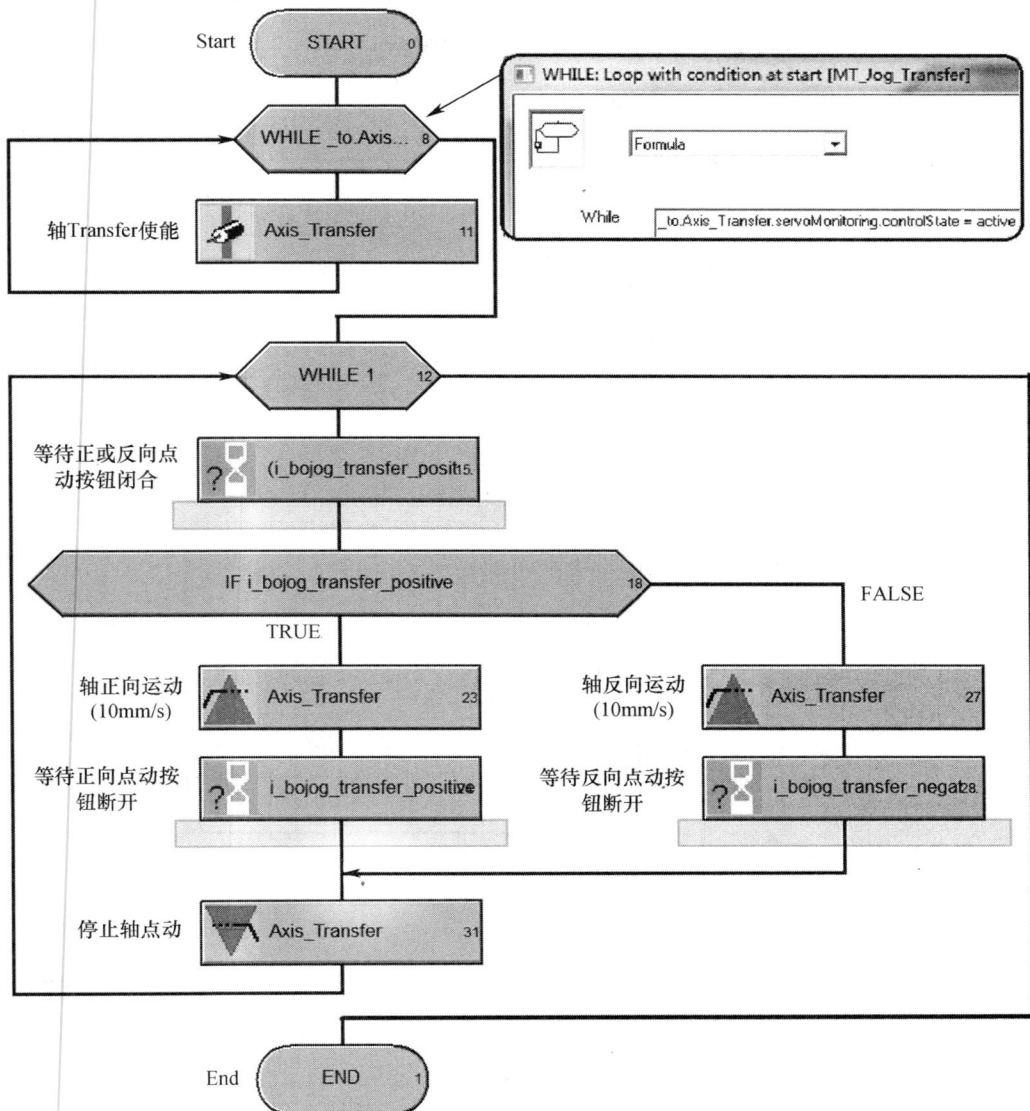

图3-29　轴"Axis_Transfer"的点动程序"MT_Jog_Transfer"

图3-29所示程序可以实现如下功能：

(1) 当检测到i_bojog_transfer_positive的上升沿(正向点动按钮闭合)时，轴Transfer正向运动(速度为10mm/s)；当检测到i_bojog_transfer_positive的下降沿(正向点动按钮断开)时，轴Transfer停止。

(2) 当检测到i_bojog_transfer_negative的上升沿(反向点动按钮闭合)时，轴Transfer反向运动(速度为10mm/s)；当检测到i_bojog_transfer_negative的下降沿(反向点动按钮断开)时，轴Transfer 停止。

2. 轴 Filler 的点动程序

(1) 在MCC_Unit_1 中，创建MCC 程序，将其命名为"MT_Jog_Filler"。

(2) 参考轴Transfer 的点动程序可以很容易的编写出轴Filler 的点动程序，如图3-30所示。

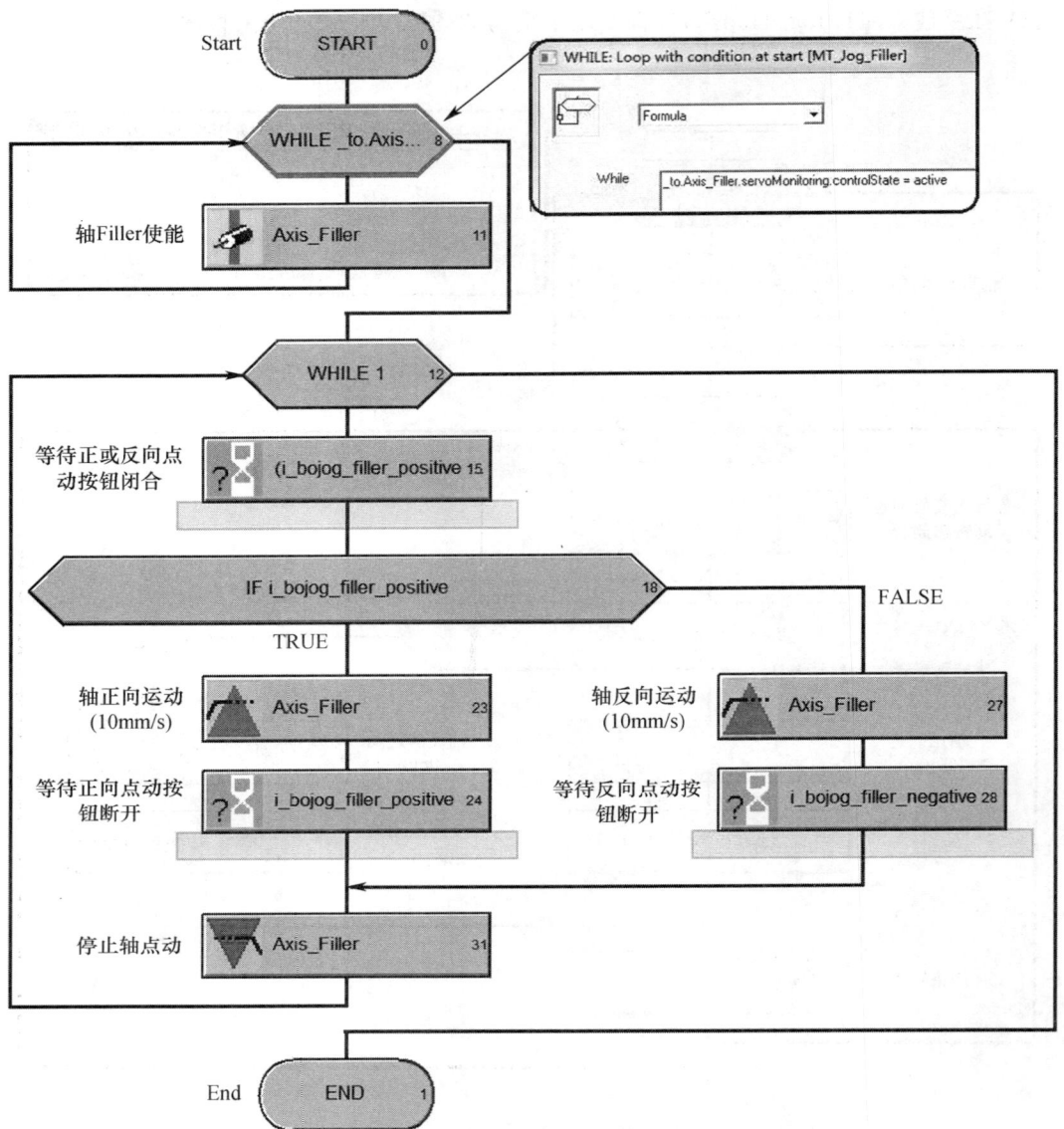

图 3-30　轴"Axis_Filler"的点动程序"MT_Jog_Filler"

图3-30所示程序可以实现如下功能：

(1) 当检测到i_bojog_Filler_positive的上升沿(正向点动按钮闭合)时，轴Filler正向运动(速度为10mm/s)；当检测到i_bojog_filler_positive的下降沿(正向点动按钮断开)时；轴Filler停止。

(2) 当检测到i_bojog_filler_negative的上升沿(反向点动按钮闭合)时，轴Filler 反向运动(速度为10mm/s)，当检测到i_bojog_filler_negative的下降沿(反向点动按钮断开)时，轴Filler 停止。

3.5.3　编写回零程序

(1) 在MCC_Unit_1 单元中创建MCC程序段，将其命名为"MT_Homing"。

(2) 在"MT_Homing "中编写如图3-31所示的程序。

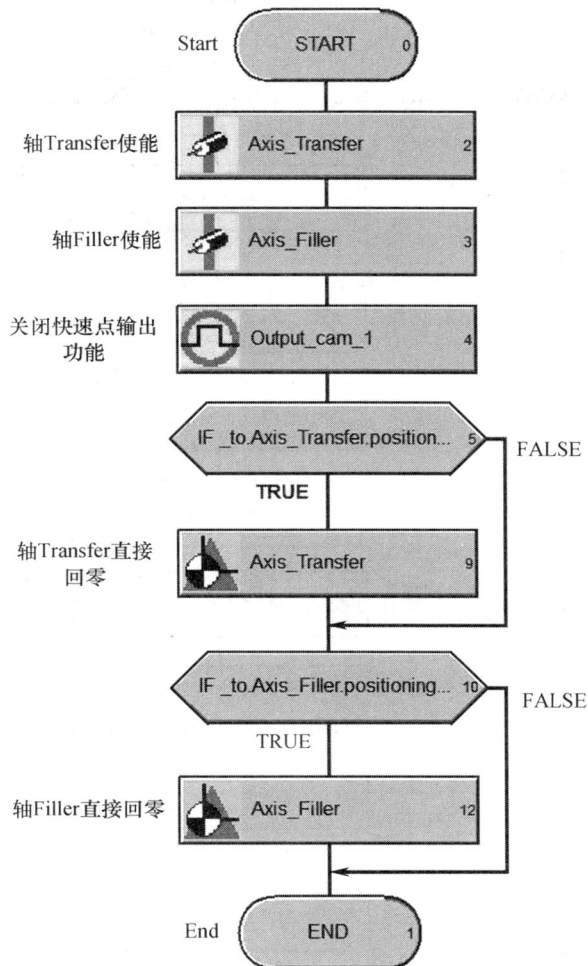

图 3-31　轴回零程序"MT_Homing"

为了简化程序,两轴的回零方式都选择了直接回零方式回零(Set home position),零点坐标设为0。

第一个条件判断:如果轴Axis_Transfer 没有回零,则直接回零轴Axis_Transfer 到0位置。

第二个条件判断:如果轴Axis_Filler 没有回零,则直接回零轴Axis_Filler到0位置。

3.5.4　编写自动运行程序

1. 自动运行程序

(1) 在MCC_Unit_1 单元中创建MCC程序段,将其命名为"MT_Auto_Run"。

(2) 在"MT_Auto_Run"程序段中编写如图3-32所示程序。其中建立快速输出功能的命令参数设置如图3-33所示。

此MCC程序段的功能是:闭合i_boauto_run(自动运行按钮上升沿),轴Axis_Transfer恒速运行,轴Axis_Filler使能并运行到预备位置,建立快速输出功能;断开i_boauto_run(自动运行按钮下降沿),则停止两轴,并关闭快速输出功能。

65

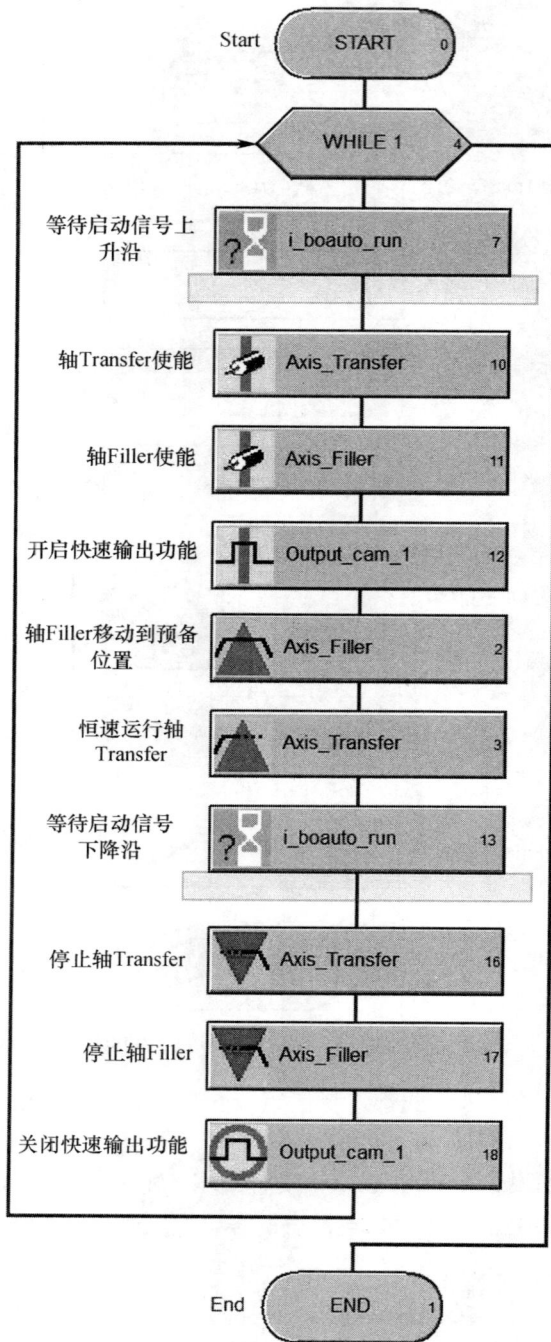

图 3-32 自动运行程序 "MT_Auto_Run"

2．同步程序

此程序段是否执行由条件 "i_bosensor=True"(检测到瓶子)触发用户中断执行。

(1) 在MCC_Unit_1 单元创建MCC程序段，将其命名为 "MT_Filler_Synchronization"。

(2) 在 "MT_Filler_Synchronization" 中编写如图3-34所示的程序。其中齿轮同步与解除同步的命令参数设置如图3-35和图3-36所示。

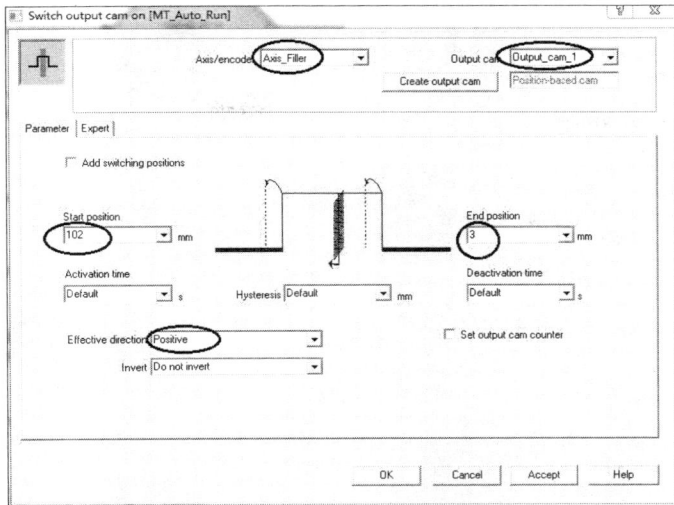

图 3-33　建立快速输出的命令参数设置

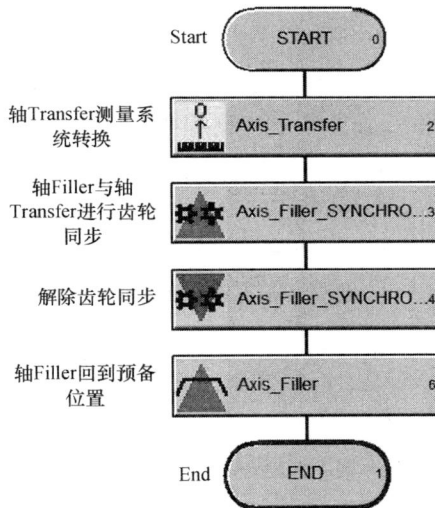

图 3-34　同步程序段"MT_Filler_Synchronization"

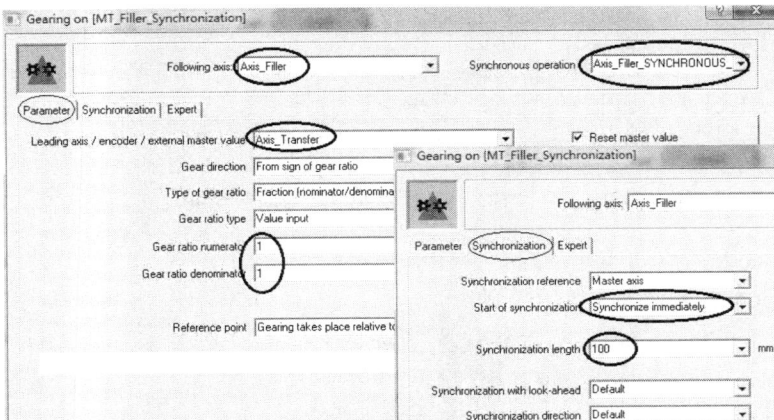

图 3-35　齿轮同步使能指令的参数设置

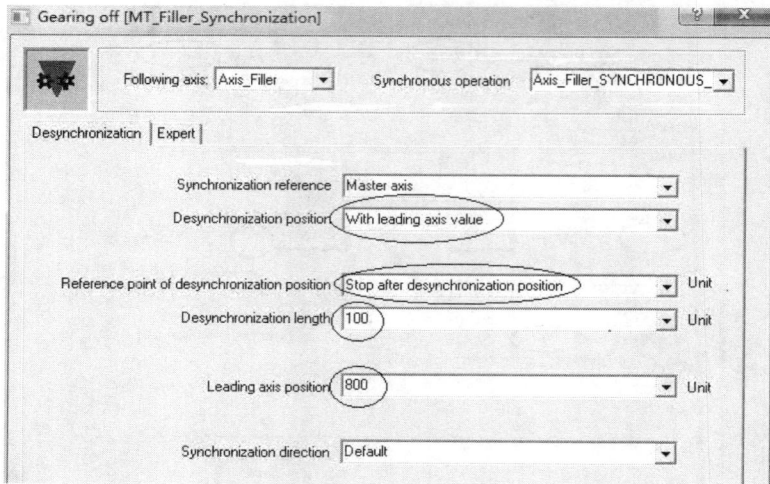

图 3-36　齿轮同步解除指令的参数设置

3.5.5　编写错误处理程序

(1) 在MCC_Unit_1 单元创建MCC程序，将其命名为"MCC_Fault"。

(2) 为了简化程序，"MT_Fault"中无任何程序。

3.5.6　编写主程序

此段主程序循环执行，用于点动/自动切换时启动相关的任务和关闭无关的任务。

(1) 在项目导航栏，双击"Programs→Insert LAD/FBD unit"创建LAD/FBD 单元 "Unit_Main"。在新建的LAD/FBD 单元下，双击"Insert LAD/FBD program"创建LAD/FBD 程序段"BG_Main"。

(2) 在程序段"BG_Main"中创建局部变量(用于本程序段内)，如图3-37所示。

	Parameters/variables	I/O symbols	Structures	Enumerations		
	Name	Variable t	Data type	Array	Initial	Comment
1	s_bo_Manmode	VAR	BOOL			
2	s_bo_Automode	VAR	BOOL			
3	s_bo_risingedge_manmode	VAR	BOOL			
4	s_bo_fallingedge_manmode	VAR	BOOL			
5	s_bo_risingedge_automode	VAR	BOOL			
6	s_bo_fallingedge_automode	VAR	BOOL			
7	s_i32Ret	VAR	DINT			
8	s_b32_motiontask_state	VAR	DWORD			

图 3-37　"BG_Main"程序段的局部变量表

s_bo_Manumode：点动模式标志。

s_bo_Automode：自动模式标志。

s_bo_risingedge_manmode：点动模式标志的上升沿。

s_bo_fallingedge_manmode：点动模式标志的下降沿。

s_bo_risingedge_automode：自动模式标志的上升沿。

s_bo_fallingedge_automode：自动模式标志的下降沿。

68

s_i32Ret：轴命令_Stop 的返回值。

s_b32_motiontask_state：功能块_restartTaskId的返回值。

(3) 在"BG_Main "程序段中创建如图3-38所示的程序。

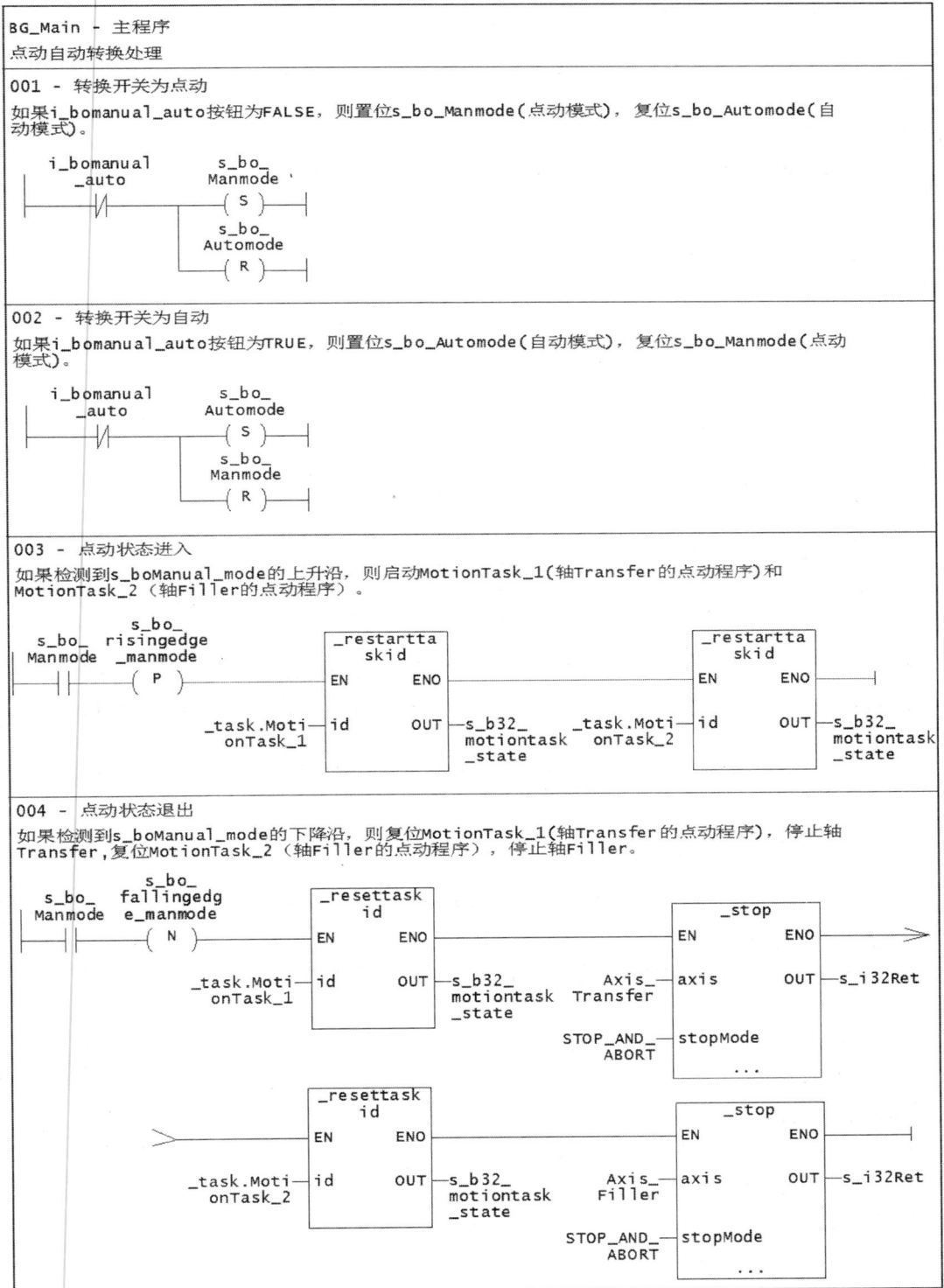

BG_Main - 主程序
点动自动转换处理

001 - 转换开关为点动

如果i_bomanual_auto按钮为FALSE，则置位s_bo_Manmode(点动模式)，复位s_bo_Automode(自动模式)。

```
  i_bomanual           s_bo_
    _auto              Manmode
  ──┤ / ├────────────────( S )────
                          s_bo_
                         Automode
                        ──( R )──
```

002 - 转换开关为自动

如果i_bomanual_auto按钮为TRUE，置位s_bo_Automode(自动模式)，复位s_bo_Manmode(点动模式)。

```
  i_bomanual           s_bo_
    _auto             Automode
  ──┤ / ├────────────────( S )────
                          s_bo_
                         Manmode
                        ──( R )──
```

003 - 点动状态进入

如果检测到s_boManual_mode的上升沿，则启动MotionTask_1(轴Transfer的点动程序)和MotionTask_2（轴Filler的点动程序）。

```
              s_bo_
    s_bo_   risingedge      ┌──_restartta──┐              ┌──_restartta──┐
  Manmode   _manmode        │     skid     │              │     skid     │
  ──┤ ├───────( P )─────────┤EN        ENO ├──────────────┤EN        ENO ├──────
                            │              │              │              │
              _task.Moti────┤id        OUT ├──s_b32_      │              │
                onTask_1    │              │  motiontask  │              │
                            └──────────────┘  _state   _task.Moti────┤id  OUT├──s_b32_
                                                        onTask_2  └──────────────┘ motiontask
                                                                                   _state
```

004 - 点动状态退出

如果检测到s_boManual_mode的下降沿，则复位MotionTask_1(轴Transfer的点动程序)，停止轴Transfer，复位MotionTask_2（轴Filler的点动程序），停止轴Filler。

```
              s_bo_
    s_bo_   fallingedg     ┌──_resettask──┐              ┌────_stop────┐
  Manmode   e_manmode      │      id      │              │             │
  ──┤ ├───────( N )────────┤EN        ENO ├──────────────┤EN       ENO ├──────────▶
                           │              │              │             │
              _task.Moti───┤id        OUT ├──s_b32_   Axis_┤axis     OUT├──s_i32Ret
                onTask_1   │              │  motiontask Transfer │             │
                           └──────────────┘  _state              │             │
                                                       STOP_AND_┤stopMode     │
                                                         ABORT   │    ...      │
                                                                 └─────────────┘

                           ┌──_resettask──┐              ┌────_stop────┐
                           │      id      │              │             │
  ───────────────────────▶┤EN        ENO ├──────────────┤EN       ENO ├──────────
                           │              │              │             │
              _task.Moti───┤id        OUT ├──s_b32_   Axis_┤axis     OUT├──s_i32Ret
                onTask_2   │              │  motiontask Filler  │             │
                           └──────────────┘  _state              │             │
                                                       STOP_AND_┤stopMode     │
                                                         ABORT   │    ...      │
                                                                 └─────────────┘
```

69

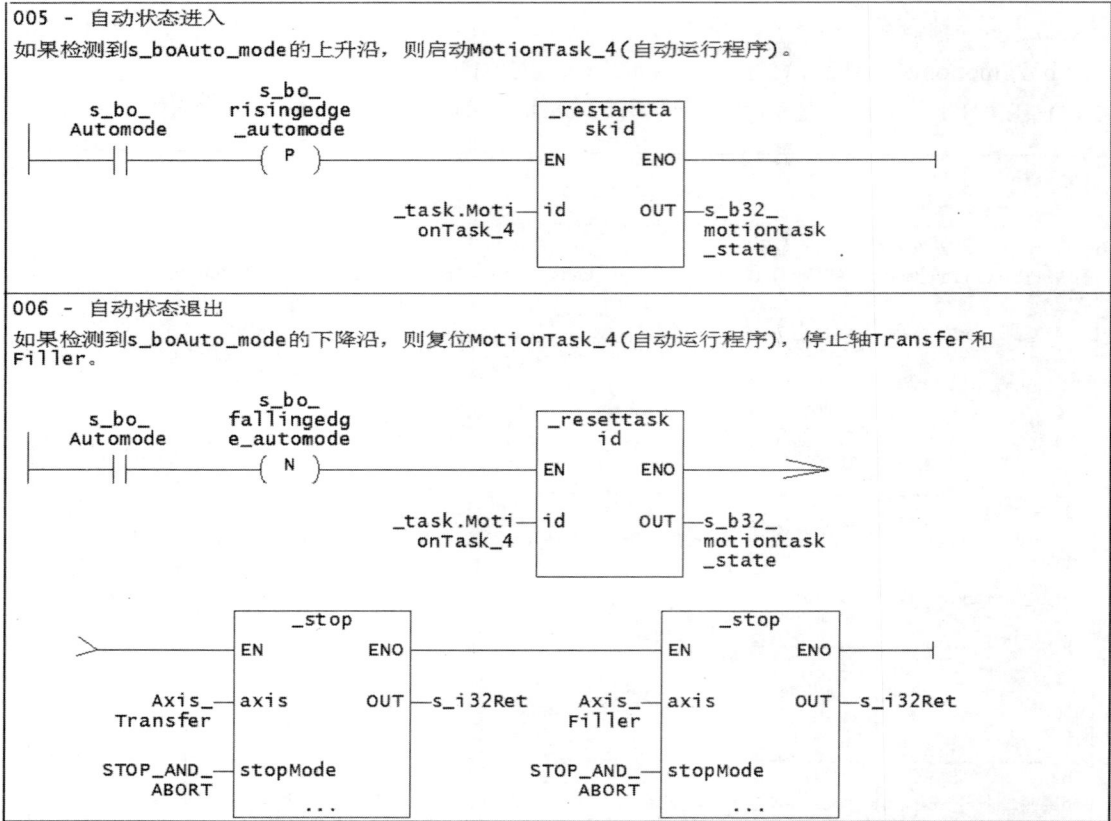

图 3-38 主程序 "BG_Main"

其中，_restartTaskID()、_resetTaskID ()命令位于 "Command Library" 的 "Task system" 内；_stop()命令位于 "Command Library" 的 "Technology→Positioning Axis→Motion" 内。

3.6 执行系统分配与测试

3.6.1 执行系统分配

(1) 将主程序 "BG_Main" 分配到背景任务(此任务为非固定周期循环执行)中，保证任何时刻点动/自动都可以快速的切换。

(2) 两个手动程序可能需要同时操作，所以将其分别分配到两个自由任务中，由主程序激活。

(3) 自动运行程序和回零程序同属一个流程，分配到一个自由任务中，由主程序激活。

(4) 由于自动运行程序主要控制传送带的启停，而罐装头的运动则由同步程序 "MT_Filler_Synchronization" 实现，并由瓶子检测传感器信号触发执行，所以将同步程序分配到用户中断任务中，并将 "i_bosensor=True" 作为触发条件。

(5) 在系统出现故障(特别是工艺对象和I/O发生错误)时，为了不至于出现死机，一般将错误处理程序分配到系统中断任务中。

分配方案如图3-39所示。

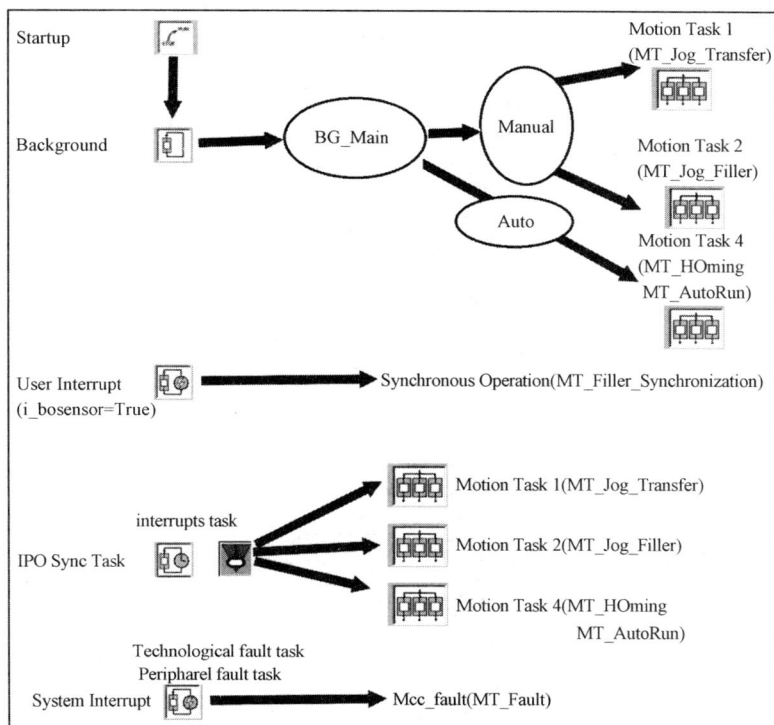

图 3-39　执行系统分配方案

　　按照此方案进行执行系统的分配。在所有程序编写并编译完成后,再分配执行系统。在项目导航栏,双击"C240→EXECUTIONSYSTEM",即可打开执行系统的配置画面,如图3-40所示。先单击不同的任务,再在右侧窗口中选择要分配的程序,然后单击向右箭头即可。本项目的分配结果如图3-41所示。配置完成后,重新编译项目。

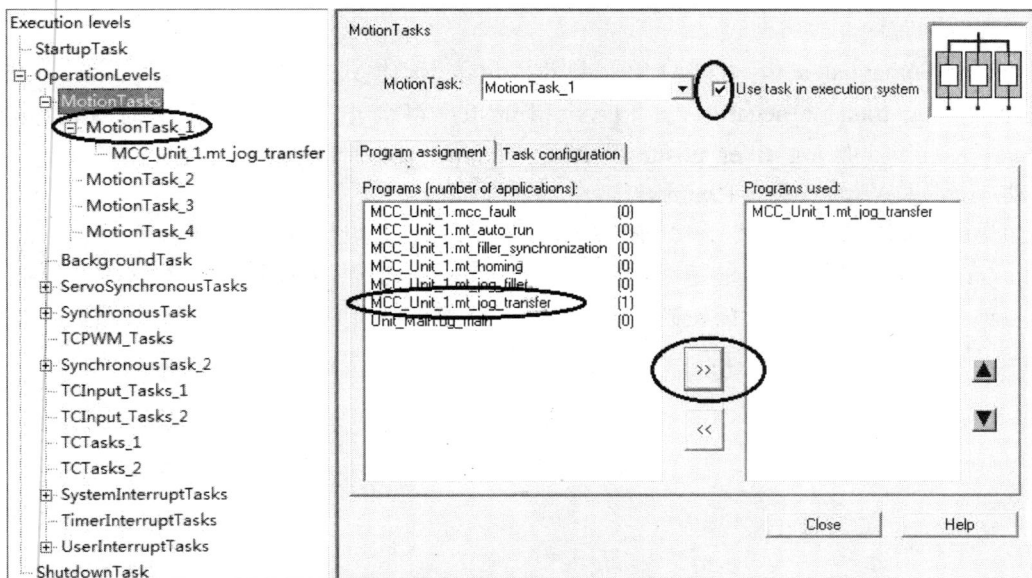

图 3-40　程序分配到执行系统任务中

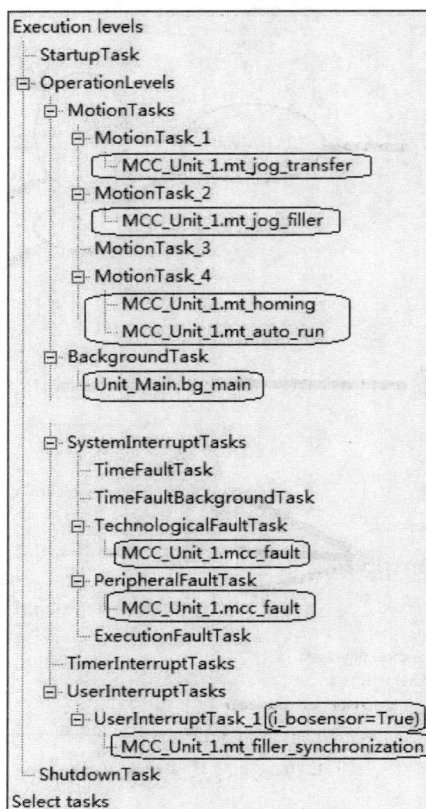

图 3-41　执行系统任务分配信息

3.6.2　测试

设置编程通信口(详见本书2.3节相关内容)。

在线下载程序，进行测试。

如果"i_bomanual_auto"为"FALSE"，则程序进入点动模式,闭合"i_bojog_transfer_positive"或者"i_bojog_transfer_negative"，轴 Axis_Transfer 将会正向点动或者反向点动(速度为10mm/s)；闭合"i_bojog_filler_positive"或者"i_bojog_filler_negative"，轴Axis_Filler 将会正向点动或者反向点动(速度为10mm/s)。

如果"i_bomanual_auto"为"TRUE"，则程序进入自动运行模式，闭合"i_boauto_run"，轴Axis_Transfer 将会以设定的速度沿正向运行，如果闭合"i_bosensor"，轴Axis_Filler 则会立即与轴Axis_Transfer 进行齿轮同步，同步一段距离后开始解除同步，当同步解除后快速回到起点位置，等待下一次运行。

第4章 SCOUT 编程技巧

SIMOTION SCOUT软件提供了3种编程语言环境，分别是MCC(Motion Control Chart)，LAD/FBD(Ladder Logic/Function Block Diagram)以及ST(Structured Text)，其格式示例如图4-1所示。

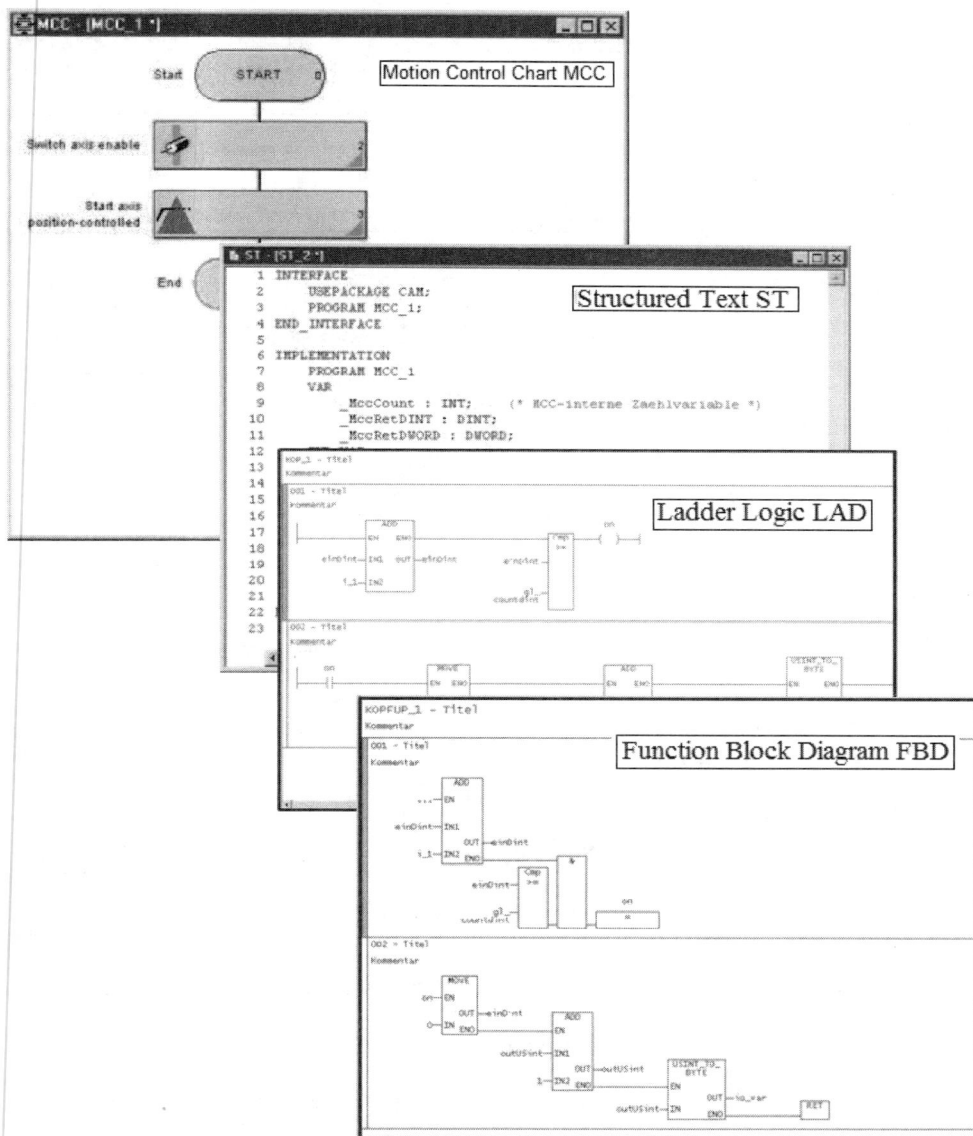

图 4-1 各种编程语言示例

4.1 MCC 编程操作

MCC 是SIMOTION 的一种图形化编程语言，具有使用方便、易于理解、上手快的特点。MCC 是一种类似流程图的编程方式，只需在MCC 指令中输入必要的参数就可以完成复杂的操作指令，从而大大简化了程序的复杂程度。MCC 特别适用于顺序执行的运动控制程序。

4.1.1 MCC 程序的编辑界面

MCC 编辑器的界面分为5个部分，即项目导航栏、菜单栏、工具栏、状态栏和工作区。图4-2对编程有关的主要元素做了标注。

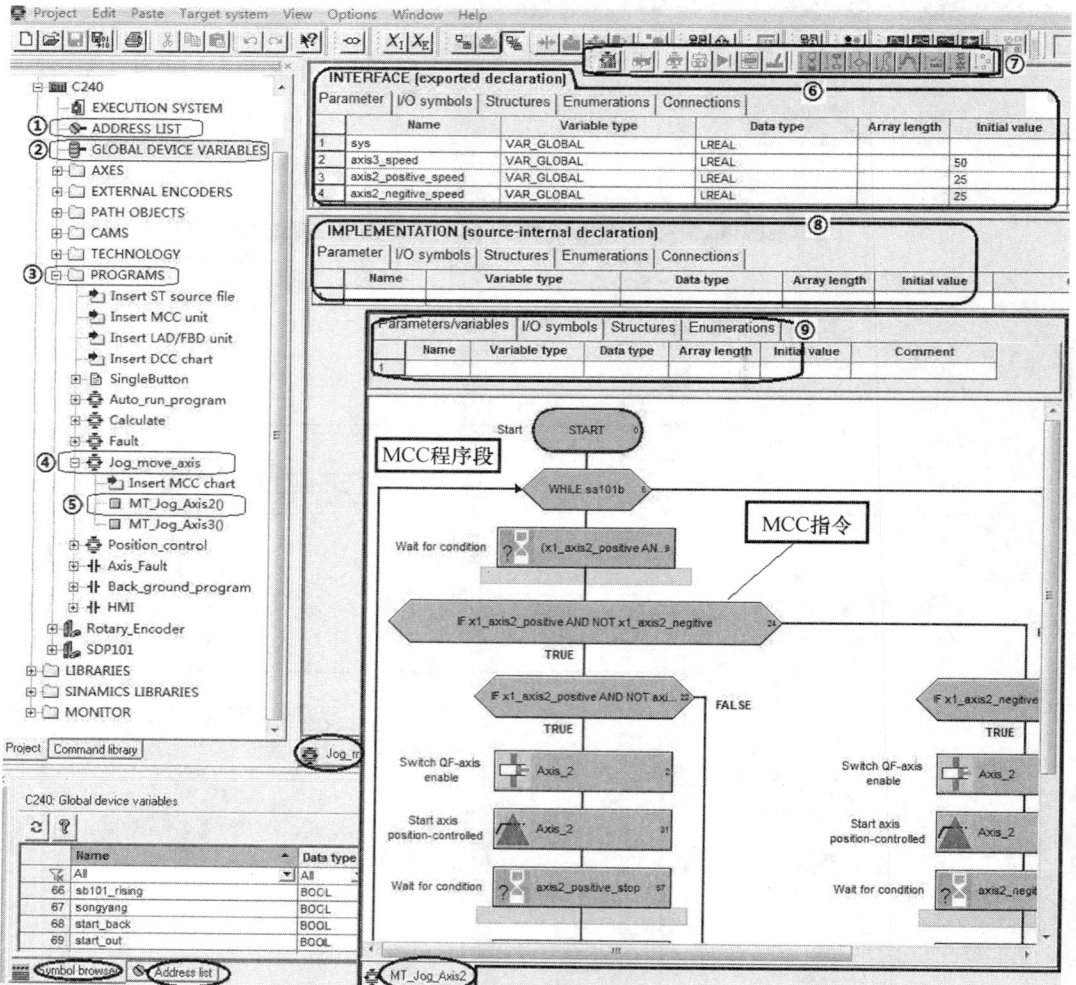

图 4-2 MCC 编辑器的界面

图4-2中与MCC编程紧密相关的元素有：①I/O变量表(所有变量与硬件端口相对应)，属于全局变量，所有程序均可使用；②全局设备变量，用户自定义变量(无硬件端口对应)，属于全局变量，所有程序均可使用；③程序文件夹，所有程序均位于此文件夹下；④MCC程序单元，

将MCC程序人为分组存放于不同的程序单元，方便管理与阅读；⑤MCC程序段，可以是Program、FC或FB，用于实现某种控制目的的一段相对完整的程序；⑥MCC程序单元"INTERFACE"接口；⑦MCC指令工具集(仅在编写程序时出现)；⑧MCC程序单元"IMPLEMENTATION"接口；⑨MCC程序段局部变量。

对MCC编辑器可以进行以下操作：

(1) 可以在菜单栏中选择 "View→Maximize Working Area"或"View→Maximize Detail View"来最大化工作区或状态栏。还可以用"View→Detail View"或"View→Project Navigator"来关闭某个区域。

(2) 可以在工具栏"Zoom Factor"中设置MCC程序段的显示比例，或者按住Ctrl键同时滚动鼠标滚轮改变MCC程序段的显示比例。

(3) 双击项目导航栏的MCC程序段可以打开程序。如果有几个MCC程序单元或MCC程序段同时被打开，可以用下面的方法查看某个程序：

① 选择工作区下方的标签。
② Window菜单下选择某个程序段。
③ 在项目导航区双击某个程序段。

4.1.2 MCC 编辑器的设置

在菜单栏单击"Options→Settings"，可以打开设置窗口，如图4-3所示，选择"MCC editor"标签，可以修改MCC编辑器的设置。

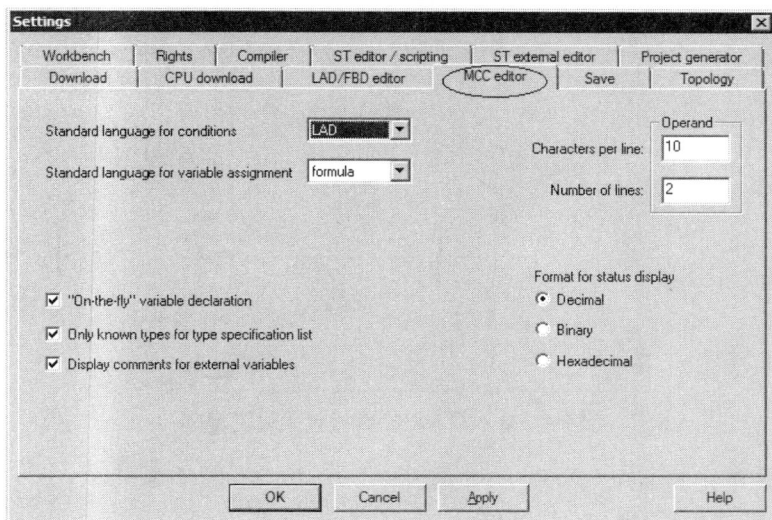

图 4-3 MCC 编辑器的设置

在此对话框里可以设置：

(1) 条件表达式和变量赋值中的标准语言：LAD 、FBD 或formula。

(2) "Only known types for type specification list"(在类型列表里只显示已知的类型)：勾选此项，声明列表只包括同一个MCC程序单元或者链接的程序单元或库中的函数块；不勾选此项，声明列表包括了项目中所有的函数块。

(3) "On-the-fly" variable declaration：勾选此项，允许在MCC指令输入时输入未定义变

量(此时会立刻弹出变量定义对话框)。

4.1.3　MCC 程序单元和 MCC 程序段

从图4-2中可见，MCC 程序单元位于项目航栏中SIMOTION 设备的Programs文件夹下，是进行编译的最小单位。MCC程序段是MCC程序单元下的一段程序(包括程序Program、函数FC 或函数块FB)。一个MCC 程序单元可以包含多个MCC程序段。

1. MCC 程序单元的基本操作

1) 插入MCC程序单元

可以用下面三种方式插入MCC 程序单元：

(1) 在项目导航栏的PROGRAMS 文件夹下，双击"Insert MCC Unit"。

(2) 选择PROGRAMS 文件夹，通过菜单选择"Insert→Program→MCC Unit"。

(3) 右击PROGRAMS 文件夹，通过右键菜单选择"Insert new object→MCC Unit"。

如图4-4所示，在弹出的新建MCC程序单元对话框中输入MCC 程序单元的名称，名称由字母(A~Z，a~z)、数字(0~9)或下划线组成，但是必须以字母或下划线开始，字母不区分大小写。名称在此SIMOTION设备中必须是唯一的。还可以输入作者及版本信息。如果有必要，选择编译器标签对程序单元的编译器进行设置。

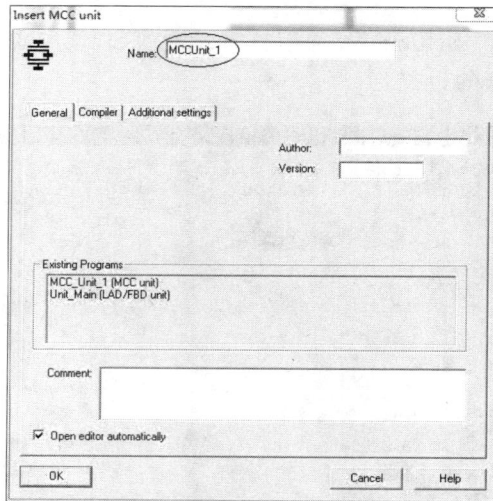

图4-4　插入新 MCC 程序单元设置窗口

2) MCC程序单元的编译

通过下面的方式可编译MCC程序单元：

(1) 在MCC程序单元工具栏中选择编译按钮(图4-5)。

(2) 在菜单栏中选择"MCC Unit→accept and compile"或"MCC chart→accept and compile"(图4-6)。

(3) 在项目导航栏中，用鼠标右键单击要编译的MCC程序单元，选择"Accept and compile"命令(图4-7)。

编译的错误和报警信息显示在屏幕下方输出框的"Compile/check output"标签中。可以双击错误信息来定位程序出错的地方，从而对程序进行修改。

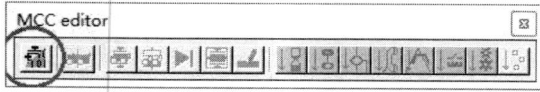

图 4-5　MCC 程序单元编译按钮

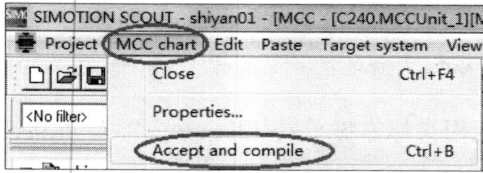

图 4-6　菜单选择 MCC 单元编译功能

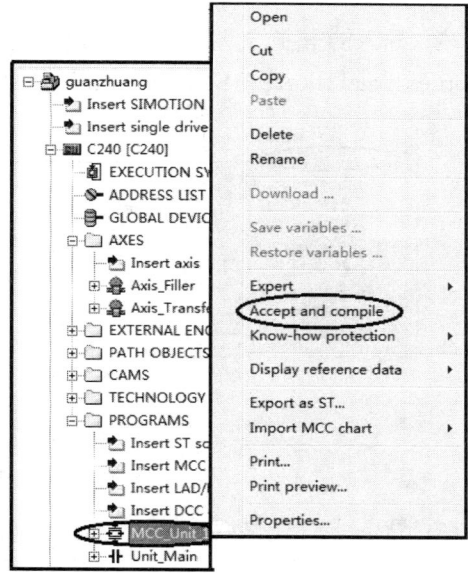

图 4-7　MCC 程序单元的右键菜单选择编译功能

3) 剪切、复制、删除一个MCC程序单元

在项目导航栏选中MCC程序单元后，可以通过右键菜单(图4-7)或"Edit"菜单完成MCC程序单元的剪切、复制和删除操作。

4) MCC程序单元的密码设置

选中MCC 程序单元，在右键菜单中选择"know-how protection→set"(图4-7)，在弹出的如图4-8所示的对话框中设定登录名和密码。

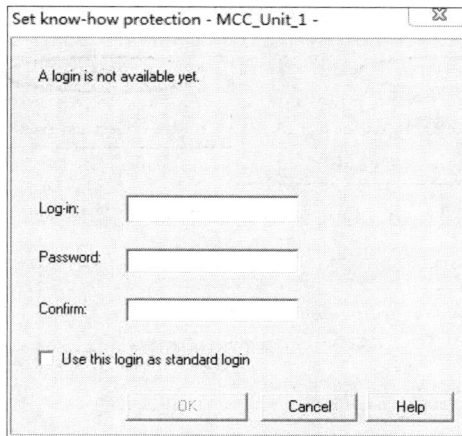

图 4-8　MCC 程序单元的加密设置窗口

设置完毕再次启动项目时密码起作用，需要输入之前设置的用户名和密码才能打开此MCC 程序单元。

5) 导出和导入MCC 程序单元

通过导入/导出操作可以把某个MCC 程序单元单独保存，并复制到其他项目中。

(1) 导出成ST格式的文本文件：选择MCC 程序单元，在右键菜单中选择"Export as ST…"

(图4-7)。

(2) 导入ST格式文本文件：用鼠标右键单击PROGRAMS文件夹，选择"Export/Import→Import external source→STsource file"(图4-9)。

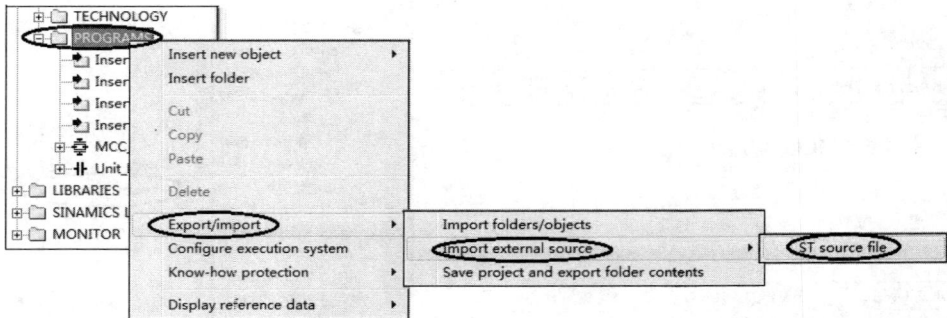

图 4-9　导入 ST 格式的 MCC 程序单元

(3) 导出成XML格式文件：在MCC程序单元上用鼠标右键单击"Expert→Save Project and Export Object"(图4-7)。

(4) 导入XML 文件：用鼠标右键单击PROGRAMS文件夹，选择"Expert/Import→Import folders/Objects"(图4-10)，在弹出的XML文件浏览选择对话框(图4-11)中，单击"Borwse"按钮，选择相关的XML文件。

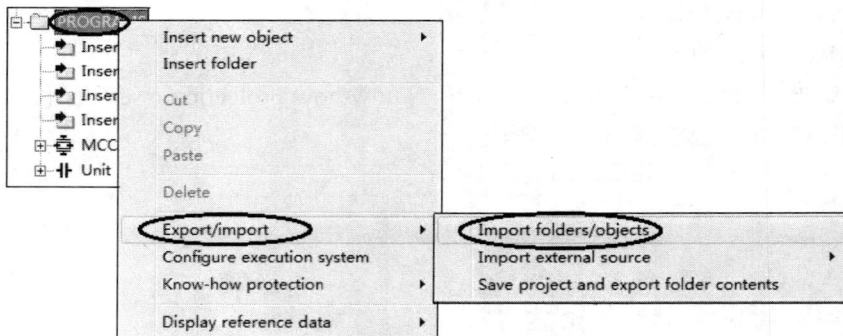

图 4-10　导入 XML 格式的 MCC 程序单元

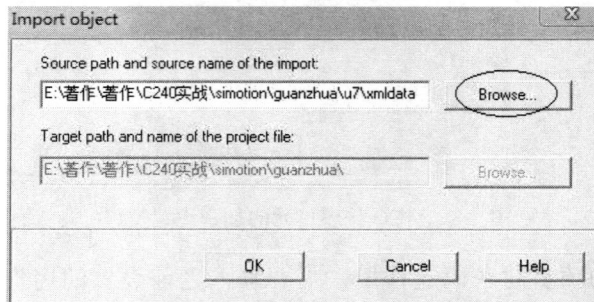

图 4-11　XML 文件浏览选择对话框

2. 配置 MCC 编译器

可以对MCC编译器的选项进行全局设置和本地设置。

(1) 全局设置：针对此项目中所有编程语言。在菜单栏单击"Options→Settings"，选择"Compiler"标签，对编译器选项进行设置，如图4-12所示。

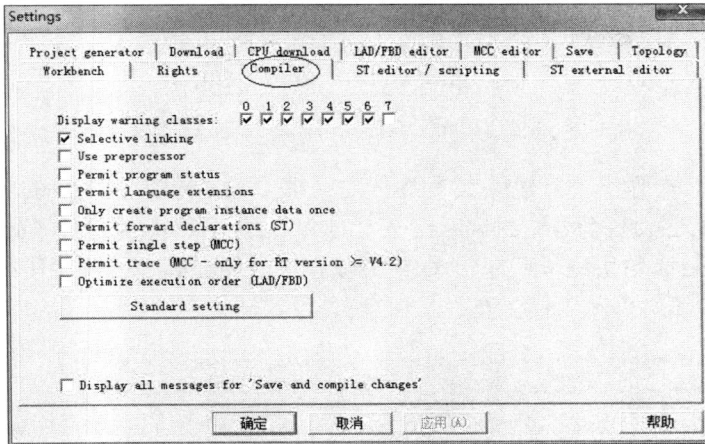

图 4-12　编译器的全局设置

(2) 本地设置：只对本MCC 源程序的编译设置，可以覆盖掉全局设置。用鼠标右键单击MCC程序单元，选择"Properties"(图4-7)；在打开的MCC单元属性窗口选择"Compiler"标签，如图4-13所示，对编译器进行修改设置。

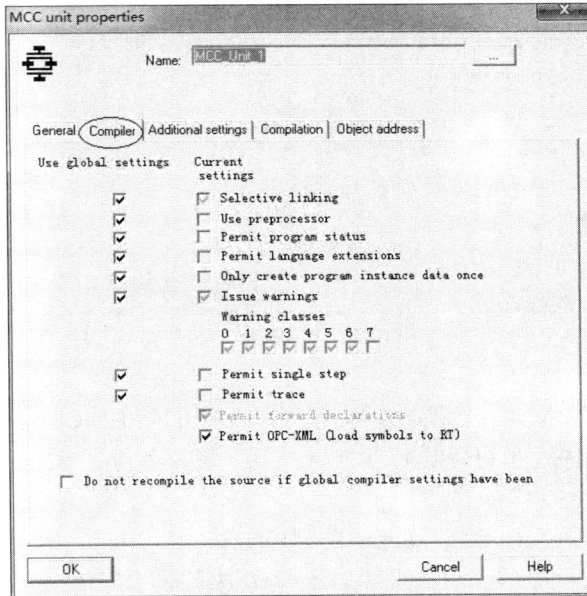

图 4-13　编译器的本地设置

3. MCC 程序段的基本操作

1) 插入一个MCC程序段

在项目导航栏，选择MCC 程序单元，然后可以用下列方法插入一个新的MCC程序段：

(1) 在MCC 程序单元下双击"Insert MCC chart"。

(2) 菜单中选择 "Paste→Program→MCC chart"。

(3) 选择在MCC单元工具栏上的插入MCC程序段图标(图4-14)。

图 4-14　MCC 单元工具栏上的插入 MCC 程序段图标

如图4-15所示，在弹出的新建MCC程序段对话框中输入MCC程序段的名称，名称的命名原则同MCC程序单元；选择插入的MCC程序段的类型为Program(程序)、Function(函数—子程序)或Function block(函数块—子程序)。如果要使程序段能在其他的程序段中使用，则要选择Exportable复选框。还可以输入作者及版本信息。

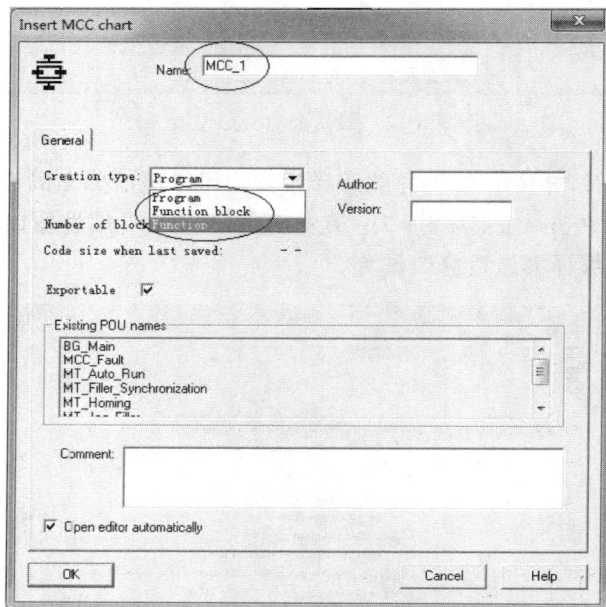

图 4-15　插入新的 MCC 程序段

MCC程序段不能单独编译，必须与MCC程序单元中的其他MCC程序段一同编译。同MCC程序单元一样，MCC程序段也可以进行复制、剪切、粘贴和删除操作；还可以在项目中导入或导出MCC程序段。

2) 设置MCC程序段在MCC程序单元中的顺序

MCC程序段在MCC程序单元中的顺序对于编译很重要，如一个函数必须在调用前被声明，即不允许上面的程序段调用下面的程序段。可以在项目导航区选中MCC程序段，在右键菜单中选择"UP"或"Down"调整顺序。

4.1.4　MCC 指令的使用方法

如图4-16所示，对于新建的MCC 程序段已包含了开头和结尾。只需在这之间写入MCC 指令即可。程序按指定的顺序执行。

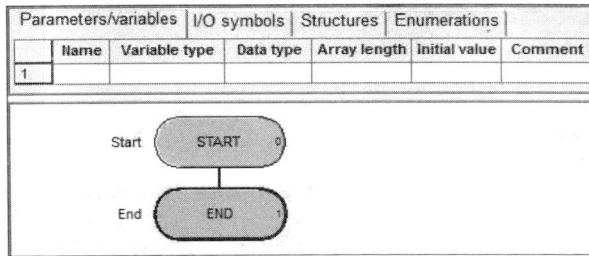

图 4-16 空的 MCC 程序段

1. MCC 指令插入方式

(1) 在程序段中需要插入MCC指令的位置单击，然后通过菜单"MCC Chart→Paste"，插入MCC指令，如图4-17所示。

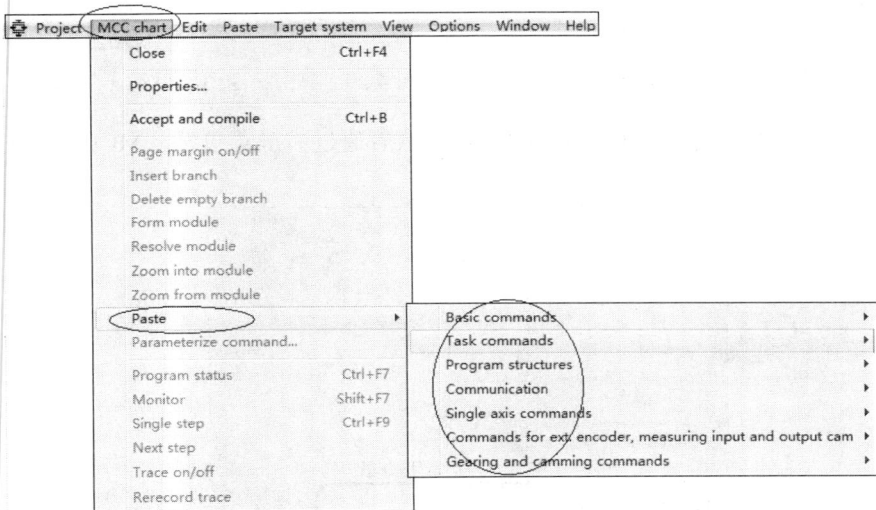

图 4-17 通过菜单插入 MCC 指令

(2) MCC编辑器工具栏。MCC编辑器工具栏中包含了完整的指令集合，指令被分为若干个指令组，如图4-18所示。每个指令组用一个按钮表示，光标放到该按钮上时，该组指令会显示出来，然后就可以单击相应的指令将之插入到程序中。

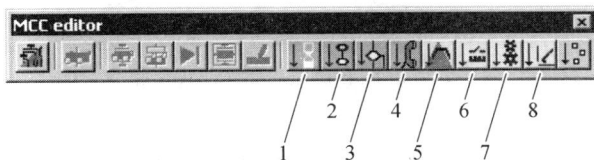

图 4-18 MCC 编辑器工具栏指令集

1—基本指令；2—任务指令；3—程序结构；4—通信；5—单轴指令；6—编码器、快速输入和输出；

7—同步指令；8—路径插补指令。

图4-19是展开的MCC指令组。

图4-20显示了如何用工具栏的指令图标在程序中插入一个MCC 指令。首先选中要插入MCC 指令的位置，然后在工具栏中单击相应的指令即可。

81

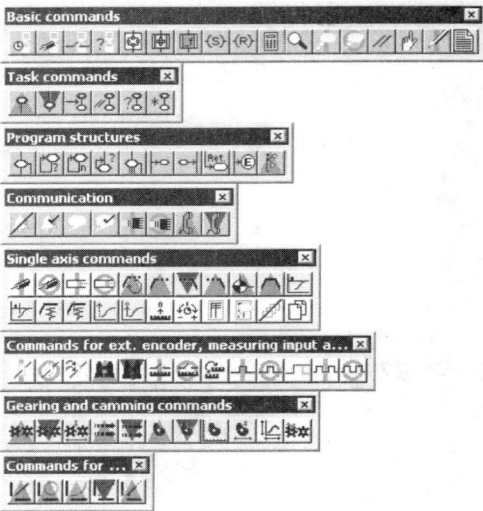

图 4-19　MCC 指令组的展开

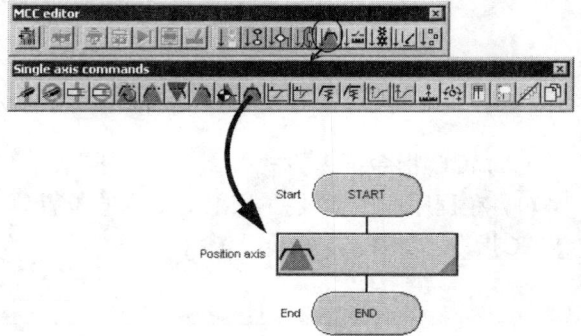

图 4-20　单击指令图标插入一个 MCC 指令

(3) 单击程序段需要插入MCC指令的位置，然后通过右键菜单插入MCC 指令，如图4-21所示。

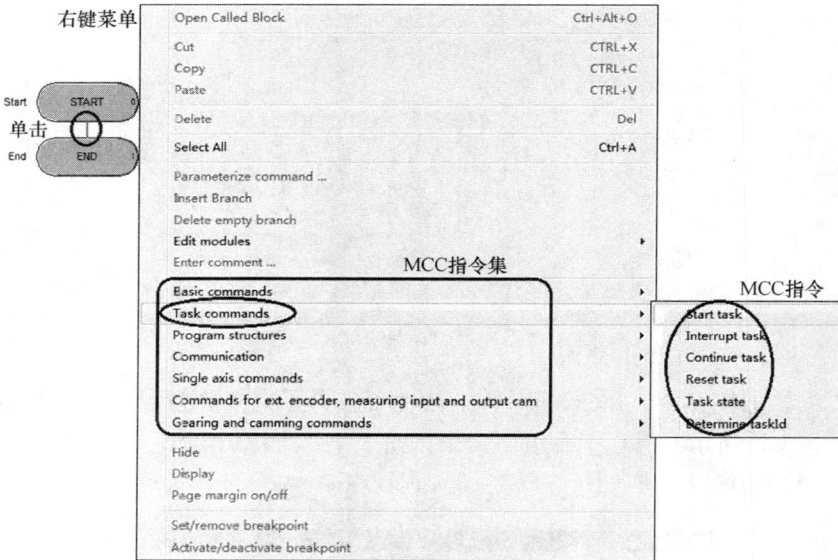

图 4-21　通过右键菜单插入 MCC 指令

2．MCC 指令的组成

MCC 程序的起始和终止节点用椭圆表示，条件跳转指令用菱形表示，其他MCC 指令用矩形块表示。MCC 指令用图形符号表示指令的功能，不同颜色可以区分指令的类型。

浅蓝色：基本指令。

白色：子模块。

绿色：开始指令。

红色：停止指令

图4-22所示是一个典型的MCC 指令在程序段中的显示格式，其中包括6部分。

82

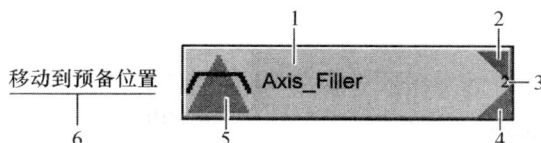

图 4-22　程序段中的运动指令图形符号

1—轴名称；2—指令包含有注释；3—指令编号；4—此指令未填写参数或参数不正确；5—指令符号；6—简短的注释。

3．为 MCC 指令加注释

(1) 加入"Command block"专用注释指令，输入注释。

(2) 简短注释：直接单击MCC指令前面的文本进行修改。如图4-22所示。

(3) 指令注释：用鼠标右键单击想要添加注释的指令，菜单选择"Enter comment"命令，输入注释。

4．选择、复制、删除、剪切、粘贴 MCC 指令

单击选择程序段中的MCC指令，或拖动鼠标选择多个指令，可以进行复制、删除、剪切、粘贴操作。

5．隐藏/显示 MCC 指令

为了测试程序可以把一些指令隐藏起来，隐藏的指令不被执行。

先选择MCC 指令，然后在右键菜单中选择"Hide"或"Display" 命令，实现隐藏或显示MCC 指令。

6．创建模块

为了使程序的结构更加清晰，可以将一系列连续的MCC 指令打包成一个模块。这样，这一串MCC 指令在MCC程序中显示为一个指令。可对其进行复制、粘贴操作，可多次使用。

有2 种创建模块的方法：

(1) 双击工具栏指令图标插入一个空的模块，双击打开，编写程序。

(2) 如图4-23所示，选中已经编好的指令，在右键菜单选择"Create Module"，生成模块。如图4-24所示为生成的指令模块和缩编后的程序。

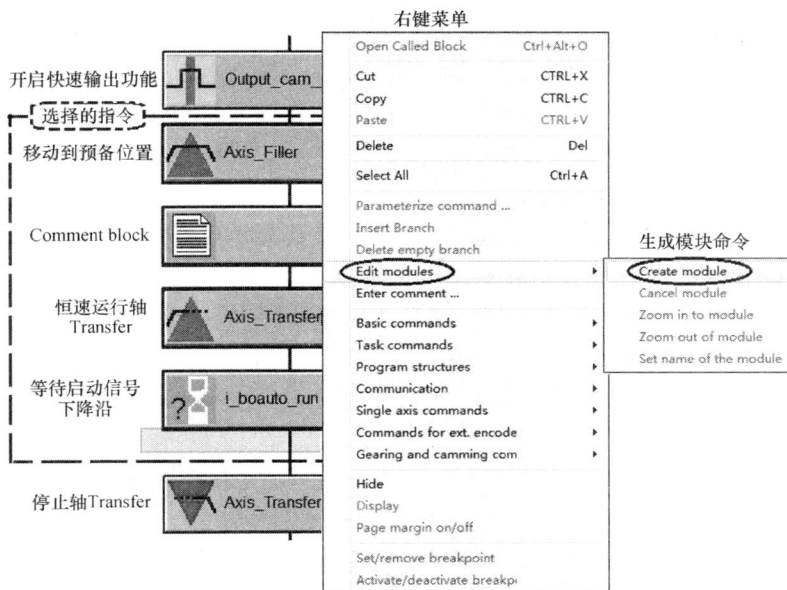

图 4-23　创建 MCC 指令模块

83

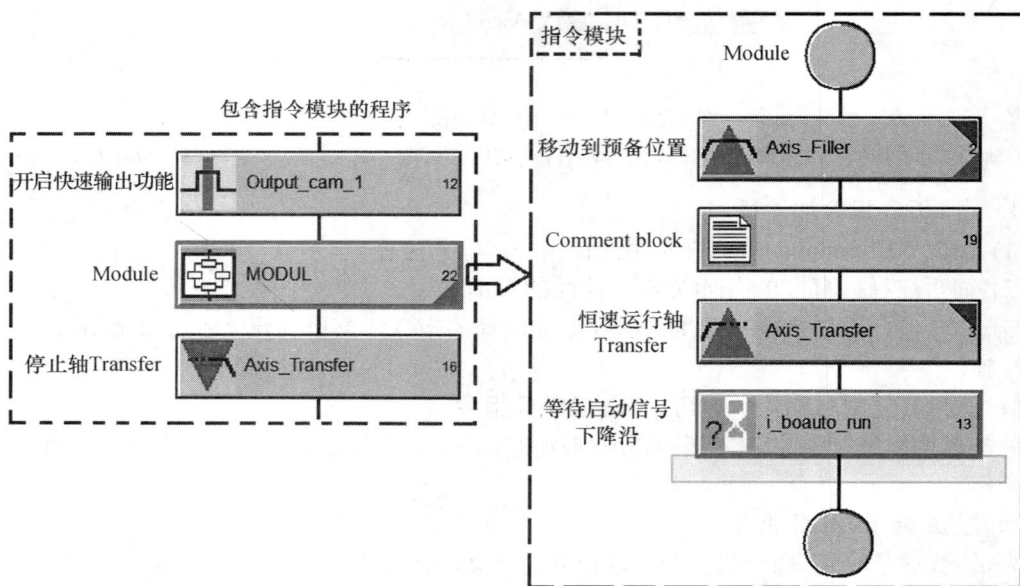

图 4-24 创建完成后的 MCC 指令模块

双击指令模块，或者在指令模块的右键菜单中选择"Edit modules→Zoom in to Module"，可以打开模块，模块里的程序用圆形图案作为起始和结尾。双击圆形的图案或者在右键菜单中选择"Edit modules→Zoom out of module"，可以回到原程序。

可以在右键菜单中选择"Edit modules→cancel module"，取消指令模块。这样，模块里的指令就会直接显示出来。

7. MCC 指令的参数化编程窗口

所有的MCC 指令都有相应的参数化编程窗口，双击该指令或者在右键菜单中选择"Parameterize Command"，可以打开参数化窗口，并在其中进行参数设置。

图4-25所示是一个典型的参数化编程窗口。在窗口的最上端为操作对象，中部有几个标签，一般只需填写第一个标签Parameter 中的内容，其他标签内容是可选的，或者有默认值。窗口的下部是过渡行为设置和程序延时模式。

(1) 输入框中可输入的类型包括：

① 值：软件会检查输入的值是否超限，提示框里会显示可输入的值的范围。变量包括全局设备变量或I/O 变量，也可以通过拖拽的方式输入。

② 公式：从指令库中拖拽指令或函数到输入框中。

(2) 列表选择框提供了几个不同的选项。常用的选项有：

① Default：使用配置TO 时的预设值。

② Last programmed：上次的编程值用做参数值。

③ Last programmed velocity：上次编程的速度值(只对速度有效)。

④ Current：实际的轴的速度值用做参数值(只对速度有效)。

(3) 可编辑输入框：可以在下拉列表框中选择某个选项。也可以直接输入值。

(4) 单位：选择前面参数的单位。

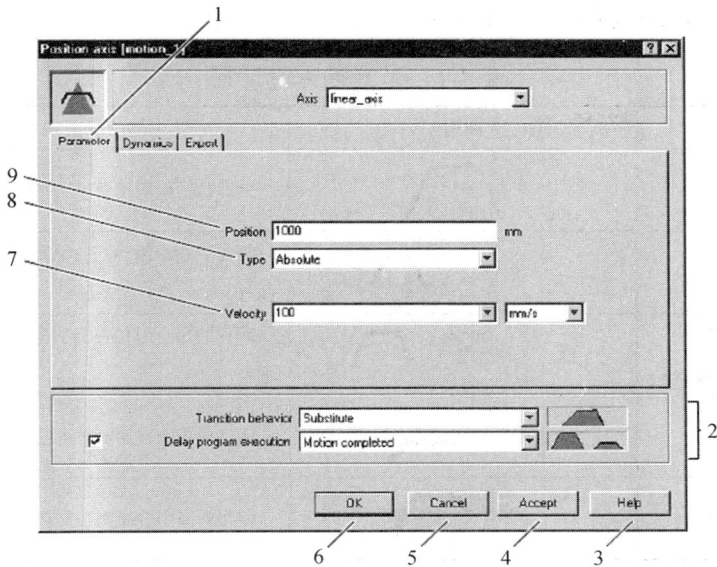

图 4-25　MCC 指令参数化编程窗口

1—标签选择；2—过渡行为和程序延时模式；3—在线帮助按钮；4—应用按钮；5—放弃并关闭窗口按钮；

6—应用并关闭窗口按钮；7—可编辑列表选择框；8—列表选择框；9—输入框。

① 配置TO 时的物理单位。

② "%"，参数默认值的百分比。

8．动态标签

大部分的运动控制指令的参数对话框中都包含了动态参数标签，如图4-26所示。这里可以指定速度曲线的类型以及相关的加速度、减速度和加加速度。

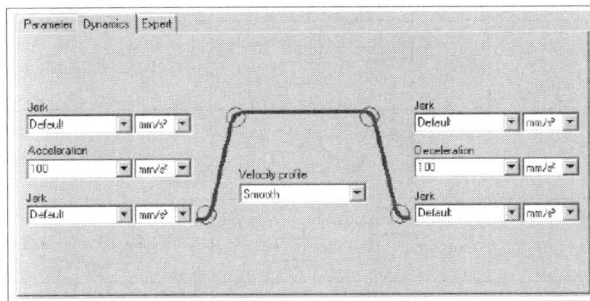

图 4-26　MCC 指令的动态标签

9．Expert 标签

大部分的运动控制指令都有Expert 标签，不同的指令略有不同。可以设置：

(1) 定义CommandID 类型的变量，用于对指令的监控。

(2) 影响参数对话框的配置数据和变量。

(3) 定义指令的返回值变量。

10．过渡行为和程序延时设置

(1) 过渡行为

对于运动控制指令，可以指定轴的当前指令的过渡行为。表4-1列出了可以设置的过渡行为(粗线是编程指令，细线是激活的指令)。

表4-1　过渡行为的设置

过渡行为	图形	描述
替代(Subsitute)		立即执行编程指令。当前指令被放弃
附加(Attach)		编程的指令附加在当前指令后面，挂起的指令会被执行
附加并删除挂起的指令 (Attach，delete pending command)		编程的指令附加在当前指令后面，挂起的指令会被取消
融合(Blending)		当当前指令减速时平滑过渡到编程指令
叠加(Superimose)		编程的指令叠加到当前指令

(2) 程序延时设置

勾选此选项可以决定下一个指令什么时候被激活，不勾选则下个指令立即被执行或者当前指令进入到指令缓冲区时执行。MCC 主要用于顺序控制，因此默认此选项是被激活的。程序延时设置如表4-2所列。

表4-2　程序延时设置

程序延时	图形	描述
运动开始 Motion start		当前的运动开始后开始下一条指令
加速结束 Acceleration end		当前的运动加速结束后开始下一条指令
速度到达 Speed/velocity reached		当前的运动速度到达后开始下一条指令
开始减速 Start of deceleration phase		当前的运动开始减速时开始下一条指令
设定值插补结束 End of setpoint interpolation		设定值插补结束后开始下一条指令
运动结束后轴停止 Motion is finished Axis stopped		当前指令结束后开始下一条指令
轴同步后 Axis synchronized		轴同步后开始下一条指令
回零后 Axis homed		轴回零后开始下一条指令

4.1.5 MCC 编程用变量的创建

1. 数据类型

数据类型决定了一个变量或常量如何在程序中被使用。SIMOTION中的数据类型主要有基本数据类型、用户定义的数据类型、工艺对象数据类型以及系统数据类型。

1) 基本数据类型

基本数据类型占有固定长度的内存区，不能再被分为更小的数据单元，主要包括二进制数据、整数、浮点数、时间、日期、字符串等。

除了以上基本数据类型外，还有几种通用数据类型，每种通用数据类型可以代表多个基本数据类型。通用数据类型一般用于FC和FB的输入/输出接口。

2) 用户自定义的数据类型(UDT)

用户自定义的数据类型包括结构体和枚举类型。

图4-27中定义了名为"myStructure"的结构体，它包含4个元素(e1，e2，e3，e4)，在"Data type"栏中可以为每个元素指定数据类型，元素的数据类型可以是基本数据类型也可以是用户自定义的数据类型。

图4-28中定义了名为"Color"的枚举类型，包含3个元素(red，blue，green)，枚举类型变量的值可以是3个元素中的任何一个，"Initialization value"栏中的"blue"表示枚举类型变量的默认值为"blue"。

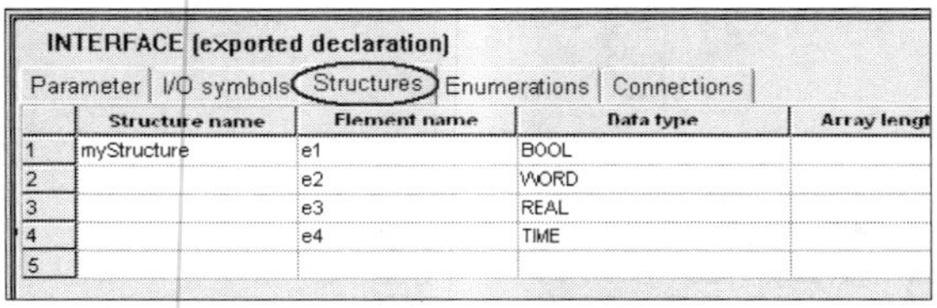

图 4-27　结构体数据类型的定义 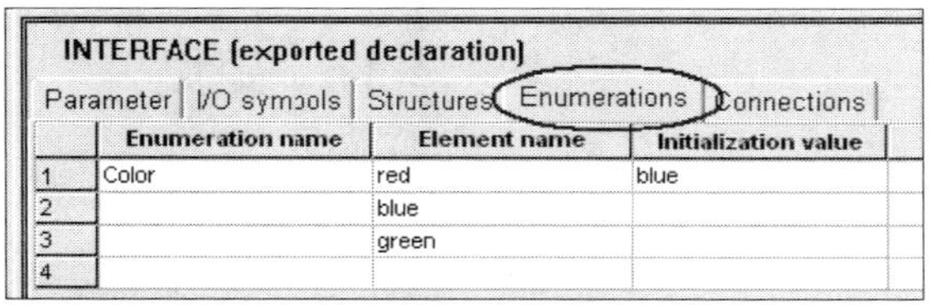　　　　图 4-28　枚举类型的定义

3) 工艺对象数据类型

以工艺对象(如DriveAxis、CAM、Output CAM等)作为数据类型的变量称为工艺对象数据类型。

4) 系统数据类型

这类数据类型由系统定义，一般为结构体和枚举类型，用户可以直接使用。

2. 变量类型及定义

根据变量的作用范围和性质，SIMOTION 中的变量可以分为系统变量、全局用户变量和局部用户变量。下面分别介绍各种类型的变量及其定义。

1) 系统变量

系统变量又分为SIMOTION 设备变量和工艺对象变量，这些变量在建立项目或者新建工艺对象的时候由系统自动产生，用户不能对其进行更改，主要用来描述SIMOTION 设备或者工艺对象的系统特性。在项目导航栏中选中SIMOTION 设备或者某个工艺对象，其对应的系统变量便显示在界面下方详细信息栏的"Symbol Browser"中。例如图4-29中"Symbol Browser"列出的是SIMOTION 设备C240的系统变量，图4-30中"Symbol Browser"列出的是轴工艺对象变量。

87

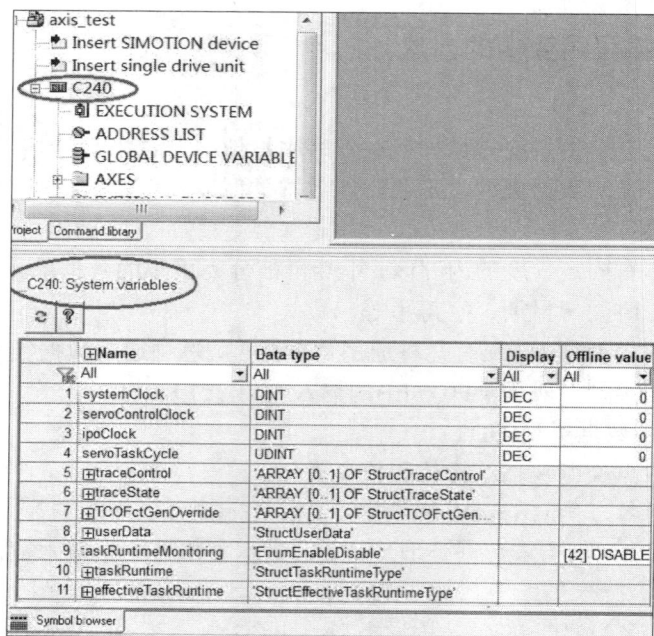

图 4-29　设备系统变量

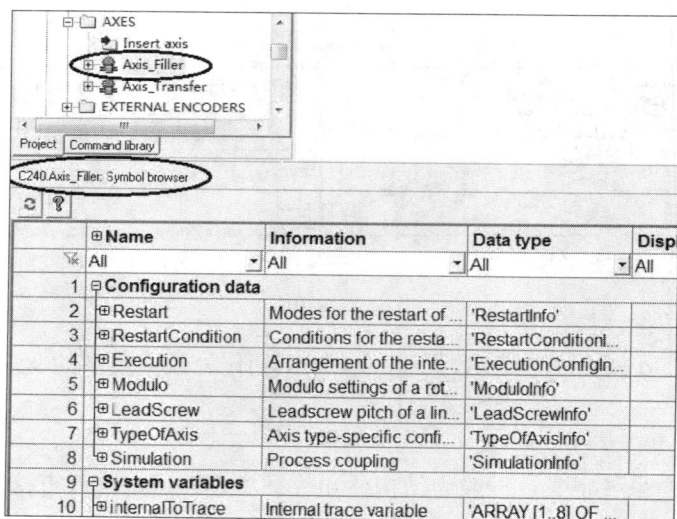

图 4-30　轴工艺对象变量

系统变量的作用域为整个项目，可以被所有Program、FC、FB 访问，也可以被HMI访问。

2) 全局用户变量

全局用户变量包括I/O变量、全局设备变量以及单元变量。

I/O变量和全局设备变量对应于项目导航栏中"ADDRESS LIST"和"GLOBAL DEVICE VARIABLES"。例如，在图4-31中，双击"ADDRESS LIST"，用户便可以在详细信息栏的"Address list"中定义I/O变量；又如图4-32所示，选中"GLOBAL DEVICE VARIABLES"，用户便可以在详细信息栏的"Symbol Browser"中定义全局设备变量。I/O 变量和全局设备变量的作用域为整个项目，可以被所有Program、FC、FB访问，也可以被HMI访问。

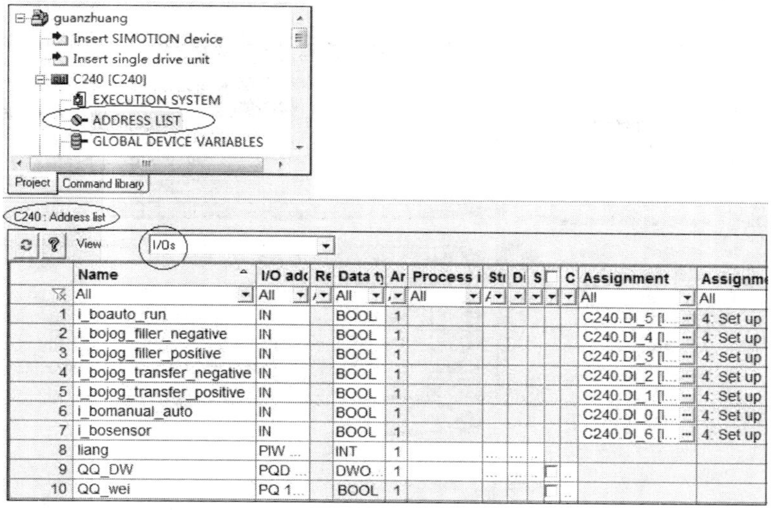

图 4-31　I/O 变量

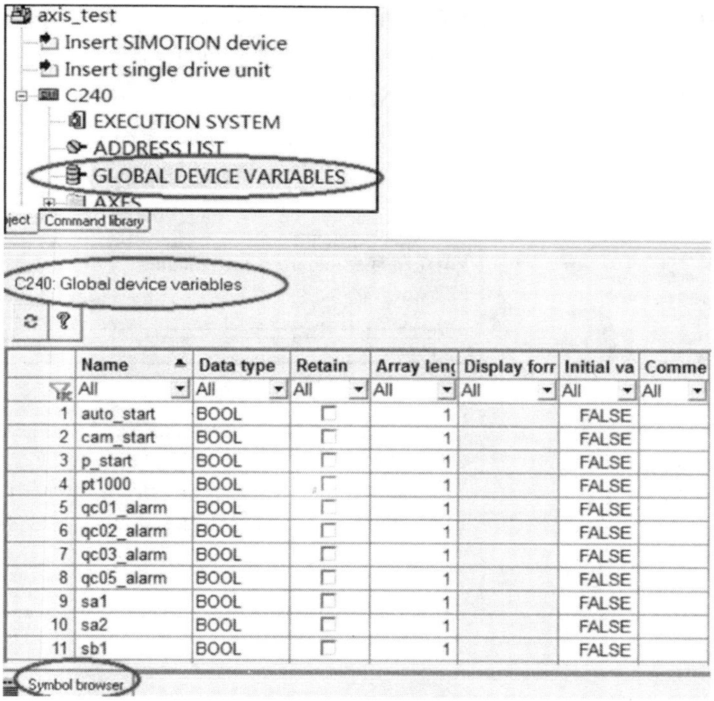

图 4-32　全局设备变量

单元变量是指用户在程序单元(Unit)的INTERFACE 部分和IMPLEMENTATION 部分定义的变量。如图4-33所示，双击"Jog_move_axis"MCC程序单元后，工作区中上半部分为INTERFACE 部分，在这里定义的变量不仅可以被HMI 以及本单元中所有Program、FC、FB 访问，而且在本单元(MCCUnit_1)被其他单元引用后，该区域中定义的单元变量还可以被其他单元使用；工作区的下半部分为IMPLEMENTATION 部分，该区域中定义的变量只能被本单元中的Program、FC、FB 访问，不能被其他单元访问，也不能用HMI 对其进行读写。

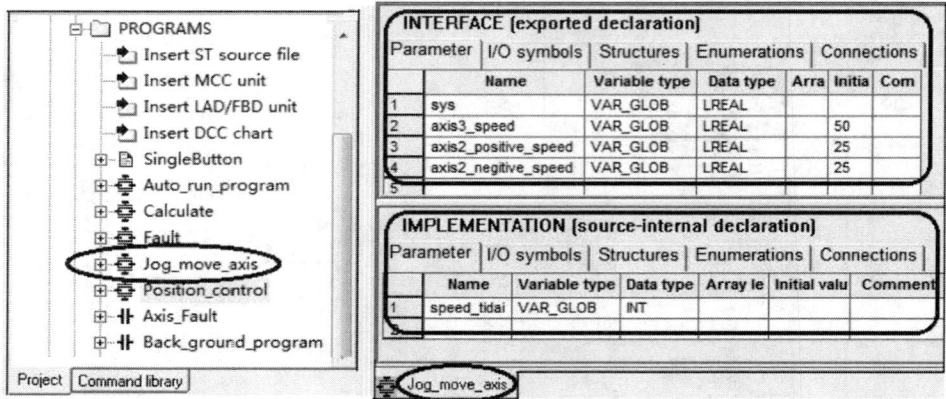

图 4-33　程序单元(Unit)变量

图4-33中"Variable type"(变量类型) 栏可以指定变量为全局类型(VAR_GLOBAL)、全局保持类型(VAR_GLOBAL_RETAIN)或全局常量(VAR_GLOBAL_CONSTANT)。

一个单元要引用另一个单元中的变量时，只要在单元界面的"Connections"标签页中添加对另一个单元的引用即可。在图4-34中， "MCCUnit_2"程序单元中添加了对"MCCUnit_1"程序单元的引用，因此"MCCUnit_2"中的所有Program、FC、FB 都可以访问"MCCUnit_1"中INTERFACE 部分定义的单元变量。

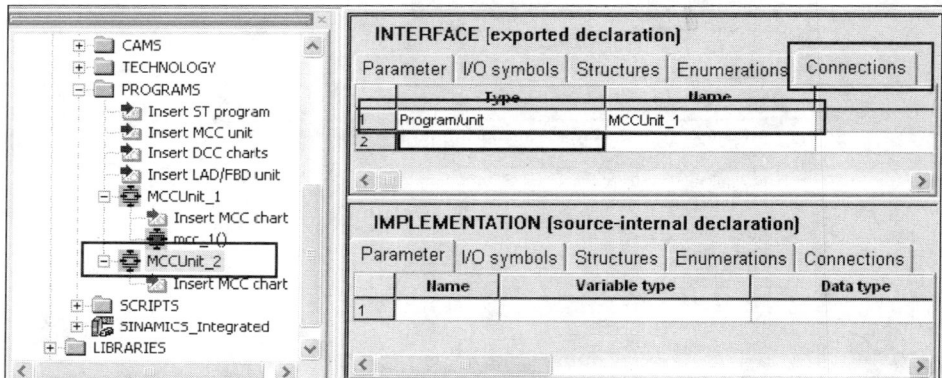

图 4-34　单元的引用

如果在IMPLEMENTATION(实现)区内设置conection 标签项,被连接的程序的变量不能再被连接到其他源程序。

3) 局部用户变量

局部用户变量是指用户在Program、FC、FB程序段中定义的变量。局部用户变量只能被定义它的Program、FC或FB访问。如图4-35所示，在MCC程序段"auto_caiyang"中定义的变量就是局部用户变量，它只能在"auto_caiyang"程序段中被访问。"Variable type"(变量类型)中可指定变量为局部变量(VAR)、局部临时变量(VAR_TEMP)或者局部常量(VAR_CONSTANT)。局部临时变量在程序被重新调用时都自动恢复为初始值。

90

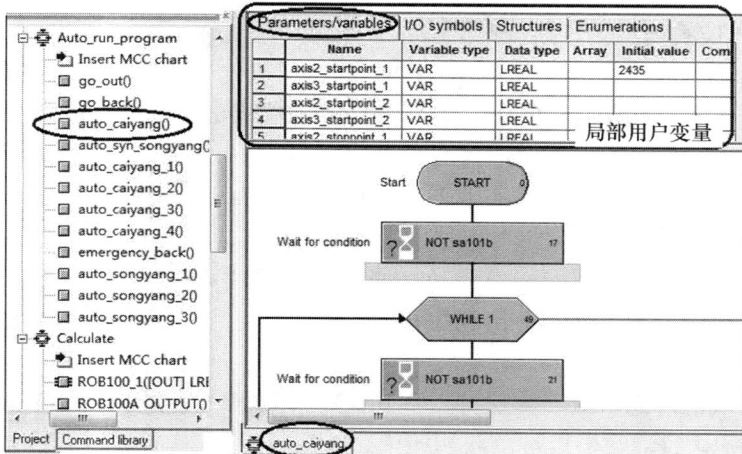

图 4-35　局部用户变量

3．变量名称的命名

变量名称的命名应遵循下述规则：

(1) 必须由字母(A～Z，a～z)、数字(0～9)或下划线组成。

(2) 首字符必须是字母或下划线。

(3) 其后可由字母、数字或下划线以任意顺序组成。

(4) 一行中不能使用多于一个下划线。

(5) 字母不区分大小写(如Anna和AnNa被认为是一致的)。

4．全局设备变量的导入与导出

操作方法与 I/O 变量导入与导出相同，可参考本书 2.4 节相关内容。

4.1.6　子程序调用方法

需要复用的程序可以编写在子程序中，供其他程序调用。子程序被调用时，程序从当前的任务转到子程序中，子程序执行完毕后回到原来的程序，如图4-36所示。

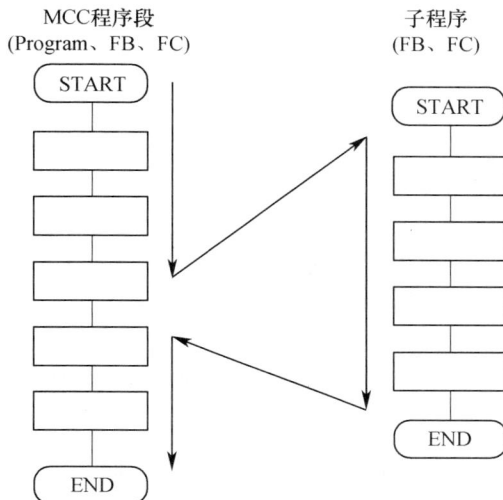

图 4-36　MCC 子程序调用关系示意图

91

1．子程序包括函数(FC)和函数块(FB)

FC(Function)是一个无静态数据的子程序，即当FC执行后，所有本地变量的值就丢失了，当FC下次执行时再进行初始化。可使用输入参数或输入/输出参数把数据传入FC，也可输出FC的返回值。

FB(Function Block)是一个有静态数据的子程序，即当FB执行后，所有的本地变量会保持它们原有的值，只有那些明确声明为临时变量的值会丢失。

在使用FB之前，必须定义一个背景数据块，即VAR或VAR_GLOBAL，然后输入FB的名称作为数据类型。FB的静态数据存储在此背景数据块中。可以定义多个FB背景数据块，每个背景数据块相对独立。

FB背景数据块的静态数据一直保持，直到该背景数据块再次调用。当FB背景数据块的变量类型被再次初始化时，它们也被重新初始化。

2．主程序和子程序之间的参数传递

FC/FB用输入、输入/输出、输出类型的变量来传递数据。这些变量可以在FC/FB中定义。

输入参数：VAR_INPUT。

输入/输出参数：VAR_IN_OUT。

输出参数 (只对FB 有效)：VAR_OUTPUT。

在调用FB/FC时，指定输入或输入/输出参数的值，传递数据到子程序。

FC可以指定返回值，返回值的类型在FC 定义时指定。

FB可以用输入/输出参数，或输出参数来返回数据。输出数据可以随时被访问。

3．FC/FB 程序段的创建

(1) 双击MCC程序单元下的"Insert MCC chart"。

(2) 在程序段类型中选择"Function"或"Function block"。

(3) 如果选择了Function，需要选择返回的变量类型(<->表示无返回值)。

(4) 如果建立的FC/ FB 需要在其他的程序段中被调用，则勾选"Exportable"选项。

(5) 编写程序。注意，FC中用"函数名=表达式"的形式来传递返回的数据。FB块中可直接对输出变量赋值。

4．FB/FC 的调用

在MCC编辑器的工具栏中可以选择子程序调用指令。在图4-37所示调用指令的参数输入窗口中，可以选择建立的FB/FC 程序或者库中的FC/ FB。窗口下面的赋值表中可以输入值或表达式。

5．FC 子程序调用举例

创建一个计算圆周长的子程序，程序类型为FC，名称为"Circumference"。此圆周长计算可作为子程序在任何程序任务中调用。

圆周长计算公式：Circumference=PI*2*radius。

可在FC变量声明表中定义Radius(半径)和π(PI，圆周率)的值。

步骤如下：

(1) 在MCC程序单元下，双击"Insert MCC chart"，插入一个程序段，如图4-38所示。程序段名称为"Circumference"。"Creation type"(创建类型)选择"Function"，"Return type"(返回类型)选择"REAL"(若选择"<一>"则无返回值)。

92

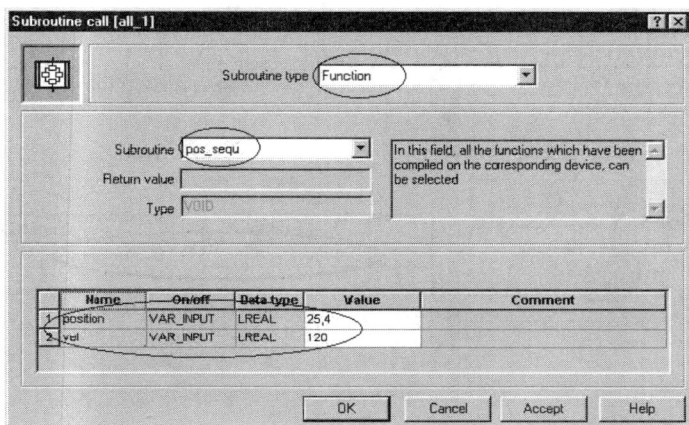

图 4-37　子程序调用指令的参数输入窗口

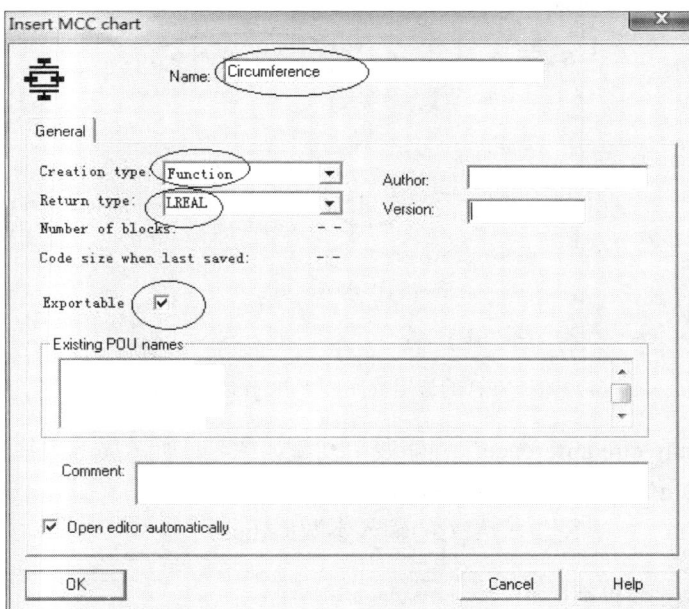

图 4-38　创建 MCC 程序段—FC 子程序

　　检查"Exportable"选项，如果此FC程序需要在其他单元中使用(LAD/FBD，MCC或ST程序单元)，则勾选；如果没有勾选，则此程序只能在本MCC程序单元中使用。

　　还可以输入作者、版本和注解等。最后单击"OK"按钮确认。

　　(2) 如图4-39所示，在创建的FC程序段的变量声明表中，定义半径(radius)的变量类型为输入VAR_INPUT，数据类型为REAL；圆周率PI的变量类型为常数VARCONSTANT，数据类型为REAL，初始值为3.14159。

　　(3) 编写如图4-39所示变量赋值程序，并赋给返回值。然后编译保存，FC子程序编写完成。

　　(4) 创建调用FC的主程序段。在同一MCC程序单元下双击"Insert MCC chart"，创建一个新程序段"Program_circumference"。"Creation type"(创建类型)选择"Program"，如图4-40所示，单击"OK"按钮确认。

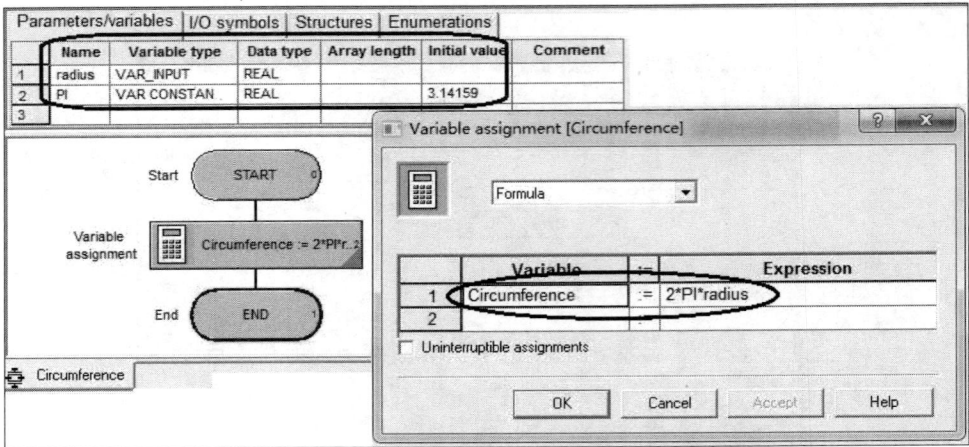

图 4-39　FC 子程序(MCC 语言)定义变量与编程

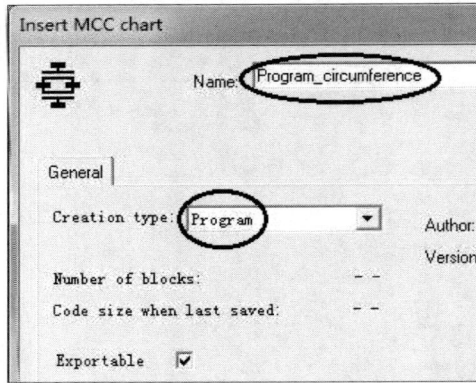

图 4-40　创建 FC 的调用程序段 "Program_circumference"

(5) 在 "Program_circumference" 程序段中创建如图4-41所示局部用户变量表。

变量 "mycircum"：周长，FC的返回值赋给此变量。

变量 "myradius"：半径，赋给FC的输入参数Radius。

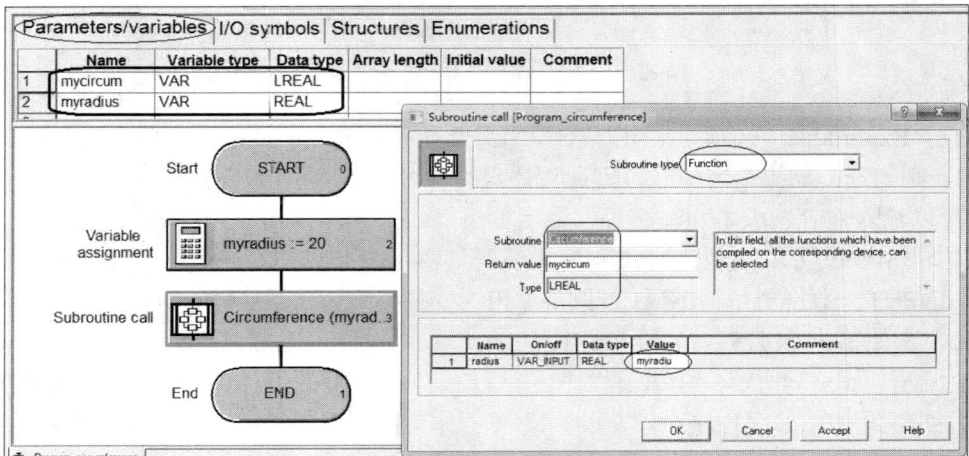

图 4-41　创建主程序 "Program_circumference"

(6) 在图4-41所示程序段中，插入并打开"Subroutine call"(调用子程序)指令。"Subroutine type"(子程序类型)选择"Function"。"Subroutine"(子程序)选择上述创建的"Circumference"，"Return value"(返回值)选择"mycircum"。将"myradius"的值赋给FC中的变量"radius"。

(7) 编译保存MCC程序单元，这样就完成了FC的调用。

需要注意FC和Program两个程序段在MCC unit中的顺序，FC必须处在Program之上的位置。如果不是，可以单击鼠标右键，选择"Down"或"Up"调整位置。

6．FB子程序调用举例

创建一个计算跟随误差的子程序，程序类型为FB，名称为"FollError"。此跟随误差计算可作为子程序在任何程序任务中调用。

跟随误差计算公式：Difference=Specified position-Actual position。

步骤如下：

(1) 在MCC程序单元下双击"Insert MCC chart"，创建一个程序段。程序段名为"FollError"，"Creation type"(创建类型)选择"Function block"，如图4-42所示。最后单击"OK"按钮确认。

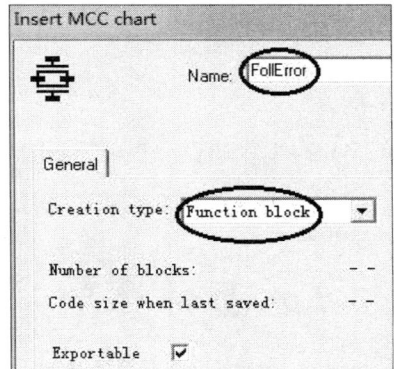

图 4-42　创建 MCC 程序段—FB 子程序"FollError"

(2) 定义FB程序段变量。在创建的FB程序段的变量声明表中定义变量，如输入和输出参数，如图4-43所示。

(3) 编写FB程序。使用变量赋值指令，编写计算公式Difference=Setpoint_position-Actual_position，如图4-43所示。然后编译保存(此步必须完成)，FB功能块"FollError"编写完成。

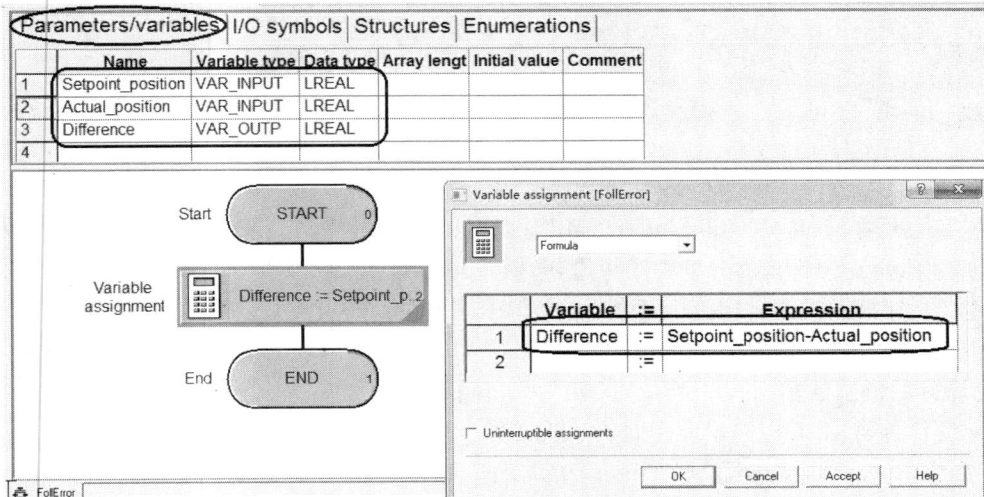

图 4-43　FB 子程序的变量定义与编程

(4) 创建调用FB的主程序段。在同一MCC程序单元下，双击"Insert MCC chart"，创建一个新程序段"Prog_FollError"。"Creation type"(创建类型)选择"Program"，如图4-44所示，单击"OK"按钮确认。

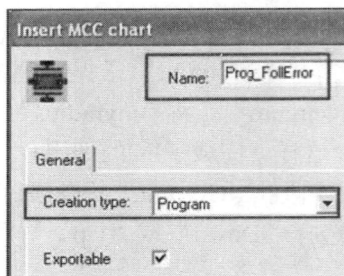

图 4-44　创建 FB 的调用主程序段"Prog_FollError"

(5) 在主程序段"Prog_FollError"中，定义FB背景数据块和其他变量，如图4-45所示。

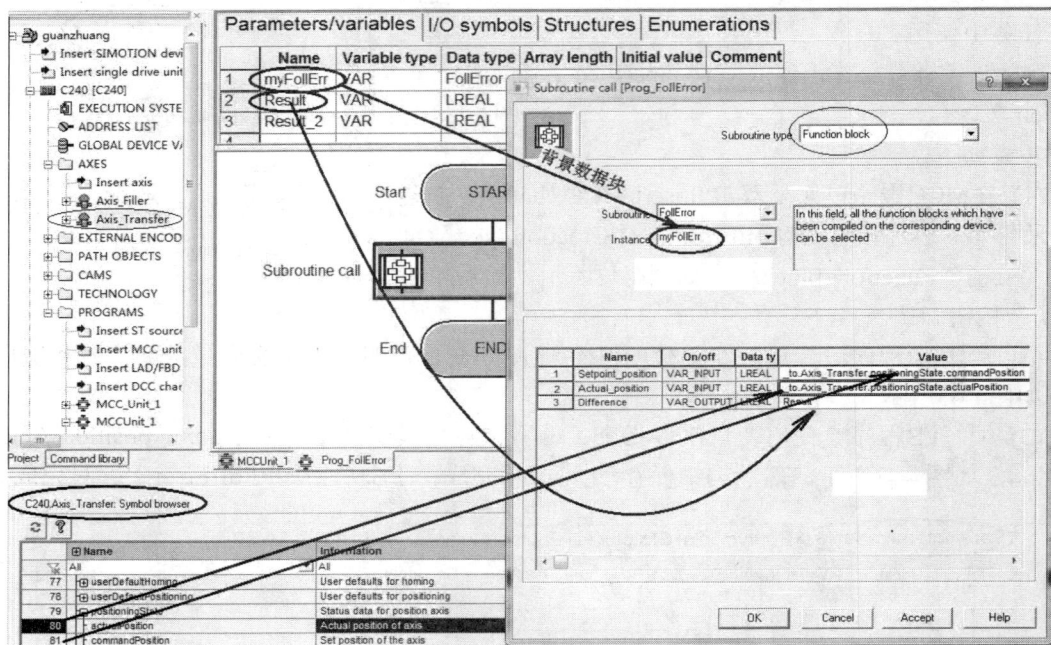

图 4-45　FB 背景数据块定义与 FB 调用编程

(6) 在主程序段插入"Subroutine call"(调用子程序)指令。打开图4-45所示调用子程序设定界面，"Subroutine type"(子程序类型)选择"Function block"。"Subroutine"(子程序)选择上述创建的"Follerror"，Instance(背景数据块)选择"myFollErr"。把轴的设定位置值和实际位置值分别赋给FB中的变量"setpoint_position"和"actual_position"。"Result"参数就是经过FB块计算后输出的值。最后单击"OK"按钮确认。

(7) 编译保存MCC程序单元，这样就完成了FB的调用。

需要注意FB和Program在MCC unit中的顺序，FB必须处在Program之上的位置。

在FB功能块执行后，背景数据块中的静态数据(包括输出参数)仍然保留。可以在调用程序中访问输出参数。如果把FB背景数据块定义成VAR GLOBAL，还可以在其他MCC程序段中访问输出参数。

以下指令验证FB背景数据块中数据在FB子程序再次调用前仍然保持不变。在上述主程序段中插入"Variable assignment"指令，编写指令"Result_2：=myFollErr.Difference"，单击"OK"

按钮确认。这样就把FB背景数据块中的输出参数myFoIlErr.Difference的值赋给了Result_2，如图4-46所示。

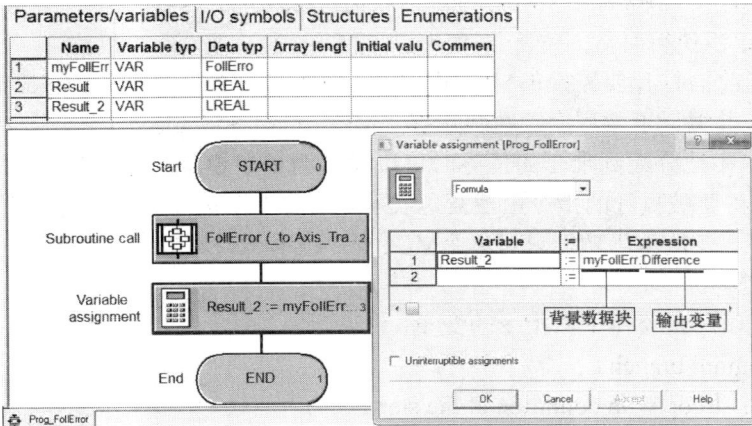

图 4-46　程序的变量分配

4.1.7　系统函数使用

在项目导航栏中选择"Command library(指令库)"标签显示可用的系统函数，如图4-47所示。可以直接拖动函数到输入表达式的地方。

还可以用MCC系统函数调用指令"System function call"来调用系统函数，如图4-48所示。

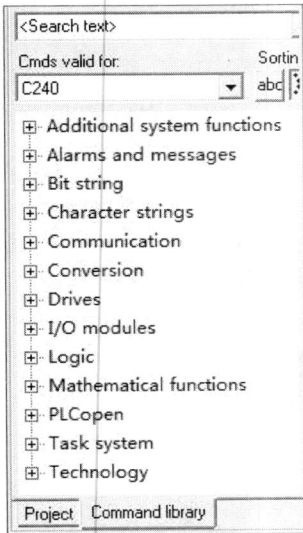

图 4-47　指令库的系统函数

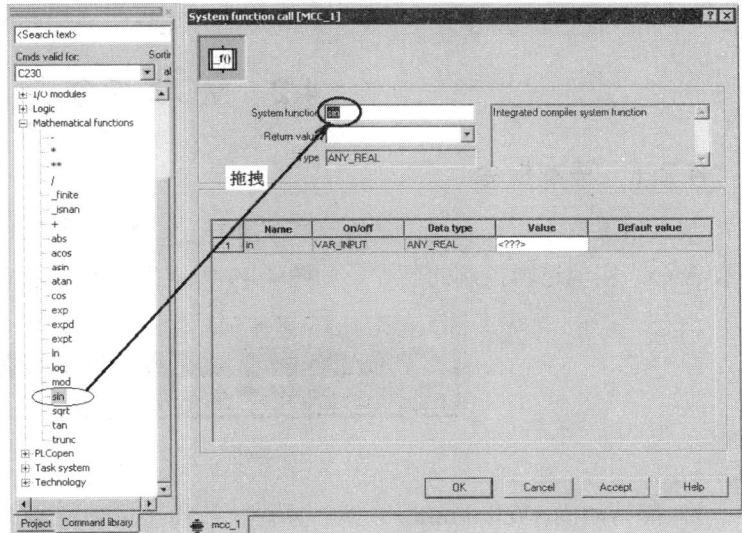

图 4-48　MCC系统函数调用

4.1.8　MCC 程序的调试

1. 跟踪程序的执行

跟踪功能显示程序的运行状态，使能时会增加通信负载。在程序运行时才能使能或不使能此功能。此功能被使能时，当前被激活的指令会用黄色标识，在这种状态下不能修改程序。

(1) 只对分配到执行系统的程序有效。

(2) 打开需要跟踪的程序，选择"MCC chart→Monitor"。

(3) 再次选择"MCC chart→Monitor"，取消跟踪功能。

2．程序的单步执行

使能此功能前需打开要监控的MCC程序段，选择"MCC chart→Properties"。然后勾选"Singlestep"，并编译下载程序，在线选择"MCC chart→Single step"。

只有MCC程序被分配到唯一的任务时可以设置为单步模式。在用户使能下一步之前程序被挂起，下一步将要被执行的指令用浅蓝色表示。当前正在执行的指令用黄色标识。这种状态下不能修改程序。使能单步功能只对单个MCC程序段有效。

3．程序状态

程序状态可以用来监控下面指令的变量：

(1) IF：Program branch。

(2) WHILE：Loop with condition at the start。

(3) UNTIL：Loop with condition at the end。

(4) ST zoom。

此功能在编译时要产生额外的代码。

为了使能此功能，SIMOTION 设备的快捷菜单中选择改变操作模式，选择测试模式。打开MCC程序单元的属性在选项菜单中使能程序状态监控"Permit program status"，然后编译下载。

在线运行程序，打开MCC程序段双击打开IF、WHILE、UNTIL、ST zoom 功能块，选择"MCC chart→Program status"对程序进行监控，再次选择该命令停止程序监控。

4.2　MCC 指令

4.2.1　基本指令

基本指令组中包含等待、赋值、程序调用、工艺对象复位等指令，且利用其中一些指令可以使 MCC 实现逻辑控制的要求。如图 4-49 所示为基本指令组所包含的各个指令。

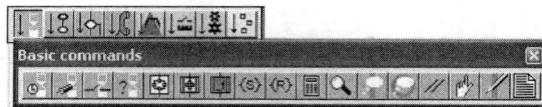

图 4-49　基本指令组

1．等待时间(Wait time)

当程序执行到该指令时，包含该指令的任务被挂起，任务挂起的时间在该指令中给定。参数设置如图 4-50 所示。

2．等待轴(Wait for axis)

当程序执行到该指令时，包含该指令的任务被挂起，直到满足该指令中指定的轴的条件。指令中的条件可以是轴达到指定状态或(和)轴的某参数与具体值相比较满足指定的条件。参数设置如图 4-51 所示。

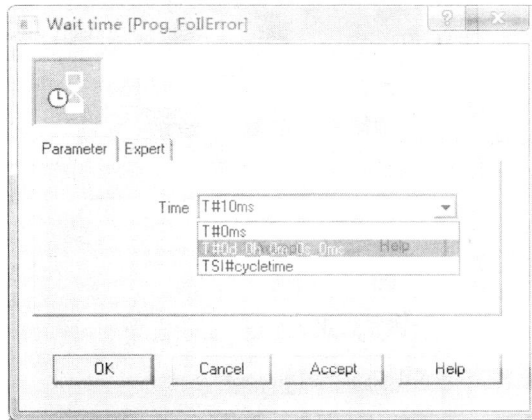

图 4-50 "Wait time"指令参数设置窗口

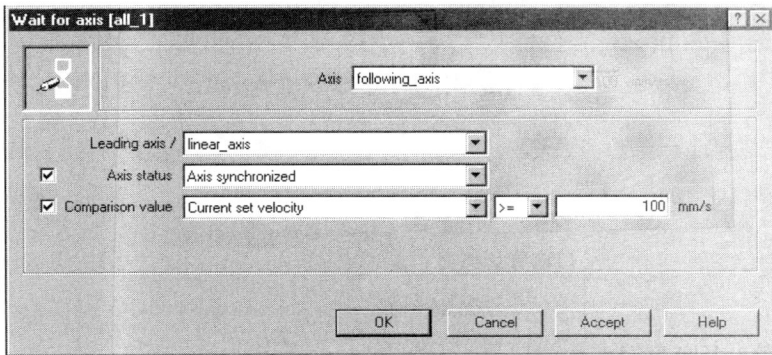

图 4-51 "Wait for axis"指令参数设置窗口

3．等待信号(Wait for signal)

当程序执行到该指令时，包含该指令的任务被挂起，直到指定的信号到达，信号必须是数字量输入/输出(BOOL 类型)。参数设置如图 4-52 所示。

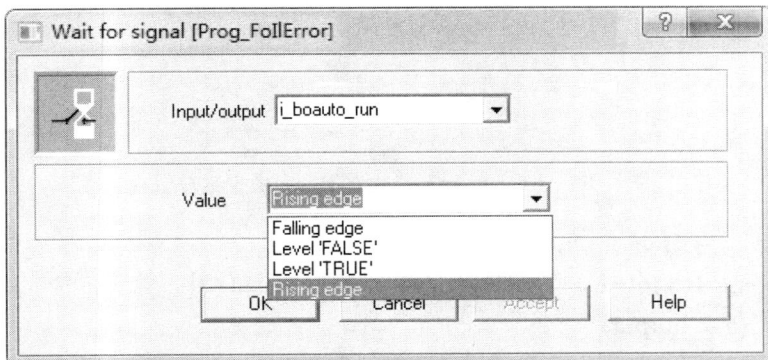

图 4-52 "Wait for signal"指令参数设置窗口

4．等待条件(Wait for condition)

当程序执行到该指令时，包含该指令的任务被挂起，直到满足指定的条件。指令中的条件可以是单元变量、全局设备变量、常量、I/O 变量以及表达式。参数设置如图 4-53 所示。

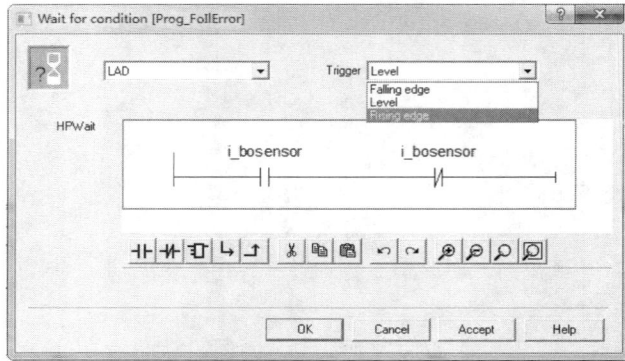

图 4-53 "Wait for condition"指令参数设置窗口

5．模块(Module)

参见本书 4.1.4 节相关内容。

6．子程序调用(Subroutine call)

可以调用用户定义或者 Library 中的 FC、FB 以及 Program。参数设置如图 4-54 所示。

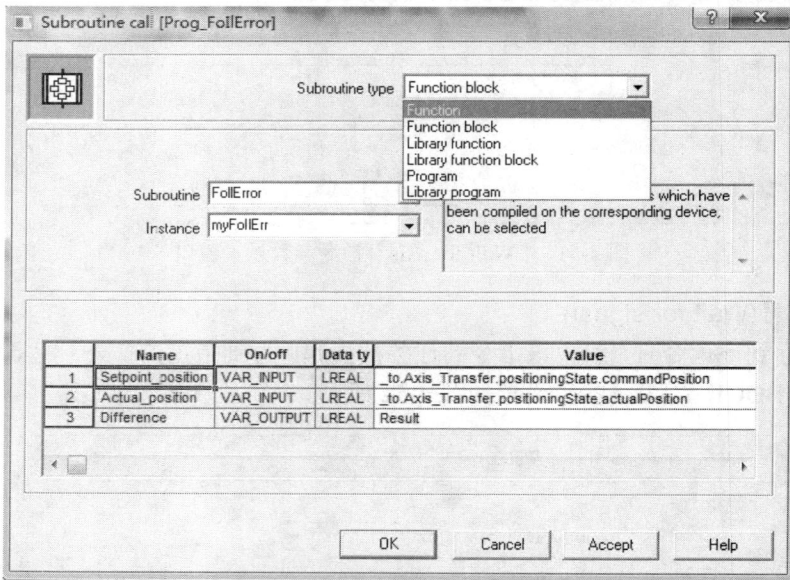

图 4-54 "Subroutine call"指令参数设置窗口

7．系统函数调用(System function call)

用于调用 Command Library(指令库)中的系统函数 FC 和 FB。参数设置如图 4-55 所示。

8．置位输出(Set output)

可以置位的输出变量类型有 BOOL、BYTE、WORD、DWORD，置位对象的每个二进制位都被置 1。参数设置如图 4-56 所示。

9．复位输出(Reset output)

可以复位的输出变量类型有 BOOL、BYTE、WORD、DWORD，复位对象的每个二进制位都被复位为 0。参数设置如图 4-57 所示。

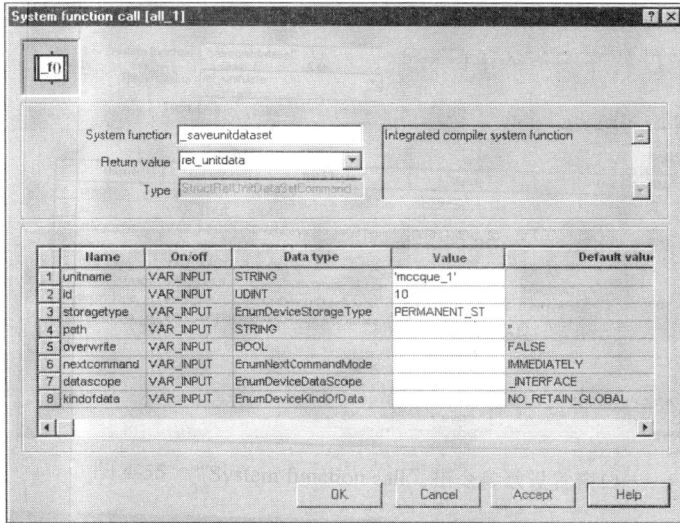

图 4-55　"System function call" 指令参数设置窗口

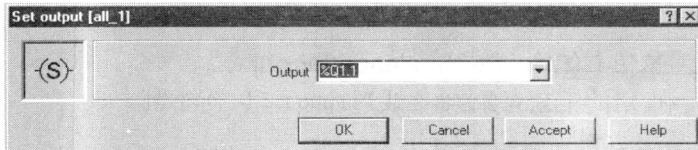

图 4-56　"Set output" 指令参数设置窗口

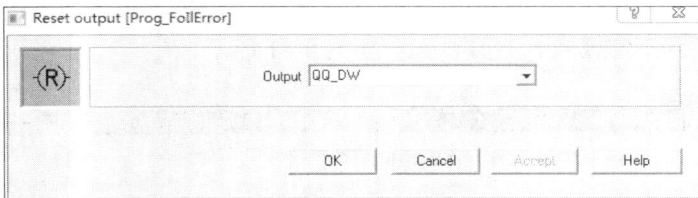

图 4-57　"Reset output" 指令参数设置窗口

10.　变量赋值(Variable assignment)

为用户变量或系统变量赋值。参数设置如图 4-58 所示。

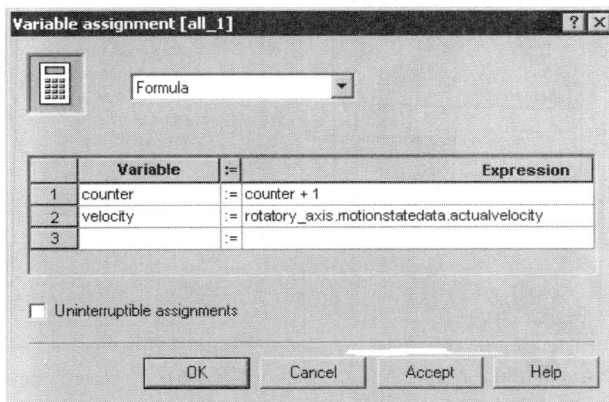

图 4-58　"Variable assignment" 指令参数设置窗口

11. 嵌入 ST 程序(ST zoom)

允许用户在 MCC 程序中嵌入 ST 程序。参数设置如图 4-59 所示。

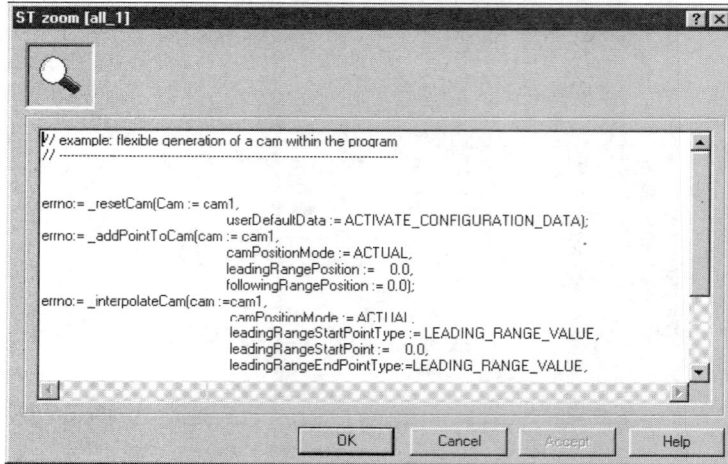

图 4-59 "ST zoom" 指令参数设置窗口

12. 激活工艺对象仿真(Activate simulation for object)

使用此指令时，指定的工艺对象(轴、快速输出、快速测量输入、同步从对象、外部编码器)切换到仿真模式。参数设置如图 4-60 所示。

13. 取消工艺对象仿真(Deactivate simulation for object)

使用此指令时，指定的工艺对象(轴、快速输出、快速测量输入、同步从对象、外部编码器)从仿真模式切换到正常模式。参数设置参如图 4-61 所示。

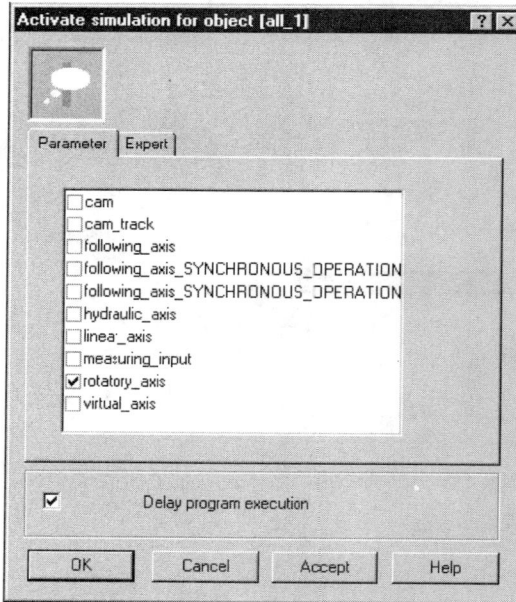

图 4-60 "Activate simulation for object"
指令参数设置窗口

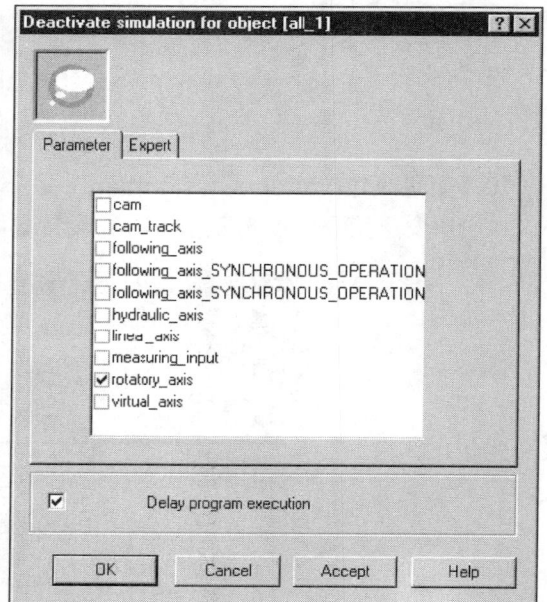

图 4-61 "Deactivate simulation for object"
指令参数设置窗口

14. 复位对象(Reset object)

将工艺对象复位到初始状态。参数设置如图 4-62 所示。

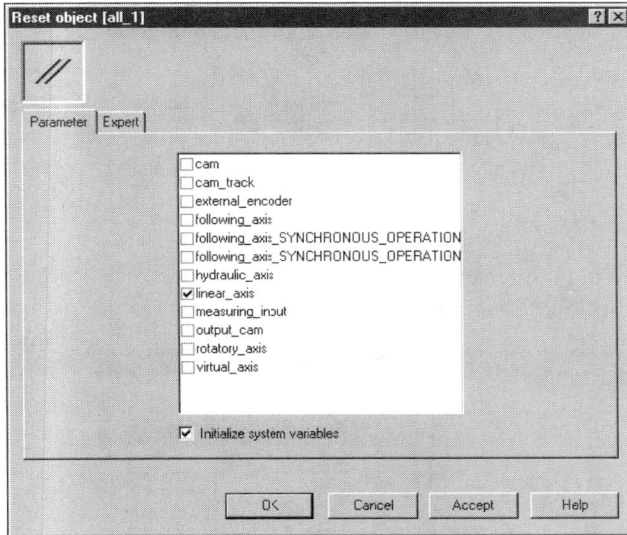

图 4-62 "Reset object"指令参数设置窗口

15. 改变操作模式(Change operating mode)

使 SIMOTION 运行于 STOP 或 STOP U 模式。参数设置如图 4-63 所示。

16. 注解块(Comment block)

为程序加入注解。参数设置如图 4-64 所示。

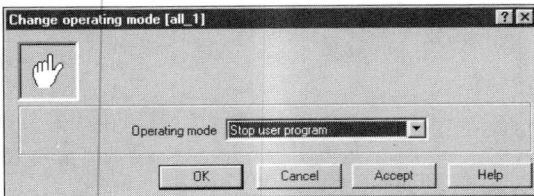

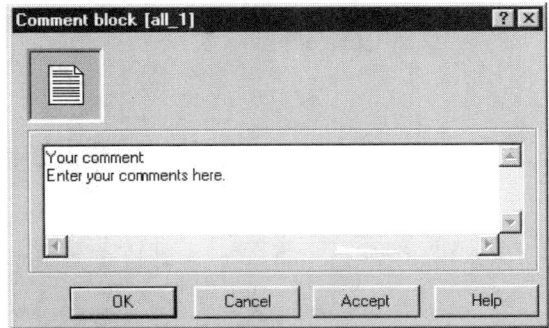

图 4-63 "Change operating mode"指令参数设置窗口　　图 4-64 "Comment block"指令参数设置窗口

4.2.2 任务指令

任务指令组主要用于控制任务执行时序、获取任务状态以及生成任务 ID。如图 4-65 所示为任务指令组所包含的各个指令。

1. 启动任务(Start task)

此指令启动指定的 MotionTask，并将数据初始化。如果任务已经激活，则此指令会先停止任务，然后再重启此任务并初始化。参数设置如图 4-66 所示。

图 4-65 任务指令组

103

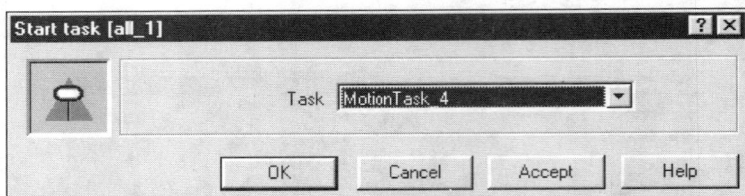

图 4-66　"Start task"指令参数设置窗口

2. 中断任务(Interrupt task)

将指定的 MotionTask 中断在当前状态，但是已经执行的轴运动指令并不会被中断。被中断的 MotionTask 不会自动继续执行。参数设置如图 4-67 所示。

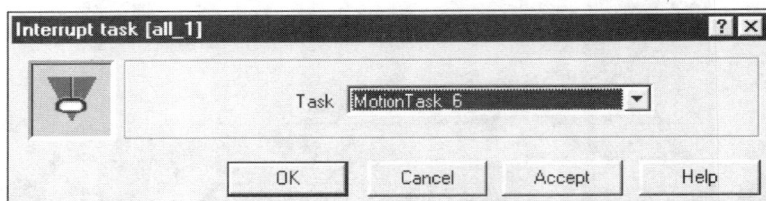

图 4-67　"Interrupt task"指令参数设置窗口

3. 继续任务(Continue task)

继续执行指定的被中断的 MotionTask。参数设置如图 4-68 所示。

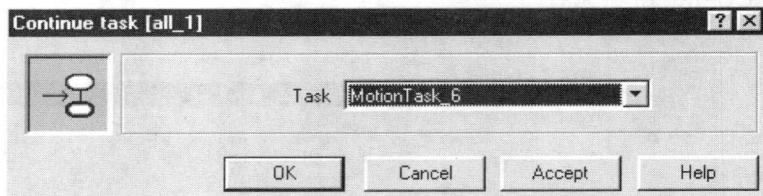

图 4-68　"Continue task"指令参数设置窗口

4. 停止任务(Reset task)

停止指定的 MotionTask。参数设置如图 4-69 所示。

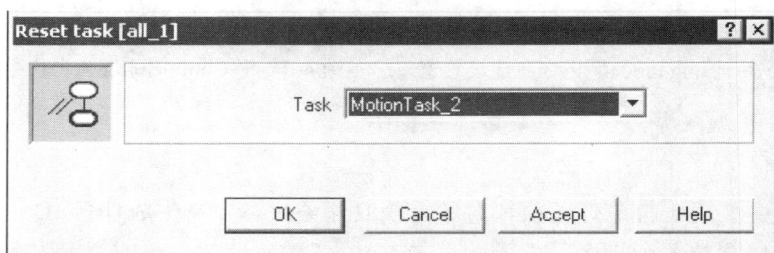

图 4-69　"Reset task"指令参数设置窗口

5. 任务状态(Task status)

查询指定的 MotionTask 的执行状态，并将查询到的结果赋给指定的变量。参数设置如图 4-70 所示。

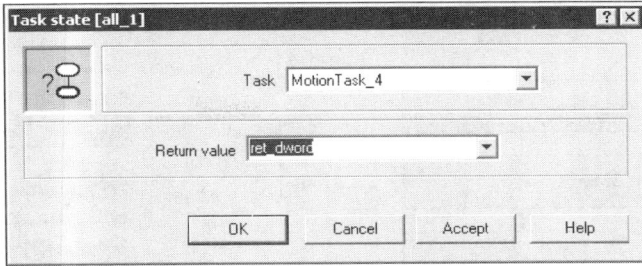

图 4-70　"Task status"指令参数设置窗口

6. 获取 TaskID(Determine TaskId)

该指令根据指定的 MotionTask 名称生成项目唯一的 TaskID。参数设置如图 4-71 所示。

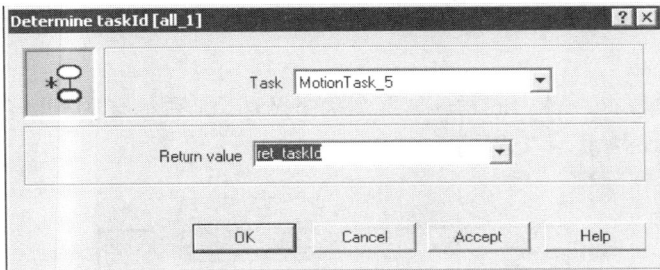

图 4-71　"Determine TaskId"指令参数设置窗口

4.2.3　程序结构语句

程序结构语句组包含控制语句执行顺序的条件、循环、跳转等语句。如图 4-72 所示为程序结构语句组所包含的各个语句。

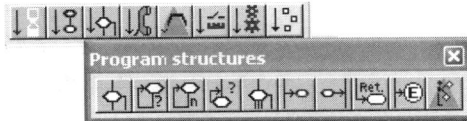

图 4-72　程序结构语句组

1. IF 条件语句

根据条件为 YES 或 NO，执行不同的分支，程序结构示例如图 4-73 所示。如果先选择连续的几条指令，然后再插入 IF 语句，如图 4-74 所示，则这几条指令自动移到"TRUE"分支里，而"FALSE"分支为空。

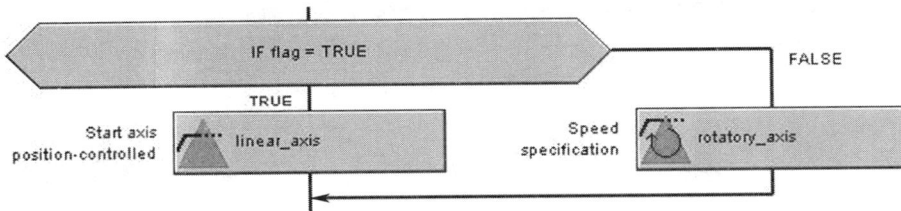

图 4-73　IF 语句程序结构示例

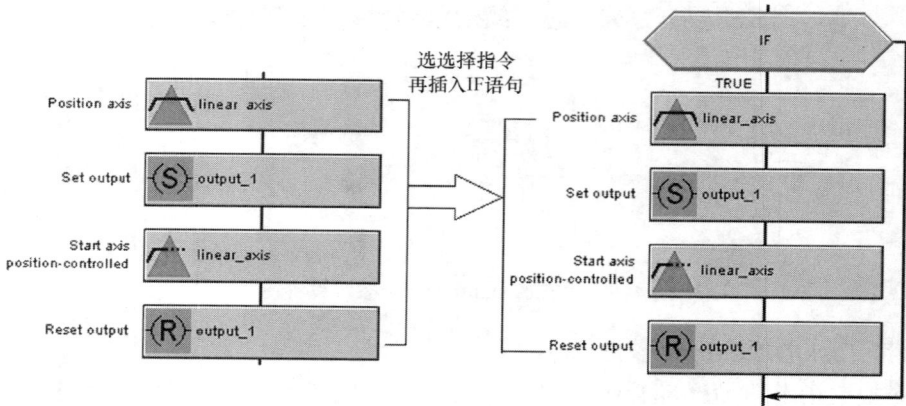

图 4-74 IF 语句使用技巧

2. WHILE 循环语句

当条件成立时执行循环体内的程序，否则跳出循环。是否循环的判断条件在每次循环的开始位置。程序结构示例如图 4-75 所示。

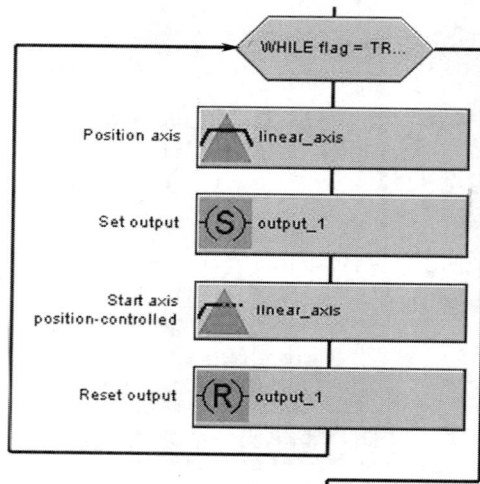

图 4-75 WHILE 语句程序结构示例

3. FOR 循环语句

执行指定次数的循环。如图 4-76 所示参数表示该程序循环执行 11 次。循环变量 counter(必须是 SINT、USINT、INT、UINT 或 DINT 数据类型)起始值为 0，每次增量为 1，终止值为 10。程序结构示例如图 4-77 所示。

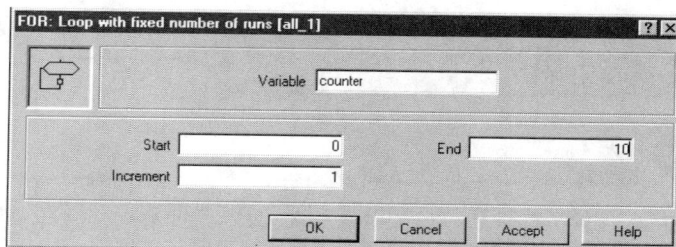

图 4-76 FOR 循环语句参数设置窗口

4．UNTIL 循环语句

在每次循环结束的时候，进行循环条件的判断。当条件成立时执行循环体内的程序，否则跳出循环。其程序结构示例如图 4-78 所示。

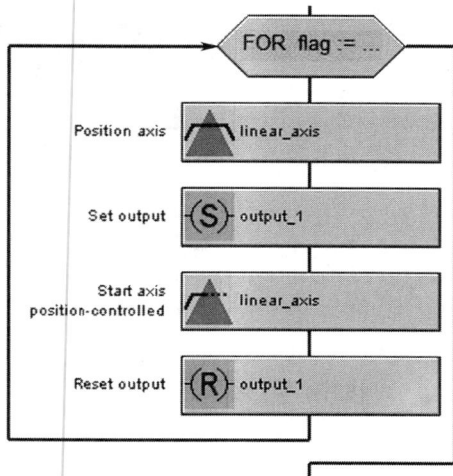

图 4-77　FOR 循环语句程序结构示例　　　　图 4-78　UNTIL 循环语句程序结构示例

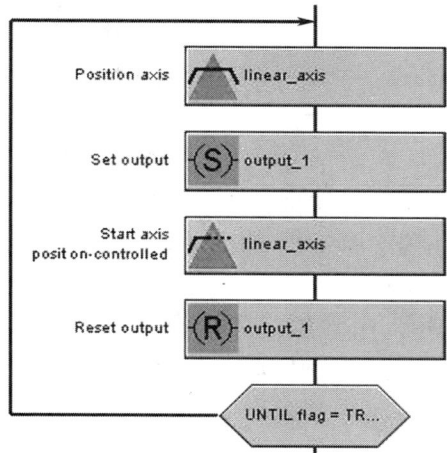

5．CASE 条件语句

根据条件的值执行不同的分支，一般为多个分支。在图 4-79 所示程序结构示例中，当 selection 等于 1 时，执行第一分支；等于 2 时，执行第二分支；等于 3 时，执行第三分支；等于其他值时，执行 ELSE 分支。

新插入该语句后，一般有两个分支。如果需要在第一位置插入新的分支(最左侧)，应该选中 CASE 语句，然后从右键菜单中选择"Insert branch"；如果在某条分支右侧插入新的分支，选择该分支，然后从右键菜单中选择"Insert branch"。

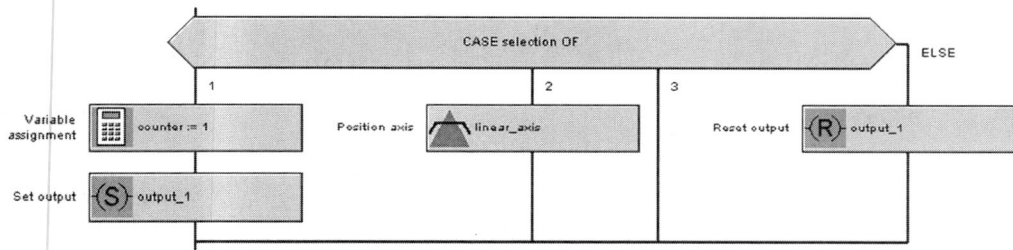

图 4-79　CASE 语句程序结构示例

6．Go to 跳转语句

使程序跳转到指定的标签处。参数设置如图 4-80 所示。

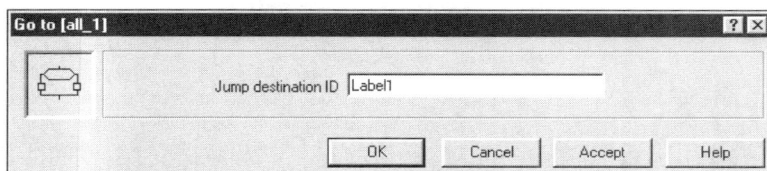

图 4-80　Go to 语句参数设置窗口

7. Selection 跳转入口标签

参数设置如图 4-81 所示。

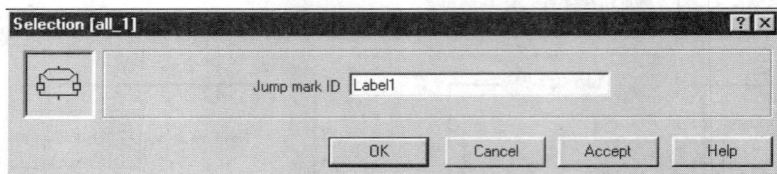

图 4-81　Selection 语句参数设置窗口

8. RETURN 语句

用于结束 FC、FB、Program 的执行，当 RETURN 语句执行时，其后的语句都将被跳过。如图 4-82 所示，当 RETURN 语句运行后，FOR 循环之后的变量赋值语句不会执行。

9. Exit 语句

用于跳出 WHILE、FOR、UNTIL 循环。语句使用示例如图 4-83 所示。

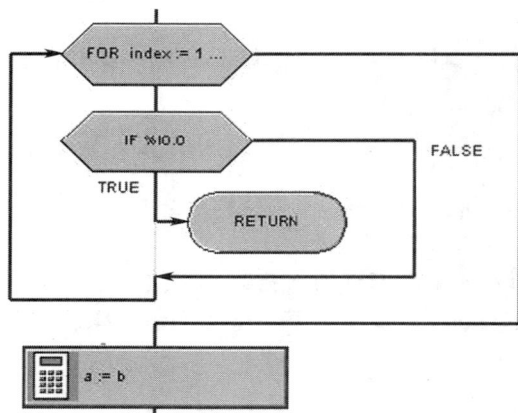

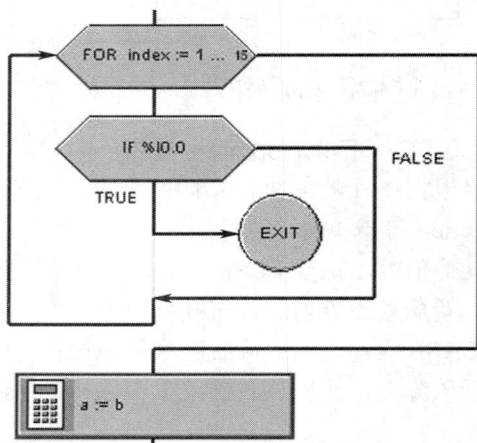

图 4-82　RETURN 语句使用示例　　　　图 4-83　Exit 语句使用示例

10. 同步开始

用于几个指令的并行执行。语句结构示例如图 4-84 所示。

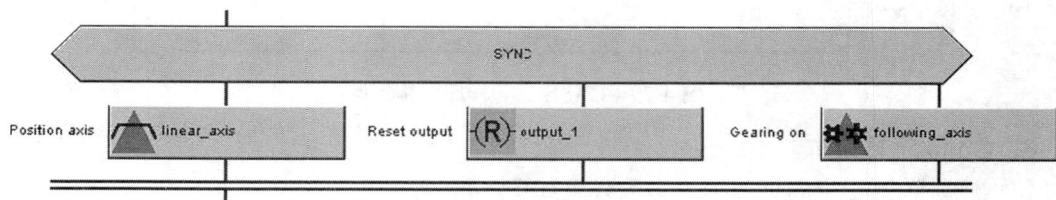

图 4-84　"同步开始"语句程序结构示例

4.2.4　通信指令

通信指令组主要用于系统消息的确认、通信的建立以及数据交换。如图4-85所示为通信指令组所包含的各个指令。

图 4-85 通信指令组

1. 确认工艺对象报警(Acknowledge technology object alarms)

用于确认一个或多个工艺对象的所有报警信息。参数设置如图4-86所示。

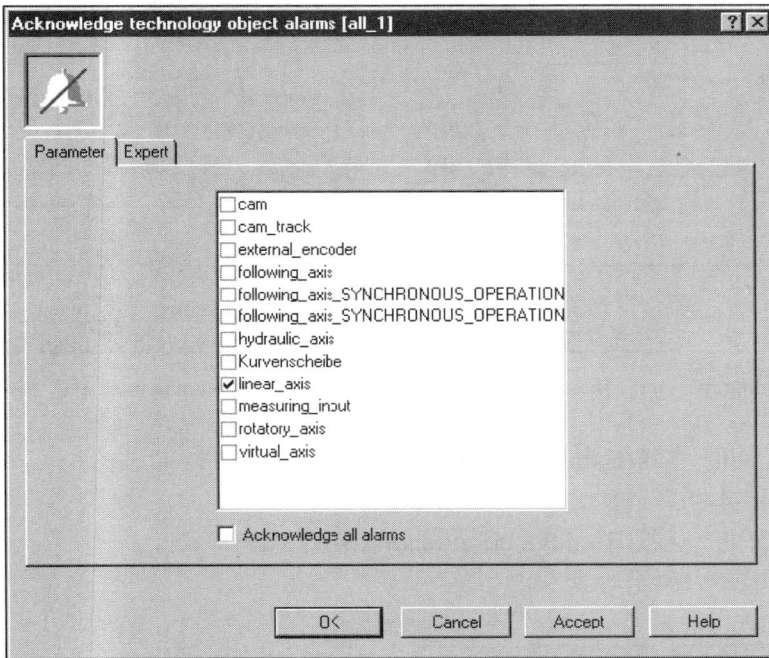

图 4-86 "Acknowledge technology object alarms"指令参数设置窗口

2. 确认指定的工艺对象报警(Acknowledge specific technology object alarm)

用于确认单个工艺对象的一个或所有报警信息。参数设置如图4-87所示。

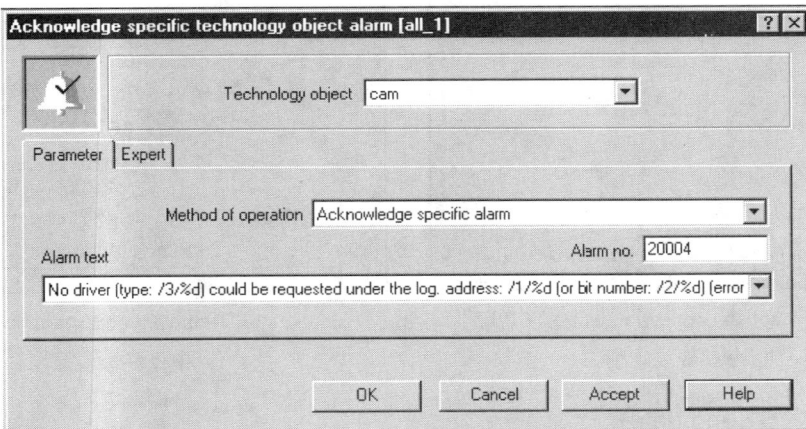

图 4-87 "Acknowledge specific technology object alarm"指令参数设置窗口

109

3．到达的消息(Incoming message)

该指令指示某个消息的到达，同时可以指定该消息的类型是否为可确认型。指令中的消息必须事先已被组态。参数设置如图4-88所示。

4．出去的消息(Outgoing message)

该指令指示某个消息即将离开，并且可确认的消息可以在OP中确认。指令中的消息必须事先已被组态。参数设置如图4-89所示。

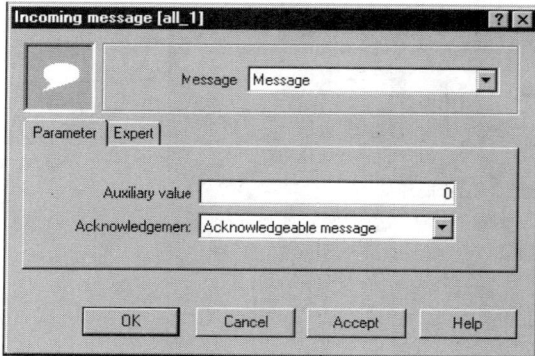

图4-88　"Incoming message"指令参数设置窗口

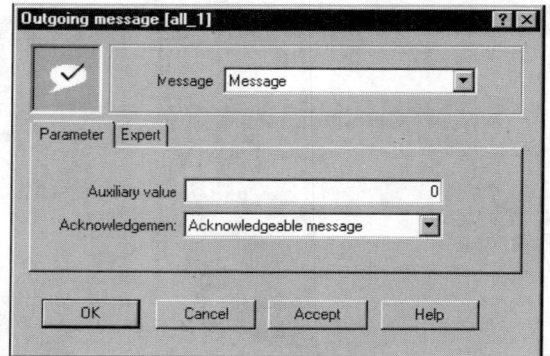

图4-89　"Outgoing message"指令参数设置窗口

5．建立 TCP/IP 连接(Establish connection using TCP/IP)

参数设置如图4-90所示。

6．断开 TCP/IP 连接(Remove connection using TCP/IP)

参数设置如图4-91所示。

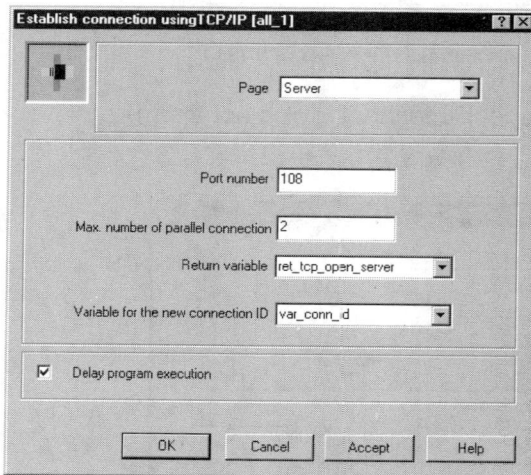

图4-90　"Establish connection using TCP/IP"
指令参数设置窗口

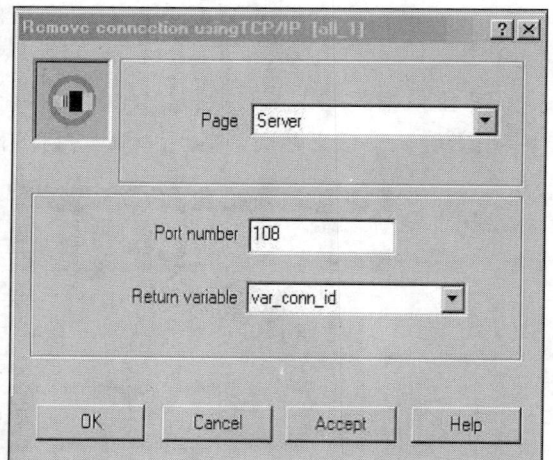

图4-91　"Remove connection using TCP/IP"
指令参数设置窗口

7．发送数据(Send data)

利用该指令可以通过不同的协议发送数据。参数设置如图4-92所示。

8. 接收数据(Receive data)

利用该指令可以通过不同的协议接收数据。参数设置如图4-93所示。

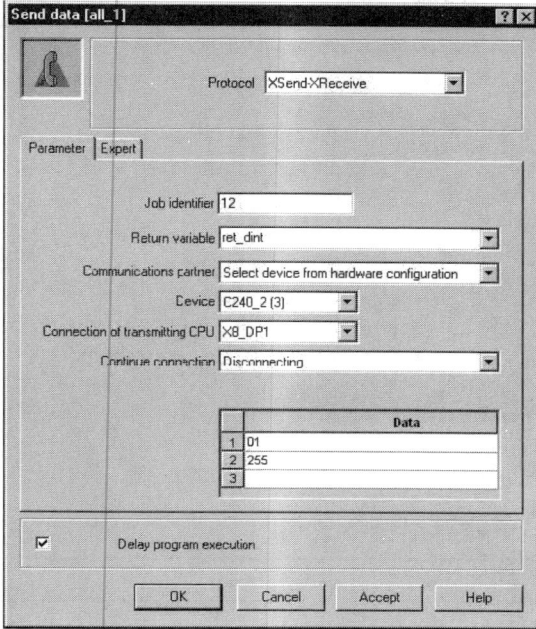

图 4-92 "Send data"指令参数设置窗口

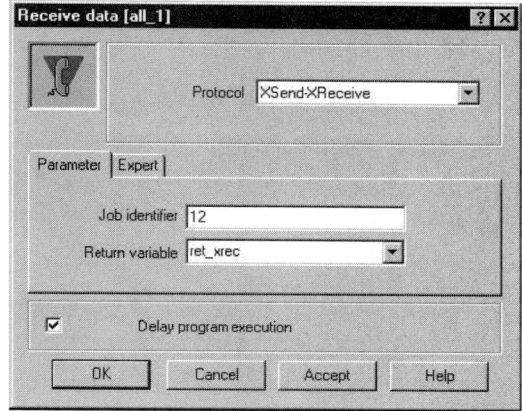

图 4-93 "Receive data"指令参数设置窗口

4.2.5 单轴指令

单轴指令组包含各种单轴的运动指令以及与运动无关的轴设置指令等。如图4-94所示为单轴指令组所包含的各个指令。

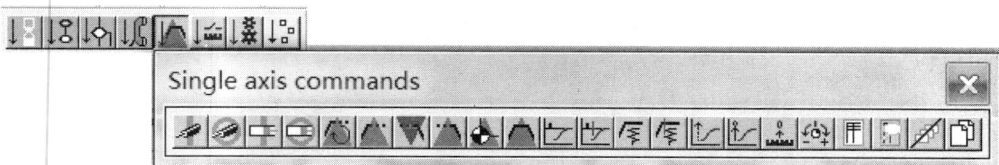

图 4-94 单轴指令组

1. 轴使能指令(Switch axis enable)

轴使能指令适用于使能电气轴(对于液压轴,应使用Switch QF-axisenable 指令)。轴必须满足以下条件才能执行运动指令:

(1) 驱动使能。

(2) 脉冲使能(功率单元使能)。

(3) 对于位置轴和同步轴需要附加条件:位置控制器使能。

(4) 取消Follow-up operation。

轴使能指令的参数设置窗口如图4-95所示,有关参数的说明如表4-3所列。

111

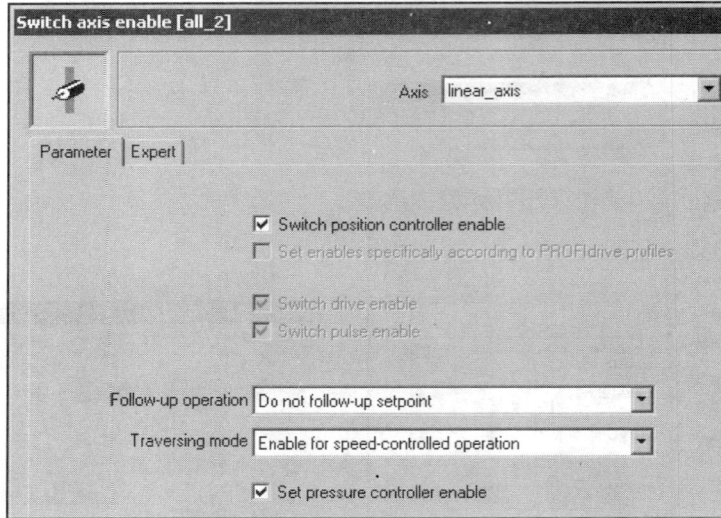

图 4-95 "Switch axis enable" 指令参数设置窗口

表 4-3 "Switch axis enable" 指令参数说明

参数	说 明
Switch position Controller enable	仅对位置轴和同步轴有效。如果要激活位置控制器则勾选该复选框。 勾选该复选框： • Switch enables individually according to PROFIdrive profiles 复选框被清除。 • Switch drive enable 和 Switch pulse enable 复选框被勾选。 如果该复选框没有被勾选，位置控制器的当前状态不变。对于虚轴而言，位置控制器使能始终被激活，即使该复选框没有被勾选。实轴位置控制器使能的当前状态可以通过系统变量 servoMonitorings.controlState 查看
Switch enables Individually according to PROFIdrive profiles	如果根据 PROFIdrive 行规进行单个使能，则勾选该复选框。 勾选该复选框： • Switch drive enable 和 Switch pulse enable 复选框被隐藏。 • 控制字 1(STW1) 的 7 个位的复选框显示。 (1) 勾选对应位的复选框以激活对应使能。 (2) 清除对应位的复选框以保持先前的使能设置。 必须激活所有使能以保证驱动的正常运行。 清除该复选框，Switch drive enable 和 Switch pulse enable 复选框出现
Switch drive enable	仅当 Switch enables individually according to PROFIdrive profiles 复选框未被勾选时才有效。 (1) 如果要激活驱动使能，则勾选该复选框。 (2) 如果该复选框未被勾选，则驱动使能的当前状态保持不变。 实轴驱动使能的当前状态可以通过系统变量 actorMonitorings.driveState 来查询

参数	说　明
Switch pulse enable	仅当Switch enables individually according to PROFIdrive profiles 复选框未被勾选时才有效。 (1) 如果要激活脉冲使能(功率单元使能)则勾选该复选框。 (2) 如果该复选框未被勾选，脉冲使能的当前状态保持不变。 (3) 实轴驱动使能的当前状态可以通过系统变量actorMonitorings.power查询
Follow-up operation	• Do not follow up setpoint (默认值) 轴可以执行运动指令。 对于实轴，只有当所有的使能都被激活时Do not follow up setpoint 才有效。 • Follow up setpoint 轴不能执行运动指令。 可以通过系统变量control 来判断实轴是否可以执行运动指令
Traversing mode	● Maintain last setting (默认值) 轴按照最近设置的运行模式(位置和速度控制)被使能。 ● Enable for speed- and position-controlled operation 轴使能以进行速度和位置控制操作。 该参数对于驱动轴不可选。 ● Enable for speed-controlled operation 轴被使能以进行速度控制操作。 对于位置轴，如果只选择速度控制操作，位置控制器仍然被激活
Set pressure controllerenable	仅对带力/压力控制的轴有效。 勾选此复选框，激活力/压力控制器。不勾选该复选框，力/压力控制器无效

2. 轴去使能(Remove axis enable)

取消电气轴的使能，参数设置如图4-96所示。

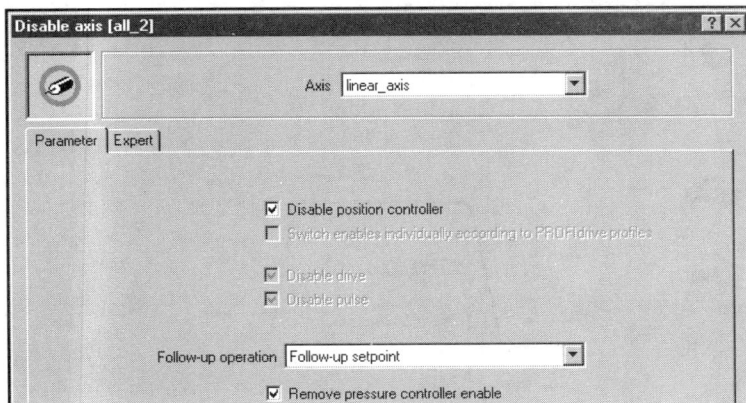

图 4-96　"Remove axis enable"指令参数设置窗口

3. 液压轴使能(Switch QF axis enable)

使能液压轴，这是液压轴执行运动控制指令的条件之一，参数设置如图4-97所示。

113

4．液压轴去使能(Remove QF axis enable)

取消液压轴的使能，参数设置如图4-98所示。

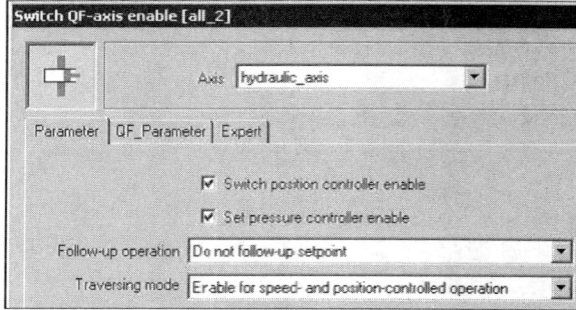

图4-97　"Switch QF axis enable"
指令参数设置窗口

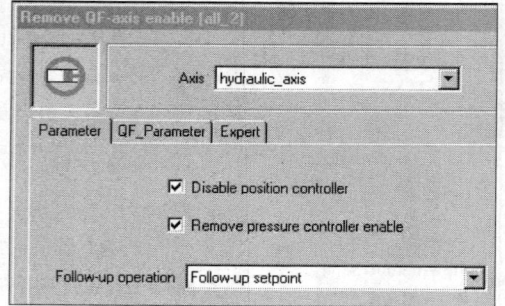

图4-98　"Remove QF axis enable"
指令参数设置窗口

5．速度控制模式下的轴移动指令(Speed specification)

在速度控制模式下，轴加速或减速到给定速度后保持恒速运动。如果限制了恒速运动时间(Dynamics 页面的Constant traversing time 参数)，那么轴在设定时间到达后减速到0。参数设置如图4-99和图4-100所示，参数选用说明如表4-4所列。

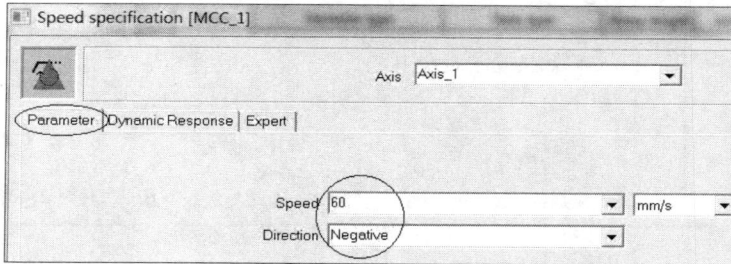

图4-99　"Speed specification"指令的参数设置窗口

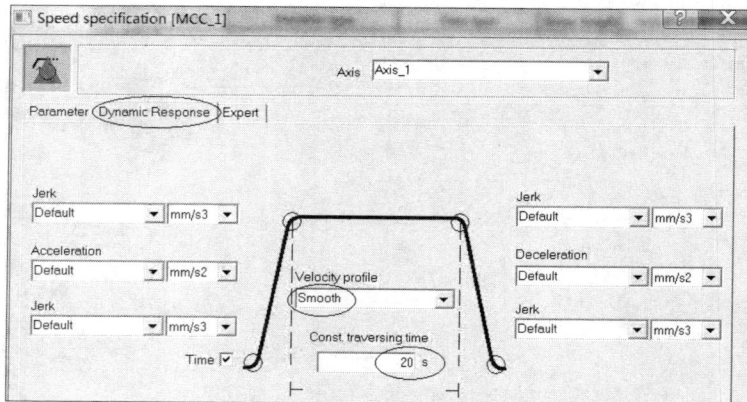

图4-100　"Speed specification"指令的动态响应参数设置窗口

6．位置控制模式下的轴移动指令(Start axis position-controlled)

在位置控制模式下，位置轴或同步轴或轨迹轴加速或减速到给定速度后保持恒速运动。如果限制了恒速运动时间(Dynamics 页面的Constant traversing time 参数)，那么轴在设定时间到达后减速到0。参数设置如图4-101和图4-102所示，参数选用说明如表4-4所列。

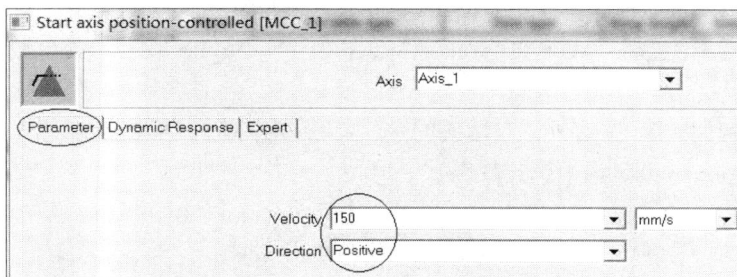

图 4-101 "Start axis position-controlled"指令的参数设置窗口

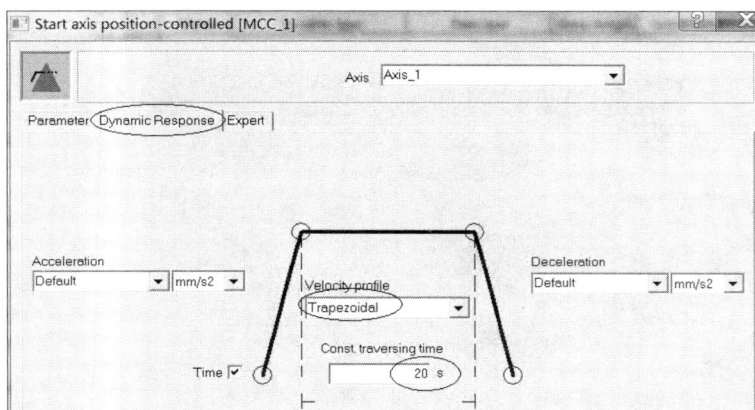

图 4-102 "Start axis position-controlled"指令的动态响应参数设置窗口

表 4-4 位置/速度控制模式下的轴移动指令中的参数说明

参数	说明
Axis	执行移动指令的轴(两种控制模式下此项略有不同)
Speed/Velocity	恒速运动阶段的速度值。在编辑下拉框中输入值，也可以输入变量
Direction	轴的移动方向。 ● From speed sign：根据速度值的符号。 ● Positive：正向。 ● Negative：反向。 ● Last direction programmed：上一次的设定。 ● default：缺省值为系统变量userDefaultDynamics.direction
Velocity profile	各个运动阶段之间的过渡方式。 默认值为系统变量userDefaultDynamics.profile
Constant traversing time	恒速运行时间。 勾选该复选框后，需在编辑框中输入数值

[例4-1] 轴"Axis_1"以60°/s的速度沿正向移动。

(1) 插入MCC单元和MCC程序段，分别将其命名为"MCCUnit_1"和"mcc_moveaxis"。

(2) 定义变量。在"GLOBAL DEVICE VARIABLES"中定义两个Bool 型的变量"g_boStart"和"g_boStartMove"。

(3) 在"mcc_moveaxis"程序段中依次插入等待条件指令("g_boStart"的上升沿作为触发条件)、轴使能指令(使能轴"Axis_1")和等待条件指令("g_boStartMove"的上升沿作为触发条件)。

(4) 插入轴移动指令。在MCC 工具条的单轴指令组中单击位置控制模式下的轴移动指令，将其插入"mcc_moveaxis" 程序段中第二个等待条件指令之后。

(5) 移动指令参数设置。双击插入的轴移动指令，在弹出的对话框中进行参数设置，如图4-103所示，单击"OK"按钮确认。其中：

1) Axis(移动轴)：Axis_1。

2) Speed(运动速度)：60°/s。

3) Direction(运动方向)：Positive。

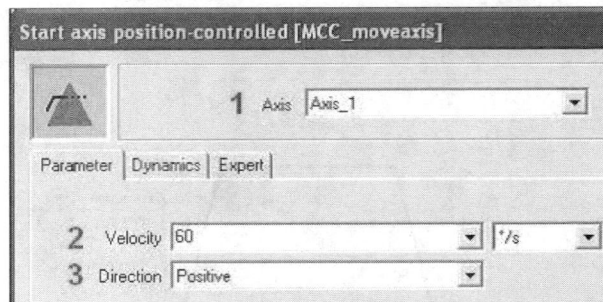

图 4-103　轴 Axis_1 的移动指令参数设置

在Dynamics页面进行加速度，加加速度设置。可以在编辑框中输入值，也可以输入变量。本例全部为默认设置。

在Dynamics 页面中有个Time 复选框，如果激活则可以定义一个时间间隔。该时间间隔表示轴开始恒速运行到开始减速的时间跨度。如果不激活Time复选框，轴将一直运行直到接受一个新指令。本例不勾选。

(6) 编译并保存。

(7) 将程序分配给执行系统。

(8) 在线并下载程序。

(9) Trace功能设置。将"Axis_1.motionstatedata.actualvelocity"系统变量添加到Trace信号列表中。

(10) 运行程序。

确认C240的CPU 处于RUN 状态，置位"g_boStart"，轴Axis_1使能。使能完成后，单击 ▶ 按钮开始trace，然后置位"g_boStartMove"。轴Axis_1首先从0加速到60°/s，然后稳定在60°/s的速度沿正向移动，如图4-104所示。

7. 轴停止指令(Stop axis)

轴停止指令用于停止轴的运动。该指令适用于所有单轴运动。运动可以通过正常停止(Normal stop)或快停(Quick stop)来停止。参数设置如图4-105所示，参数选用说明如表4-5所列。

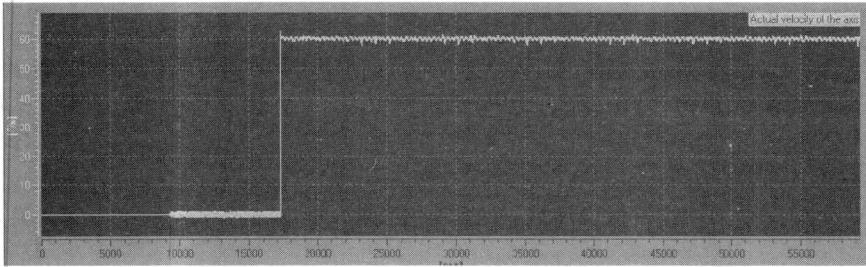

图 4-104   轴 Axis_1 移动的 Trace 图

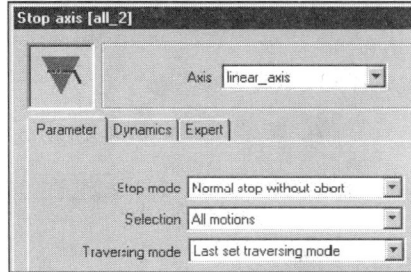

图 4-105   "Stop axis" 指令参数设置窗口

表 4-5   "Stop axis" 指令参数说明

参数	说明
Stop mode	停止模式。只有使用 Normal stop without abort 模式停止的运动可以通过 Continue motion 指令恢复。其他运动均不可以被恢复。 ● Normal stop without abort(默认值)。Selection 项中的运动按照 Dynamics 页面中设定的动态参数停止。该运动可以被 Continue motion 指令恢复。但是在停止指令和恢复指令之间不能有其他指令。该指令对同步运动不会产生影响。 ● Normal stop with abort。Selection 项中的运动按照 Dynamics 页面中设定的动态参数停止。该运动不能被恢复。该指令对同步运动不会产生影响。 ● Quick stop within defined period。运动可以在设定的时间内停止。在 Dynamics 页面中的 Time for deceleration 参数中设定时间。运动可以被恢复。运动按照轴的最高动态参数停止。运动不能被恢复。 ● Quick stop at maximum deceleration。运动按照轴的最高动态参数停止。运动不能被恢复。 ● Quick stop with preassigned braking ramp。运动按照控制器中的制动器斜坡停止。制动器斜坡在组态时进行设置。运动不能被恢复。 ● Quick stop with dynamics parameters。运动按照 Dynamics 页面中设定的动态参数停止。运动不能被恢复
Selection	需要停止的运动。该参数只有当停止模式为 Normal stop without abort 或 Normal stop with abort 时才有效。 ● All motions：所有运动。 ● Basic motion：基本运动。 ● Superimposed motion：叠加运动
Traversing mode	运行模式。 ● Position-controlled。仅用于位置轴和同步轴。轴从当前的运行模式(如速度控制、力控制或扭矩控制)切换到位置控制，然后停止。 ● Closed-loop speed controlled。轴从当前的运行模式(如速度控制、力控制或扭矩控制)切换到速度控制，然后停止。速度斜坡立刻起作用。先前存在的跟随误差不必移除。如果位置控制的运动在速度控制模式下被停止，轴的使能会被移除。 ● Last set traversing mode (默认值)。轴从当前的运行模式(如位置控制、速度控制、力控制或扭矩控制)切换到上次设定的运行模式(位置或速度控制)，然后停止
Time for deceleration	● Quick stop within defined period：停止模式下的制动时间。 默认值为系统变量 userDefaultDynamics.stopTime

正常停止(Normal stop)：该指令停止所有单轴运动(定位运动和速度运动)，但不能停止同步运动。

快停(Quick stop)：该指令既可以停止所有单轴运动(定位运动和速度运动)，又可以停止同步运动。此外，轴的使能被移除。

8．继续运动(Continue motion)

对于在轴停止指令中选择"Normal stop without abort"停止方式的轴，可以用该指令使轴继续停止前的运动。参数设置如图4-106所示。

9．回零(Home axis)

设置位置轴或同步轴的参考坐标原点。

10．轴定位指令(Position axis)

使轴(旋转轴，模态轴或线性轴)运动到指定位置，位置可以是绝对位置或者相对位置。模态轴还可以通过"最短路径"进行定位。参数设置如图4-107所示，参数选择说明如表4-6所列。

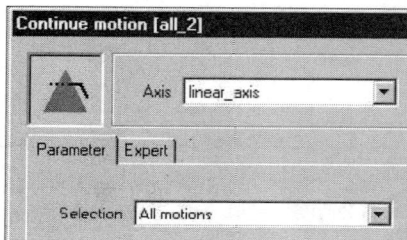

图4-106 "Continue motion"指令参数设置窗口　　图4-107 "Position axis"指令参数设置窗口

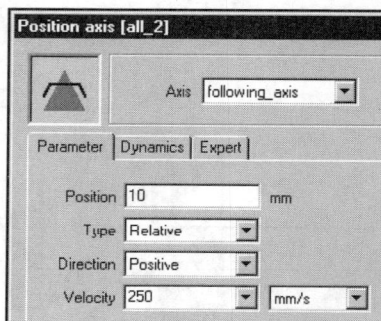

表 4-6 "Position axis" 指令参数说明

参数	说 明
Position	位置值。取决于type 参数。 ● "Absolute"类型：运动的终点。 ● "Relative"类型：从轴的当前位置算起的运动距离。 位置值要以浮点数类型输入
Type	绝对定位或相对定位。 ● Absolute(默认值)：绝对定位。 ● Relative：相对定位
Direction	运动方向。 下面两种情况必须要定义运动方向。 ● 相对定位(对于所有轴)。 ● 绝对定位且轴为模态旋转轴。 如果选择了正方向或负方向，那么方向的优先级比位置高。速度的符号由定义的方向决定。 ● Positive：运动方向为轴的正方向。对于相对运动，位置的符号被忽略。 ● Negative：运动方向为轴的负方向。对于相对运动，位置的符号被忽略。 ● From position (仅对相对定位有效)：运动方向由位置的符号决定。 ● Shortest path (仅对绝对定位且模态旋转轴有效)：运动方向为到达目标位置的最短路径的方向。 ● Last direction set in the program

参数	说　明
Velocity	恒速运行阶段的速度。在编辑框中输入数值，也可以输入变量。 ● CurrentVelocity。 ● Last programmed velocity。 ● Default (默认值)：默认值为系统变量userDefaultDynamics.velocity

指定的位置必须位于软限位开关之内。

[例4-2]　Axis_1 以20°/s的速度转动到100°的位置(绝对定位)。

(1) 插入MCC单元和MCC程序段，分别将其命名为"MCCUnit_1"和"MCC_PositioningAxis"。

(2) 定义变量。在"GLOBAL DEVICE VARIABLES"中定义两个Bool型的变量"g_boStart"和"g_boStartPos"。

(3) 在"MCC_PositioningAxis" 程序段中依次插入等待条件指令（"g_boStart"的上升沿作为触发条件)，轴使能指令(使能"Axis_1")，等待条件指令("g_boStartPos"的上升沿作为触发条件)。

(4) 插入轴定位指令。在MCC 工具条的单轴指令组中单击轴定位指令，将其插入"MCC_PositioningAxis" 程序段中第二个等待条件指令之后。

(5) 定位轴指令参数设置，如图4-108所示。Dynamics 页面的设置均采用默认值。

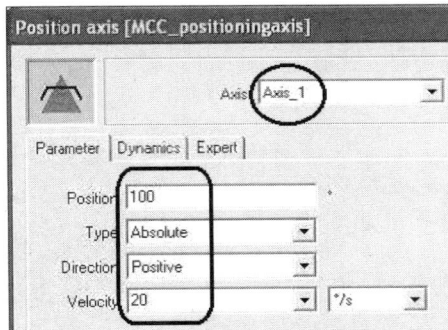

图 4-108　轴绝对定位指令参数设置

(6) 编译并保存。

(7) 将程序分配给执行系统。将"MCC_PositioningAxis" 程序段分配给"MotionTask_1"，并将"MotionTask_1"的"Activation after StartupTask"激活。

(8) 在线并下载程序。

(9) Trace设置。将系统变量"Axis_1. Positioningstate→actualposition"和"Axis_1.motionstatedata.actualvelocity"添加到Trace 信号列表中。

(10) 运行程序。将C240的CPU 操作模式从"STOP"变成"RUN"。单击▶按钮开始trace。置位"g_boStart"，轴"Axis_1"使能。置位"g_boStartPos"，轴"Axis_1"开始运动，以20°/s的速度运动到100°的位置然后停止。单击■按钮停止trace，在"Time diagram"标签页中可以查看trace 的结果，如图4-109所示。

[例4-3]　轴"Axis_1"以40°/s的速度从当前位置正向转动200°(相对定位)。

轴定位指令参数设置如图4-110所示，其余操作均与例4-2相同。

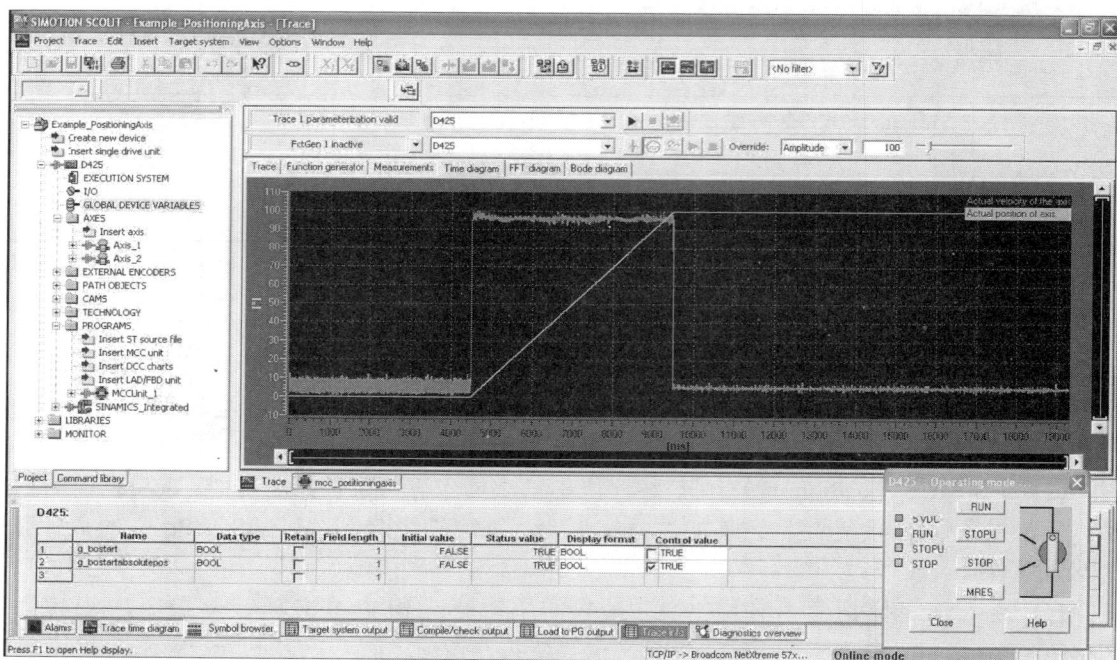

图 4-109 轴绝对定位 Trace 图

11. 激活固定点停止功能(Travel to fixed end stop)

对"运动到固定点"进行监控,当达到固定点后保持夹紧转矩。指令的参数设置如图4-111所示。

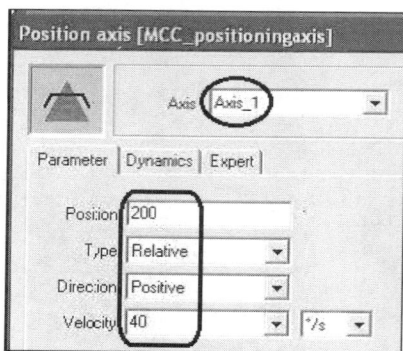

图 4-110 轴相对定位指令参数设置

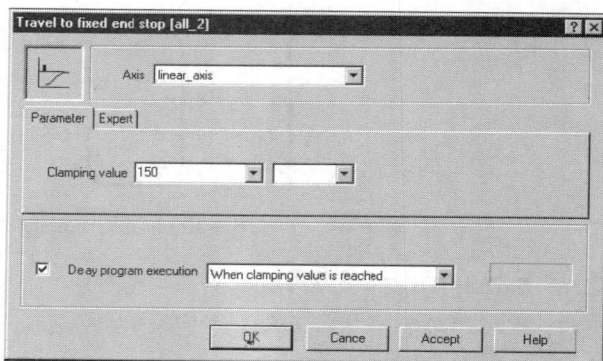

图 4-111 "Travel to fixed end stop"指令参数设置窗口

"Travel to fixed end stop"是用驱动器夹紧物体时所需的功能。使用该功能需要设定一个夹紧转矩,当夹具运行过程中碰到物体并且电动机转矩到达夹紧转矩时,会维持夹紧状态,并返回一个状态值,以便进行下一步工序。"Travel to fixed end stop"功能的使用需要两个条件:

(1) 位置轴处于运行中(Position Controlled Traversing)。

(2) 电动机转矩到达设定的限幅值。

12. 解除固定点停止功能(Remove fixed end stop)

取消对"运动到固定点"的监控,达到固定点后不保持夹紧转矩,参数设置如图4-112所示。

120

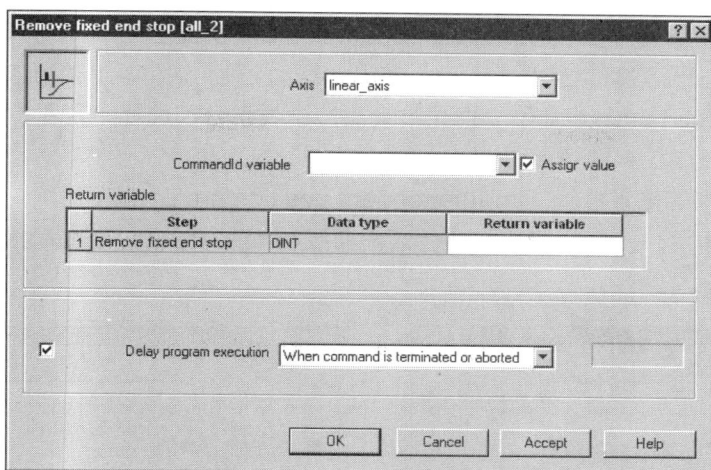

图 4-112　"Remove fixed end stop"指令参数设置窗口

13. 开启转矩限幅功能(Switch on torque limitation)

该指令用于在运动的同时对转矩进行限制。执行该指令后，转矩限制功能立即生效，参数设置如图4-113所示。

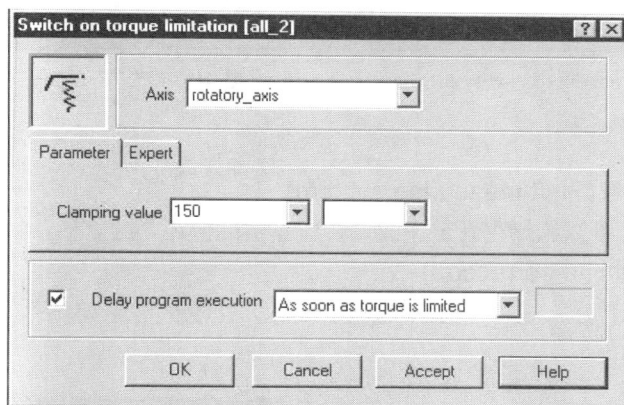

图 4-113　"Switch on torque limitation"指令参数设置窗口

14. 关闭转矩矩限幅功能(Deactivate torque limitation)

参数设置如图4-114所示。

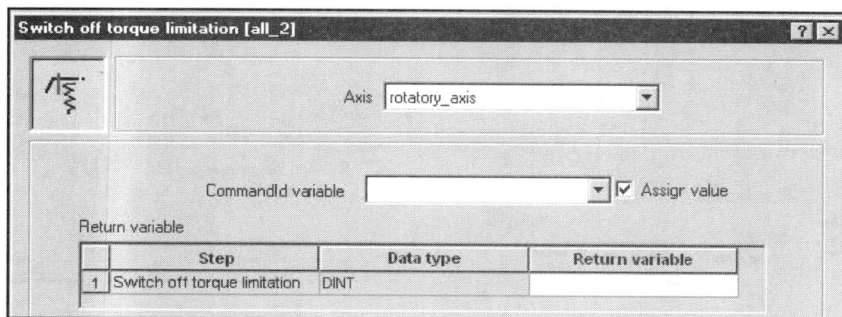

图 4-114　"Deactivate torque limitation"指令参数设置窗口

15. 基于时间的速度曲线(Time-dependent velocity profile)

该指令使轴按照速度CAM曲线运动，其中曲线的X轴为时间，Y轴为速度值。运动从Cam曲线的指定时间(Start time)点开始一直到结束。控制类型可以选择"位置控制器"或"速度控制器"，参数设置如图4-115所示。

16. 基于时间的位置曲线(Time-dependent position profile)

该指令使轴按照位置Cam曲线运动，其中曲线的X轴为时间，Y轴为位置值，参数设置如图4-116所示。

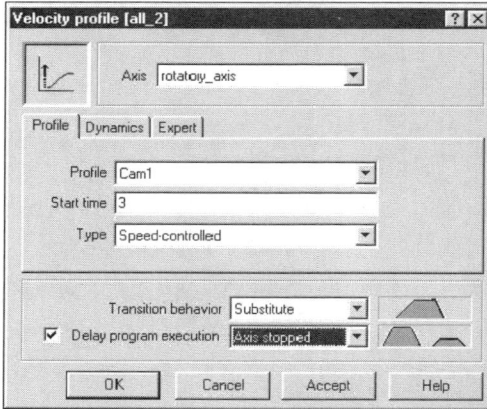

图 4-115 "Time-dependent velocity profile"

指令参数设置窗口

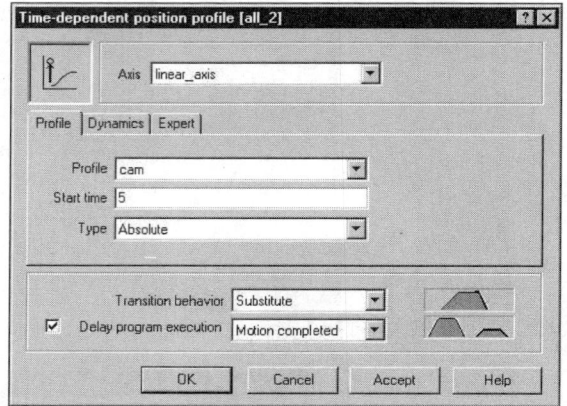

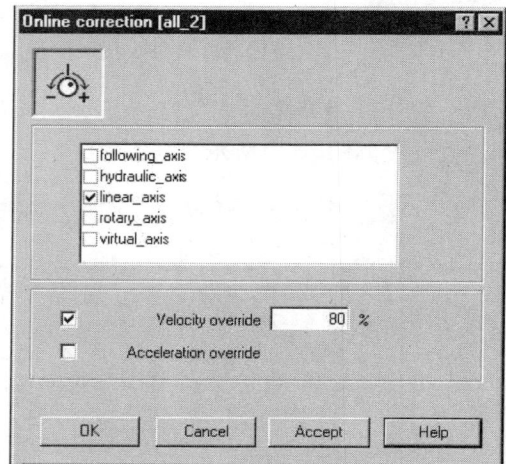

图 4-116 "Time-dependent position profile"

指令参数设置窗口

17. 转换测量系统(Shift measuring system)

重新定义位置值，可以选择重新定义的位置值是实际值还是给定值，参数设置如图4-117所示。

18. 在线校正(Online correction)

可以对选择的工艺对象进行速度和加速度校正，且校正对当前指令及后序指令都有效，参数设置如图4-118所示。

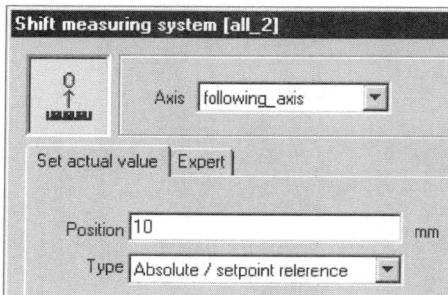

图 4-117 "Shift measuring system"

指令参数设置窗口

图 4-118 "Online correction"

指令参数设置窗口

19. 轴参数设置(Set axis parameter)

改变指定轴的速度、加速度、加加速度等默认值，参数设置如图4-119所示。

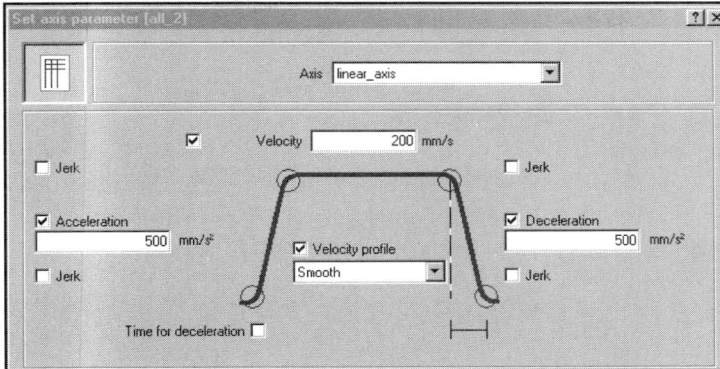

图 4-119 "Set axis parameter"指令参数设置窗口

20. 虚轴参数设置(Set virtual axis values)

将实轴或者外部编码器的位置、速度、加速度值传递给虚轴，只有在实轴或外部编码器运动时值才能传递给虚轴。参数设置如图4-120所示。

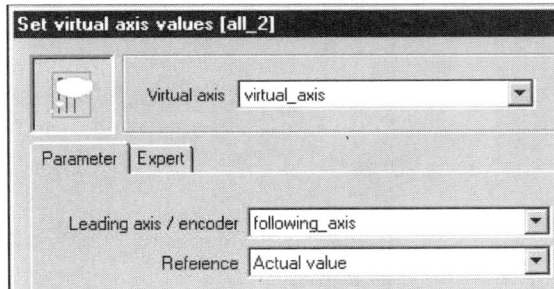

图 4-120 "Set virtual axis values"指令参数设置窗口

21. 删除指令队列(Delete command queue)

删除指令缓冲区中还没有被执行的指令，参数设置如图4-121所示。

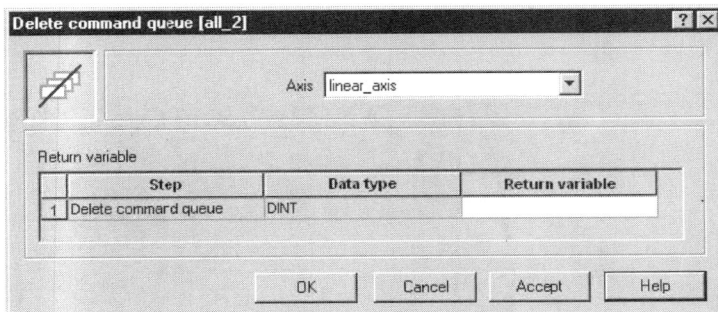

图 4-121 "Delete command queue"指令参数设置窗口

22. 转换参数组(Switch parameter set)

为轴选择不同的参数组，参数设置如图4-122所示。

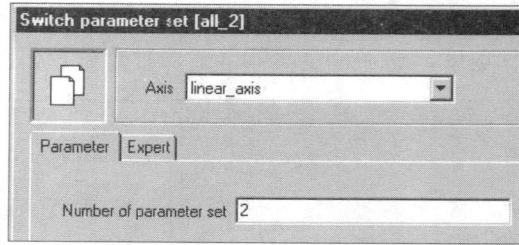

图 4-122 "Switch parameter set" 指令参数设置窗口

4.2.6 外部编码器、快速测量输入以及快速输出指令

如图4-123所示为外部编码器、快速测量输入以及快速输出指令组所包含的各个指令。

图 4-123 外部编码器、Measuring Inputs 以及 Output Cam 指令组

1. 打开外部编码器(External encoder on)

参数设置如图4-124所示。

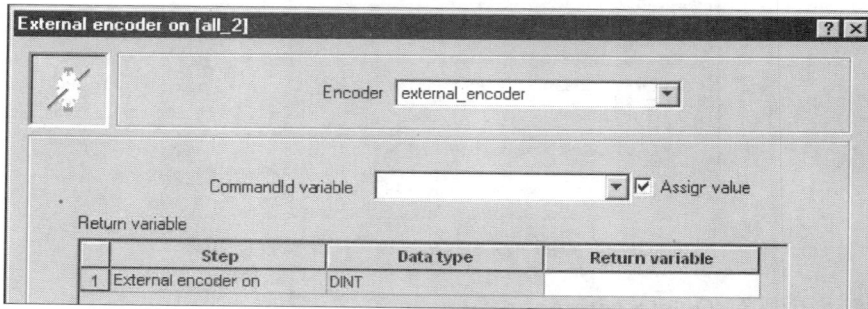

图 4-124 "External encoder on" 指令参数设置窗口

2. 关闭外部编码器(External encoder off)

参数设置如图4-125所示。

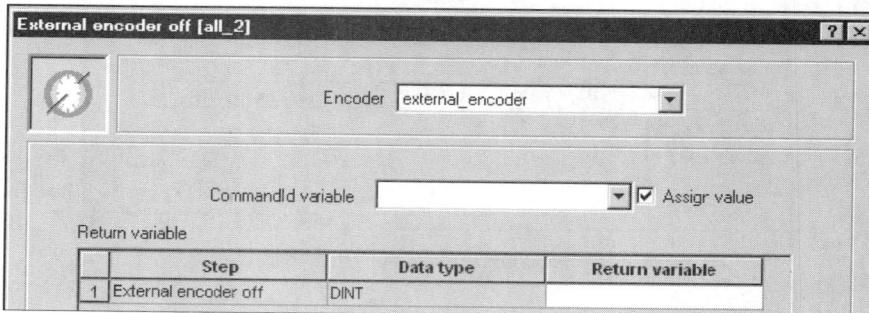

图 4-125 "External encoder off" 指令参数设置窗口

124

3．同步外部编码器(Synchronize external encoder)

对编码器进行回零，参数设置如图4-126所示。

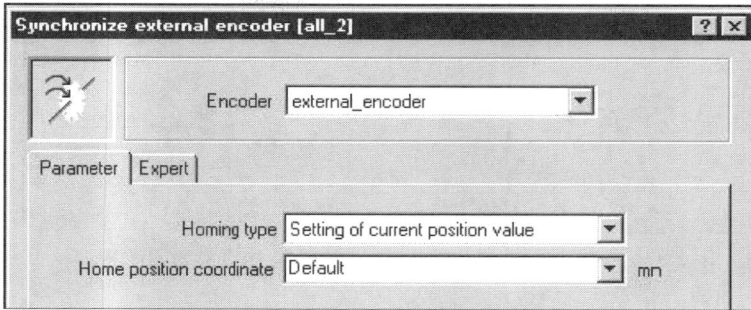

图 4-126　"Synchronize external encoder"指令参数设置窗口

4．打开编码器监控(Encoder monitoring on)

要求必须至少有两个编码器系统接到同一根轴上。两编码器系统之差将被监控，超过最大允许误差时报警，参数设置如图4-127所示。

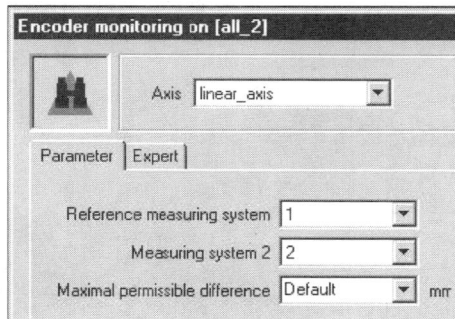

图 4-127　"Encoder monitoring on"指令参数设置窗口

5．关闭编码器监控(Encoder monitoring off)

参数设置如图4-128所示。

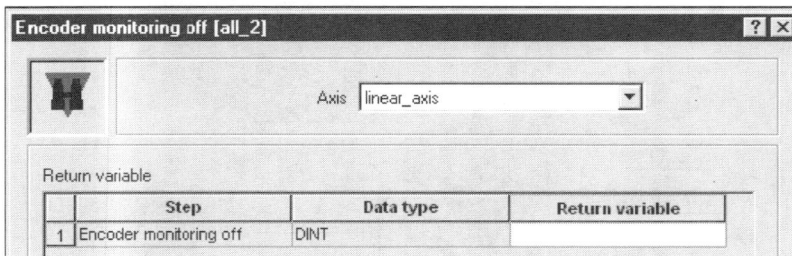

图 4-128　"Encoder monitoring off"指令参数设置窗口

6．激活快速测量输入点功能(Activate measuring input)
7．关闭快速测量输入点功能(Deactivate measuring input)
8．同步测量系统(Synchronize measuring system)

同步两个测量系统，或者返回两个指定测量系统之间的差值。参数设置如图4-129所示。

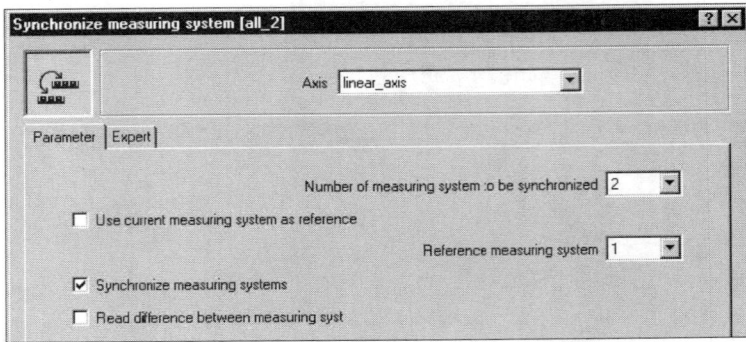

图 4-129　"Synchronize measuring system"指令参数设置窗口

9．建立快速输出(Switch output cam on)

设置快速输出的参数并开启它。参数设置如图4-130～图4-135所示。

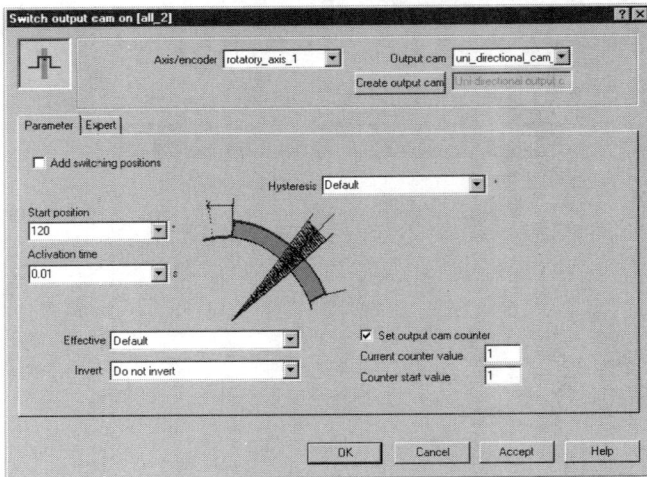

图 4-130　旋转轴基于单向的快速输出指令设置窗口

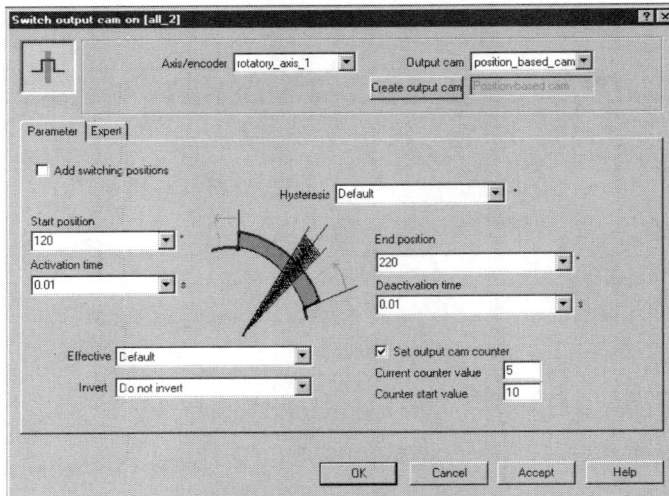

图 4-131　旋转轴基于位置的快速输出指令设置窗口

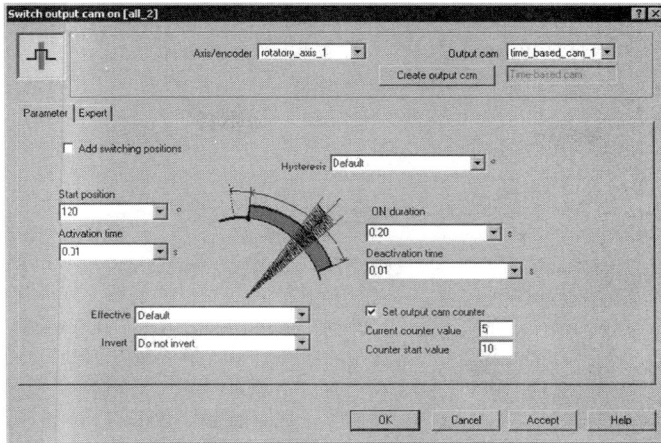

图 4-132   旋转轴基于时间的快速输出指令设置窗口

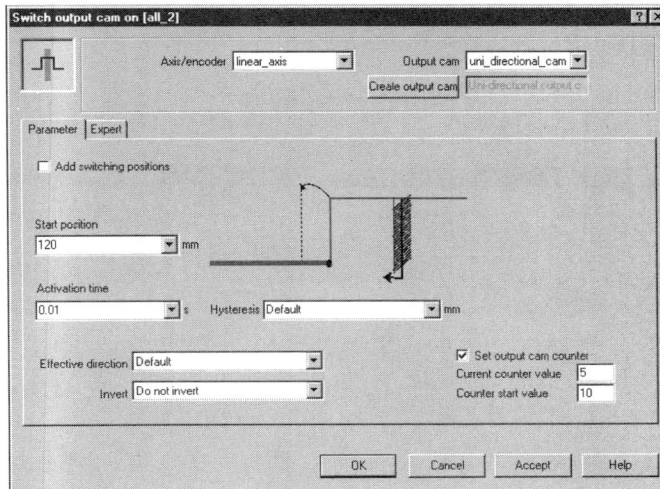

图 4-133   线性轴基于单向的快速输出指令设置窗口

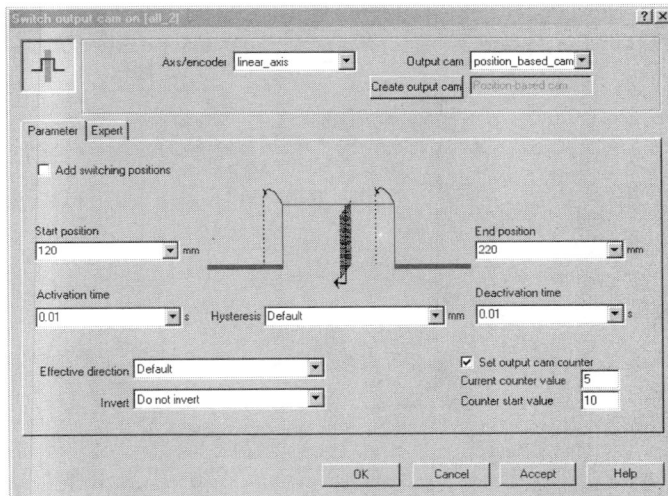

图 4-134   线性轴基于位置的快速输出指令设置窗口

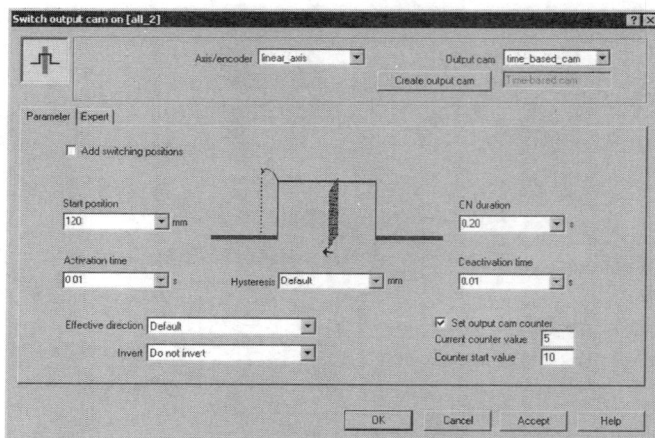

图 4-135　线性轴基于时间的快速输出指令设置窗口

10. 关闭快速输出(Switch output cam off)

参数设置如图4-136所示。

11. 打开/关闭快速输出(Switch output cam signal)

参数设置如图4-137所示。

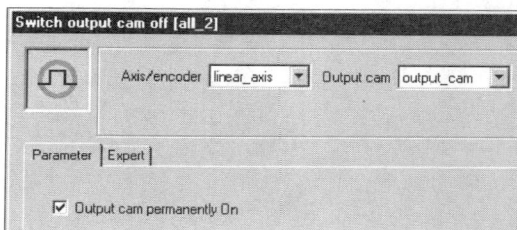

图 4-136　快速输出关闭指令设置窗口

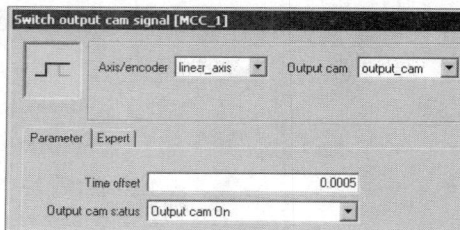

图 4-137　"Switch output cam signal"

指令参数设置窗口

12. 建立输出序列工艺对象(Cam track On)

设置Cam track On的参数并开启它。参数设置如图4-138和图4-139所示。

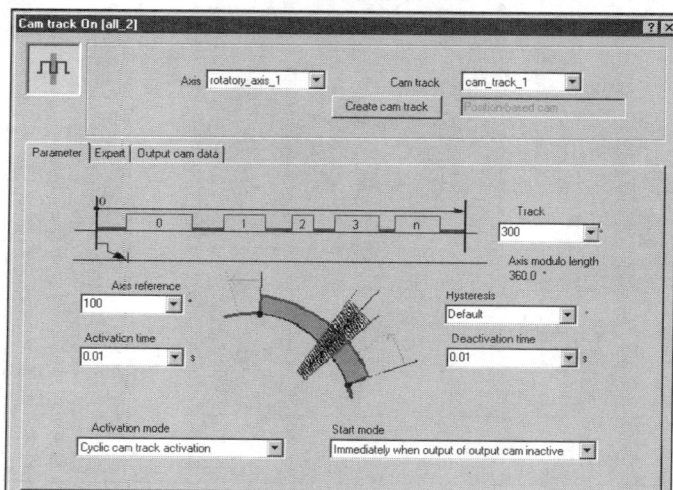

图 4-138　旋转轴"Cam track On"指令参数设置窗口

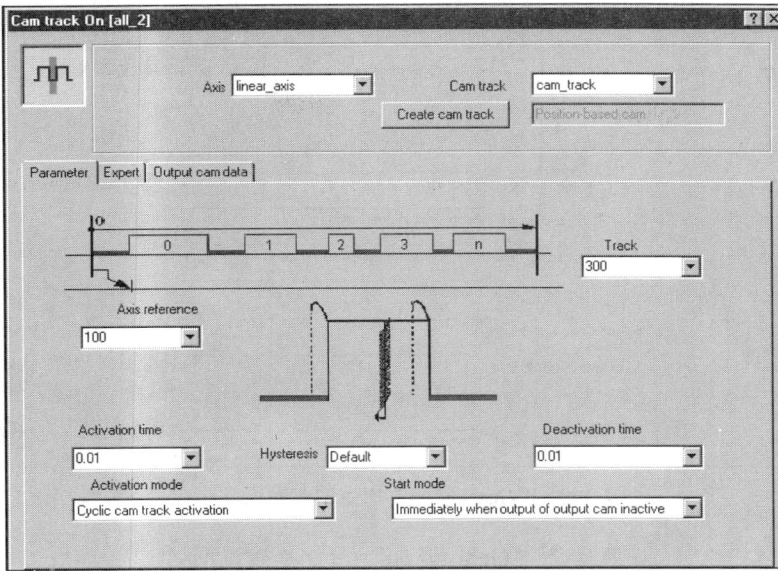

图4-139 线性轴"Cam track On"指令参数设置窗口

13. 关闭输出序列工艺对象(Cam track Off)

参数设置如图4-140所示。

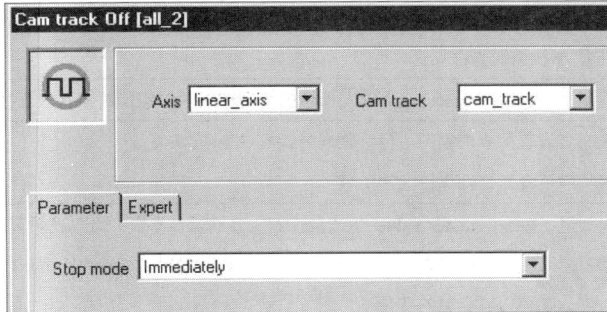

图4-140 "Cam track Off"指令参数设置窗口

4.2.7 同步操作指令

同步操作指令组包含两轴间的齿轮同步、凸轮同步操作指令，以及同步参数设置指令等。如图4-141所示为同步操作指令组所包含的各个指令。

图4-141 同步操作指令组

1. 建立齿轮同步(Gearing on)

参数设置如图4-142和图4-143所示，有关参数选择的说明如表4-7和表4-8所列。

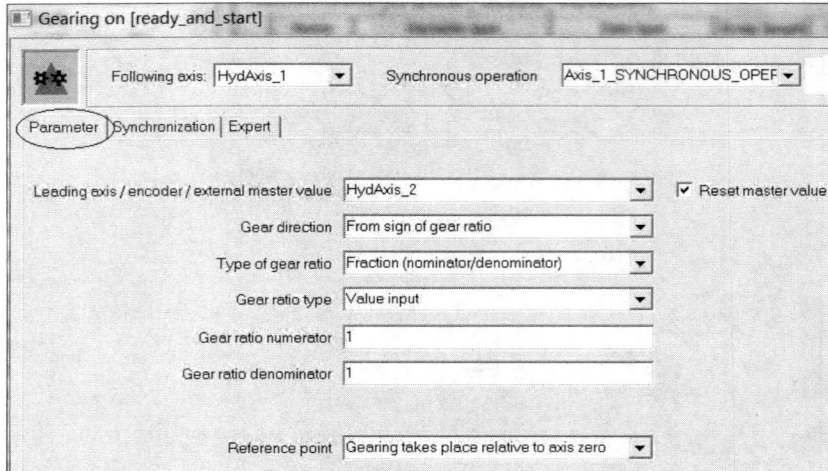

图 4-142 "Gearing on" 指令的参数设置窗口

表 4-7 "Gearing on" 指令参数说明

参数	说 明
Following axis	指定要进行同步的从轴。从轴可以为： ● 所有同步轴：轴定义在项目导航栏的AXES 文件夹下。 ● \<Reference\>：如果要进行同步操作的轴没有定义在设备中而是指定为参考(变量)，则选择此项。 MCC Unit 或MCC chart 中所有已声明的followingObjectType 类型的变量都可以在Synchronous operation 下拉编辑框中找到
Synchronous operation	根据所选的Following axis，所有与所选的从轴相关联的同步对象在该下拉列表中显示
Reset master value	如果想要设置同步关系的主值，则选择该复选框(默认值)。 如果清除该复选框则保持上次主值
Leading axis/encoder /external master value	如果勾选了Reset master value 复选框，则需要设置该参数。可以选择设备或DP 主站中所有可用的位置轴，同步轴和外部编码器，所有MCC 程序单元或MCC chart 中声明的posAxis，followingAxis 或 externalEncoderType 类型的变量
Gear direction	齿轮同步方向。 ● From sign of gear ratio (默认值)：同步方向由齿轮比的符号决定。 ● In the Opposite direction：从轴运动方向与主轴相反。 ● In the Same direction：从轴运动方向与主轴相同。 ● Opposite to current gear direction：与当前同步方向相反。 ● Current direction：当前同步方向。 ● Last programmed direction。 ● Default：默认值为系统变量userDefault.gearingSettings.direction
Type of Gear ratio	齿轮比指从轴移动距离和主轴移动距离之间的比值。齿轮比可以为分数(分子/分母)或浮点数。 ● Fraction (numerator / denominator)：齿轮比为分数形式。 ● Floating-point number：齿轮比为浮点数。 ● Last programmed reference point。 ● Default：默认值为系统变量userDefault.gearingSettings.defineMode

参数	说　明
Gear ratio type	齿轮比的输入值类型。 ● Value input：直接在Gear ratio numerator/denominator 或者Gear ratio field 中输入值。 ● Last programmed value。 ● Default：默认值为系统变量userDefault.gearingSettings.numerator 和userDefault.gearingSettings.denominator 或userDefault.gearingSettings.ratio
Gear ratio numerator	以整数形式输入齿轮比的分子
Gear ratio denominator	以整数形式输入齿轮比的分母
Gear ratio	以浮点数形式输入齿轮比
Reference point	齿轮同步的参考点。 ● Gearing takes place relative to axis zero (默认值)：绝对同步，从值和主值之间的线性关系每次都参考轴的零点。同步开始时主值和从值之间的偏差在同步过程中被补偿。但是，可以在Synchronization 页面的Start of synchronization 中指定偏差。同步后，该偏差作为从值和主值之间恒定相位偏差存在。否则，相位偏差为0。 ● Gearing takes place relative to start position：相对同步，从值和主值之间的线性关系每次都参考开始同步时的轴位置。在同步开始时主设定值和从值之间的偏差在同步过程中不会被补偿。同步后，该偏差作为从值和主设定值之间恒定相位偏差存在。此外，还可以在Synchronization 页面的Start of synchronization 中指定偏差。同步后，该值作为从值和主设定值之间恒定相位偏差存在。 ● Last programmed reference point。 ● Default：默认值为系统变量userDefault.syncProfile.syncProfileReference

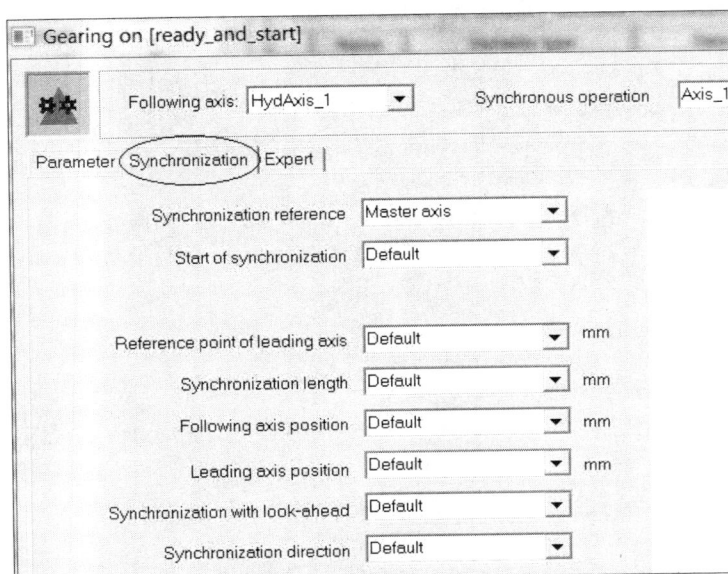

图 4-143　"Gearing on"指令的同步参数设置窗口

表 4-8 "Gearing on" 指令的同步参数说明

参数	说　　明
Synchronization reference	同步参考(参看"同步轮廓参考")。 ● Master axis：基于长度的同步：同步在指定的主值区间(同步长度)内完成。同步操作的动态响应由主值(速度)决定，不会考虑从轴的动态响应限制。 ● Time：基于时间的同步：同步根据指定的动态响应完成。动态响应在Dynamics 页面中进行设置。不能预知完成同步所需要的主值区间。 ● Last programmed setting。 ● Default：默认值为系统变量userdefault.syncProfile.syncProfileReference

Start of synchronization	齿轮同步的开始时间。
	● At leading axis position：当主轴到达指定位置时，齿轮同步开始。需要对以下参数进行设置：
	  ✓ Reference point of leading axis
	  ✓ Leading axis position
	同步会根据以下值进行：主值=上次设置的主轴位置，从值取决于Reference point 选项：
	  ✓ 对于绝对同步：从值 = 齿轮比 * 主轴位置
	  ✓ 对于相对同步：从值 = 当前从值
	● At leading axis position with offset：当主轴到达指定位置时，齿轮同步开始。需要为从轴指定偏差。需要对以下参数进行设置：
	  ✓ Offset of the following axis
	  ✓ Reference point of leading axis
	  ✓ Leading axis position
	同步会根据以下值进行：主值= 上次设置的主轴位置，从值参考Offset of the following axis 选项描述。
	● Synchronize immediately：立即开始同步。同步会根据以下值进行：主值= 当前主值，从值取决于Reference point 选项中的设置：
	  ✓ 对于绝对同步(默认值)：从值 = 齿轮比 * 当前主值设定值
	  ✓ 对于相对同步：从值 = 当前从值
	● Synchronize immediately with offset：立即开始同步。需要额外设定从轴偏差。需要对Offset of the following axis 项进行设置。同步会根据以下值进行：主值= 当前主值，从值参考Offset of the following axis 选项描述。
	● At following axis position：当从轴位于指定位置时，同步开始。需要对以下参数进行设置：
	  ✓ Reference point of leading axis
	  ✓ Following axis position
	同步会根据以下值进行：主值取决于Reference point 参数设置。
	  ✓ 对于绝对同步(默认值)：主值 = 主轴位置/齿轮比
	  ✓ 对于相对同步：主值= 当前主值
	从值 = 上次设定的从轴位置。
	● Last programmed setting。
	● Default：默认值为系统变量userdefault.gearingSettings.synchronizingMode

Offset of the following axis	如果在Start of synchronization 选项中选择了如下选项，则需要设置该参数： ✓ At leading axis position with offset ✓ Synchronize immediately with offset 在编辑框中输入偏差值。根据Reference point 选项中的设置，从值为： ✓ 对于绝对同步，从值 = 设定偏差 ✓ 对于相对同步，从值 = 当前从值 + 设定偏差

参数	说　　明
Reference point of leading axis	如果在Start of synchronization 选项中选择了如下选项，则需要设置该参数。 　✓ at leading axis position 　✓ at leading axis position with offset 　✓ At the following axis position ● Synchronize before synchronization position：同步在设定的位置完成。 ● Symmetric：当位于设定的位置，主轴只走了同步长度的1/2。 ● Synchronize from synchronization position：同步在设定的位置开始。 ● Last programmed reference point of leading axis position。 ● Default：缺省值为系统变量userdefault.syncProfile.syncPositionReference
Synchronization length	如果在Synchronization reference 选项框中选择了Leading axis，则需要设置该参数。在该编辑框中输入同步长度。 ● Last programmed synchronization length。 ● Default：默认值为系统变量userdefault.syncProfile.syncLength
Following axis position	如果在Start of synchronization 选项框中选择了At the following axis position，则需要设置该参数。在该编辑框中输入从轴位置。 ● Last programmed following axis position。 ● Default：默认值为系统变量userdefault.gearingSettings.syncPositionSlave
Leading axis position	如果在Start of synchronization 选项框中选择了如下选项，则需要设置该参数： 　✓ at leading axis position 　✓ at leading axis position with offset 在该编辑框中输入主轴位置。 ● Last programmed leading axis position。 ● Default：默认值为系统变量userdefault.gearingSettings.syncPositionMaster
Synchronization direction	从轴同步时的运动方向。 ● Retain system behavior：同步按照最短路径进行。在此种情况下，当移动轴时，会进行检查以决定是否维持当前的运动方向。 ● Maintain direction of the following axis：同步按照从轴运动方向进行。 ● Positive：同步按照正向进行。 ● Negative：同步按照反向进行。 ● Shortest path：同步不考虑方向而是根据最短路径进行。 ● Default：默认值为系统变量userdefault.gearingSettings.synchronizingDirection
synchronization with look-ahead	主轴加速度同步： ● STANDARD-LOOKAHEAD：同步计算时考虑主轴的速度和位置 ● EXTENDED LOOK-AHEAD：同步计算时考虑主轴的速度和位置以及加速度

2．解除齿轮同步(Gearing off)

参数设置如图4-144所示，有关参数选择的说明如表4-9所列。

133

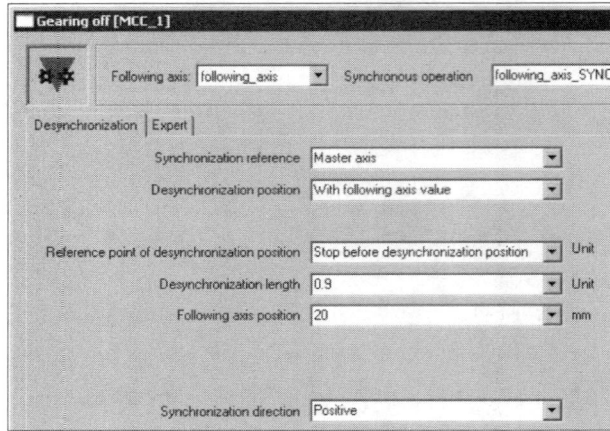

图 4-144 "Gearing off" 指令参数设置窗口

表 4-9 "Gearing off" 指令参数说明

参数	说 明
Following axis	指定要解除同步的轴。从轴可以为： ● 所有同步轴：轴定义在项目导航栏的AXES 文件夹下。 ● <Reference>：如果要进行同步操作的轴没有定义在设备中而是指定为参考(变量)，则选择此项。MCC Unit 或MCC chart 中所有已声明的followingObjectType 类型的变量都可以在Synchronous operation 下拉编辑框中找到
Synchronous operation	根据所选的Following axis，所有与所选的从轴相关联的同步对象在该下拉列表中显示
Synchronization reference	指定解除同步操作的参考。 ● Master axis：基于长度的同步，解除同步在指定的主值区间(解除同步长度)内完成。同步操作的动态响应由主值(速度)决定，不考虑从轴的动态响应限制。 ● Time：基于时间的同步，解除同步根据指定的动态响应完成。动态响应在Dynamics 页面中进行设置。不能预知完成同步所需的主值区间。 ● Last programmed setting。 ● Default：默认值为系统变量userdefault.syncProfile.syncProfileReference
Desynchronization position	解除齿轮同步的开始时间。 ● With leading axis value：当主轴到达指定位置时，解除同步开始。 　需要设置以下参数： 　✓ Reference point of desynchronization position 　✓ Leading axis position ● With following axis value：当从轴位于指定位置时，解除同步开始。 　需要设置以下参数： 　✓ Reference point of desynchronization position 　✓ Following axis position ● Desynchronize immediately：立即开始解除同步。 ● Last programmed setting。 ● Default：默认值为系统变量userdefault.gearingSettings.syncOffMode

参数	说　明
Reference point of desynchronization position	• Stop before desynchronization position：在设定的位置完成解除。 • Stop after desynchronization position：在设定的位置开始解除同步。 • Symmetric：当位于设定的位置，主轴只走了解除同步长度的1/2。 • Last programmed reference point。 • Default：默认值为系统变量userdefault.syncProfile.syncOffPositionReference
Desynchronization length	在该编辑框中输入解除同步长度。 • Last programmed desynchronization length。 • Default：默认值为系统变量userdefault.syncProfile.syncOffLength
Following axis position	在该编辑框中输入从轴位置。 • Default：默认值为系统变量userdefault.syncOffPositions.Slave
Leading axis position	在该编辑框中输入主轴位置。 • Default：默认值为系统变量userdefault.syncOffPositions.Master
Synchronization direction	• Retain system behavior：同步按照最短路径进行。在此种情况下，当移动轴时，会进行检查以决定是否维持当前的运动方向。 • Maintain direction of following axis：同步按照从轴运动方向进行。 • Positive：同步按照正向进行。 • Negative：同步按照反向进行。 • Shortest path：同步不考虑方向而是根据最短路径进行。 • Default：默认值为系统变量userdefault.gearingSettings.synchronizingDirection

3．设置齿轮同步偏差(Set offset on the gearing)

在齿轮同步操作过程中，为主轴或从轴设置偏差。参数设置如图4-145所示。

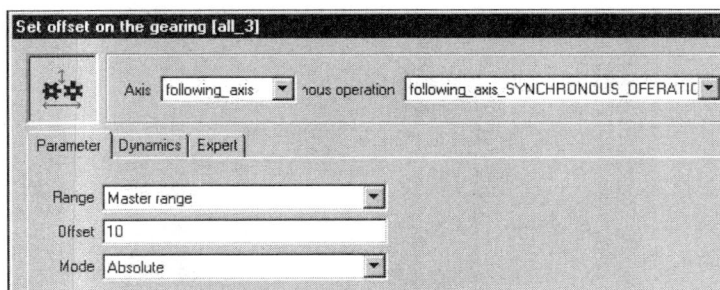

图 4-145 "Set offset on the gearing"指令参数设置窗口

4．建立速度同步(Velocity gearing On)

速度同步的特点是主值(主轴或外部编码器的速度)和从值(从轴的速度)之间的传动比为恒定值。当速度同步建立后，从轴以设定的动态响应值与主轴同步。齿轮比为十进制数。参数设置如图4-146所示。

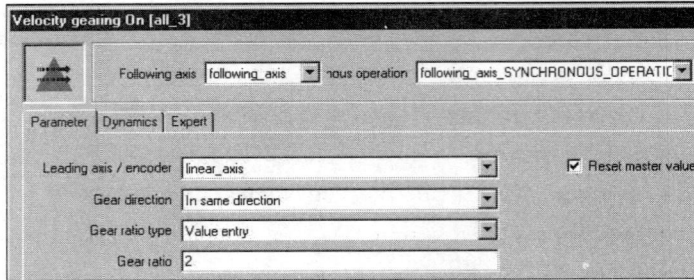

图 4-146 "Velocity gearing On"指令参数设置窗口

5. 解除速度同步(Velocity gearing Off)

参数设置如图4-147所示。

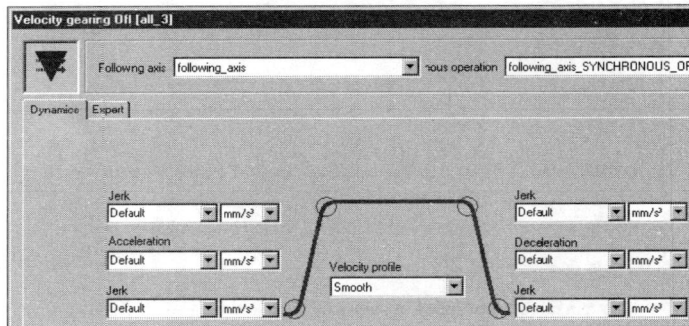

图 4-147 "Velocity gearing Off"指令参数设置窗口

6. 建立凸轮同步(Cam on)

参数设置如图4-148～图4-150所示，有关参数选择的说明如表4-10和表4-11所列。

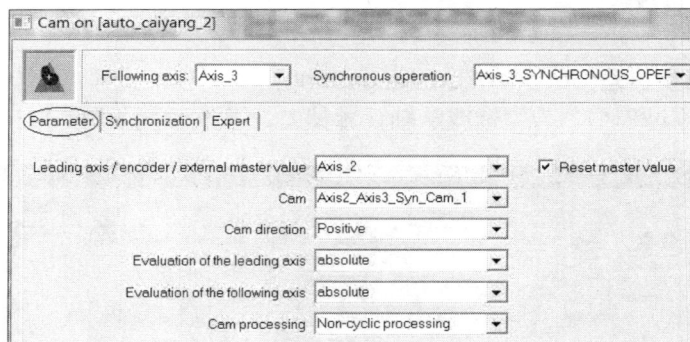

图 4-148 "Cam on"指令的参数设置窗口

表 4-10 "Cam on"指令的参数说明

参数	说 明
Following axis	指定要进行凸轮同步的从轴。从轴可以为： ● 所有同步轴：轴定义在项目导航栏的AXES 文件夹下。 ● <Reference>：如果要进行同步操作的轴没有定义在设备中而是指定为变量，则选择此项。MCC Unit 或MCC chart 中所有已声明的followingObjectType 类型的变量都可以在Synchronous operation 下拉编辑框中找到

参数	说　明
Synchronous operation	根据所选的Following axis，所有与所选的从轴相关联的同步对象在该下拉列表中显示
Reset master value	如果想要设置同步关系的主值，则选择该复选框(默认值)。 如果清除该复选框则保持上次主值
Leading axis/encoder /external master value	如果勾选了Reset master value 复选框，则需要设置该参数。可以选择设备或DP 主站中所有可用的位置轴、同步轴和外部编码器，所有MCC 程序单元或MCC chart 中声明的posAxis，followingAxis 或 externalEncoderType 类型的变量
Cam	选择描述同步关系的凸轮曲线。可以为： ● 所有相关设备上已定义的凸轮。凸轮位于项目导航栏的CAMS 文件夹中。 ● 所有MCC 程序单元或MCCchart 中声明的camType 类型的工艺对象变量。 注意：在后一种情况中，必须将项目导航中的凸轮和从轴的同步对象建立联系
Cam direction	选择当主值增加时，凸轮的运动方向。 ● Positive：凸轮的运动方向和主值的变化方向一致。 ✓ 如果主值正向变化，凸轮则朝着定义区间值增加的方向(向右)运动。 ✓ 如果主值负向变化，凸轮则朝着定义区间值减少的方向(向左)运动。 ● Negative：凸轮的运动方向和主值的变化方向相反。 ✓ 如果主值正向变化，凸轮则朝着定义区间值减少的方向(向左)运动。 ✓ 如果主值负向变化，凸轮则朝着定义区间值增加的方向(向右)运动。 ● Last programmed direction。 ● Default：默认值为系统变量userdefault.cammingSettings.direction
Evaluation of the leading axis	主值为绝对值或相对值。 ● Absolute：在凸轮定义区间内主值为绝对值。 ● Relative：在凸轮定义区间内主值为相对值(相对于凸轮的起点)。 ● Last programmed value。 ● Default：默认值为userDefault.cammingSettings.masterMode
Evaluation of the following axis	从值为绝对值或相对值。 ● Absolute：如果凸轮为循环运行，那么每次新的凸轮循环，从值都从初始值开始。 ● Relative：如果凸轮为循环运行，那么每次新的凸轮循环，从值从上次凸轮循环的终点开始。 ● Last programmed value。 ● Default：默认值为系统变量userDefault.cammingSettings.slaveMode
Cam processing	选择凸轮是否循环运行。 ● Cyclic processing：如果主值到达了凸轮定义区间的终点，则凸轮从起点继续运行。 ● Non-cyclic processing：主值限定在凸轮定义区间内。凸轮只在定义区间内执行一次。如果主值达到凸轮定义区间的起点或终点，凸轮不再运行。当主值同方向再此穿过，从值不变。 ● Last programmed cam mode。 ● Default：默认值为系统变量userdefault.CammingSettings.cammingMode

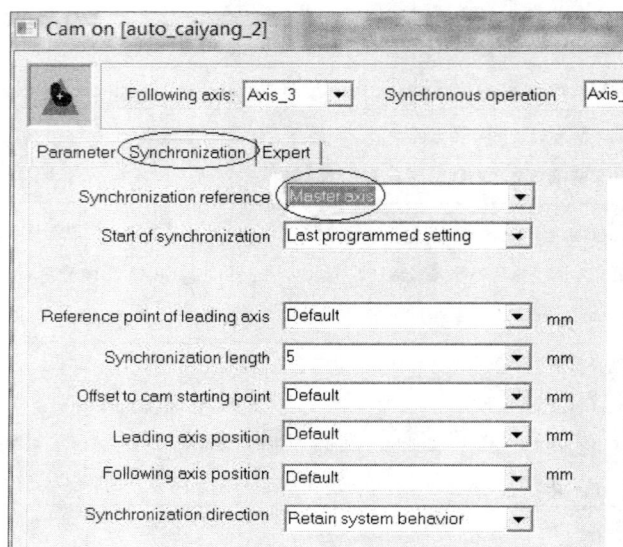

图 4-149　"Cam on"指令的同步参数设置窗口(同步参考为主轴)

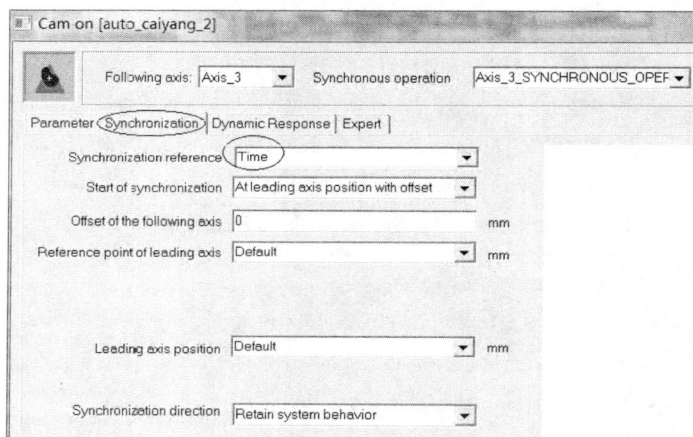

图 4-150　"Cam on"指令的同步参数设置窗口(同步参考为时间)

表 4-11　"Cam on"指令的同步参数说明

参数	说　明
Synchronization reference	同步参考。 ● Master axis：基于长度的同步：同步在指定的主值区间(同步长度)内完成。同步操作的动态响应由主值(速度)决定，不会考虑从轴的动态响应限制。 ● Time：基于时间的同步：同步根据指定的动态响应完成。动态响应在Dynamics 页面中进行设置。不能预知完成同步所需的主值区间。 ● Last programmed setting。 ● Default：默认值为系统变量userdefault.syncProfile.syncProfileReference

138

参数	说　明
Start of synchronization	同步开始时间。 ● At leading axis position：当主轴到达指定位置时，凸轮同步开始。需要设置以下选项： ✓ Reference point of leading axis ✓ Leading axis position ● At leading axis position with offset：当主轴到达指定位置时，凸轮同步开始。需要为从轴指定偏差。需要设置以下选项： ✓ Offset of the following axis ✓ Reference point of leading axis ✓ Leading axis position ● Synchronize immediately：立即开始同步。 ● Synchronize immediately with offset：立即开始同步。需要在Offset of the following axis 选项中设置从轴偏差。 ● At end of cam cycle：该选项只有当Evaluation of the leading axis 为Relative 时才可选。凸轮同步在下面两种情况下都会开始： ✓ 该同步对象已经在用另一个凸轮进行同步。 ✓ 处于凸轮同步中的主值到达了凸轮终点或者凸轮循环周期的终点。 这样，会在指定点及时的从一个凸轮切换到另一个凸轮。 ● Last programmed setting。 ● Default value：默认值为系统变量userdefault.cammingSettings.synchronizingMode
Offset of the following axis	如果在Start of synchronization 选项中选择了如下选项，则需要定义该参数。 ✓ At master axis position with offset ✓ Synchronize immediately with offset 在该编辑框中输入值，该值将叠加到计算的或当前从轴位置
Reference point of leading axis	如果在Start of synchronization 选项中选择了如下选项，则需要设置该参数： ✓ at leading axis position ✓ at leading axis position with offset ✓ At end of cam cycle ● Synchronize before synchronization position：同步在设定的位置完成。 ● Symmetric：当位于设定的位置，主轴只走了同步长度的1/2。 ● Synchronize from synchronization position：同步在设定的位置开始。 ● Last programmed reference point of leading axis position。 ● Default：默认值为系统变量userdefault.syncProfile.syncPositionReference
Synchronization length	如果在Synchronization reference 选项框中选择了Leading axis，则需要设置该参数。在该编辑框中输入同步长度。 ● Last programmed synchronization length。 ● Default：默认值为系统变量userdefault.syncProfile.syncLength

参数	说　明
Offset to cam starting point	如果在Evaluation of the leading axis选项框中选择了Relative，则需设定该参数： 该参数指定了凸轮在其定义区间内的起点。在编辑框中输入值。 ● Last programmed starting point。 ● Default：默认值为系统变量userdefault.cammingSettings.camStartPosition
Leading axis position	如果在Start of synchronization 选项框中选择了如下选项，则需要设置该参数： 　✓　At leading axis position 　✓　At leading axis position with offset 在该编辑框中输入主轴位置。 ● Last programmed leading axis position。 ● Default：默认值为系统变量userdefault.cammingSettings.syncPositionMaster
Following axis position	在该编辑框中输入从轴位置。 ● Last programmed following axis position。 ● Default：默认值为系统变量cammingSettings.syncPositionSlave
Synchronization direction	指定从轴同步的运动方向。 ● Retain system behavior：同步按照最短路径进行。此种情况下，当移动轴时，会进行检查以决定是否维持当前的运动方向。 ● Maintain direction of the following axis：同步按照从轴运动方向进行。 ● Positive：同步按照正向进行。 ● Negative：同步按照反向进行。 ● Shortest path：同步不考虑方向而是根据最短路径进行。 ● Default：默认值为系统变量userdefault.cammingSettings.synchronizingDirection

7．解除凸轮同步(Cam off)

参数设置参如图4-151所示，有关参数选择的说明如表4-12所列。

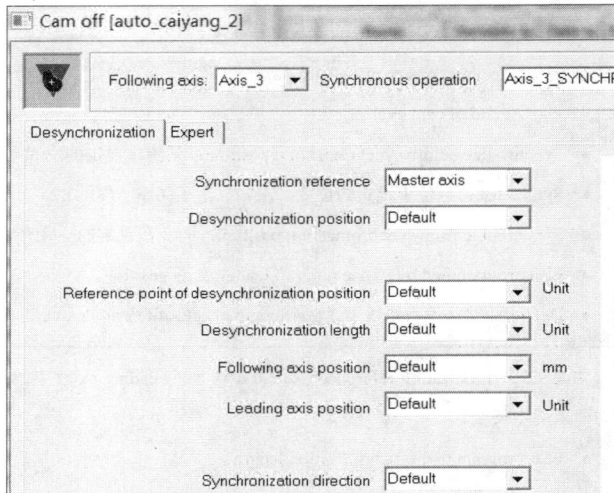

图 4-151　"Cam off"指令参数设置窗口

表 4-12 "Cam off" 指令的参数说明

参数	说 明
Following axis	指定要解除凸轮同步的从轴。从轴可以为： ● 所有同步轴：轴定义在项目导航栏的AXES 文件夹下。 ● \<Reference\>：如果要进行同步操作的轴没有定义在设备中而是指定为参考(变量)，则选择此项。MCC Unit 或MCC chart 中所有已声明的followingObjectType 类型的变量都可以在Synchronous operation 下拉编辑框中找到
Synchronous operation	根据所选的Following axis，所有与所选的从轴相关联的同步对象在该下拉列表中显示
Synchronization reference	指定解除同步操作的参考。 ● Master axis：基于长度的同步：同步在指定的主值区间(解除同步长度)内完成。同步操作的动态响应由主值(速度)决定，不考虑从轴的动态响应限制。 ● Time：基于时间的同步：同步根据指定的动态响应完成。动态响应在Dynamics 页面中进行设置。不能预知完成同步所需的主值区间。 ● Last programmed setting。 ● Default：默认值为系统变量userdefault.syncProfile.syncProfileReference

Desynchronization position	解除凸轮同步的开始时间。
	● With leading axis value：当主轴到达指定位置时，凸轮同步解除。需要在以下选项中进行设置：
	  ✓ Reference point of desynchronization axis
	  ✓ Leading axis position
	● Desynchronize immediately：立即解除凸轮同步。
	● With following axis value：当从轴到达指定位置时，凸轮同步解除。需要在以下选项中进行设置：
	  ✓ Reference point of desynchronization axis
	  ✓ Following axis position
	● At end of cam cycle：当从轴到达凸轮终点时解除同步。需要在Reference point of desynchronization position 选项中进行设置。
	● Last programmed setting。
	● Default：默认值为系统变量userdefault.cammingSettings.syncOffMode

Reference point of desynchronization position	● Stop before desynchronization position：在设定的位置完成解除。 ● Stop after desynchronization position：在设定的位置开始解除同步。 ● Symmetric：当位于设定的位置，主轴只走了解除同步长度的1/2。 ● Last programmed reference point。 ● Default：默认值为系统变量userdefault.syncProfile.syncOffPositionReference
Desynchronization length	在该编辑框中输入同步长度。 ● Last programmed desynchronization length。 ● Default：默认值为系统变量userdefault.syncProfile.syncOffLength
Following axis position	在该编辑框中输入从轴位置。 ● Default：默认值为系统变量userdefault.syncOffPositions.Slave
Leading axis position	在该编辑框中输入主轴位置。 ● Default：默认值为系统变量userdefault.syncOffPositions.Master

参数	说　明
Synchronization direction	指定从轴同步的运动方向。 ● Retain system behavior：同步按照最短路径进行。在此种情况下，当移动轴时，会进行检查以决定是否维持当前的运动方向。 ● Maintain direction of following axis：同步按照从轴运动方向进行。 ● Positive：同步按照正向进行。 ● Negative：同步按照反向进行。 ● Shortest path：同步不考虑方向而是根据最短路径进行。 ● Default：默认值为系统变量userdefault.cammingSettings.synchronizingDirection

8．设置凸轮缩放比例(Set scaling on camming)

在凸轮同步操作过程中，设置主轴或从轴的缩放比例。参数设置如图4-152所示。

9．设置凸轮同步偏差(Set offset on camming)

在凸轮同步操作过程中，为主轴或从轴设置偏差。参数设置如图4-153所示。

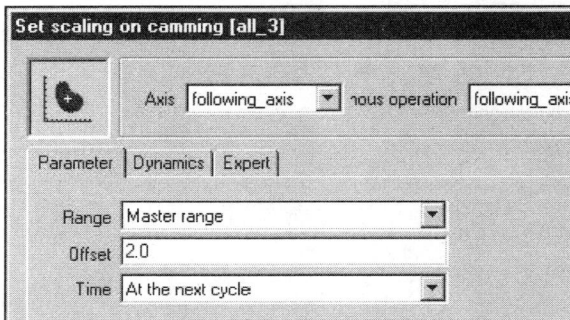

图 4-152　"Set scaling on camming" 指令参数设置窗口

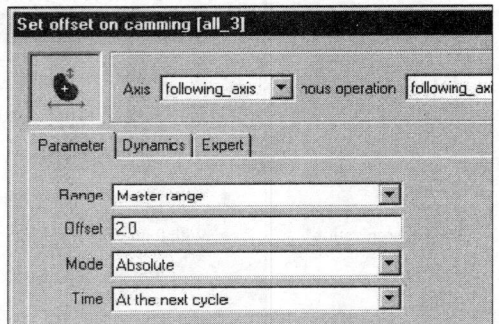

图 4-153　"Set offset on camming" 指令参数设置窗口

10．切换主轴设定值(Switch master setpoint)

切换同步关系中的主轴设定值，切换可以发生的同步操作过程中。参数设置如图4-154所示。

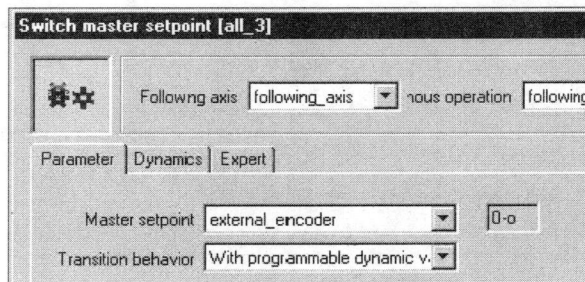

图 4-154　"Switch master setpoint" 指令参数设置窗口

11．参数化 CAM 曲线(Parameterize cam)

设置CAM曲线的偏差和/或缩放比例。参数设置如图4-155～图4-157所示。

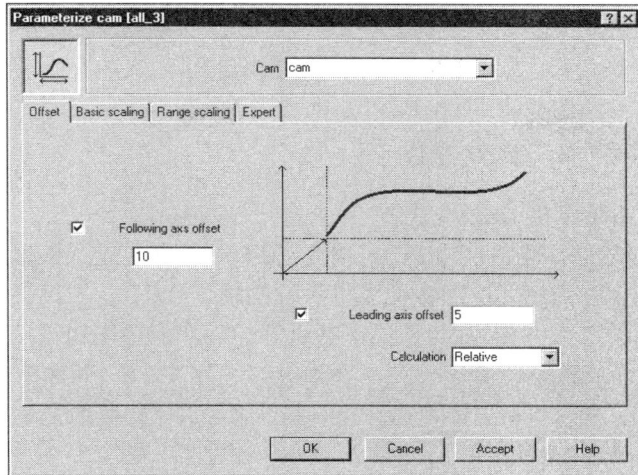

图 4-155 "Parameterize cam"指令的"Offset"参数设置窗口

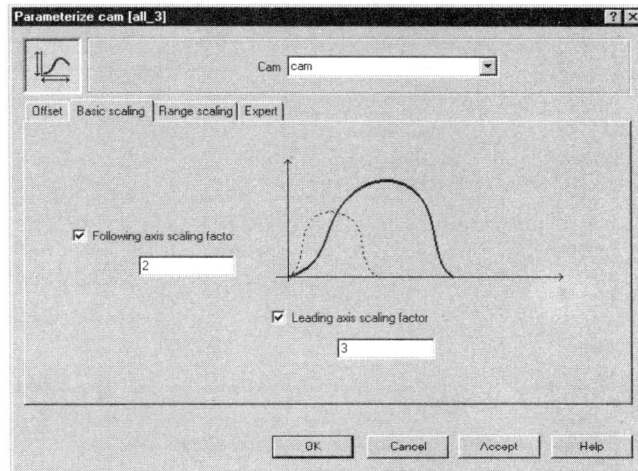

图 4-156 "Parameterize cam"指令的"缩放比例"参数设置窗口

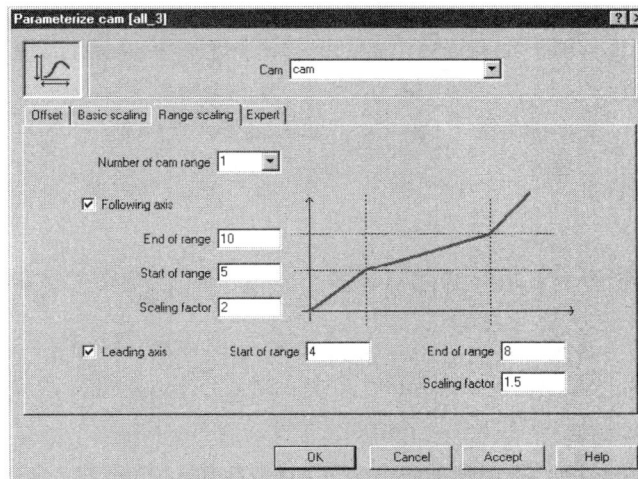

图 4-157 "Parameterize cam"指令的"范围比例"参数设置窗口

4.3　ST 语言编程

4.3.1　ST 程序结构与文件操作

1．ST 编程的功能组件

编辑器：用于编写程序，包括功能(FC)，功能块(FB)和用户自定义数据类型(UDT)的编辑等。

编译器：将已编辑完成的ST程序转换成可执行的机器代码。

多种诊断功能(如程序状态)：协助查找正在运行的程序的逻辑错误。

详细视图：例如显示编译的错误信息。详细信息视图中的一个重要选项卡就是"Symbol browser(符号浏览器)"，在这里可以监视和修改变量。这些组件直接集成在SIMOTION SCOUT工作台上，如图4-158所示，易于使用。

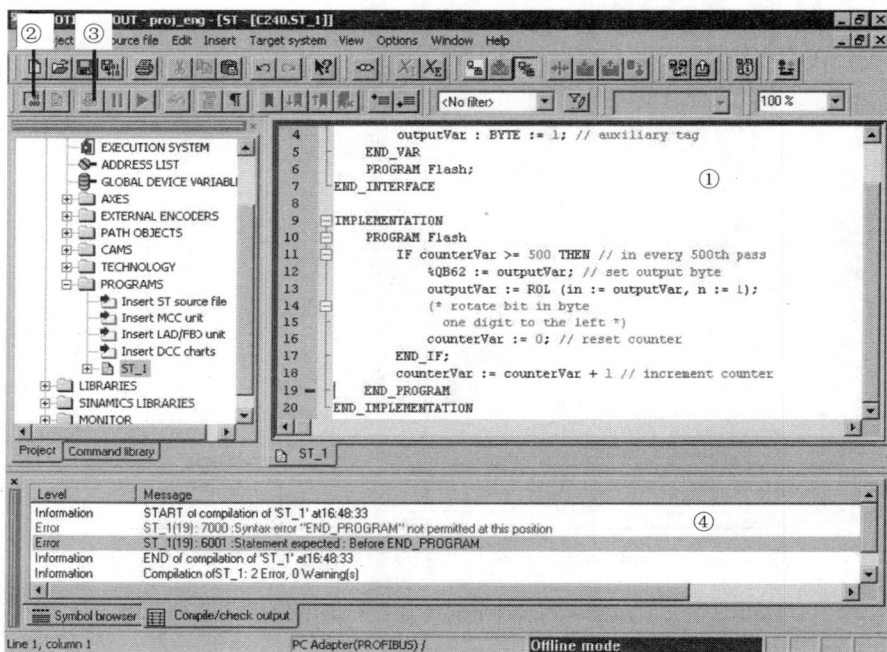

图 4-158　ST 程序的开发环境

1—编辑器；2—编译器；3—程序状态；4—详细视图。

2．创建 ST 程序步骤

(1) 创建项目。

(2) 插入SIMOTION设备，并进行硬件组态。

(3) 组态工艺对象。

(4) 在项目导航栏，双击"Programs→Insert ST source file"，创建一个新的ST程序文件，如图4-159所示。在此可以设置程序文件名、作者、版本、注解，也可以配置编译器等。

3．ST 语言的程序结构

如图4-160所示，ST程序主要由Interface 部分和Implementation 部分组成。每部分可包含的内容如表4-13所列。

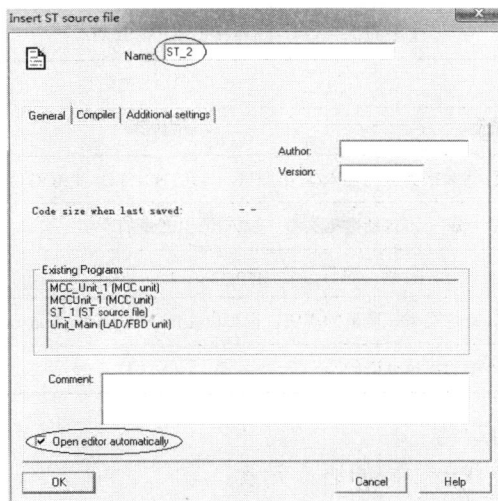

图 4-159 新建 ST 程序文件

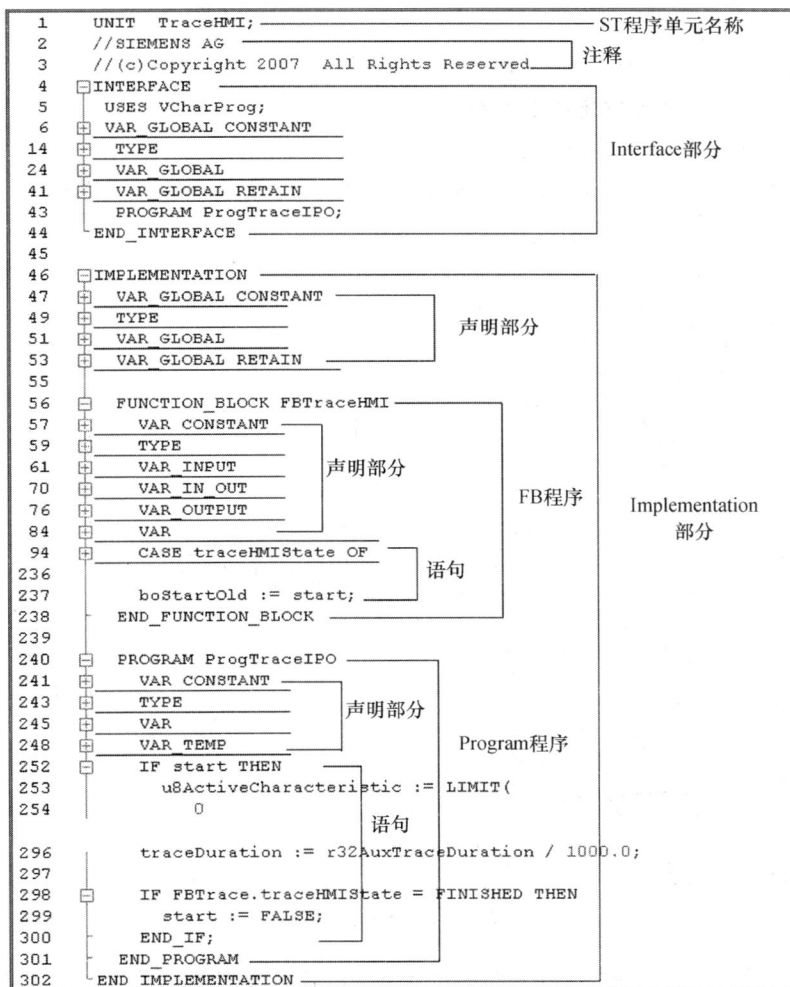

图 4-160 ST 语言的程序结构示例

145

表 4-13　ST 程序的结构组成

ST文件段		简　述
单元声明(可选)		ST程序单元名称
Interface 部分		包括数据类型、输入/输出变量、POU(FC，FB，PROG)的声明
Implementation 部分		执行部分，包括数据类型、输入/输出变量的声明、公式定义和POU定义。
POU		ST程序的纯粹的执行部分 (program，FC，FB)
	声明部分	如数据类型、变量的声明，也可以在Interface和Implementation部分声明
	语句部分	POU的可执行语句

4．ST 编辑器中的语句颜色

ST编辑器用不同的颜色代表不同的语言元素：

蓝色：关键字和编译器的内置函数。

品红：数字，值。

绿色：注释。

黑色：工艺对象，用户代码，变量。

5．导出 ST 程序文件到文本格式文件

(1) 在项目导航栏选择ST程序文件。

(2) 如图4-161所示，用鼠标右键单击ST程序文件，在菜单中选择"Export…"。

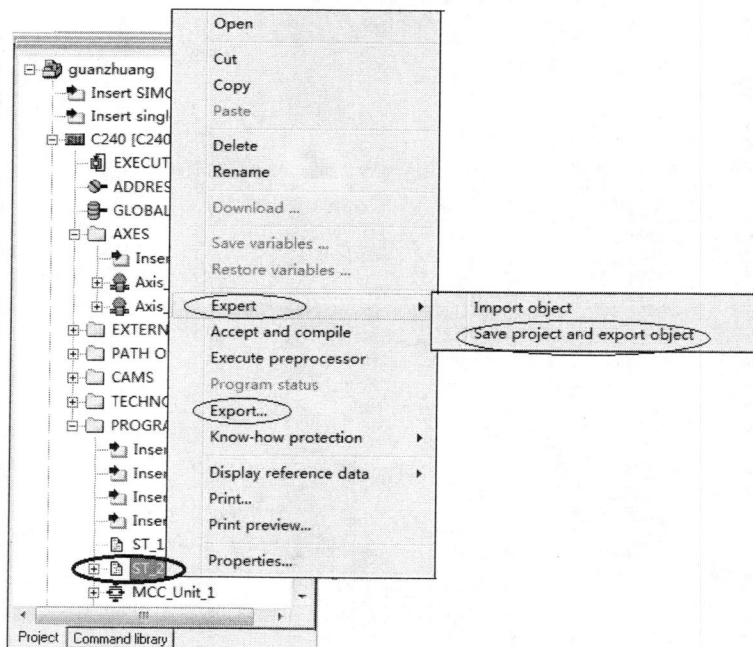

图 4-161　导出 ST 程序文件

(3) 保存文件格式可以选择"*.txt"或" *.st"，输入路径和文件名，然后单击"Save"按钮。这样，ST程序文件就以文本文件形式保存了。

6. 导出 ST 程序文件到 XML 格式文件

(1) 在项目导航栏选择ST程序文件。

(2) 用鼠标右键单击ST程序文件，在右键菜单上选择"Expert→Save project and export object"，如图4-161所示。

(3) 输入路径和文件名，然后单击"OK"按钮。这样，ST程序文件就以XML文件形式保存了。

7. 导入文本格式的 ST 程序文件

(1) 在项目导航栏选择"Programs"文件夹。

(2) 如图4-162所示，在右键菜单上选择"Export/import→Import external source→ST source file"命令。

(3) 选择"*.txt"格式或"*.st"格式文件，然后单击"打开"按钮。这样，ST程序文件就导入到项目中了。

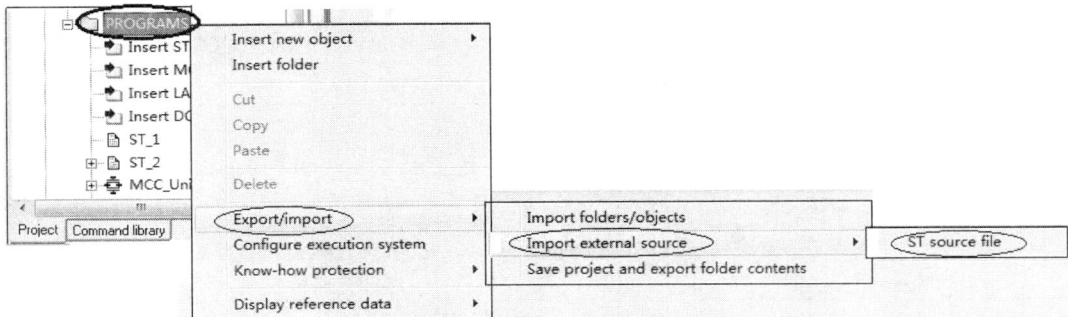

图 4-162 导入 ST 程序文件

8. 导入 XML 格式的 ST 程序文件

(1) 在项目导航栏选择"Programs"文件夹。

(2) 如图4-162所示，在右键菜单上选择"Export/import→Import folders/objects"命令。

(3) 选择"*.xml"格式文件，然后单击"打开"按钮。这样，ST程序文件就导入到项目中了。

4.3.2 ST 程序中数据类型的定义

1. 数据类型的分类

1) 基本数据类型

基本数据类型如表 4-14 所列。

表 4-14 基本数据类型

	类型	保留字	长度	范 围
二进制类型	位	BOOL	1	0，1 或 FALSE，TRUE
	字节	BYTE	8	16#0～16#FF
	字	WORD	16	16#0～16#FFFF
	双字	DWORD	32	16#0～16#FFFF_FFFF

类型		保留字	长度	范围
数字类型	短整型	SINT	8	−128～127
	无符号短整型	USINT	8	0～255
	整型	INT	16	−32768～32767
	无符号整型	UINT	16	0～65535
	长整型	DINT	32	−2147483648～2147483647
	无符号长整型	UDINT	32	0～4294967295
	浮点型	REAL	32	−3.402823466E+38～−1.175494351E−38， 0.0，+1.175494351E−38～+3.402823466E+38
	双精度浮点型	LREAL	64	−1.7976931348623158E+308～−2.2250738585072014E−308，0.0， +2.2250738585072014E−308～+1.7976931348623158E+308
时间类型	时间/ms	TIME	32	T#0d_0h_0m_0s_0ms to T#49d_17h_2m_47s_295ms
	日期	DATE	32	D#1992−01−01～D#2200−12−31
	时间	TIME_OF_DAY (TOD)	32	TOD#0：0：0.0～TOD#23：59：59.999
	日期和时间	DATE_AND_TIME (DT)	64	DT#1992−01−01−0：0：0.0～DT#2200−12−31−23：59：59.999
字符串		STRING	8	ASCII 码的所有字符

除了以上基本数据类型外，还有几种通用数据类型，每种通用数据类型可以代表多个基本数据类型。通用数据类型一般用于 FC 和 FB 的输入/输出接口，如表 4-15 所列。

表 4-15　通用数据类型

通用数据类型	包含的数据类型
ANY_BIT	BOOL，BYTE，WORD，DWORD
ANY_INT	SINT，INT，DINT，USINT，UINT，UDINT
ANY_REAL	REAL，LREAL
ANY_NUM	ANY_INT，ANY_REAL
ANY_DATE	DATE，TIME_OF_DAY (TOD)，DATE_AND_TIME (DT)
ANY_ELEMENTARY	ANY_BIT，ANY_NUM，ANY_DATE，TIME，STRING
ANY	ANY_ELEMENTARY，用户定义的数据类型，系统数据类型和工艺对象数据类型

2) 用户定义的数据类型(UDT)

用户自定义数据类型可包括：简单数据(基本派生数据类型)、数组、枚举、结构(Struct)。

3) TO 数据类型

所有工艺对象的数据类型如表 4-16 所列。

表 4-16　工艺对象的数据类型

工艺对象	数据类型	在工艺包中包含
Drive axis	driveAxis	CAM，PATH，CAM_EXT
External encoder	externalEncoderType	CAM，PATH，CAM_EXT
Measuring input	measuringInputType	CAM，PATH，CAM_EXT
Output cam	outputCamType	CAM，PATH，CAM_EXT
Cam track	_camTrackType	CAM，PATH，CAM_EXT
Position axis	posAxis	CAM，PATH，CAM_EXT
Following axis	followingAxis	CAM，PATH，CAM_EXT
Following object	followingObjectType	CAM，PATH，CAM_EXT
Cam	camType	CAM，PATH，CAM_EXT
Path axis	_pathAxis	PATH，CAM_EXT
Path object	_pathObjectType	PATH，CAM_EXT
Fixed gear	_fixedGearType	CAM_EXT
Addition object	_additionObjectType	CAM_EXT
Formula object	_formulaObjectType	CAM_EXT
Sensor	_sensorType	CAM_EXT
Controller object	_controllerObjectType	CAM_EXT
Temperature channel	temperatureControllerType	TControl
通用数据类型，每种TO都可分配	ANYOBJECT	

4) 系统数据类型

这类数据类型由系统定义，一般为结构体和枚举类型，用户可以直接使用。

2．数据类型的定义

1) 派生数据类型的定义

格式：TYPE

　　　　标识：基本数据类型/用户自定义数据类型{ ：= 初始值 }；

　　END_TYPE

[**例 4-4**]　派生数据类型定义与应用。

```
TYPE
    I1：INT；            //基本数据类型
    R1：REAL；           //基本数据类型
    R2：R1；             //派生数据类型(UDT)
END_TYPE
//以下为派生数据类型的变量定义
VAR
    myI1 : I1；          //可以使用"I1"来定义整数型变量
    myI2 : INT；         //非派生数据类型
    myR1 : R1；          //可以使用"R1"来定义实数型变量
```

```
        myR2 : R2;
    END_VAR
    //变量赋值
    myI1 : = 1;
    myI2 : = 2;
    myR1 : = 2.22;
    myR2 : = 3.33;
```

2) 数组的定义

[**例 4-5**]　数组型数据类型的定义与应用。

```
    TYPE
        a: ARRAY[1..3] OF INT;          //3 列的一维整数数组：a(1..3)
        matrix1: ARRAY[1..4] OF a;      //4×3的二维整数数组 matrix1(1..3, 1..4)
        b: ARRAY[4..8] OF INT;          //5列的一维整数数组 b[4..8]
        matrix2: ARRAY[10..16] OF b;    //7×5的二维整数数组 matrix2(4..8, 10..16)
    END_TYPE
    //以下为数组型数据类型的变量定义
    VAR
        m: matrix1;                     // m为4×3的二维整数数组m(1..3, 1..4)
        n: matrix2;                     // n为7×5的二维整数数组n(4..8, 10..16)
    END_VAR
    //变量赋值
    m[4][3]: = 9;                       //给矩阵m第3行第3列写入9
    n[16][8]: = 10;                     //给矩阵n第7行第5列写入10
```

3) 枚举类型的定义

格式：
```
    TYPE
            标识 : 枚举数据类型 { : = 初始值 };
        END_TYPE
```

[**例 4-6**]　枚举类型的数据类型定义与应用。

```
    TYPE
        C1: (RED, GREEN, BLUE);        //C1具有三个元素(RED, GREEN, BLUE)
    END_TYPE
    //以下为枚举型数据类型的变量定义
    VAR
        myC11, myC12, myC13 : C1;      //定义变量为C1类型
    END_VAR
    //变量赋值
    myC11: = GREEN;                    //赋值为GREEN
    myC11: = C1#GREEN;                 //赋值为GREEN
```

150

```
    myC12: = C1#MIN;                        //赋值为RED(最小的那个元素)
    myC13: = C1#MAX;                        //赋值为BLUE(最大的那个元素)
```

4) 结构体的数据类型定义

格式：TYPE

　　　　　　标识：结构数据类型 { : = 初始值 };

　　END_STRUCT

[例4-7] 结构体的数据类型定义与应用。

```
TYPE // 定义UDT
    S1: STRUCT
        var1: INT;
        var2: WORD : = 16#AFA1;
        var3: BYTE : = 16#FF;
        var4: TIME : = T#1d_1h_10m_22s_2ms;
    END_STRUCT;
END_TYPE
//以下为结构体数据类型的变量定义
VAR
    myS1 : S1;
END_VAR
//变量赋值
myS1.var1 : = -4;
myS1.var4 : = T#2d_2h_20m_33s_2ms;
```

5) 工艺对象数据类型应用

[例4-8] 工艺对象数据类型的变量定义及应用。

```
    VAR                      //定义变量
        myAxis: posAxis;     //轴的变量声明
        myPos: LREAL;        //轴的位置
        retVal: DINT;        //TO功能返回值
    END_VAR

    myAxis: = Axis1;         //变量赋值(配置轴的名称)
    retVal: = _enableAxis(axis: = myAxis, commandId: = _getCommandId());
                             //使能轴
    retVal: = _pos(axis: =myAxis, position: =100, commandId: = _getCommandId());
                             //轴定位运动
    myPos : = myAxis.positioningState.actualPosition;//实际位置赋给myPos
```

[例4-9] 带初始化的数据类型定义。

```
TYPE
    type1: REAL: = 10.0;      //派生数据类型初始化
    cmyk_colour: (cyan, magenta, yellow, black): = yellow; // 枚举型初始化
```

```
        var_rgb_colour : STRUCT                       //结构体数据类型初始化
              red, green, blue : USINT : = 255; //白色
           END_STRUCT;
        new_colour: var_rgb_colour : = (red : = 0, blue : = 0);//绿色
        myInt: INT : = 9;
        myArray: ARRAY [0..5] OF myInt : = [1, 2, 3];
                       //数组myArray的元素初始值为(1, 2, 3, 9, 9, 9)
END_TYPE
```

4.3.3　ST 程序中变量的定义

1．变量定义的格式

在 ST 语言编程环境下的变量定义，如图 4-163 所示。

(1) 通过使用适当的关键词(如 VAR，VAR_GLOBAL)来开始声明块。

(2) 接下来开始实际的变量声明，可创建多个变量，并且没有顺序限制。

(3) 以 END_VAR 来结束声明块。

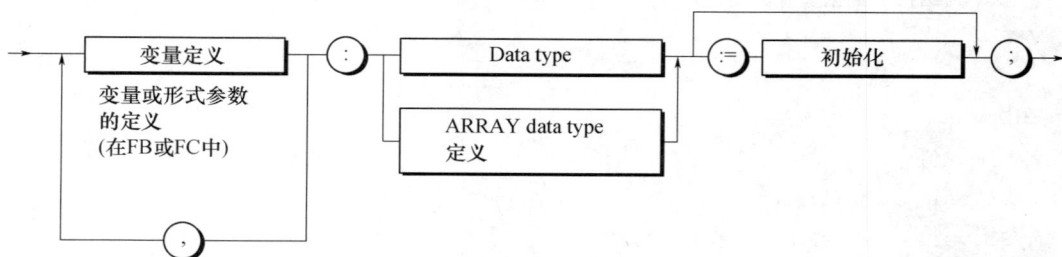

图 4-163　ST 语言的变量声明语法

需注意以下几点：

(1) 变量名称必须是一个标识符，只能包含字母、数字或下划线，不能是特殊字符。

(2) 基本数据类型、UDT(用户自定义数据类型)、系统数据类型、工艺对象数据类型、数组数据类型及 FB 块指定允许的均可以作为数据类型。

(3) 可在变量声明语句中给变量赋初始值。

2．变量定义举例

[例 4-10]　变量定义。

```
VAR CONSTANT  //常数变量的定义
    PI : REAL : = 3.1415;
    intConst : INT : = 10;
    sintConst : SINT : = 0;
    dintConst : DINT : = 10_000;
    timeConst : TIME : = TIME#1h;
    strConst : STRING[40] : = 'Example of a string';
    Two_PI : REAL : = 2 * PI;
END_VAR
```

```
VAR
    var1 : REAL;                    //变量定义
    var2，var3，var4 : INT;          // 几个相同数据类型的变量定义
    a1 : ARRAY[1..100] OF REAL;     // 一维数组定义
    str1 : STRING[40];              //字符串定义
END_VAR
```

[例4-11] 带初始化的变量定义。

```
VAR
    var1 : REAL : = 100.0;                  //变量定义
    var2，var3，var4 : INT : = 1;            //几个相同数据类型的变量定义
    var5 : REAL : = 3 / 2;                  //变量定义
    var6 : INT : = 5 * SHL(1, 4);           //变量定义
    myC1 : C1 : = GREEN;                    //枚举型变量定义
    array1 : ARRAY [0..4] OF INT : = [1, 3, 8, 4, 0];//一维数组定义
    array2 : ARRAY [0..5] OF DINT : = [6 (7)];       //数组的6个元素均为7
    array3 : ARRAY [0..10] OF INT : = [2 (2(3), 3(1)), 0];//11个元素为(3, 3, 1,
1, 1, 3, 3, 1, 1, 1, 0)
    myAxis : PosAxis : = TO#NIL;                        //声明轴变量
END_VAR
```

4.3.4　ST 程序语句

1．赋值语句

1) 基本数据类型的变量赋值

如：elemVar ： = 3*3;

　　elemVar ： = elemVar1;

2) 字符串基本数据类型的变量赋值

如：string20 ： = 'ABCDEFG';

　　string20 ： = string30;

3) 访问位数据类型变量的位

```
FUNCTION f : VOID
    VAR
        dw: DWORD;          //定义双字变量
        b: BOOL;            //定义位变量
    END_VAR
    // 仅用于带"Permit language extensions"选项的编译器
    b: = dw.BIT_7;          //访问双字变量的第7位
    b: = dw.3;              //访问双字变量的第3位
END_FUNCTION
```

4) 派生枚举数据类型的变量赋值

[例4-12] 派生枚举型变量的赋值

```
TYPE   //定义派生枚举数据类型
    C1: (RED, GREEN, BLUE);
END_TYPE


VAR   //定义派生枚举型变量
    myC11, myC12, myC13 : C1;
END_VAR
//派生枚举型变量的赋值
myC11 : = GREEN;
myC11 : = C1#GREEN;
myC12 : = C1#MIN; // RED
myC13 : = C1#MAX; // BLUE
```

5) 派生ARRAY数据类型的变量赋值

[例4-13]   派生数组型变量的赋值。

```
TYPE   //定义数据类型
    a : ARRAY[1..3] OF INT;              //具有3列的一维数组
    matrix1: ARRAY[1..4] OF a;           //4X3的二维数组
    b: ARRAY[4..8] OF INT;               //具有5列的一维数组
    matrix2: ARRAY[10..16] OF b;         //7X5的二维数组
END_TYPE


VAR    //定义数组型变量
    m: matrix1;
    n: matrix2;
END_VAR
//数组型变量的赋值
m[4][3] : = 9;              //m二维数组的第4行第3列赋值
n[16][8] : = 10;           //n二维数组的第7行第5列赋值
```

6) 结构数据类型的变量赋值

[例4-14]   结构型变量的赋值。

```
TYPE //定义结构型数据类型
    S1: STRUCT
        var1 : INT;
        var2 : WORD : = 16#AFA1;
        var3 : BYTE : = 16#FF;
        var4 : TIME : = T#1d_1h_10m_22s_2ms;
    END_STRUCT;
END_TYPE


VAR    //定义结构型变量
```

154

```
    myS1 : S1;
END_VAR
//结构型变量的赋值
myS1.var1 : = -4;
myS1.var4 : = T#2d_2h_20m_33s_2ms;
```

2. 运算表达式

1) 算术表达式

算术运算符如表4-17所列。

表4-17　算术运算符

指令	运算符	数据类型		
		操作数1	操作数2	结果
指数	**	ANY_REAL	ANY_REAL	ANY_REAL
一元减法	–	ANY_NUM	(无)	ANY_NUM
乘法	*	ANY_NUM	ANY_NUM	ANY_NUM
		ANY_BIT	ANY_BIT	ANY_BIT
		TIME	ANY_NUM	TIME
除法	/	ANY_NUM	ANY_NUM	ANY_NUM
		ANY_BIT	ANY_BIT	ANY_BIT
		TIME	ANY_NUM	TIME
		TIME	TIME	UDINT
求模	MOD	ANY_INT	ANY_INT	ANY_INT
		ANY_BIT	ANY_BIT	ANY_BIT
递加	+	ANY_NUM	ANY_NUM	ANY_NUM
		ANY_BIT	ANY_BIT	ANY_BIT
		TIME	TIME	TIME
		TOD	TIME	TOD
		DT	TIME	DT
减法	–	ANY_NUM	ANY_NUM	ANY_NUM
		ANY_BIT	ANY_BIT	ANY_BIT
		TIME	TIME	TIME
		TOD	TIME	TOD
		DATE	DATE	TIME
		TOD	TOD	TIME
		DT	TIME	DT
		DT	DT	TIME

算术运算举例：假定有表4-18所列变量，则表4-19列出了几种算术表达式及其运算结果。

<table>
<tr><td colspan="3" align="center">表4-18 例子中的变量</td></tr>
<tr><td>变量</td><td>数值</td><td>数据类型</td></tr>
<tr><td>t1</td><td>T#1D_1H_1M_1S_1MS</td><td>TIME</td></tr>
<tr><td>t2</td><td>T#2D_2H_2M_2S_2MS</td><td>TIME</td></tr>
<tr><td>d1</td><td>D#2004-01-11</td><td>DATE</td></tr>
<tr><td>d2</td><td>D#2004-02-12</td><td>DATE</td></tr>
<tr><td>tod1</td><td>TOD#11：11：11.11</td><td>TIME_OF_DAY</td></tr>
<tr><td>tod2</td><td>TOD#12：12：12.12</td><td>TIME_OF_DAY</td></tr>
<tr><td>dt1</td><td>DT#2004-01-11-11：11：11.11</td><td>DATE_AND_TIME</td></tr>
<tr><td>dt2</td><td>DT#2004-02-12-12：12：12.12</td><td>DATE_AND_TIME</td></tr>
</table>

表4-19 例子中的运算表达式与运算结果

运算表达式	运算结果
t1 + t2	T#3D_3H_3M_3S_3MS
dt1 + t1	DT#2004-01-12-12：12：12.111
t1 − t2	T#48D_16H_1M_46S_295MS
t1 * 2	T#2D_2H_2M_2S_2MS
t1 / 2	T#12H_30M_30S_500MS
DATE_AND_TIME_TO_TIME_OF_DAY(dt1)	TOD#11：11：11.110
DATE_AND_TIME_TO_DATE(dt1)	D#2004-01-11

2) 关系表达式

关系运算符及操作数如表4-20所列。

表4-20 关系运算符与操作数的可用组合

数据类型		可用的关系运算符
操作数1	操作数2	
ANY_NUM	ANY_NUM	<, >, <=, >=, =, <>
ANY_BIT	ANY_BIT	<, >, <=, >=, =, <>
DATE	DATE	<, >, <=, >=, =, <>
TIME_OF_DAY (TOD)	TIME_OF_DAY (TOD)	<, >, <=, >=, =, <>
DATE_AND_TIME (DT)	DATE_AND_TIME (DT)	<, >, <=, >=, =, <>
TIME	TIME	<, >, <=, >=, =, <>
STRING	STRING	<, >, <=, >=, =, <>
Enumerator data type	Enumerator data type	=, <>
ARRAY	ARRAY	=, <>
Structure (STRUCT)	Structure (STRUCT)	=, <>

[例4-15] 关系表达式的ST编程。

```
IF A = 2 THEN
    //...
END_IF;
var_1: = B < C;              //var_1为一个逻辑变量
IF D < E OR var_2 THEN      //var_2为一个逻辑变量
    // ...
END_IF;
```

156

3) 逻辑表达式

逻辑运算符如表4-21所列，逻辑运算举例如表4-22和表4-23所列。

表 4-21　逻辑运算符

指令	运算符	操作数1	操作数2	结果
取反	NOT	ANY_BIT	—	ANY_BIT
与	AND或&	ANY_BIT	ANY_BIT	ANY_BIT
异或	XOR	ANY_BIT	ANY_BIT	ANY_BIT
或	OR	ANY_BIT	ANY_BIT	ANY_BIT

表 4-22　逻辑运算举例

表达式($n = 10$)	运算结果
($n>0$) AND ($n<20$)	TRUE
($n>0$) AND ($n<5$)	FALSE
($n>0$) OR ($n<5$)	TRUE
($n>0$) XOR($n<20$)	FALSE
NOT (($n>0$) AND $n<20$))	FALSE

表 4-23　位逻辑运算举例

表达式	运算结果
2#01010101 AND 2#11110000	2#01010000
2#01010101 OR 2#11110000	2#11110101
2#01010101 XOR 2#11110000	2#10100101
NOT 2#01010101	2#10101010

3. 控制语句

1) IF语句

[例4-16]

```
IF A=B THEN
    n: = 0;
END_IF;


IF temperature < 5.0 THEN
    %Q0.0: = TRUE;
ELSIF temperature > 10.0 THEN
        %Q0.2: = TRUE;
ELSE
        %Q0.1: = TRUE;
END_IF;
```

2) CASE语句

[例4-17]

```
CASE intVar OF
    1: a: =1;                //intVar=1时执行此语句
    2,3: b: =1;              //intVar=2或3时执行此语句
    4..9: c: =1; d: =2;      //intVar=4～9时执行此语句
ELSE
    e: = 5;                  //intVar≠1～9时执行此语句
END_CASE;
```

157

3) FOR语句

[例4-18]

```
FOR k: = 1 TO 10 BY 2 DO  //共循环6次
    m: =m+1;
    // ...
    END_FOR;
```

4) WHILE语句

[例4-19]

```
WHILE Index <= 50 DO //满足条件则执行此循环
        Index: = Index + 2;
END_WHILE;
```

5) REPEAT语句

[例4-20]

```
Index: =1;
REPEAT                          //循环体开始
        Index: = Index + 2;
UNTIL Index > 50                //满足条件则退出循环
END_REPEAT;                     //循环体结束
```

6) EXIT语句

[例4-21]

```
Index: = 1;
FOR Index : = 1 to 51 BY 2 DO
    IF %I0.0 THEN
        EXIT; //如果%I0.0=1，则跳出FOR循环
    END_IF;
END_FOR;
Index_find : = Index_2;
```

7) RETURN语句

[例4-22]

```
Index: = 1;
FOR Index : = 1 to 51 BY 2 DO
    IF %I0.0 THEN
        RETURN;//如果%I0.0=1，则返回调用
    END_IF;
END_FOR;
Index_find : = Index_2;
```

8) WAITFORCONDITION语句

[例4-23]

```
// myExpression为之前定义的表达式
WAITFORCONDITION myExpression WITH TRUE DO
```

```
//表达式条件满足，优先执行此语句块，否则，被挂起
    %Q0.0 : = TRUE;
END_WAITFORCONDITION;
// ...
```

9) GOTO语句

[例4-24]

```
FUNCTION func : VOID
    VAR //定义变量
        x，y，z：BOOL;
    END_VAR
    LABEL//定义跳转标号变量
        lab_1，lab_2; // 跳转标号
    END_LABEL
    x : = y;
    lab_1 : y : = z; //跳转标号为lab_1的语句
    IF x = y THEN
        GOTO lab_2; // 跳转到lab_2
    END_IF;
    GOTO lab_1; //跳转到lab_1
    lab_2 : ; //跳转标号为lab_2的语句
END_FUNCTION
```

4．数据类型转换语句(略)

4.3.5 FC/FB/Program 编程

1．定义 FC

在调用FC的程序单元段(grogram，FB，FC)之前，可以在执行区域(implementation section)定义一个FC。

[例4-25] 在implementation部分定义一个 FC程序，用于计算圆周长和面积。

FC子程序定义如下：

```
FUNCTION Circle2 : LREAL  //FC 的名称及数据类型

    VAR CONSTANT    //常数定义
        PI : LREAL : = 3.1415 ;
    END_VAR

    TYPE            //数据类型定义
    END_TYPE

    VAR_INPUT       //输入变量定义
        Radius : LREAL ;
```

```
    END_VAR

    VAR_IN_OUT   //输入输出变量定义
        circumference : LREAL ;
    END_VAR

    VAR  //局部变量、临时变量定义
        Counter : DINT ;  //在每次 FC 被调用时，变量会初始化
    END_VAR
    //以下为执行语句
    Counter: = Counter + 1 ;
    Circumference: = 2 * PI * Radius ;
    Circle2: = PI * Radius**2 ;
END_FUNCTION
```

注意：子程序FC必须以关键词"FUNCTION"开始，随后需输入一个标识符(子程序名)和返回值的数据类型，并以关键词"END_FUNCTION"结束。如果FC无返回值，则输入VOID作为数据类型。

2. 定义 FB

在调用FB的程序(program，FB，FC)之前，可以在执行区域(implementation section)定义一个FB。

[例4-26] 在implementation部分定义一个 FB程序，用于计算圆周长和面积。

FB子程序定义如下：

```
FUNCTION_BLOCK Circle1  //FB 的名称

    VAR CONSTANT  //常数定义
        PI : LREAL : = 3.1415 ;
    END_VAR

    TYPE    //数据类型定义
    END_TYPE

    VAR_INPUT   //输入变量定义
        Radius : LREAL ;
    END_VAR

    VAR_IN_OUT   //输入输出变量定义
        circumference : LREAL ;
    END_VAR

    VAR_OUTPUT//输出变量定义
```

160

```
        Area : LREAL ;
    END_VAR


    VAR  //局部变量定义
        Counter : DINT ;  //变量值保持
    END_VAR


    VAR_TEMP  //临时变量定义
                //每次 FB 被调用时，变量会初始化
    END_VAR
    //以下为执行语句
    Counter: = Counter + 1 ;
    Circumference: = 2 * PI * Radius ;
    Area: = PI * Radius**2 ;
END_FUNCTION_BLOCK
```

注意：子程序开始必须用关键词 "FUNCTION_BLOCK" 开始，随后需输入一个标识符(子程序名)，用关键词 "END_FUNCTION_BLOCK" 结束。

3．FB 和 FC 的声明区域

FB 和 FC 的声明区域可被细分为多个不同的声明块，每个声明块都有独立成对的关键词来标识。每个块中包含一个声明列表，如常数、局部变量和参数。每种类型的块只能出现一次，但顺序可任意调换。

表4-24列出了可用做 FC 和 FB 的声明区域的声明块选项。

表 4-24　FB 和 FC 的声明块

数据	语法	FB	FC	数据	语法	FB	FC
常数	VAR CONSTANT 声明列表 END_VAR	√	√	输出参数	VAR_OUTPUT 声明列表 END_VAR	√	—
输入参数	VAR_INPUT 声明列表 END_VAR	√	√	局部变量 (用于FC和FB)	VAR 声明列表 END_VAR	√ (静态数据)	√ (临时数据)
输入/输出 参数	VAR_IN_OUT 声明列表 END_VAR	√	√	临时变量 (用于FB)	VAR_TEMP 声明列表 END_VAR	√ (临时数据)	—

4．定义 Program

在调用 Program 的程序(program，FB)之前，可以在执行区域(implementation section)定义一个 Program。

[例4-27] 定义一个 Program 程序。

```
PROGRAM CircleCalc
    VAR CONSTANT  //常数定义
```

```
        END_VAR

        TYPE    //数据类型定义
        END_TYPE

        VAR   //局部变量定义
            myArea : LREAL ;
            myCircf : LREAL ;
        END_VAR

        VAR_TEMP   //临时变量定义
        END_VAR
          //以下为执行语句
        myArea: = Circle2(Radius: = 3, Circumference: = myCircf);
    END_PROGRAM
```

注意：(1) 一般情况下，Program程序在执行系统中被分配给任务，所以通常在"INTERFACE"部分定义，如"PROGRAM CircleCalc"。

(2) Program程序必须用关键词"PROGRAM"开始，随后需输入一个标识符(程序名)，用关键词"END_PROGRAM"结束。

(3) Program程序可以被另一个Program或FB调用。此时，需要激活以下编译器选项：

① "Permit language extensions"：适用于Program或FB调用Program。

② "Create program instance data only once"：适用于Program调用Program。

Program调用Program的示例格式如下：

```
    PROGRAM my_prog
        ; // ...
    END_PROGRAM

    PROGRAM main_prog
        ; // ...
        my_prog();
        ; // ...
    END_PROGRAM
```

(4) Program最好放在表达式、FC和FB之后定义，只有当"Permit forward declarations(允许向前声明)"的编译器选项激活时可以例外。

5．FB 和 FC 的调用

1) 调用FC

(1) 带返回值的FC调用(数据类型不是VOID)，格式如图4-164所示。

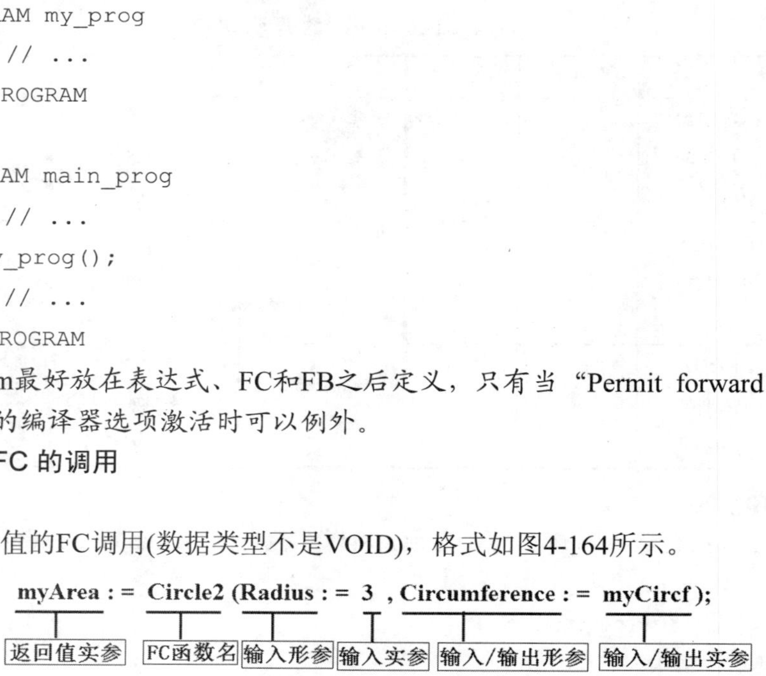

图 4-164　带返回值的 FC 调用格式示例

162

(2) 不带返回值的FC调用(VOID数据类型)，格式如图4-165所示。

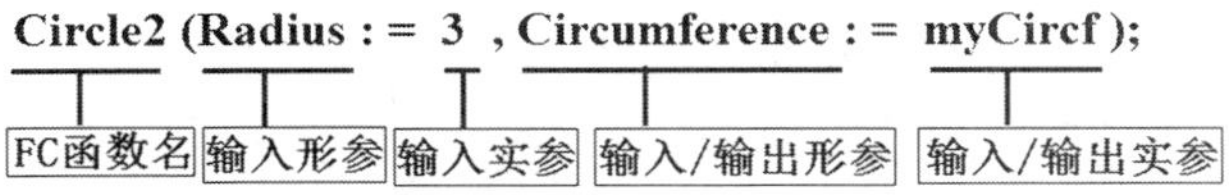

图 4-165　无返回值的 FC 调用格式示例

2) 调用FB(背景数据块调用)

在调用FB功能块之前，必须声明一个背景数据块。方法是声明一个变量，并将FB的名称作为其数据类型。可以如下声明背景数据块：

(1) 局部的：在Program或FB的声明部分，VAR/END_VAR范围内。

(2) 全局的：在IMPLEMENTATION部分的接口处，VAR_GLOBAL/END_VAR范围内。

(3) 作为输入/输出参数：在FB或FC的声明部分，VAR_IN_OUT/END_VAR范围内。

背景数据块声明也可以是数组ARRAY。例如：FB_inst：ARRAY[1..2] OF FB_name。

在程序组织单元POU的语句部分调用FB，可以用如图4-166所示的方法调用背景数据块，FB参数输入赋值和输入/输出赋值、输出赋值通过逗号分隔开。

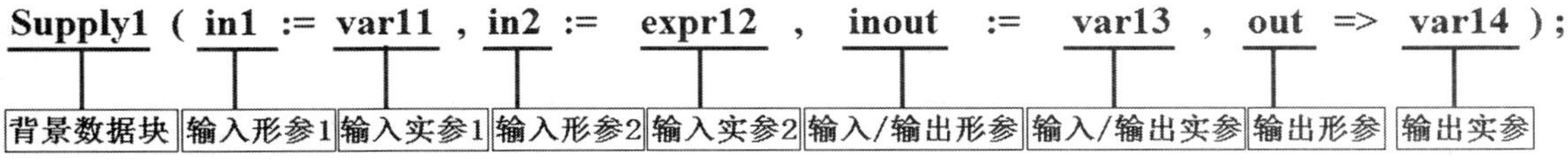

图 4-166　FB 调用格式示例

例如，已经定义了2个FB功能块"supply"和"motor"，其参数列表如下：

　　FB supply(输入参数in1，in2；输入/输出参数inout；输出参数out)

　　FB motor(输入/输出参数inout1，inout2；输出参数outl，out2)

则其调用程序可编写如下：

```
VAR
    Supply1，Supply2: supply;  //定义"supply"功能块的背景数据块
    Motor1 : motor;//定义"motor"功能块的背景数据块
END_VAR
    // 通过调用FB的背景数据块方式调用FB
Supply1(in1 : = var11, in2 : = expr12, inout : = var13, out => var14) ;
Supply2(in1 : = var21, in2 : = expr22, inout : = var23, out => var24) ;
Motor1(inout1 : = var31, inout2 : = var32, out1 => var33, out2 => var34);
    // ...
    // 在调用FB之后，通过访问背景数据块方式传递输出参数
var15 : = Supply1.out;  //读出背景数据块"Supply1"中的输出参数
var25 : = Supply2.out;  //读出背景数据块"Supply2"中的输出参数
var35 : = Motor1.out1;  //读出背景数据块"Motor1"中的第1个输出参数
var36 : = Motor1.out2;  //读出背景数据块"Motor1"中的第2个输出参数
var41 : = Motor1.out1 * Motor1.out2 * (Supply1.out + Supply2.out);
```

163

3) FB调用注意事项

当调用FB背景数据块时，需注意：

(1) 输入/输出实参允许使用下列变量：

① 全局变量(单元变量和全局设备变量)。

② 局部变量。

③ TO的数据类型的变量(TO背景数据块)。

而系统变量(TO变量)、工程系统中的工艺对象名称、I/O变量、绝对和符号过程映像访问是不允许的。

(2) 不能把FC作为输入/输出参数。

(3) 不能把常数作为输入/输出参数。

(4) 输入/输出参数不能初始化。

6. 完整 ST 程序单元举例

```
UNIT VCharProg; //ST程序单元名称
  //=========================================================
  //(organisation)
  //(division / place)
  //(c)Copyright 2009  All Rights Reserved
  //---------------------------------------------------------
  //  project name: (name)
  //  file name: (name as soon as saved)
  //  library: (that the source is dedicated to)
  //  system: (target system)
  //  version: (SIMOTION / SCOUT version)
  //  application: (relation to project/ product/ usage)
  //  restrictions:
  //  requirements: (hardware, technological package, memory needed, etc.)
  //  search items: (with the purpose of browser usage)
  //  functionality: (that is implemented)
  //---------------------------------------------------------
  //  change log table:
  //  version    date     expert in charge    changes applied
  //
  //=========================================================

INTERFACE
    USEPACKAGE cam; //现有工艺包的引用
    USELIB Bib_1 AS NS_1, Bib_2 AS NS_2; //现有库的引用
    USES myUnit_A; //其他单元的引用——引用单元名称列表

    VAR_GLOBAL CONSTANT//定义全局常量(源文件中不能再给这些标识符赋其他值)
```

164

```
    PI                     : REAL : = 3.1415;
    ARRAY_MAX1             : INT  : = 4;
    ARRAY_MAX2             : INT  : = 4;
    COLLECTION_MAX         : INT  : = 6;
    GLOBARRAY_MAX          : INT  : = 12;
END_VAR

TYPE//用户自定义数据类型
    ai16Dim1: ARRAY[0..ARRAY_MAX1-1] OF INT; //4 个整型元素的一维数组
    aaDim2: ARRAY[0..ARRAY_MAX2-1] OF ai16Dim1; //4X4 的整型二维数组
    eTrafficLight: (RED, YELLOW, GREEN); //含"红""黄""绿"三元素的枚举型
    sCollection : STRUCT//结构体数据类型
        toAxisX                 : posaxis;
        aInStructDim1           : ai16Dim1;
        eTrafficInStruct        : eTrafficLight;
        i16Counter              : INT;
        b16Status               : WORD;
    END_STRUCT;
    aCollection : ARRAY [0..COLLECTION_MAX-1] OF sCollection;
                //含 6 个"sCollection"型元素的一维数组
END_TYPE

VAR_GLOBAL//全局变量定义
    //此处声明的变量在本单元内有效,可在 HMI 设备中引用,
    //也可被其他单元引用。此处不能声明 VAR, VAR CONSTANT, VAR_TEMP,
    // VAR_INPUT, VAR_OUTPUT 和 VAR_IN_OUT 变量
    gaMyArray : ARRAY [0..GLOBARRAY_MAX-1] OF REAL: =[3(2(4), 2(18))];
    //声明 12 个实型元素的一维数组,初始值为 4, 4, 18, 18, 4, 4, 18, 18, 4, 4, 18, 18
    gaMy2dim : aaDim2; //声明一个二维数组变量
    gaMy1dim : ai16Dim1;//声明一个一维数组变量
    gsMyStruct : sCollection;  //声明一个 sCollection 型的结构变量
    gaMyArrayOfStruct : aCollection; //声明一个 aCollection 型的数组变量
    gtMyTime : TIME : = T#0d_1h_5m_17s_4ms; //声明时间类型变量
    geMyTraffic : eTrafficLight : = RED;
        //声明一个"eTrafficLight"型变量,初始值为"RED"
    gi16MyInt : INT : = -17;//声明一个基本数值数据类型的变量
END_VAR

VAR_GLOBAL RETAIN
        // 掉电保持型变量的定义。
END_VAR
```

```
    //此处定义的 FC，FB，PROGRAM 可以被其他单元引用。
    FUNCTION Circle2;
    FUNCTION_BLOCK Circle1;
    PROGRAM myPRG;

END_INTERFACE

IMPLEMENTATION
        // 本部分的可执行代码段存储在不同的程序组织单元(POU)，
        //一个 POU 可以是 FC、FB 或 PROGRAM。
    USES myUnit_A; // 对其他单元的引用

    VAR_GLOBAL CONSTANT//声明全局常量
    END_VAR

    TYPE
        //此处定义的数据类型仅适用于本单元，不能被其他单元引用。
    END_TYPE

    VAR_GLOBAL //此处全局变量不可被其他单元访问，但可监控，可关联至 HMI
        gboDigInput1 : BOOL;
    END_VAR

    VAR_GLOBAL RETAIN//掉电保持型变量
    END_VAR

    // ********************************
    // * EXPRESSION(表达式)定义            *
    // ********************************
EXPRESSION xCond// 定义表达式
        //EXPRESSION 是一种只能返回 TRUE 或 FALSE 的特殊功能
        // 只能用于 WAITFORCONDITON 语句
    xCond : = gboDigInput1;
        // 如果变量"gboDigInput1"(一般为数字量输入或程序的一个条件)
        // 变为 1，EXPRESSION 的返回值为 TRUE
END_EXPRESSION
    // *********************
    // *FC 程序定义              *
    // *********************
FUNCTION Circle2 : LREAL
    VAR CONSTANT//定义常数(本 FC 内有效)
```

```
        PI : LREAL : = 3.1415 ;
    END_VAR

    TYPE// 此处声明的类型只能用于本 POU 中的变量
    END_TYPE

    VAR_INPUT//输入变量定义(形参，可选)
        Radius : LREAL;
    END_VAR

    VAR_IN_OUT//输入/输出变量定义(形参，可选)
        circumference : LREAL;
    END_VAR

    VAR//局部变量定义，每次 FC 调用时变量会初始化
        Counter : DINT;
    END_VAR
        //以下为 FC 指令区
    Counter : = Counter + 1 ;
    circumference : = 2 * PI * Radius ;          //通过输入/输出变量返回结果
    Circle2 : = PI * Radius**2 ;                 //通过 FC 名称返回结果

END_FUNCTION

    // ********************
    // *    FB 程序定义        *
    // ********************
FUNCTION_BLOCK Circle1
    //所有变量包括在一个背景数据块中
    VAR CONSTANT  //定义静态参数中的常数
        PI : LREAL : = 3.1415 ;
    END_VAR

    TYPE// 此处声明的数据类型只能用于本 POU 中的变量
    END_TYPE

    VAR_INPUT// 输入变量定义
        Radius : LREAL;
    END_VAR

    VAR_IN_OUT//输入/输出变量定义
        circumference : LREAL;
```

```
        END_VAR

        VAR_OUTPUT//输出变量定义
            Area : LREAL;
        END_VAR

        VAR //局部变量(静态, 可保持)
            Counter : DINT;
        END_VAR

        VAR_TEMP //临时变量(FB 每次调用时会初始化)
        END_VAR
            //以下为 FB 指令区
        Counter : = counter + 1 ;
        circumference : = 2 * PI * Radius ;
        Area : = PI * Radius**2 ;

END_FUNCTION_BLOCK

    // *****************************
    // * PROGRAM 程序定义              *
    // *****************************
PROGRAM myPRG
    VAR CONSTANT//定义常数
    END_VAR

    TYPE //此处声明的类型只能用于本 POU 中的变量
    END_TYPE

    VAR     //变量定义
            //注意: 通过 VAR 声明局部变量是否为临时变量,
            // 取决于 PROGRAM 所使用的 TASK。
            //在非循环 TASK 中, VAR 定义的变量是临时的。
            //在循环 TASK 中, VAR 定义的变量是静态的。
        myArea : LREAL; //存放 FC 的返回值(圆面积)
        myCircf : LREAL; //存放输入/输出值(圆周长)
        myCircle1 : Circle1 ;    //调用 FB 之前, 必须声明一个背景数据块
        myArea1, myArea2 : LREAL; //存放输出值(圆面积)
        myCircf1 : LREAL;//存放输入/输出值(圆周长)
    END_VAR;

    VAR_TEMP //临时变量定义
    END_VAR
```

```
                //以下为 PROGRAM 指令区
myArea: = Circle2(Radius: = 3, Circumference: = myCircf); //调用 FC
        //输入/输出变量返回结果：myCircf=18,849
        // 函数名返回结果 myArea= 28,274
myCircle1(Radius: = 3, Circumference: =myCircf1, Area=>myArea1);//调用 FB
        //调用结束，背景数据块不变，可使用结构变量从外部访问 FB 的输出参数
myArea2 : = myCircle1.Area ;//从外部访问 FB 的输出参数
        // 输入/输出变量返回结果：myCircf1 =18849
        // 输出变量返回结果：myArea1=28274
        // 外部访问 FB 的输出参数结果：myArea2=28274
WAITFORCONDITION xCond WITH TRUE DO
        // 如果表达式 xCond 的值为真,
        // 此处语句立即执行
        // WAITFORCONDITION 通常用于 MotionTask 中。
END_WAITFORCONDITION;

END_PROGRAM

END_IMPLEMENTATION
```

4.4 梯形图编程简介

4.4.1 LAD/FBD 程序结构

LAD是梯形图的英文缩写，也是一种图形化的编程语言，与PLC中梯形图编程类似。LAD可以跟踪输入、输出和运行时的信号流。LAD程序运行时遵循布尔逻辑的规则，把各种元素以图形化的方式组成网络(符合IEC 61131-3)，如图4-167所示。

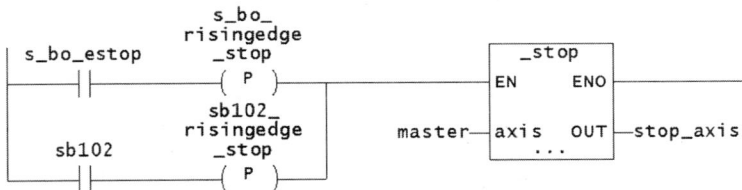

图 4-167 LAD 网络块

LAD图也可以用FBD图来表示，FBD是功能块图(Function Block Diagram)的缩写，也是一种图形化的编程语言。可以使用相同的布尔代数来表达逻辑运算(符合IEC 61131-3)。复杂的功能(如数学函数)也可以直接通过连接逻辑块来表达，如图4-168所示。

LAD、FBD编程包是SIMOTION软件的一个组成部分，所以安装完SIMOTION软件后就可以使用LAD、FBD的编辑、编译、测试功能了。

LAD/FBD编辑器的界面与MCC编辑器类似，分为5个部分，分别为项目导航栏、菜单、工具栏、状态栏和工作区。

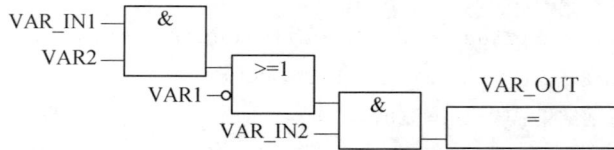

图 4-168　FBD 网络块

与MCC类似，通过菜单"Options→Settings"，在LAD/FBD editor标签下，可以改变LAD/FBD编辑器的属性，如图4-169所示。

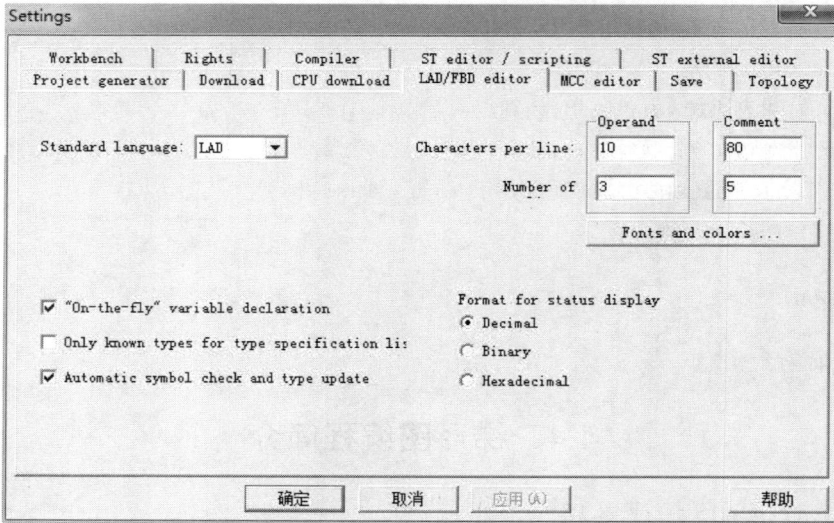

图 4-169　FBD 网络块

在此对话框里可以设置以下内容：

(1) 程序表达式的标准语言：LAD或FBD。

(2) "On-the-fly"变量声明：如果激活，当在LAD/FBD程序中输入一个未知符号时，会弹出一个对话框，用户可在此对话框中声明变量。

(3) "Only known types for type specification"：如果激活，只有那些在"Connections"中连接的功能块会出现在数据类型列表中。

(4) "Automatic symbol check and type update"：如果激活，在项目里的LAD/FBD程序中，会自动进行符号检查和类型更新。此选项默认激活。

(5) "Format for status display"：选择在程序中变量的数据类型以什么进制来显示，可选择二进制、十进制或十六进制，默认为十进制显示。

(6) "Fonts and colors"：单击此按钮可修改LAD/FBD编辑器中的字体和颜色。

LAD/FBD程序单元位于项目导航栏中SIMOTION设备的Programs文件夹下，是进行编译的最小单位。LAD/FBD程序段(包括Program，FC或FB)位于项目导航栏的LAD/FBD程序单元下，如图4-170所示。一个LAD/FBD程序单元可以包含多个LAD/FBD程序段，在程序段里也可以创建局部变量，如图4-171所示。

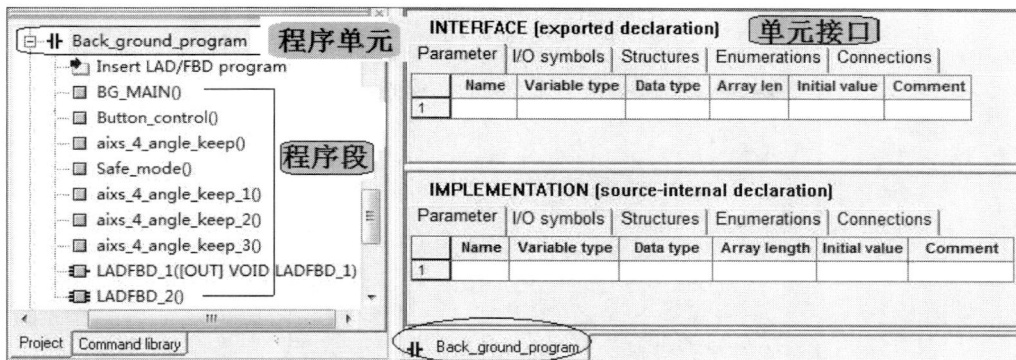

图 4-170　LAD/FBD 程序单元与程序段

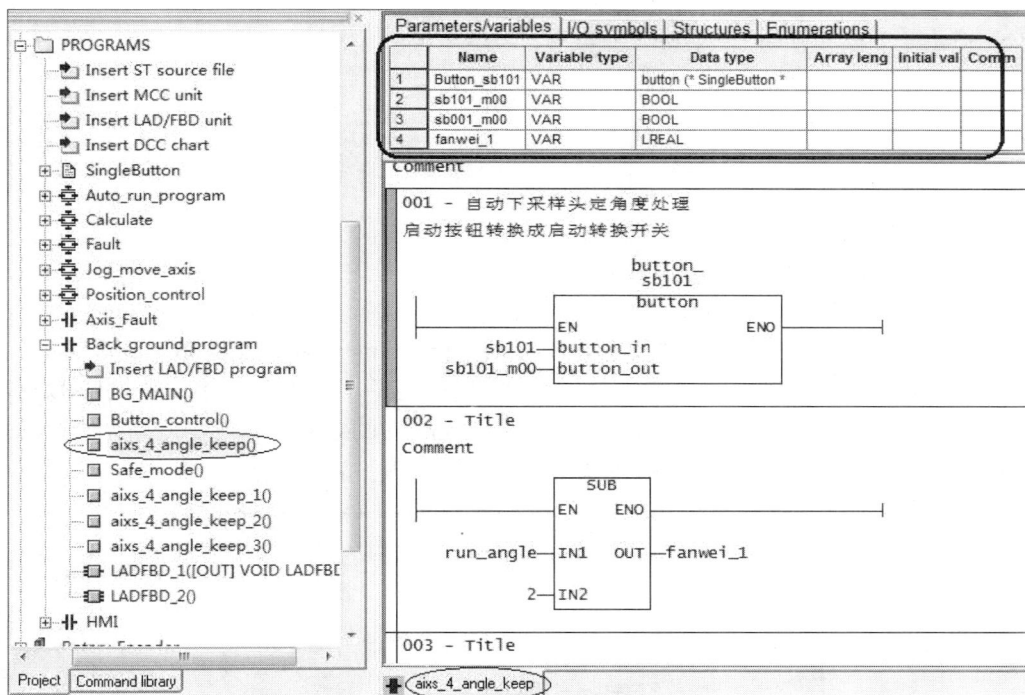

图 4-171　LAD/FBD 程序段结构

1．创建 LAD/FBD 程序单元

可以使用如下方法创建程序单元：

(1) 在导航栏中，PROGRAMS文件夹下双击"Insert LAD/FBD unit"。

(2) 选择"PROGRAMS"文件夹，通过菜单选择"Paste→Program→LAD/FBD unit"。

(3) 选择"PROGRAMS"文件夹，通过右键菜单选择"Insert new object→LAD/FBD unit"。

在弹出的对话框(图4-172)中输入LAD/FBD程序单元的名称，名称由字母(A～Z，a～z)、数字(0～9)或下划线组成，但是必须以字母或下划线开始，不区分大小写，最多128个字符。名称在此SIMOTION设备中必须是唯一的，以便区分；还可以输入作者和版本信息。如果有必要，选择编译器标签对源文件的编译器进行设置。

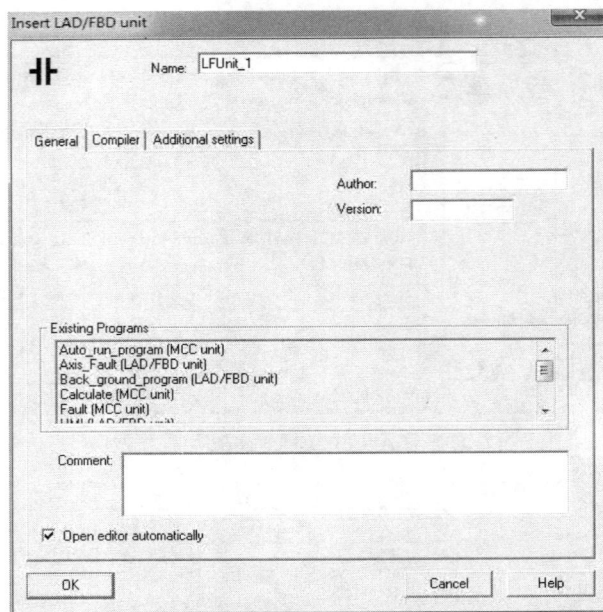

图 4-172　创建 LAD/FBD 程序单元对话框

2．创建 LAD/FBD 程序段

可以用下列方法创建一个LAD/FBD程序段：

(1) 在项目导航栏中，在LAD/FBD程序单元下双击"Insert LAD/FBD program"。

(2) 选择程序单元，然后在菜单中选择"Paste→Program→LAD/FBD program"。

在弹出的对话框(图4-173)中输入LAD/FBD程序段的名称，名称的命名原则同LAD/FBD程序单元。选择创建的LAD/FBD程序段的类型是program、FC或FB。如果要使程序能在其他的程序中使用，则要选择"Exportable"复选框。还可以输入作者和版本信息。

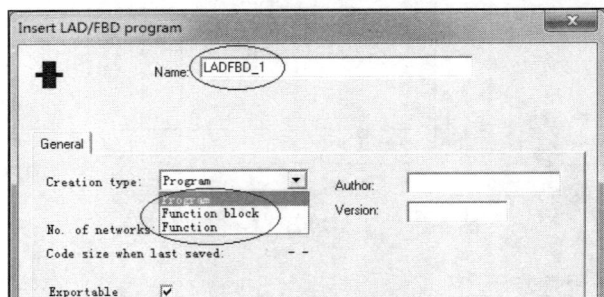

图 4-173　创建 LAD/FBD 程序段对话框

LAD/FBD程序段不能单独编译，必须与LAD/FBD程序单元中的其他LAD/FBD程序一同编译。同LAD/FBD程序单元一样，LAD/FBD程序段也可以进行复制、剪切、粘贴和删除操作。

3．编译 LAD/FBD 程序单元

可以使用如下方法编译LAD/FBD程序单元：

(1) 在LAD/FBD编辑器工具栏中选择编译按钮。

(2) 在菜单中选择"LAD/FBD Unit→accept and compile"或者"LAD/FBD program→Accept and compile"，如图4-174所示。

172

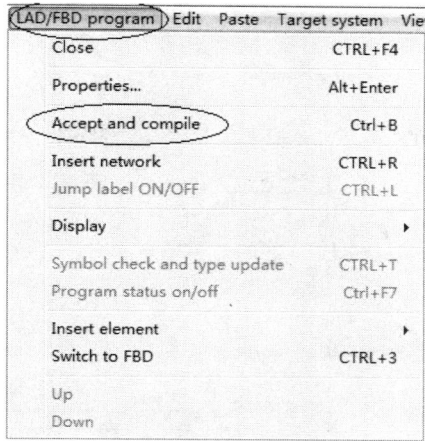

图 4-174　编译 LAD/FBD 程序

(3) 在项目导航栏中，用鼠标右键单击要编译的程序单元，选择"Accept and compile"。编译的错误和报警信息显示在屏幕下方输出框的"Compile/check output"标签中，可以双击某错误信息来定位程序出错的地方，对程序进行修改。

4. 密码保护

可对编写好的LAD/FBD程序单元进行密码保护。用鼠标右键单击LAD/FBD程序单元，在弹出的菜单中选择"Know-how protection→Set"，如图4-175所示。

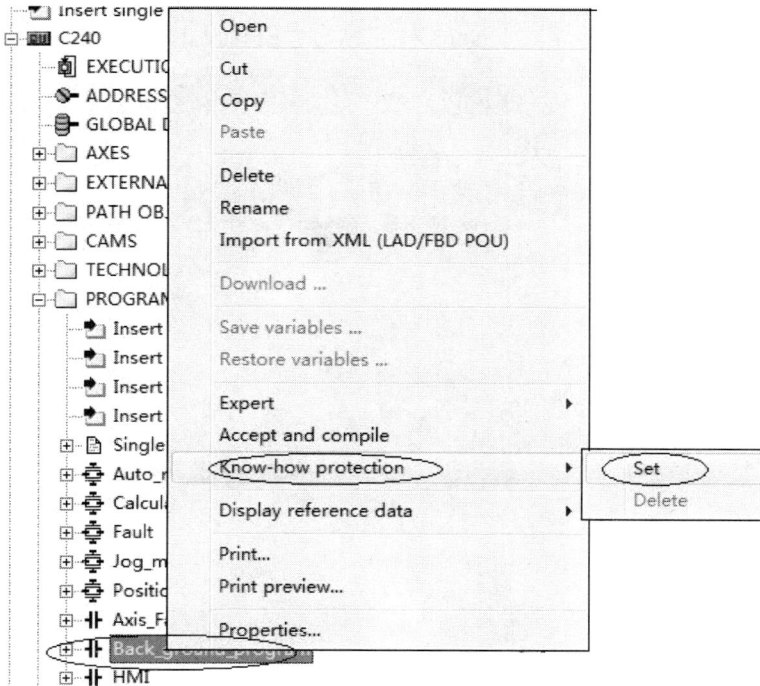

图 4-175　密码保护

在弹出的对话框中设定登录名和密码并确认，如图4-176所示。设置完毕再次启动项目时密码起作用，如果再次打开此LAD/FBD程序单元需要输入之前设置的用户名和密码。

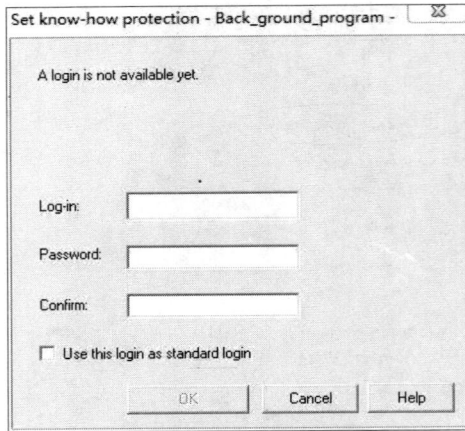

图 4-176　设置登录名和密码

4.4.2　FC 子程序编程举例

创建一个计算圆周长的子程序，程序类型为FC，名称为"Circumference"。此圆周长计算可作为子程序在任何程序任务中调用。

圆周长计算公式：Circumference=PI*2*radius。

1. 创建 FC 子程序

(1) 打开SCOUT，创建一个新项目。在"PROGRAMS"目录树下双击"Insert LAD/FBD unit"，创建一个LAD/FBD程序单元。Name栏名称为"LFunit_1"，如图4-177所示。

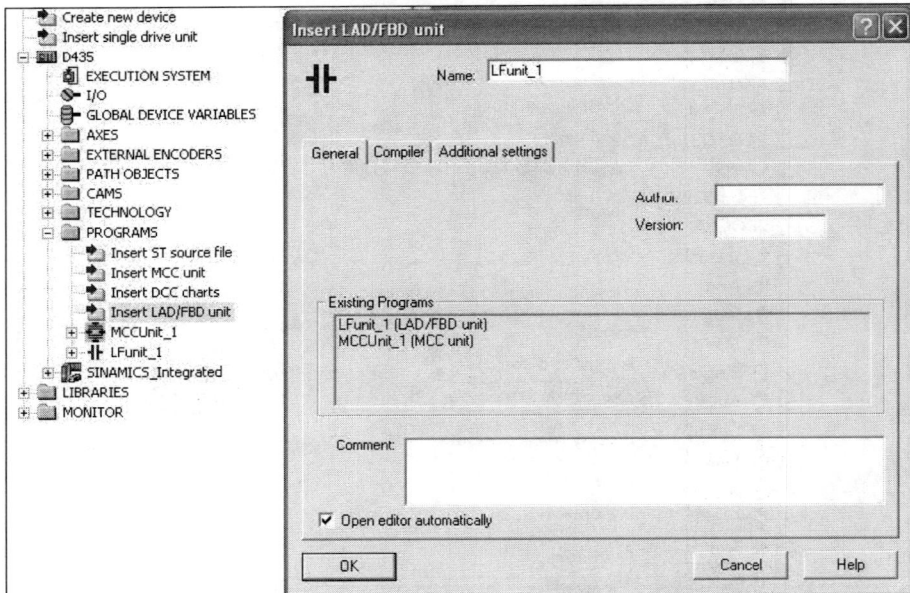

图 4-177　创建 LAD/FBD 程序单元

(2) 双击"Insert LAD/FBD program"，创建一个LAD/FBD程序段，如图4-178所示。程序段名为"Circumference"。"Creation type"(创建类型)选择"Function"，"Return type"(返回类型)选择"REAL"，若选择"<->"则无返回值。

174

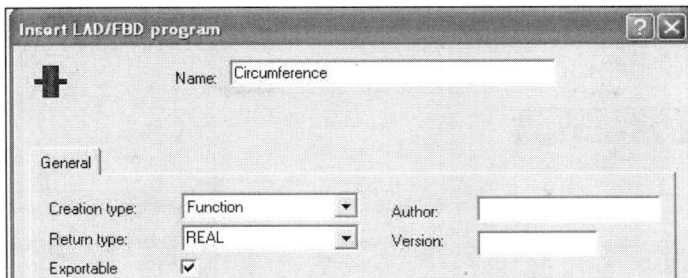

图 4-178　创建 FC 的 LAD/FBD 程序段

检查"Exportable"选项，如果此FC程序需要在其他程序单元中使用(LAD/FBD，MCC或ST源文件)，则勾选；如果没有勾选，则此程序只能在本单元中使用。

(3) 如图4-179所示，在创建的FC程序段的变量声明表中定义"radius"变量类型为输入"VAR_INPUT"，数据类型为"REAL"；圆周率PI的变量类型为常数"VARCONSTANT"，数据类型为"REAL"，初始值为3.14159。"diameter"变量类型为"VAR"，数据类型为"REAL"。

(4) 在程序编辑区域空白处用鼠标右键单击，在右键菜单上选择"Insert Network"，插入一个空白网络块，如图4-180所示。

	Name	Variable type	Data type	Array I	Initial value	Comment
1	radius	VAR_INPUT	REAL			
2	PI	VAR CONSTAN	REAL		3.14159	
3	diameter	VAR	REAL			
4						

图 4-179　FC 变量声明表

图 4-180　插入空白网络块

(5) 从指令库中拖出两个乘法器指令到程序编辑区网络块，如图4-181所示。

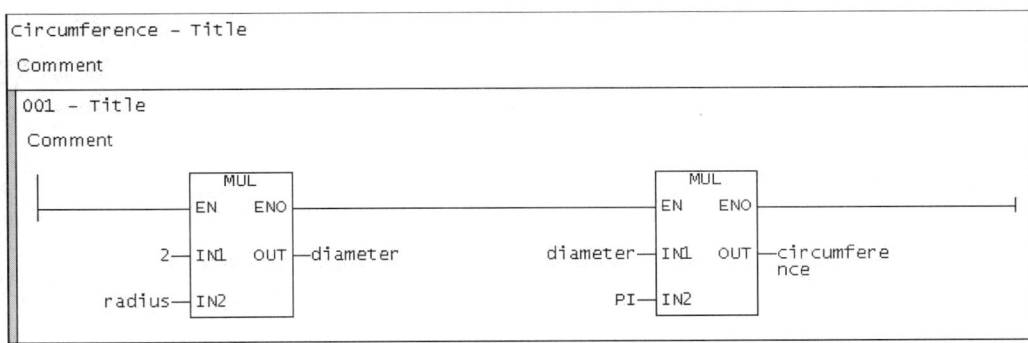

图 4-181　FC 程序

编写周长计算程序，如图4-181所示，然后编译保存。

2. 调用 FC 子程序

(1) 在同一LAD/FBD unit下创建一个新的程序段。程序段名为"Program_circumference"。"Creation type"(创建类型)选择"Program"，单击"OK"按钮确认，如图4-182所示。

(2) 在Program程序段声明下列变量(图4-183):

"mycircum"变量：周长，FC的返回值赋给此变量。

"myradius"变量：半径，赋给FC的输入参数"Radius"。

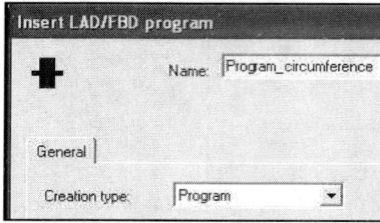

图 4-182　创建 Program 程序段

图 4-183　声明变量及数据类型

(3) 插入一个网络块，然后把FC "Circumference"拖入该网络，如图4-184所示。

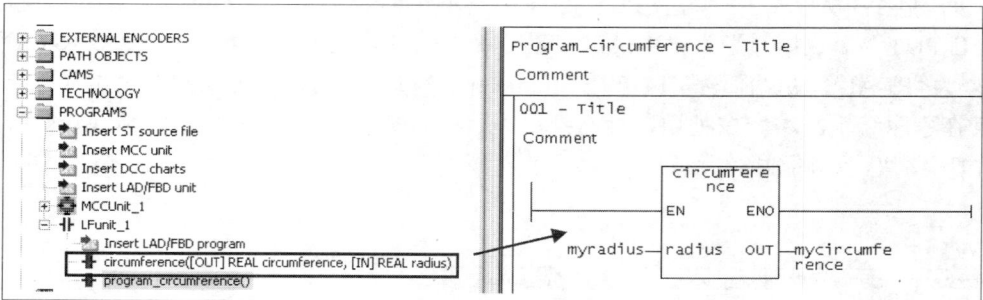

图 4-184　Program 程序

双击该程序可看到子程序调用的返回值等信息。

需要注意FC和Program在LAD/FBD 程序单元中的顺序，FC必须处在Program之上的位置。如果不是，可以单击鼠标右键，选择"Down"或"Up"调整位置。

4.4.3　FB 子程序编程举例

计算跟随误差，可创建一个计算跟随误差的子程序，程序类型为FB，名称为"FollError"。此跟随误差计算可作为子程序在任何程序任务中调用。

跟随误差计算公式：Difference=Setpoint_position–Actual_position。

1．创建 FB 子程序

(1) 打开SCOUT，创建一个新项目。在"PROGRAMS"目录树下双击"Insert LAD/FBD unit"，创建一个LAD/FBD程序单元。"Name"栏名称为"LFunit_1"，如图4-185所示。

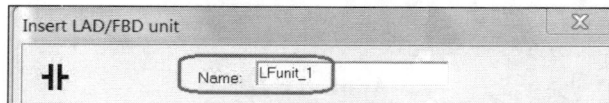

图 4-185　创建 LAD/FBD 程序单元

(2) 双击"Insert LAD/FBD program"，创建一个程序段。程序段名为"FollError"。"Creation type"(创建类型)选择"Function block"。还可以输入作者、版本和注解等。最后单击"OK"按钮确认，如图4-186所示。

(3) 编写FB程序块。在创建的FB程序段的变量声明表中定义变量，如输入和输出参数，如图4-187所示。

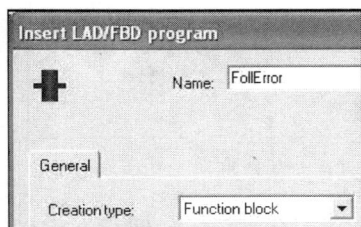

图 4-186　创建 FB 程序段

图 4-187　FB 程序的变量声明列表

(4) 在程序编辑区域用鼠标右键单击，选择"Insert network"，插入一个空白网络块，如图4-188所示。

(5) 从指令库中拖出一个减法器指令到程序编辑区，如图4-189所示。然后编译保存。

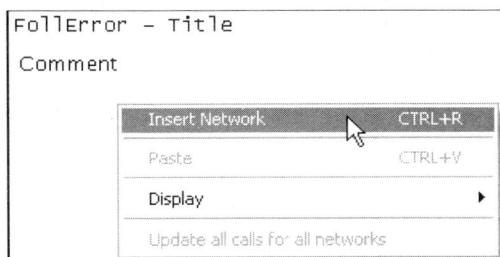

图 4-188　插入空白网络块

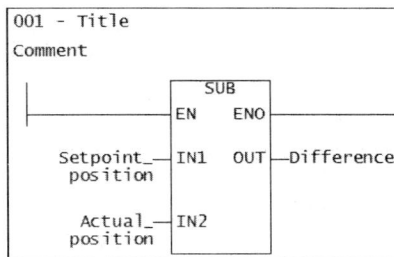

图 4-189　编写 FB 程序

2. 调用 FB 子程序

在使用FB之前，必须定义一个背景数据块。FB的每个背景数据块都相互独立。一旦使用背景数据块结束，静态数据会保留。

可在LAD/FBD程序单元或"program"程序段的变量声明表中定义FB的背景数据块。背景数据块声明的有效范围取决于声明的位置。

在LAD/FBD 程序单元的接口部分(interface)的变量声明表，背景数据块如同一个单元变量，对整个LAD/FBD程序单元都有效。LAD/FBD程序单元的所有LAD/FBD程序(programs，FC，FB)都能访问此背景数据块。另外，在HMI设备上也可显示此背景数据块；也可引入到其他LAD/FBD 程序单元中使用。在接口部分的所有单元变量的大小不能超过64KB。

在LAD/FBD 程序单元的执行部分(implementation)的变量声明表，背景数据块如同一个单元变量，但仅对本LAD/FBD程序单元有效。所有在此程序单元的LAD/FBD程序(programs，FC，FB)都能访问此背景数据块。

在"program"程序段的变量声明表，背景数据块如同一个本地变量，只能在被声明的此程序段中使用。

(1) 本例在LAD/FBD 程序单元的接口部分声明背景数据块。

注意：如果在此LAD/FBD程序单元下生成一个"FOLLERROR"类型的全局背景数据块，编译就会出错。正确的做法是必须再创建一个新的LAD/FBD程序单元"LFunit_2"，与"LFunit_1" 程序单元建立引用连接(图4-190)，之后在"LFunit_2"的接口部分(interface)中

177

声明背景数据块，名称为"myFollError"，创建的FB作为数据类型。还可声明其他变量，自定义名称、变量类型和数据类型，如图4-191所示。

图 4-190　建立单元变量的引用连接

图 4-191　声明 FB 背景数据块和其他变量

保存并编译"LFunit_2"单元之后，可在"LFunit_2"中看到相应的变量，如图4-192所示，这说明能够正常使用该背景数据块了。

(2) 在"LFunit_2"程序单元中创建一个程序段。双击"Insert LAD/FBD program"，创建一个程序段名为"Program_FollError"。"Creation type"(创建类型)选择"Program"，单击"OK"按钮确认，如图4-193所示。

图 4-192　"LFunit_2"单元中的引用变量

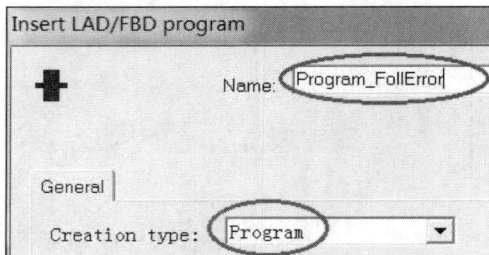

图 4-193　LFunit_2 中创建程序

(3) 插入一个空白网络块，然后把"LFunit_1"中的FB"FollError"拖入该网络块。并选择"myfollerror"作为背景数据块，如图4-194所示。

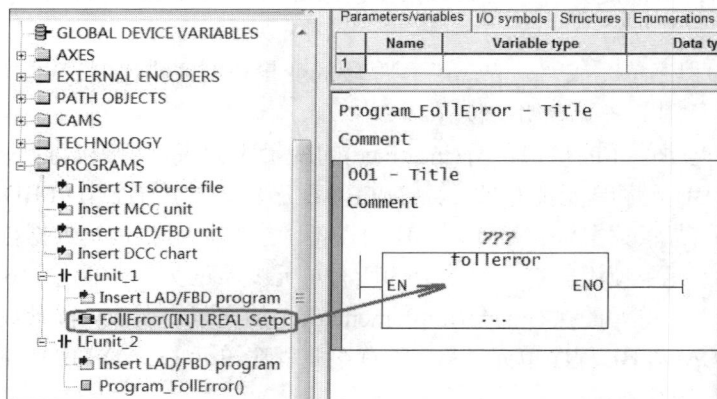

图 4-194　把 FB 子程序拖入 Program 调用程序中

鼠标右键单击编辑区域，选择"Display→All Box Parameters"，如图4-195所示，FB块的所有参数就会显示出来。

(4) 直接将变量拖到输入/输出管脚上，如图4-196所示。

把轴的设定位置和实际位置的变量分配给输入/输出参数。"result"参数就是经过FB块计算后输出的值。

图 4-195　显示指令参数

图 4-196　把变量分配给输入/输出参数

在FB块执行后，背景数据块中的静态数据仍然保留。可以在调用程序中访问输出参数。如果把FB背景数据块定义成"VAR_GLOBAL"，还可以在其他LAD/FBD程序中访问输出参数。

例如，在程序的network2中插入"MOVE"指令，并编辑输入输出参数，如图4-197所示。这样就可将输出参数"myFoIIError.Difference"的值赋给"Result_2"。

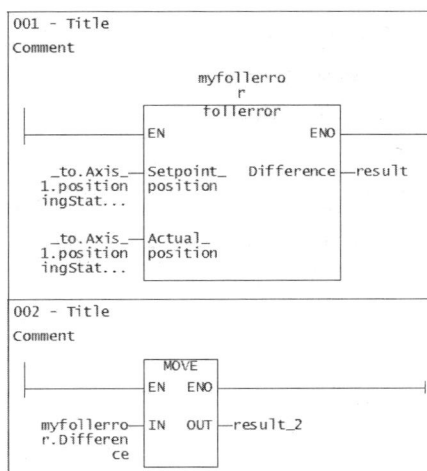

图 4-197　Program 调用 FB 的完整程序

第5章 轴工艺对象与快速输入输出工艺对象

5.1 快速测量输入工艺对象

5.1.1 基本概念

如图5-1所示，快速测量输入工艺对象(Measuring Input TO)用于快速、准确地记录某一时刻(快速测量输入信号动作的时刻)轴或编码器的位置值。根据支持硬件及功能的不同，Measuring Input 功能可分为Local Measuring Input(本地快速测量输入)、Global Measuring Input(全局快速测量输入)和Listening Measuring Input(监听快速测量输入)。

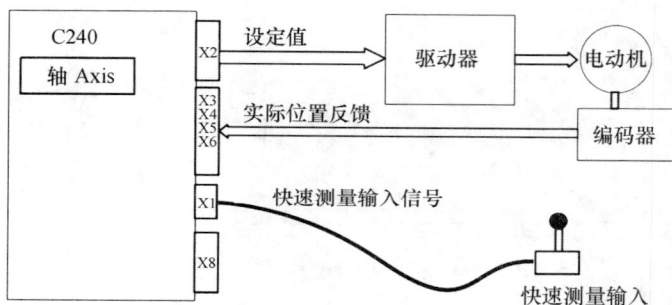

图 5-1 C240 的快速测量输入的硬件连接

Local Measuring Input用于对单个轴或编码器的位置值进行记录，其测量点是固定的，通常是通过集成在驱动中的测量点来完成，在系统配置时通过Measuring Input Number确定相应的测量点。

Global Measuring Input可对单个或多个轴或编码器的位置值进行记录，并且带有时间戳功能，可更精确地记录位置信息。它对应的测量点通过设置硬件地址来确定。

快速测量输入工艺对象的基本概念如下：

1．测量范围

快速测量输入工艺对象可设置一定的测量范围，可使Measuring Input 功能只在该段位置范围内才激活。如果设定的起始值大于结束值，对非模态轴，系统会将两个值对调，对于模态轴，则直接延伸至下一周期。

2．触发方式的选择

对于单次测量，有如下的触发方式可供选择：

① 仅上升沿。

② 仅下降沿。

③ 上升沿或下降沿。

④ 上升沿或下降沿，但是以上升沿开始。

⑤ 上升沿或下降沿，但是以下降沿开始。

对于循环测量，有如下的触发方式可供选择：

① 仅上升沿。

② 仅下降沿。

③ 上升沿或下降沿。

3．单次测量与循环测量

快速测量输入工艺对象根据测量次数的不同分为两种。

(1) 单次测量(One-time measurement)：使用命令"_enableMeasuringInput"激活，只执行一次，完成后自动停止，下次测量需重新激活。单次测量也可通过指令停止。

(2) 循环测量(Cyclic measurement)：仅Global Measuring Input支持循环测量。使用命令"_enableMeasuringInputCyclic"激活。循环测量会一直执行直到用指令去停止。

根据所设定的触发方式的不同，最终测到的位置值也不同，如表5-1所列。

表 5-1 触发信号不同时的测量值对比

测量方式	触发信号设定	measuredValue1	measuredValue2
单次测量	仅上升沿或仅下降沿	第一个上升沿或下降沿(两者选一，取决于触发信号的设定)时的位置值	无值
	上升或下降沿	第一个沿信号(无论是上升沿还是下降沿均可)发生时的值	第二个沿信号(无论是上升沿还是下降沿均可)发生时的值
	上升或下降沿以上升沿开始	第一个上升沿时的位置值	第一个下降沿时的位置值
	上升或下降沿以下降沿开始	第一个下降沿时的位置值	第一个上升沿时的位置值
循环测量	仅上升沿或下降沿	第一个上升沿或下降沿(两者选一，取决于触发信号的设定)时的位置值	发生在同一个处理周期中的第二个上升沿或下降沿(两者选一，取决于触发信号的设定)时的位置值
	上升或下降沿	第一个上升沿发生时的值	第一个下降沿发生时的值

4．时间戳功能

对于Global Measuring Input(仅限于此)，每次测量时的当前时刻(时间戳)都会被保存下来，这样位置值就会精确地被记录，而不会由于系统处理的时间延迟导致位置偏差，但只有特定的硬件才能支持时间戳功能。支持时间戳功能的硬件和支持Global Measuring Input 的硬件相同，如表5-2所列。

表 5-2 快速测量输入硬件测量点

硬件测量点	Local Measuring Input	Global Measuring Input	硬件测量点	Local Measuring Input	Global Measuring Input
TM15/TM17	—	√	CX32	√	—
C240(B1-B4)	—	√	CU310/CU320	√	—
SIMTION D集成点	√	√	CUMC	√	—
C2xx(M1，M2)	√	—	611U	√	—

181

5. 监听快速测量输入

通过使能监听快速测量输入(Listening Measuring Input) (仅限于Global Measuring Input)可以使一个测量点同时记录多个轴或编码器的位置。

通过组态可以设置Listening Measuring Input工艺对象。

Listening Measuring Input工艺对象需要使用时间戳的功能，因而只能是支持Global Measuring Input TO 的硬件才能使用，在使用时要注意：

(1) Listening Measuring Input不能进行激活或取消激活，而是取决于其原始的快速测量输入工艺对象。

(2) Listening Measuring Input不能选择边沿触发方式以及测量范围，而是由其原始的快速测量输入工艺对象决定。

(3) Listening Measuring Input要正确设置处理周期(process cycle)和系统号(system number)，处理周期可以和原始的快速测量输入工艺对象不同，但会影响精度，系统号为Listening Measuring Input连接轴的编码器编号。

(4) 一个快速测量输入工艺对象可以连接多个Listening Measuring Input。

(5) 一个轴/编码器可以同时连接多个快速测量输入工艺对象和Listening Measuring Input，或两者混合使用。

(6) 原始快速测量输入工艺对象只有输出而没有输入接口，Listening Measuring Input 只有输入而没有输出接口。

6. 快速测量输入工艺对象的分配和连接

快速测量输入工艺对象可分配给以下的轴或编码器：

(1) 位置轴，同步轴或轨迹轴(Position axes，synchronous axes，path axes)。

(2) 外部编码器(External encoders)。

(3) 虚轴(Virtual axes)(仅限于Global Measuring Input)。

注意：快速测量输入工艺对象不能连接到速度轴。

另外还需注意以下的连接规则：

(1) 单个轴或外部编码器可同时连接多个快速测量输入工艺对象。

① Local Measuring Input：每个轴最多可配2个，且一个时刻只能激活一个。

② Global Measuring Input：每个轴可以配多个，且可以同时激活多个。

(2) 对于SIMOTION C2xx 的Local Measuring Input，多个Local Measuring Input 可以连接到同一个Measuring Input，但是在某一时刻只能激活一个。

(3) 多个轴上记录同一个测量事件Listening measuring Input(仅限于Global MeasuringInput)的方法，通过Listening Measuring Input工艺对象使多个Global Measuring Input 工艺对象连到同一个测量点上，从而在同一时刻记录多个轴／外部编码器的位置值。

7. 快速测量输入工艺对象的监控

1) 单次测量

系统变量"measuredEdgeMode"用于选择测量信号的类型。通过系统变量"control"可以查看快速测量输入工艺对象是否激活。通过变量"state"可查看是否已经检测到触发信号，没有检测到时其值为"WAITING_FOR_TRIGGER"，检测到信号输入后其值为"TRIGGER_OCCURRED"。测量到的位置值保存在变量"MeasuredValue1" 和"MeasuredValue2"中。

182

2) 循环测量

系统变量"userdefault.measurededgecyclicMode"用于选择测量信号的类型。系统变量"cyclicMeasuringEnableCommand"用于显示循环测量是否激活，变量"state"始终保持为"WAITING_FOR_TRIGGER"值。检测到的位置数据保存在变量"MeasuredValue1"和"Measured Value2"中。

系统变量"countermeasuredvalue1"和"countermeasuredvalue2"记录触发事件的产生次数。"Countermeasuredvalue"中的值会在上电、重启、重新激活等操作中复位，但如果"cyclicMeasuring"已经激活，仅仅是再次执行"_enableMeasuringInputCyclic"命令(如用于修改参数)，其值不会被复位。

8. 快速测量输入工艺对象的仿真

测量信号的输入可以进行仿真，使用功能函数"_enablemeasuringinputsimulation"激活仿真，激活后"simulation=active"，仿真值(在函数参数中指定)被写入"Measuredvalue1"，同时状态变量"state"的值被设置为"trigger occurred"(循环测量时也如此)。只有利用函数"_disablemeasuringinputsimulation"退出仿真模式时实际的测量才生效。是否处于仿真模式可通过快速测量输入工艺对象的系统变量"simulation"看出。

5.1.2 快速测量输入的配置

1. 全局快速测量输入的配置

C240的输入B1~B4可以作为Global Measuring Input(全局快速测量输入)测量点，由于B1~B4本身就是SIMOTION C240本体上的I/O点，所以无需通过报文传输测量信号。以下以C240为例介绍全局快速测量输入的配置。

(1) 在轴(本例为"Axis_1")下面，双击"Insert measuring input"，创建快速测量输入对象，如图5-2所示。

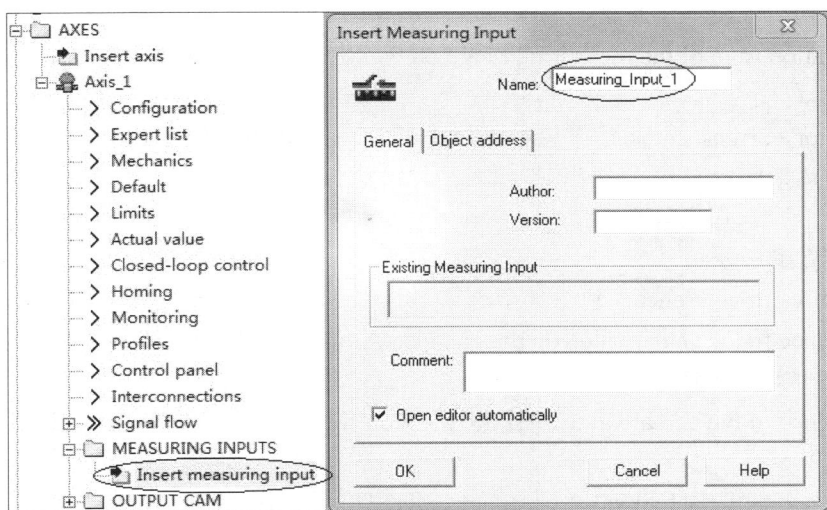

图 5-2　创建快速测量输入对象

(2) 配置全局快速测量输入工艺对象。双击"Measuring_Input_1→Configuration"，打开配置窗口，如图5-3所示。

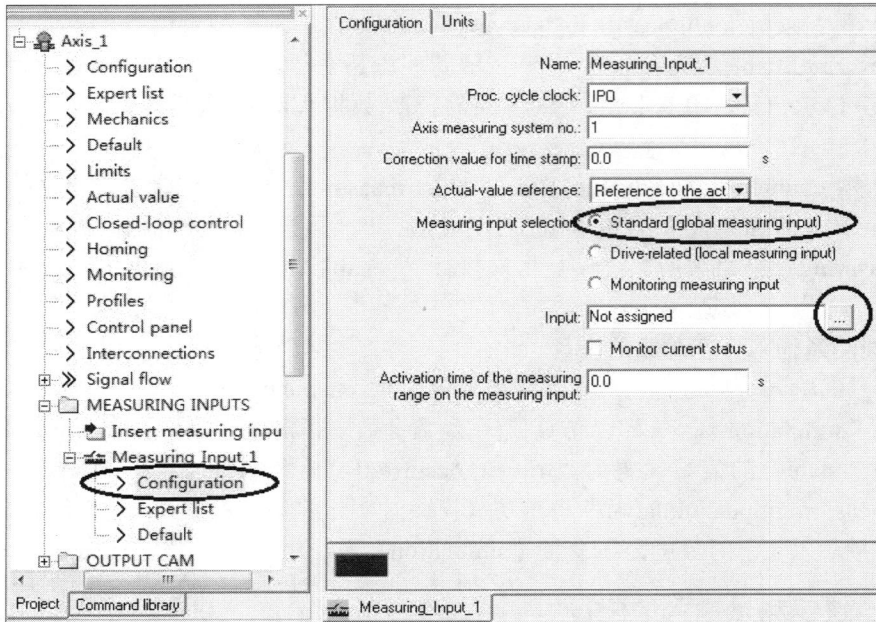

图 5-3　配置全局快速测量输入工艺对象

其中：

(1) Proc. cycle clock：选择快速测量输入的处理周期。

(2) Aixs measuring system no.：轴测量系统编号选择。

(3) Correction value for time stamp：用于检测虚轴位置时的时间补偿。

(4) Measuring input selection：快速测量输入方式选择，包括"全局快速测量输入""本地快速测量输入""监听快速测量输入"。

(5) Activation time of the measuring range on the Measuring input：测量范围激活或取消激活时的时间补偿。

(6) Monitor current status(是否忽略短脉冲)仅在单次测量时有效。其功能是用于是否忽略小于一个处理周期的短脉冲，选择该选项表示忽略短脉冲。如果选择了该项，且单次测量的触发方式为上升沿时，那么只有保持一个ServoCycle周期以上为0状态之后产生的上升沿脉冲才会被认为是有效的触发信号。

(7) Actual value reference：包括如下选项。

① Reference to the actual value on the encoder without considering Ti：参照在位置过滤器之前，控制器中的实际位置。

② Reference to the actual value after the position filter：参照在位置滤波器之后，控制器中的实际位置。

③ Reference to the actual value on the encoder. Ti is taken into account：参考编码器模块/驱动器上的实际值。系统计算从编码器模块/驱动到控制器的传输时间Ti。

在"Measuring input selection"项选择"Global Measuring Input"，单击"Input"按钮，弹出如图5-4所示的窗口，指定快速输入信号。指定完成后如图5-5所示。

184

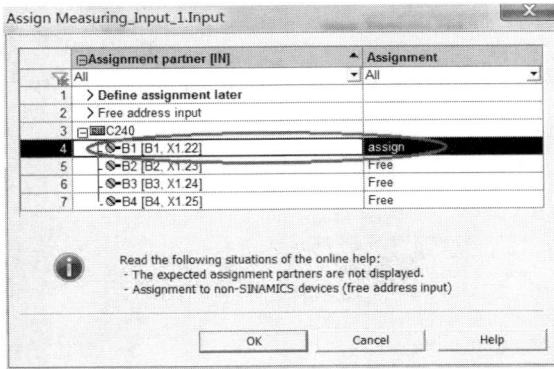

图 5-4　全局快速测量输入的输入信号指定

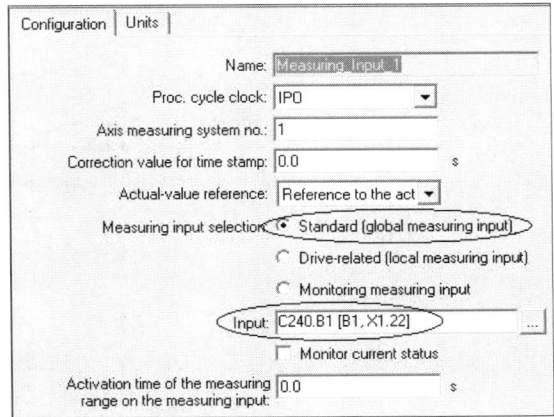

图 5-5　全局快速测量输入的输入信号

(3) 配 置 全 局 快 速 测 量 输 入 的 系 统 变 量，即 Default 属 性 中 的 值。双 击 图 5-3 中 "Measuring_Input_1→Default"，打开系统变量配置窗口，如图5-6所示。

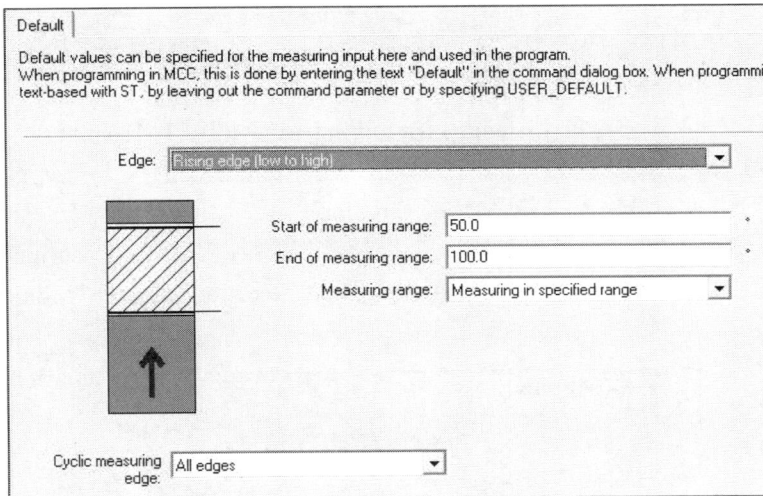

图 5-6　全局快速测量输入的系统变量设定

其中：

(1) Edge：单次测量的边沿类型。

(2) Cyclic measuring edge：循环测量边沿类型选择。

这样，全局快速测量输入的配置就完成了。

2．本地快速测量输入的配置

C240集成了编码器输入(X3～X6)，同时X1接口有2个本地快速测量输入点M1和M2，可以将M1或M2指定给某个轴。下面以C240为例介绍本地快速测量输入(Local Measuring Input)的配置。

(1) 创建快速测量输入对象，方法同全局快速测量输入对象创建。

(2) 配置本地快速测量输入。如图5-7所示，在"Measuring input selection"项选择"local measuring input"。在"Measuring input number"里输入1或2。

185

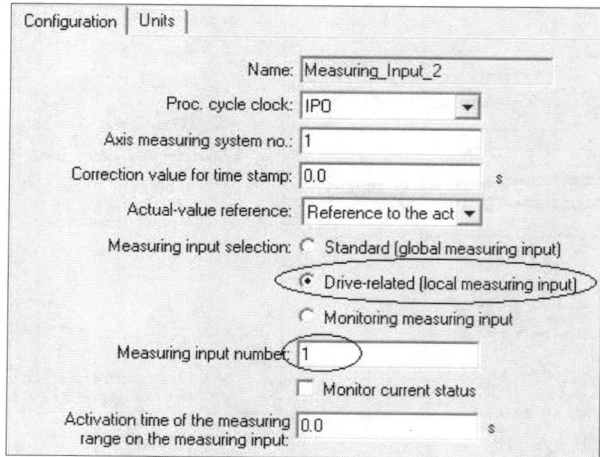

图 5-7 本地快速测量输入的配置

(3) 设置本地快速测量输入的系统变量。双击"default"属性,方法同"全局快速测量输入"。

至此,本地快速测量输入对象(Local Measuring Input TO)的配置就完成了。

3. 监听快速测量输入的配置与互连

监听快速测量输入工艺对象(Listening Measuring Input)仅被TM15/TM17、 SIMOTION D集成I/O点和C240 (B1~B4)支持,下面以C240(B1~B4)为例介绍配置与互连过程。

(1) 创建全局快速测量输入对象"Measuring_Input_1"。创建与配置过程同前,此处略。

(2) 在轴"Axis_1"下面,再创建一个快速测量输入对象"Measuring_Input_3"。如图5-8所示,打开"Configuration"属性,"Measuring input selection"项选择"Monitoring measueing input"。

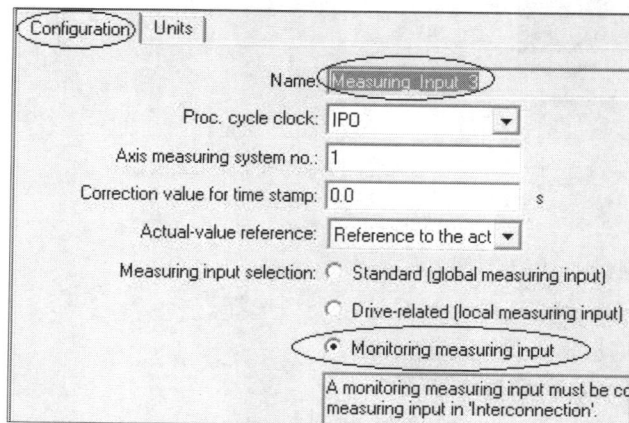

图 5-8 监听快速测量输入的配置

(3) 将监听快速测量输入工艺对象与监听对象互联。如图5-9所示,双击"Measuring_Input_3→Interconnections"属性,在"Interconnections"属性画面中的"Even tacceptance"项,选择"C240→Measuring_Input_1→Event transfer"。这样,"监听快速测量输入"工艺对象就可对"全局快速测量输入"工艺对象"Measuring_Input_1"进行监听了。

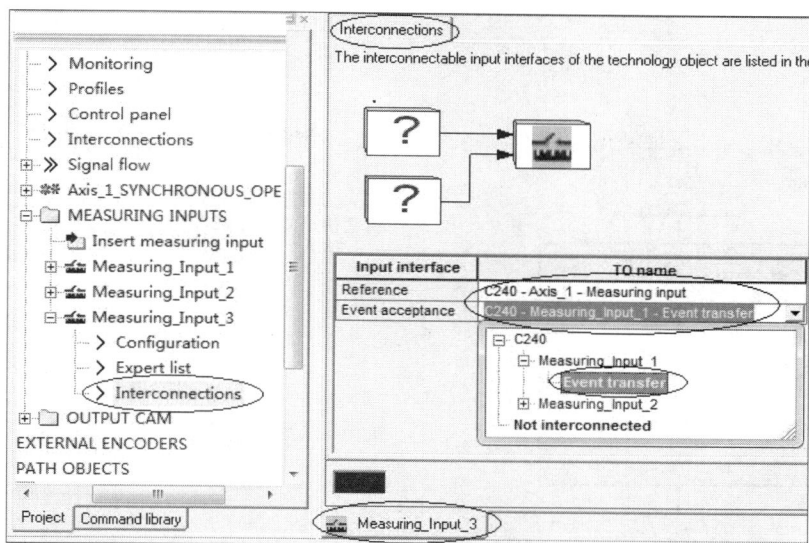

图 5-9 监听快速测量输入工艺对象的互连

5.1.3 快速测量输入功能的编程

1. MCC 编程

Measuring Input的编程较为简单，以MCC编程为例，MCC编程中关于快速测量输入的指令如图5-10所示。

图 5-10 MCC 中快速测量输入相关命令

创建图5-11所示程序段。其中，程序段"faultexecution"为故障处理子程序，为空程序，在"TechnologicalFaultTask"和"PeripheralFaultTask"中进行调用。

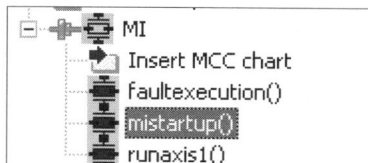

图 5-11 快速测量输入的 MCC 程序段

程序段"runaxis1"用于将轴以位置方式运行，包括轴使能、回零和位置运行命令，如图5-12所示。该程序段在"MotionTask1"中进行调用，同时"MotionTask1"设定为启动后自动运行。

程序段"mistartup"为快速测量输入控制程序，如图5-13所示。本例在IPO中进行调用。激活与关闭快速测量输入功能的指令设置如图5-14和图5-15所示。

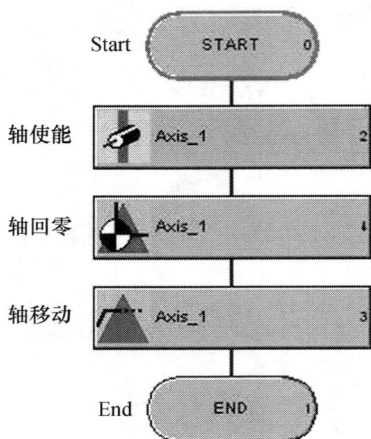

图 5-12　轴运行程序段"runaxis1"

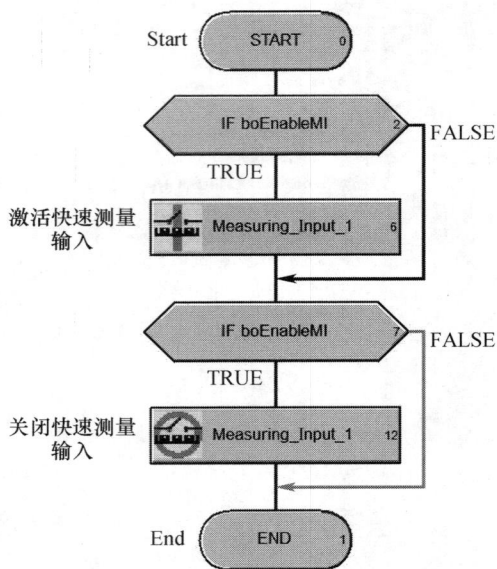

图 5-13　程序段"mistartup"

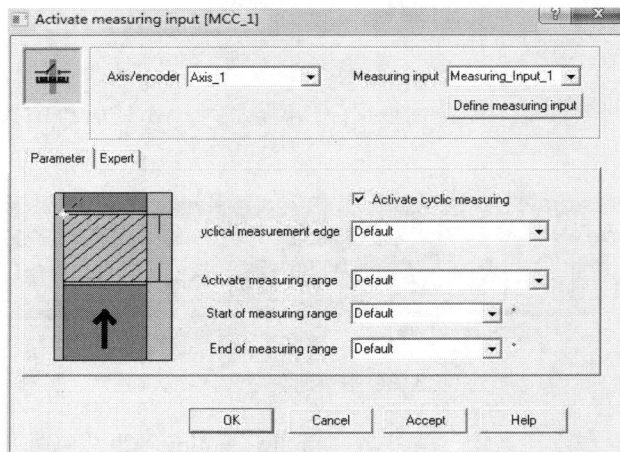

图 5-14　激活快速测量输入功能指令设置

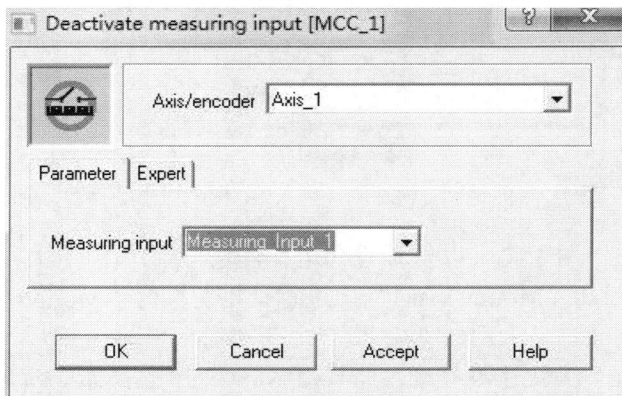

图 5-15　关闭快速测量输入功能指令设置

2．曲线记录

图5-16为全局快速测量输入工艺对象的触发信号为All edges，采用循环测量时的监控曲线。

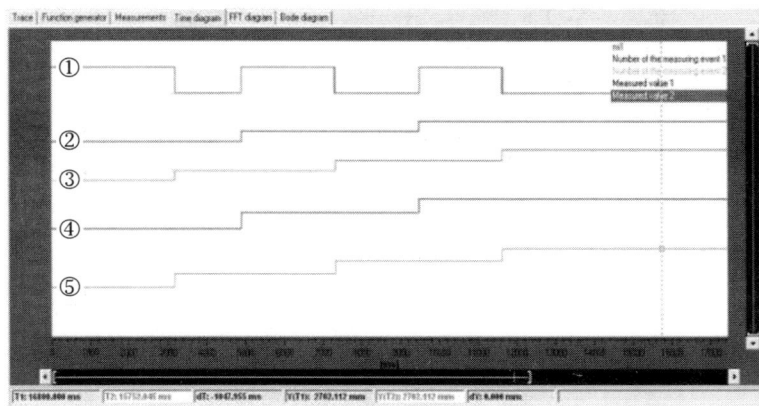

图5-16　快速测量输入实际监控曲线

图5-16中曲线1～5分别为如下信号。

① 快速测量信号M1。

② 变量_to.Measuring_input_1.countermeasuredvalue1。

③ 变量_to.Measuring_input_1.countermeasuredvalue2。

④ 变量_to.Measuring_input_1.measuredvalue1。

⑤ 变量_to.Measuring_input_1.measuredvalue2。

从图5-16中可以看出，快速测量输入对每个上升沿和下降沿都进行了触发，上升沿时的位置存入Measuring_input_1.measuredvalue1，同时Measuring_input_1.countermeasuredvalue1加1，下降沿时的位置存入Measuring_input_1. measuredvalue 2，同时Measuring_input_1. countermeasuredvalue 2加1。

5.2　快速输出功能

5.2.1　快速输出的基本概念

快速输出工艺对象(Output Cam TO)用于在指定的轴位置快速输出一个开关量信号，这些信号可以分为两类，即软件Cam和硬件Cam。可将快速输出工艺对象分配至位置轴、同步轴或外部编码器，可用于实轴或虚轴。如图5-17所示为快速输出应用举例。

1．快速输出的类型

软件Cam：开关信号用于用户程序内部，可通过相关的系统变量输出开关信号状态。

硬件Cam：开关信号通过分配至快速输出工艺对象的数字量输出完成。输出信号可通过下述装置实现：内部集成的I/O(C2xx，D4x5，D410，...)；驱动I/O(如TB30，TM31，TM1x)；高速驱动I/O(如TM15及TM17高性能模块)；SIMOTION C集成I/O；PROFIBUS DP分布式I/O(如ET 200M)及PROFINET I/O(如ET 200S)，但输出地址不能在过程映象区中。

输出开关的精度与I/O的输出精度、快速输出位于哪个任务系统中以及开通/关断的补偿时间有关。

189

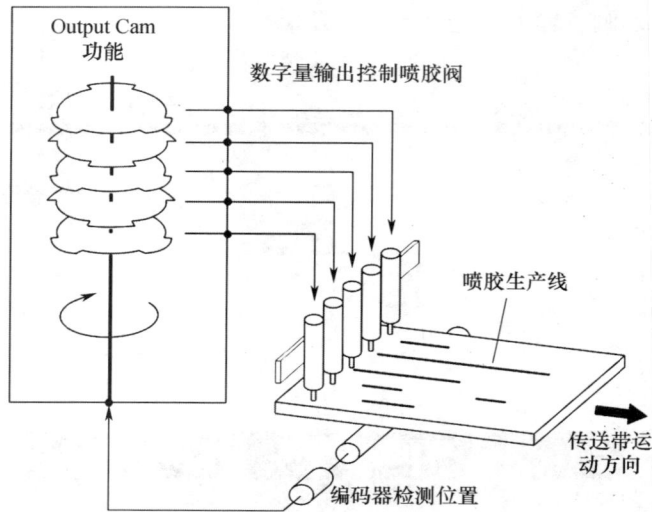

图 5-17　快速输出 Cam 应用举例

1) 基于位置的快速输出(Position-based cam)

(1) 无确定方向的开通(Direction-neutral switching)。在此模式下，如果起始位置小于终止位置，则快速输出Cam的开通范围如图5-18所示。即当轴处于开通区域内，快速输出接通；当轴不在起始—结束区域内、轴位置值被偏移至开通区域外或使用"_disableOutputCam"、"_setOutputCamState"、"_resetOutputCam"命令停止快速输出时，快速输出断开。

在同样的模式下，如果结束位置小于起始位置，Cam的开通范围如图5-19所示，为开始及结束位置区域之外。注意：开通区域的定义对于所有的模态轴及非模态轴均有效。

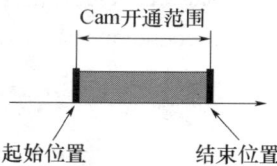

图 5-18　基于位置的快速输出(一)

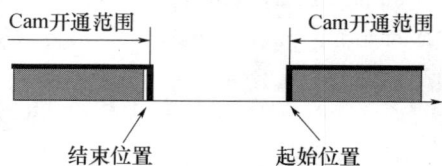

图 5-19　基于位置的快速输出(二)

(2) 由方向决定的开通。在此模式下，当轴处于开始位置及结束位置区域内，而且轴的运动方向与在output cam 设置的有效方向相同时，快速输出接通。

当轴处于开始至结束区域之外，或当运动方向与快速输出设置的有效方向不相同，或当轴位置被偏移至开通区域之外，或当使用"_disableOutputCam"、"_setOutputCamState"、"_resetOutputCam"命令停止快速输出时，快速输出关闭。

2) 基于时间的快速输出(Time-based output cam)

(1) 无确定方向的开通(Direction-neutral switching)。如图5-20所示，在此模式下，当轴处于开始位置时，快速输出Cam开通，并且持续一定时间后关闭。但激活快速输出时，如果已超过开始位置，基于时间的快速输出不再被开通。当分配的时间已完成，或当使用"_disableOutputCam""_setOutputCamState""_resetOutputCam"命令停止快速输出时，快速输出关闭。

190

(2) 由方向决定的开通。在此模式下，当轴处于开始位置时，如果运行方向与快速输出设置的有效方向相同，快速输出开通。当分配的时间已完成，或当使用"_disableOutputCam"、"_setOutputCamState"、"_resetOutputCam"命令停止快速输出时，快速输出关闭。如果基于时间的快速输出已被激活，方向的改变不会导致快速输出关闭。

3) 单向快速输出(Unidirectional output cam)

如图5-21所示，当轴位于开始位置时，而且在编程中的运行方向与快速输出设置的有效方向相同，快速输出开通。当使用"_disableOutputCam"、"_setOutputCamState"、"_resetOutputCam"命令停止快速输出时，快速输出关闭。

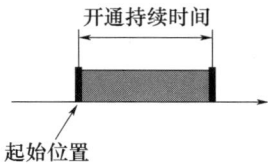

图 5-20　基于时间的快速输出　　　　　图 5-21　单向快速输出

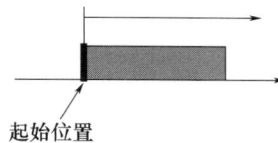

4) 计数快速输出(Counter cam)

计数快速输出Cam，它对基于位置或基于时间的快速输出Cam的开通次数进行计数，当计数到设定值时，它才开通。所以计数快速输出仅可用于配置为基于位置或基于时间的快速输出。通过"_setOutputCamCounter"系统功能块来使用一个计数快速输出。

计数快速输出只能在用户程序中被定义。在配置快速输出时，快速输出类型可被定义为计数快速输出。

每个计数快速输出有一个开始计数值及一个当前计数值。快速输出每开通一次，计数快速输出的当前计数值减1。如果当前的计数值为0，计数快速输出动作 (系统变量状态及快速输出动作)。同时，当前计数值被复位为计数开始值。如果当前计数值不为0，计数快速输出被禁止，如图5-22所示。默认的设置开始计数值及当前计数值为 1。开始计数值及当前计数值可通过"_setOutputCamCounter"系统功能块编程设置。当前计数值及实际值可通过"counterCamData.actualValue"及"counterCamData.startValue"系统变量监控。不能通过"_enableOutputCam"或"_disableOutputCam"复位这些值。

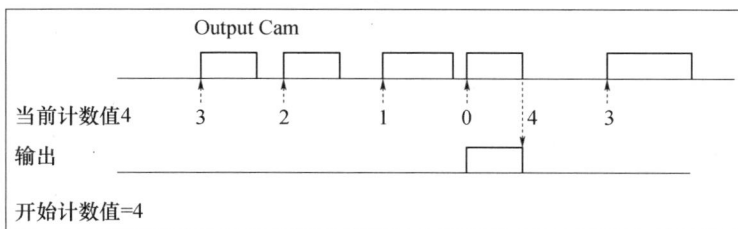

图 5-22　计数快速输出

5) 高速/精确的快速输出(High-speed/accurate output cam)

快速输出的计算在执行周期(IPO 或 IPO2 cycle clock 或 position control cycle clock)中完成。

(1) 集成的高速快速输出，使用 CPU 的数字量输出：

① C2xx：通过X1接口可设置8个高速输出output cams (C2xx 集成I/O)。

191

② D4x5：通过X122/X132接口可设置8个高速输出 (D4x5集成I/O)。

③ D410：通过X121接口可设置4个高速输出(D410集成I/O)。

(2) TM15及TM17高性能端子模块上的高速快速输出。

① TM15及TM17高性能端子模块可用于设置高速快速输出。

② TM15上快速输出，循环时钟可达到125μs。TM17 高性能模块上的快速输出输出准确度为1μs。

2．快速输出参数

1) 动作及有效方向

(1) 动作：如图5-23所示为快速输出开通及关断的动作。

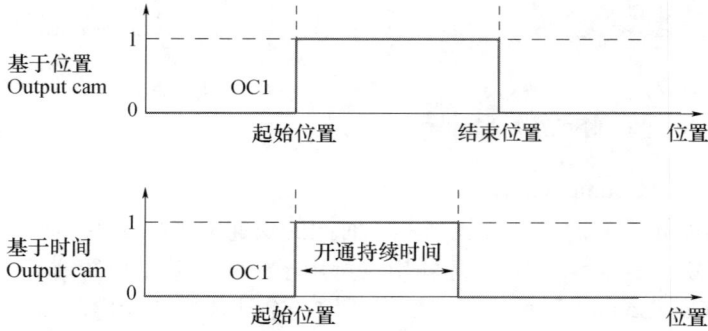

图 5-23　快速输出开通及关断的动作

(2) 有效方向。当激活快速输出时可定义一个默认的有效方向。当运动方向与有效方向一致时，快速输出才开通，如图5-24所示。具体说明如表5-3所列。

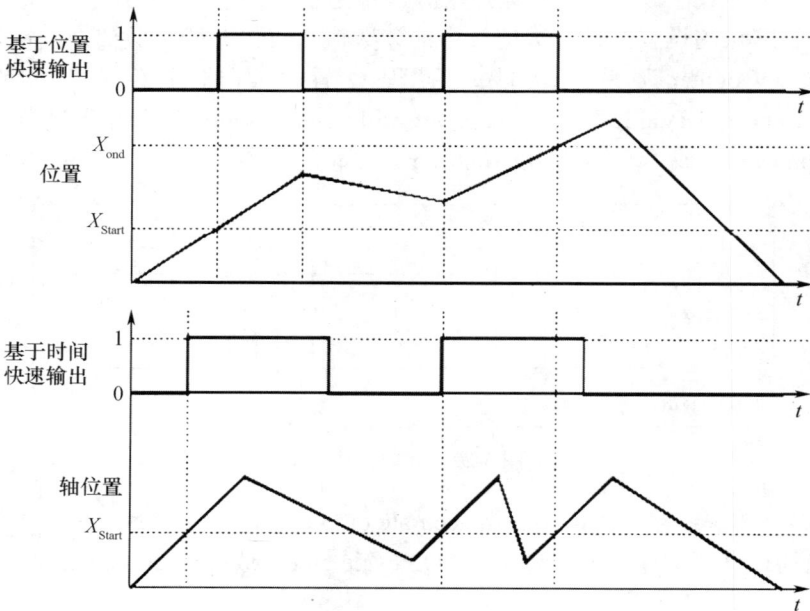

图 5-24　正方向有效快速输出动作

表 5-3　有效方向与快速输出激活关系

有效方向	动作
Positive	快速输出仅在正的运动方向中激活
Positive and negative	快速输出的激活与运动方向无关
Negative	快速输出仅在负的运动方向中激活
Last programmed direction of rotation	对于上次的编程方向，快速输出激活。如之前没有编程，则采用默认设置值

2) 滞后(Hysteresis)

如果因机械影响，造成实际位置有变化时，可指定滞后值以防止快速输出的输出状态不正常。下面举一个基于位置的快速输出滞后的实例。

假设快速输出类型为基于位置的快速输出，开通位置为20mm，关断位置为200mm，滞后20mm；有效方向为正向。轴运行位置为0mm→100mm→10mm→50mm→0mm→150mm→0mm。快速输出开通情况如图5-25所示。

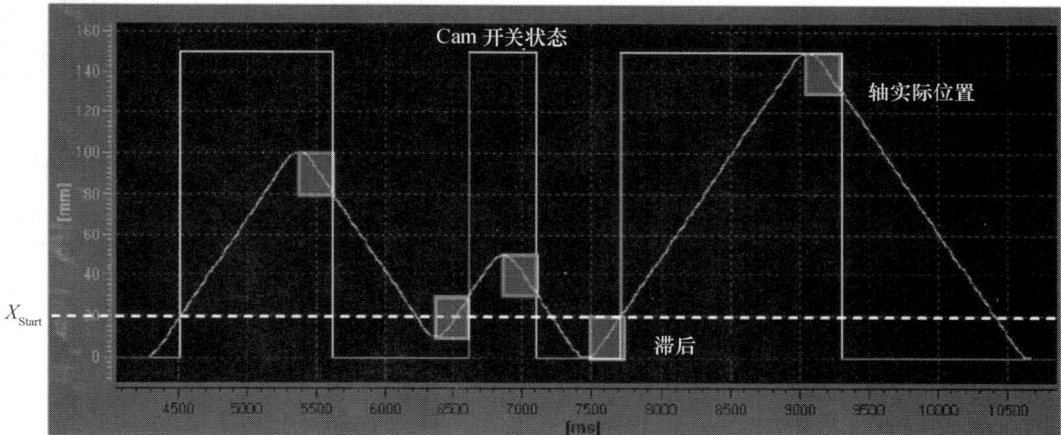

图 5-25　滞后范围及基于位置正方向有效的快速输出动作

对于直线轴滞后范围的上限设置为工作范围的 25 %，而对于旋转轴设置为旋转轴范围的25%。如果背离这个最大设置，则会出现错误信息。在实际应用中，一般情况下滞后范围的设置值较低。

基于路径控制的快速输出，当监测到方向反向时滞后有效。如果对于快速输出仅设置正方向或负方向有效时，则在没有离开滞后范围时若运动反向，快速输出不会关断。

基于时间的快速输出的开关动作由开通周期时间决定，而不是由滞后决定。也就是说输入的滞后范围不影响快速输出的开通周期，仅与开通时间有关。下面举一个基于时间的快速输出滞后的实例。

快速输出配置：类型为基于时间的快速输出；开通位置为40mm；开通持续时间为0.5 s；滞后20mm；有效方向为正向。

轴运行位置为0mm→100mm→20mm→60mm→30mm→80mm→10mm→150mm。快速输出开通情况如图5-26所示。

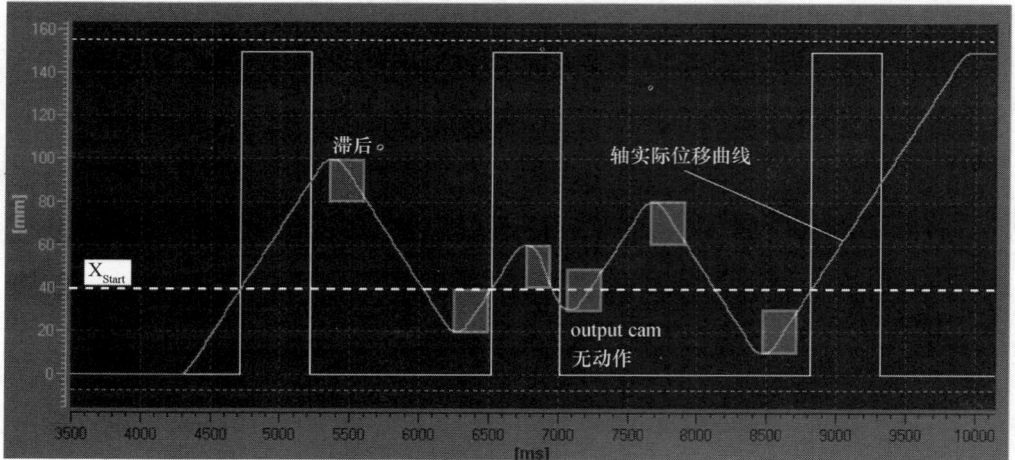

图 5-26　滞后范围及基于时间正方向有效的 Cam 动作

3) 开通/关断补偿时间

对于数字量输出的开通时间及连接的开关元件传播延时的补偿，可以指定开通/关断补偿时间。补偿时间来自于总的延时时间，并且可以单独设置开通沿的补偿时间(激活时间)或关断沿的补偿时间(不激活时间)。

快速输出的开通/关断可以通过实际速度进行动态补偿。下面以一个具体实例来说明。一个阀应该在200°时打开，激活时间为0.5s。由于要对阀的开通延时做补偿，所以轴的运行速度为10°/min时，必须在轴位置195°时打开阀；而当速度为20°/min时，必须在190°时打开阀。这种阀的动态开通补偿可通过快速输出工艺对象自动完成。

对于快速输出的开通/关断时间补偿，需注意下述问题：

(1) 快速输出的输出时间与动态调整的计算相关。

(2) 在微分作用时间中考虑了死区时间，如PROFIBUS DP通信时间、数字量输出的输出延迟时间等。

(3) 设置长的微分作用时间如果超出一个模态周期，将会造成实际值Output Cam开关位置的严重波动。所以，设定的补偿时间应小于一个模态周期。

4) 逻辑操作

通过在"LogAdress.logicOperation"配置数据的设置，可以指定连接至输出点的快速输出使用"与"或"或"操作。如图5-27所示为两个快速输出的"或"操作。

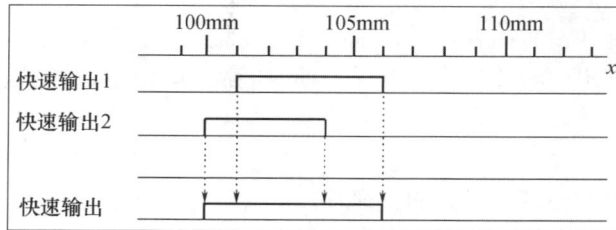

图 5-27　两个快速输出的或操作

5) 模拟仿真

通过仿真命令可对快速输出进行仿真运行。快速输出的状态不在硬件中输出。在仿真模式下，硬件快速输出的行为与软件快速输出相同。当一个激活的快速输出被切换至仿真模式(_enableOutputCamSimulation)时，快速输出的状态仍保持。

6) 输出反向

单独快速输出的输出反向通过设置"_enableOutputCam"命令中的参数 "invertOutput"来实现。

5.2.2　快速输出的配置

快速输出工艺对象(Output Cam)的配置步骤如下：

(1) 创建快速输出工艺对象。创建快速输出前，应先创建位置轴、同步轴或外部编码器。如果快速输出从 TM15/TM17 高性能模块中输出，创建快速输出前，应先插入此模块。在项目导航栏，在相关轴或外部编码器下的"OUTPUT CAMS"文件夹下，双击"Insert output cam"，如图5-28所示。

(2) 配制快速输出工艺对象。双击新创建的快速输出工艺对象"Output_cam_1"的"Configuration"属性，打开配置画面，如图5-29所示。配置参数的描述如表5-4所列。

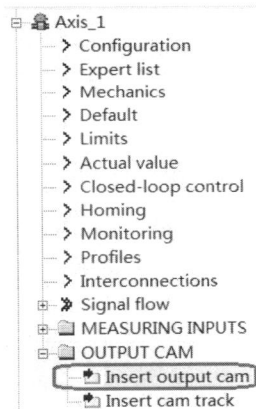

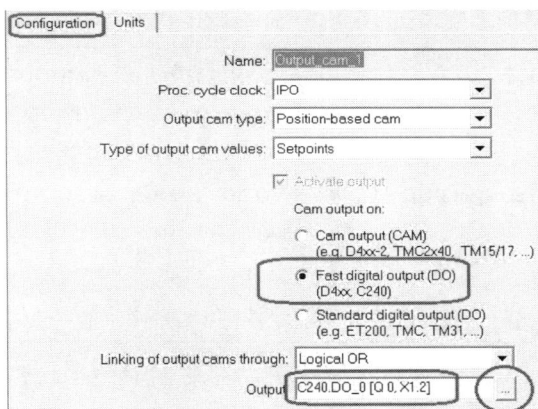

图 5-28　创建快速输出工艺对象　　　　图 5-29　快速输出工艺对象"Configuration"属性配置

表 5-4　快速输出的"Configuration"属性参数描述

区域/按钮	含义描述
Name	在此显示创建的快速输出工艺对象的名称
Processing.cycle clock	选择用于更新快速输出的循环时钟 快速输出的计算在 IPO 或 IPO2 或position control cycle clock循环时钟中完成。 快速输出信号在IPO(默认值)循环时钟中刷新，或者在IPO2循环时钟中刷新，IPO2 的长度至少是IPO的两倍。还可以设置为position control cycle clock插补循环时钟中刷新。 下述循环时钟的配置有效： ● 轴在 IPO 中，但快速输出在 IPO2 中。 ● 快速输出在 position control cycle中，但轴在IPO 或 IPO2 中。 不可以将轴配置在IPO2 中，但快速输出配置在 IPO cycle 中。 注意：若servo：IPO比率=1:1，当设置position control cycle clock 做为工艺对象快速输出的处理循环时钟时，对于基于位置值的快速输出计算的精度最高

区域/按钮	含义描述
Output cam type	选择快速输出的类型：Position-based cam(默认值)、 Time-based cam、Unidirectional output cam
Type of output cam value	选择用于处理快速输出时的参考位置。 ● Setpoints(默认值)：快速输出参考当前的设定值。 ● Actual values： 快速输出参考当前的实际值
Activate output	如果快速输出信号使用一个数字量输出，则激活此选项
Cam output(CAM)	选择此项，则快速输出基于内部时间戳的输出。快速输出的准确度取决于使用的硬件。对于D4x5-2及高性能TM17分辨率为1μS。 支持的硬件： ● SIMOTION D410-2。 ● SIMOTION D4x5-2(X142)。 ● TM15，TM17高性能模块。 注意：快速输出(CAM)或高速数字量输出(DO)应是硬件支持的高速输出
Fast digital output(DO)	选择此项，则快速输出使用SIMOTION CPU本机自带的数字量输出。输出是通过硬件定时器实现的，快速输出分辨率小于位置控制器循环时钟。 可使用下列CPU本机自带的数字量输出： ● SIMOTION D4x5(接口X122，X132)，8个高速快速输出。 ● SIMOTION D410(接口X121)，4个高速快速输出。 ● SIMOTION C240，C240 PN(接口x1)，8个高速快速输出。 注意：快速输出或高速数字量输出应是硬件支持的高速输出
Standand digital output(DO)	选择此项，则快速输出在位置控制循环周期中输出。 快速输出的分辨率由使用I/O的循环周期决定。 支持的硬件： ● 本机自带的输出(SIMOTION D，CX32，CU3xx)。 ● 集成I/O(SIMOTION C)。 ● 通过PROFIBUS DP/PROFINET IO连接的分布式I/O(如ET 200，…)。 ● TM15，TM15 DI/DO，TM17 high feature，TM31，TM41，TB30。 ● TMC1 x80 PN
Linking of output cams through	分配几个快速输出至一个数字量输出。选择数字量输出的快速输出的逻辑连接关系。在运行期间，所有的快速输出信号通过逻辑"OR"或"AND"组合在一起
Output	选择快速输出的数字量输出

(3) 定义快速输出工艺对象的"Default"属性。可以为每个快速输出定义默认属性。这些值被存储到系统变量中并且可以通过程序进行修改。默认属性的设置如图5-30所示。配置参数的描述如表5-5所列。

196

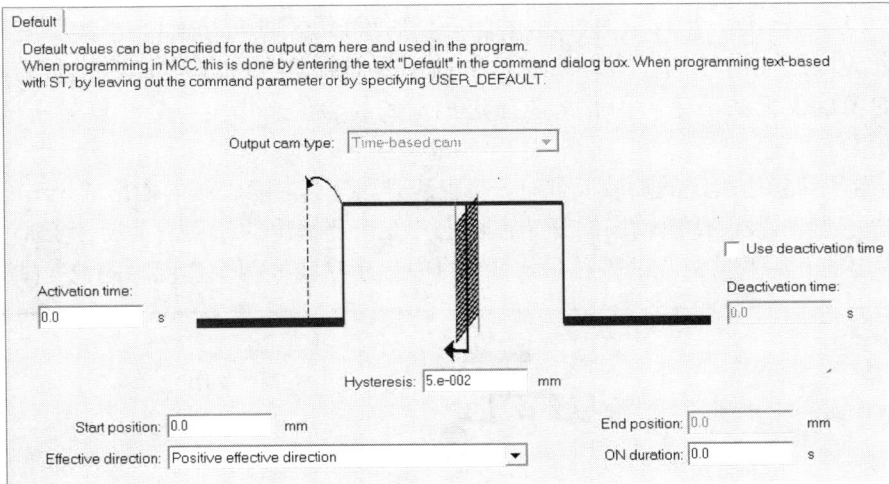

图 5-30　快速输出的"Default"属性设置

表 5-5　快速输出的"Default"属性的描述

区域/按钮	含义描述
Output cam type	显示快速输出工艺对象类型
Activation time	在此输入开通补偿时间。当开始位置到达时加上此值开通快速输出，快速输出的开通位置与动态响应有关系。用于传播延时的补偿。 如果输入负值，则在开始位置到达之前开通快速输出
Use deactivation time	当使用基于时间的快速输出时，如果设置"Deactivation time"(补偿关闭时间)，选择此项
Deactivation time	输入补偿关闭时间。当结束位置到达时，加上此时间，快速输出关闭。快速输出的关断位置与动态响应有关系。用于传播延时的补偿。如果输入负值作为不激活时间，则在关断位置到达之前关断快速输出
Hysteresis	输入滞后值。在开通位置周围，在此定义的滞后区域内快速输出不改变其开通状态。这将防止开关状态的重复改变
Starting position	输入快速输出的开通开始位置
End position	输入快速输出的开通结束位置
Effective direction	输入快速输出的有效方向。快速输出仅轴运行在参数化的有效方向时才激活。 ● Positive and negative effective direction：快速输出在轴运行的两个方向开通。 ● Last programmed effective direction：快速输出仅在轴按上次编程的有效方向运行时开通。 ● Negative effective direction：快速输出仅在轴运行负方向开通。 ● Positive effective direction：快速输出仅在轴运行正方向开通
ON duration	对于基于时间控制的快速输出，在此输入开通时间。轴运行到开通位置后快速输出在此时间内保持开通状态

197

(4) 定义快速输出工艺对象的开通/关闭补偿时间(死区时间补偿)。对于系统及设备，通过程序设置的快速输出与执行器的实际动作间有一个确定的时间差，此时间称为死区时间。死区时间的精确值无法确定，因此只能通过测量的经验值来指定一个补偿时间进行死区时间的补偿。

例如，当产品到达指定的喷胶工位时，喷胶线开始工作。喷胶阀的输出通过一个快速输出工艺对象来实现。喷胶在快速输出的开始点输出并在快速输出的结束点关断。可通过下述步骤确定快速输出的开始及结束点的偏移量。图5-31中显示喷胶线两个速度时的情况($v_2 > v_1$)。

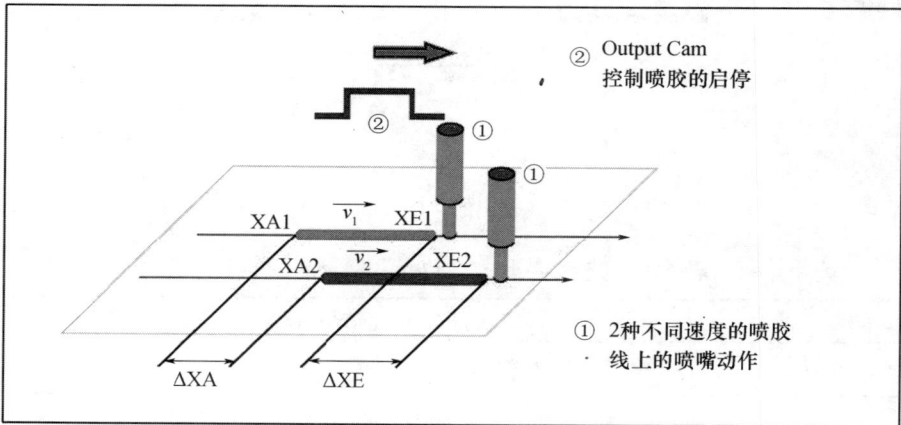

图 5-31　快速输出工艺对象的死区时间补偿

具体步骤如下：

① 对于快速输出的开始及结束，设置所有的微分作用时间为0。

② 定义运行的速度值，选择生产线的两个速度 (如最小及最大速度)。

③ 开始运行设备并且确定以速度v_1及v_2运行时的喷胶开始位置(XA1及XA2) 及结束位置(XE1及XE2) 。

注意：为了增加精度，可以执行几次，进行比较并且采用平均测量值。

① 对于快速输出可使用下面公式来确定开通/关闭补偿时间：

$$tActivation = \Delta s/\Delta v = (xA2-xA1)/(v_2-v_1)$$
$$tDeactivation = \Delta s/\Delta v = (xE2-xE1)/(v_2-v_1)$$

② 输入tActivation作为快速输出的开通补偿时间，输入tDeactivation作为快速输出的关闭补偿时间。注意：当输出时间在编程的快速输出开通时间之前时，补偿时间必须为负值。

③ 确定快速输出的补偿时间后，必须执行控制测量并检查其结果。

(5) 配置硬件Cam。快速输出可被配置为标准输出、高速输出或基于硬件的快速输出。

对于高速输出，基于硬件支持的快速输出，可以实现一个精确的输出，使用position controlcycle clock。可使用高速集成的输出 (C2xx，SIMOTION D onboard) 或端子模块(TM15/TM17 High Feature)上的输出。

如果配置一个高速"快速输出"，选择"High-speed output cam onboard"或"High-speed outputcam on TM15/TM17 module"选项框。

激活"Activate output" 选项框，使能快速输出信号的输出，此时会显示逻辑硬件地址及位选择。

对于SIMOTION C240，可配置快速数字量输出的快速输出，如图5-32所示。

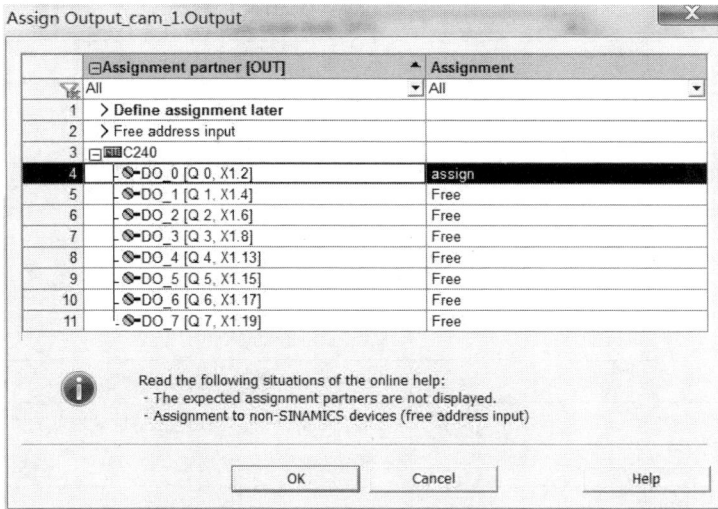

图 5-32　C240 快速输出点选择

5.2.3　快速输出的编程

快速输出(Output Cam)工艺对象可以通过"_enableOutputCam"指令使能其运行，通过"_disableOutputCam"指令终止其运行。当快速输出运行出现错误时，则需要使用命令进行故障复位，之后再使能它运行，快速输出的编程及执行模式如图5-33所示。

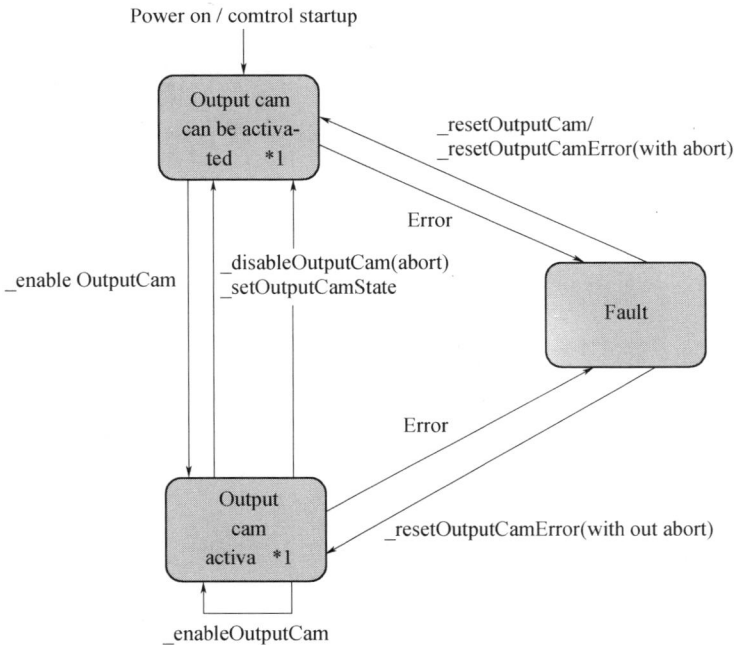

图 5-33　快速输出工艺对象的编程及执行模式

快速输出工艺对象可在用户程序中使用表5-6所列ST语言编程指令进行控制。

表 5-6　快速输出工艺对象的 ST 控制指令

命令	描述
_enableOutputCam	激活output cam
_disableOutputCam	不激活output cam
_enableOutputCamSimulation	激活output cam 的模拟运行模式
_disableOutputCamSimulation	不激活output cam 的模拟运行模式
_setOutputCamState	不激活output 功能并且设置Output cam 的状态为指定值
_resetOutputCamError	复位output cam 工艺对象的错误
_setOutputCamCounter	改变一个计数cam的开始计数值
_resetOutputCam	设置 output cam 为初始状态。未确认的错误被删除 修改的配置值被按需要复位
_resetOutputCamConfigDataBuffer	删除未激活存在缓存区中的配置数据
_getStateOfOutputCamCommand	返回命令的执行状态
_bufferOutputCamCommandId	将commandId存入缓存区
_removeBufferedOutputCamCom mandId	删除存入缓存区中的commandId

快速输出工艺对象也可在用户程序中使用MCC语言编程指令进行控制。菜单中的快速输出的控制指令如图5-34所示，指令设置界面参看本书4.2.6节相关内容。

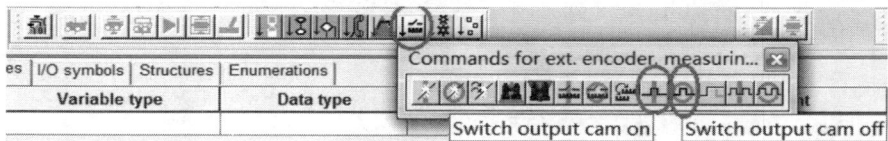

图 5-34　快速输出工艺对象的 MCC 语言编程指令

5.3　轴的回零

5.3.1　概述

对于位置轴和同步轴，其位置的设定与显示都是基于轴的坐标系统，轴的坐标系统必须与实际的机械坐标系统一致。在进行绝对定位时，轴的坐标零点(原点)必须是已知的。轴的零点标定与轴的位置反馈所使用的编码器息息相关。编码器通常可分为绝对值编码器及增量编码器两种类型。对于绝对值编码器，仅在轴运行前进行一次绝对值编码器的校正；对于增量编码器，必须在每次上电时通过回零命令来确定轴的零坐标。

轴的回零类型有主动回零、被动回零、直接回零、相对直接回零以及绝对值编码器回零几种类型。

5.3.2　主动回零

主动回零(Active homing)适用于增量编码器，回零指令使轴产生一个运动来实现回零目

的。主动回零可以选择下列回零方式之一:

(1) 使用零点开关及编码器零脉冲回零(output cam and encoder zero mark)。

(2) 仅使用外部零脉冲回零(external zero mark only)。

(3) 仅使用编码器零脉冲回零(encoder zero marker only)。

在编写回零指令之前,必须先在轴的"Homing"属性配置中设置"Active homing"的参数,如图5-35所示。其中主要设定回零的方向(Homing procedure)、回零的接近速度(Approach velocity)、遇到零点开关后的减速度(Reduced velocity)以及进入零坐标的进入速度(Entry velocity)。

1. 使用零点开关及编码器的零脉冲方式的主动回零

设置界面如图5-35所示。

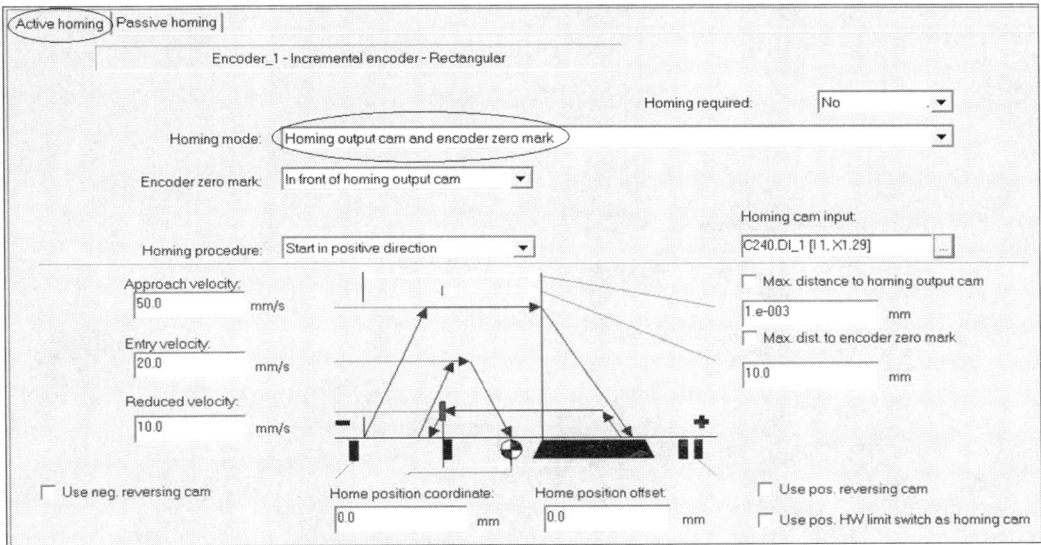

图 5-35　使用零点开关及编码器零脉冲主动回零设置

回零过程分为3个阶段。以图5-36中所设置回零方向为沿正方向启动(Start in Positive direction)、编码器零脉冲在零点开关之后(Behind homing output cam)为例,介绍3个阶段的具体过程。

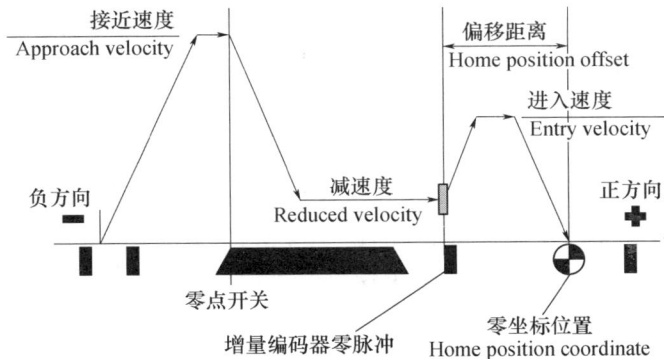

图 5-36　主动回零过程

201

阶段一：由于回零方向设置为沿正方向，所以轴以接近速度(Approach velocity)沿正方向运行，直至碰到零点开关。

阶段二：由于编码器零脉冲设置为在零点开关的后方，所以轴继续沿原方向(正方向)以减速度(Reduced velocity)运行，直至遇到增量编码器的零脉冲。控制器与第一个检测到的零脉冲同步。当检测到零脉冲时，轴被认为同步并且轴位置被设定为"Home position coordinate(零坐标位置)−Home position offset(偏移距离)"。

阶段三：当检测到编码器零脉冲时，轴以进入速度(Entry velocity) 沿正方向移动一个偏移距离(Home position offset)，停止后将当前位置置为"Home position coordinate(零坐标位置)"中所设的值，完成回零操作。

可以用硬件限位开关作零点开关使用(图5-37中所示钩选)。轴回零运行碰到限位开关后再反向运行到第一个编码器零脉冲，轴不能在硬件限位开关的方向继续运行。左右硬件限位开关均可用于零点开关，分别用于正向回零及反向回零，在回零期间不激活硬件限位功能。

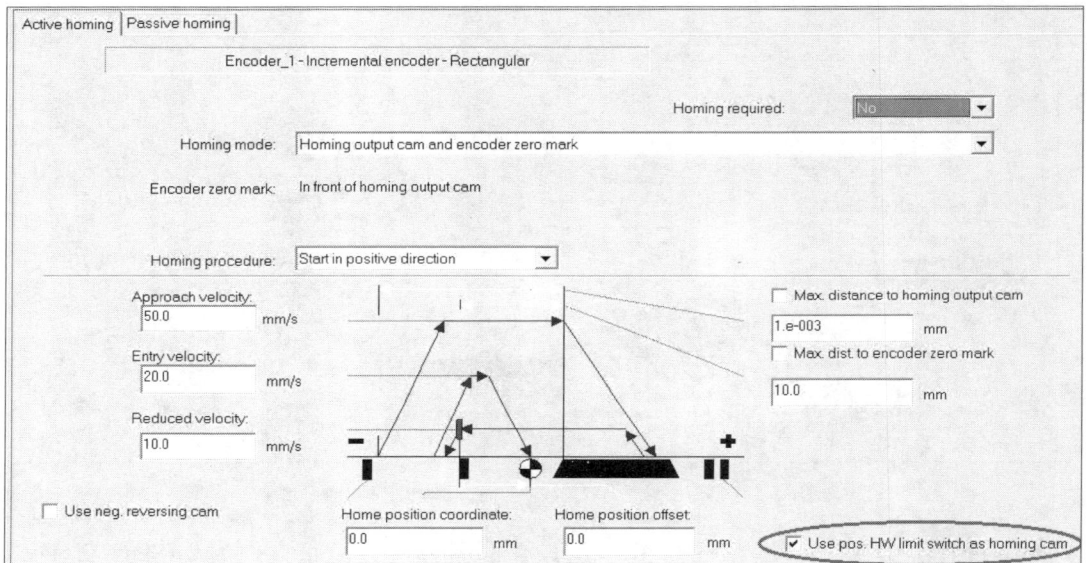

图 5-37　硬件限位开关设置为零点开关

2. 仅使用外部零脉冲的主动回零

如图 5-38 所示，回零命令启动轴运行至外部零脉冲，当检测到外部零脉冲的上升沿时，轴以进入速度(Entry velocity)再运行一个零点位置偏移量，此时的轴位置为"零坐标位置(Home position coordinate)"中的值。

对于使用 C240 本机的输入点做为编码器的外部零脉冲时只允许上升沿。本机的 B1～B4 输入端口可以作为轴回零时的参考外部零点信号输入(分别对应轴 1～轴 4，对应关系不可更改，在 SIMOTION 中激活)。

3. 仅通过编码器零脉冲的主动回零 (无零点开关)

如果轴在行程范围内没有零点开关，只有编码器零脉冲信号，则可以按图5-39所示设置。回零命令使轴运行至编码器的零脉冲标记处，当检测到编码器零脉冲后，轴以进入速度运行零点位置偏移量后将此位置设置为"零坐标位置(Home position coordinate)"中的值。

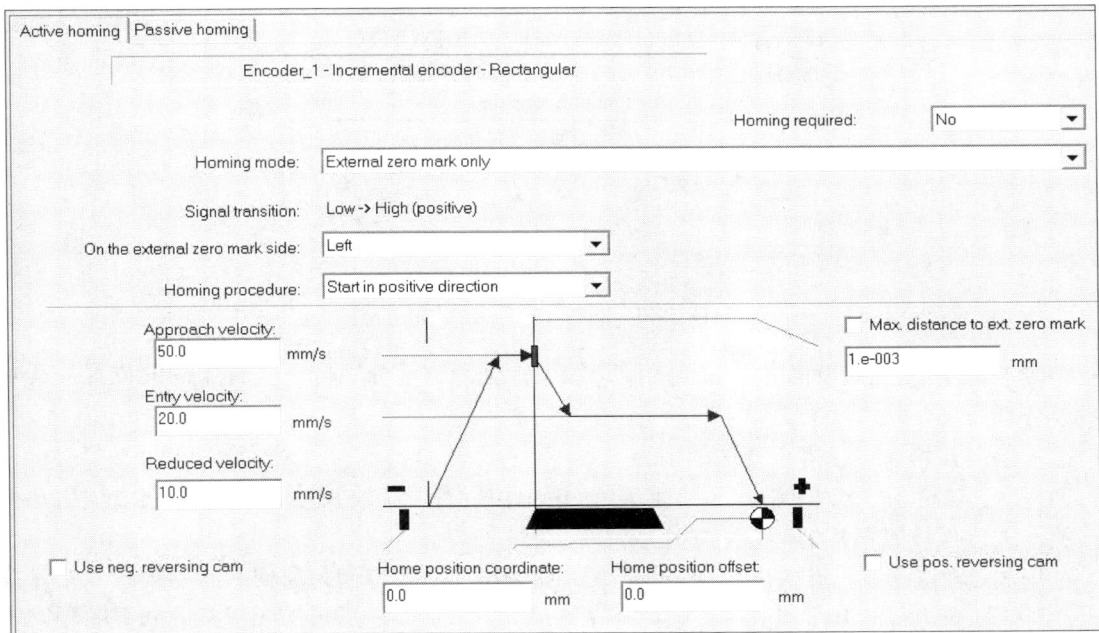

图 5-38 仅使用外部零脉冲的主动回零设置

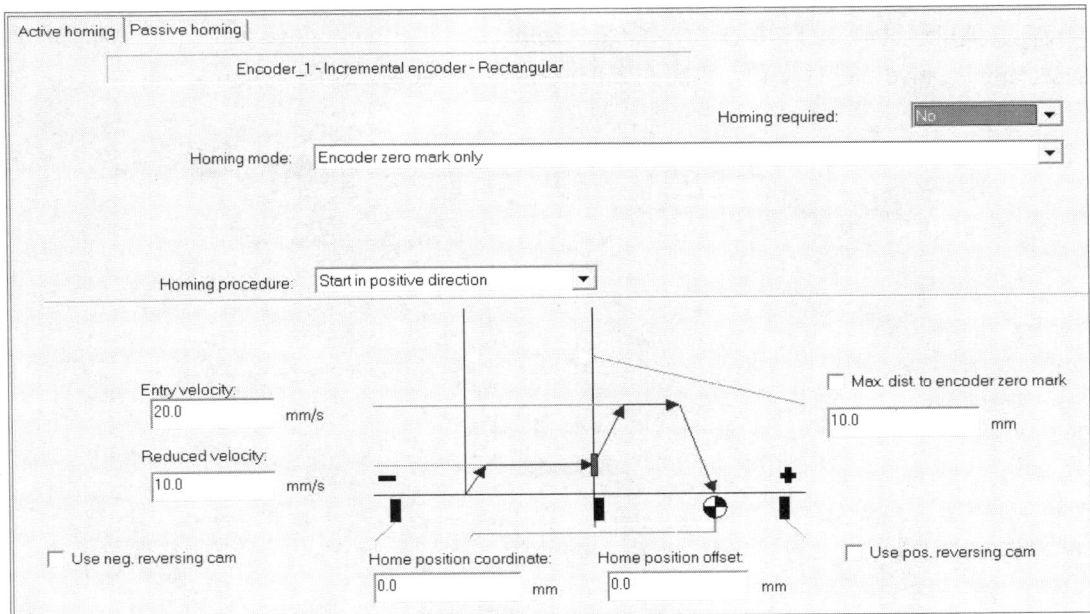

图 5-39 编码器零脉冲主动回零设置

回零时反向开关的作用：仅在主动回零期间，反向开关可用于回零过程中的反向运行。反向开关可被配置为两个数字量输入信号。左边的反向开关及右边的反向开关可被单独配置及激活。反向开关可在轴上定义，不能在编码器上定义。图 5-40 为基于开始位置点的回零顺序。

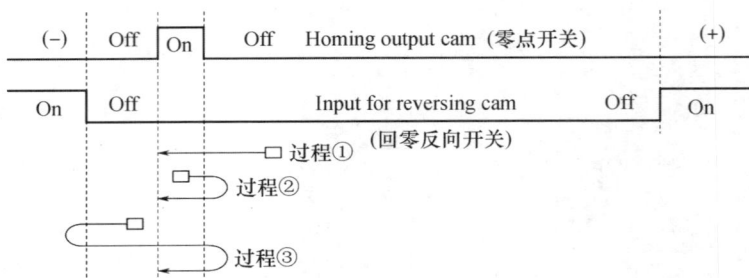

图 5-40　回零反向开关作用

在图 5-40 所示回零反向开关作用的示意图中，轴回零前分别位于 3 种不同的位置，其回零过程分别为：

过程①：开始点位于零点开关的前方。

过程②：轴位于零点开关处。系统自动检测到此情况，轴沿回零接近的反方向运行离开零点开关，之后再按照正常的回零顺序完成回零运行。

过程③：轴位于零点开关的后面，即左侧。如果按照回零方向为反向的回零模式开始寻找零点，则轴反向运行离开零点开关，运行至左侧反向开关处。之后再按照正常的回零顺序完成回零运行。可将硬件限位开关定义为反向开关。在这种情况下，在回零期间不激活硬件限位开关的限位功能。

反向开关可通过轴的配置参数"typeOfAxis.homing.reverseCamPositive and typeOfAxis.homing. reverseCamNegative"进行设置，也可在轴的回零画面中设置，如图 5-41 所示。

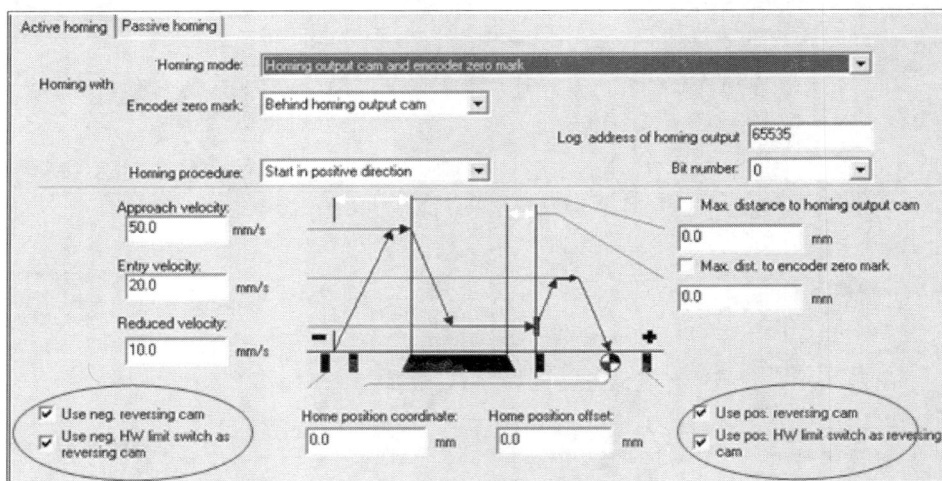

图 5-41　回零反向开关设置

[例 5-1]　使用外部撞块和编码器零脉冲回零(Output cam and encoderzero mark)。

1) 设置轴配置中的"Homing"属性(图 5-42)。

① Homing mode：Homing output cam and encoder zero mark。

② Encoder zero mark：In front of homing output cam。

③ Homing cam Input：本例中，外部撞块的信号由 ET200M 的 DI 来模拟，其地址为 100.0。

④ Homing procedure：Start in positive direction。

⑤ Approach velocity：10。

⑥ Entry velocity：15。

⑦ Reduced velocity：20。

⑧ Home position coordinate：0。

⑨ Home position offset：10。

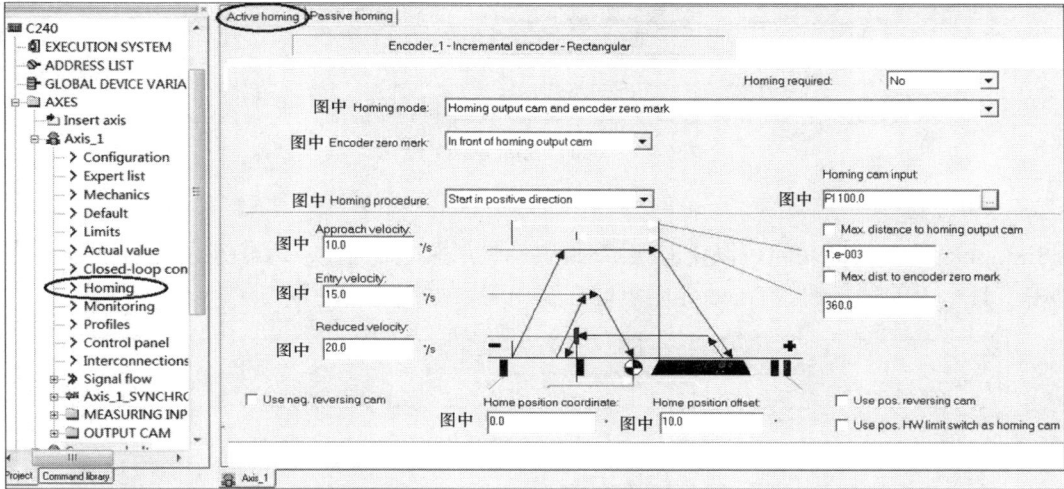

图 5-42 轴回零参数设置

2) 在 MCC 程序中插入回零命令，其参数设置如图 5-43 所示。

① Axis：Axis_1。

② Homing type：Active homing。

③ Home position coordinate：Default。

④ Homing approach velocity：Default。

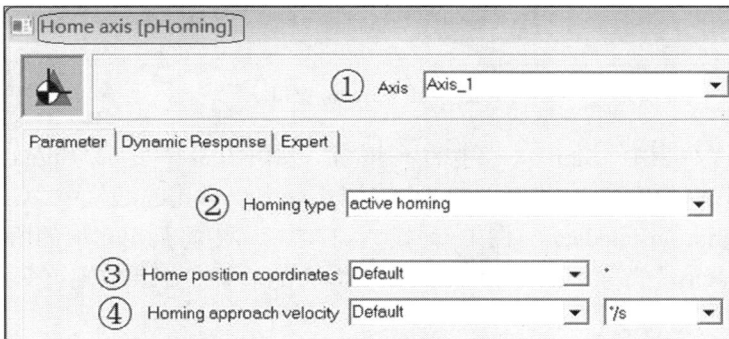

图 5-43 轴回零命令中的参数设置

3) 添加 I/O 变量。

在项目导航栏中双击"ADDRESS LIST"，在下面选择"I/Os"，新建一个 Bool 型的变量(图 5-44)，命名为"i_boHomingCam"，地址为 PI100.0，该变量即为撞块信号。

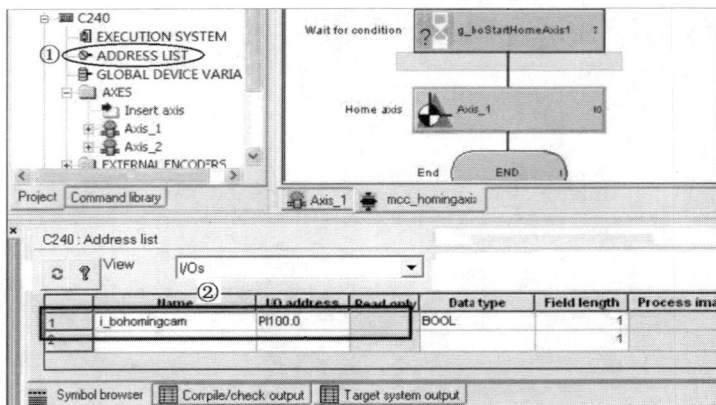

图 5-44　添加 Simotion IO 变量

4) 设置跟踪。

Simotion 的 Trace 功能可以实时跟踪轴的各种状态，如位置、速度等。当 Simotion 在线后单击工具栏上的▦按钮，Trace 界面出现在窗口中，如图 5-45 所示。

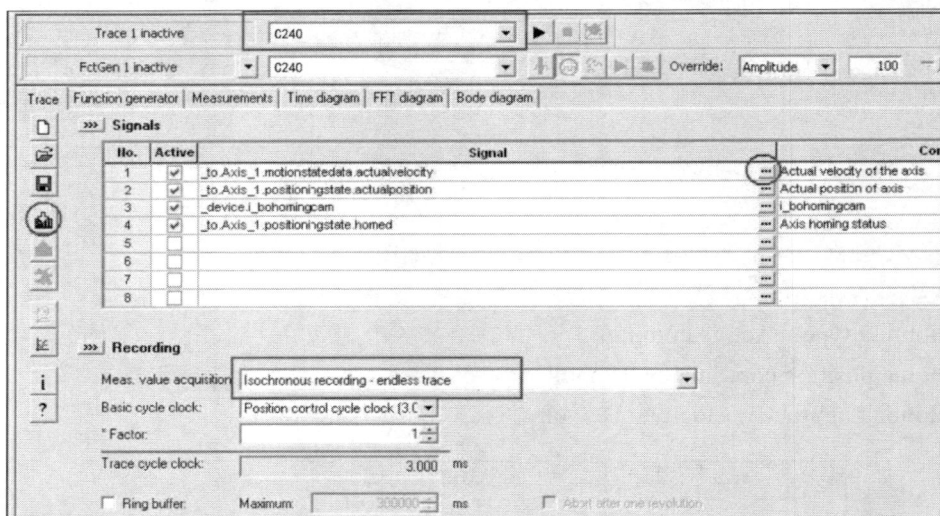

图 5-45　Trace 窗口

单击"Signals"列表中"Signal"栏中的▦按钮，弹出图 5-46 所示"Signal Selection Trace"对话框，从中可以选择待跟踪的变量。例如，在图 5-46 中，单击左边栏中"C240→Technology Object→Axis_1→motionstatedata"(图中标号①，右边窗口中将列出对应的所有系统变量，从中选择"actualVelocity"(轴的实际速度)(图中标号②，然后单击想要放置该变量的栏的序号(图中标号③即可。

按照相同的方法，将如下变量添加到 Trace 列表中：

(1) i_boHomingCam。

(2) Axis_1.positioningState.homed。

(3) Axis_1.motionstatedata.actualvelocity。

(4) Axis_1.positioningstate.actualposition。

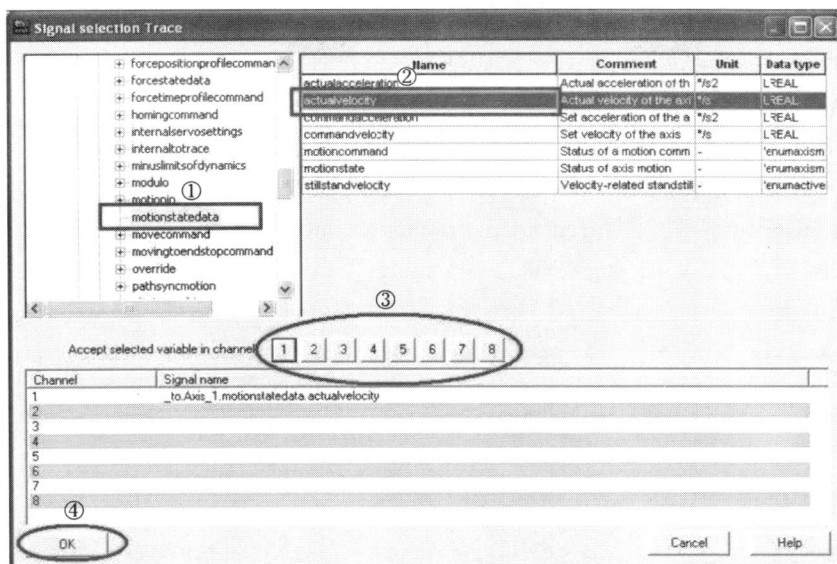

图 5-46　选择 Trace 信号

在图 5-45 中，单击下载按钮 ![icon]，将 Trace 下载到目标设备中，然后单击 Trace 栏中的 ▶ 按钮开始跟踪，在 Trace 窗口的 "Time diagram" 标签页中可以看到 Trace 的实时状态。要停止 Trace 只要单击 Trace 栏中的 ■ 按钮即可。

5) 运行程序。

确认 Simotion 的 CPU 处于 RUN 状态，置位 "g_boStart"，轴 Axis_1 使能，使能完成后，单击开始 Trace，然后置位 "g_boStartHomeAxis1"，轴 Axis_1 开始回零。

图 5-47 记录了轴的回零过程。轴沿着 "Homing procedure" 中设置的搜索方向(正方向)，加速至接近速度(+10°/s)运动，直到碰到撞块信号后(ET200M 的 DI0 闭合)减速停止；然后再反向加速至减速度(−20°/s)运行，直到离开撞块后(ET200M 的 DI0 断开)遇到的第一个编码器零脉冲，轴停止；然后轴反向加速至进入速度(+15°/s)运行一个偏移距离 10mm(Home position offset)，停止在参考点，并将参考点位置设为零坐标位置(Home position coordinates)中的值。

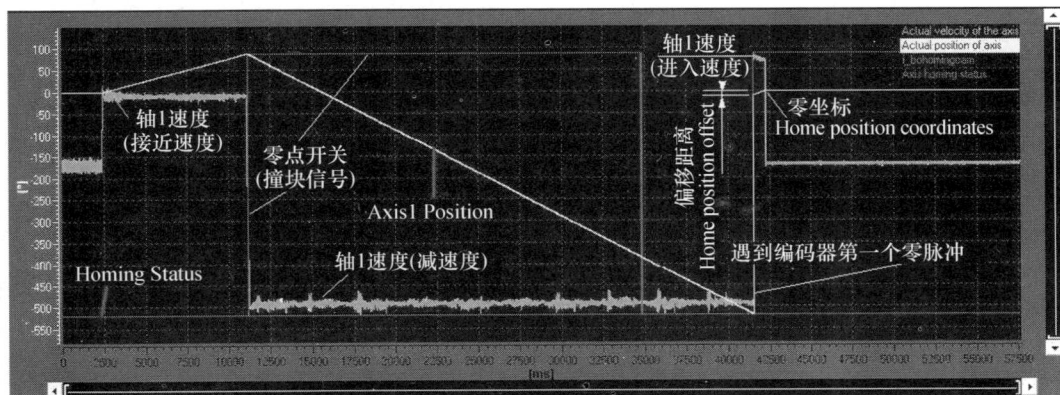

图 5-47　回零过程 Trace 图

5.3.3 被动回零

被动回零(Passive homing)适于增量编码器,发生在轴运动期间,而此运动并不是由回零命令产生的。被动回零可以选择下述回零方式之一:

(1) 通过零点开关及编码器零脉冲回零(output cam and encoder zero mark)。

(2) 仅通过外部零脉冲回零(external zero mark only)。

(3) 仅通过编码器零脉冲回零(encoder zero marker only)。

在编写回零指令之前,必须先在轴的"Homing"属性配置中设置"Passive homing"的参数,如图 5-48 所示。

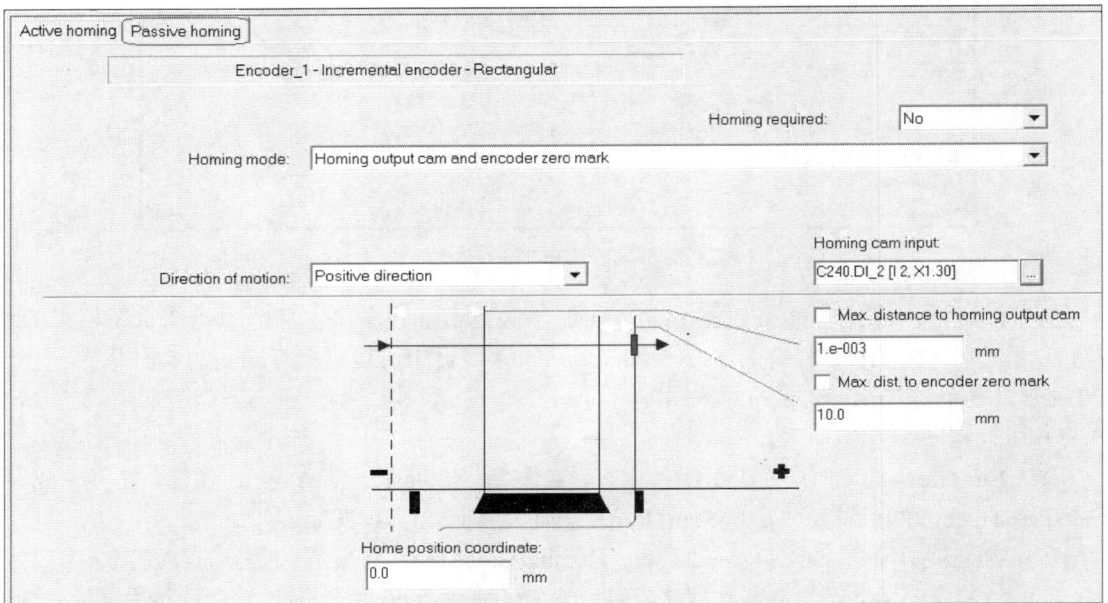

图 5-48　被动回零设置

在被动回零时,执行回零命令后必须通过一个位置控制模式下的运动命令运行轴,这样才能按照设定的回零模式完成回零。当轴检测到零点信号后发出回零完成状态信号。

轴"Homing"属性的"Passive homing"选项页中回零模式的设置:

1. 默认设置

回零模式基于编码器的类型,由系统进行定义:

(1) sin/cos、TTL 或 resolvers 增量编码器,通过编码器零脉冲来实现回零。

(2) Endat 绝对值编码器通过外部编码器零脉冲来实现回零。

2. 使用零点开关及编码器零脉冲 (homing output cam and encoder zero mark)

在检测到零点开关之后,检测编码器的零脉冲,当检测到编码器的零脉冲时将当前位置设置为轴的零坐标位置,发出已回零的状态信号。

3. 仅使用外部零脉冲 (external zero mark only)

一旦检测到外部零点开关,就将当前位置设置为轴的零坐标位置,发出已回零的状态信号。

4. 仅使用编码器零脉冲 (encoder zero mark only)

如果在轴的整个运行范围中,编码器仅有一个零点脉冲信号,则当检测到零点脉冲信号时,将当前位置设置为轴的零坐标位置，发出已回零的状态信号。

如果在轴的整个运行范围中，不只产生一个零点脉冲信号，则使用"homing output cam and encoder zero point"的回零设置，以确保回零精确。当然也可以使用"external zero mark only"的回零设置，但这种回零精度会低一些。

被动回零时的回零命令设置如图 5-49 所示。

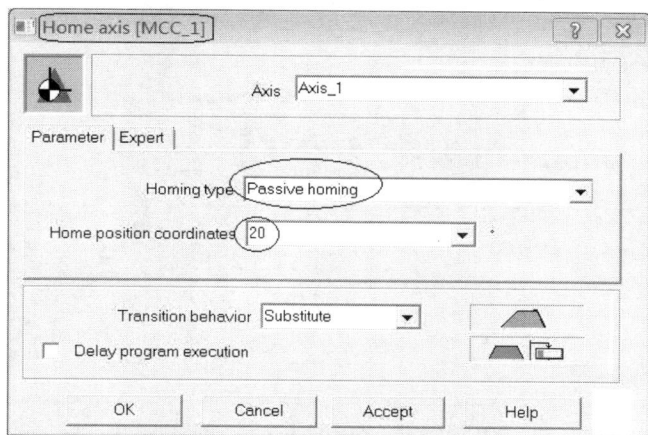

图 5-49　被动回零的回零命令设置

5.3.4　直接回零/设置零点位置

直接回零(Set home position)应用在轴的回零命令中，不需要设置轴的"Homing"参数。在轴不运动时，执行直接回零命令，轴不运动，而系统将轴的当前位置设置为指定的轴的零坐标位置，并发出已回零的状态信号。此命令中不需要设置零点位置偏移。

轴的回零命令按如图 5-50 所示进行设置。

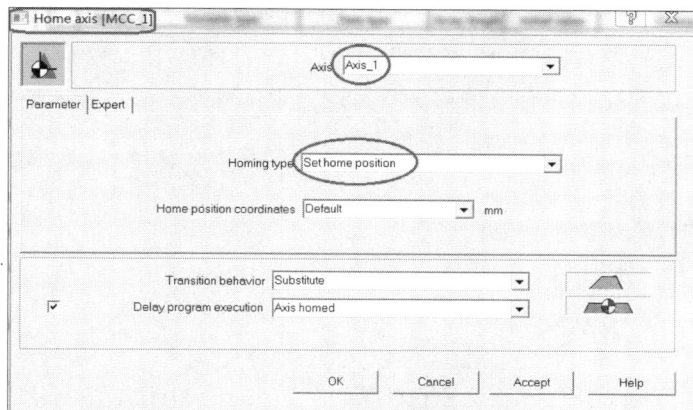

图 5-50　MCC 回零指令中的直接回零参数设置

5.3.5　相对直接回零

相对直接回零(Set home position relative)应用在轴的回零命令中，不需要设置轴的"Homing"参数。在轴不运动时，执行回零命令，轴不运动，而系统将轴的当前位置偏移一个 Home position coordinates 中的数值，在此情况下，设置的 Home position coordinates 中的数值作为轴的偏移量，并发出已回零的状态信号。

在轴运行中也可以使用此种回零方式。轴的零点坐标在回零命令中设置，如图 5-51 所示。

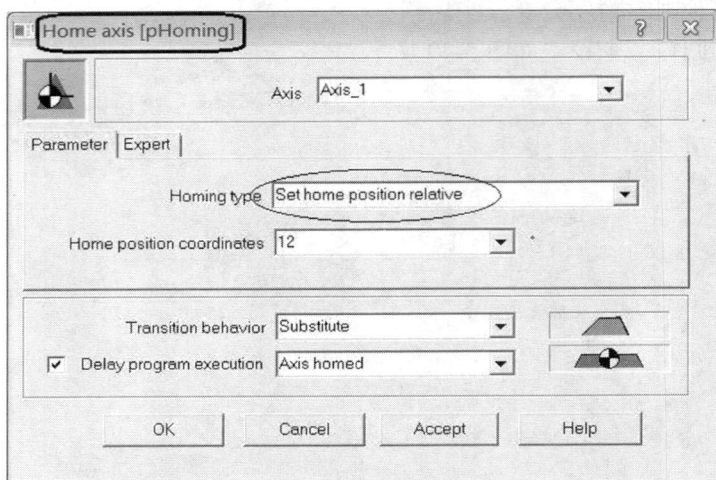

图 5-51   MCC 回零指令中的相对直接回零参数设置

5.3.6   绝对值编码器回零

绝对值编码器回零用于绝对值编码器的零点校正，当调试控制器时，此功能必须被执行一次。

1. 设置一个附加的偏移量

如图 5-52 所示，在轴的"Homing"属性中设置"Absolute encoder offset is used"="Relative"，而在回零命令中设置"Homing type"="Absolute encoder adjustment"（图 5-53），则执行回零命令后，有

轴的实际值 = 编码器实际值 + (以前设置的有效偏移量+图 5-52 中偏移量)

新的偏移量 = 以前设置的有效偏移量+图 5-52 中偏移量

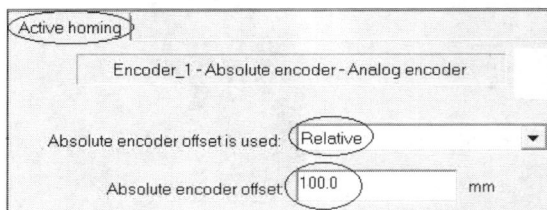

图 5-52   带绝对编码器轴的回零属性设置(相对)

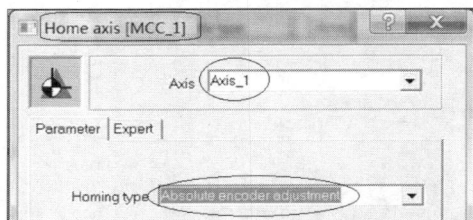

图 5-53   绝对值编码器回零命令设置之一

2. 设置一个绝对偏移量

如图 5-54 所示，在轴的"Homing"属性中设置"Absolute encoder offset is used"="Absolute"，而在回零命令中设置"Homing type"="Absolute encoder adjustment"（图 5-53 所示），则执行回零命令后，轴的实际值=编码器实际值+图 5-54 中的偏移量。

210

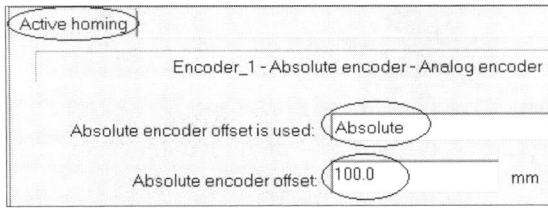

图 5-54 带绝对编码器轴的回零属性设置(绝对)

3．设置轴至预定义的位置

如图 5-55 所示，在回零命令中设置"Homing type"＝"Absolute encoder calibration with specification of the position value"，执行此回零命令后，则将当前位置值设置为"Home position coordinates"参数中的值。绝对值编码器的偏移量通过此值由系统来计算，并在系统变量"absoluteEncoder[n].totalOffsetValue"中显示，此值在系统中作为掉电保存变量进行保存。在"absHomingEncoder.absshift"中的配置数据不会被改变。

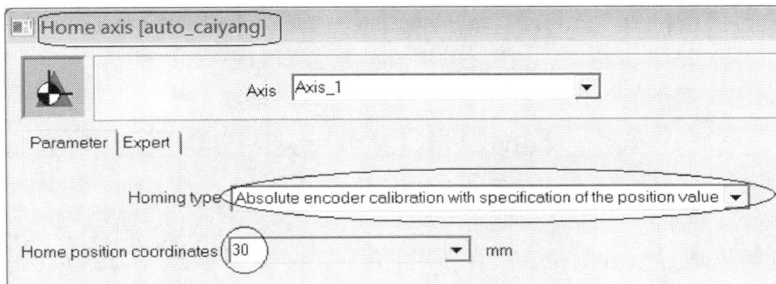

图 5-55 绝对值编码器回零命令设置之二

5.3.7 其他信息

对于轴的回零，还需注意下述相关信息：

1．增量编码器需要一个新的回零过程的状态

对于增量编码器，在下述情况下，轴的已回零状态系统变量"positioningState.homed"被复位为"NO"：

(1) 编码器系统错误/编码器失败。

(2) 执行新的回零命令。

(3) 掉电。

(4) 从 SCOUT 中下载程序时选择初始化所有的非掉电保持的工艺对象数据设置。

(5) 对于轴配置修改后的重新下载。

(6) 此轴工艺对象的重新启动。

2．绝对值编码器需要重新调整的状态

下述情况下需重新对绝对值编码器进行校正：

(1) 一旦新项目下载至控制器，存储的偏移量不再有效时。如果在新项目下载前已经包含了一个项目，并且如果工艺对象名字没有改变，存储的偏移量是掉电保持型的，在此情况下不需重新调整。

(2) 如果项目没有被保存到 ROM 中，电源掉电后再上电，就会造成偏移量被删除。

(3) 存储器被复位后。

3．零点标记监控

如果在指定的运动路径中零点标记没有到达，则触发警告。在回零采用"homing output cam and encoder zero mark"方式时，仅当轴离开"homing output cam"后路径被监控。如果出现反向开关，当方向反向后监控功能再次有效。当使能监控功能时，主动及被动回零过程均被监控。

4．零点开关监控

如果在指定的运动路径中零点开关没有到达，则触发警告。如果出现反向开关，当方向反向后监控功能再次有效。当使能监控功能时，主动及被动回零过程均被监控。

5．回零期间显示实际值的变化

实际值变化在系统变量"homingCommand.positionDifference"中显示。

6．运行未回零的轴

通过"referencingNecessary"配置数据，可以定义是否绝对位置可用于未回过零的轴。当"referencingNecessary = NO"时，相对及绝对运动均有效。当"swlimit.state = YES"时，监控软件限位开关的状态。当"referencingNecessary = YES"时，对于未回零的轴，仅相对运动有效，即使设置"swlimit.state = YES"，也不监控软件限位开关的状态。

5.4　SIMOTION 轴的限位功能

在很多场合下，为了保证人身和设备安全，轴的运动速度和位置都需要限制在一个允许范围内，这种限制可以通过硬件限位、软件限位(图 5-56)、软件限速等方式实现。在 SIMOTION SCOUT 软件中，插入一个轴以后，依次选择"Axis→Limits"，可以打开轴的限制值配置画面，即可设置轴的硬件限位、软件限位、最大速度、固定点停止等功能。

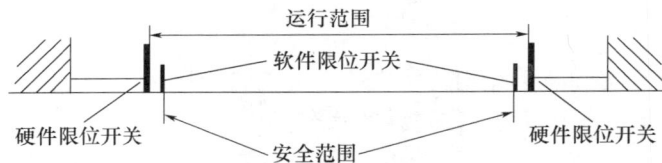

图 5-56　轴软、硬件限位开关示意图

5.4.1　设置轴的限位开关

通过数字量输入可设置限位开关监视运动范围极限。硬件限位开关总是设计为一个常闭触点，并且在轴超出了允许的运动范围时变为常开状态，到达限位开关时触发一个工艺报警。在配置画面中需要指定正负运动方向上限位开关的输入地址，该地址必须在背景任务过程映像区以外(大于或等于 64)。

硬件限位开关的激活方法如下：

(1) 勾选图 5-57 中"Hardware limit switch"的"Active"选项。

(2) 设置正向及负向硬件限位开关的地址，此开关可以是 CU320 上的数字量输入点，也可以是 ET200S 上的数字量输入点。硬件限位开关如果连接到 SIMOTION 设备的 DI 点上可通过单击"Negative end position Input"及"Positive end position Input"设置框右侧的按钮可直接选择；也可以输入开关地址。

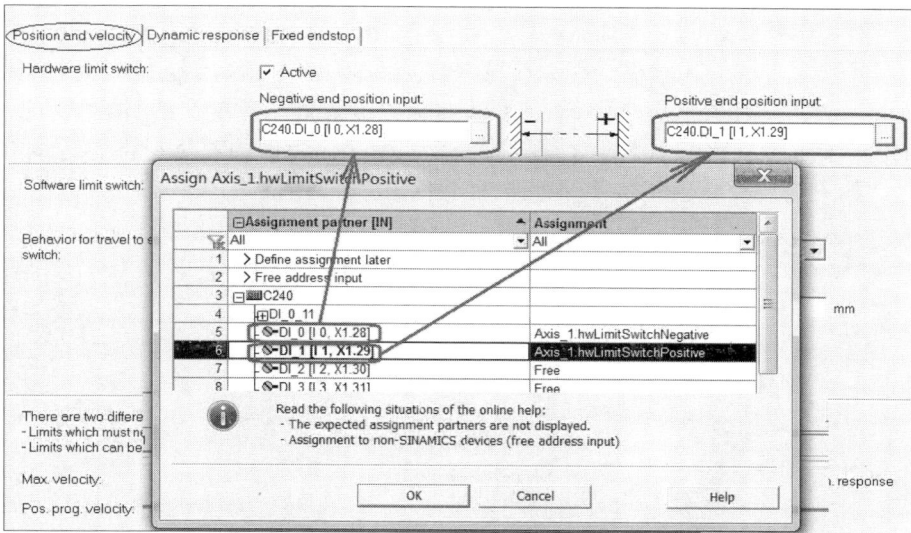

图 5-57　设置轴的硬件限位开关

注意：轴一旦运行超过限位开关，控制器不允许掉电，以避免限位开关的极性与在允许区域的限位开关方向监控的冲突。如果控制器掉电，限位开关极性信息会丢失。轴必须人工移动至允许位置范围。当控制器上电后，轴必须位于允许位置范围内。如果限位开关被配置作为反向开关或零点开关，这时在回零期间此限位开关即使在激活状态也可被覆盖。

除了设置轴的硬件限位外，还可以设置轴的软件限位。软件限位位置总是在硬件限位开关之内，如图 5-56 所示。在"Homing"中对配置数据"Homing.referencingNecessary"的设置可决定软件限位是否总是激活，或是仅当轴回过参考点后激活，如设置"Homing.referencingNecessary=NO"，则表示总是激活软件限位；如果设置"Homing.referencingNecessary=YES"，则表示回参考点后激活软件限位。

软件限位开关的激活方法如下：

(1) 勾选图 5-58 中"Software limit switch"的"Active"选项。

(2) 勾选"Monitoring of the SW limit switch at the start of motion"：使能开始运动时监控软件限位功能。

(3) 在"Behavior for travel to software limit switch"选择框中进行选择，指定监控软件限位功能仅在位置控制模式或在所有的模式下使能。

(4) 在"Negative end position"中输入负运动方向软件限位开关的位置值。

(5) 在"Positive end position"中输入正运动方向软件限位开关的位置值。

(6) 在"Tolerance window for the retraction"中输入软件限位开关的位置允差。

在 SIMOTION 中有两个不同的速度极限，一个是轴最大运动速度，另一个是最大编程速度，如图 5-58 所示。

5.4.2　设置轴的最大加速度和加加速度

SIMOTION的最大加速度和加加速度分为两种，一种是在配置数据中规定的硬限幅，另一种是可由用户程序修改的系统变量规定的软限幅。在编程的运动中，工艺对象自动将加速度和加加速度降到硬限幅或软限幅之下。加加速度的限幅只有在加加速度控制模式下或连续加速度模式下运动时才生效。如图5-58所示，如果选项"Direction-dependent dyn.response"被激活，可以根据方向规定不同的加速度和加加速度限幅(图5-59)。当轴以急停方式停止并采用"Rapid stop with emergency stop ramp relative to actual value"参数时，预定义的斜坡制动设置值生效。也可以指定一个时间常数用于平滑处理控制变量的变化作为控制器改变的结果。在所有状态转换/改变时，如果控制变量出现偏移，则激活该平滑滤波器。

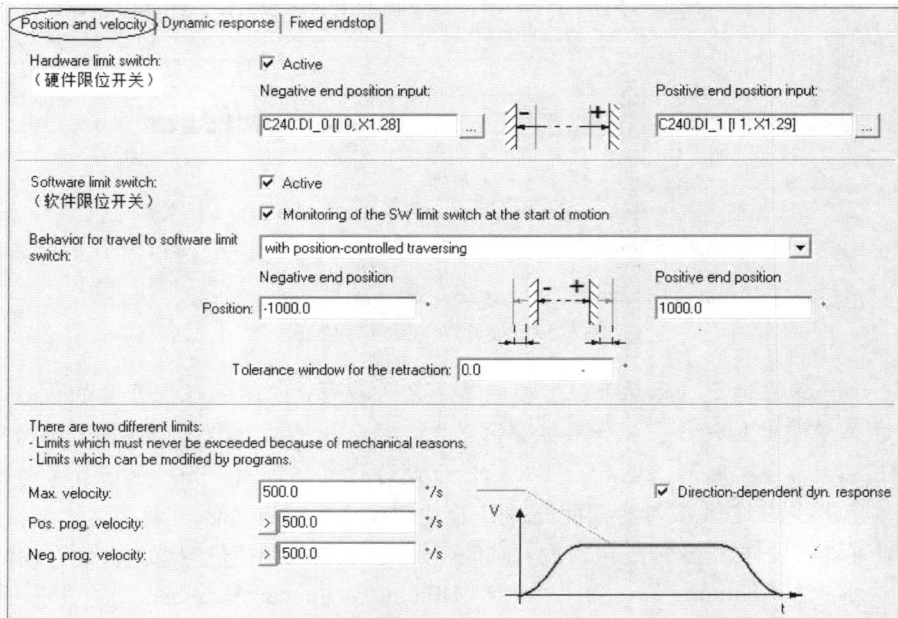

图 5-58　轴的限位开关设置

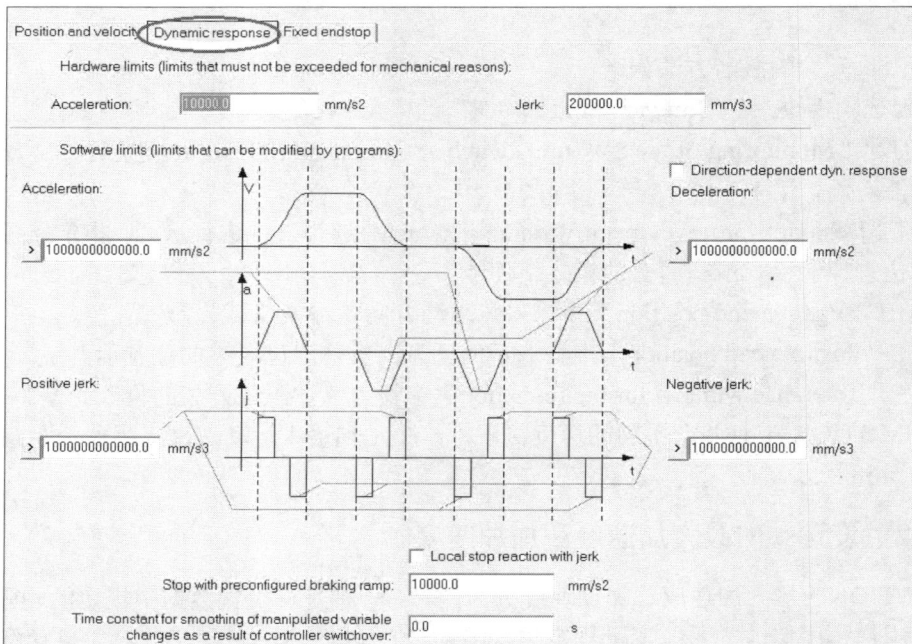

图 5-59　设置轴的最大加速度和加加速度限幅

214

5.4.3　运行到固定停止点的设置

运行到固定停止点(Travel to Fixed Endstop)是用轴夹紧物体时所需的功能，使用该功能需要设定一个夹紧转矩，当夹具运行过程中碰到物体并且电动机转矩到达夹紧转矩时，会维持夹紧状态，并返回一个状态值，以便进行下一步工序。运行到固定停止点功能的使用需要两个条件，一个是位置轴处于运行中；另一个是电动机转矩到达设定的限幅值。

运行到固定停止点命令可以与轴的运动命令同时激活，此时用于一般运动中的跟随误差监视被关闭。该功能需要使用驱动器的转矩限幅功能，也就是说该功能只有选择了报文103、104、105或106时才能使用。

当固定停止点到达的条件满足时，插补器停止工作，但位置控制器保持激活。轴此时按照命令中设定的转矩值夹紧。轴系统变量"moveToEndStopCommand.ClampingState"指示固定点到达的状态。在夹紧状态下，只有反方向运行的运动命令才会执行。在夹紧状态下，当轴的实际位置偏离超过"Position tolerance after fixed endstop detection"规定的范围时(例如通过停止夹紧，与夹紧方向反向的运动命令)，该状态取消。

如图5-60所示，在"Fixed endstop"选项页中的"Fixed endstop detection"可以有下面两个选择来判断固定停止点是否到达：

(1) Via following error：表示通过跟随误差来判断固定停止点是否到达，在"Following error for the fixed endstop detection"域中输入跟踪误差值。

(2) Via force/torque：表示通过力/转矩来判断固定停止点是否到达，在程序中设定力/转矩值。

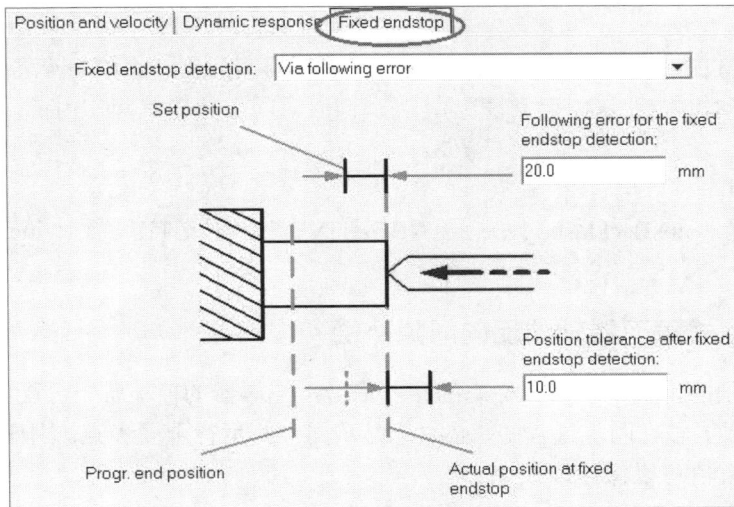

图 5-60　固定停止点的设定

5.5　SIMOTION 轴的反向间隙补偿功能

5.5.1　反向间隙补偿概念

在运动的机械部分和相应的驱动间进行能量传递的时候，常常会产生反向间隙，如图 5-61 所示。

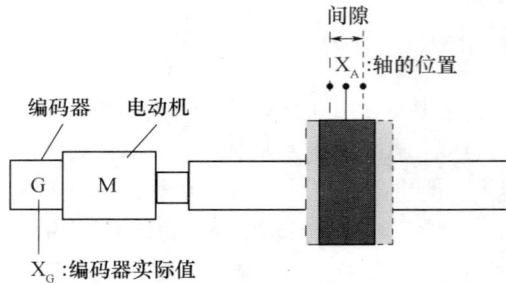

图 5-61　反向间隙示意图

尽管存在反向间隙，控制器也必须能够从编码器的位置清楚地得到轴的位置，进而对轴做位置控制和同步操作。为达到此目的，SIMOTION 提供了反向间隙补偿功能。

反向间隙在轴的配置数据"absBacklash.length"或者"incBacklash.length"中指定，反向间隙补偿的速度在"absBacklash.velocity"或者"incBacklash.velocity"中指定。其中，前缀"abs"表示所用编码器为绝对值编码器，"inc"表示所用编码器为增量式编码器。

反向间隙补偿只在编码器安装在电动机侧时有效，而且需对每一个编码器单独设置。对于直接测量系统，通过闭环控制来补偿反向间隙。

5.5.2　间隙类型

1．正向间隙

正向间隙在"absBacklash._type"="POSITIVE"或者"incBacklash._type"="POSITIVE"中设置。

设置"= POSITIVE"意味着机械位置滞后于编码器实际值。例如，若滚珠丝杠开始运动，而编码器装在电动机上(默认为通常情况)，当反向时，间隙补偿就起作用了，以设定的间隙补偿速度运动。

2．反向间隙

不支持设置"absBacklash._type = NEGATIVE"；不支持设置"incBacklash._type = NEGATIVE"。

5.5.3　增量式编码器轴的反向间隙补偿

在回零中，轴的位置基于回零标志的参考信号，编码器的值被唯一分配给轴的位置。

如果存在间隙，轴在回零过程中，必须总是从同一侧运行至同步点。因而实际控制位置的值和轴的机械位置值可以保持一致。

这适用于：

(1) 通过编码器零标识位回零。

(2) 通过外部零标识位回零。

(3) 通过设置实际值回零(把轴位置设置为指定的值)。

方向反转和增量编码器行为：如果设置"incBacklash._type = POSITIVE"，当反向时，电动机运行穿过间隙范围。在此运动期间，机械位置和显示的轴实际位置并不改变，然而，编码器的值"sensordata.incrementalPosition"却发生了改变。之后，轴运行到指定位置。

如果使能了间隙补偿功能，当完全穿过间隙范围一次后(不论什么方向)，如果方向反转，就会补偿所设定的间隙值。这与轴是否回零无关，间隙补偿是独立于"已回零"状态的。也就是说即使轴处于非回零状态，轴的相对或绝对运动都可应用间隙补偿功能。需要注意的是，当控制单元开启后，首次运动不考虑间隙补偿，只有运动方向改变时才会使用补偿功能。

如图 5-62 所示，如果需要使用反向间隙补偿功能，则必须勾选"Backlash on reversal compensation"。

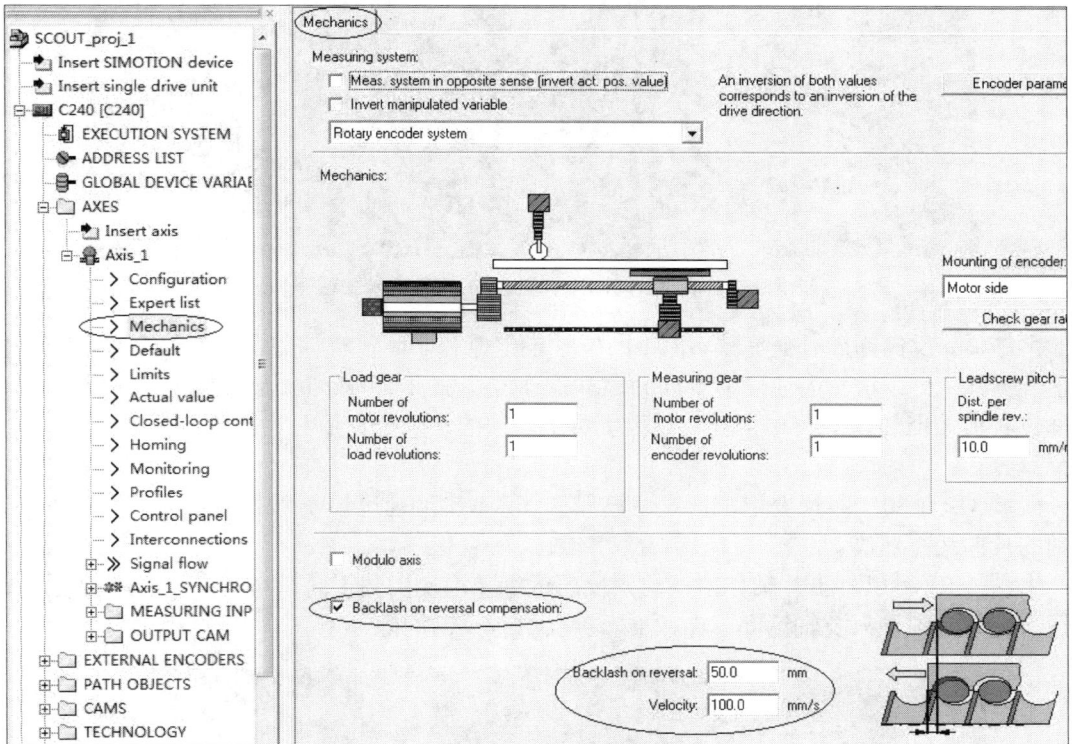

图 5-62 反向间隙补偿设定(增量式编码器)

然后在"Backlash on reversal"中设置反向间隙补偿的距离，在"Velocity"中设定反向间隙补偿的速度，如图 5-62 所示。

图 5-63 显示了轴的反向间隙补偿的运动过程。曲线 I 表示轴的实际位置值，曲线Ⅳ表示轴的实际速度值，曲线Ⅲ表示补偿反向间隙的计算过程，曲线Ⅱ表示轴的位置设定值。

如图中标号，整个运动过程可以分为 4 个部分：

区域①：轴以给定速度匀速正向运行，轴的位置值线性增加，设定值和实际值基本重合，无补偿反向间隙计算过程。

区域②：轴接收到反向运行命令，开始反向运行。反向运行过程中，轴首先以所设定的补偿速度开始补偿反向间隙，这由曲线Ⅲ跳变可以看出。在此过程中轴的位置设定值是线性减小的，而轴的实际位置值不变。显示的轴的速度实际值为 0，而事实上，电动机正以所设定的补偿速度运行穿过间隙距离。可由曲线Ⅲ的再次跳变观察出何时反向间隙补偿完毕。

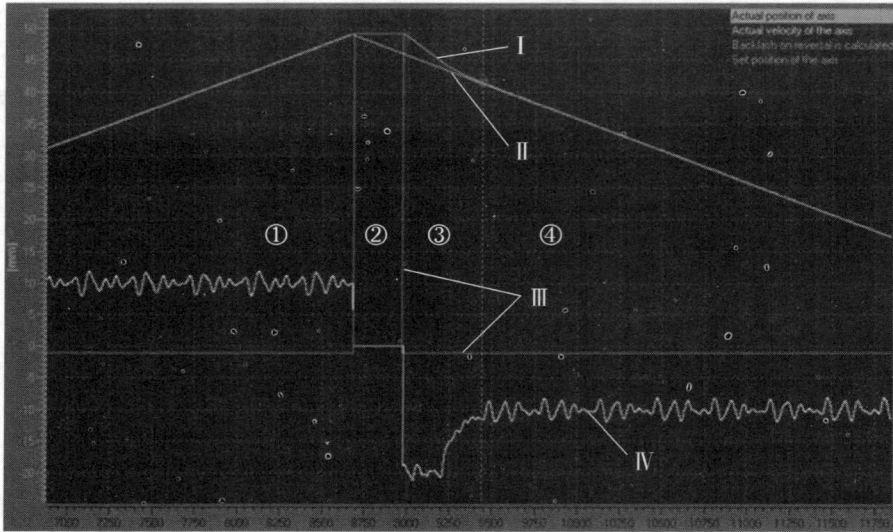

图 5-63　轴的反向间隙补偿运动过程(增量式编码器)

区域③：反向间隙补偿完毕，但轴的位置设定值和实际值有偏差，轴的实际值要跟随上设定值，所以此范围内轴的速度为反向间隙补偿速度叠加上轴的反向运行速度，只有如此，轴的实际位置值才能与设定值相符。由波形可看出，轴的实际位置值与设定值的偏差在逐渐减小，直至重合。

区域④：轴的实际位置值与设定值已保持一致，轴的速度值不再是两个速度的叠加，而只是轴的反向运行速度。

由图 5-64 可以看出，轴在由正向到反向运行和由反向到正向运行时，都会进行反向间隙补偿。也就是说，只要轴运动方向改变，就会进行反向间隙补偿。

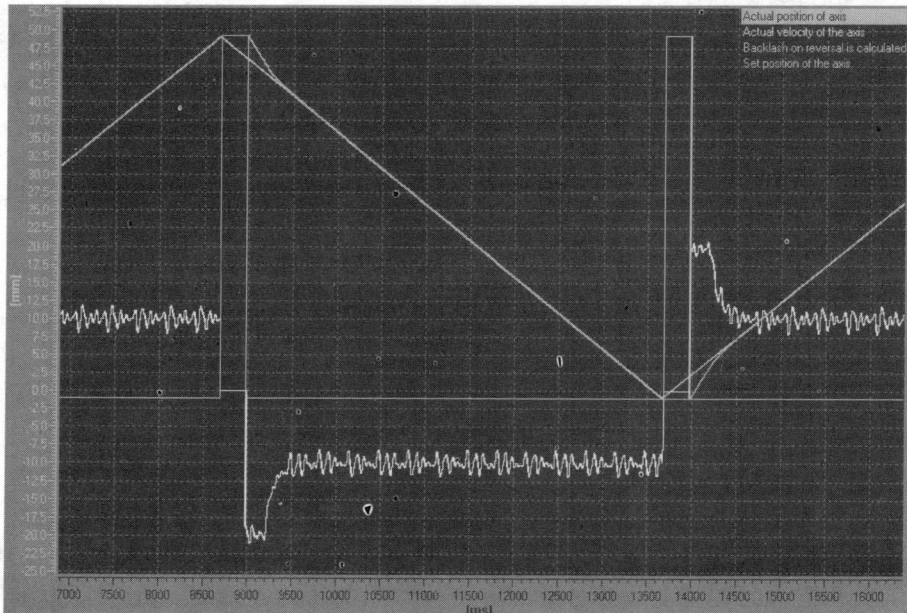

图 5-64　轴的反向间隙补偿(增量式编码器)

5.5.4 绝对值编码器轴的反向间隙补偿

绝对值编码器回零调整后,通过定义绝对值编码器偏移量把绝对值编码器的值赋给机械轴的位置。

这就决定了绝对值编码器与方向是相关的。这是因为,当设置绝对值编码器偏移量或机械轴位置时,间隙位置与编码器值/轴位置是相关的,这与增量式编码器有区别。也就是说,如果轴的起始运动方向是正向,则当轴开始运动时存在两种可能:一是轴先以补偿速度越过间隙范围,然后再以给定速度运动;二是没有齿轮间隙,直接以给定速度运动。

在绝对值编码器调整后,如果方向反转,就会执行反向间隙补偿;但是如果以同一方向持续运行就不会执行间隙补偿。

如果控制器关断,机械的轴位置赋给编码器;如果控制器开通,机械的轴位置由编码器指定。同样地,在绝对值编码器调整后重新开始运动,如果运动方向相同,则不会激活间隙补偿;但是如果运动方向相反,就会激活。

在 absBacklash.startupDifference 配置数据变量中,如果希望首次运动不激活间隙补偿,而只在方向反转时才进行反向间隙补偿,那么此处应设置为与设定运动方向相反的方向。例如,控制器开启后,运动方向为正向(Positive),则应设置"absBacklash.startupDifference"="NEGATIVE"。如果希望首次运动时也激活间隙补偿,那么此处应设置为与设定运动方向相同的方向。例如,控制器开启后,运动方向为正向(Positive),如果设置"absBacklash.startupDifference"="POSITIVE",则首次运动也会激活间隙补偿功能。

方向反转和绝对值编码器行为:在设置"absBacklash._type = POSITIVE"条件下,当方向反转时,电动机运行穿过间隙范围。在此运动期间,机械位置和显示的轴实际位置并不改变,然而,编码器的值"sensordata.incrementalPosition"(也适用于绝对值编码器)却发生了改变。于是,轴以指定距离移动,或者移动到指定位置。

方向反转的间隙补偿独立于"已回零"状态(这里指绝对值编码器调整)。这意味着,当控制器开启时,不论编码器回零与否,如果使能了间隙补偿功能,当完全穿过间隙范围一次后(不论什么方向),只要轴的运动方向反转,就会补偿反向间隙。

如图 5-65 所示,如果已知轴的起始运动方向为正向(Positive),把"Preferred position of the slide at the START"选项设为"Negative",则意味着轴在控制器接通后,第一次正向运行时不会激活反向间隙补偿,只有在轴反向运动时才会激活反向间隙补偿功能。"Backlash on reversal"和"Velocity"选项的含义与图 5-62 相同,此处不再赘述。

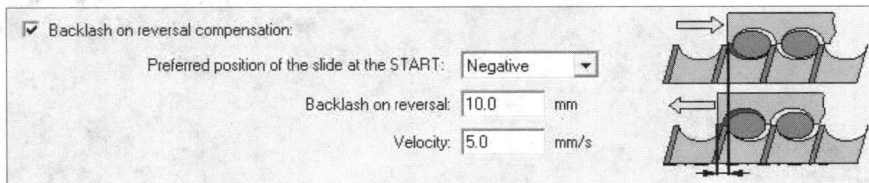

图 5-65 反向间隙补偿设定(绝对值编码器)

如图 5-66 所示,曲线 I 表示轴的实际位置值,曲线IV表示轴的实际速度值,曲线 II 表示轴的位置设定值,曲线III表示补偿反向间隙的计算过程。由图中①可见,轴在首次正向运动时,并未进行反向间隙补偿。由图中②可见,只有轴在运动方向改变时,才会进行反向间隙补偿。

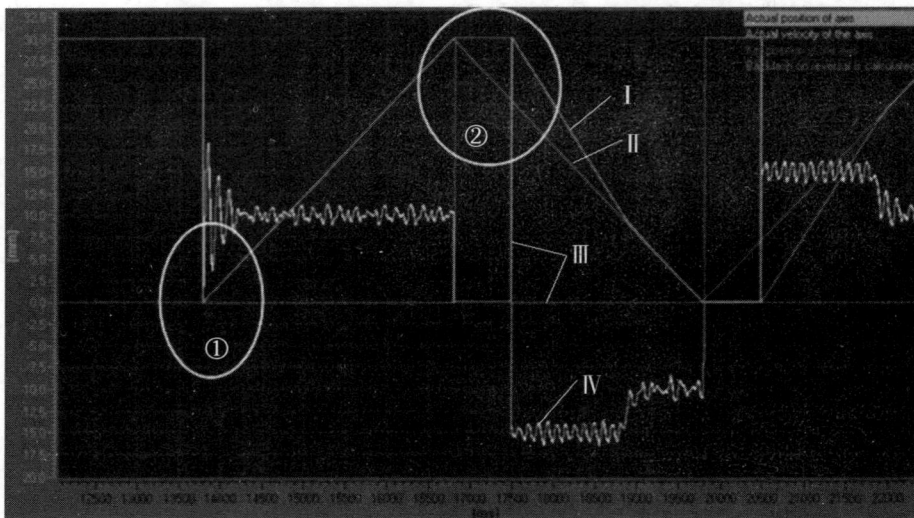

图 5-66　轴的反向间隙补偿(绝对值编码器)

如图 5-67 所示，如果已知轴的起始运动方向为正向(Positive)，而把"Preferred position of the slide at the START"选项也设为"Positive"。则意味着轴在控制器接通后，第一次正向运行时同样会激活反向间隙补偿，在轴反向运动时也会激活反向间隙补偿功能。

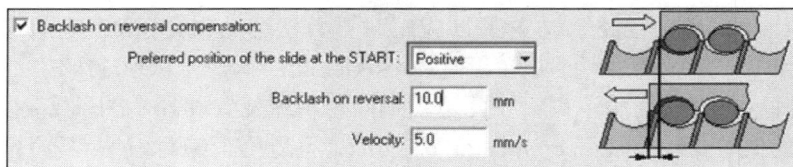

图 5-67　反向间隙补偿设定正向(绝对值编码器)

如图 5-68 所示，曲线Ⅰ表示轴的实际位置值，曲线Ⅳ表示轴的实际速度值，曲线Ⅱ表示轴的位置设定值，曲线Ⅲ表示补偿反向间隙的计算过程。由图中①可见，轴在首次正向运动时，就进行了间隙补偿。由图中②可见，轴在运动方向改变时，也会进行反向间隙补偿。

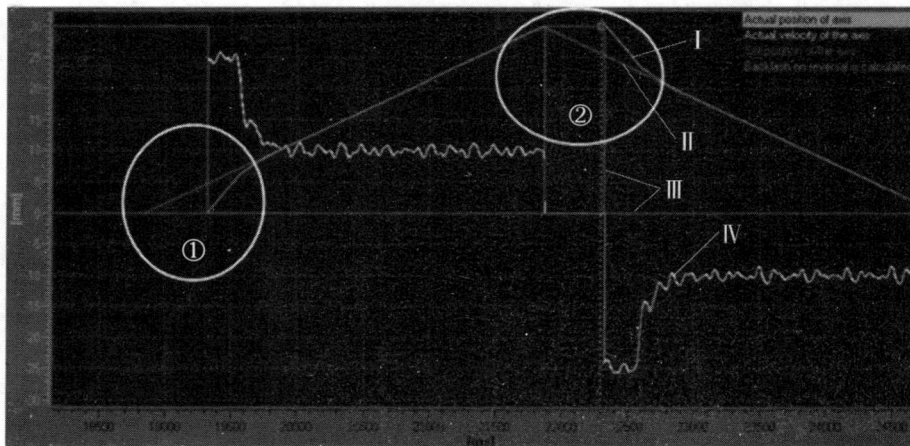

图 5-68　轴的反向间隙补偿(绝对值编码器)

5.5.5 状态显示

轴的系统变量"sensorMonitoring.passingBacklash"可以显示轴正在通过间隙而实际轴位置并不发生改变。

图 5-69 显示了反向间隙补偿功能在运动过程中的动作顺序。

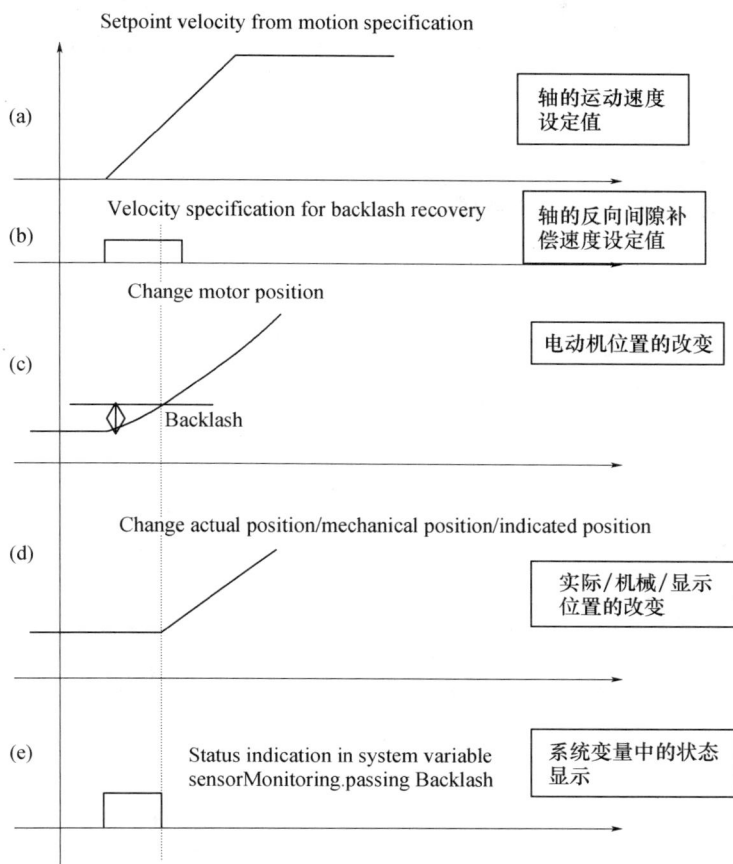

图 5-69　反向间隙补偿动作顺序

图 5-69(a)为轴根据运动指令所得到的速度设定值的曲线，从零速开始加速运动到设定速度，然后匀速运行。

图 5-69(b)显示了轴的反向间隙补偿速度的设定值以及开始、结束的时间点。在竖虚线左边的曲线表明了反向间隙补偿速度的设定值及开始时间，到竖虚线处补偿完毕。此时仅仅补偿了轴的反向间隙，而轴的位置设定值和实际值仍有偏差，从竖虚线往右开始轴以反向间隙补偿速度叠加轴的速度开始追赶轴的位置设定值，直到轴的位置设定值和实际值重合，整个过程才结束。

图 5-69(c)显示了电动机位置的改变，竖虚线左边的曲线表明了间隙补偿的距离。

图 5-69(d)显示了实际位置(或称机械位置/显示位置)的改变。与图 5-69(c)比较可知，在竖虚线左边的曲线一直是恒定不变的，这表明在反向间隙补偿过程中，电动机反向运行穿过间隙范围，但显示的轴实际位置并不改变，补偿完毕后轴的实际位置才发生改变。

图 5-69(e)显示了在系统变量中间隙补偿的状态及开始、结束的时间点。

5.6 轴的监视功能

SIMOTION 系统对于轴工艺对象提供了轴的定位与零速监视、轴运行时跟随误差监视以及速度误差监视功能。在轴使能以后，如果轴的实际位置、实际速度与设定值偏差超过预设的门限值，就会触发相应的报警，并有相应的系统响应。在 SIMOTION SCOUT 项目中，插入一个轴以后，依次选择"Axis→Monitoring"，可以打开轴的监视功能配置画面，设置轴的各种监视功能。

5.6.1 定位监视

在进行轴定位操作时，在位置设定值插补结束后，轴的实际位置开始被监视。该功能称为定位监视，但并不等于到达目标位置，而是实际位置进入一个范围内，称为"定位窗口(Positioning Window)"，如图 5-70 所示。

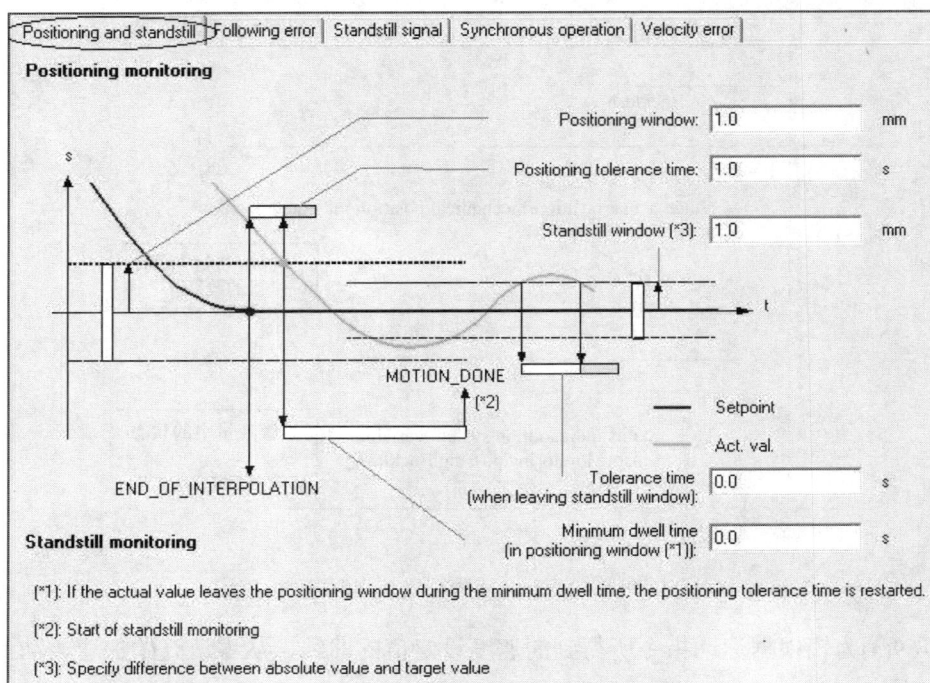

图 5-70 轴的定位与零速监视设置

监视过程如下：

(1) 位置设定值插补完成，图 5-70 中"定位容错时间"(Positioning Tolerance time)定时器开始计时。

(2) 如果在"定位容错时间"内，实际值未进入定位窗口，系统会报 50106 错误，轴的默认响应是去使能，定位监视功能也随之结束。反之，如果实际值进入定位窗口，图 5-70 中"最小停留时间"(Minimum dwell time)定时器开始计时。

(3) 如果在"最小停留时间"内，实际位置重新离开定位窗口，那么"定位容错时间"定时器重新启动，返回第(2)步。如果实际位置重新进入定位窗口，那么"最小停留时间"定时器重新启动。

如果在"最小停留时间"内，实际位置没有离开定位窗口，那么系统变量"motionStateData.motionCommand"会变成"MOTION_DONE"，同时零速监视功能启动。

在轴的系统变量"servoMonitoring.positioningState"中，可以查看定位监视的状态。在压力控制、力控制激活时，定位监视、跟随误差监视会被禁用。

5.6.2 零速监视

在轴已经使能的情况下，如果轴没有执行定位命令，则此时零速监视功能处于激活状态。零速监视有一个零速监视窗口"Standstill window"和监视时间"Tolerance time"设置，如图5-70所示。如果实际位置离开了零速监视窗口，并超过了该容错时间，系统会报50107错误，轴的默认响应是去使能。

可以在轴的系统变量"servoMonitoring.stillstand"中查看其状态。

5.6.3 动态跟随误差监视

在进行定位的过程中，轴的实际位置必然滞后于设定位置，两者的偏差值会随着线速度的增加而增大。位置轴的动态跟随误差监视功能就是对这个偏差进行监视，如果该偏差超过了一个设定门限值，那么系统会报50102错误，轴的默认响应是去使能。由于位置偏差大小与运行的线速度有关，线速度越高，位置的偏差越大，所以所设定的跟随误差监视门限值是与线速度设定值相关的。

如图5-71所示，在低于一个指定的速度"Minimum velocity for dynamic following error monitoring"时，跟随误差监视门限是一个常数"Constant following error"；在高于该速度时，监视门限与设定速度成线性关系，最大监视门限"Maximum perm. Following error"对应了最大速度设定值"Max velocity"。

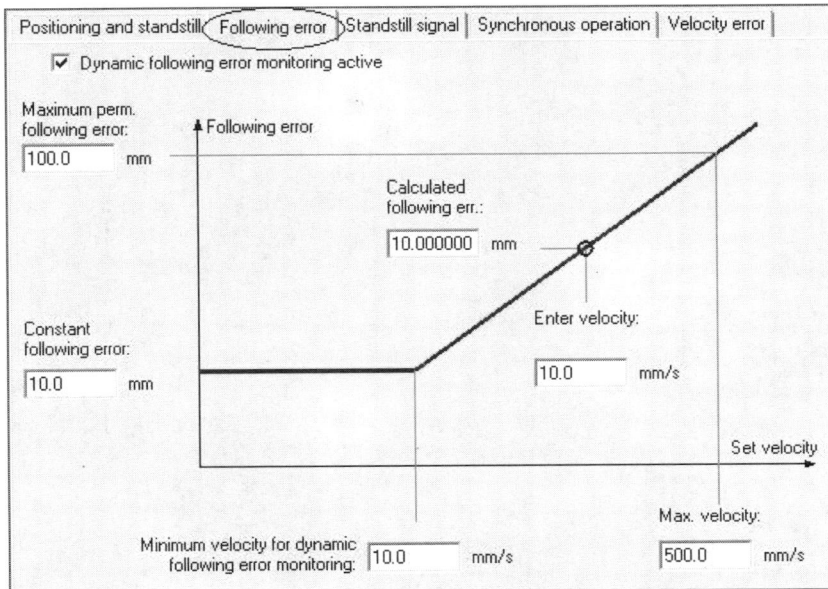

图 5-71　轴的动态跟随误差监视设置

可以通过专家列表中的配置数据"TypeOfAxis.NumberOfDataSets.DataSet_1.DynamicFollowing.dynamicFollowing.warningLimit"配置一个报警门限值，这是一个相对于监视门限的百分数，当超过该报警门限值时，会出现一个报警 50103，即"Warning limit of dynamic following error monitoring reached"。

5.6.4　速度偏差监视

速度偏差监视功能仅适用于速度控制方式下，比如速度轴或者位置轴在速度控制模式下的运动。速度偏差监视功能的激活与设定如图 5-72 所示。

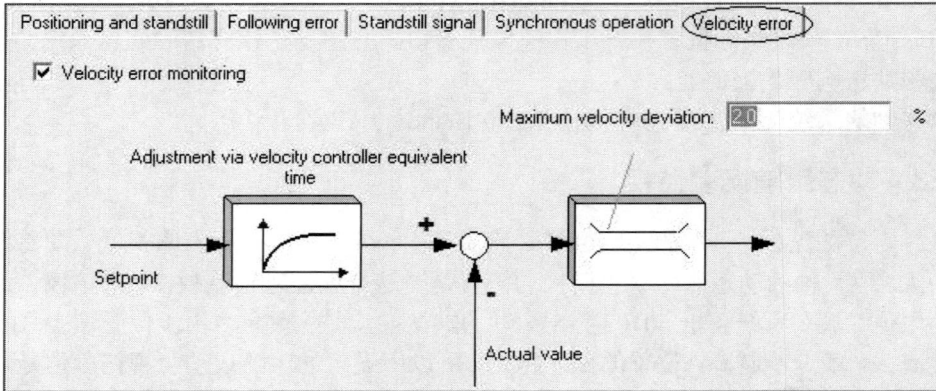

图 5-72　轴的速度误差监控功能设置

当轴在速度控制方式下运行时，滤波后的实际速度与设定速度的偏差超过一个门限值"Maximum velocity deviation"后，系统会报错 50101，轴的默认响应是去使能。

第6章　轴的同步运动控制编程

6.1　概　　述

在各类生产机械中，同步功能有着十分广泛的应用，如同步送料、同步剪切、同步印刷、同步灌装等，图6-1所示就是一个轮切应用的例子。同步功能是很多生产机械的控制核心，有着十分重要的作用。在很多应用中，同步准确度直接影响产品质量，进而影响产品的市场竞争力。在传统的机械解决方案中，使用齿轮、凸轮等机械元件来保证位置同步。这种方案存在很多缺点，如机械元件的磨损造成准确度下降、参数无法修改造成产品单一等。随着机电一体化和自动控制理论的发展，集中式的机械解决方案正在被分布式的电气解决方案所替代。

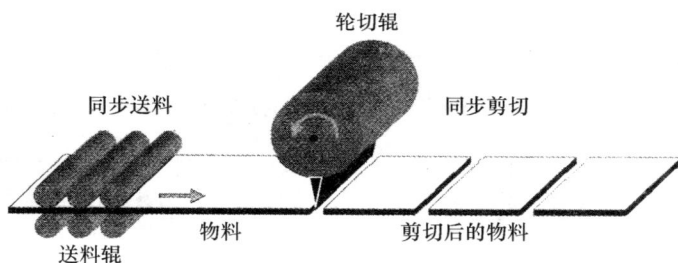

图 6-1　轮切中的同步应用

SIMOTION的同步操作工艺对象(简称"同步对象")提供了同步功能的电气解决方案，它使用"电子齿轮"、"电子凸轮"代替机械齿轮、机械凸轮，其优势在于简化机械结构、没有机械磨损，可在线修改齿轮比、凸轮曲线等参数。这些优势使得生产机械应用灵活、易于维护，生产出的产品更加丰富多样，具有十分广阔的应用前景。

6.2　同步的基本概念

6.2.1　主轴与从轴

在运动控制应用中，经常需要多个轴的同步控制，例如设定一个轴为主轴，其他的轴为从轴，从轴随主轴的运动而做相应的运动。SIMOTION的同步运行功能由同步对象(Synchronous object)提供，主轴(Master)产生的量(含位置、速度和加速度)经过同步对象的处理后赋给从轴(Slave)，从而实现同步运行。同步运行关系至少包含一个主轴和一个从轴。主轴可以是一个位置轴或者外部编码器，也可以由Fixed gear，Addition object，Formula object等工艺对象提供。从轴包含一个同步轴(即从轴)、一个或两个同步对象以及一个或多个Cam曲线。

6.2.2 电子齿轮

电子齿轮功能(Gearing)可以完成主轴与从轴间位置的线性传递功能。与机械中的齿轮功能类似，指定的齿轮比用于描述主轴与从轴间的线性位置关系，如图6-2所示。

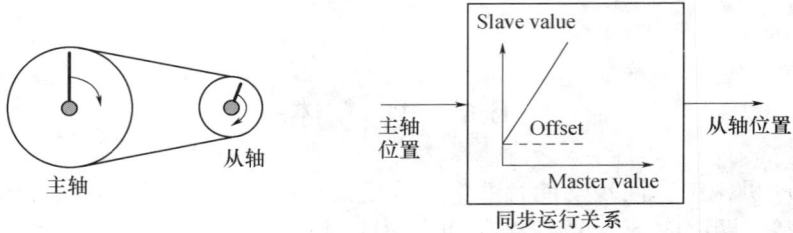

图 6-2　电子齿轮同步

其主轴和从轴按以下的公式进行计算：

$$\text{Slave value} = \text{Gear ratio} \times \text{Master value} + \text{Offset}$$

使用电子齿轮时，会用到以下参数：

1. 齿轮比

齿轮比(Gear ratio)用于指定主轴与从轴间的位置比例，可以用分数或浮点数表示，如图6-3所示。

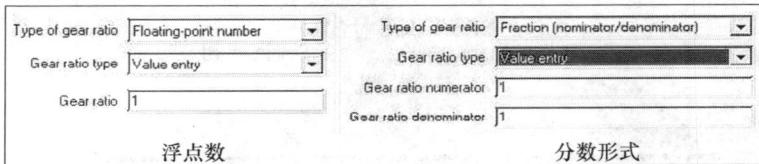

图 6-3　齿轮比

2. 偏移

在SIMOTION中，从轴和主轴间可以设置一个偏移量(Offset)，也可以在同步运动过程中对偏移量进行调整。例如在建立同步时，可以将同步命令"_enableGearing"的参数"同步模式"设置为：

(1) IMMEDIATELY_AND_SLAVE_POSITION：立即开始同步，从轴带偏移。

(2) ON_MASTER_AND_SLAVE_POSITION：同步位置参考主轴位置，主轴带偏移来激活从轴的偏移。

3. 绝对同步与相对同步

同步类型分为绝对同步和相对同步，在SIMOTION建立同步前要指定其同步类型。绝对同步即主轴和从轴的位置关系是绝对位置关系，即双方的位置关系是以坐标零点作为参考的，如图6-4所示。

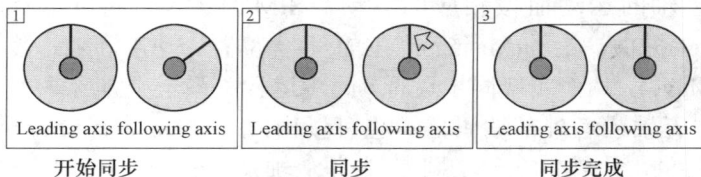

图 6-4　绝对同步过程

相对同步则是主轴和从轴都以当前位置值作为参考点,之后保持位置的线性关系,如图6-5所示。

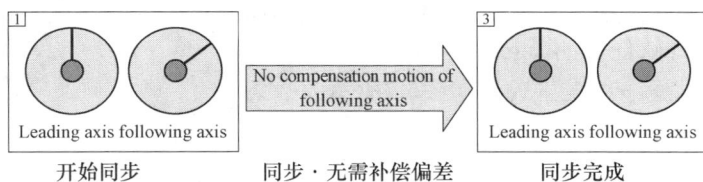

图 6-5　相对同步过程

4．位置同步与速度同步

顾名思义,位置同步指从轴与主轴的位置保持线性关系,编程时使用命令库中的"_enableGearing/_disableGearing"指令;速度同步指从轴与主轴的速度保持线性关系,由于没有位置的概念,所以编程时比较简单,只需要指定齿轮比和同步方向即可,编程时使用命令库中的"_enableVelocityGearing/_disableVelocityGearing"指令。

5．同步方向

在SIMOTION中,齿轮同步的方向有以下几种选择:

(1) SYSTEM_DEFINED:按最短路径进行同步,从轴在同步运行过程中不反向。

(2) SAME_DIRECTION:保持从轴的方向,如果从轴静止则为正向同步。

(3) POSITIVE_DIRECTION:从轴的运动方向始终保持正向。

(4) NEGATIVE_DIRECTlON:从轴的运动方向始终保持负向。

(5) SHORTEST_WAY:按最短路径进行同步,从轴在同步运行过程中可能会产生反向。

6.2.3　电子凸轮

电子凸轮功能(Camming)可以完成主轴与从轴间位置的非线性传递功能;与机械中的凸轮功能类似,指定的Cam曲线用于描述主轴与从轴间的非线性位置关系,如图6-6所示。

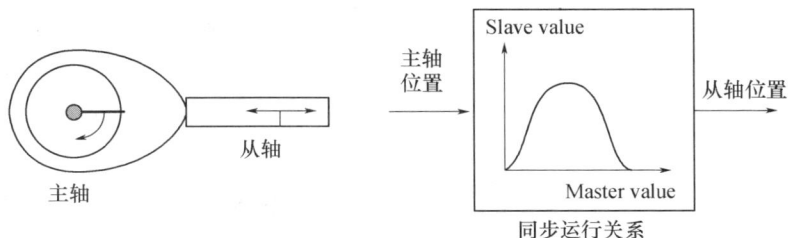

图 6-6　电子凸轮同步

电子凸轮需要用Cam曲线来描述从轴与主轴间位置的非线性关系,按以下公式确认位置关系:

$$Slave\ value=KS(Master\ value+Offset\ master\ value)+Offset\ slave\ value$$

式中:KS为Cam曲线,即传递函数。

使用电子凸轮时,会用到以下参数设置:

1．Cam 曲线

在SIMOTION系统中,Cam曲线是一个独立的工艺对象,可以被同步对象引用。Cam曲线是描述横轴与纵轴非线性关系的一条曲线,本身没有任何物理意义。但在不同的应用中,横轴与纵轴被赋予了不同的物理意义,如表示一个轴的时间与速度的关系或主轴与从轴的位置关系

227

等。在两个轴的电子凸轮同步应用中，Cam曲线的横轴与纵轴分别表示主轴与从轴的位置。

在使用电子凸轮功能前，需要先定义Cam曲线。Cam曲线可以通过SCOUT软件中的Cam编辑器或CamTools软件生成，也可以通过程序在线生成。如图6-7所示为一条Cam曲线。

2．绝对模式和相对模式

在SIMOTION中，电子凸轮功能同时支持主轴和从轴的绝对模式和相对模式，分别在_enableCamming()功能的参数MasterMode和SlaveMode中进行设定。图6-8中的例子采用的Cam的主值位置范围为[0～300]，从值范围为[0～100]，主轴为0～1000的模态轴，主轴和从轴的当前位置分别为450 mm和145mm。图中的4条曲线分别表示在主轴和从轴的相对和绝对模式下的运行轨迹。其中：曲线①表示主轴为

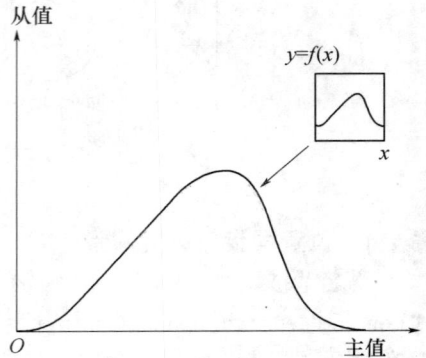

图 6-7　Cam 曲线

绝对值模式，从轴为相对模式的曲线，主轴从当前位置450mm切换到0才进行同步，而从轴则保持为当前的145 mm位置不变；曲线②表示主从轴均为相对模式的运行曲线；曲线③表示主从轴均为绝对模式的运行曲线；曲线④表示主轴为相对模式，而从轴为绝对模式的运行曲线。

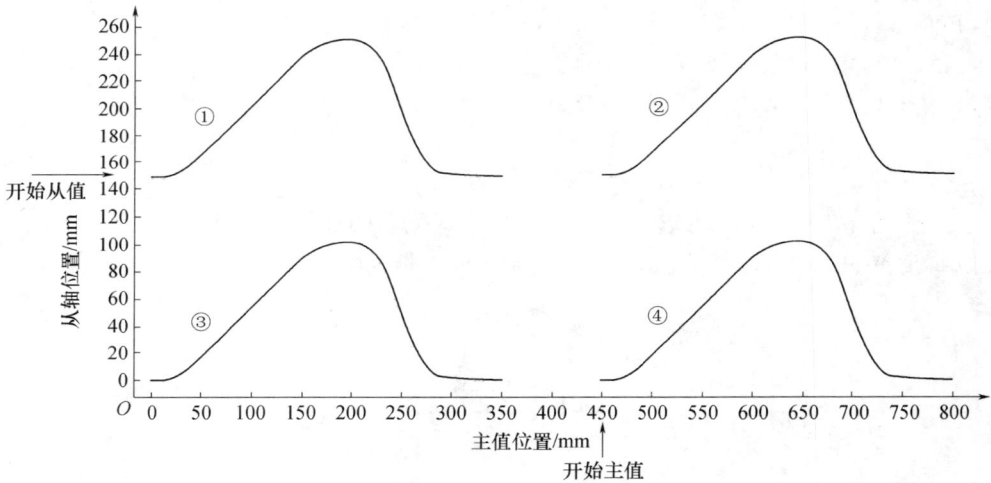

图 6-8　绝对和相对模式示意图

3．Camming 模式

Camming模式有两种，即非周期性Camming和周期性Camming。

非周期性Camming就是Cam同步只在Cam中定义的主轴范围内进行一次，如果主轴再次经过Cam曲线的范围或主轴反向运行至该区域，Cam同步也不会再发生。

周期性Camming是指主轴的范围会周期性地镜像到整个主轴范围。不管主轴在哪个位置，都会保持Camming同步运行状态。如果Cam的开始点和结束点的位置相同，那么运动会平滑地周期性地进行。如果Cam的开始点和结束点的位置不同，那么从轴的位置设定值会不连续，但从轴的实际运动受限于动态响应，不能突变。

4．同步方向

在SIMOTION中，凸轮同步的方向有以下两种选择：

228

(1) POSITIVE：即主轴值增加时，从轴值增加，两者运动方向相同。

(2) NEGATIVE：即主轴值增加时，从轴值减小，两者运动方向相反。

6.3　同步运行过程

同步运行可分为3个过程，分别为建立同步(Synchronization)、同步运行(Synchronized traversing)及解除同步(Desynchronization)。建立同步的过程是一个动态过程，当从轴收到同步命令后，从轴以指定的方式追上主轴并建立同步，随后即进入同步运行阶段，从轴位置将实时地跟随主值的变化而变化；当从轴接收到解除同步命令后进入解除同步运行，解除同步的过程与建立同步正好相反。

SIMOTION为建立同步和解除同步操作提供了多种方式，以满足不同工艺的要求。下面将对建立同步和解除同步的操作进行详细介绍。

6.3.1　建立同步

在SIMOTION中，可以使用命令库中的"_enableGearing/enableCamming"指令来建立同步，建立同步的过程中主要受"同步轮廓"、"同步模式"、"同步位置参考"及"同步方向"等参数的影响。通过不同的参数设置，可以对建立同步的动态过程进行精确地控制。使用MCC程序中的指令"Gearing On/Cam On"或使用PLCOpen中的命令"_MC_GearIn/_MC_Camln"也可以建立同步，其参数意义与之类似。

1) 同步轮廓参考(SyncProfileReference)

同步轮廓参考由参数SyncProfileReference确定，该参数决定同步过程是由位置还是由动态响应来决定同步过程，可设置为

(1) RELATE_SYNC_PROFILE_TO_LEADING_VALUE：由位置来决定同步过程。由位置决定同步过程就是用"同步长度(SyncLength)"确定同步过程。"同步长度"指的是在建立同步的动态过程中，主值运动的长度。采用这种方式时，从轴的运动数据由系统计算得出，根据同步长度的不同，会得到不同的动态响应和位移曲线轮廓，图6-9所示为同步长度为500mm时的位移曲线。

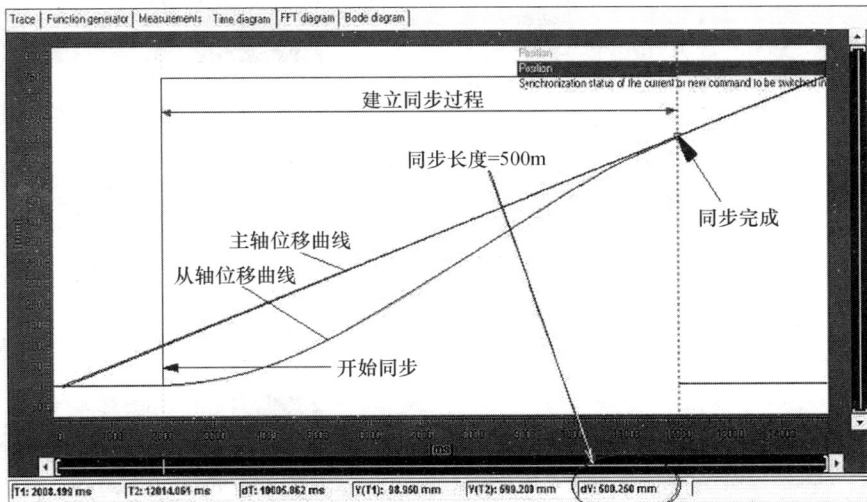

图6-9　由位置决定同步过程

(2) RELATE_SYNC_PROFILE_TO_TIME：由动态响应决定同步过程。由动态响应决定同步过程时，从轴以指定的速度和加速度运行，如图6-10所示。此时位移曲线轮廓是基本固定的，但不同的动态响应数据将得到不同的"同步长度"。

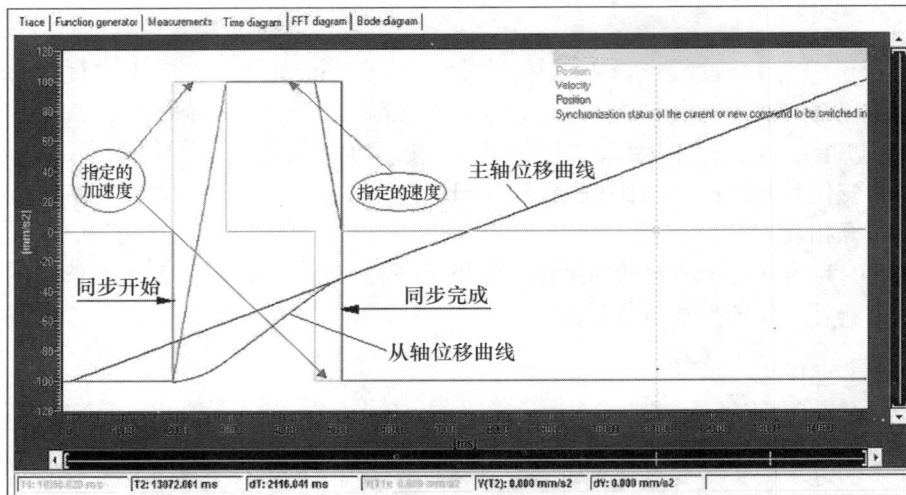

图 6-10　由动态响应决定同步过程

2) 同步模式(SynchronizingMode)

同步模式决定了开始建立同步的时间及建立同步后从轴的偏移，有些模式下需要与同步位置参考相配合。可设置为：

(1) IMMEDIATELY：立即开始同步。表示从同步指令执行瞬间立即开始同步，此时同步位置参考不再起作用，即相当于SynchronizingMode决定了同步的起点，同步的终点可通过同步长度或动态响应确定。建立同步后，从轴与主值间没有偏移，如图6-11所示。

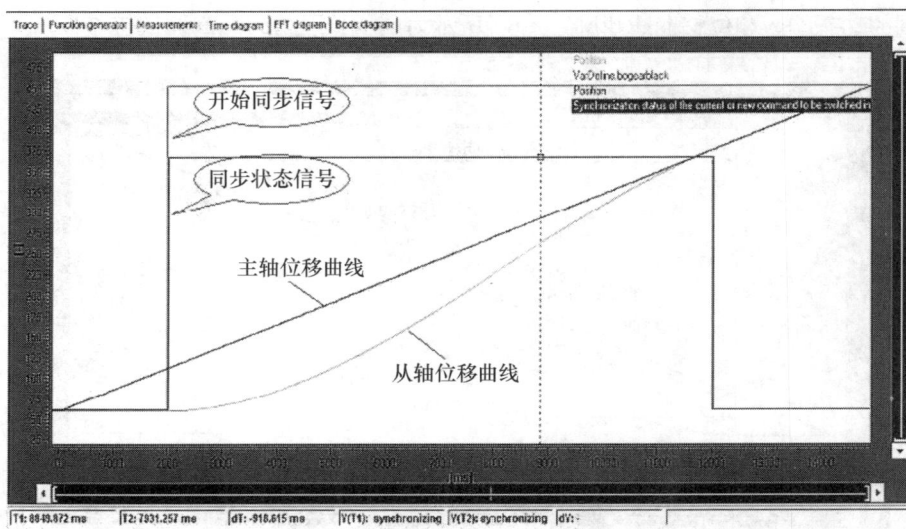

图 6-11　同步模式："IMMEDIATELY"

(2) IMMEDIATELY_AND_SLAVE_POSITION：立即开始同步从轴带偏移。该模式与IMMEDIATELY相同，但可以指定同步后从轴与主值之间的位置偏移。如图6-12所示，从轴和主值之间的偏移为30mm。

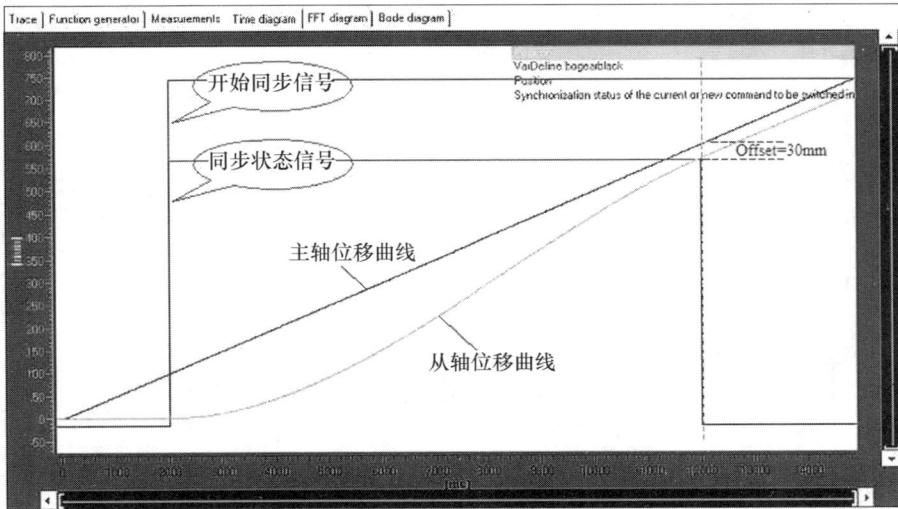

图 6-12 同步模式："IMMEDIATELY_AND_SLAVE_POSITION"

(3) ON_MASTER_POSITION：同步位置参考主轴位置。表示在主轴到达某位置后开始建立同步，需要与同步位置参考相配合，决定该位置是同步的起点、对称点或终点。如图6-13所示为在主轴位置为200mm时开始建立同步，"同步位置参考"为起点。

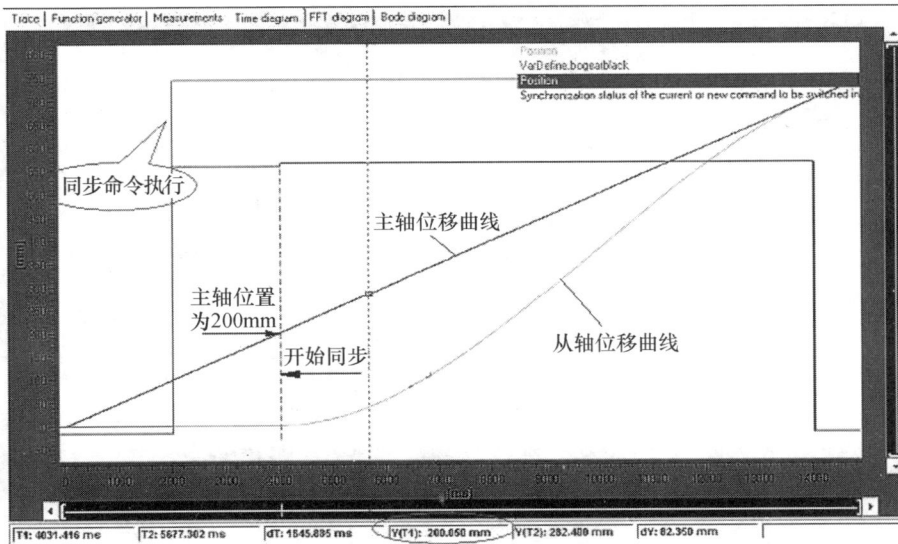

图 6-13 同步模式："ON_ MASTER_POSITION"

(4) ON_MASTER_AND_SLAVE_POSITION：同步位置参考主轴位置从轴带偏移。该模式与"ON_ MASTER_POSITION"相同，但可以指定同步后从轴与主值之间的位置偏移。图6-14所示从主轴位置为200mm 时开始同步，并且从轴的偏差为30mm。

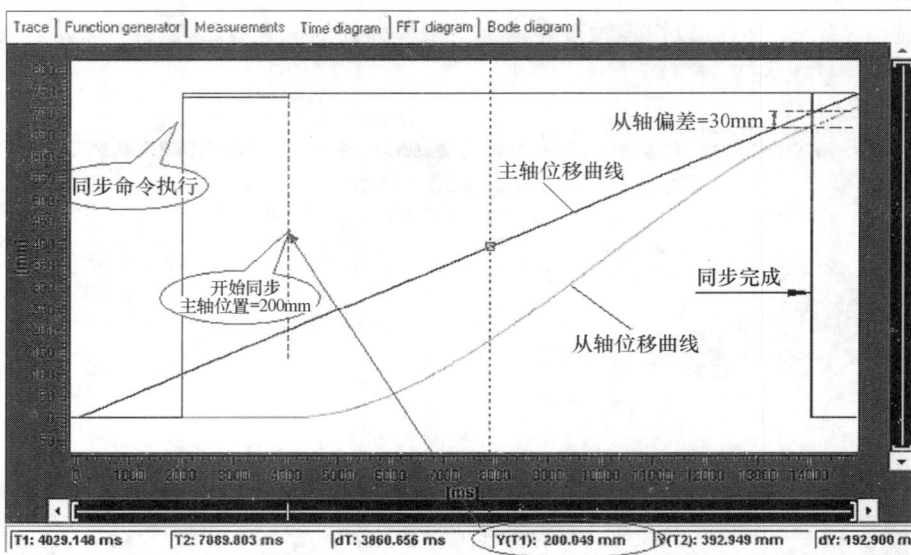

图 6-14　同步模式："ON_MASTER_AND_SLAVE_POSITION"

(5) ON_SLAVE_POSITION：同步位置参考从轴位置。该模式与"ON_MASTER_POSITION"类似，表示在从轴到达某位置后开始建立同步，需要与"同步位置参考"相配合，决定该位置是同步的起点、对称点或终点。图6-15所示为在从轴位置到达100mm时开始建立同步，"同步位置参考"为起点。

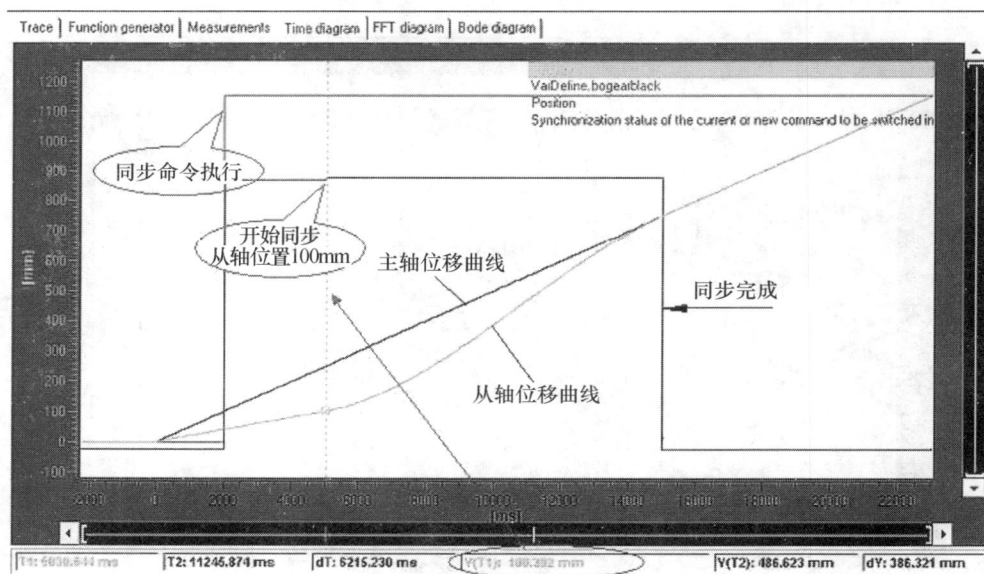

图 6-15　同步模式："ON_SLAVE_POSITION"

(6) AT_THE_END_OF_CAM_CYCLE：在上一个Cam完整周期结束后开始同步。该模式在周期性Cam同步时，在两个Cam曲线切换时使用，即在上次运行着的周期性Cam完成一个循环后运行本指令中指定的Cam，如图6-16所示。

232

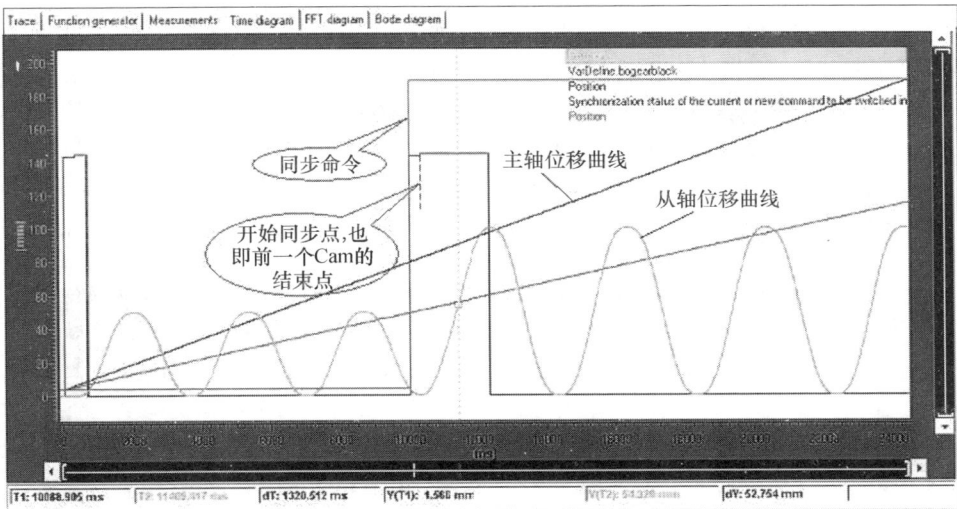

图 6-16　同步模式："AT_THE_END_OF_CAM_CYCLE"

3．同步位置参考(SynPositionReference)

同步位置参考决定了同步模式中指定的位置是作为同步过程的起点、终点还是对称点，同步开始点由同步长度或由动态响应参数决定。可设置为：

(1) LEADING/ BE_SYNCHRONOUS_AT_POSITION：指定的位置是终点。同步开始点由同步长度或由动态响应参数决定。

(2) TRAILING/SYNCHRONIZE_WHEN_POSITION_REACHED：指定的位置是起点。同步终点由同步长度或由动态响应参数决定。

(3) SYNCHRONIZE_SYMMETRIC：指定的是对称点。此时"同步轮廓参考"不能选择为RELATE_SYNC_PROFILE_TO_TIME。

如图6-17所示为同步模式为"ON_MASTER_POSITION"，同步位置为500mm，同步位置参考在不同设置下的从轴位置曲线，其中：曲线①为终点；曲线②为起点；曲线③为对称点。

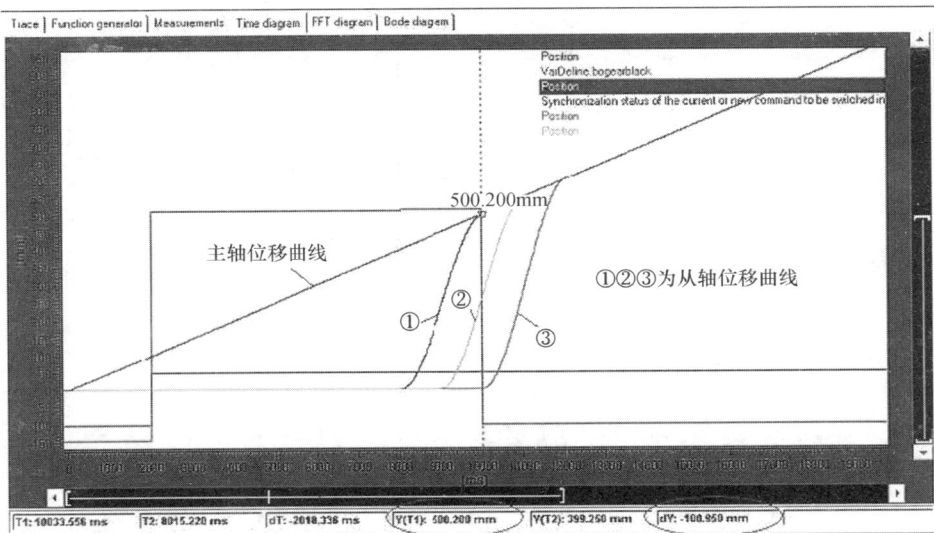

图 6-17　"同步位置参考"的 3 种设置

233

4．同步方向(synchronizingDirection)

同步方向决定同步过程中从轴的运动方向，可以设置为：

(1) SYSTEM_DEFINED：按最短路径进行同步，从轴在同步运行过程中不反向。

(2) SAME_DIRECTION：保持从轴的方向，如果从轴静止则为正向同步。

(3) POSITIVE_DIRECTION：从轴的运动方向始终保持正向，如图6-18中曲线①所示。

(4) NEGATIVE_DIRECTION：从轴的运动方向始终保持负向，如图6-18中曲线②所示。

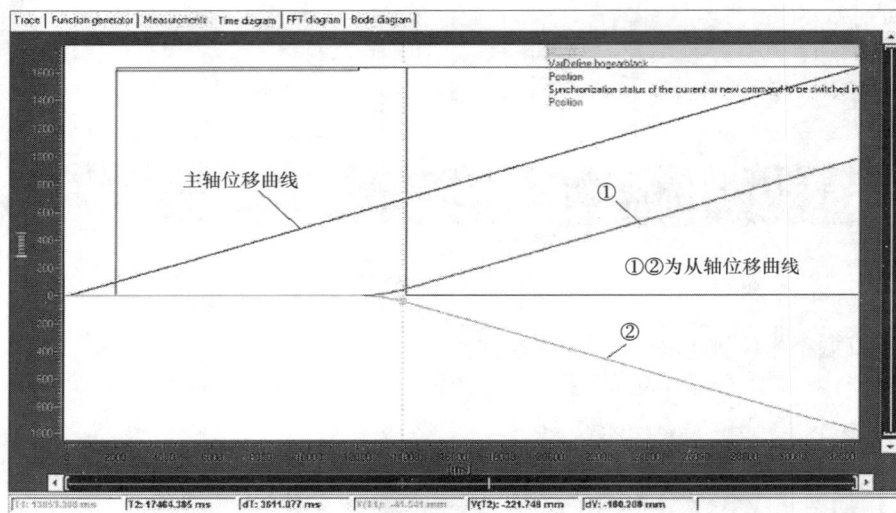

图 6-18　同步方向="POSITIVE_DIRECTION"和"NEGATIVE_DIRECTION"的同步过程

(5) SHORTEST_WAY：按最短路径进行同步，在使用模态轴时，从轴在同步运行过程中会产生反向运行。

图6-19所示在主轴和从轴均为模态轴时，同步方向设为SHORTEST_WAY后，在从轴位置为零，主轴位置分别为300mm和-300mm的情况下启动同步时，从轴的运动方向是不同的。从图中可以看出，曲线①中从轴一直正向运动，曲线②中从轴先反向后正向运动。

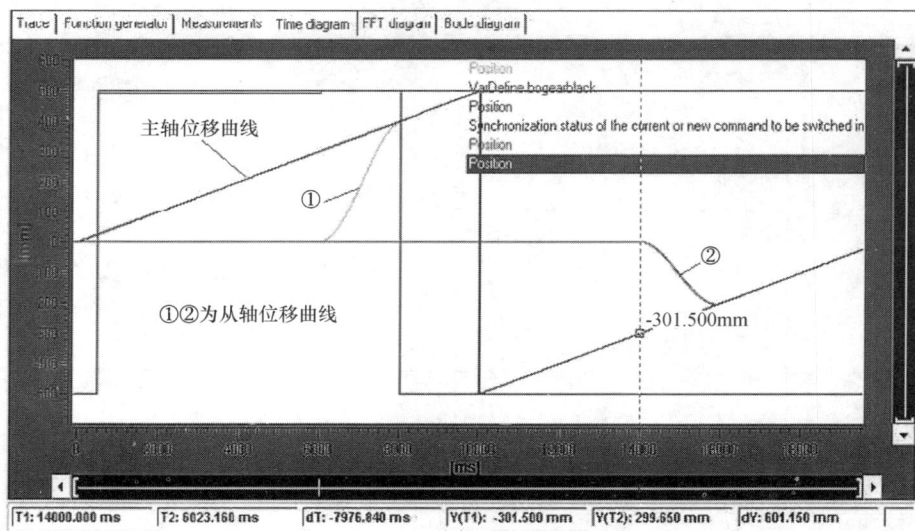

图 6-19　同步方向="SHORTEST_WAY"的同步过程

6.3.2 解除同步

在SIMOTION中，可以使用命令库中的_disableGearing()/_disableCamming()功能来解除同步，解除同步的过程中主要受同步轮廓、同步模式、同步位置参考等参数的影响，这些参数的取值及说明如表6-1所列。通过不同的参数设置，可以对解除同步的动态过程进行精确的控制。使用MCC程序中的命令"Gearing Off/Cam Off"或者使用PLGOpen中的命令"_MC_GearOut/_MC_CamOut"也可以解除同步，其参数意义与之类似。

表 6-1　解除同步参数描述

参数		含义	值
解除同步轮廓参考	SyncProfile Reference	解除同步轮廓，由位置或时间决定解除同步过程	RELATE_SYNC_PROFILE_TO_LEADING_VALUE：由位置决定解除同步过程。 RELATE_SYNC_PROFILE_TO_TIME：由时间(动态响应)决定解除同步过程
解除同步模式	syncOff Mode	解除同步规范	IMMEDIATELY：立即开始解除同步。 ON_MASTER_POSITION：解除同步点参考主轴位置。 ON_SLAVE_POSITION：解除同步点参考从轴位置。 AT_THE_END_OF_Cam_CYCLE：上一个Cam完整周期结束后开始解除同步
解除同步位置参考	syncOff Position Reference	终点	AXIS_STOPPED_AT_POSITION：由解除同步规范决定解除同步终点，解除同步开始点由解除同步长度或由动态响应参数决定(由Profile决定)
		起点	BEGIN_TO_STOP_WHEN_POSITION_REACHED：由解除同步规范决定解除同步起点,解除同步结束点由解除同步长度或动态响应参数决定(由Profile决定)
		对称	STOP_SYMMETRIC_WITH_POSITION：开始点以及结束点由解除同步位置以及解除同步长度决定，两边对称，此时Profile不能选择由动态响应决定

解除同步命令中的各参数与建立同步的意义一致。图6-20所示为解除同步的实例，"解除同步参考"由"解除同步长度"决定，"解除同步长度"为50mm，"解除同步模式"为参考主轴位置，位置值为-300mm，"解除同步位置参考"为起点。

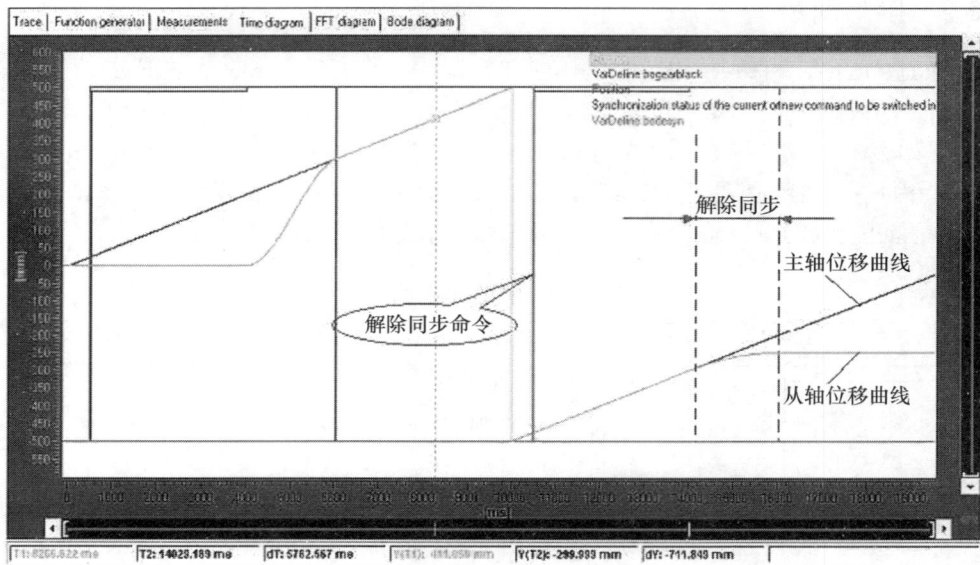

图 6-20　解除同步过程

6.4　同步功能的配置与编程

6.4.1　电子齿轮位置同步的配置与编程

例如，要实现如下功能：主轴为Red，从轴为Blue，要求绝对同步，用浮点数直接指定齿轮比，齿轮比为1，同步模式为立即同步，同步轮廓参考为基于位置的方式，同步长度为100 mm，同步方向为正向同步。即从同步指令执行瞬间立即开始建立同步，在100mm范围内，主从轴沿同一方向完成同步过程。同步后主从轴绝对位置之比为1。其同步的配置与编程如下。

1．创建主轴

插入主轴"Red"，选择其为位置轴，即在图6-21中选中"Speed control"和"Positioning"。主轴的详细配置过程如图6-22～图6-26所示。

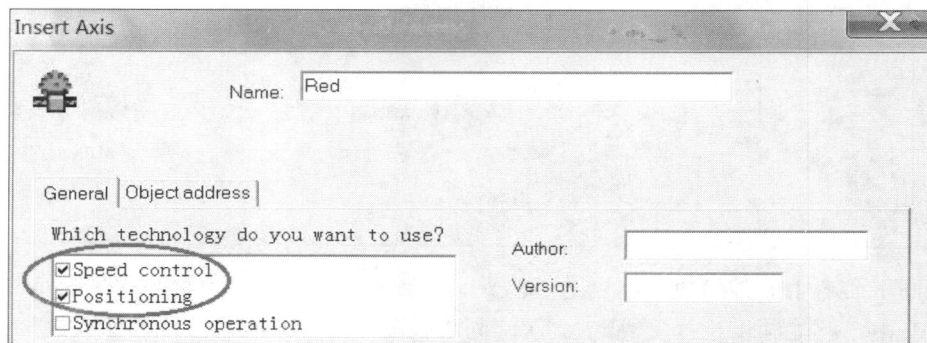

图 6-21　插入主轴"Red"为位置轴

236

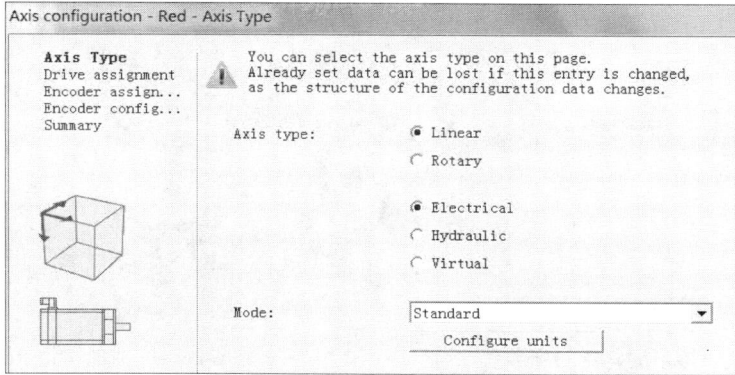

图 6-22　选择主轴类型为线性电气轴

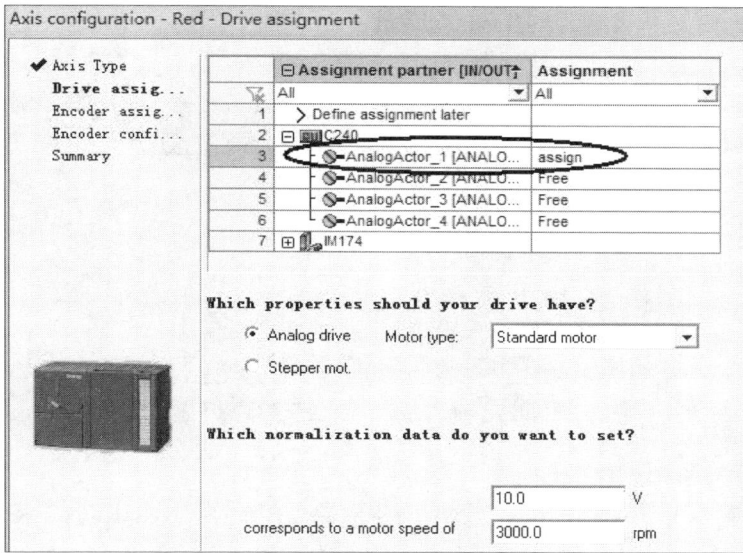

图 6-23　选择主轴驱动电动机方式

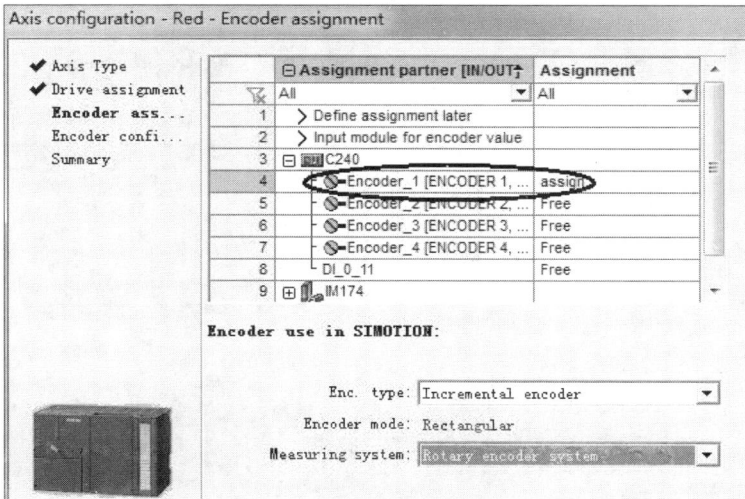

图 6-24　选择主轴反馈编码器

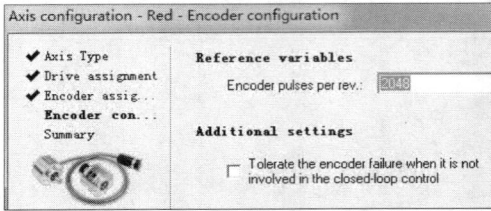

图 6-25 设置主轴增量编码器的分辨率

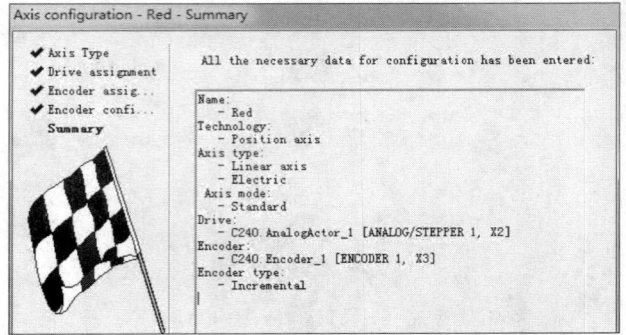

图 6-26 完成的主轴 Red 配置

2．创建从轴

插入从轴"Blue"，并设置为同步轴。即在图6-27中选中"Speed control"、"Positioning" 以及"Synchronous Operation"，其他配置过程和配置Red轴相同。

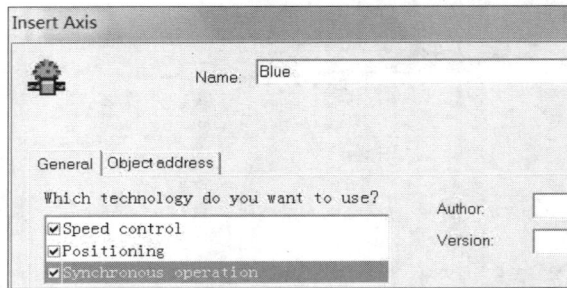

图 6-27 插入从轴"Blue"为同步轴

3．配置同步关系

在离线状态下，双击从轴"Blue"下的同步对象"Blue_SYNCHRONOUS_OPERATION"，然后在右边界面勾选"Red"，表示将"Red"轴作为"Blue"轴的主轴，在"Coupling Type"中选择使用主轴的设定值(Setpoint)作为主值，如图6-28所示。

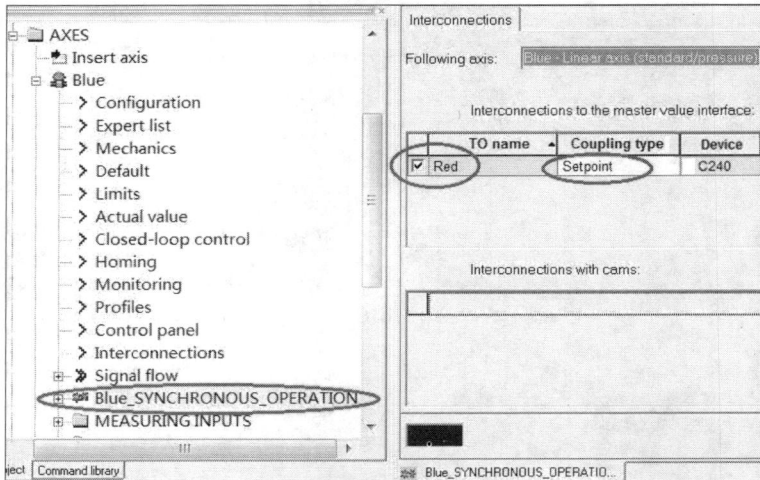

图 6-28 设置同步运动互连

4．Gearing 编程

本例采用MCC语言编程。首先插入MCC 程序单元"Gearing"，建立单元逻辑变量"boGearonTestStart"，并依次建立下列MCC程序段。创建界面如图6-29所示。

(1) Homing：回零FC子程序，在squencecnotrol中调用。

(2) Enableaxis：轴使能FC子程序，在squencecnotrol中调用。

(3) Runmaster：主轴运行FC子程序，在squencecnotrol中调用。

(4) Gearingon：建立同步FC子程序，在squencecnotrol中调用。

(5) Gearingoff：解除同步FC子程序，在squencecnotrol中调用。

(6) Disableaxis：停止主轴并解除轴使能的FC子程序，在squencecnotrol中调用。

(7) Faultexecution：故障处理Program程序，为空程序，在任务TechnologicalFaultTask和PeripheralFaultTask中调用。

(8) Squencecontrol：顺序控制Program程序，在任务MotionTask1中调用。

(9) Bgdcontrol：背景任务Program程序，用于激活任务MotionTask1。

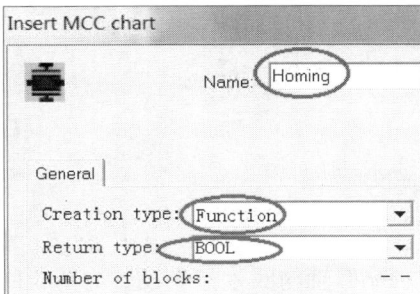
(a)

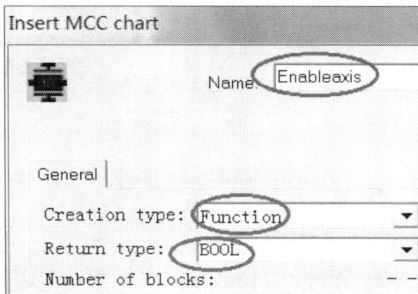
(b)

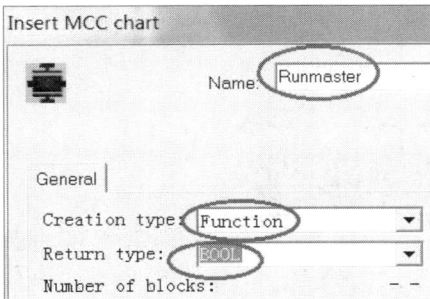
(c)

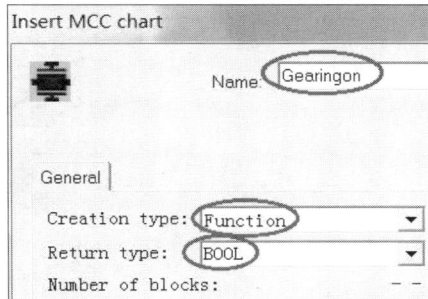
(d)

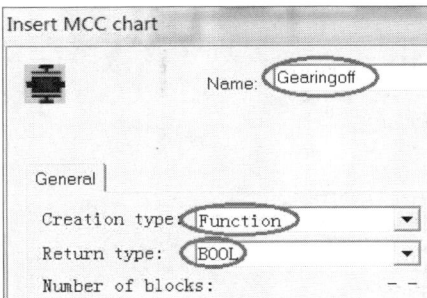
(e)

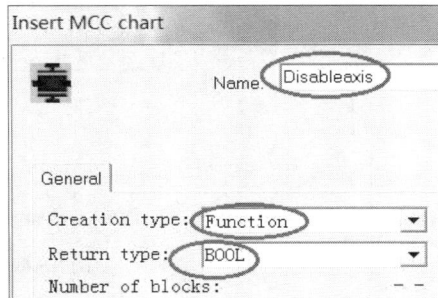
(f)

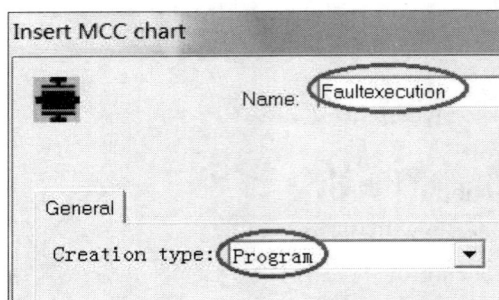

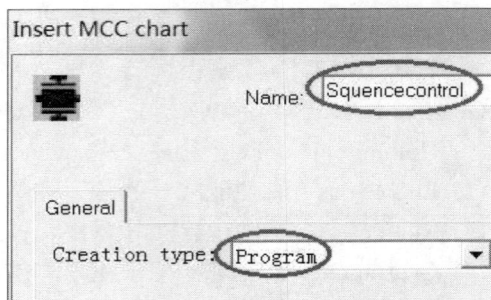

(g)   (h)

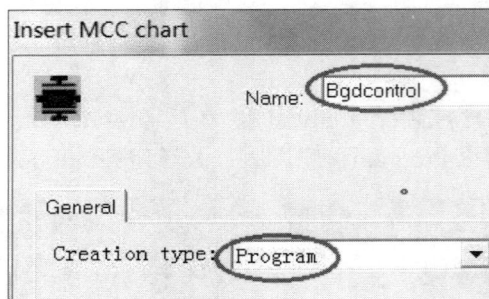

(i)

图 6-29   MCC 程序段的创建

程序中的具体内容如下：

(1) 回零子程序"Homing"，如图6-30所示。"Red"轴的回零指令设置如图6-31所示。

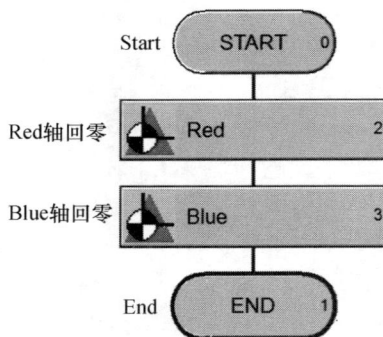

图 6-30   Homing 子程序

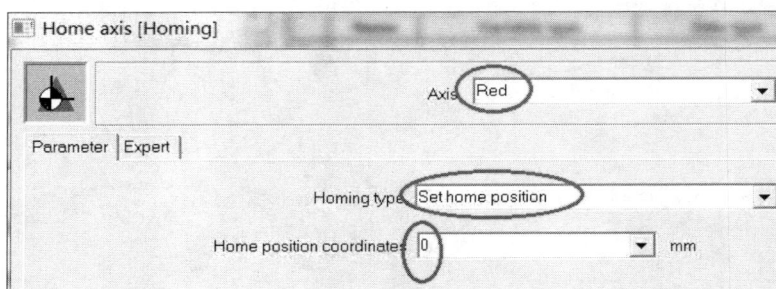

图 6-31   "Red"轴回零指令设置

(2) 轴使能子程序"Enableaxis"，如图6-32所示。"Red"轴使能指令设置如图6-33所示。

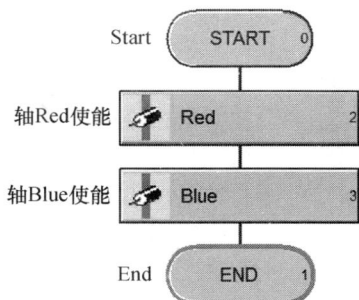

图 6-32　"Enableaxis"子程序

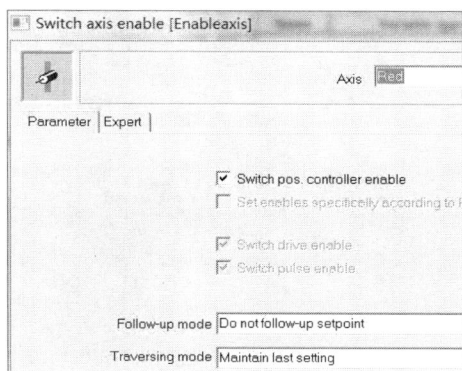

图 6-33　"Red"轴使能指令设置

(3) 主轴运行子程序"Runmaster"，如图6-34所示。"Red"轴移动指令设置如图6-35所示。

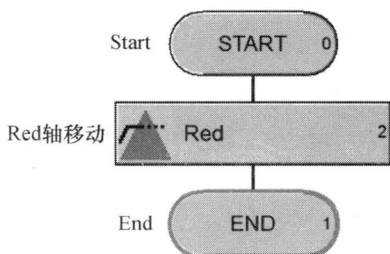

图 6-34　"Runmaster"子程序

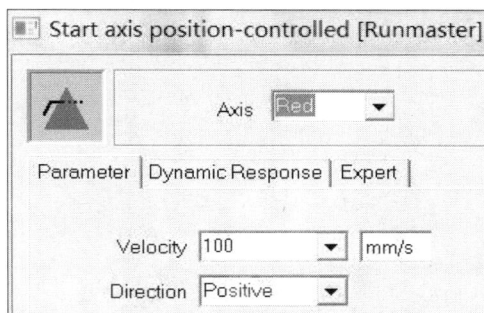

图 6-35　"Red"轴移动指令设置

(4) 建立同步子程序"Gearingon"，如图6-36所示。本例中采用绝对同步，用浮点数直接指定齿轮比，同步轮廓参考为基于位置长度的方式，同步模式为立即同步，同步方向为正向同步，同步长度为100mm。"Red"轴同步指令设置如图6-37和图6-38所示。

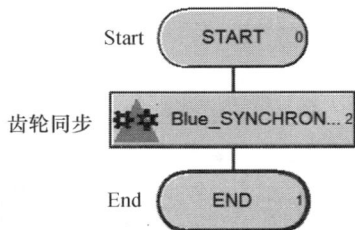

图 6-36　"Gearingon"子程序

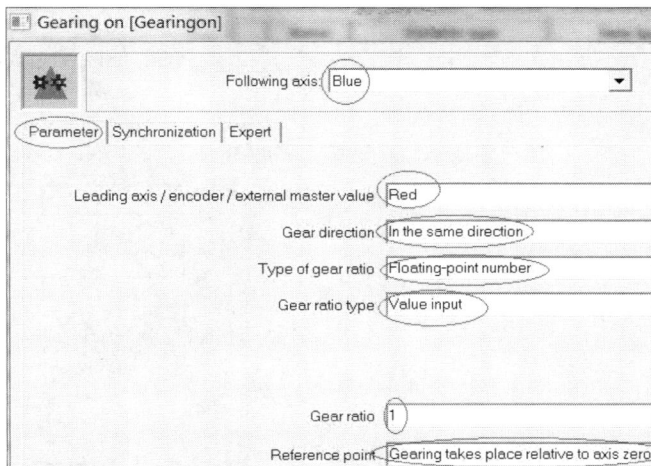

图 6-37　齿轮同步指令的参数设置

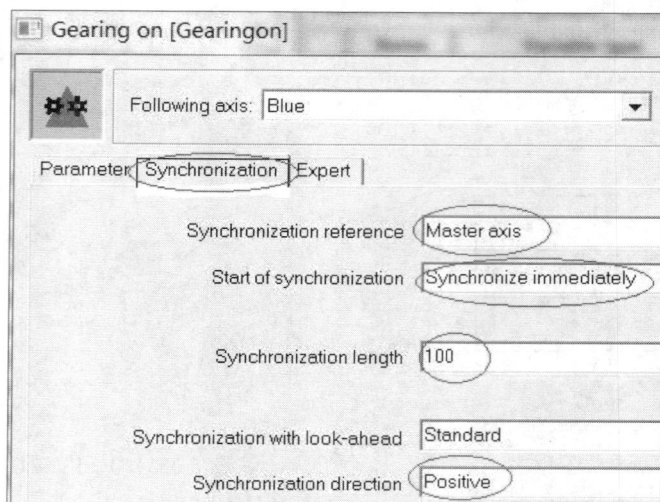

图 6-38 齿轮同步指令的同步设置

(5) 解除同步子程序"Gearingoff",如图6-39所示。解除齿轮同步指令设置如图6-40所示。

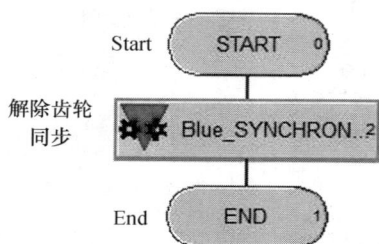

图 6-39 "Gearingoff"子程序

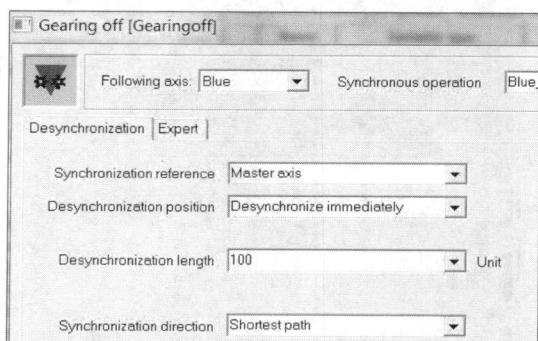

图 6-40 解除齿轮同步指令设置

(6) 停止主轴并解除轴使能子程序"Disableaxis",如图6-41所示。

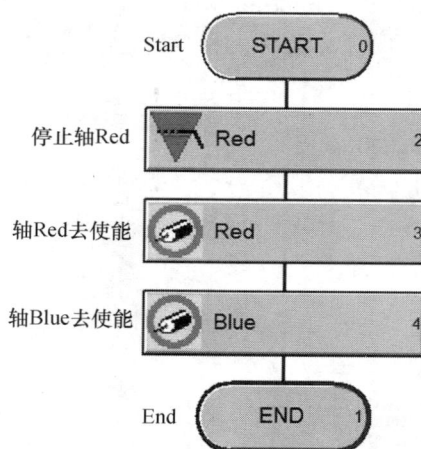

图 6-41 "Disableaxis"子程序

(7) 顺序控制程序 "Squencecontrol"，如图6-42所示。

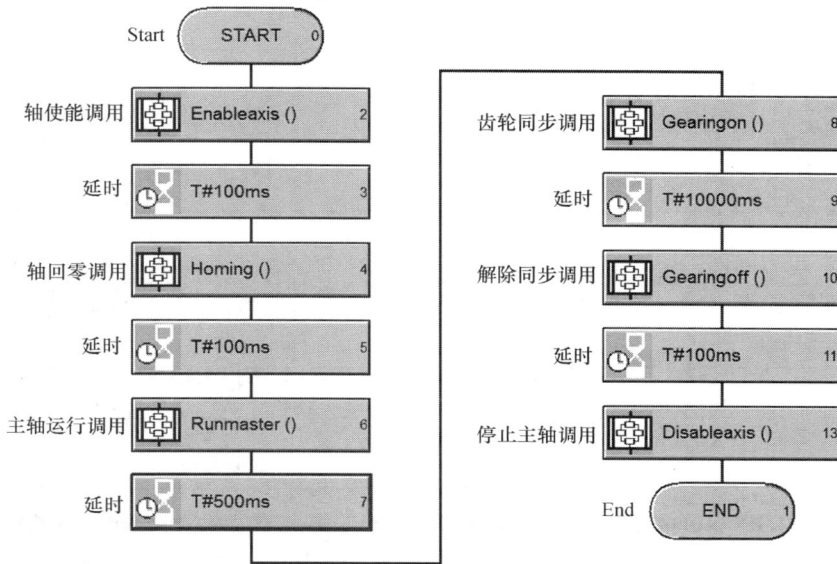

图 6-42　"Squencecontrol" 程序

(8) "Bgdcontrol" 程序，在BackgroundTask 中调用，用于根据条件激活任务MotionTask1，如图6-43所示。

5.　分配程序到执行系统任务中

如图6-44所示，将3个程序分配到相应的执行系统任务中，完成全部编程。

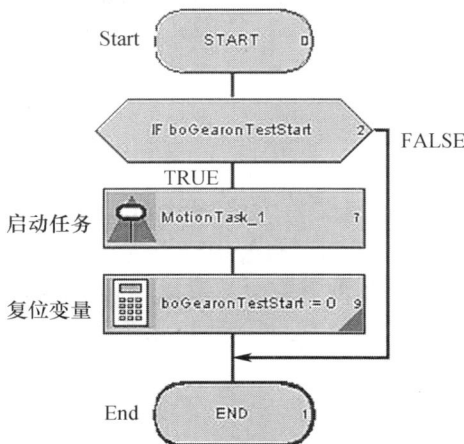

图 6-43　"Bgdcontrol" 程序

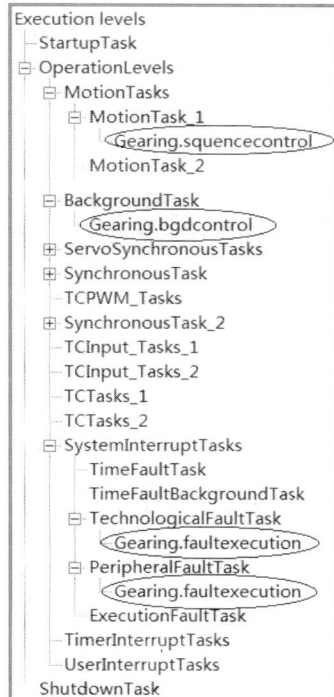

图 6-44　分配程序到执行系统中

243

6. 程序测试

在本例中，只需将"boGearingOnTestStart"设为"TRUE"，系统即按顺序运行：轴使能→轴回零→主轴运行→齿轮同步→解除齿轮同步→停止主轴→轴去使能→复位变量"boGearingOnTestStart"。

建立状态表，加入变量"boGearingOnTestStart"(图6-45)，SIMOTION 运行后将其置为"TRUE"即开始运行。用Trace 记录主轴和从轴的位置以及同步状态信号，曲线如图6-46所示。

图 6-45　变量表

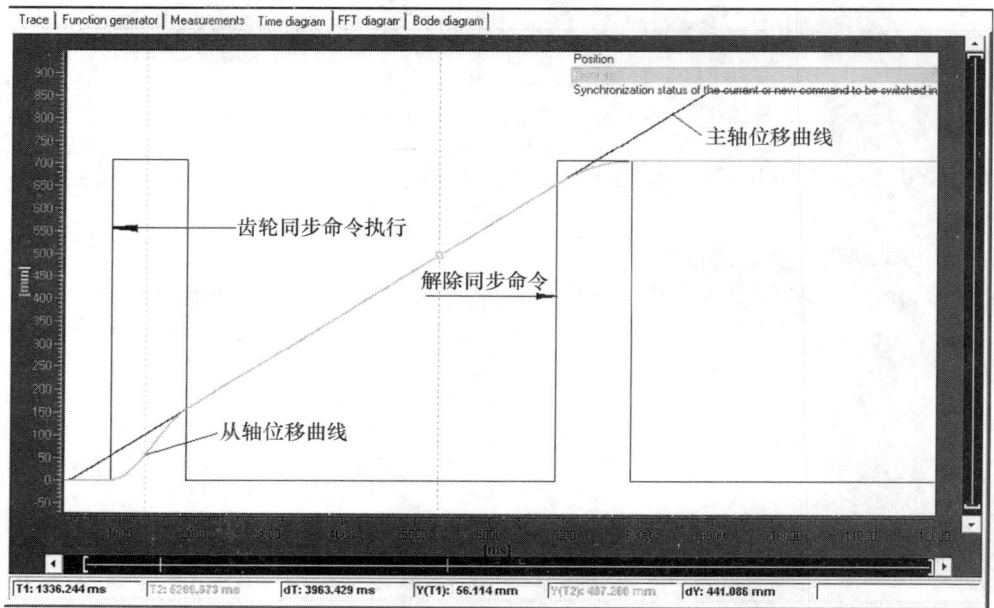

图 6-46　Trace 曲线记录

6.4.2　电子齿轮速度同步的配置与编程

"Gearing"和"Camming"都是实现位置间的函数关系，而"Velocity Gearing"是实现主轴和从轴间的速度函数关系，即同步对象将根据主轴速度计算出从轴的速度设定值。一旦同步启动，从轴即按照指定的加速度调整到同步速度。其主要参数有速度比和同步方向。

例如，实现如下功能：主轴为Red，从轴为Blue，要求绝对同步，采用正向速度同步，速比为2。

实现速度同步的程序和齿轮同步的例子程序绝大部分相同，只需将其中的"GearingOn"子程序和"GearingOFF"子程序用新的"VelocityGearingOn"子程序和"VelocityGearingOff"子程序替代即可。

244

速度同步在同步过程中的动态响应是在指令中直接给定的，本例采用默认值。

(1) 子程序"VelocityGearingOn"。本例中采用正向速度同步，速比为2。程序如图6-47所示。速度齿轮同步指令设置如图6-48所示。

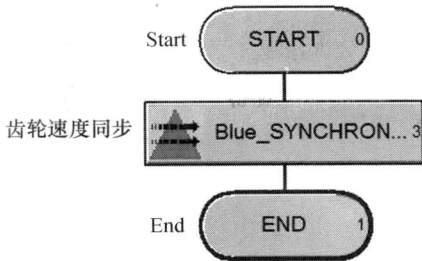

图 6-47 "VelocityGearingOn"子程序

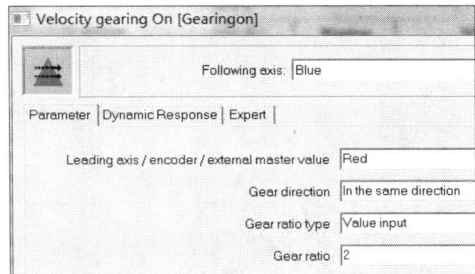

图 6-48 速度齿轮同步指令设置

(2) 子程序"VelocityGearingOff"，如图6-49所示。解除速度齿轮同步指令设置如图6-50所示。

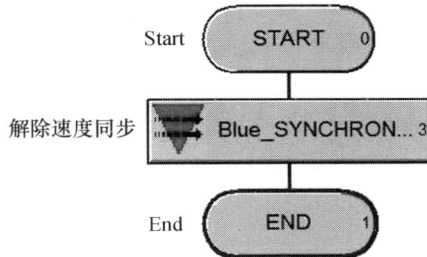

图 6-49 "VelocityGearingOff"子程序

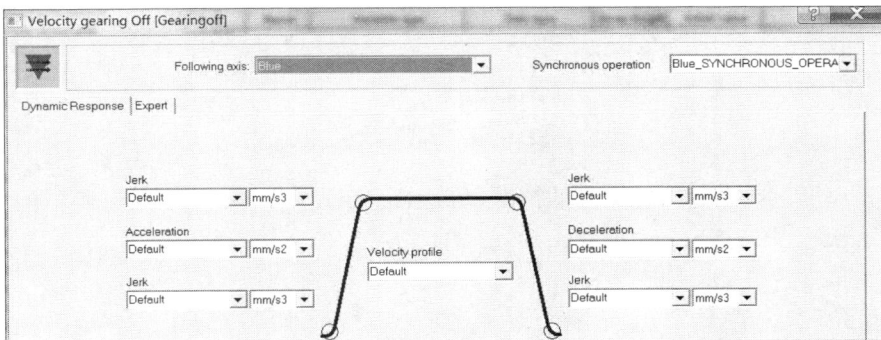

图 6-50 解除速度齿轮同步指令设置

(3) 用Trace 记录主轴和从轴的速度以及同步状态信号，如图6-51所示。

6.4.3 电子凸轮同步的配置与编程

1. 绘制 CAM 曲线

下面以一个具体实例来介绍Cam曲线的绘制。在伺服压机应用(图6-52)中，压力电动机作为一个旋转的主轴(模态轴，模态长度为360°)，进给电动机作为直线运动的从轴，主轴反复旋转运动带动从轴往复直线运动。根据工艺参数先定义主轴及从轴的位移关系曲线。工艺参数如下：

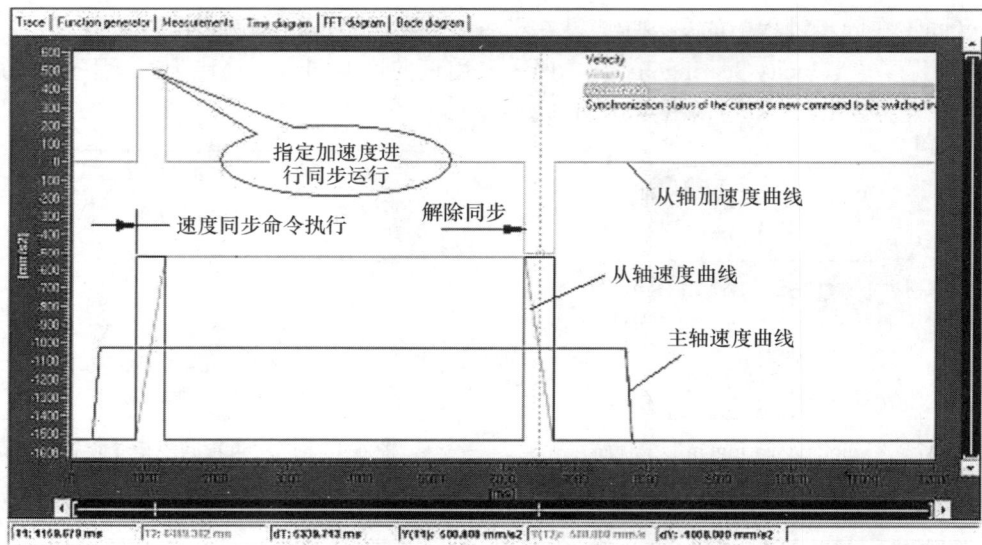

图 6-51 齿轮速度同步曲线记录

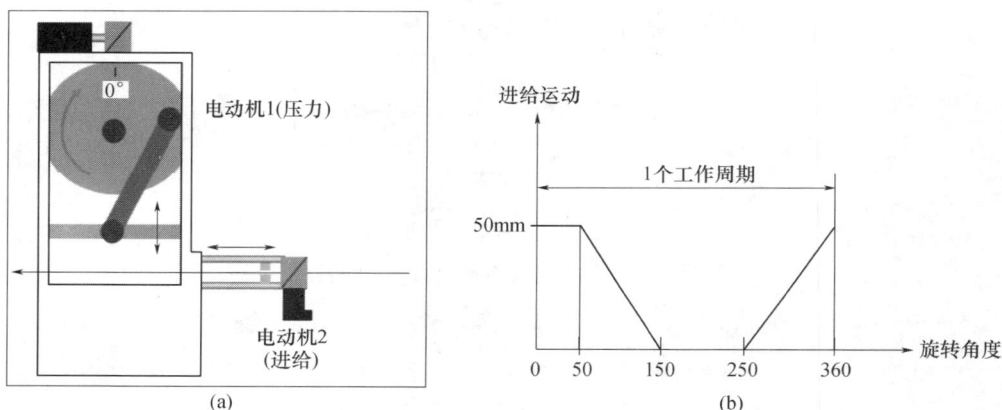

图 6-52 伺服压机运动示意图

(1) 抬升速度：在满足机械要求的情况下自由定义。

(2) 进给长度：0～50mm。

(3) 开始角度1：250°。

(4) 结束角度1：0°。

(5) 开始角度2：50°。

(6) 结束角度2：150°。

根据要求绘制Cam曲线，在这个例子中旋转主轴开始的角度为250°，为了便于在一个周期进行绘制，可以将曲线左移250°，绘制的位置曲线及偏移如图6-53所示。

主轴与从轴的位移关系曲线可以使用Cam工具绘制。在SCOUT软件中，Cam曲线绘制工具有插补表和多项式两种。

1) 使用插补表生成Cam曲线

在项目导航栏中，依次打开"Cam→Insert cam"，插入一个CAM曲线(Cam_1)，选择曲线类型为"Interpolation point table"，弹出插补点表如图6-54所示。

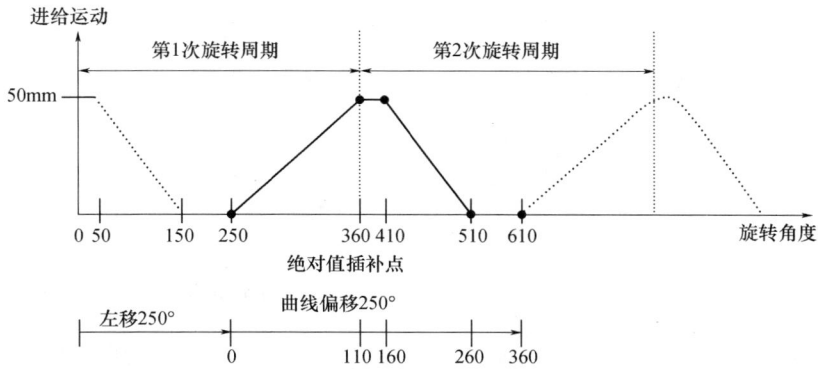

图 6-53　曲线左移后的对应关系

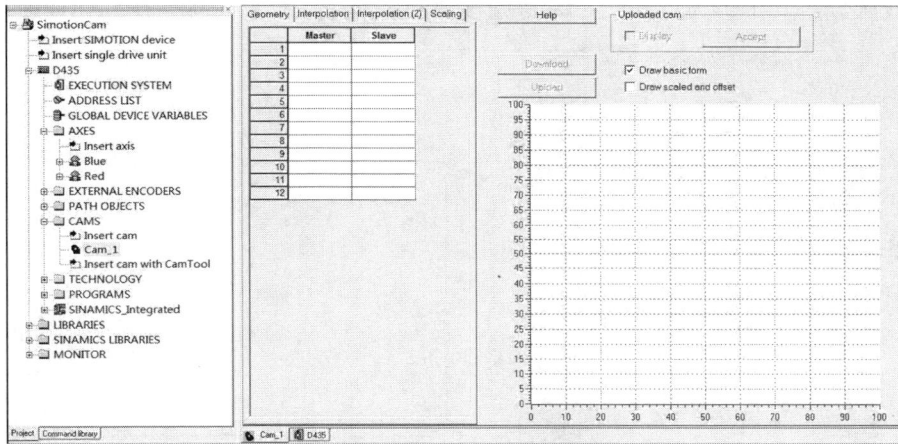

图 6-54　CAM_1 插补点表界面

单击"Geometry"选项卡，按工艺要求将插补点填入表中，在右侧的视图中出现绘制的曲线，如图6-55所示。单击"Interpolation2"，如图6-56所示，在界面中可以选择主轴的范围及CAM的类型。

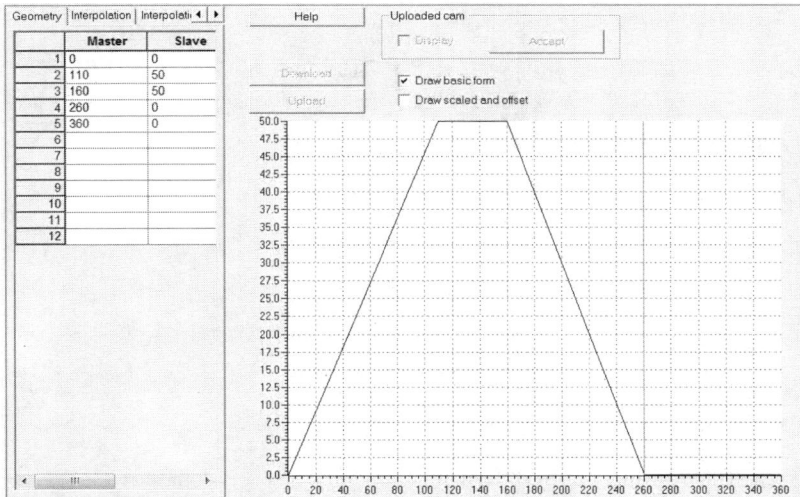

图 6-55　绘制的 CAM_1 曲线

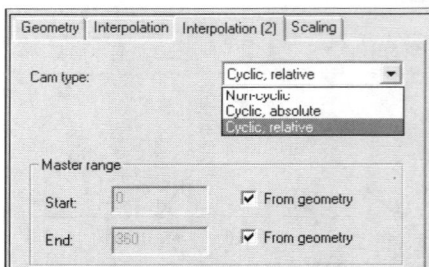

图 6-56   CAM_1 插补点表－Interpolation2 属性界面

单击"Scaling"选项卡，可以对主轴从轴位置进行缩放，如图6-57所示。在图中选择偏移250°，并勾选"Draw scaled and offset"选项，可以显示经过缩放后的位置曲线，通过颜色与原位置曲线区分，其中①为原曲线，②为偏移后的曲线，这样就生成一个CAM_1曲线。

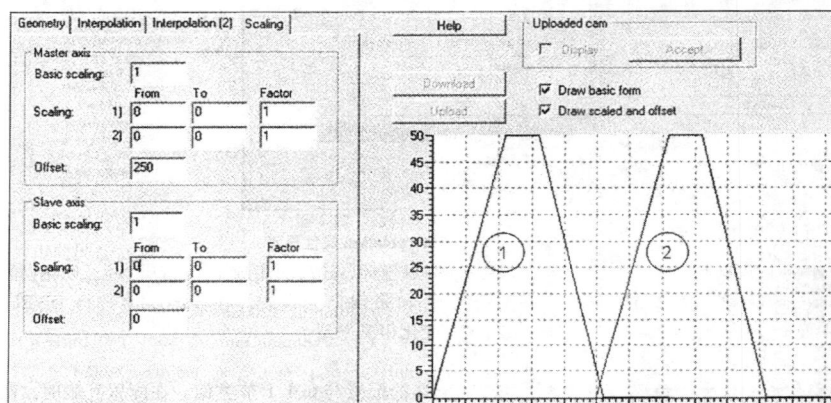

图 6-57   CAM_1 插补点表－Scaling 属性界面

2) 通过多项式生成CAM_2曲线

通过多项式生成CAM 曲线可以使速度变化比较圆滑。在项目导航栏中，依次打开"Cam→Insert cam"，插入一个CAM曲线"Cam_2"，选择曲线类型为"Polynomial"，单击"OK"按钮，确认后弹出的操作界面如图6-58所示。

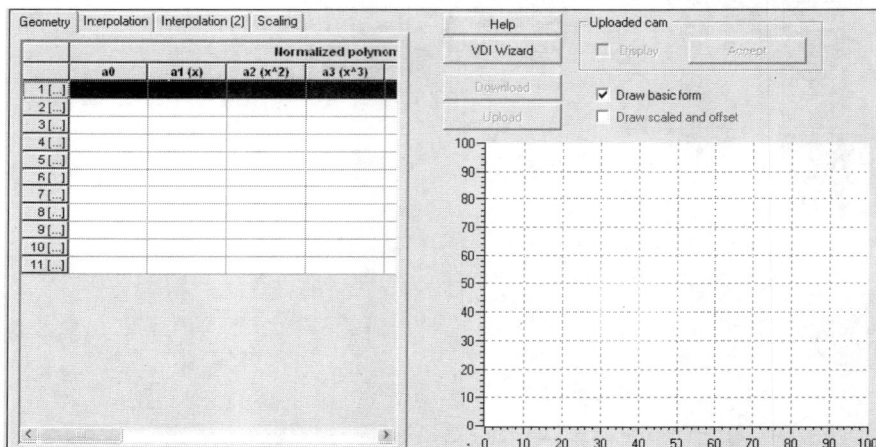

图 6-58   多项式生成 CAM_2 曲线界面

单击"Geometry"选项卡，输入多项式的系数，在右侧的图示中将自动生成曲线。一个曲线可以由多个多项式组成。各个多项式组成的曲线往往不能平滑连接，这需要在"Interpolation"栏中进行设置，如图6-59所示。在界面中可设置出现间隙时采样哪种样条曲线进行插补，以及曲线出现交叉后处理的方法。

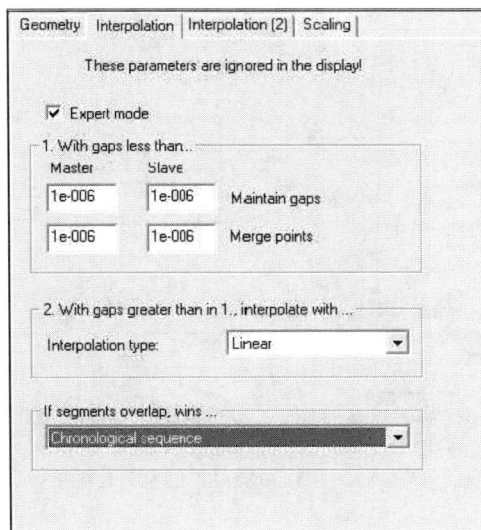

图 6-59 CAM_2－Interpolation 属性界面

在图6-58右边的视图中也可以选择"VDI Wizard"的方法生成多项式曲线。首先将原曲线分为4段(0，0～110，50；110，50～160，50；160，50～260，0；260，0～360，0)，分别生成4 个多项式，每个多项式表示一段曲线，4 段曲线组成一条曲线。单击"VDI Wizard"按钮，在样图中选择"DWELL TODWELL→Symmetric"，在接下来的向导窗口中定义起点和终点坐标，这样就生成了曲线第一段，以相同的方法生成曲线其他3 段。但应注意曲线中第二和第四段为直线，在样图中应选择"DWELLSTATE"，这样就得到了速度变化比较平滑的曲线(图6-60)。

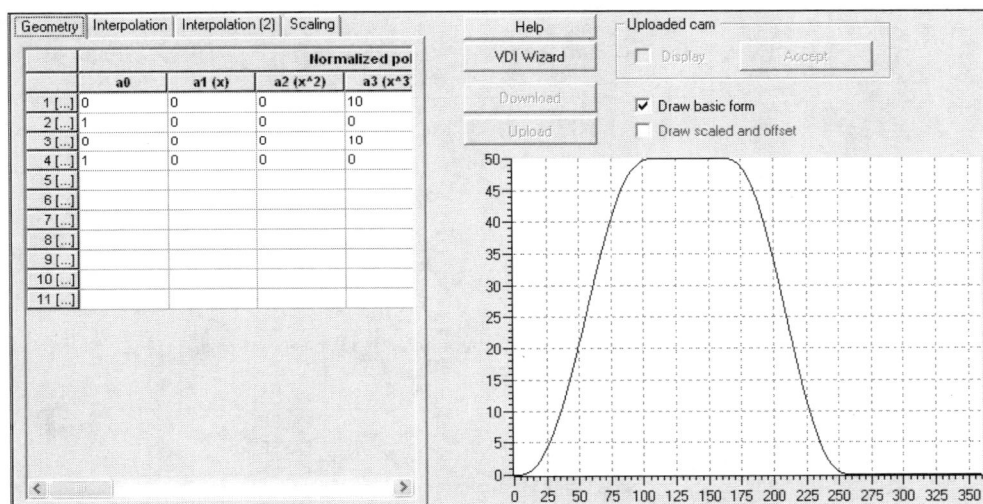

图 6-60 CAM_2 多项式生成曲线

2．主轴与从轴的互连

主轴和从轴的创建方法同前述相关章节，此处不再赘述。

双击从轴(BLUE)的下拉菜单“BLUE_SYNCHRONOUS_ OPERATION”，勾选同步操作的主轴(RED)与CAM 曲线。主轴与从轴的同步互连配置如图6-61所示，表示从轴(BLUE轴)匹配的主值采用RED轴的设定值，位置关系采用Cam_1和Cam_2曲线。

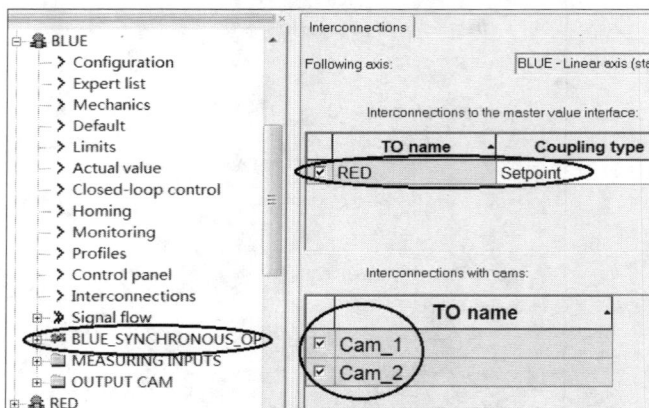

图 6-61　凸轮同步对象的互连配置

3．编写 MMC 程序

本项目MCC程序包括轴回零、按Cam_1凸轮曲线同步运行、按Cam_2凸轮曲线同步运行以及故障处理等，如图6-62所示。

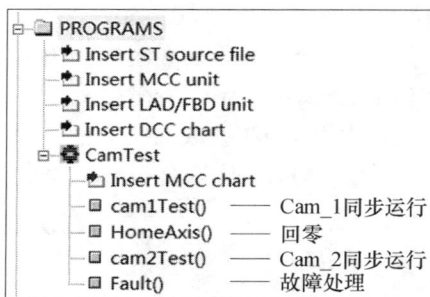

图 6-62　伺服压机控制 MCC 程序列表

1) 创建全局设备变量

全局设备变量如图6-63所示。

D435: Global device variables

	Name	Data ty	Retair	Array len	Display for	Initial val	Comme
	All	All	All	All	All	All	All
1	cam1start	BOOL	□	1		FALSE	
2	cam1stop	BOOL	□	1		FALSE	
3	cam2start	BOOL	□	1		FALSE	
4	cam2stop	BOOL	□	1		FALSE	
5	starthoming	BOOL	□	1		FALSE	
6	stopred	BOOL	□	1		FALSE	

图 6-63　全局设备变量

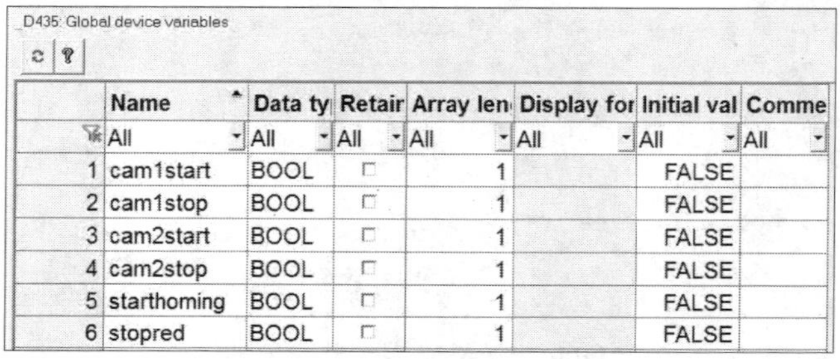

2) 轴使能及回零程序段

此程序中如果"StartHoming"信号为"TRUE"时，完成两个轴的使能及回零。MMC程序段如图6-64所示。

3) CAM1同步运行及解除程序段

此程序完成两轴的同步运行(按Cam_1曲线)。当"Cam1Start"信号为"TRUE"时，按CAM1曲线同步运行；当"Cam1Stop"信号为"TRUE"时，解除CAM1 同步运行。MMC程序段如图6-65所示。

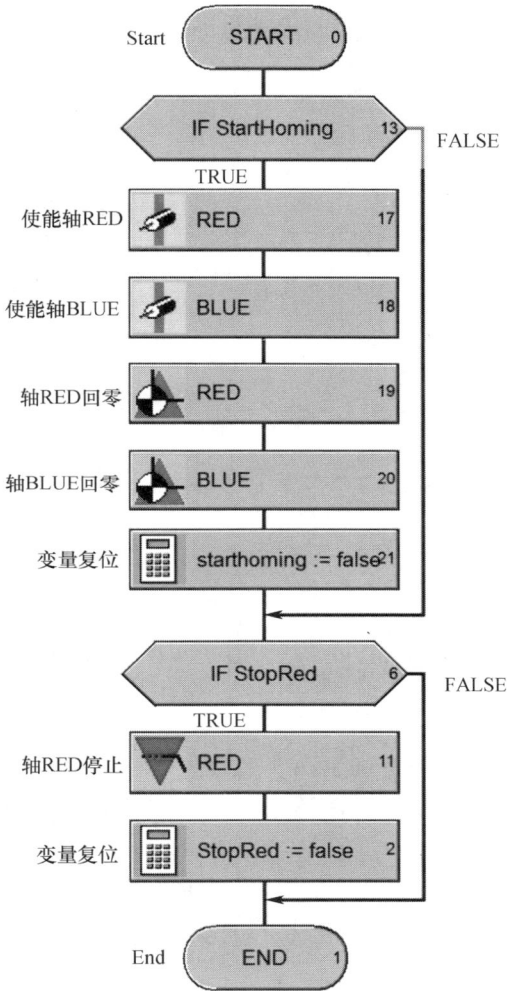

图 6-64　轴的使能及回零程序段"HomeAxis"　　图 6-65　使能及解除 CAM1 程序段"cam1Test"

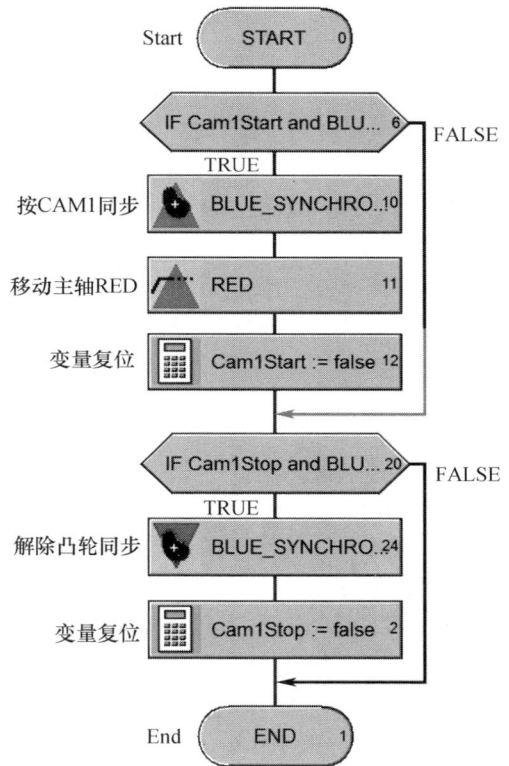

其中，同步要求如下：主轴为Red，从轴为Blue，Cam位置采用绝对模式，周期性执行，同步模式为立即同步，同步轮廓参考为基于位置的方式，同步长度为10mm，同步方向为正向同步。建立凸轮同步指令的设置如图6-66所示。

解除同步的要求如下：从轴为Blue，解除同步模式为立即解除同步，同步轮廓参考为基于位置的方式，解除同步长度为10mm，解除同步方向为正向。解除凸轮同步指令设置如图6-67所示。

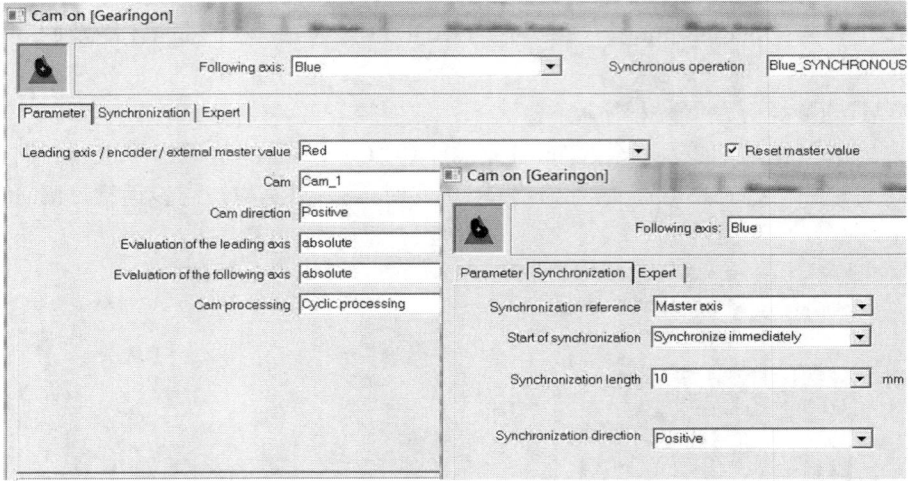

图 6-66　建立 CAM1 凸轮同步指令的设置

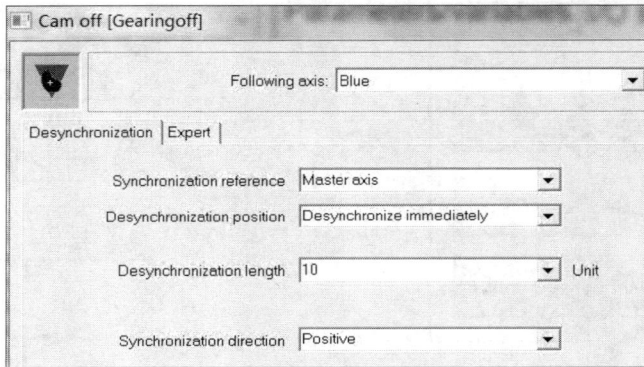

图 6-67　解除凸轮同步指令设置

4) CAM2同步运行及解除程序段

此程序完成两轴的同步运行(按Cam_2曲线)。当"Cam2Start"信号为"TRUE"时，按CAM2 曲线建立同步；当"Cam2Stop"信号为"TRUE"时，解除CAM2 同步运行。MMC程序段如图6-68所示。

5) 故障处理程序

针对工艺对象的故障处理进行编程，并将此程序分配至"TechnologicalFaultTask"中。本例中没有编程，为空程序。

针对外设故障处理进行编程，并将此程序分配至"PeripheralFaultTask"中。本例中没有编程，为空程序。

4. 分配程序到执行系统任务中

将"cam1test"、"cam2test"、"homeaxis"程序分配至"background"中。将"fault"程序分配至"TechnologicalFaultTask"及"PeripheralFaultTask"中，如图6-69所示。

5. 运行与运动轨迹跟踪

通过CAM 的轨迹跟踪功能可以查看CAM 的运行轨迹。CAM1 的运行轨迹如图6-70所示。

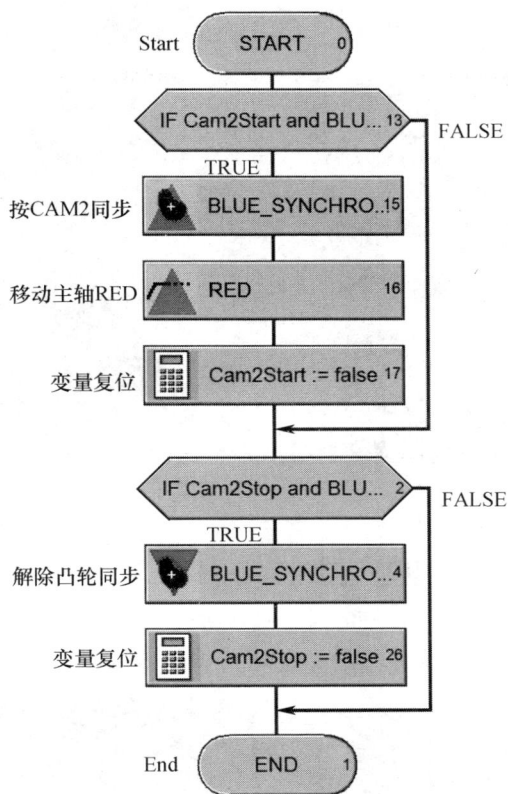

图 6-68　使能及解除 CAM2 程序段 "cam2Test"

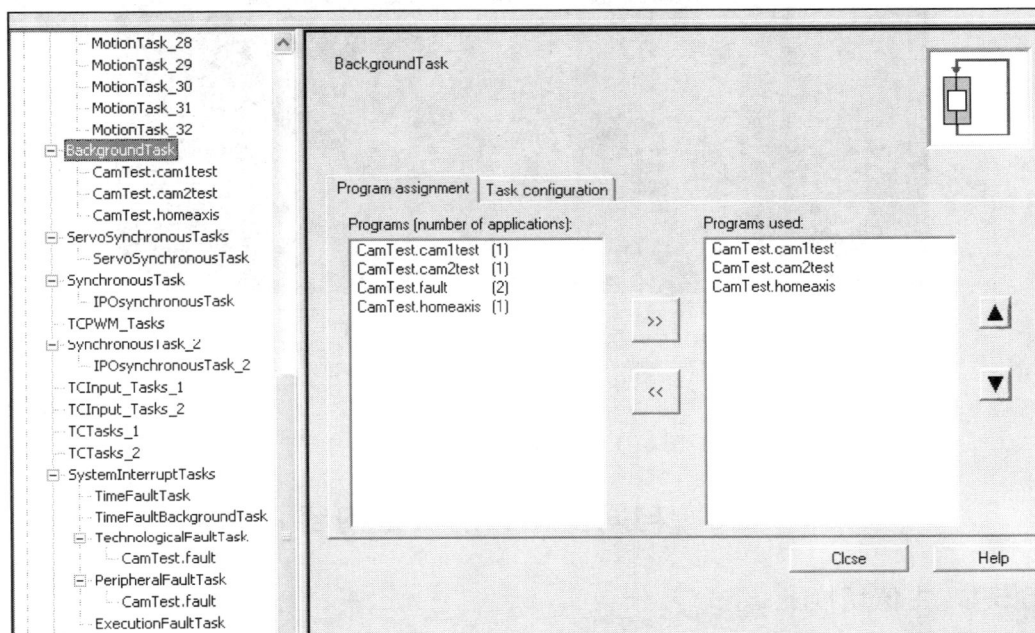

图 6-69　程序分配到执行系统

Cam1Start为"True",同步操作开始,当主轴运行位置到达20mm时,从轴开始同步运行,当主轴运行位置到达40mm时,从轴与主轴达到同步并开始按CAM1曲线运行

当Cam1Stop为"True",主轴运行位置到达40mm时,从轴开始解除同步运行,经过去同步距离后停止

图 6-70　CAM1 运动轨迹跟踪

经过优化的CAM2的运行轨迹如图6-71所示。

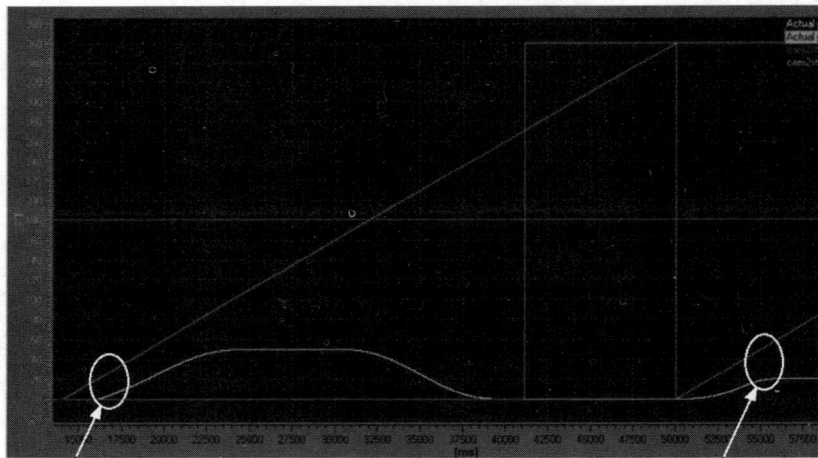

Cam2Start为"True",同步操作开始,当主轴运行位置到达20mm时,从轴开始同步运行,当主轴运行位置到达40mm时,从轴与主轴达到同步并开始按CAM2曲线运行

当Cam2Stop为"True",主轴运行位置到达40mm时,从轴开始解除同步运行,经过去同步距离后停止

图 6-71　CAM2 运动轨迹跟踪

6.5　与同步相关的其他内容

6.5.1　主值切换

在SIMOTION中,从轴可以通过同步操作对象与多个主轴相关联,但在某一时刻只能有一个主轴激活,可以通过系统函数调用指令"_setMaster"切换主轴。主轴的切换并不是一次新

的同步过程，同步状态参数始终保持"YES"状态。主值的切换独立于同步过程和解除同步过程。图6-72为"_setMaster"命令参数表，其中"followingObject"为同步操作对象；"master"为主轴；"transientBehavior"决定切换过程的运动，共有3种形式可供选择：

DIRECT：无动态响应参数，根据从轴的动态响应限制值进行运动。

WITH_DYNAMICS：带动态响应，根据动态响应参数进行切换过程的运动调整。

WITH_NEXT_SYNCHRONIZING：下一次同步命令时主值切换再生效。

主值切换指令的设置举例如图6-72所示，运动轨迹跟踪如图6-73所示。

	Name	On/off	Data type	Value	Default value
1	followingObject	VAR_INPUT	FollowingObjectType	Blue_SYNCHRONOUS_OPERATION	
2	master	VAR_INPUT	MasterType	Red	
3	transientBehavior	VAR_INPUT	EnumFollowingObjectDynamicMergeMode	DIRECT	DIRECT
4	velocityType	VAR_INPUT	EnumVelocity		USER_DEFAULT
5	velocity	VAR_INPUT	LREAL	...	100.0
6	positiveAccelType	VAR_INPUT	EnumAcceleration		USER_DEFAULT
7	positiveAccel	VAR_INPUT	LREAL	...	100.0
8	negativeAccelType	VAR_INPUT	EnumAcceleration		USER_DEFAULT
9	negativeAccel	VAR_INPUT	LREAL	...	100.0
10	positiveAccelStartJerkType	VAR_INPUT	EnumJerk		USER_DEFAULT
11	positiveAccelStartJerk	VAR_INPUT	LREAL	...	100.0
12	positiveAccelEndJerkType	VAR_INPUT	EnumJerk		USER_DEFAULT
13	positiveAccelEndJerk	VAR_INPUT	LREAL	...	100.0
14	negativeAccelStartJerkType	VAR_INPUT	EnumJerk		USER_DEFAULT
15	negativeAccelStartJerk	VAR_INPUT	LREAL	...	100.0
16	negativeAccelEndJerkType	VAR_INPUT	EnumJerk		USER_DEFAULT
17	negativeAccelEndJerk	VAR_INPUT	LREAL	...	100.0
18	velocityProfile	VAR_INPUT	EnumProfile		USER_DEFAULT
19	nextCommand	VAR_INPUT	EnumNextCommandSetMaster		WHEN_COMMAND_
20	commandId	VAR_INPUT	CommandIdType		(0,0)

图 6-72 系统函数"_setMaster()"命令参数表

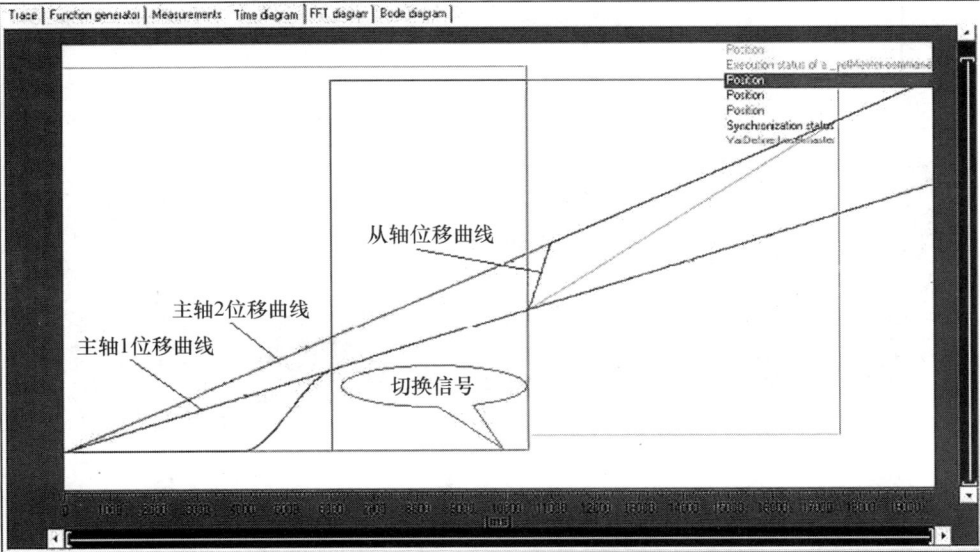

图 6-73 主值切换中的 transientBehavior 参数

6.5.2 叠加同步

在SIMOTION中，一个从轴最多可以连接两个同步对象，分别称为基本同步对象和叠加同步对象。在左侧项目导航栏中，在轴的右键菜单中依次打开"Expert→Insert Superimposed synchronous object"可以添加叠加同步对象，如图6-74所示。

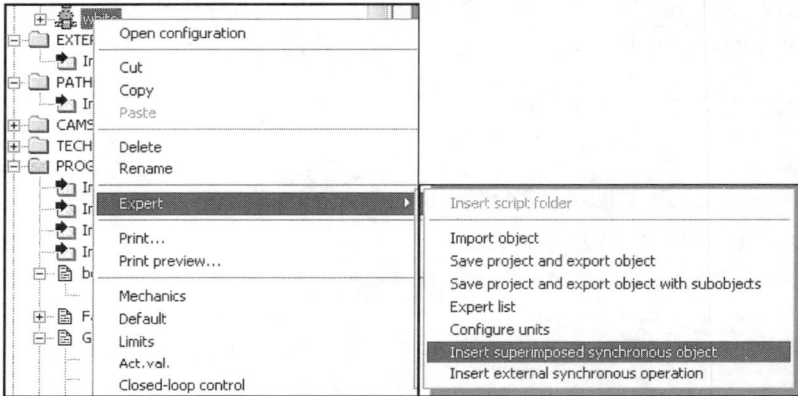

图 6-74　添加叠加同步对象

叠加同步操作和基本同步操作相同，但从轴的参考坐标为叠加坐标系统，即叠加同步的从轴位置有自己独立的坐标系统，并根据自己的坐标进行操作。例如，如果叠加同步对象和基本同步对象同时和同一个主轴进行相同的1:1的绝对位置同步操作，那么最终的从轴位置将会是主轴的2倍，如图6-75所示。

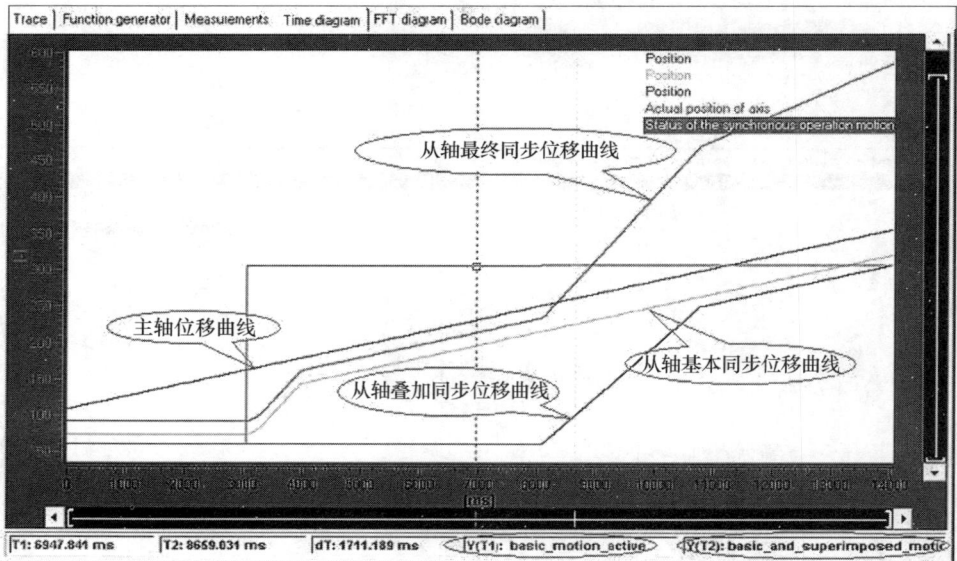

图 6-75　叠加同步

当叠加同步激活时，从轴的同步状态变量"syncMonitoring.syncState"是变化的，即当基本同步完成为"YES"，当叠加同步激活时又变成"NO"，当叠加同步也完成后又变成"YES"。叠加同步和基本同步的操作还可通过变量进行监控，如表6-2所列。

表 6-2 　叠加同步从轴系统变量监控

基本同步数据	Slave.basicmotion.position
	Slave.basicmotion.velocity
	Slave.basicmotion.acceleration
叠加同步数据	Slave.superimposedmotion.position
	Slave.superimposedmotion.velocity
	Slave.superimposedmotion.acceleration
总的数据	Slave.positioningstate.actualposition
	Slave.motionstatedata.actualvelocity
	Slave.motionstatedata.actualacceleration
同步状态	Slave.syncmonitoring.followingmotionstate

其中"followingMotionState"变量有如下状态：

INACTIVE：同步运动没有激活。

BASIC_MOTION_ACTIVE：基本同步激活。

SUPERIMPOSED_MOTION_ACTIVE：叠加同步激活。

BASIC_AND_SUPERIMPOSED_MOTION_ACTIVE：基本同步和叠加同步均已激活。

6.5.3　耦合规则

同步运行功能中主轴和从轴间耦合有以下的规则：

(1) 同步对象和从轴必须在同一控制器下。

(2) 支持主对象与同步轴采用不同的 IPO 循环时钟。

(3) 主轴和从轴可在不同控制器下(分布式同步)。

(4) 同步对象及从轴在配置时被永久地分配。

(5) 一个从轴最多连接两个同步对象。

(6) 主值对象可以被互连到多个同步对象上。

(7) 从轴可通过同步对象与多个主轴相关连。但在特定的时间只能有一个主轴被激活，并可通过使用" _setMaster()"命令切换主值。

(8) 一个Cam 曲线可连至多个同步对象。

(9) 一个同步对象可连至多个Cam，并通过使用"_enableCamming()"命令进行切换。

(10) 当轴做为主轴时，可使用设定值耦合(Setpoint coupling)或通过外推的实际值耦合(Actual value with extrapolation coupling)。

(11) 当使用外部编码器作为主轴时可使用实际值耦合(Actual value coupling)或外推耦合实际值(Actual value with extrapolation coupling)。

(12) 一个轴不能既作为另一个轴的从轴同时又作为这个轴的主值。

6.5.4　同步状态监控

在使用同步功能建立同步期间，可通过对表6-3所列参数的监控来确定当前的同步状态。

表 6-3　同步状态监控参数

同步对象的同步状态	
state	CAMMING：当前同步为CAMMING 同步。 GEARING：当前同步为GEARING 同步。 VELOCITY_GEARING：当前同步为速度同步。 INACTIVE：没有同步操作
syncState	YES：已达到同步状态。 NO：没有达到同步状态
synchronizingState	WAITING_FOR_SYNC_POSITION：等待主值达到同步位置。 WAITING_FOR_CHANGE_OF_MASTER_DIRECTION：等待主值反向。 SYNCHRONIZING_NOT_POSSIBLE：同步无法完成。 SYNCHRONIZING：正在同步。 INACTIVE：同步未激活。 WAITING_FOR_MERGE：同步命令已执行但还未激活
从轴状态	
syncMonitoring.syncState	YES：已达到同步状态。 NO：没有达到同步状态
syncMonitoring.followingMotionState	INACTIVE：同步未激活。 BASIC_MOTION_ACTIVE：基本同步。 SUPERIMPOSED_MOTION_ACTIVE：叠加同步。 BASIC_AND_SUPERIMPOSED_MOTION：基本同步和叠加同步

　　一个同步操作的状态时序如图6-76所示，图中：①曲线为同步对象.state；②曲线为同步对象.synchronizingstate；③曲线为同步对象.syncstate；④曲线为从轴.syncmonitoring.followingstate；⑤曲线为从轴.syncstate。

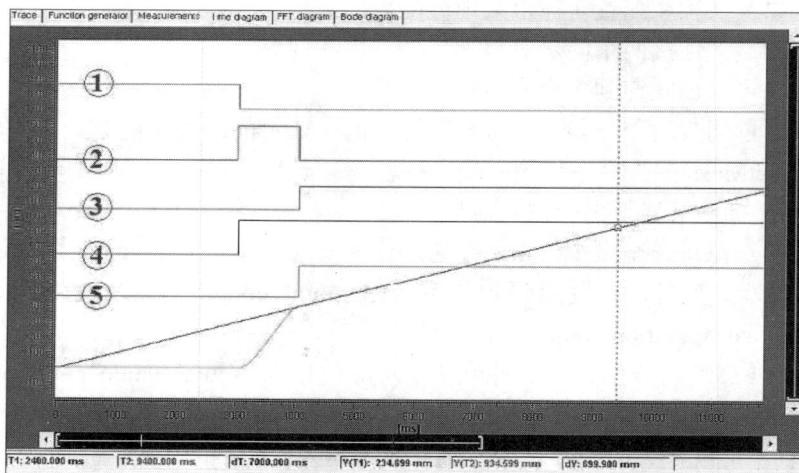

图 6-76　同步状态监控

6.5.5　同步运行监控

　　在使用同步功能并达到同步状态后，即保持同步运行过程中(syncState = YES)，同步运行监控激活设定值故障(Setpoint error)和实际值故障(Actual value error)。

设定值故障是指同步对象计算出的从轴设定值与考虑了动态响应限制值之后所能得到设定值之间的偏差超过了一定范围之后产生的故障。从轴的系统变量"syncMonitoring.Difference CommandValue"显示该偏差的实际值。动态响应限制值可在相应轴的"Limits"中进行设定。

实际值故障是指同步对象计算出的从轴设定值与实际值之间的偏差超过设定范围后产生的故障。从轴的系统变量"syncMonitoring.differenceActualValue"显示该偏差的实际值。

监控值的产生如图6-77所示。

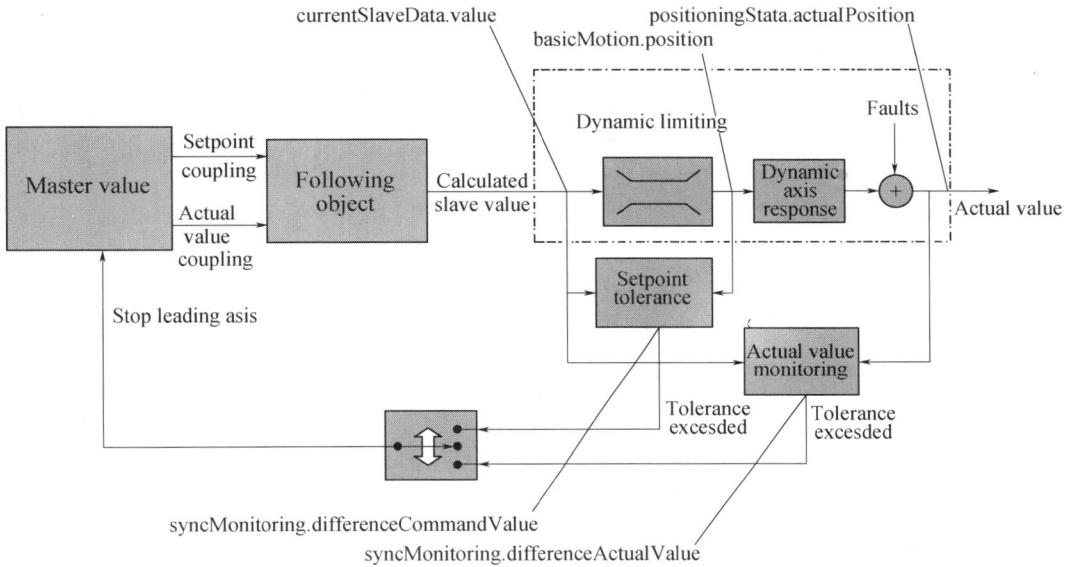

图 6-77　同步运行监控

超出监控值时，从轴会产生"40201 Synchronous operation tolerance exceeded on the following axis"的故障，该故障也可通过设置参数"TypeOfAxis.GearingPosTolerance.enableErrorReporting"传送到主值中，主值输出故障"40110 Error triggered on slave during synchronous operation (error number)"。

监控的偏差设定值，可以通过从轴的Monitoring中进行设置，如图6-78所示。

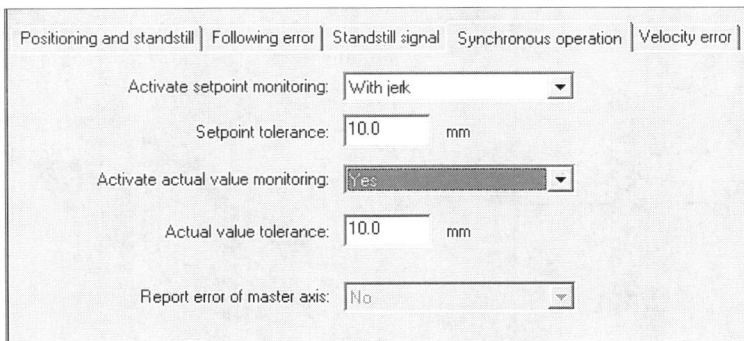

图 6-78　同步运行监控参数设置

第7章 SIMOTION 路径控制

7.1 路径插补运动概念

7.1.1 支持的运动模型

SIMOTION 内部集成了路径插补(Path interpolation)功能，可以实现路径控制。SIMOTION V4.4 支持的运动模型如图 7-1 所示。路径插补有直线、圆弧以及多项式曲线三种方式。

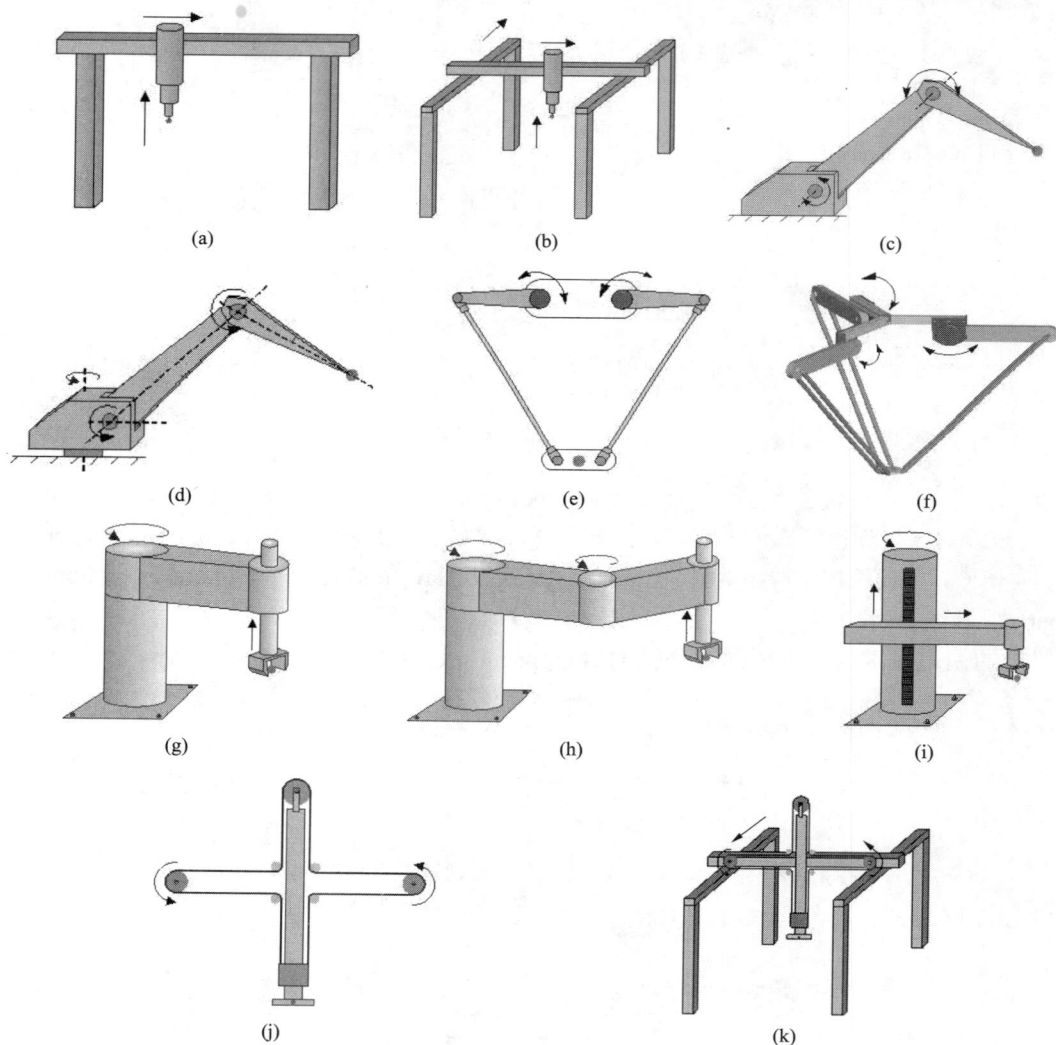

图 7-1 路径控制支持的运动模型

(a) Cartesian 2D；(b) Cartesian 3D；(c) 2 关节机械臂；(d) 3 关节机械臂；(e) 2D Delta picker；(f) 3D Delta picker；
(g) 2D Swivel Arm；(h) SCARA；(i) 3D cylindrical robot；(j) 2D Roll picker；(k) 3D Roll picker。

7.1.2 路径插补的基本原理

路径插补工艺包提供了二维和三维的直线、圆弧及多项式路径插补工艺对象。事实上路径插补是基于 CAM 基础而完成计算的,也可以说路径插补的工艺包包含了 CAM 的工艺包,路径插补对象的互连关系如图 7-2 所示。路径轴包含了同步轴功能,路径插补功能除了可用于电气轴、液压轴及步进电动机轴外,还可用于虚轴,所有独立的轴及同步操作功能可应用于路径轴。

同 CAM 一样,路径插补的功能是为了生成位置轴的位置轮廓文件,但 CAM 是利用轴与轴之间的函数关系式来完成插补,轴与轴之间并无平面或空间的概念,用到的所有数据都是标量。例如通过提供的几个点的坐标(x, y)来完成两个轴位置轨迹之间的线性同步关系,多项式 $y = 1-4x+4x^2+0.5\sin(x+0.5)$ 确定从轴 y 与主轴位置 x 之间的同步关系,如图 7-3 所示。

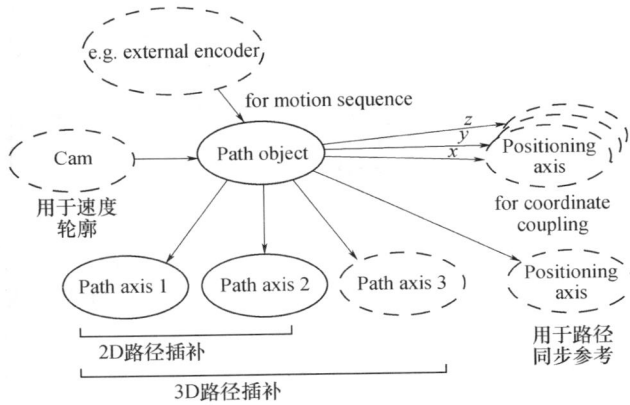

图 7-2　路径插补对象的互连关系

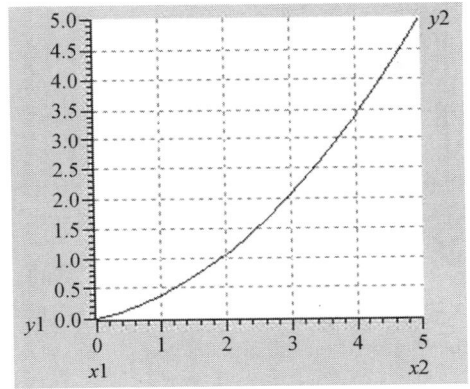

图 7-3　用多项式生成的 CAM 曲线

路径插补功能更突出体现空间路径的概念,如三维空间的多项式插补,并不需要确定轴之间的直接函数关系,而是借助矢量矩阵来设定三维变量同第四变量 p 的关系。

7.2　路径对象的配置

1. 路径插补工艺包的激活

只有固件版本 4.1 以上的 SIMOTION 才可以激活其路径插补功能,而且路径插补工艺包需要激活。也只有激活此工艺包,才能在编程过程中找到与路径插补相关的指令。

首先插入 SIMOTION 新设备,之后在 SIMOTION 设备(如 C240)上单击鼠标右键,在右键菜单上选择"Select technology packages...",出现如图 7-4 所示窗口,勾选"PATH"选项,确认退出,路径插补工艺包被激活。

2. 路径轴的创建

创建路径轴的方法类似位置轴。不同的是,在创建轴的过程中要选择轴类型为"Path interpolation",如图 7-5 所示。需要注意的是,路径插补功能与同步操作并没有直接的联系,因此不必激活同步功能。

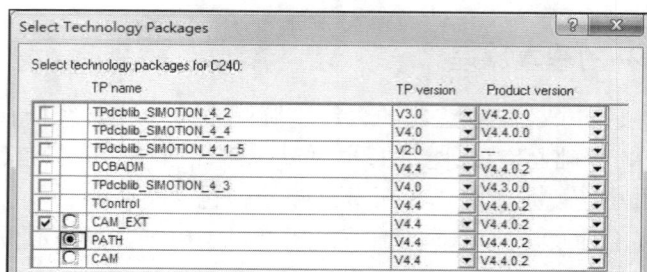

图 7-4 激活路径插补工艺包

3. 路径插补对象的创建

(1) 在项目导航栏，双击设备下的"PATH OBJECTS→Insert path object"，创建一个新的路径插补对象，如图 7-6 所示。

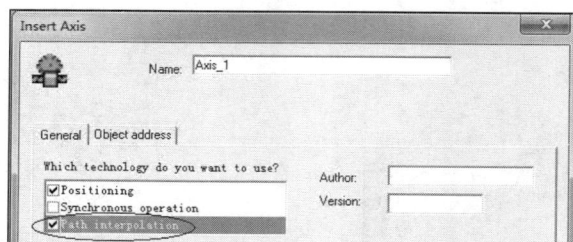

图 7-5 创建路径轴

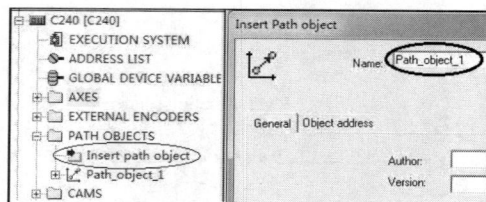

图 7-6 创建路径插补对象

(2) 随后弹出路径插补对象的"Configuration"窗口，或者双击路径插补对象下的"Configuration"，弹出此窗口，如图 7-7 所示。选择路径插补对象的运动学模型。

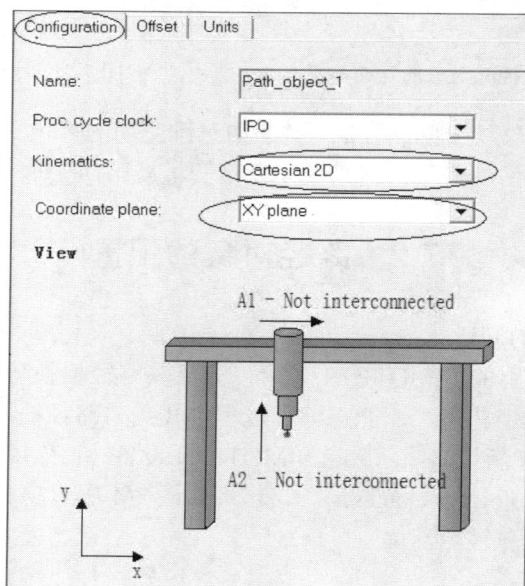

图 7-7 设置路径插补对象的运动学模型

(3) 双击所创建的路径插补对象下的"Interconnections"，弹出如图 7-8 所示的窗口。在窗口中为路径插补对象指定路径轴。具体参数设置的描述如表 7-1 所列。

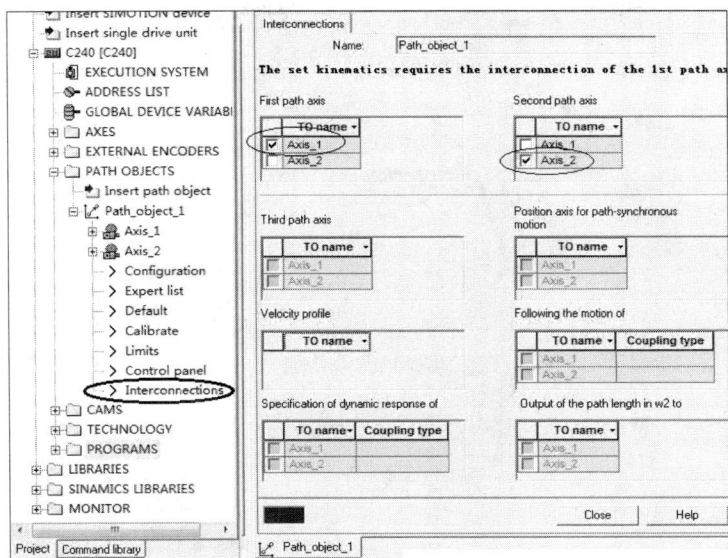

图 7-8　为路径插补对象指定路径轴

表 7-1　路径插补对象互连属性的参数含义

区域/按钮	含义描述
First path axis	连接的第一个路径轴
Second path axis	连接的第二个路径轴
Third path axis	连接的第三个路径轴
Position axis for path-synchronous motion	为路径插补对象指定一个位置轴，同步轴或路径轴作为路径对象的主轴
Velocity profile	指定一个 Cam 曲线作为路径对象的速度轮廓
Result of the motion on	指定一个位置轴与路径插补对象同步运行
Specification of dynamic response	可通过 Dynamicsln 指定路径的动态响应

(4) 双击路径插补对象下的"Default"，指定路径插补对象的速度、加速度及加加速度等，如图 7-9～图 7-11 所示。

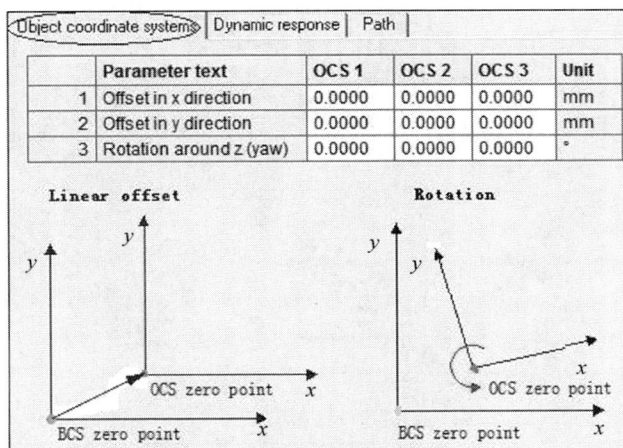

图 7-9　设置路径插补对象的默认值(一)

263

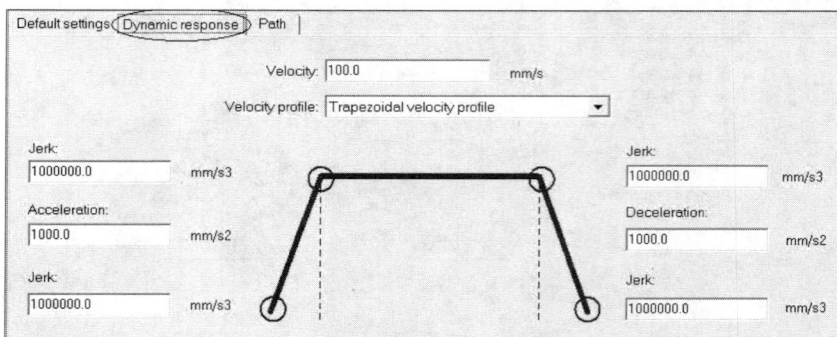

图 7-10　设置路径插补对象的默认值(二)

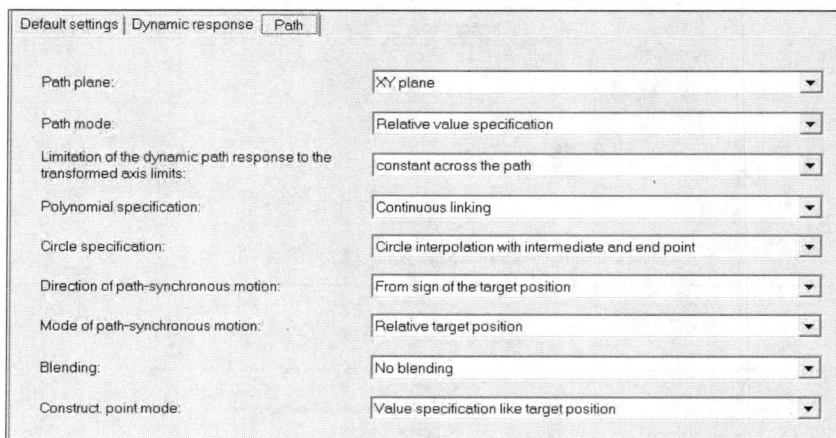

图 7-11　设置路径插补对象的默认值(三)

7.3　路径插补对象的 MCC 指令

7.3.1　路径插补对象的运动控制指令

1. 直线路径插补运动指令(Traverse path linearly)

可在二维平面中或三维空间内实现直线路径插补运动。MCC 编程示例如图 7-12 所示。

在指令窗口里输入目标位置坐标。当执行此指令时，二个/三个轴从当前位置(轨迹起点)同时到达目标位置(轨迹终点)，且其运动轨迹是一条直线。

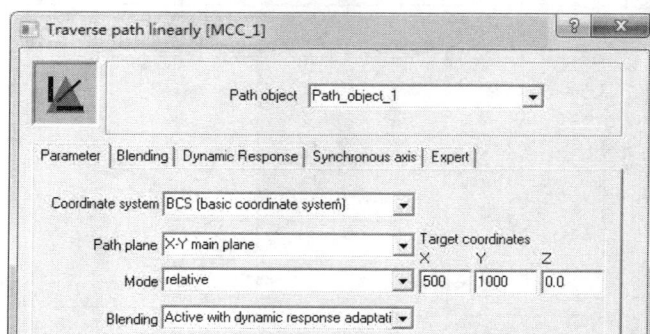

图 7-12　"Traverse path linearly"指令参数设置

2. 圆弧路径插补运动指令(Traverse path circularly)

可实现 3 种方式指定的圆弧路径的插补运动。

1) 在二维主平面中基于指定半径、终点及方向的圆弧路径的平面插补方式

当以此方式运行圆弧路径的插补运动指令时，系统会根据当前位置(起点)、目标位置(终点)以及指定的圆弧半径 3 个数据来计算圆弧轨迹，然后两个轴会从当前位置(起点)按圆弧轨迹及指定的方向运行到目标位置(终点)，如图 7-13 所示。从图中可以看出，相同的半径、起点和终点，可能有 4 种不同的圆弧路径，所以必须指定运动的方向及大小圆弧。编程时需要注意半径必需大于两点之间的距离的 1/2。

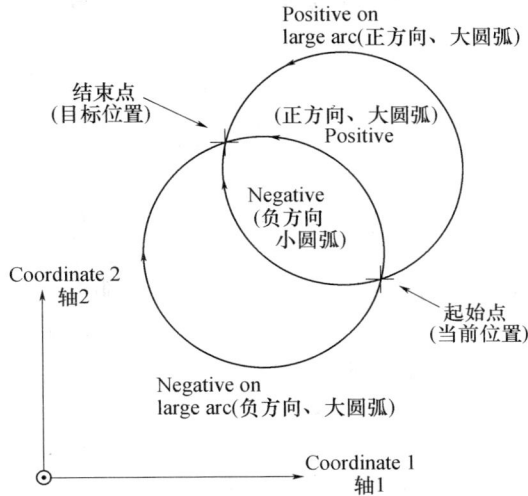

图 7-13　基于半径、目标位置以及方向的平面圆弧路径

MCC 指令如图 7-14 所示。在此窗口输入目标位置(终点)坐标，圆弧半径及方向(含大小圆弧)。注意：这种方式不能用于三维。

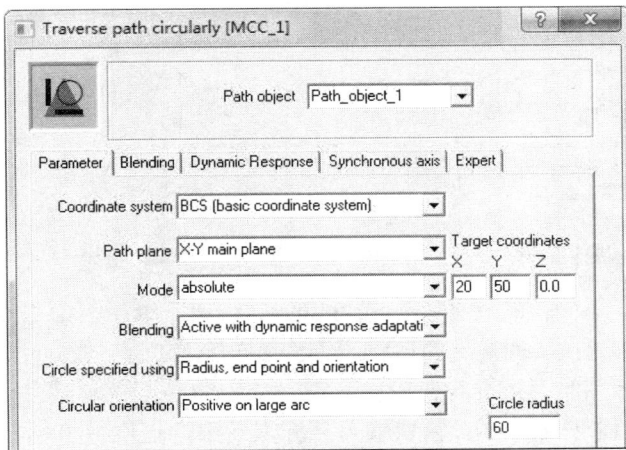

图 7-14　"Traverse path circularly(1)" 指令参数设置

2) 在二维主平面中基于指定圆心、旋转角度及方向的圆弧路径平面插补方式

当以此方式运行圆弧路径的插补运动指令时，系统会根据当前位置(起点)、圆心坐标以及

旋转角度 3 个数据来计算圆弧轨迹及终点，然后两个轴会从当前位置(起点)按圆弧轨迹运行到终点，如图 7-15 所示。

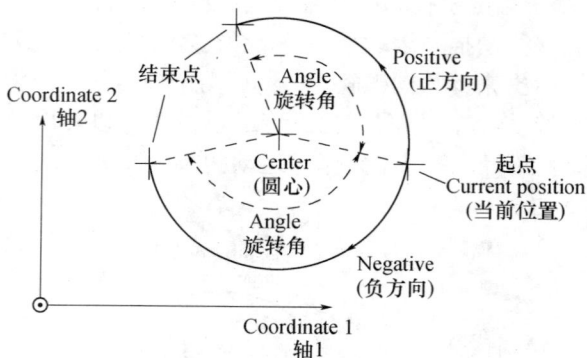

图 7-15　基于圆心、旋转角度及方向的平面圆弧路径

　　MCC 指令如图 7-16 所示。在此窗口输入圆心坐标、旋转角度及方向。注意：这种方式不能用于三维。

　　3) 在二维或三维主平面中基于指定中间点及结束点的圆弧路径的平面插补方式

　　当以此方式运行圆弧路径的插补运动指令时，系统会根据当前位置(起点)、中间位置点及目标位置(终点)3 个数据来计算圆弧轨迹，然后 2 个/3 个轴会从当前位置(起点)按圆弧轨迹运行到目标位置(终点)，如图 7-17 所示。

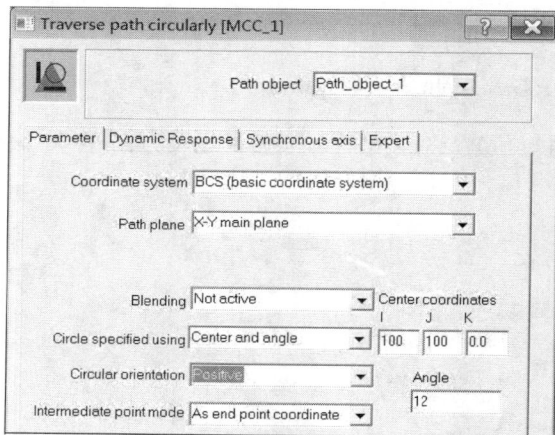

图 7-16　"Traverse path circularly(2)" 指令参数设置

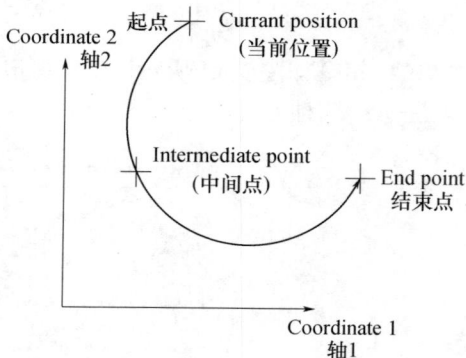

图 7-17　基于中间点和结束点的平面圆弧路径

　　与前两种插补方式不同，这种插补方式可以是二维或三维，因为三点可以确定一个平面，所以轨迹是可以唯一确定的。如果选择两维平面需要注意中间点与目标位置(终点)都要保证在此平面上。否则运行程序时系统会报错。

　　MCC 指令如图 7-18 所示。在此窗口输入目标点及中间点位置坐标。

3. 多项式路径插补运动指令(Traverse path using polynomials)

　　在高级应用中，圆弧插补可能无法满足设计要求，如椭圆形路径的插补等，这种情况只有借助多项式路径插补来完成。但需要注意，路径插补中用到的多项式变量均为矢量。定义多项式路径的方法有 3 种。

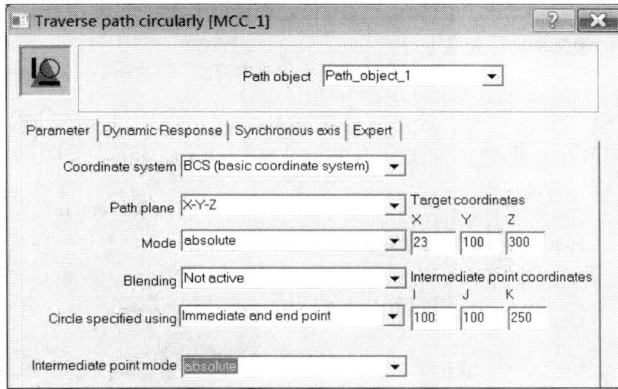

图 7-18 "Traverse path circularly(3)" 指令参数设置

1) 根据五次多项式的系数完成插补

五次多项式路径插补的数学模型见式(7-1)。指令参数设置窗口如图 7-19 所示，"Polynomial specified via"选项为"Direct specification of the polynomial coefficients"。在编程时需要提供目标位置坐标以及 A2、A3、A4、A5 四个空间矢量(当前位置为初始位置)。

$$\begin{bmatrix} X \\ Y \\ Z \end{bmatrix} = \begin{bmatrix} A_{0-x} \\ A_{0-y} \\ A_{0-z} \end{bmatrix} + \begin{bmatrix} A_{1-x} \\ A_{1-y} \\ A_{1-z} \end{bmatrix} \cdot P + \begin{bmatrix} A_{2-x} \\ A_{2-y} \\ A_{2-z} \end{bmatrix} \cdot P^2 + \begin{bmatrix} A_{3-x} \\ A_{3-y} \\ A_{3-z} \end{bmatrix} \cdot P^3 \begin{bmatrix} A_{4-x} \\ A_{4-y} \\ A_{4-z} \end{bmatrix} \cdot P^4 \begin{bmatrix} A_{5-x} \\ A_{5-y} \\ A_{5-z} \end{bmatrix} \cdot P^5 \ P \in [0, \ 1] \quad (7-1)$$

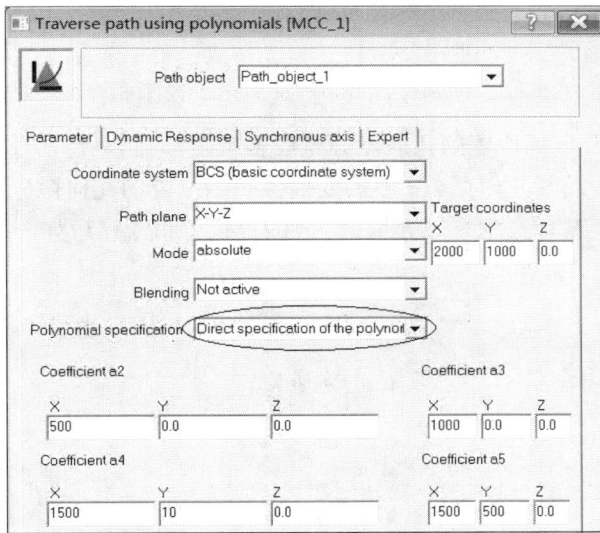

图 7-19 "Traverse path using polynomials(1)"指令参数设置

2) 提供起始位置与目标位置的几何微分完成多项式插补

如图 7-20 所示，一条曲线路径由起始位置(起点)与目标位置(终点)的坐标及一阶微分、二阶微分定义。图 7-21 所示为此方式定义多项式路径的插补运动指令窗口，"Polynomial specified via"选项为"Explicit specification of the starting point data"。输入目标位置(终点)坐标、起点和终点的一阶微分、二阶微分矢量。

267

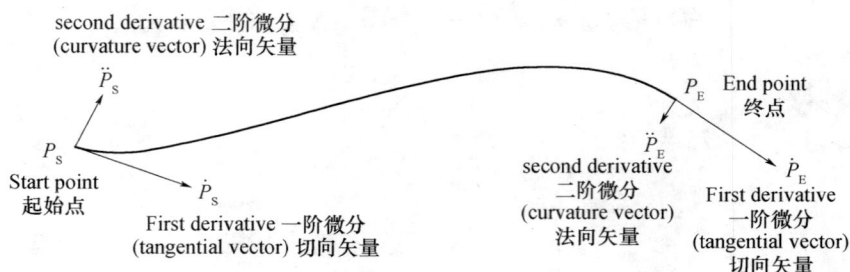

图 7-20 根据起点与终点的几何微分进行插补

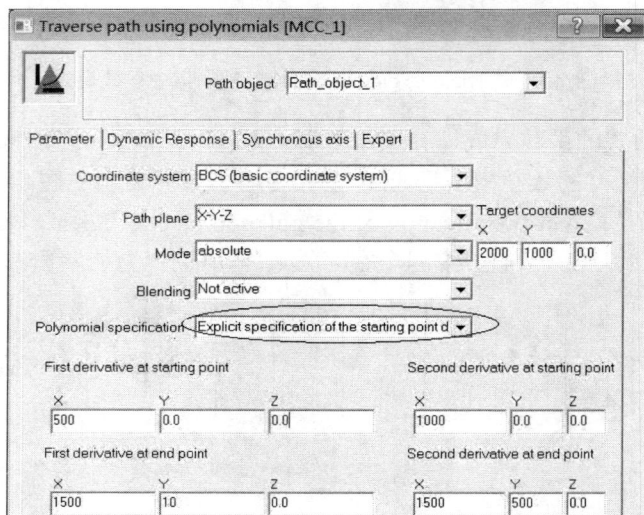

图 7-21 "Traverse path using polynomials(2)"指令参数设置

3) 提供起始位置及目标位置的几何微分完成多项式插补

只需提供目标位置及其几何微分,不需要提供起始位置的几何微分,把当前位置作为起始位置,如果当前位置不能获得,则系统会报错 50002。MCC 指令窗口如图 7-22 所示,"Polynomial specified via"选项为"Attach continuously"。

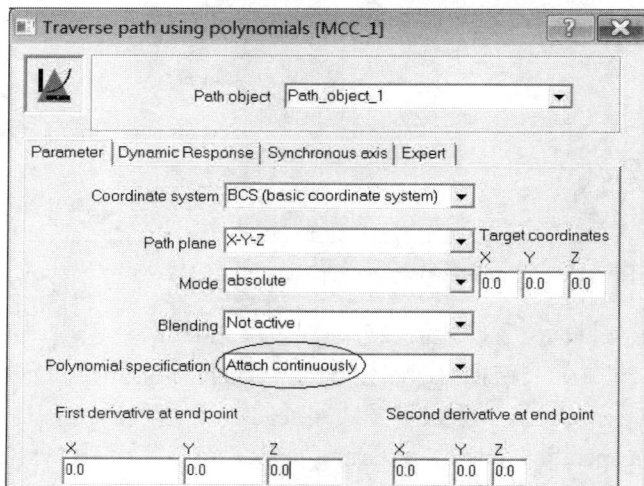

图 7-22 "Traverse path using polynomials(3)"指令参数设置

268

4．停止路径插补运动指令

用于停止当前的路径插补运动(包括路径同步运动)，同时可以选择是否中止运动(选择中止运动后，无法再次恢复运行)。MCC 指令窗口如图 7-23 所示。

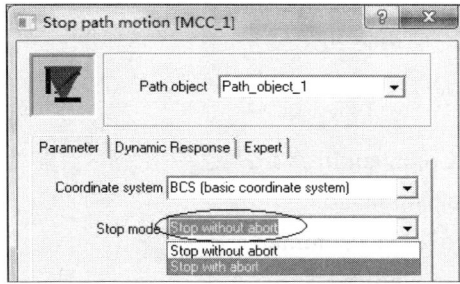

图 7-23　"Stop path motion"指令参数设置

5．继续运行路径插补运动指令

用于恢复运行以"Stop without abort"方式停止的路径插补运动。MCC 指令如图 7-24 所示。

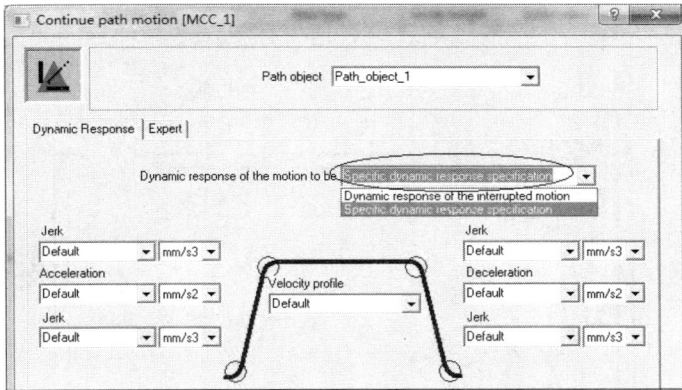

图 7-24　"Continue path motion"指令参数设置

7.3.2　路径插补对象的其他指令

1．信息和计算指令

下述指令用于运动尚未开始或正在执行路径运动时计算路径长度。

(1) _getLinearPathData()。

(2) _getCircularPathData()。

(3) _getPolynomialPathData()。

下述指令用于计算笛卡儿路径数据，例如运动尚未开始或正在执行路径运动时，计算起始点、终点及指定点的路径方向及路径曲率。

(1) _getLinearPathGeometricData()。

(2) _getCircularPathGeometricData()。

(3) _getPolynomialPathGeometricData()。

2．位置转换指令

下述指令可实现不同坐标系的位置转换。

(1) _getPathCartesianPosition：根据轴的位置计算出笛卡儿坐标系的位置。

(2) _getPathAxesPosition：根据笛卡儿坐标系的位置计算出轴的位置。

(3) _getPathCartesianData：根据轴的位置、速度、加速度计算出笛卡儿坐标系的位置、速度、加速度。

(4) _getPathAxesData：根据笛卡儿坐标系的位置、速度、加速度计算出轴的位置、速度、加速度。

3．跟踪指令

使用下述指令，可通过 CommandId 来跟踪运动指令的当前处理及运行状态。

(1) _getStateOfPathObjectCommand。

(2) _getMotionStateOfPathObjectCommand。

(3) _bufferPathObjectCommandId。

(4) _removeBufferedPathObjectCommandId。

7.4 路径运动控制的应用举例

本节以图 7-25 所示灌装生产线上的二维直角坐标机械手路径控制为例完整地介绍路径运动控制的编程方法。

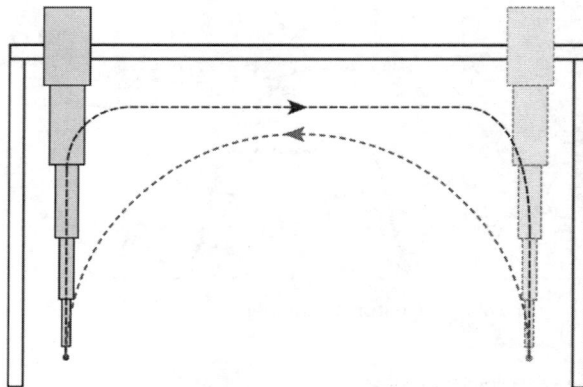

图 7-25　二维直角坐标机械手

7.4.1 二维直角坐标机械手运动学模型

如图 7-25 所示，该二维直角坐标机械手包括 2 个轴：

(1) 垂直轴：1400mm 移动距离，轴的零点在最低位置。

(2) 水平轴：2000mm 移动距离，轴的零点在左侧。

这意味着路径对象的零点在左下角。

机械手末端的运动轨迹已知,如何创建和使用二维笛卡儿(直角坐标系)机械手(假定项目已建立、设备及网络已配置完成)，主要需要以下几个步骤：

(1) 激活路径插补工艺包。

(2) 创建路径轴。

(3) 创建路径插补对象。

(4) 定义运动学参数。

(5) 为路径对象连接路径轴。

(6) 编程。

(7) 运行与跟踪监测。

7.4.2 创建路径插补对象

1. 激活路径插补工艺包(参考本书 7.2 节相关内容)

2. 创建路径轴

项目需要 2 个线性轴，即"Axis_X"和"Axis_Z"。这些轴为路径轴(线性、虚拟、非模态轴)。

单击"AXES→Insert axis"，创建路径轴，命名第一轴为"Axis_X"、第二轴为"Axis_Z"，如图 7-26 和图 7-27 所示。创建的详细过程不再赘述。

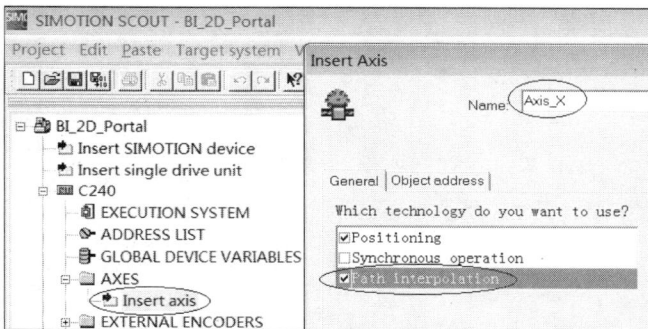

图 7-26 创建路径轴"Axis_X"   图 7-27 创建路径轴"Axis_Z"

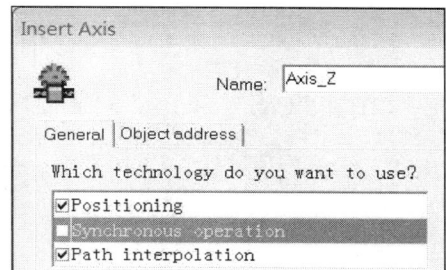

3. 创建路径插补对象

双击"PATH OBJECTS→Insert path object"，插入路径插补对象，命名为"Portal_2D"，如图 7-28 所示。

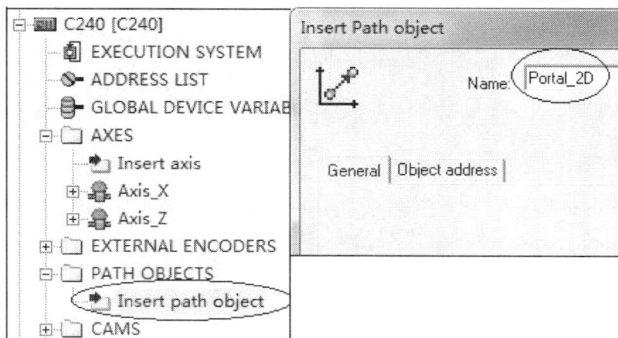

图 7-28 创建路径插补对象"Portal_2D"

4. 定义运动学参数

定义运动学模型、固联坐标系与基坐标系中的位移等。

(1) 在项目导航栏，双击"Portal_2D→Configuration"属性。弹出如图 7-29 所示窗口。在"Configuration"选项页，运动学模型选择二维笛卡儿机械手，运动平面选择 ZX 坐标面。

271

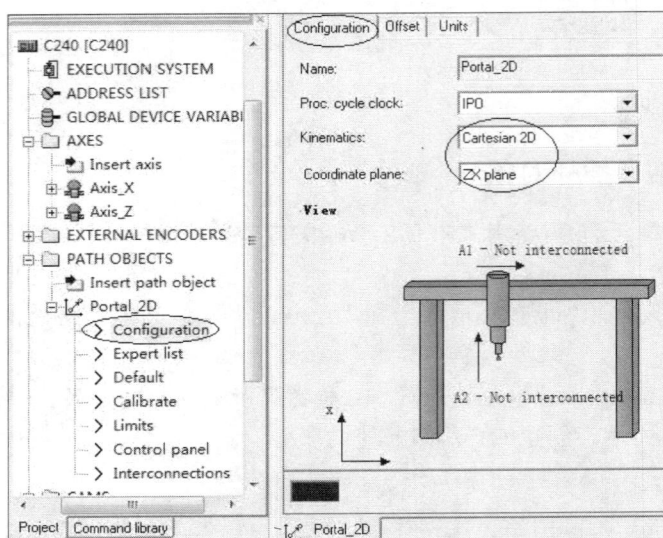

图 7-29 "Configuration"属性的"Configuration"选项页设置

(2) 在"Configuration"属性的"Offset"选项页,设置坐标系的原点偏移量,如图 7-30 所示。

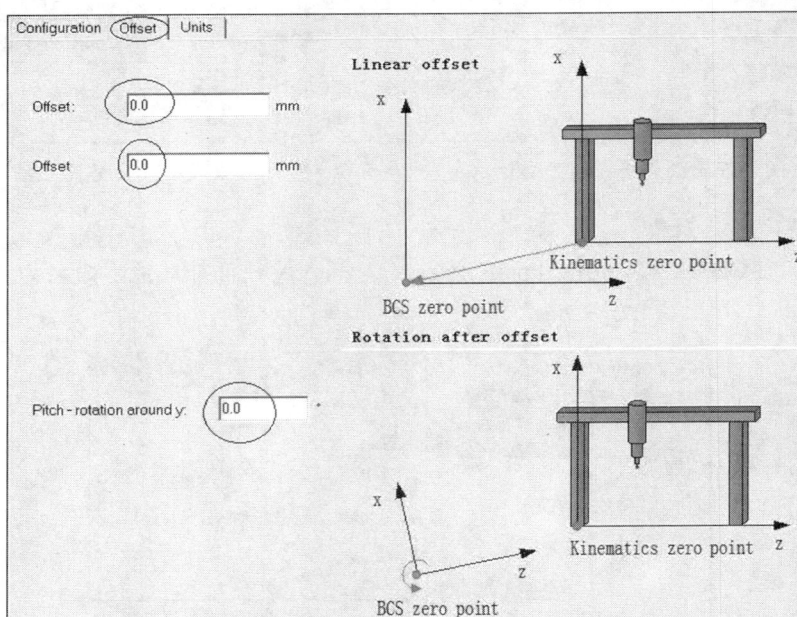

图 7-30 "Configuration"中的"Offset"页设置

5.路径对象与路径轴的互连

将二个路径轴连接到二维笛卡儿机械手路径对象上。双击"Portal_2D→interconnections",在弹出窗口为路径对象指定路径轴。第一路径轴选择"Axis_Z"轴,第二路径轴选择"Axis_X"轴,如图 7-31 所示。

6.设置路径对象的默认项

双击"Portal_2D→Default",在弹出窗口为路径对象指定动态响应参数,如图 7-32 所示。

272

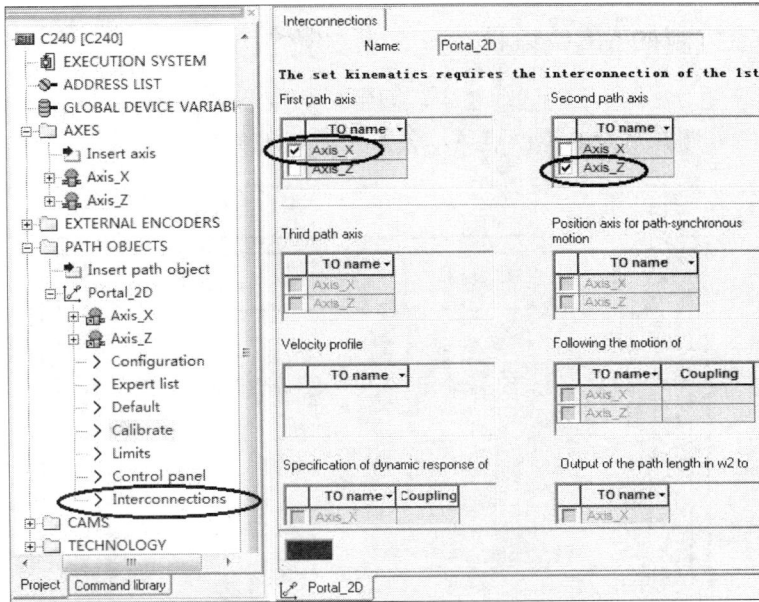

图 7-31　互连属性"Interconnections"的设置

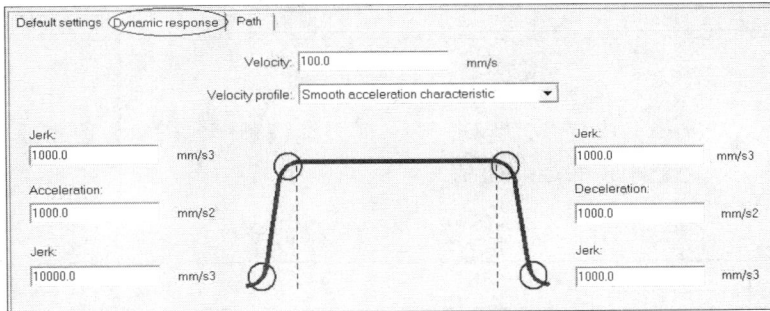

图 7-32　"Default"属性的"Dynamic response"页面设置

"Path"选项页的设置如图 7-33 所示。

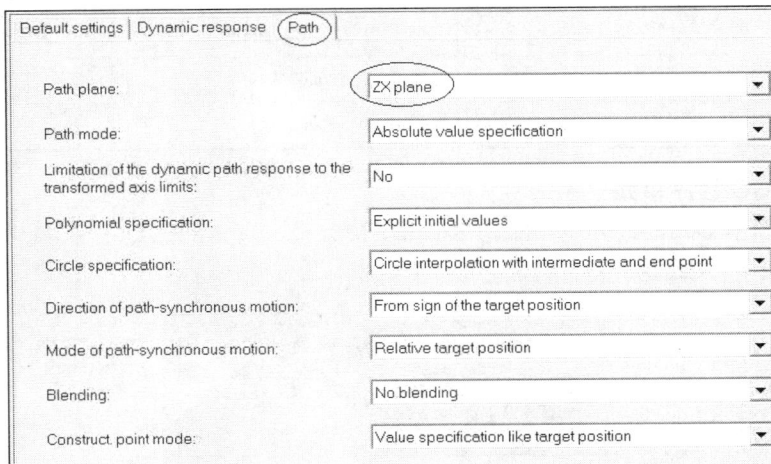

图 7-33　"Default"属性的"Path"选项页设置

7.4.3 路径控制的 MCC 编程

本例要求实现图 7-34 所示的运动要求，即手爪从点 A 沿着路径 A—B—C—D—E—F 运动到点 F，然后沿着圆弧从点 F 返回点 A，各点坐标如图 7-34 所示。

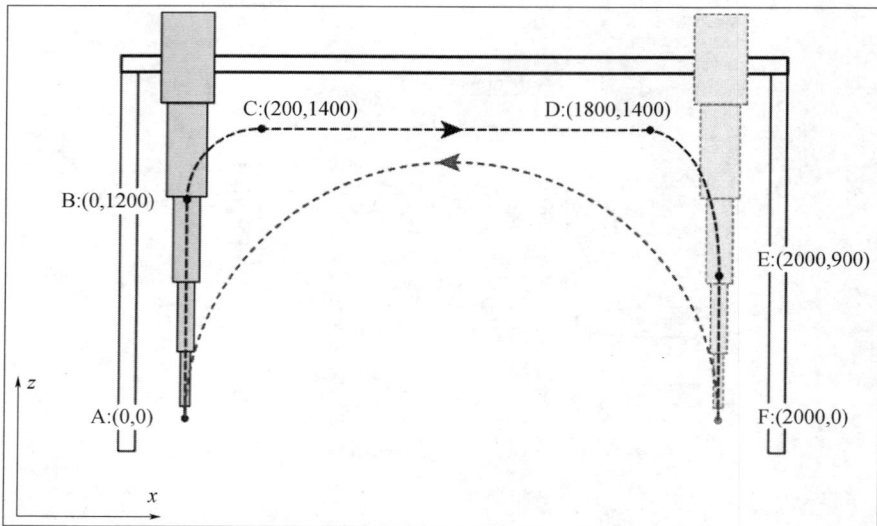

图 7-34 控制对象的运动要求

可以将整个运动路径分成表 7-2 所列区段，通过编程顺序实现每一段直线、多项式曲线或圆弧曲线，即可实现完整路经的运动控制。

表 7-2 整个运动路径的分段

区段	路径插补类型	起始点 (x, z)	终点 (x, z)
A — B	线性插补	(0, 0)	(0, 1200)
B — C	多项式插补	(0, 1200)	(200, 1400)
C — D	线性插补	(200, 1400)	(1800, 1400)
D — E	多项式插补	(1800, 1400)	(2000, 900)
E — F	线性插补	(2000, 900)	(2000, 0)
F — A	圆弧插补	(2000, 0)	(0, 0)

1. 创建 MCC 程序单元

在项目导航栏，双击 C240 下的 "PROGRAMS→Insert MCC unit"，命名 MCC 单元为 "MCC_Example"，如图 7-35 所示。

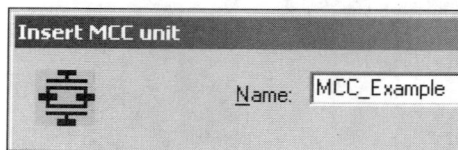

图 7-35 创建 MCC 程序单元

274

2. 定义 MCC 单元变量

在"MCC_Example"单元接口"Interface"部分定义全局变量，如图 7-36 所示。

图 7-36　定义 MCC 单元"MCC_Example"的单元变量

(1) 变量"Start_Move"：为"true"时运动；为"false"时停止。

(2) 变量"Forw_Back"：指示运动方向，A→F 时，为"true"；F→A 时，为"false"。

3. 创建 MCC 程序段

双击"MCC_Example→Insert MCC chart"，插入 MCC 程序段，命名为"TopLoader"，如图 7-37 所示。

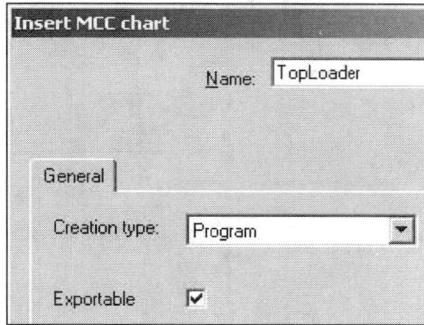

图 7-37　创建 MCC 程序段"TopLoader"

4. 定义"TopLoader"程序段变量

打开"TopLoader"程序段，定义如图 7-38 所示变量。这些变量用于多项式插值的数据计算。

图 7-38　定义"TopLoader"程序段局部变量

5. 编写 MCC 程序

完整的 MCC 程序如图 7-39 所示，主要指令的设置阐述如下。

1) WHILE 循环指令

此指令实现：当"start_move=true"时，执行路径插补运动；否则，不执行。指令设置如图 7-40 所示。

275

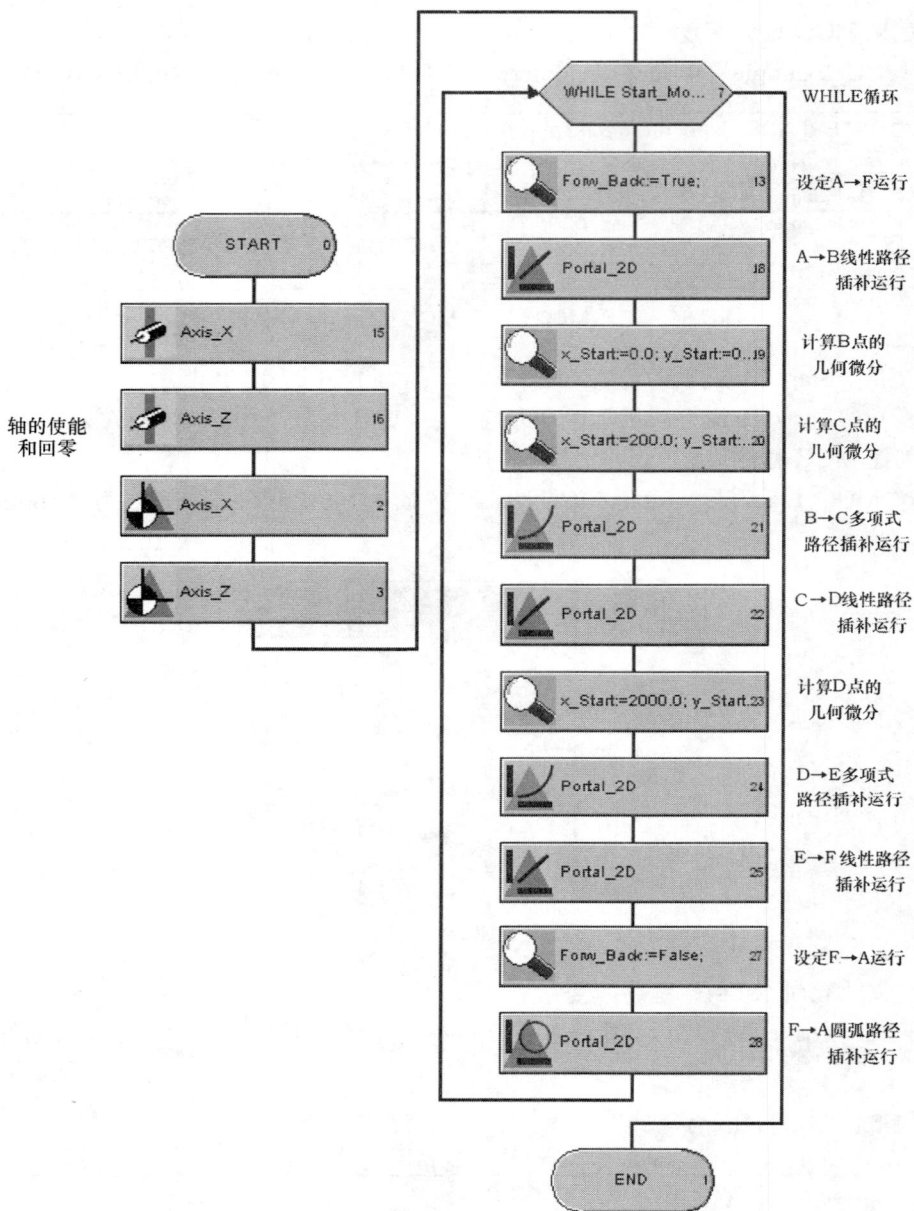

图 7-39 "TopLoader"程序段程序

2) 运动方向设定

用"ST zoom-in"指令给运动方向标识变量"Forw_Back"赋值，设置如图 7-41 所示。

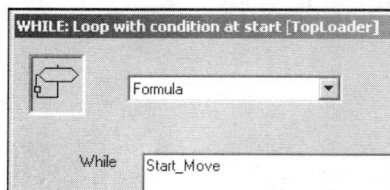

图 7-40 WHILE 循环指令

图 7-41 "Forw_Back"置位指令

3) A→B 的直线路径插补运动

按图 7-42 所示设置 A→B 的直线路径插补运动指令。

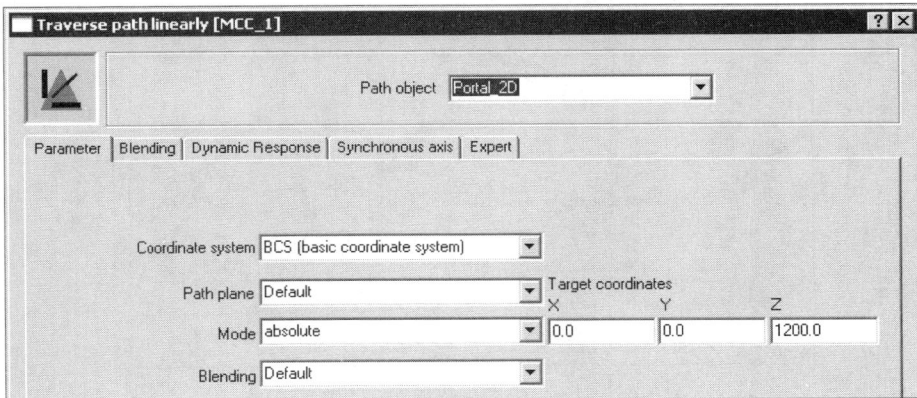

图 7-42　A→B 的直线路径插补运动指令

4) B→C 的多项式路径插补参数计算

在进行 B→C 的多项式路径插补运动之前，需要计算路径起始点和终点的几何微分(一阶微分和二阶微分)。如图 7-43 和图 7-44 所示，用"ST zoom-in"指令调用"_getLinearPathGeometricData"指令，完成 B、C 点的几何微分计算。

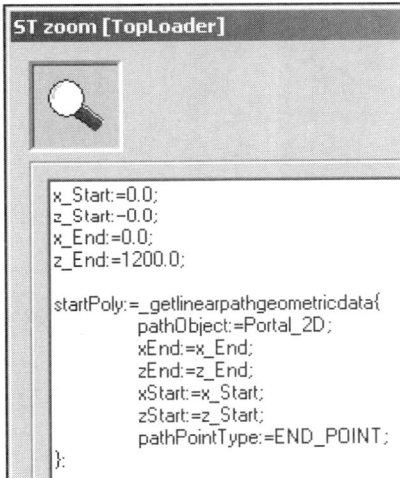

图 7-43　B 点几何微分计算

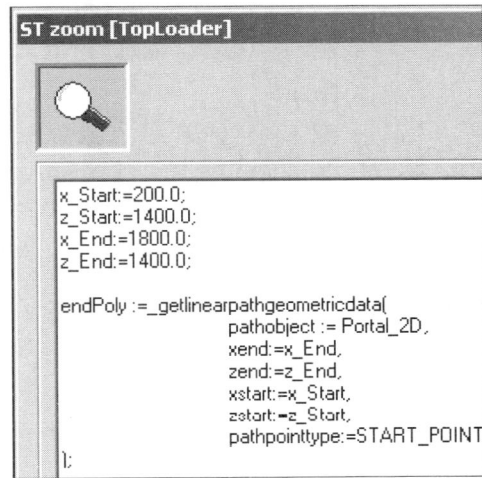

图 7-44　C 点几何微分计算

5) B→C 的多项式路径插补运动

如图 7-45 所示，设置 B→C 的多项式路径插补运动指令。其中需要的路径起始点 B 和终点 C 的几何微分(一阶微分和二阶微分)已在上一步中计算得出：

起初点 B 一阶微分：startPoly.firstGeometricDerivative.x / .y / .z

起初点 B 二阶微分：startPoly.secondGeometricDerivative.x / .y / .z

终点 C 一阶微分：endPoly.firstGeometricDerivative.x / .y / .z

终点 C 二阶微分：endPoly.secondGeometricDerivative.x / .y / .z

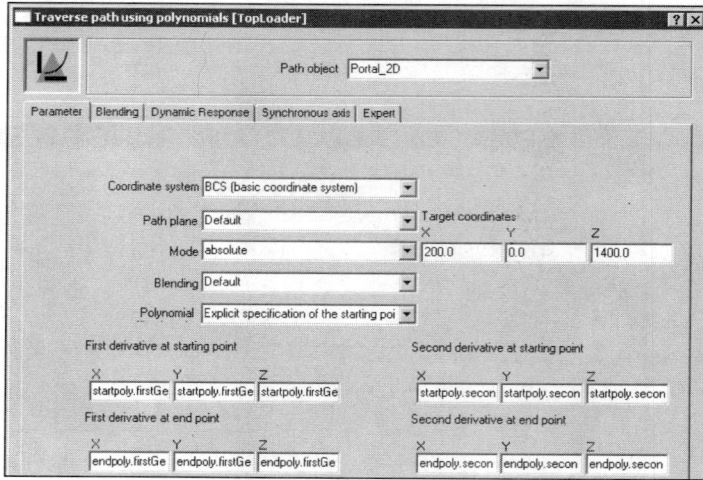

图 7-45　B→C 的多项式路径插补运动指令

6) C→D 的直线路径插补运动

按图 7-46 所示设置 C→D 的直线路径插补运动指令。

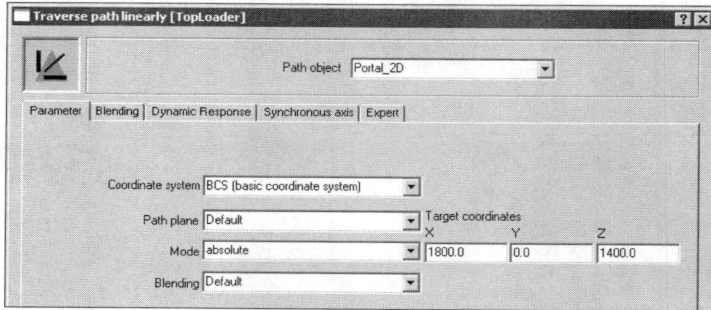

图 7-46　C→D 的直线路径插补运动指令

7) D→E 的多项式路径插补参数计算

在进行 D→E 的多项式路径插补运动之前，需要计算路径终点 E 的几何微分(一阶微分和二阶微分)。如图 7-47 所示，用"ST zoom-in"指令调用"_getLinearPathGeometricData"指令，完成 E 点的几何微分计算。

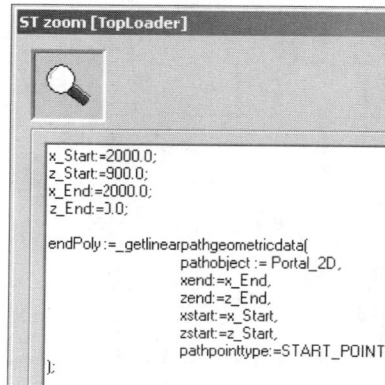

图 7-47　E 点几何微分计算

278

8) D→E 的多项式路径插补运动

如图 7-48 所示，设置 D→E 的多项式路径插补运动指令。需要的路径终点 E 的几何微分(一阶微分和二阶微分)已在上一步中计算得出：

终点 E 一阶微分：endpoly.firstGeometricDerivative.x / .y / .z

终点 E 二阶微分：endpoly.secondGeometricDerivative.x / .y / .z

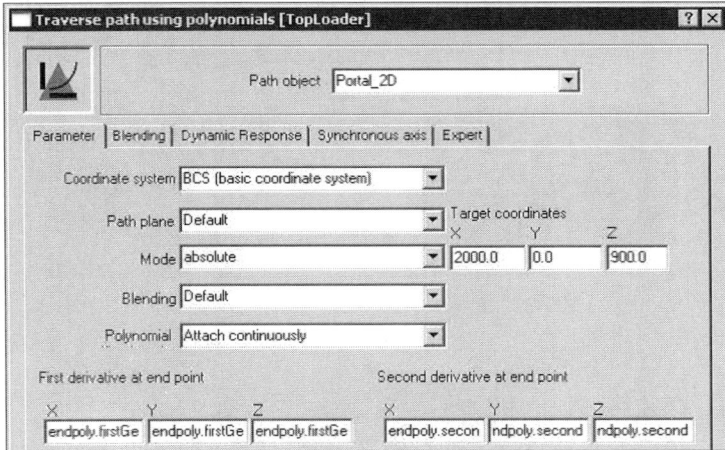

图 7-48　D→E 的多项式路径插补运动指令

9) E→F 的直线路径插补运动

按图 7-49 所示设置 E→F 的直线路径插补运动指令。

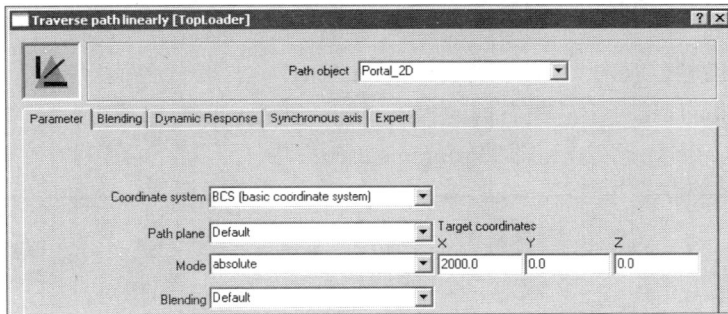

图 7-49　E→F 的直线路径插补运动指令

10) F→A 的圆弧路径插补运动

在图 7-34 中，机械手爪返回的运动路径为一圆弧，起点坐标为(2000，0)，终点坐标为(0，0)。圆弧路径插补运动方式有三种，这里使用指定中间点(1000，1000)和终点的方式。

为了指示返程运动，在 ST zoom-in 指令中设置"Forw_Back=False"，如图 7-50 所示。

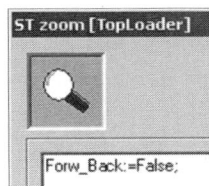

图 7-50　设置运动方向标识

F→A 的圆弧路径插补运动指令如图 7-51 所示。

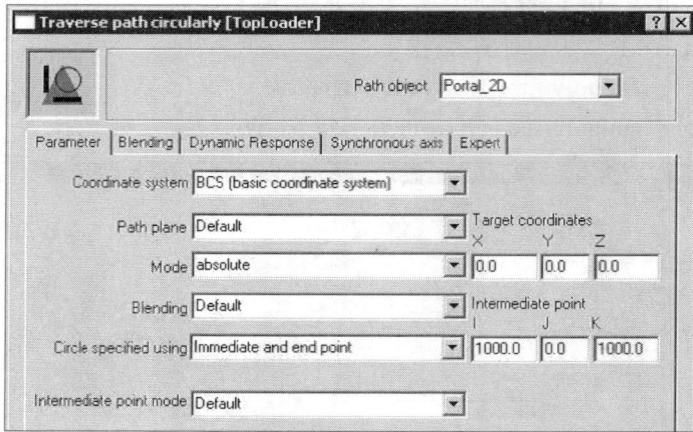

图 7-51　F→A 的圆弧路径插补运动指令

11) 轴的使能与回零

在运动开始前，必须给轴使能和回零。

在轴使能指令中可以使用默认值；在轴回零指令中，令"Home coordinates=0 mm"，其他设定项不变。

7.4.4　MCC 程序加入执行系统任务中

MCC 程序必须加入到执行系统的 MotionTask 中，并且 MotionTask 必须在 StartupTask 之后被激活。步骤如下：

(1) 在项目导航栏，双击"EXECUTION SYSTEM"，打开任务执行系统，如图 7-52 所示；在左侧选择"MotionTask_1"，在右侧的"Program assigment"选项页，将"Programs"中的"MCC_Example.toploader"加入到"Programs used"中。

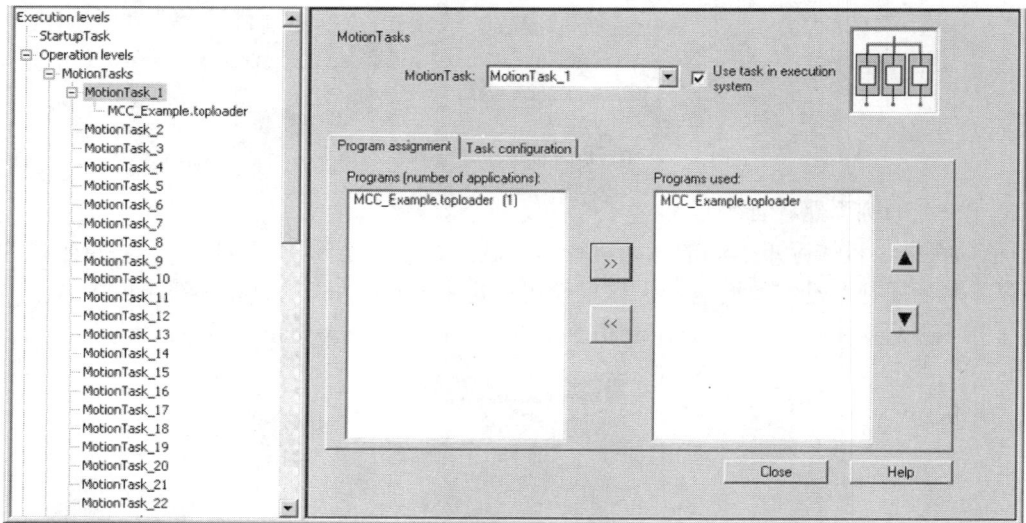

图 7-52　程序指定到执行系统中

(2) 在"Task configuration"选项页，勾选"Activation after StartupTask"，如图 7-53 所示。

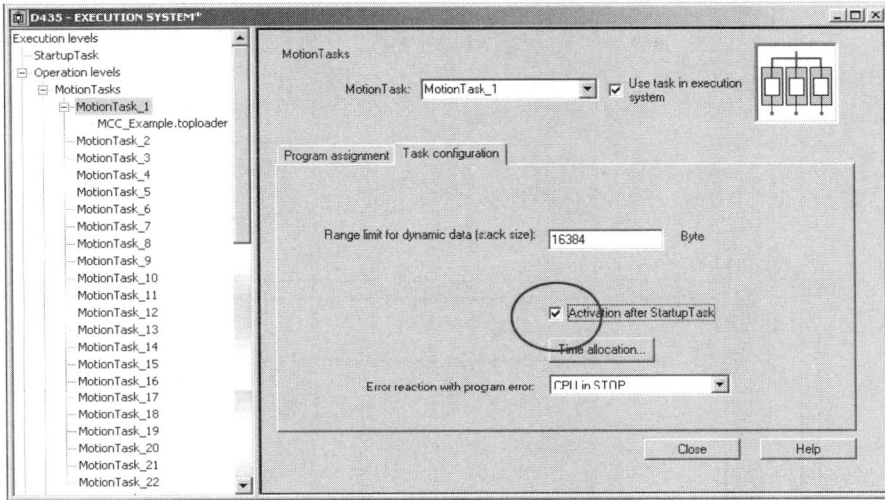

图 7-53　配置执行系统

7.4.5　运行程序、跟踪监控

为了观察系统的运行状态，可以监控下列三个变量：

(1) TO.Axis_X.positioningstate.actualposition。

(2) TO.Axis_Z.positioningstate.actualposition。

(3) Forw_back。

监控结果如图 7-54 所示。

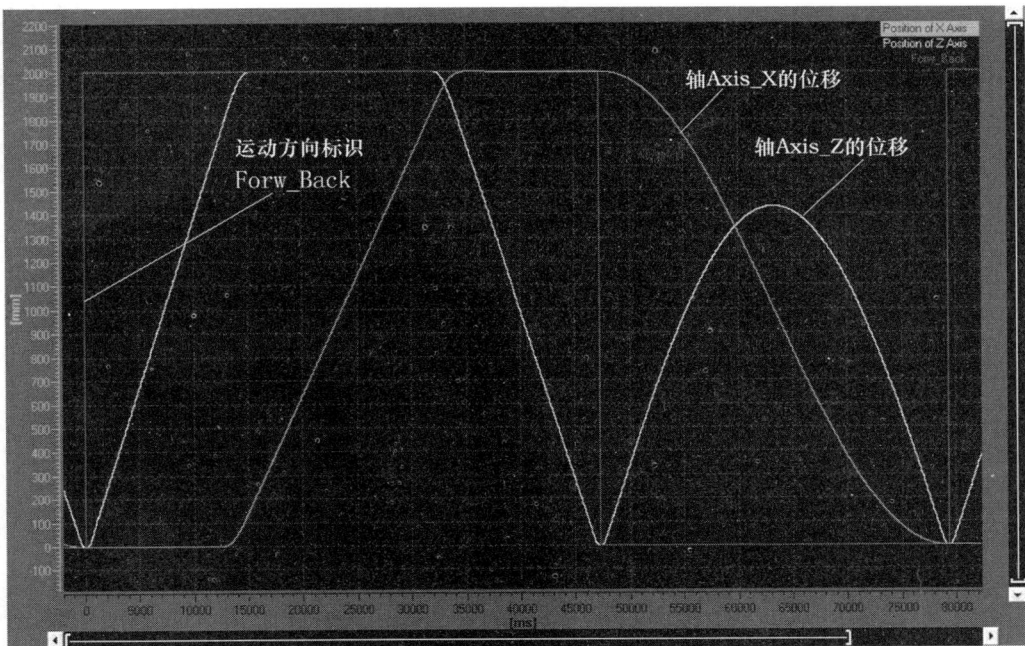

图 7-54　监控结果

7.4.6 创建同步轴

为了展示路径同步运动功能，可以在该项目中添加一个同步轴。同步轴在运动过程中转动产品，即同步轴在路径 C→D 之间旋转 90°，如图 7-55 所示。

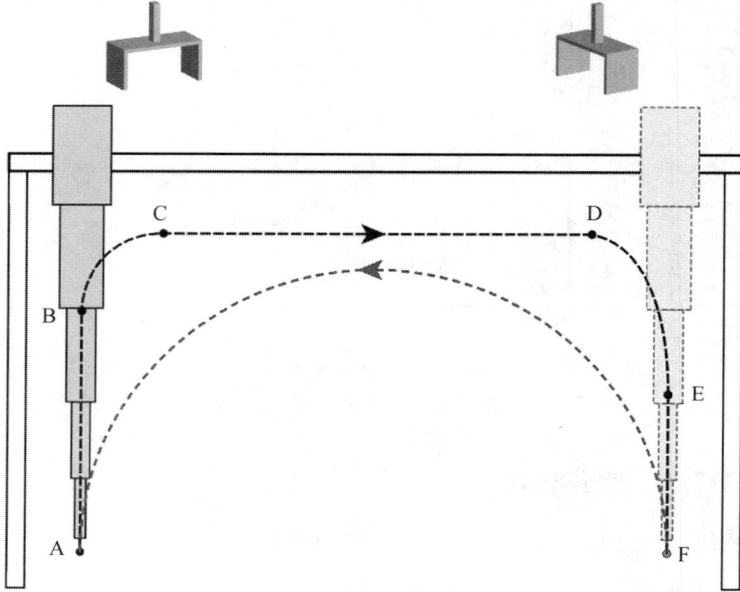

图 7-55 同步轴运动示意图

(1) 创建一个位置轴"Axis_Sync"（此轴并非路径轴)，如图 7-56 所示。设置其为线性、虚轴，如图 7-57 所示。

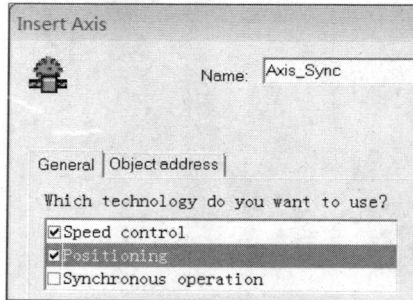

图 7-56 位置轴创建

(2) 修改路径对象，关联位置轴。双击路径对象"Portal_2D"的"Interconnections"，在"Position axis for path-synchronous motions"下勾选"Axis_Sync"轴，如图 7-58 所示。

(3) 修改 MCC 程序。

① 在 WHILE 循环之前，添加"Axis_Sync"轴的使能与回零操作(类似"Axis_X"、"Axis_Z")。

② 为了在路径 C→D 运动期间旋转"Axis_Sync"轴，需要双击"C→D 的直线路径插补运动指令"。如图 7-59 所示，在"Synchronous axis"选项页设置同步轴。

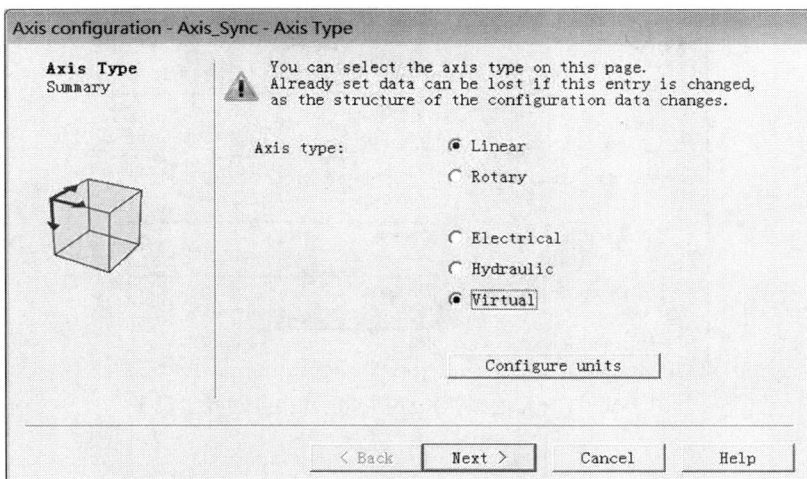

图 7-57 轴"Axis_Sync" 设定为线性虚轴

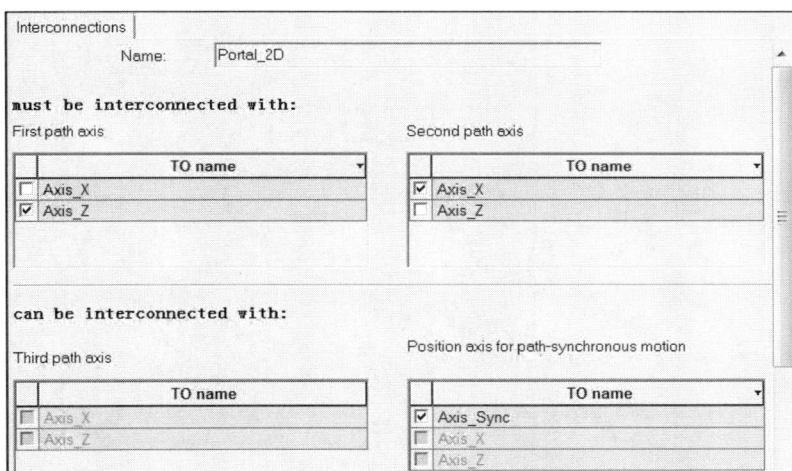

图 7-58 关联位置轴"Axis_Sync"

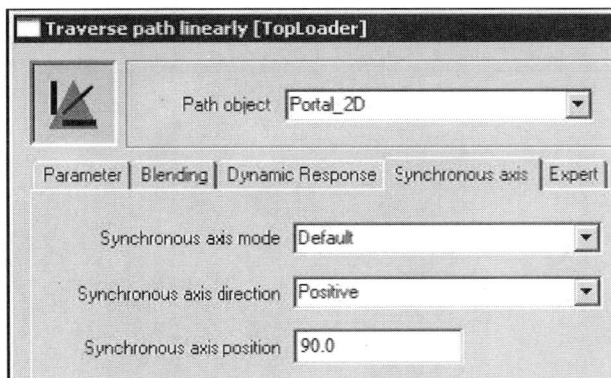

图 7-59 C→D 的直线路径插补运动指令的同步设定

③ 为了在路径 F→A 运动期间，将 "Axis_Sync"轴反转，需要双击"F→A 的圆弧路径插补运动指令"。如图 7-60 所示，在"Synchronous axis"选项页设置同步轴。

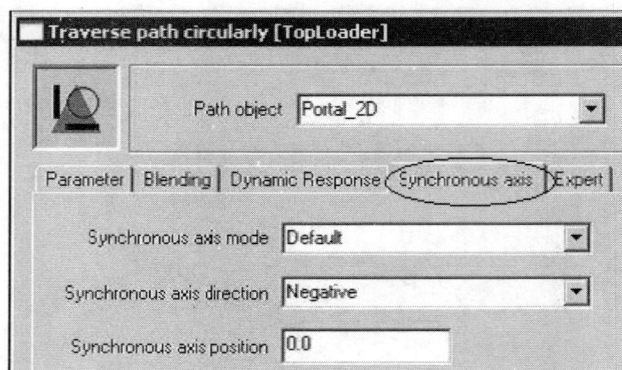

图 7-60　F→A 的圆弧路径插补运动指令的同步设定

第 8 章　C240 的通信

8.1　C240 与 WinCC flexible 的通信

8.1.1　概述

安装 WinCC flexible 软件的上位机(如 HMI 人机界面)可以通过 PROFIBUS DP、以太网及 MPI 网络与 SIMOTION 设备进行通信，"SIMOTION"协议可用于这些连接。

编程开发必备条件：

(1) 配置软件 SIMATIC STEP 7 V5.5。

(2) 配置软件 SIMOTION SCOUT V4.4。

(3) 配置软件 WinCC flexible 2008 SP4。

C240 可连接的 HMI 设备如表 8-1 所列。

表 8-1　可与 SIMOTION 设备连接的 HMI 设备

HMI 设备		操作系统
Panel PC	Panel PC 877	Windows XP
	Panel PC 870	
	Panel PC 677	
	Panel PC 670	
	Panel PC 577	
	Panel PC IL 77	
	Panel PC IL 70	
	Panel PC 477	Windows XP Embedded
Standard PC	WinCC flexible Runtime	Windows XP
Multi Panel	MP 377	Windows CE
	MP 370，MP 277	
	MP 270B	
Mobile Panel	Mobile Panel 170	
	Mobile Panel 177	
	Mobile Panel 277	
Panel	OP 277	
	TP 277	
	OP 270	
	TP 270	
	OP 177B	
	TP 177B	
	OP 170B	
	TP 170B	

8.1.2 SIMOTION 与 flexible 的通信配置

SIMOTION 与 HMI 的连接配置有下述两种方法：

(1) HMI项目独立于SIMOTION项目。打开WinCC flexible项目向导，在"集成于一个S7项目"中选择使用的SIMOTION项目，如图8-1所示，则HMI 项目将被集成至SIMOTION项目中。

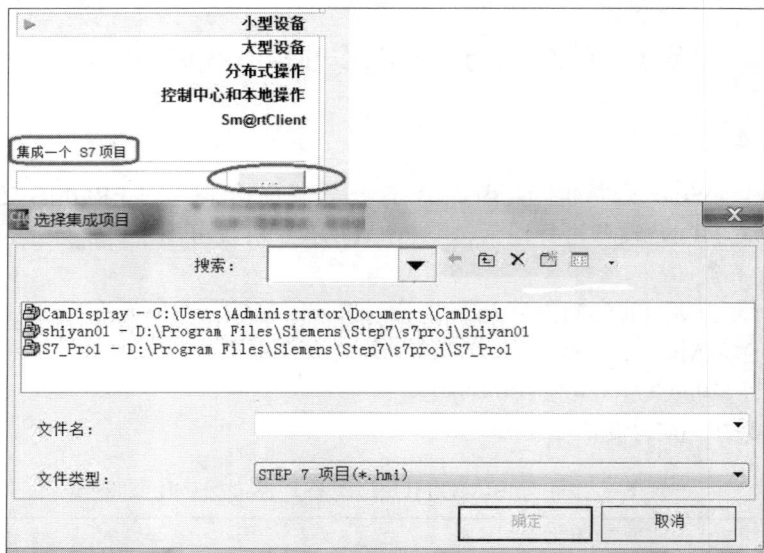

图 8-1　WinCC flexible 集成 SCOUT 项目

(2) 将HMI项目集成在SIMOTION 项目中。打开SCOUT项目的网络组态窗口(单击NetPro图标)，插入HMI 设备，可将WinCC flexible 项目集成到Simotion SCOUT项目中进行编辑。

下面以以太网连接为例，介绍将 HMI 项目集成到 SIMOTION 项目中。前提条件是SIMOTION 项目已建好，以太网络已完成组态。

(1) 打开已创建的 SIMOTION 项目，双击"组态网络"图标按钮，打开项目的网络组态界面。如图 8-2 所示，将硬件目录中的"SIMATIC HMI Station"条目拖曳至左侧网络区。

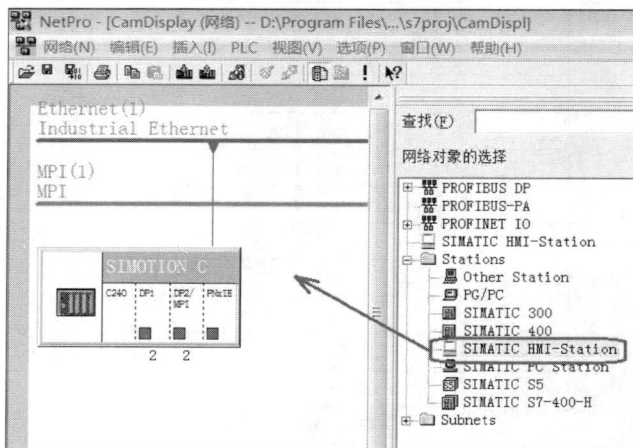

图 8-2　在网络组态中插入 HMI 站

(2) 在弹出的画面中选择要连接的 HMI 设备，如图 8-3 所示。

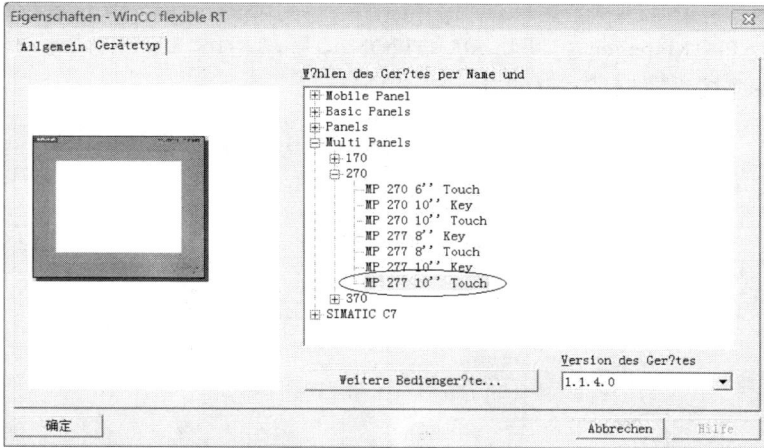

图 8-3　选择 HMI 设备

(3) 在图 8-4 中，双击 HMI 站的 HMI IE 接口，弹出图 8-5 所示 HMI 属性窗口。

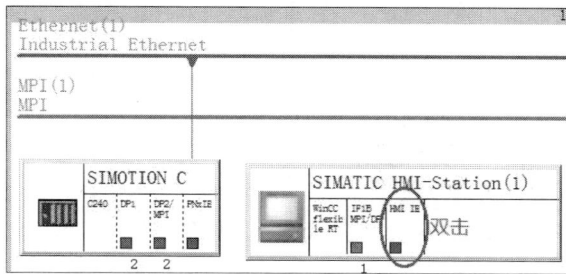

图 8-4　网络组态中插入的 HMI 站

(4) 在图 8-5 中，单击"常规→接口→属性"按钮，弹出"Ethernet 属性"窗口。在此窗口中修改 IP 地址和子网掩码(IP 地址必须和 SIMOTION 设备同处一个网段)，单击"新建"按钮，则创建一个新的以太网"Ethernet(1)"。选择"Ethernet(1)"，单击"确认"按钮，设置完成。

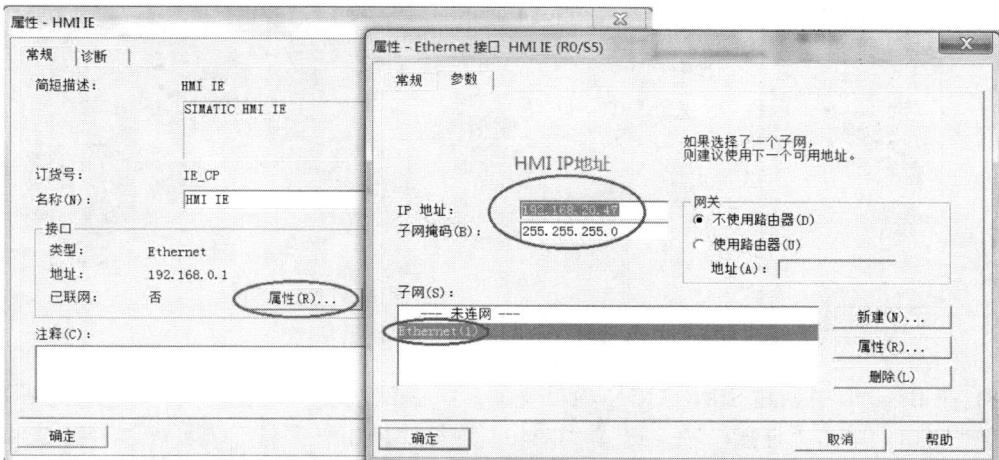

图 8-5　配置 HMI 的 IP 地址

(5) 以太网连接完成后如图 8-6 所示。单击"保存和编译"按钮，确认无错误后，逐级退出 SCOUT 软件。

(6) 用 SIMATIC Manager 打开此 SIMOTION 项目，如图 8-7 所示。双击 WinCC flexible RT 项目中"通信→连接"，打开 WinCC flexible 项目。

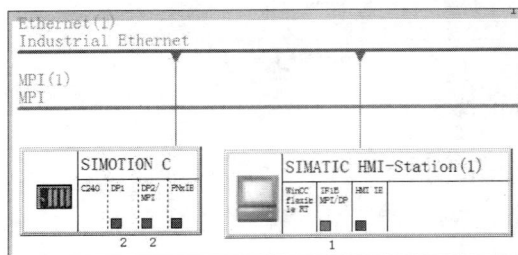

图 8-6　组态完成的以太网络

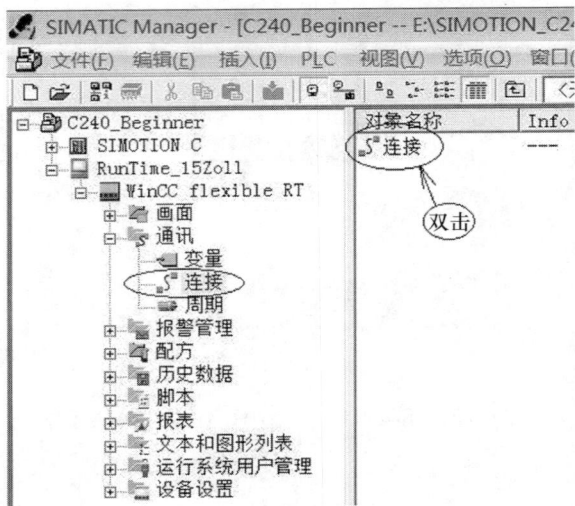

图 8-7　用 STEP 7 打开 SIMOTION 项目

(7) 如图 8-8 所示，在 WinCC flexible 项目中，双击"连接"，可以看到 HMI 设备和 SIMOTION 设备已建立了以太网连接(如果连接未激活，则在"激活的"项中选择"开"即可)。

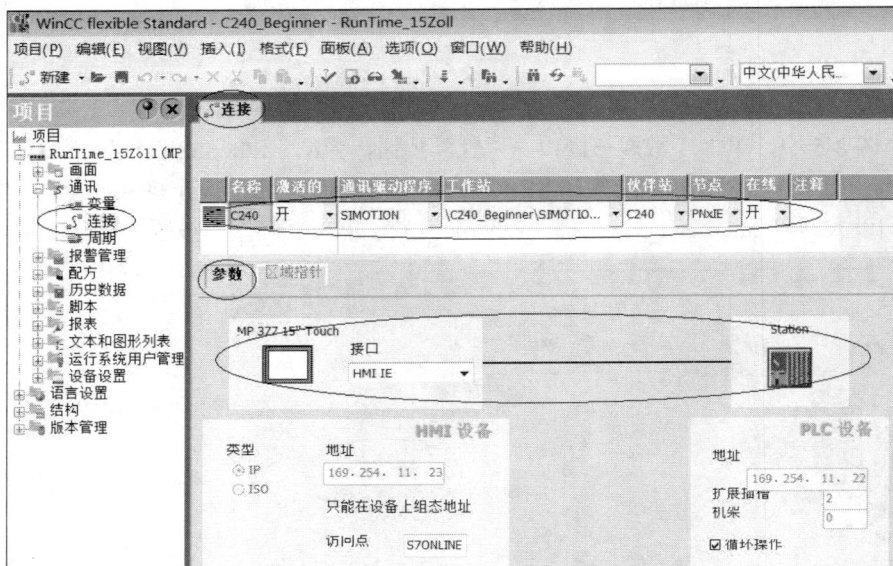

图 8-8　WinCC flexible 中的以太网通信连接

(8) 在 flexible 中创建 SIMOTION 项目变量。如图 8-9 所示，双击"通信→变量"；在变量创建管理窗口，单击"连接"项，选择"C240"连接；单击"符号"项，可以看到 C240 项目中的所有全局变量，选择需要读写的项目变量。这样，一个项目变量就创建完成了。

288

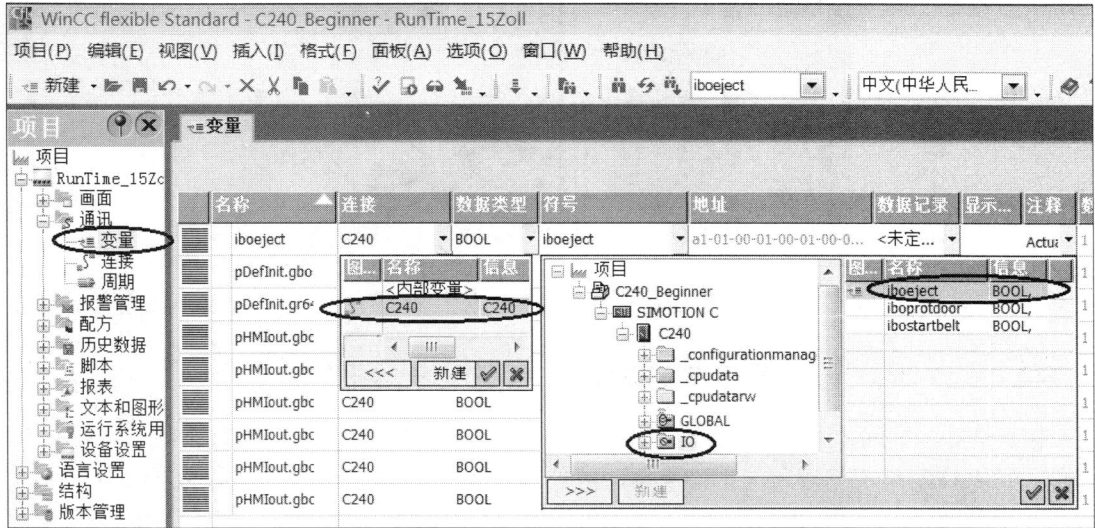

图 8-9　创建 C240 项目变量

8.1.3　通过 flexible 控制 SIMOTION 的运行及停止

在 flexible 画面中创建 I/O 域，对 SIMOTION 设备的系统变量"modeofoperation"进行修改，即可实现对 SIMOTION 设备的运行及停止控制。具体实现方法如下：

1."modeofoperation"系统变量解释

变量类型为枚举类型，"modeOfOperation" 系统变量显示当前的运行模式，可通过修改变量值来改变设备的运行模式，变量值对应的运行模式如下：

0——STOP 模式。

1——STOPU模式。

2——STARTUP模式。

3——RUN模式。

4——SHUTDOWN模式。

5——MRES模式。

6——ERVICE模式。

2．在 flexible 中的设置

创建"modeOfOperation"变量，如图 8-10 所示。

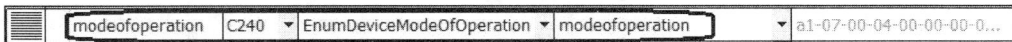

图 8-10　创建"modeOfOperation"变量

3．SIMOTION 设备的启/停测试

在 flexible 画面中创建 I/O 域，其变量为创建的"modeofoperation"，运行 HMI 项目。如果在此 I/O 域中输入 3，则 SIMOTION 运行至"RUN"状态。SCOUT 软件监控和 flexible 软件运行界面如图 8-11 所示。

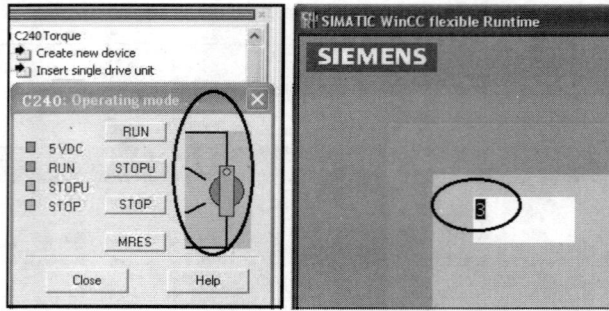

图 8-11 C240 启/停控制测试画面

8.1.4 在 flexible 上显示 SIMOTION 工艺对象的报警信息

在由 SIMOTION 设备(如 C240)及 flexible(如 HMI 设备) 组成的控制系统中，需要在 HMI 上显示 SIMOTION 工艺对象的报警信息，以便用户进行故障诊断。具体实现方法如下：

(1) 在图 8-12 所示的 WinCC flexible 报警设置画面中，将"报警程序"中的"SIMOTION TO"项设置为"开"。如需显示 SIMOTION 的诊断报警信息，还需勾选"SIMOTION 诊断报警"选项。

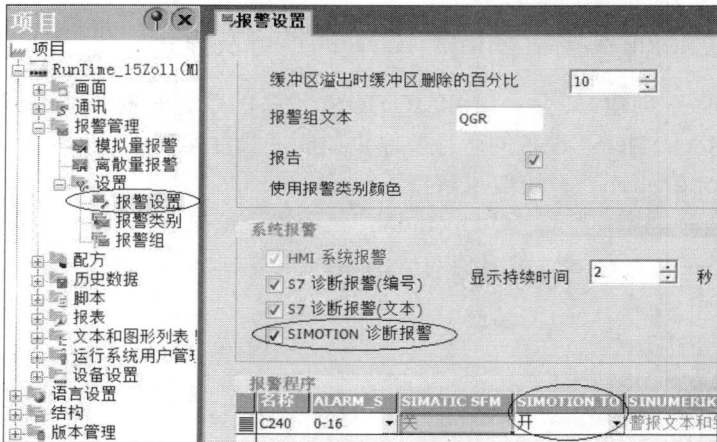

图 8-12 HMI 报警设置画面

(2) 在 HMI 项目的画面中插入报警控件"报警视图"，如图 8-13 所示。

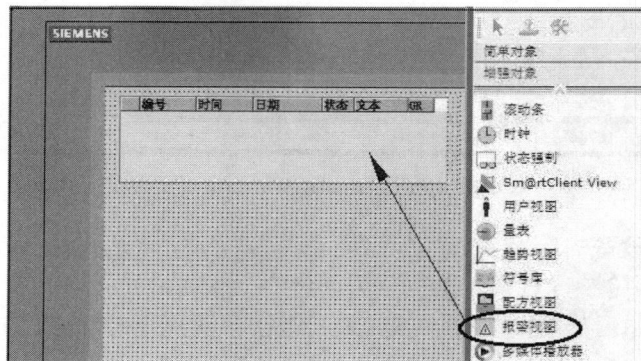

图 8-13 插入报警控件

(3) 对报警控件"报警视图"的属性进行设置，如要显示未决的或未确认的报警信息，设置如图 8-14 所示；如要显示报警信息，可在图 8-15 中"报警类别"部分进行选择和设置。

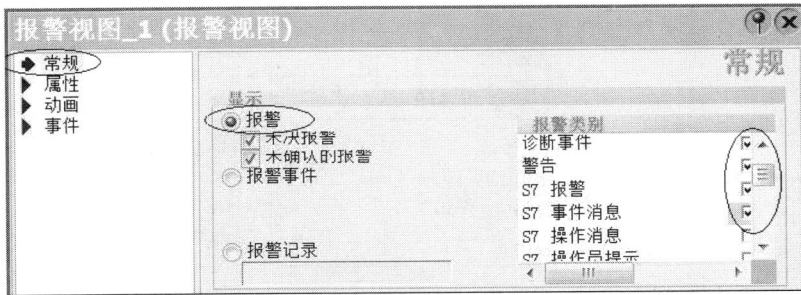

图 8-14　报警控件属性设置(一)

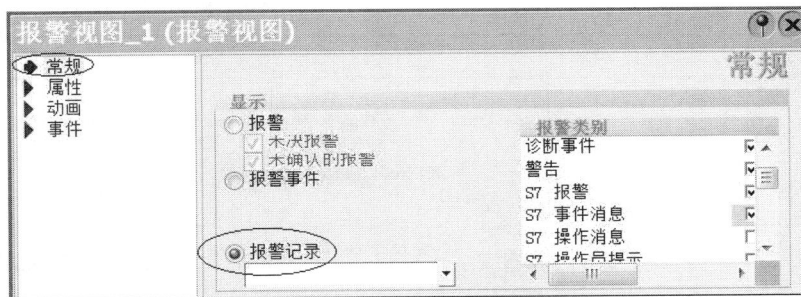

图 8-15　报警控件属性设置(二)

(4) 在 HMI 画面中显示 SIMOTION TO 的报警信息。例如，当轴"Axis_Red"出现 20005 故障信息时(图 8-16)，可在 HMI 的报警画面中显示此报警信息(图 8-17)。

图 8-16　SIMOTION 报警信息在 SCOUT 中的显示

图 8-17　HMI 的报警画面中显示的报警信息

8.1.5　在 flexible 上显示 SIMOTION 的 Cam 曲线

1. 概述

利用功能块"FBGetCamValueForHMI"(西门子公司赠送的 ST 程序)，经过适当的 SIMOTION SCOUT 和 WinCC flexible 编程，可以将项目中的 Cam 曲线以图形方式显示在 HMI 上。

首先，在 C240 中必须使用系统函数 "_interpolateCam" 对 Cam 曲线进行插补，然后再调用 "FBGetCamValueForHMI" 功能块，将 Cam 曲线从值存入数组中供 HMI 读取。FB 功能块如图 8-18 所示，其输入/输出接口定义如表 8-2 所列。由于可能会造成较高的系统负荷，所以建议在 "motion task" 中调用此功能块。

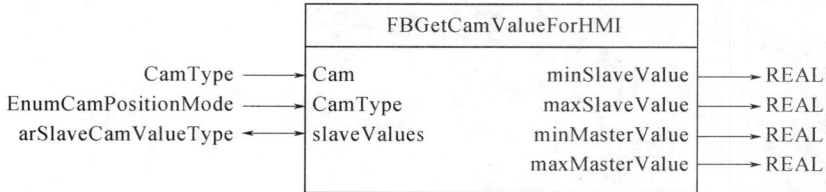

```
                    ┌─────────────────────────────────────┐
                    │        FBGetCamValueForHMI           │
                    │                                      │
CamType ───────────→│ Cam                   minSlaveValue  │───→ REAL
EnumCamPositionMode ─→│ CamType              maxSlaveValue  │───→ REAL
arSlaveCamValueType ←─│ slaveValues         minMasterValue  │───→ REAL
                    │                       maxMasterValue  │───→ REAL
                    └─────────────────────────────────────┘
```

图 8-18　FBGetCamValueForHMI 的 LAD 示意图

表 8-2　FBGetCamValueForHMI 参数描述

名称	参数类型	数据类型	描述
Cam	IN	CamType	待显示的凸轮曲线名称
CamType	IN	EnumCamPositionMode	显示带或不带比例缩放 (BASIC / ACTUAL)
slaveValues	IN/OUT	aSlaveCamValue	存放凸轮从值的数组
minSlaveValue	OUT	REAL	从值的最小值
maxSlaveValue	OUT	REAL	从值的最大值
minMasterValue	OUT	REAL	主值的起始值
maxMasterValue	OUT	REAL	主值的结束值
注：参数类型 IN = 输入参数，OUT = 输出参数，IN/OUT = 输入/输出参数			

FB 功能块 "FBGetCamValueForHMI" 的作用是读出 CAM 曲线上等间隔主值对应的从值，并将从值存入数组中。其中，主轴长度由 Cam 的系统变量来计算((leadingrange.start - leadingrange.end) / giNR_OF_SET_POINTS)；FB 块调用的系统功能块 "_getcamfollowingvalue" 用于根据主位置值读出凸轮曲线上对应的从位置值。

另外，在 HMI 系统上，将显示的点数定义在数据常量 "giNR_OF_SET_POINTS" (不能超过 999)中，从值保存在数组中，最大的点数为 999。如果要改变此常量的默认值，必须在 "WinCC flexible" 中进行相应的配置。Cam 图形在 WinCC flexible 中的输出是以线性类型来表示的。必须在 WinCC flexible 中设置趋势指针 "Transfer1"，它触发 WinCC flexible 中的 Cam 曲线显示。"Trend Request" 指针指示当前显示的 Cam，需要在 WinCC flexible 中设置。"Cam display" 功能用于在 WinCC flexible 中显示 Cam。一个 Cam 需要一个数组 "Cam buffer" 来存放 FB 的 IN/OUT 变量 "SlaveValues"。

在 SIMOTION 中调用 FB 后，如果使用图像显示功能显示 Cam 曲线，还需创建以下指针变量：

(1) myTrendTransfer ：在 HMI 中设置指针 "Trend Transfer1"。

(2) myTrendRequest ：在 HMI 中设置指针 "Trend Request"。

2. FBGetCamValueForHMI 功能块源程序

```
//===HMICam===========================================================
//SIEMENS AG
//(c)Copyright 2004  All Rights Reserved
//--------------------------------------------------------------------
// project name:
// file name:    HMICam.xml
// library:      L_SEB
// system:       SIMOTION / Scout V4.0
// version:      02.00.00
// restrictions:
// requirements:
// functionality: function block
// -------------------------------------------------------------------
// change log table:
// version  date       expert in charge       changes applied
// 01.00.00 01.04.04   A. Krull A&D B18       created
// 02.00.00 31.08.06   C. Fecke A&D B18       changes of form, variables, ...
//                                            with reference to the styleguide V3.3
//====================================================================


INTERFACE
// ---------- 定义 FB ---------------------------------------------------
   FUNCTION_BLOCK FBGetCamValueForHMI;
// ---------- 设备全局常数 ------------------------------------------
   VAR_GLOBAL CONSTANT
       giNR_OF_SET_POINTS : INT := 999; //凸轮曲线点数
   END_VAR
// ---------- 数据类型定义 -----------------------------------------------
   TYPE
       arSlaveCamValue : ARRAY[1..giNR_OF_SET_POINTS] OF REAL;  //数组类型
   END_TYPE
END_INTERFACE


IMPLEMENTATION
// ==================================================================
// ---------- FB ----------------------------------------------
// ==================================================================
```

293

```
USEPACKAGE cam;

FUNCTION_BLOCK FBGetCamValueForHMI
// -------------------------------------------------------------------------
//(A&D B18 / K 鲽 n)
// -------------------------------------------------------------------------
//   functionality:
//   assignment:      这个 FB 必须被 PROG 调用, 分配到顺序任务中执行
// -------------------------------------------------------------------------
//   change log table:
//   version    date        expert in charge    changes applied
//   01.00.00  01.04.04    A. Krull A&D B18     created
// =========================================================================
    VAR_INPUT
        sToCam : CamType := TO#NIL;                        //需要在 HMI 上显示的 Cam 名称
        eCamType : EnumCamPositionMode := BASIC;       //Cam 是否缩放
    END_VAR
// ----------- 输入/输出参数 -------------------------------------------------
    VAR_IN_OUT
        arSlaveValues : arSlaveCamValue;   //存放从值的数组
    END_VAR
// -----------输出参数 ------------------------------------------------------
    VAR_OUTPUT
        rMinSlaveValue  : REAL;          //用于显示的最小从值
        rMaxSlaveValue  : REAL;          //用于显示的最大从值
        rMinMasterValue : REAL;          //用于显示的最小主值
        rMaxMasterValue : REAL;          //用于显示的最大主值
    END_VAR

    VAR
        sRetGetValue  : structRetGetValue;        //系统函数返回值
        iCount        : INT;                      //计数
        rMinSlaveValueOld  : REAL;                //存放最小从值
        rMaxSlaveValueOld  : REAL;                //存放最大从值
        rCompleteLeadingRange : LREAL;            //Cam 引导范围
        rLoopMasterValue   : LREAL;               //用于 FOR 循环跳出的计算主值
    END_VAR
    //从值最大最小值初始化为 0
```

294

```
    rMinSlaveValueOld := 0.0;
    rMaxSlaveValueOld := 0.0;
    //带比例和偏移量的实际凸轮值
IF (eCamType = actual) THEN
        // 确定 Cam 主值范围
    rCompleteLeadingRange := sToCam.leadingrange.end - sToCam.leadingrange.
start;
        //确定 Cam 主值起始点
    rLoopMasterValue := sToCam.leadingrangesettings.offset;
        //输出最小主值=Cam 主值起始点
    rMinMasterValue := LREAL_TO_REAL(rLoopMasterValue);
        //逐一读取 Cam 从值记入数组
    FOR iCount := 1 TO giNR_OF_SET_POINTS DO
            //读取不同主值对应的从值
        sRetGetValue := _getcamfollowingvalue(cam := sToCam,
                            leadingpositionmode := ACTUAL,
                            leadingposition := rLoopMasterValue,
                            followingpositionmode := ACTUAL);
        arSlaveValues[iCount]:= LREAL_TO_REAL(sRetGetValue.value);
            //寻找最小从值
        IF ((arSlaveValues[iCount] < rMinSlaveValueOld)) THEN
            rMinSlaveValueOld := arSlaveValues[iCount];
        END_IF;
            //寻找最大从值
        IF ((arSlaveValues[iCount] > rMaxSlaveValueOld)) THEN
            rMaxSlaveValueOld := arSlaveValues[iCount];
        END_IF;
            //递增主值
        rLoopMasterValue := rLoopMasterValue + (rCompleteLeadingRange /
                            giNR_OF_SET_POINTS);
    END_FOR;
        //输出最大主值=主值递增的最后值
    rMaxMasterValue := LREAL_TO_REAL(rLoopMasterValue);
        //不带比例和偏移量的实际凸轮值
ELSE  //(eCamType = actual)
        //确定 Cam 主值范围
    rCompleteLeadingRange :=((sToCam.leadingrange.end - sToCam.leadingrange.start)
                            / sToCam.leadingrangesettings.scale)
                        -((sToCam.leadingrangesettings.scalerange[0].range.end -
                        sToCam.leadingrangesettings.scalerange[0].range.start)*
```

```
                                (sToCam.leadingrangesettings.scalerange[0].scale -1))
                            -((sToCam.leadingrangesettings.scalerange[1].range.end -
                                sToCam.leadingrangesettings.scalerange[1].range.start)*
                            (sToCam.leadingrangesettings.scalerange[1].scale -1)) ;
        //确定 Cam 主值起始点
    rLoopMasterValue := sToCam.leadingrange.start - sToCam. leadingrangesettings.
offset;;
        //输出最小主值=Cam 主值起始点
    rMinMasterValue := LREAL_TO_REAL(rLoopMasterValue);
        //逐一读取 Cam 从值记入数组
    FOR iCount := 1 TO giNR_OF_SET_POINTS DO
        //读取不同主值对应的从值
        sRetGetValue := _getcamfollowingvalue(cam := sToCam,
                                        leadingpositionmode := BASIC,
                                        leadingposition := rLoopMasterValue,
                                        followingpositionmode := BASIC);
        arSlaveValues[iCount]:= LREAL_TO_REAL(sRetGetValue.value);
          //寻找最小从值
        IF (arSlaveValues[iCount] < rMinSlaveValueOld) THEN
            rMinSlaveValueOld := arSlaveValues[iCount];
        END_IF;
          //寻找最大从值
        IF (arSlaveValues[iCount] > rMaxSlaveValueOld) THEN
            rMaxSlaveValueOld := arSlaveValues[iCount];
        END_IF;
          //递增主值
        rLoopMasterValue := rLoopMasterValue + (rCompleteLeadingRange / giNR_OF_
SET_POINTS);
    END_FOR;
        //输出最大主值=主值递增的最后值
    rMaxMasterValue := LREAL_TO_REAL(rLoopMasterValue);
    END_IF;
      //输出从值的最小最大值
    rMinSlaveValue := rMinSlaveValueOld;
    rMaxSlaveValue := rMaxSlaveValueOld;
END_FUNCTION_BLOCK
END_IMPLEMENTATION
```

3. SIMOTION SCOUT 编程

(1) 在 SIMOTION 项目中创建 CAM 曲线，如图 8-19 所示。

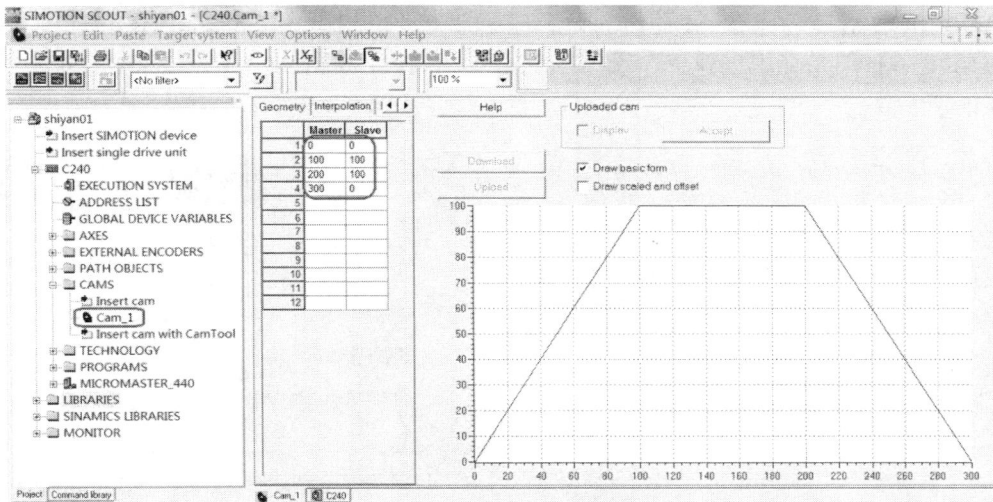

图 8-19　创建 CAM 曲线

(2) 导入"FBGetCamValueForHMI"功能块。

用鼠标右键单击项目导航中的"Program"文件夹,选择"Export/Import→Import external source→ST source file"(参考图 4-9),导入"FBGetCamValueForHMI"功能块源文件(图 8-20),单元名为"HMICam"。

图 8-20　导入"FBGetCamValueForHMI"功能块 ST 源文件

(3) 创建 MCC 程序单元"HMICamDisplay",并在"INTERFACE"接口建立 "HMICam"单元的引用连接,如图 8-21 所示。

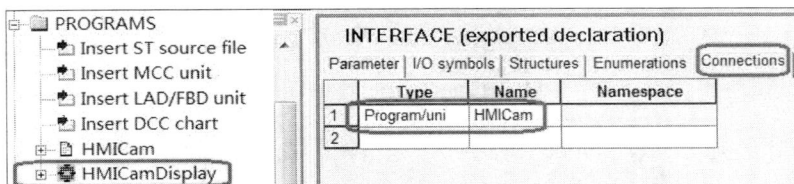

图 8-21　建立"HMICam"单元的引用连接

(4) 在"HMICamDisplay"单元中创建单元全局变量，如图 8-22 所示。

(5) 用 MCC 语言编写 CAM 曲线的显示程序(调用"FBGetCamValueForHMI"功能块)。在"HMICamDisplay"单元中创建程序段"HMICamDisplay"，如图 8-23 所示。程序编写如图 8-24 和图 8-25 所示。

图 8-22　创建"HMICamDisplay"单元全局变量

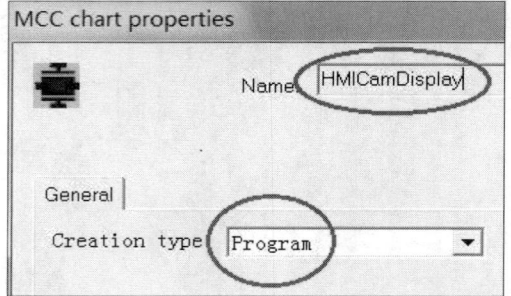

图 8-23　创建程序段"HMICamDisplay"

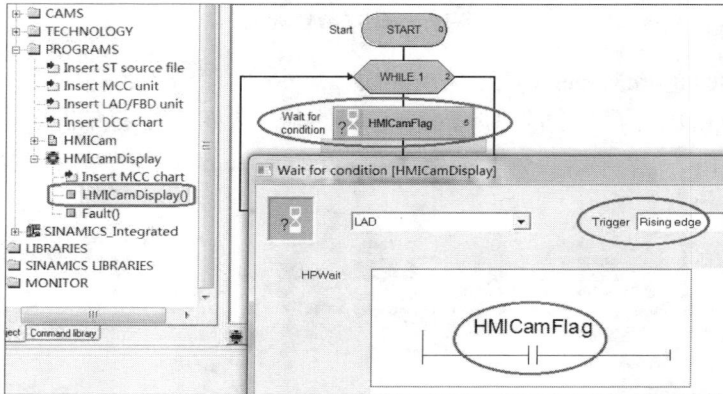

图 8-24　等待条件指令编程

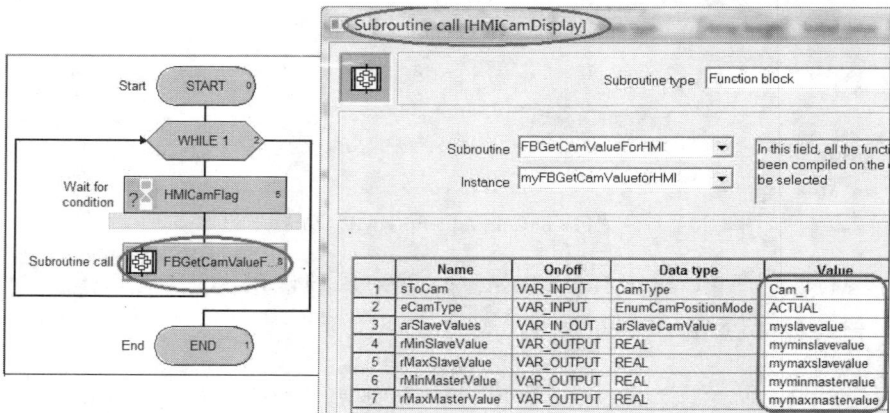

图 8-25　"FBGetCamValueForHMI"功能块调用

(6) 将程序分配到 SIMOTION 系统执行任务中，如图 8-26 所示。

(7) 打开 SIMOTION 项目的网络组态窗口，插入 HMI 设备，将 WinCC flexible 项目集成到 SIMOTION 项目中。具体步骤参见 8.1.2 节相关内容。

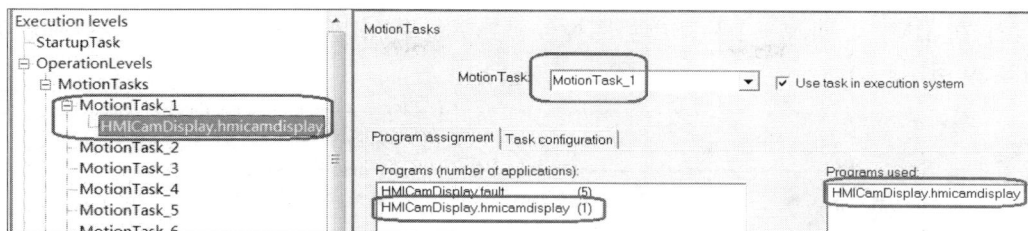

图 8-26　程序分配

4．Wincc Flexible 中显示 CAM 曲线

（1）在 HMI 中使用了一个特殊的方法来实现 CAM 曲线的显示，即在控件 TrendView 中显示数组曲线。

创建用于显示 CAM 曲线的 HMI 变量，如图 8-27 所示。

图 8-27　建立的 HMI 变量

这些变量在 SIMOTION 中已创建。其中 myslavevalue 为 CAM 曲线数据，而 mytrendrequest 以及 mytrandtransfer 用于控制 HMI 什么时候读取 CAM 曲线。

注意：设置变量"myslavevalue"的采集模式为"循环连续"或"根据指令"，如图 8-28 所示。

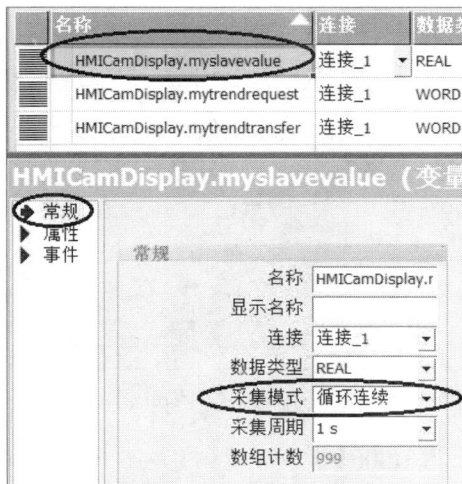

图 8-28　设置变量采集模式

(2) 在 HMI 上插入一个显示趋势图控件"趋势视图",在其属性中设置"属性→趋势",如图 8-29 所示。

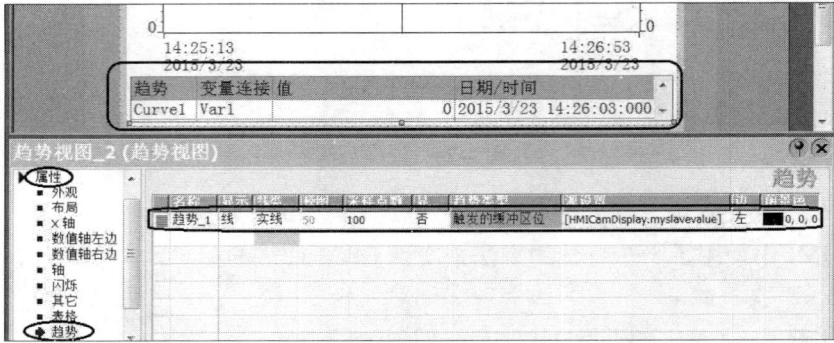

图 8-29　趋势图设置

其中采样点数与 FBGetCamValueForHMI 中获取的点数相同,在"源设置"中的设置如图 8-30 所示。

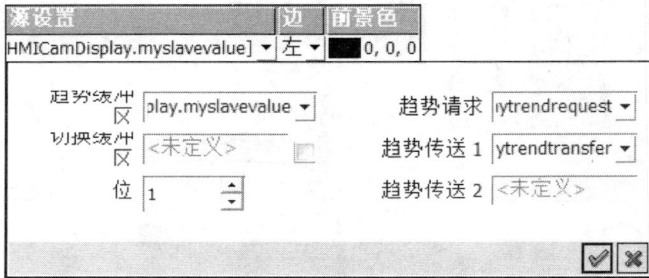

图 8-30　趋势图"源设置"的设置

趋势图控件显示图形的工作原理:当在 HMI 设备上打开包含趋势曲线的画面时,"趋势请求"变量的相应位(由"位"指定位号)置 1,告诉 SIMOTION 需要此 Cam 数据。SIMOTION 可以根据此位执行 FBGetCamValueForHMI 功能块,然后将"趋势传送 1"中的变量对应位置 1,上传曲线。

(3) 运行测试。完成后运行屏,显示曲线画面后,"myTremdrequest"第 0 位置 1,如图 8-31 所示。

图 8-31　运行测试——"myTremdrequest"置位

将"myTrendtransfer"设为 H8001 后,即将第 0,15 位置 1(图 8-32)后,曲线上传至 HMI。在屏上显示的 CAM 曲线如图 8-33 所示。

	Name	Data type	Display format	Initial value	Status value	☑	Control value
	All	All	All	All	All	All	All
1	HMICamflag	BOOL		FALSE	TRUE	☐	TRUE
2	myFBGetCamValueforHMI	'FBGetCamValueForHMI'					
3	myslavevalue	'arSlaveCamValue'				☐	
4	myminslavevalue	REAL	DEC-10	0.0000000	0.0000000	☐	
5	mymaxslavevalue	REAL	DEC-10	0.0000000	100.0000	☐	
6	myminmastervalue	REAL	DEC-10	0.0000000	0.0000000	☐	
7	mymaxmastervalue	REAL	DEC-10	0.0000000	300.0000	☐	
8	myTrendRequest	WORD	HEX	16#00_00	16#00_01	☐	
9	myTrendTransfer	WORD	HEX	16#00_00	16#80_01	☑	16#80_01

图 8-32   运行测试——"myTrendtransfer"置位

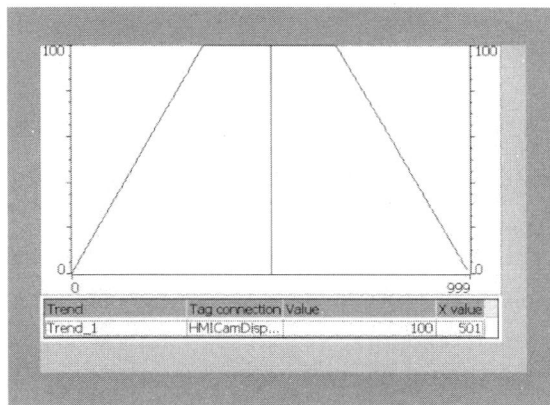

图 8-33   HIM 显示的 CAM 曲线

8.1.6   用编程方式通过插补点生成 CAM 曲线

在SIMOTION中，有两种生成CAM曲线的方法：

(1) 使用系统的CAM编辑工具：CamEdit 或 CamTool。

(2) 使用系统功能函数_addPointToCam，_addPolynomialSegmentToCam 或 _addSegment ToCam。

系统功能函数提供了在运行模式下生成复杂Cam曲线的可能性。在此介绍如何通过加入插补点生成CAM的方法。CAM曲线由n段共(n+1)个点组成。

1. 相关系统功能块

若要在运行模式下生成CAM曲线，需使用以下系统函数：

(1) _resetCam：此功能块将指定的CAM曲线设置为初始化状态，未决的错误被删除。定义的几何轨迹及补偿被删除。

(2) _addPointToCam：此功能块用于在位置P处加入一个插补点至CAM表中。在CAM域中的点总是按增加的方向来定义。

(3) _interpolateCam ：此功能块用于检查CAM曲线的连续性并且按照指定的插补类型对CAM曲线进行插补。插补定义了两个点间、线段间及点与线段之间的连接。可以定义用于插补的边界条件。

2. SIMOTION SCOUT 编程

(1) 编写 FC 程序段"AddInterpolationPointTOCam"，使其可以在 SIMOTION 运行时生成 CAM 曲线。在项目导航栏双击"PROGRAMS→Insert ST source file"，创建 ST 程序单元 "Cam_Uint"，并编写如下程序：

```
INTERFACE
    USEPACKAGE cam;
    TYPE interpolation_point :STRUCT
                    X_pos : LREAL;
                    Y_pos : LREAL;
    END_STRUCT;
    END_TYPE;
    FUNCTION AddInterpolationPointTOCam;
END_INTERFACE

IMPLEMENTATION
  FUNCTION AddInterpolationPointTOCam :VOID   //无返回值 FC
    VAR_INPUT
      interpolation_points :ARRAY[0..9] OF interpolation_point;
      IPO_TYPE : enumcaminterpolationmode;
      CAM_TYPE : enumcammode;
      ACT_CAM : CamType;
    END_VAR
    VAR
      index : INT;
      error_number : DINT;
    END_VAR
    error_number := _resetcam(cam := ACT_CAM);          //对 CAM 曲线初始化
    FOR INDEX :=0 TO 9 BY 1 DO
      error_number := _addpointtocam(cam :=ACT_CAM ,   //CAM 曲线
          campositionmode := ACTUAL,                    //比例和偏移量
          leadingrangeposition :=interpolation_points[index].X_pos,
          followingrangeposition :=interpolation_points[index].Y_pos);
    END_FOR;
    error_number := _interpolatecam(cam := ACT_CAM ,        // CAM 曲线
          campositionmode := ACTUAL,                        //比例和偏移量
          leadingrangestartpointtype := LEADING_RANGE_START,   //主值起点
          leadingrangestartpoint := 0.0,                    //起点值
          leadingrangeendpointtype := LEADING_RANGE_END,    //主值终点
          leadingrangeendpoint := 100.0,                    //终点值
          cammode := CAM_TYPE, interpolationmode := IPO_TYPE);
    END_FUNCTION
END_IMPLEMENTATION
```

(2) 创建一待修改的空 CAM 曲线。在项目导航栏双击"CAMS→Insert CAM",创建 CAM 曲线"CAM_2"。

(3) 在用户程序中调用功能"AddInterpolationPointTOCam"。步骤如下：

① 创建 MCC 程序单元"CamModi"。在单元"Interface"接口中创建"Cam_Unit"单元的引用连接，如图 8-34 所示。

图 8-34 "CamModi"单元的单元引用

② 在"CamModi"程序单元的"Interface"接口中创建单元变量，如图 8-35 所示。

图 8-35 "CamModi"单元的单元变量

③ 创建 MCC 程序段"CamModify"。编写程序如图 8-36 所示。

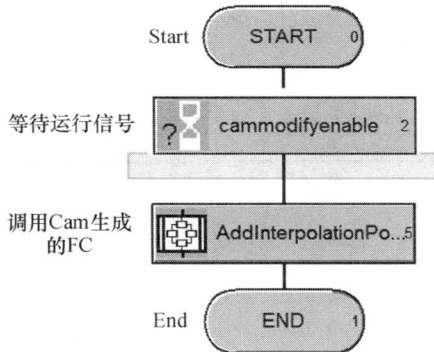

图 8-36 "CamModify"程序

程序中通过变量"cammodifyenable"的上升沿调用此功能(等待条件指令)。功能"AddInterpolationPointTOCam"的调用设置如图 8-37 所示。其中，功能的输入变量"ACT_CAM"的赋值为待修改 CAM 曲线"Cam_2"。

(4) 将 MCC 程序分配至执行系统。由于通过添加插补点完成 CAM 曲线的修改所调用的函数需花费较长的系统时间，所以建议将程序分配至 MotionTask 中，如图 8-38 所示。

3. Wincc Flexible 编程

在实际应用中，有时需要通过上位机对正在运行的 C240 中的某一条 CAM 曲线进行修改(更改插值点)。这既需要在 C240 中编程(程序如前所述)，还需要在上位机的 WinCC flexible 中编程。以下介绍通过 flexible 界面输入 CAM 曲线的 10 组数据，并通过以太网通信方式将其下传到 C240 的相应结构变量中，使 C240 运行前述程序，从而实现对 CAM 曲线的修改。

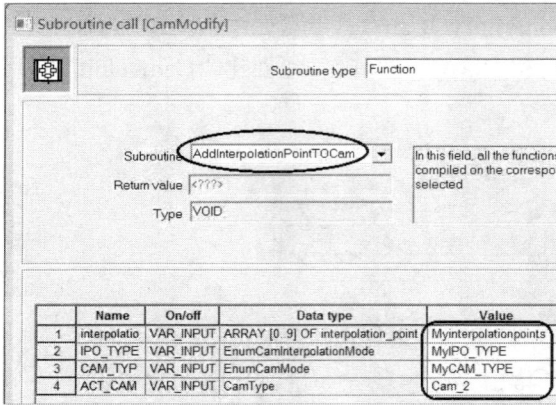

图 8-37 "AddInterpolationPointTOCam"
功能调用

图 8-38 MCC 程序分配至执行系统
"MotionTask_1"中

(1) 在 SCOUT 软件中打开 SIMOTION 项目,双击"组态网络"图标按钮,打开项目的网络组态界面。插入"SIMATIC HMI Station",并设置 HMI 的 IP 地址,方法参考本节前述相关内容。"保存并编译"后退出。

(2) 用 SIMATIC Manager 打开上述 SIMOTION 项目,单击 HMI 站的"通信→连接",打开 WinCC flexible 软件。可以看到通信连接已经建立。

(3) 创建 HMI 变量,如图 8-39 所示。

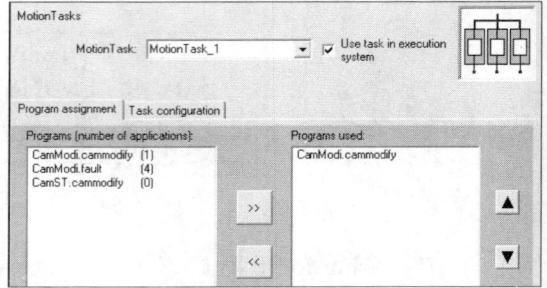

图 8-39 建立的 HMI 变量

(4) 在 HMI "画面"上创建图 8-40 所示的 "I/O 域"和确认"按钮"。其属性设置分别如图 8-41～图 8-43 所示。

304

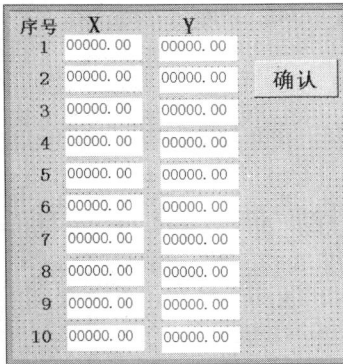

图 8-40　画面创建

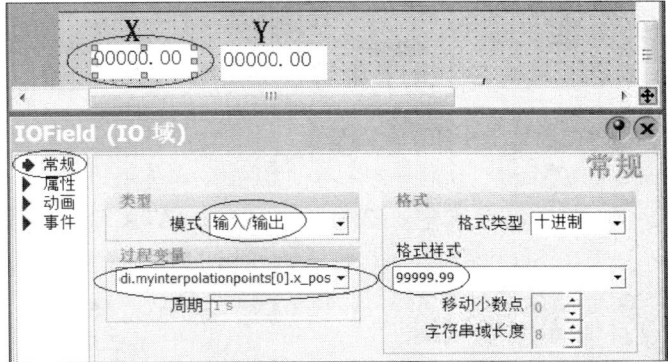

图 8-41　X 坐标值的输入与显示

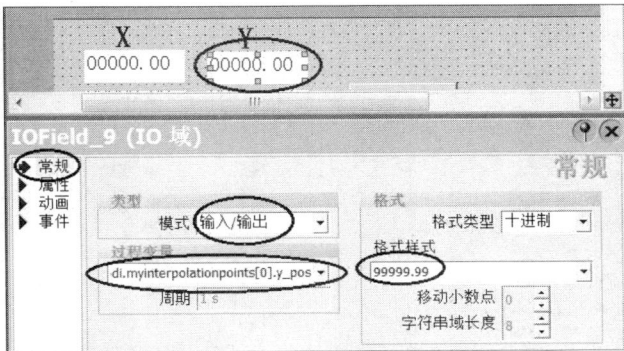

图 8-42　Y 坐标值的输入与显示

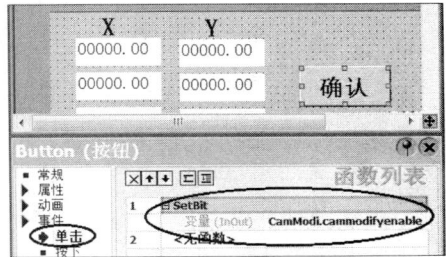

图 8-43　"确认"按钮设置

(5) 运行测试。运行 flexble，在画面中输入 10 组 X、Y 值(注意：X 值必须是递增的)，单击"确认"按钮，C240 就会用这 10 组数据更新凸轮曲线"Cam_2"。

8.2　SIMOTION 和 WinCC 的工业以太网通信

8.2.1　概述

从 WinCC V7.0 SP3 开始，WinCC 提供了专用的 SIMOTION 驱动程序，可以通过工业以太网(TCP/IP 协议)和 SIMOTION 通信。SIMOTION 驱动程序包含在 WinCC 基本系统当中，无需单独购买。WinCC 和 SIMOTION SCOUT 无需集成，即部署 WinCC 的操作员站与组态 SIMOTION 的 PG/PC 无关。

本例中所使用的硬件和软件环境如下：

(1) SIMOTION C240。

(2) STEP7 V5.5 SP4，SIMOTION SCOUT V4.4 SP1。

(3) WinCC V7.0 SP3。

(4) 通过以太网将 SIMOTION C240 连接到 PC。

8.2.2　创建 SIMOTION 项目

打开 SIMOTION SCOUT 创建新项目。设置 PC/PG 通信接口，并选择 TCP/IP，注意 IP 地址和 PC 保持在同一个网段。详细创建过程参考本书 2.3 节相关内容，此处不再赘述。

8.2.3 从 SCOUT 中导出 SIMOTION 变量

(1) 在项目中添加相应的变量，本例中添加的是全局变量。项目离线后，选择菜单"Options→ Export OPC data"，导出变量表，如图 8-44 所示。

(2) 在导出设置中，选择相应的 SIMATIC NET 版本(本例选择 NET8.1.1)，如图 8-45 所示。在"Scope"选项中选择要导出的 OPC 数据为全局导出还是导出"Watch_table"中的变量。如果选择全局导出还可以通过选择"Drives"选项导出 SIMOTION 内部驱动器的变量。

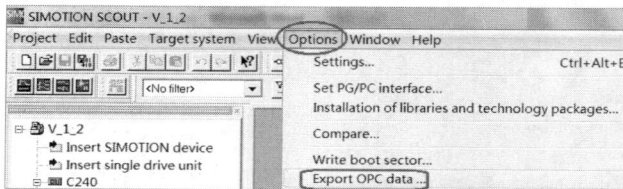

图 8-44　导出 SIMOTION 项目变量表

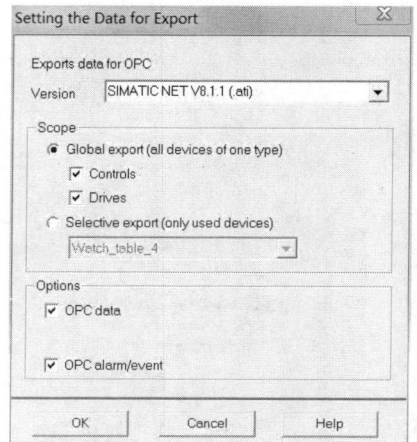

图 8-45　选择导出设置项

在"Options"中可根据需要选择是否使用"OPC AE(alarm/event)"功能。通常的 OPC DA 访问不需要勾选此项。

(3) 选择导出数据的存储路径，单击"OK"按钮确认，如图 8-46 所示。

(4) 选择 SIMOTION 使用何种接口进行 OPC 通信。本例选择"TCP/IP"，如图 8-47 所示，单击"OK"按钮确认。

图 8-46　选择导出路径

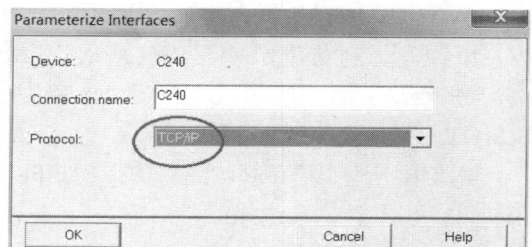

图 8-47　选择 SIMOTION 的 OPC 通信接口

(5) 选择路由器设置。本例无路由器，如图 8-48 所示。

(6) 导出的结果如图 8-49 所示。从 SCOUT V4.3 SP1 开始 OPC 导出文件为新格式".ati"，可以用于 8.1 或者 8.2 版本的 SIMATIC NET 使用，如果使用的是老版本的 SIMATIC NET 软件，则需要选择".sti"后缀的文件导出。

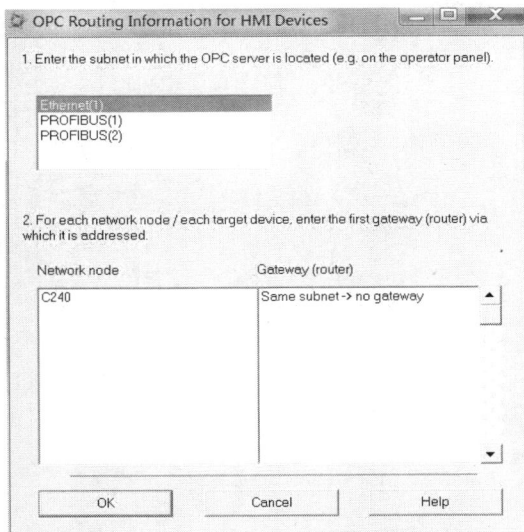

图 8-48　OPC 服务器设置

图 8-49　导出的变量存储文件

8.2.4　向 WinCC 中导入 SIMOTION 变量

通过以太网将 SIMOTION C240 连接到 WinCC 操作员站，并将导出的 SIMOTION 变量目录"tagfiles"复制至 WinCC 操作员站，然后按下列步骤进行导入操作。

(1) 打开 WinCC 项目管理器创建新项目，在变量管理器中添加"SIMOTION.chn"，如图 8-50 所示。

图 8-50　添加 SIMOTION 驱动

(2) 双击 SIMOTION 通道的"系统参数"(图 8-51)，在图 8-52 中的"单元"中设置逻辑设备名称，本例选择"TCP/IP→Broadcom NetXtreme 57xx Gigabit Controller(本机网卡)"。

(3) 在 WinCC 的安装路径下，单击运行软件"SimotionMapper.exe"，如图 8-53 所示。

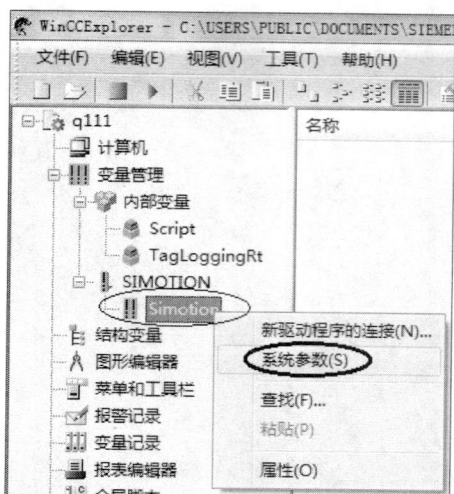

图 8-51　打开 SIMOTION "系统参数" 窗口

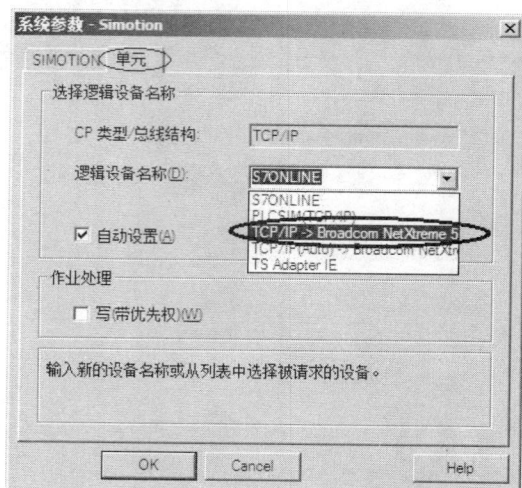

图 8-52　修改逻辑设备

图 8-53　打开 "SimotionMapper.exe" 软件

(4) 单击 "Open" 按钮，选择 SIMOTION 的导出变量目录 "tagfiles"，如图 8-54 所示。

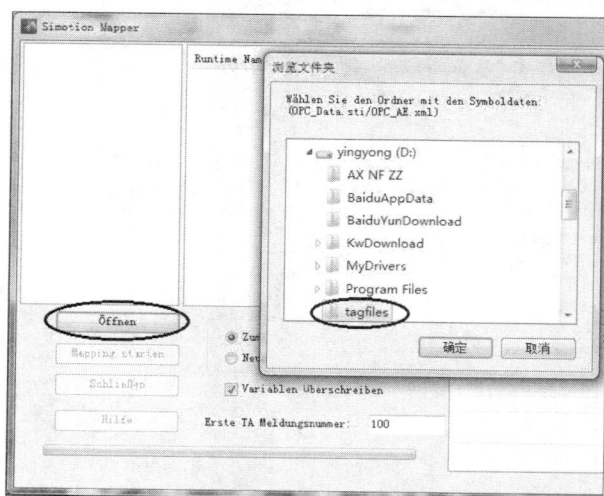

图 8-54　选择 SIMOTION 导出变量的目录

(5) 导入 SIMOTION 变量。如图 8-55 所示，在左侧的导航目录中选择相应的连接和变量组。本例选择 "Add an open project" 选项，单击 "Start mapping" 按钮，将 SIMOTION 变量导入到当前 WinCC 项目中。

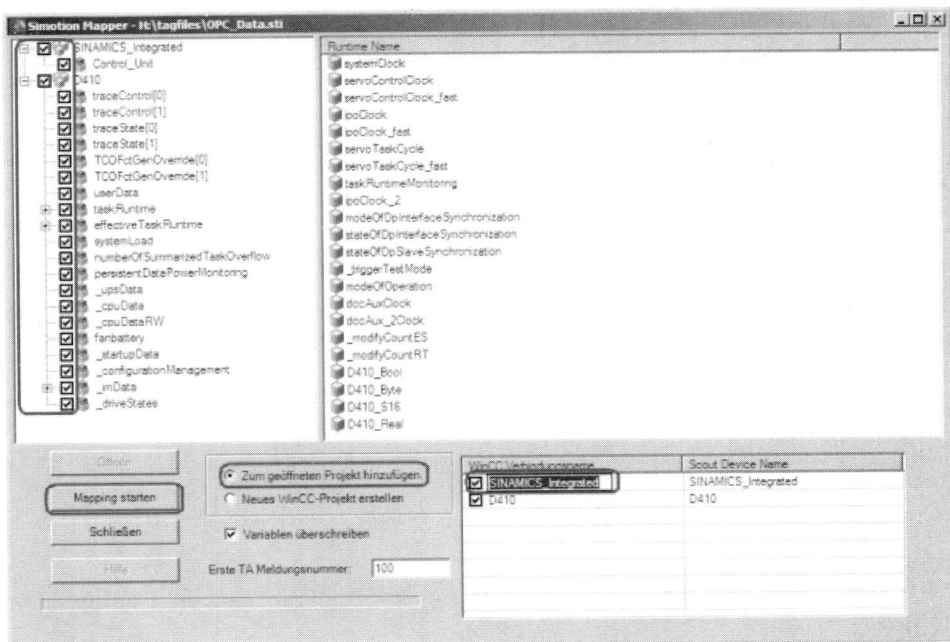

图 8-55　SIMOTION 变量导入

注意：SIMOTION 导出的变量数量较大，根据需要选择相应的变量，以免超过许可证 PowerTag 的数量限制；如果需要导入多个 SIMOTION 变量文件，为避免和已导入的 WinCC 项目中的连接重名，可以在右侧下方修改 WinCC 连接名称。

(6) 在 WinCC 的项目管理器中可以浏览到导入的 SIMOTION 变量，如图 8-56 所示。

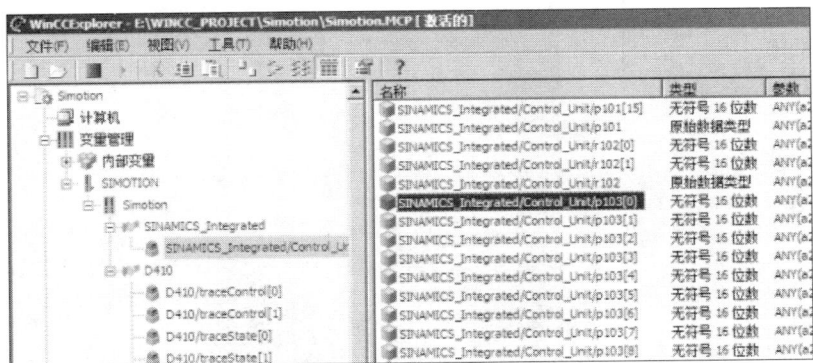

图 8-56　导入的 SIMOTION 变量

8.3　SIMOTION 和 OPC 的通信

8.3.1　概述

SIMOTION 作为运动控制系统，与人机界面的通信分为两种情况：

(1) 西门子的现场人机界面设备，例如 OP/TP/MP 操作屏，使用 ProTool 或 WinCC flexible 提供了 SIMOTION 的通信驱动，可以直接实现 SIMOTION 与操作屏之间的通信。

(2) 对于 WinCC 或第三方上位机软件，可以采用 OPC 的方式进行通信。

西门子的 SIMATIC NET V8.1.1 和 V8.2 已经发布用于作为 Windows 7 32 位或者 64 位的 OPC 服务器软件，SIMATIC NET V7.1 SP3 用于 Windows XP SP3。

8.3.2 SIMOTION 实现 OPC 通信的必备条件

本示例使用的硬件及软件：

硬件：① SIMOTION C240；②PC(普通以太网卡)(本例以以太网为例)。

软件：① STEP7 V5.5SP4；②SIMOTION SCOUT V4.4SP1；③ SIMATIC NET V8.2；④ Windows 7 32 位。

8.3.3 OPC 数据的导出

操作方法同 8.2 节相关内容。

8.3.4 配置 PC 站的 OPC 服务器

(1) 如图 8-57 所示，在 Windows 7 系统的开始菜单上单击"Station Configurator"，打开 PC 站配置软件。

(2) 如图 8-58 所示，单击"Station Name"按钮，修改站名(本例为 PCSATTION)。

(3) 如图 8-58 所示，选择第 1 行，然后单击"Add..."按钮，打开"Add Component"对话框，如图 8-59 所示。

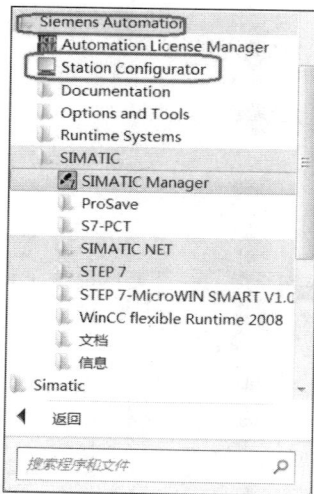

图 8-57　打开 PC 站配置软件

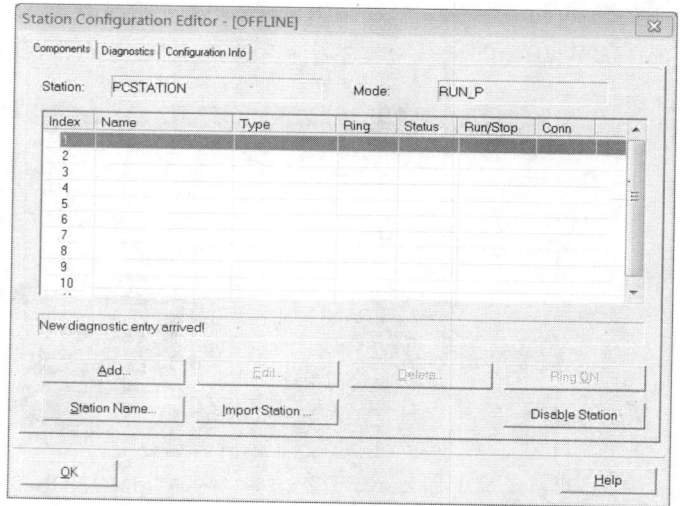

图 8-58　PC 站配置窗口

(4) 添加 OPC 服务器。在"Add Component"对话框中，选择"Type"为 "OPC Server"，如图 8-59 所示。

(5) 在图 8-58 中，选择第 2 行，然后单击"Add..."按钮。在"Add Component"对话框中，"Type"选择"IE General"，并选择上位机的网卡，如图 8-60 所示。

(6) PC 站的配置结果如图 8-61 所示。

310

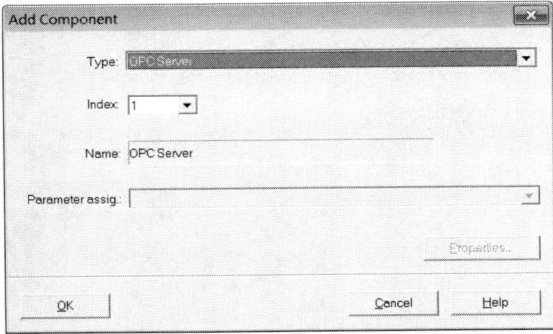

图 8-59　添加 OPC 服务器

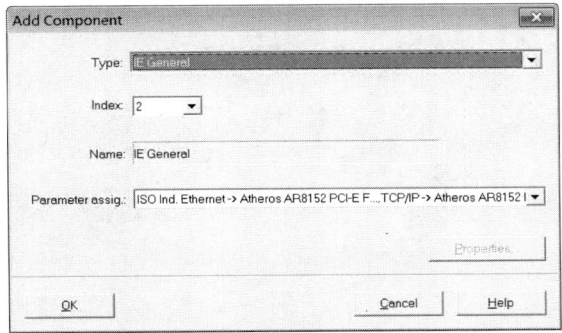

图 8-60　添加 "IE General"

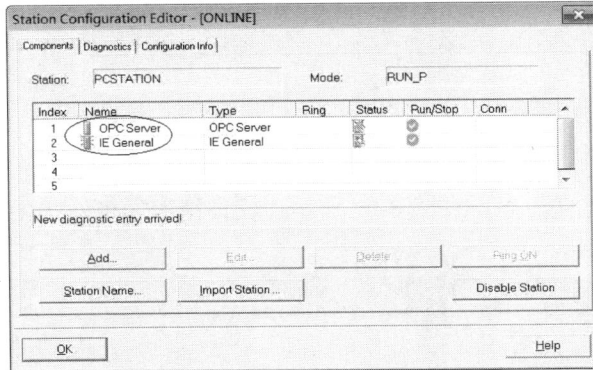

图 8-61　配置完成的 PC 站

8.3.5　建立 PC 站的 STEP 项目

下面主要介绍在 STEP7 项目中创建 PC 站，并在其中添加一个 S7 连接，以及将 STEP7 项目数据下载到 8.3.4 节创建的 PC 站中。

(1) 打开 STEP 7 软件。按图 8-62 所示方法，在项目管理器中插入一个 PC 站，并修改 PC 站名(本例为 PCSATTION)，如图 8-63 所示。注意：本处站名必须和 8.3.4 节创建的 PC 站名完全相同。

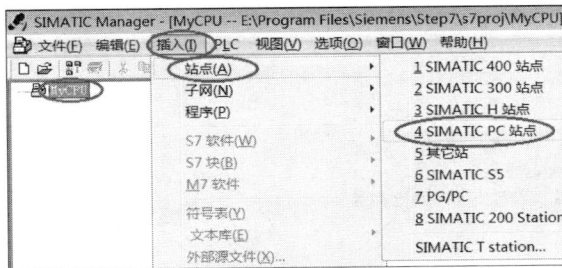

图 8-62　在 STEP 7 插入 PC 站

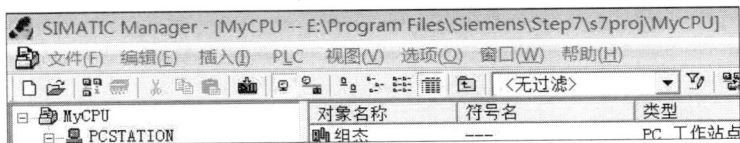

图 8-63　创建的 STEP 项目 PC 站

311

(2) 在 STEP 7 项目管理器窗口，单击菜单"选项→设置 PG/PC 接口"，在图 8-64 所示窗口选择 TCP/IP 接口。

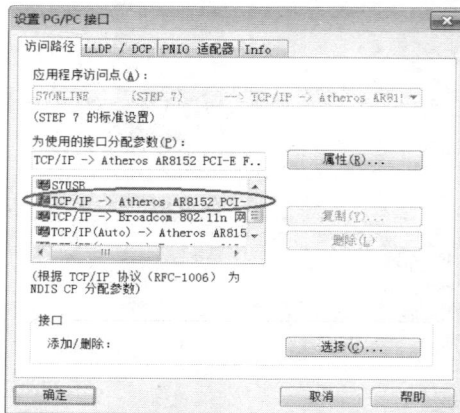

图 8-64　设置 PG/PC 接口

(3) 进行 PC 站的硬件组态。在图 8-65 所示"硬件组态"窗口的 1#槽插入 OPC 服务器。在 2#槽插入网卡(图 8-66)。

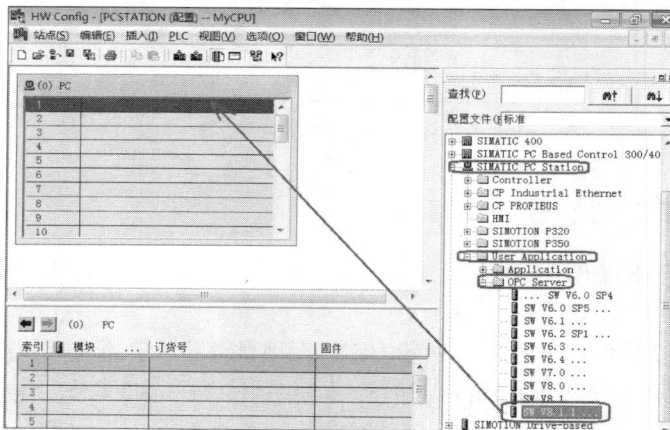

图 8-65　硬件组态——插入 OPC 服务器

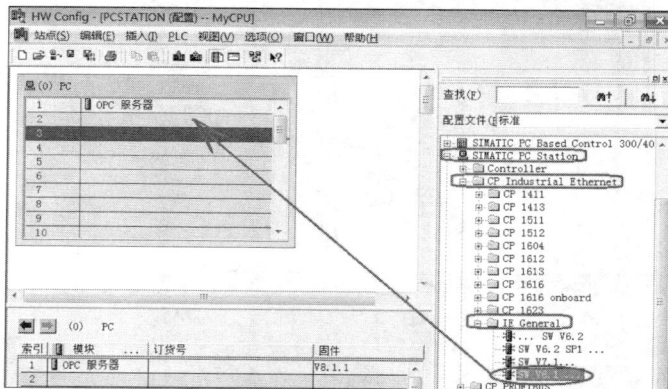

图 8-66　硬件组态——插入网卡

在网卡的"以太网属性"窗口，选择以太网络，设置计算机的 IP 地址，如图 8-67 所示。最后，保存并编译。

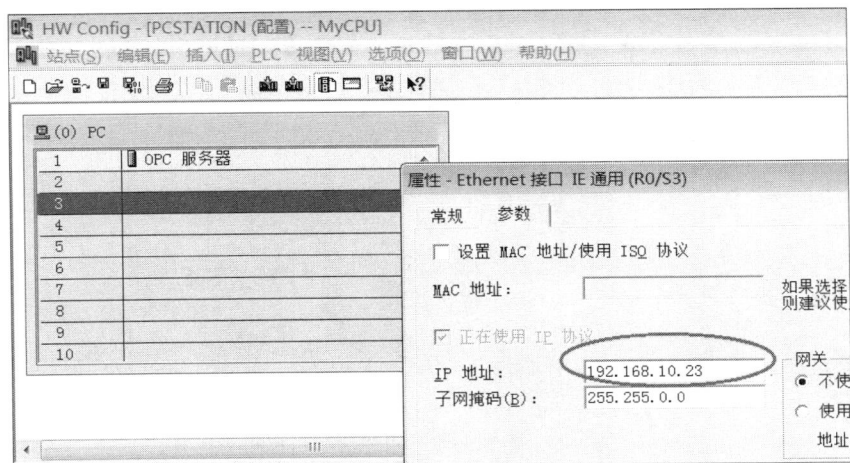

图 8-67　设置计算机的 IP 地址

(4) 进行 PC 站的网络组态。在"网络组态"窗口，先单击选择以太网，然后在下部表格第 1 行单击鼠标右键。在弹出的菜单中单击"插入新连接"，如图 8-68 所示。随即弹出"插入新连接"窗口，如图 8-69 所示。单击"连接伙伴→myCPU→(未指定)"，在"连接→类型"里选择"S7 连接"。

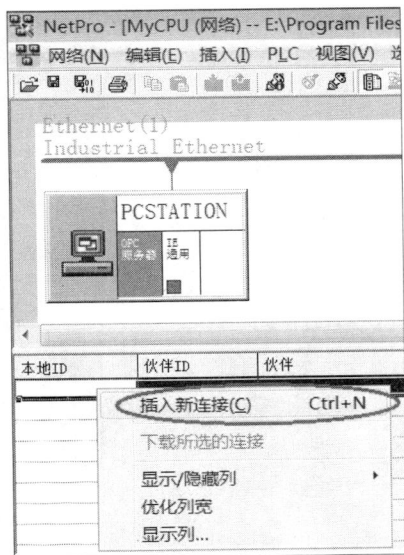

图 8-68　在以太网上插入新连接

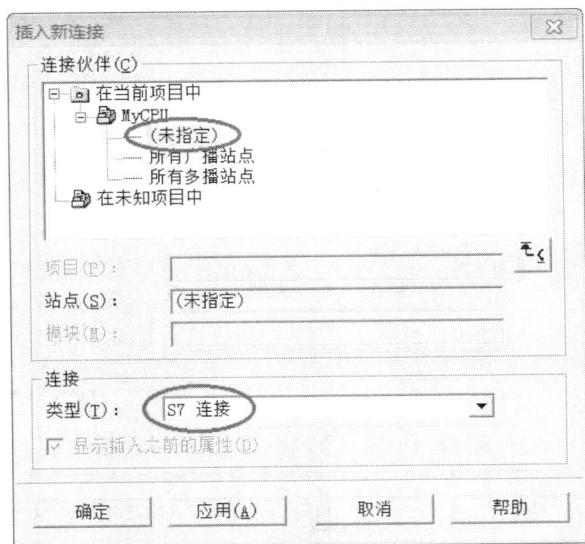

图 8-69　设置连接类型

在"S7 连接属性"窗口，填写 SIMOTION 的 IP 地址(图 8-70)、CPU 的槽号(图 8-71)等。完成后的网络组态如图 8-72 所示，对其编译保存。

(5) 下载 PC 站网络组态到计算机，如图 8-73 所示。下载完成后，退出 STEP 7。

(6) 重新打开站配置软件"Station Configurator"，如图 8-74 所示。此时，PC 站出现了连接符号。

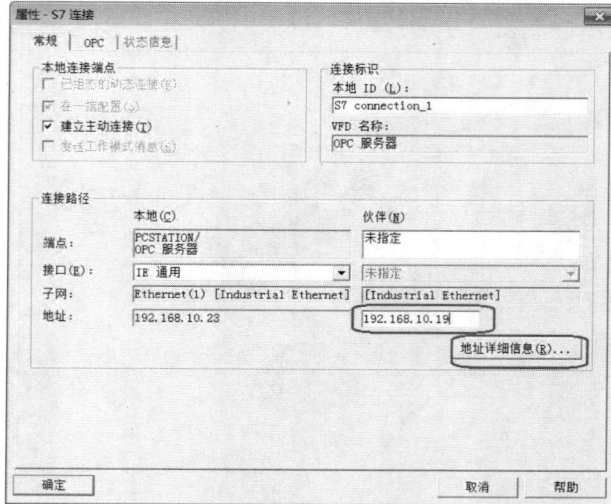

图 8-70   填写 SIMOTION 的 IP 地址

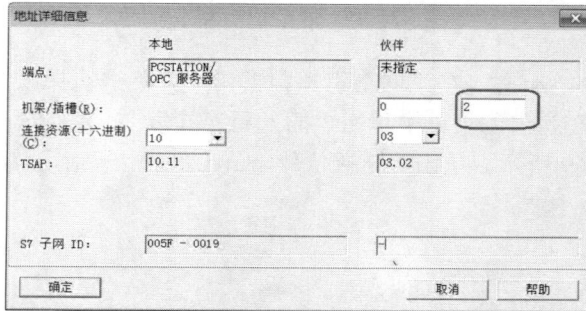

图 8-71   填写 SIMOTION 的 CPU 槽号

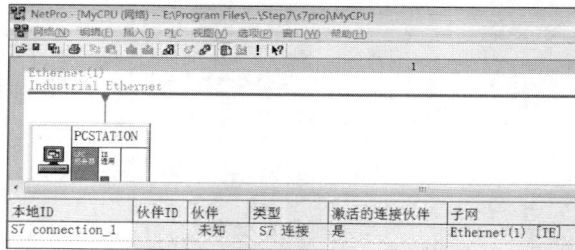

图 8-72   完成组态的 PC 站网络

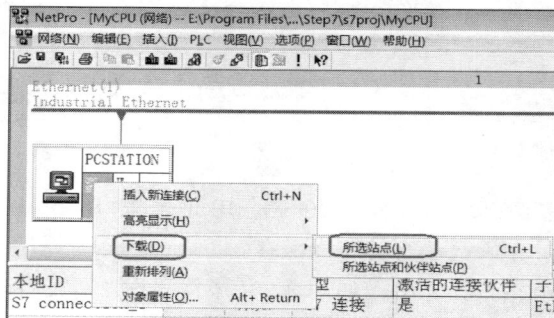

图 8-73   下载 PC 站网络组态

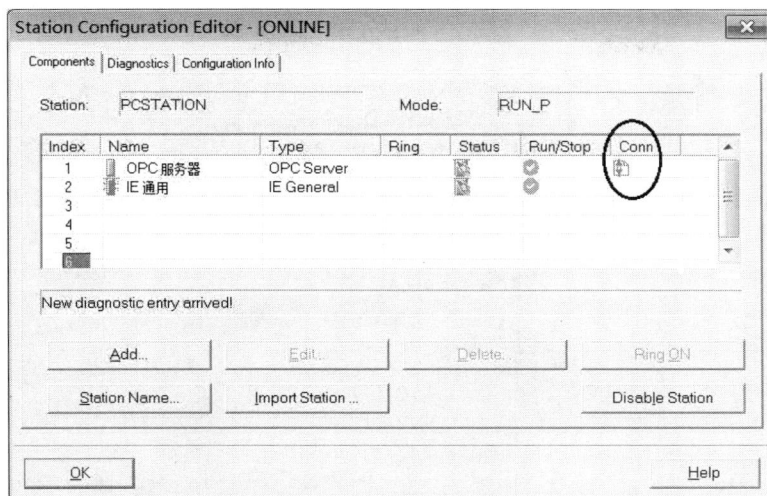

图 8-74 配置完成的 PC 站

8.3.6 在 SIMATIC NET 中配置 OPC 符号

(1) 查看 OPC 文件放置的位置。在系统开始菜单运行框中输入"REGEDIT",回车。打开注册表,选择"HKEY_LOCAL_MACHINE\SOFTWARE\SIEMENS\SIMATIC_NET\General\Paths",查看"SINEC_DataPath"的键值,如图 8-75 所示。

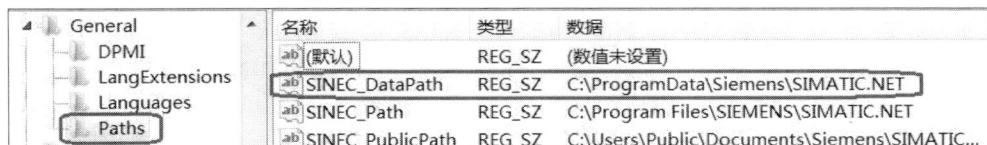

图 8-75 注册表中查看 OPC 文件位置

(2) 将导出的 OPC 数据文件(4个)复制到 C:\ProgramData\Siemens\SIMATIC.NET\opc2\binS7\SIMOTION\XML\下,如图 8-76 所示。

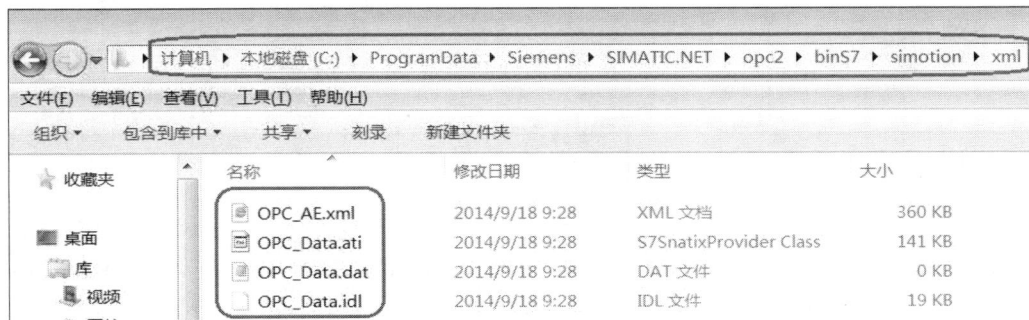

图 8-76 复制 4 个 OPC 数据文件

(3) 如图 8-77 所示,单击"开始→所有程序→Siemens Automation→SIMATIC→SIMATIC NET→Communication Settings",打开 SIMATIC NET 的通信设定面板。

(4) 在图 8-78 所示的 SIMATIC NET 通信设定面板中，单击"OPC setting→Shut down OPC server"，在右侧单击"Stop"按钮，停止当前的 OPC 服务器。

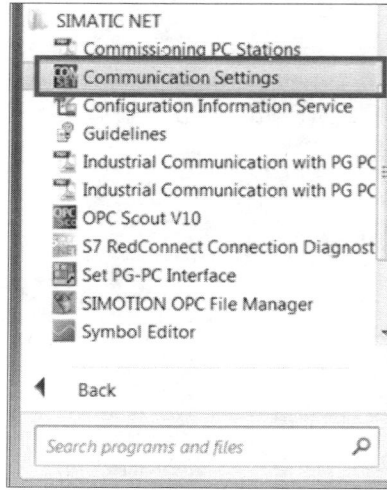

图 8-77　打开 SIMATIC NET 的通信设定面板

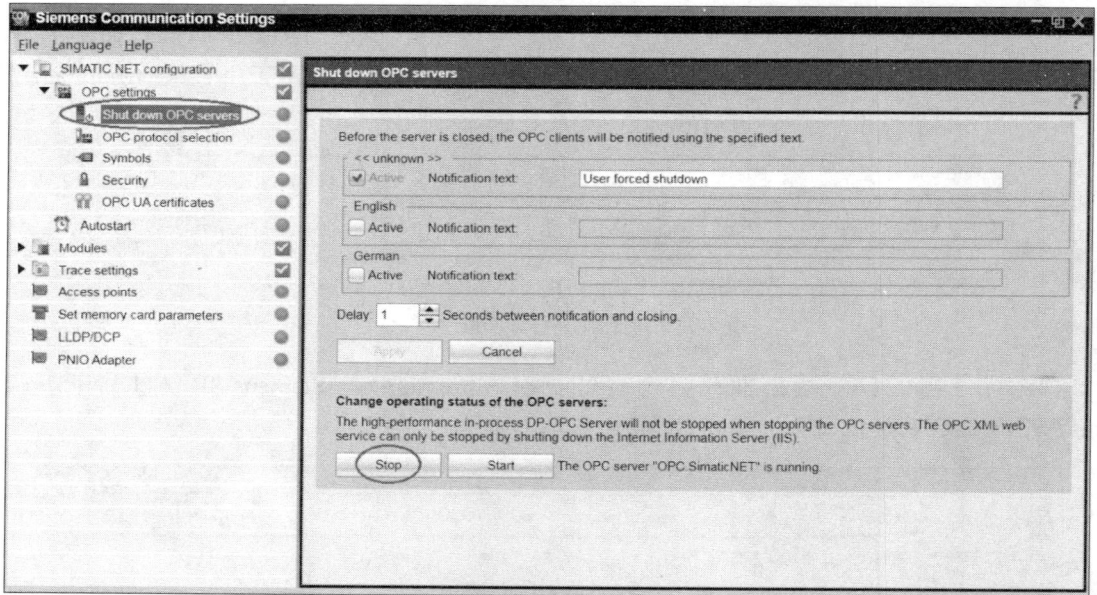

图 8-78　通信设定面板(一)

(5) 如图 8-79 所示，单击"OPC setting→symbols"，在右侧"File name"后单击"…"(浏览)按钮，根据步骤(2)中的存储路径，选择"OPC_Data.ati"文件；在"SIMOTION module"中选择计算机与 SIMOTION 通信的接口，单击"Apply"按钮确认。

(6) 在图 8-78 中，单击"OPC setting→Shut down OPC servers"，在右侧单击"Start"按钮，重新启动 OPC servers 服务。

上述设置完成后，SIMOTION 设备就可以通过 OPC servers 和任何具备 OPC 通信功能的软件交换数据了。

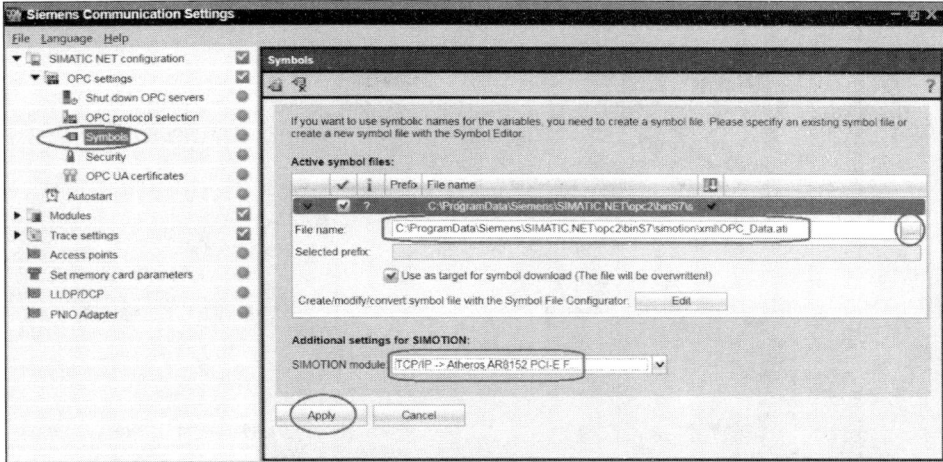

图 8-79　通信设定面板(二)

8.3.7　OPC 通信测试

下面通过"OPC Scout"程序测试 OPC 通信。

(1) 打开 SIMATIC NET 测试软件"OPC Scout V10",如图 8-80 所示。

(2) 在图 8-81 中,选择"OPC.SimaticNET→SYM→C240"。

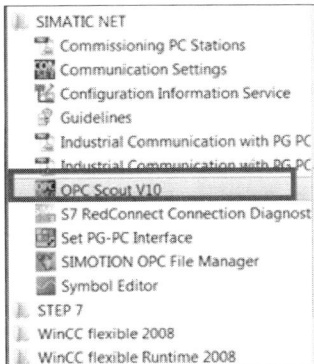

图 8-80　打开"OPC Scout V10"

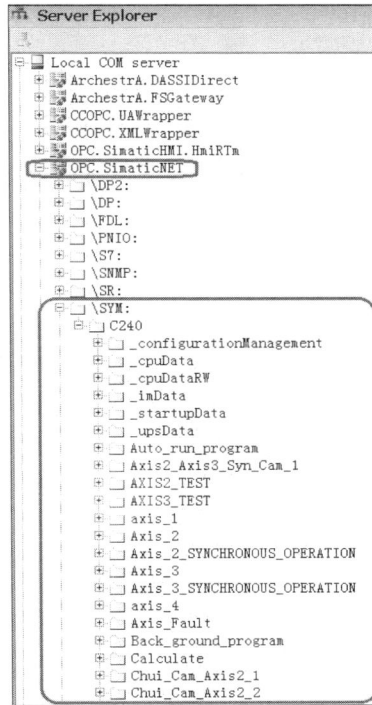

图 8-81　打开 Server Explorer 中的 C240

(3) 如图 8-82 所示,添加测试条目到"DA view1"中进行 OPC DA 的测试。添加方法为单击选中需要测试的条目,拖拽到"DA view1"中。

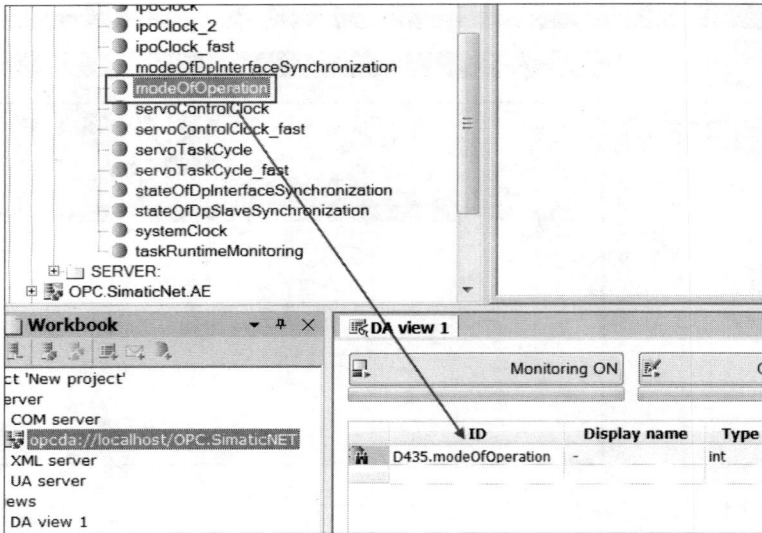

图 8-82　OPC DA 的测试

(4) 单击 "Monitoring On" 按钮，开始 OPC 通信测试。当 Result 栏的内容为 "S OK"，则表明 OPC 服务器工作正常。

第 9 章　生产线上的空盒子吹出控制实例

9.1　项目简介

本章通过一个实际项目来介绍SIMOTION项目组态、配置和编程的过程。该项目可以在SIMOTION C240设备上模拟运行。

如图9-1所示，该项目要实现的功能是将生产线上的空盒子吹出生产线。其工作过程如下：按下启动按钮后，盒子在传送带上从上游运输到下游。如果在运输途中被检测出是空的，那么载有喷嘴的吹出器会跟随空盒子运动，建立同步以后在指定的位置打开喷嘴将空盒子吹出传送带，然后吹出器重新返回等待位置。在运行过程中，如果安全门被打开，那么生产线立即停止；在安全门关上以后，又自动恢复运行。复位启动按钮后，生产线停止。

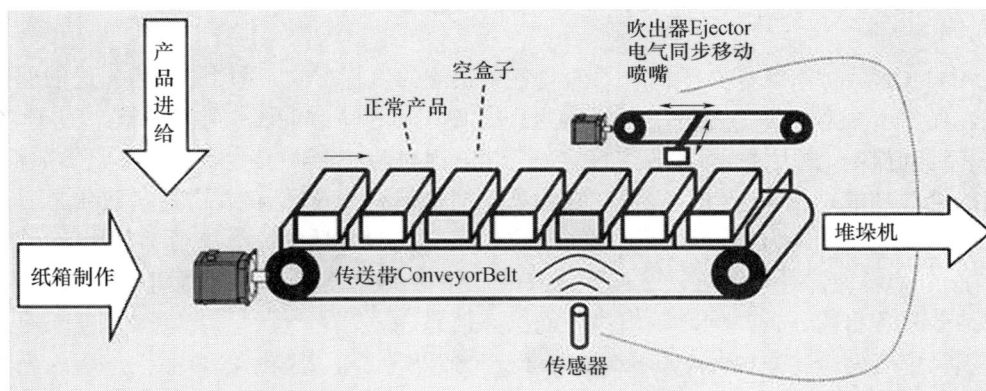

图 9-1　项目实战图示

该项目中使用的运动控制功能有：

(1) 电子齿轮同步 Gearing。

(2) 电子凸轮同步 Camming。

(3) 快速点输出 Output Cam。

9.2　硬 件 组 态

1. 项目中使用的硬件

项目中使用的硬件基于SIMOTION C240，具体组成如表9-1所列。

表 9-1　本项目所使用的硬件列表

编号	名称	数量	编号	名称	数量
1	SIMOTION C240	1	6	吹出器电动机	1
2	MMC 卡	1	7	启动按钮(NO)	1
3	SIMOTION 多轴授权包	1	8	安全门(NC)	1
4	V90 伺服驱动器	2	9	空盒子传感器(NO)	1
5	传送带电动机	1	10	吹出器喷嘴阀门	1

2．项目中使用的软件

项目中使用的软件如表 9-2 所列。

表 9-2　本项目所使用的软件列表

编号	名称	版本
1	Windows 7	32 位
2	STEP7	V5.5
3	SIMOTION SCOUT	V4.4
4	WinCC flexible	2008 SP4

9.3　配置工艺对象

SIMOTION运行系统摒弃了传统的面向各种功能的执行方式,采用了更为先进的面向对象的方式,而每一个对象即为各种不同类型的TO (Technology Object,工艺对象)。这些TO被用于工艺和运动控制,每个TO都集成了特定的功能。例如,一个轴TO包含了与驱动的通信功能、测量值的处理功能、位置控制功能等。在组态的时候这些TO被创建并进行参数化之后,便可以在SIMOTION系统的内核中运行了,在用户程序中编写合适的命令就能够使用TO的各种功能。除了轴TO以外,外部编码器、同步操作、CAM曲线等等都可以配置成一个TO。每个TO都独立地处理各自的任务,同时输出相应的状态信息。

本项目中有两个实轴Conveyorbelt和Ejector。另外,为了提高系统可靠性,引入一个虚轴作为整个系统的主轴MasterAxis,Conveyorbelt轴与MasterAxis轴作齿轮同步,Ejector轴与Conveyorbelt轴作凸轮同步,凸轮曲线需要根据工艺绘制。快速点输出(CamOutput TO)根据Ejector轴的位置控制吹出器的喷嘴。

本项目中使用的TO有:

(1) 轴 TO:MasterAxis、Conveyorbelt、Ejector。

(2) 齿轮同步 TO:Conveyorbelt 与 MasterAxis 之间的齿轮同步。

(3) 凸轮 TO:Ejctor 与 Conveyorbelt 之间的位置凸轮曲线。

(4) 凸轮同步 TO:Ejector 与 Conveyorbelt 之间的凸轮同步。

(5) 快速点输出 TO:由 Ejector 的位置决定的 Valve 通断。

9.3.1　轴 TO 的配置

在创建轴TO的过程中,需要指定轴的名称、类型、工艺、单位、连接的驱动、编码器等信息。根据工艺要求，需要配置的3个轴的属性如表9-3所列。

表 9-3　本项目中轴 TO 的属性

名称(Name)	类型(Type)	工艺(Technology)	连接的驱动(Drive)
MasterAxis	虚轴，旋转轴，模态轴	位置轴	无
Conveyorbelt	实轴，旋转轴，模态轴	同步轴	V90 伺服驱动器
Ejector	实轴，直线轴	同步轴	V90 伺服驱动器

1．创建虚主轴 MasterAxis

(1) 在离线情况下，在SCOUT软件中依次打开"C240→AXES"，双击"Insert axis"插入一个轴。在弹出的窗口中配置轴的名称为"MasterAxis"，工艺为"Positioning"(位置轴)，如图9-2所示。

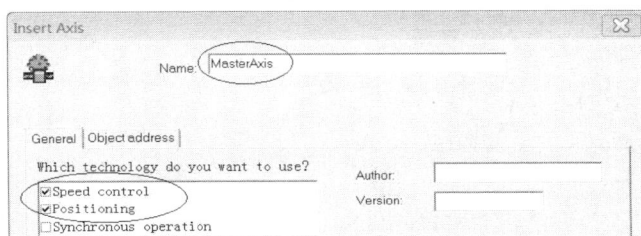

图 9-2　插入虚主轴 MasterAxis

(2) 选择轴的类型为旋转轴(Rotary)、虚轴(Virtual)，单位采用默认值，如图9-3所示。

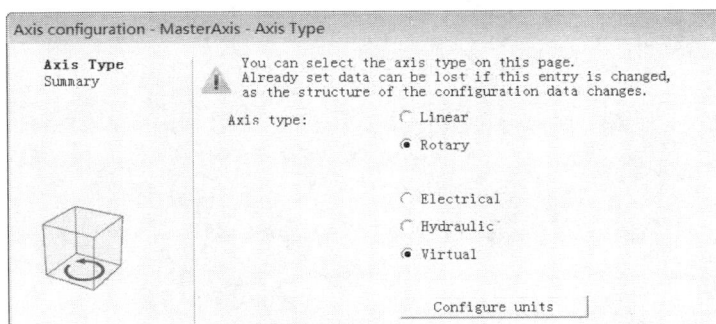

图 9-3　选择虚主轴类型

(3) 轴配置的信息摘要如图9-4所示。

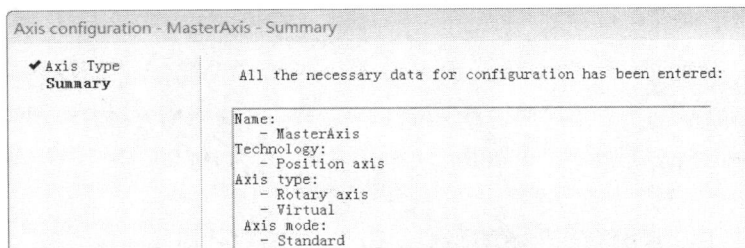

图 9-4　虚主轴配置信息

(4) 双击MasterAxis轴的机械配置部分(Mechanics)进行模态轴的组态，如图9-5所示。

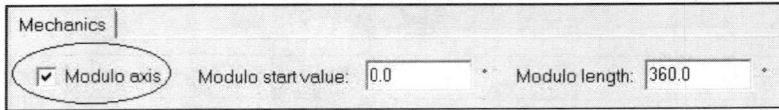

图 9-5　配置虚主轴为模态轴

2. 创建同步实轴 Conveyorbelt

(1) 在离线情况下，在SCOUT软件中依次打开"C240→AXES"，双击"Insert axis"插入一个轴。在弹出的窗口中配置轴的名称为"Conveyorbelt"，工艺为"Synchronous operation"(同步轴)，如图9-6所示。

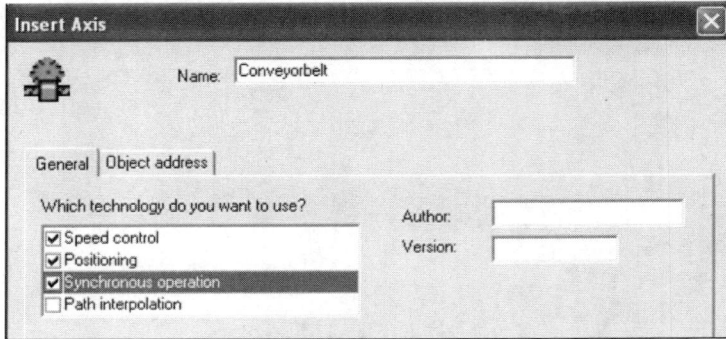

图 9-6　插入同步轴 Conveyorbelt

(2) 选择轴的类型为旋转轴(Rotary)、电气轴(Electrical)，模式为标准轴(Standard)，单位采用默认单位，如图9-7所示。

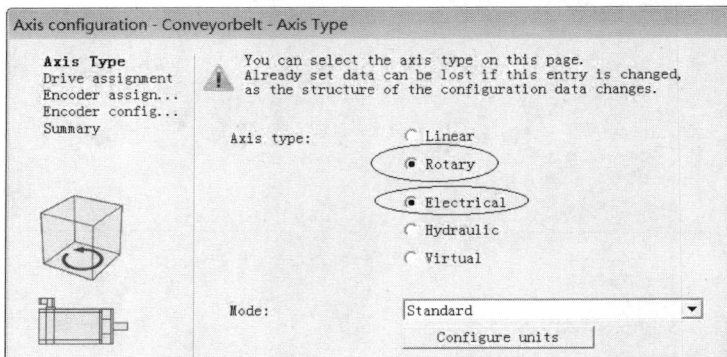

图 9-7　选择轴 Conveyorbelt 的类型

(3) 需要连接的驱动为V90伺服驱动器(C240最高输出频率为750kHz，驱动器最高输入频率为200kHz，编码器分辨率为10000ppr，电子齿轮比为10000/6000，电动机额定转速为2000r/min)，轴的驱动配置如图9-8所示。

(4) 编码器的数据使用默认选项(编码器不接入)，如图9-9所示。

(5) 最后得到的轴配置信息如图9-10所示。

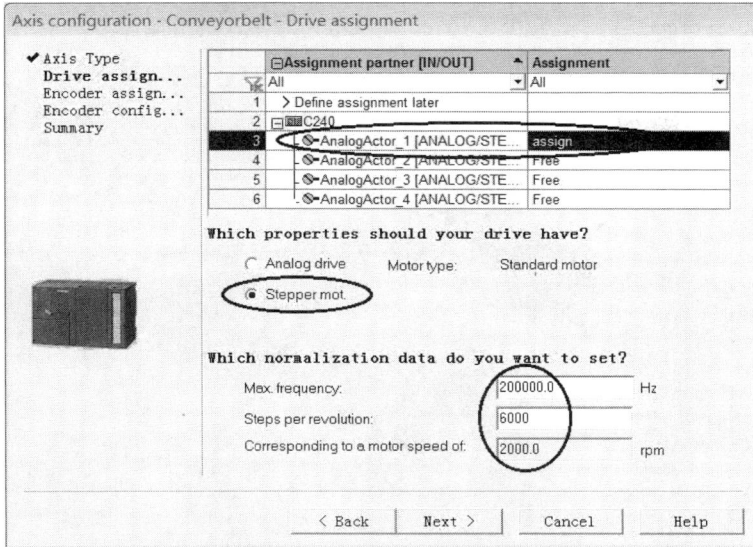

图 9-8　设置轴 Conveyorbelt 的驱动

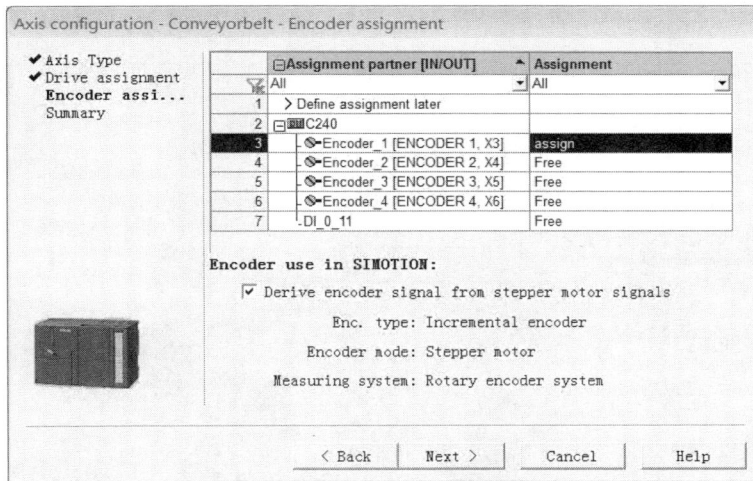

图 9-9　选择轴 Conveyorbelt 的编码器

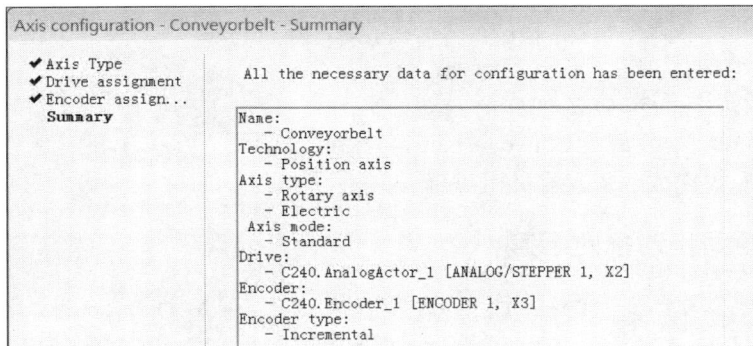

图 9-10　轴 Conveyorbelt 的配置信息

(6) 双击Conveyorbelt轴的机械配置(Mechanics)进行模态轴的组态，如图9-11所示。

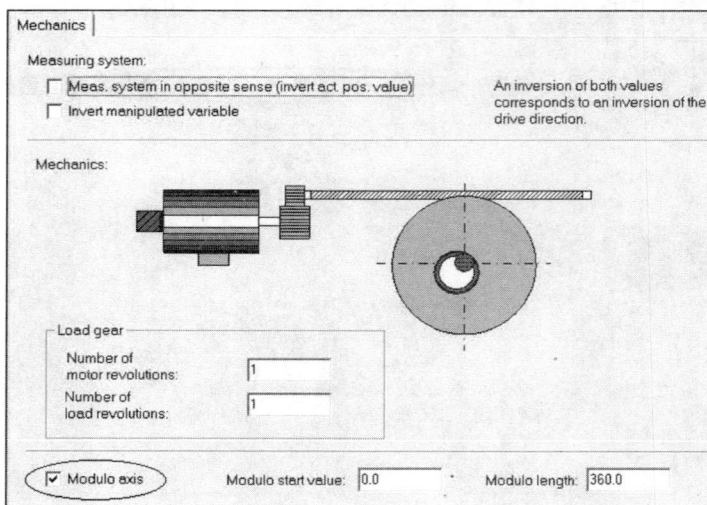

图 9-11　配置轴 Conveyorbelt 为模态轴

(7) 双击Conveyorbelt轴的回零配置(Homing)进行轴的回零组态，如图9-12所示。

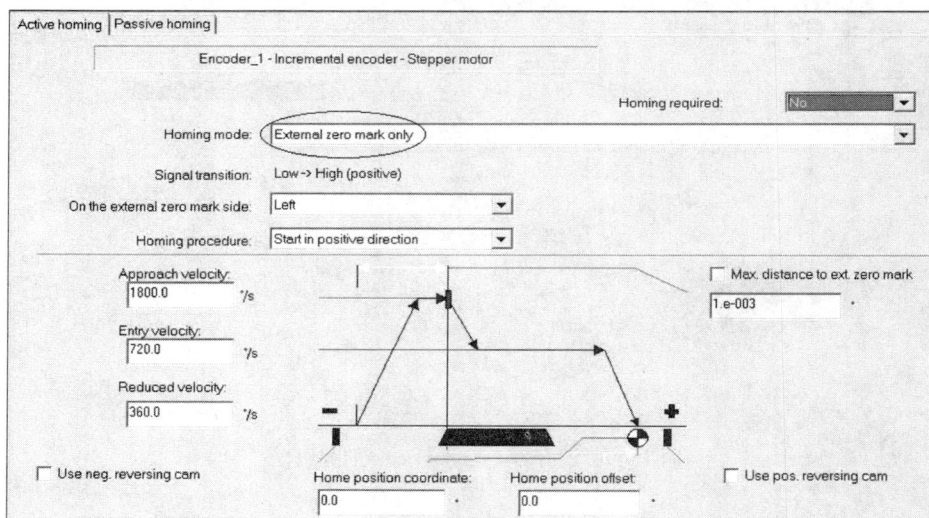

图 9-12　轴 Conveyorbelt 的回零配置

3．创建同步实轴 Ejector

轴的类型为直线轴,步骤与Conveyorbelt基本相同(但不是模态轴),配置结果如图9-13所示。这里不再赘述。配置完成后，保存并且编译。

9.3.2　齿轮同步对象的配置

在轴配置完成以后，需要配置同步轴Conveyorbelt与主轴MasterAxis的互连，在SCOUT软件中，双击"C240→AXES→Conveyorbelt→Conveyorbelt_SYNCHRONOUS_OPERATION→Interconnections"，在右侧窗口选择使用虚主轴MasterAxis的设定值Setpoint，如图9-14所示。

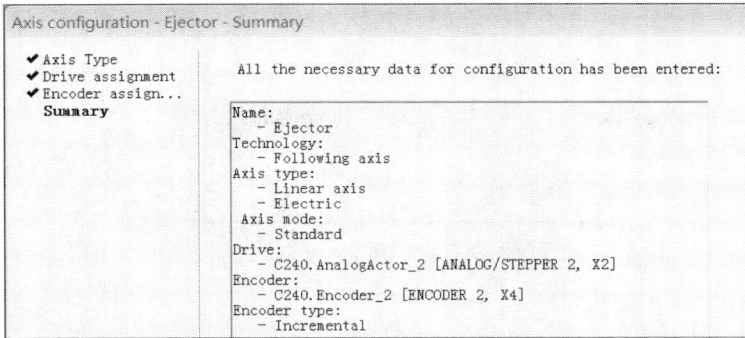

图 9-13　配置完成的 Ejector 轴信息

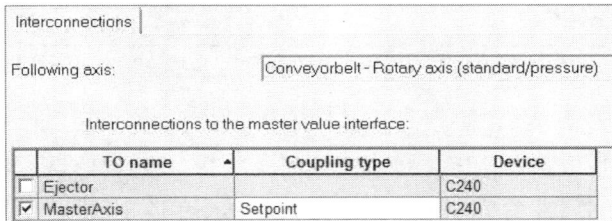

图 9-14　虚主轴与 Conveyorbelt 轴的齿轮同步配置

9.3.3　凸轮同步配置

1. 凸轮曲线的创建

在配置Ejector轴与Conveyorbelt轴之间的凸轮同步操作之前，需要先定义凸轮曲线。根据工艺要求，如果检测到有空盒子，那么 Ejector轴开始跟随传送带移动，在1mm处建立同步以后，喷嘴打开吹出盒子，然后在4mm处关闭喷嘴，同时Ejector轴开始返回初始位置。在这个操作过程中，Ejector轴与Conveyorbelt轴的位置关系可以用图9-15所示的凸轮曲线(横纵坐标显示为位置)来描述。

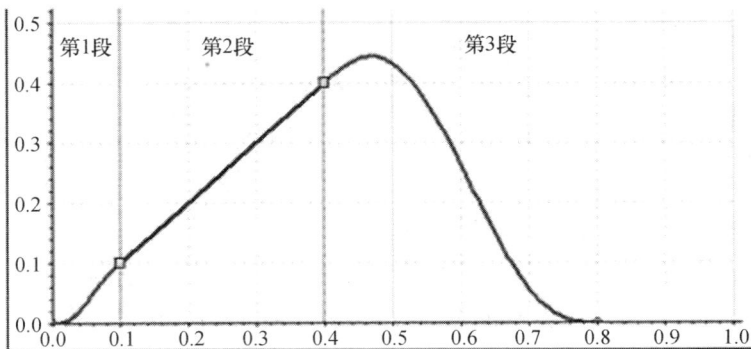

图 9-15　凸轮曲线

图9-15中，第1段表示建立同步过程；第2段表示同步运行；第3段表示解除同步返回初始位置。

(1) 可以使用凸轮绘制工具CamTool绘制这条曲线(CamTool软件需要预先安装好)。在SCOUT软件中，依次打开"C240→CAMS"，双击"Insert cam with CamTool"即可打开CamTool编辑器，输入CAM曲线的名称为"CAM_Ejector"，如图9-16所示。

(2) 单击工具栏上的插补点工具，在起点和终点附近插入两个插补点，使用直线工具在两个插补点之间插入一条直线，如图9-17所示。

图 9-16　创建 CAM 曲线

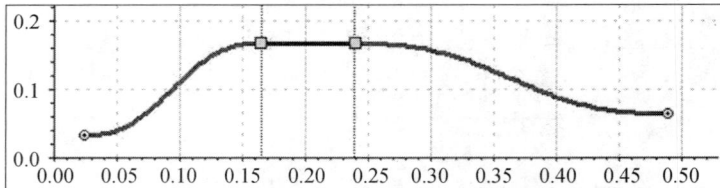

图 9-17　绘制 CAM 曲线

(3) 在画出曲线雏形以后，使用工具栏上的箭头工具，设定插入的各个对象的参数。双击第1个插补点，在弹出的属性窗口中指定其参数为$x=0$，$y=0$。同理，可以设定直线段和第2个插补点的参数，如图9-18所示。

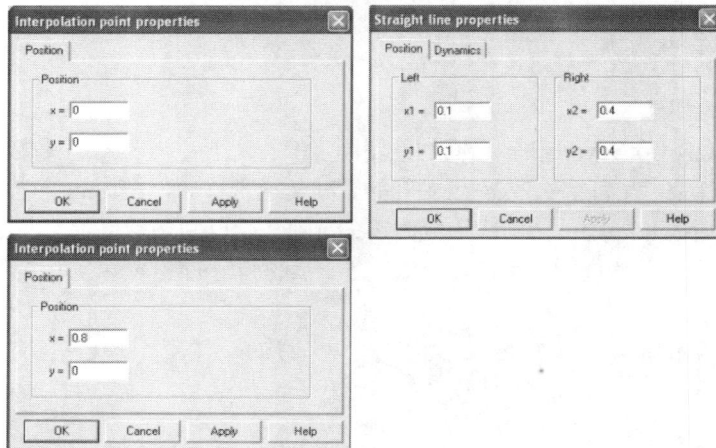

图 9-18　设定各插入对象的参数

(4) 参数修改完成以后的曲线如图 9-19 所示。

(5) 指定坐标轴范围。在工作区的右键菜单中单击"Target Device Parameters"。在弹出的窗口中的"Scaling"选项卡中设置主轴范围为360，从轴范围为10，如图9-20所示。这样，就将Ejector轴与Conveyorbelt轴的位置对应起来，在Conveyor轴到达36°(0.1)时，Ejector轴到达1mm(0.1)位置，并建立了同步。同理，在4mm(0.4)位置处开始解除同步，并返回初始位置。

2．凸轮同步的配置

在凸轮曲线创建完成以后，可以配置轴Ejector与Conveyorbelt的互连。在SCOUT软件中依次打开"C240 → AXES → Ejector → Ejector_SYNCHRONOUS_OPERATION"，双击其中的"Interconnections"，在右侧窗口选择使用Conveyorbelt轴的设定值，并选择互连的CAM曲线为"Cam_Ejector"，如图9-21所示。

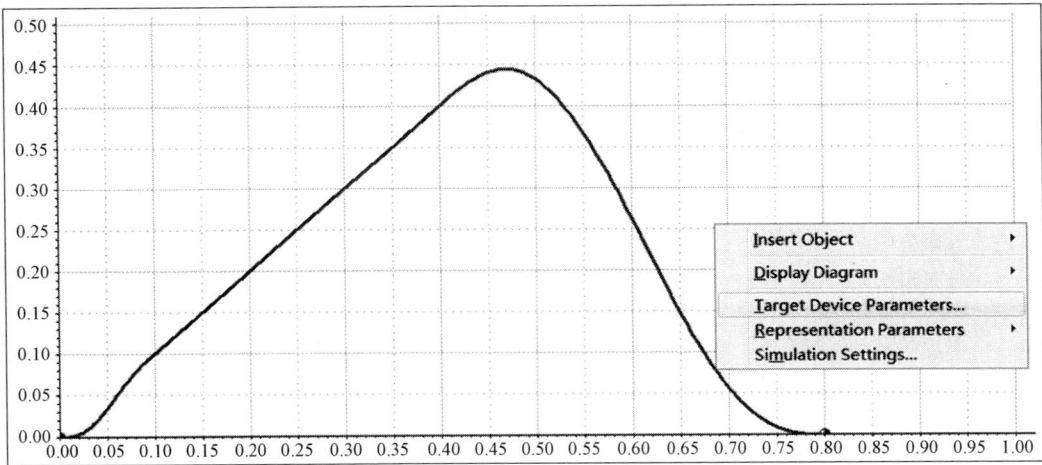

图 9-19　完成后的 CAM 曲线

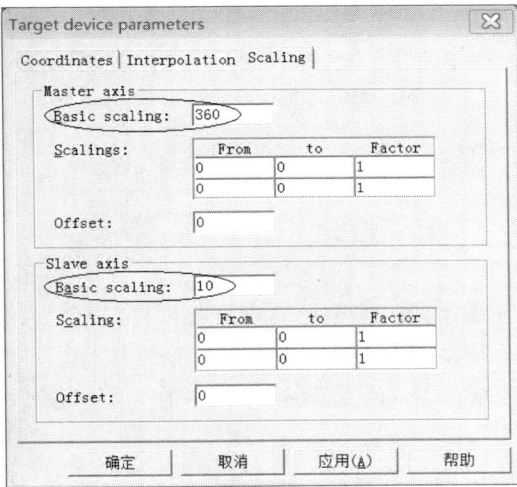

图 9-20　指定 CAM 曲线的坐标轴范围

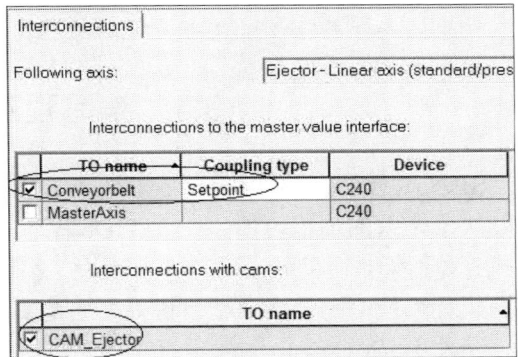

图 9-21　两实轴的凸轮同步互连设置

9.3.4　快速点输出对象的配置

OUTPUT CAM是SIMOTION中用于快速输出的对象。本项目中吹出器喷嘴的控制可以使用OUTPUT CAM功能实现，喷嘴的通断由Ejector轴的位置决定，所以需要为Ejector轴配置一个快速输出对象(OUTPUT CAM TO)。该对象通过SIMOTION C240集成的DO点输出。

在SCOUT软件中，依次打开"C240→AXES→Ejector→OUTPUT CAM"，双击其中的"Insert output cam"，创建一个名称为"Valve"的快速输出对象，如图9-22所示。

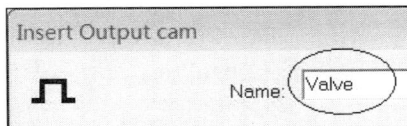

图 9-22　插入快速输出对象"Valve"

最后，在SCOUT软件中依次打开"C240→AXES→Ejector→OUTPUT CAM→Valve"，双击其中的"Configuration"属性，在窗口中(图9-23)勾选"激活输出(Activate output)"，选择"Fast digital output(DO)(D4xx，C240)"，然后单击Output后的"…"按钮，可以浏览到C240中的DO8，如图9-24所示。选择Q0作为快速输出通道。

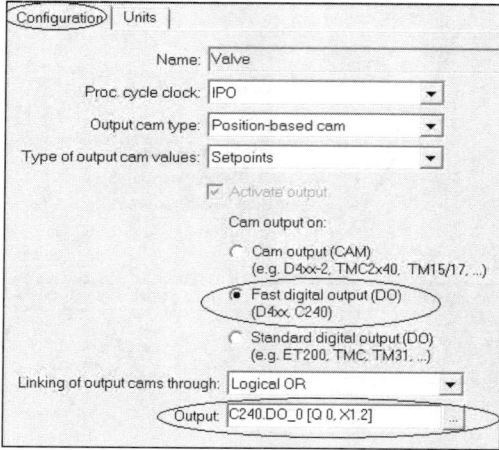

图9-23　配置快速输出对象

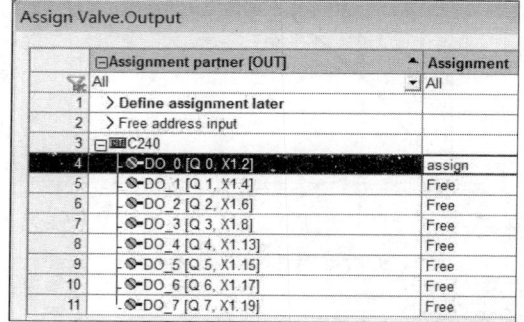

图9-24　为快速输出对象配置输出通道

至此，本项目中所使用的工艺对象已全部配置完成。

9.4　编写程序并分配执行系统

SIMOTION提供的编程环境方便而灵活，可以使用不同的编程语言实现相同的功能，这完全取决于个人的编程习惯。SIMOTION程序的执行系统清晰而全面，不管是周期性执行还是单次执行，不管是时间触发还是事件触发，都可以按照优先级高低顺序进行程序的分配。通过程序在执行系统中的合理分配，可以方便地实现各种运动控制功能。

在使用SIMOTION创建项目时，首先需要对程序结构进行规划，也就是根据工艺要求，将所需的功能分解，编写成若干个独立的程序，再将程序分门别类地分配到执行系统中。在本项目中，根据工艺的要求，可以将程序分成几部分，再将程序分配到相应的执行系统中，如图9-25所示。

SIMOTION设备支持的程序语言有ST、MCC、LAD/FBD、DCC等。这些编程语言各有特点，其中使用MCC语言可以方便地编写运动控制程序，使用LAD/FBD语言可以方便地实现逻辑控制功能，使用DCC可以方便地实现工艺控制功能，使用ST语言可以方便地实现复杂的运动、逻辑和工艺控制功能。

本项目中使用了ST、MCC和LAD/FBD三种编程语言。在使用MCC和LAD/FBD时，需要先插入程序单元(Unit)，再在单元中插入程序段。图9-26展示了本项目中的所有程序，其中"pInit""pHMIout"程序段使用ST编写，"pAuto""pEject""pHoming""pProtDoo""pTecFault"程序段使用MCC编写，"pLADFBD""pPLCopenProg"程序段使用LAD/FBD编写。

在程序编写并编译完成以后，再分门别类地分配到执行系统中。然后在线连接设备，编译并下载项目，这样，系统就可以正常运行了。

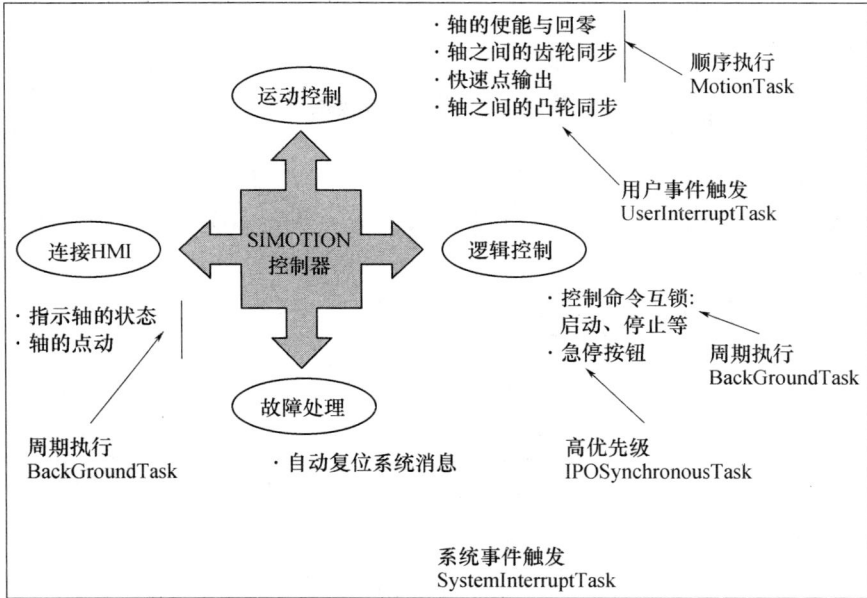

图 9-25　项目功能分解

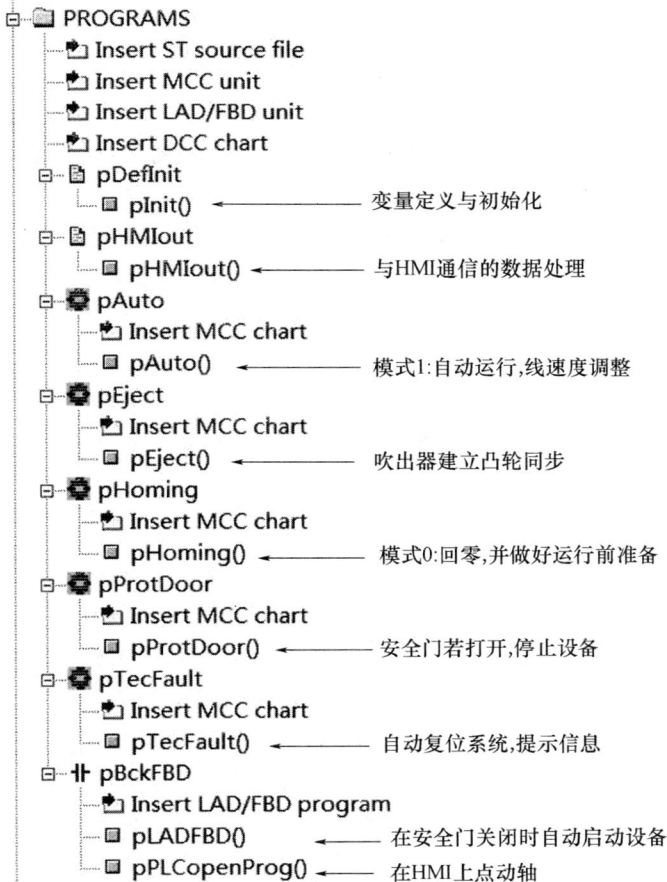

图 9-26　项目中的程序目录树

9.4.1 声明 I/O 变量

在SCOUT软件中，双击"C240"下的"ADDRESS LIST"，即可在软件下半窗口中配置全局I/O变量。在"Name"列输入变量名称，在"I/O address"列指定输入输出类型以后，就可以直接在"Assignment"列单击"…"按钮浏览到系统中的IO变量。本项目中的IO变量配置如图9-27所示。其中iboEject为空盒子传感器的DI信号，iboProtDoor为安全门的DI 信号，iboStartBelt为生产线启动的DI信号。

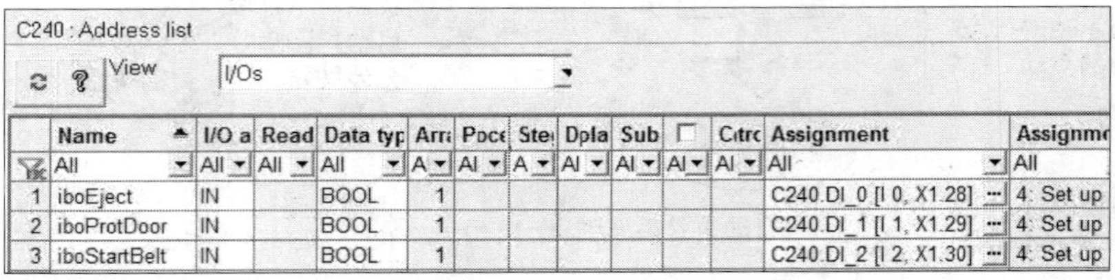

	Name	I/O a	Read	Data typ	Arra	Poc	Ste	Dpla	Sub □	Cotrc	Assignment	Assignm
▽	All	All ▼	All ▼	All	A ▼	Al ▼	A ▼	Al ▼	Al ▼	Al ▼	All	All
1	iboEject	IN		BOOL	1						C240.DI_0 [I 0, X1.28] …	4: Set up
2	iboProtDoor	IN		BOOL	1						C240.DI_1 [I 1, X1.29] …	4: Set up
3	iboStartBelt	IN		BOOL	1						C240.DI_2 [I 2, X1.30] …	4: Set up

图 9-27　创建 I/O 变量

9.4.2 编写程序

项目程序需要根据实际工艺编写，本项目中将工艺分解为回零、传送带运行、吹出器动作、安全门控制、错误处理等部分，分别编程进行处理，最后将程序分配到执行系统中，达到各程序协调工作的目的。

由于相同的功能，可以使用不同的编程语言实现，本项目中使用ST语言编写了数据初始化程序pDefInit、与HMI进行数据交换的程序pHMIout，使用MCC语言编写了与运动控制相关的程序，使用LAD/FBD编写了周期性执行的逻辑控制程序。

1. "pDefInit" 的 ST 程序(变量定义与初始化)

```
INTERFACE
    VAR_GLOBAL                        //声明全局变量
            gboProgEnd: BOOL                := FALSE;
            gboProtDoorOpen                 : BOOL := FALSE;
            gr64VMasterAxis                 : LREAL := 360;
            gr64VMasterAxisOld              : LREAL := 0;
            gi16Mode                        : INT := 0;
            gboDriveActive                  : BOOL := FALSE;
            gboStartConveyor                : BOOL := FALSE;
            gboStartEjector                 : BOOL := FALSE;
    END_VAR
    PROGRAM  pInit;                   // 声明程序 pInit
END_INTERFACE
IMPLEMENTATION
    PROGRAM pInit;                    //程序 pInit 开始
            gboProgEnd           := FALSE;    //初始化变量，下同
            gboProtDoorOpen      := FALSE;
```

330

```
            gr64VMasterAxis                        := 360;
            gr64VMasterAxisOld                     := 0;
            gi16Mode                               := 0;
            gboDriveActive                         := FALSE;
    END_PROGRAM   //程序 pInit 结束
END_IMPLEMENTATION
```

2. "pHMlout" 的 ST 程序(与 HMI 通信的数据处理)

```
INTERFACE
    USEPACKAGE Cam;                                //现有工艺包的引用
    USES pDefInit;                                 //其他单元的引用
    VAR_GLOBAL                                     //声明全局变量
        gi32PosConveyorBelt      : DINT  :=  0;    // Conveyorbelt 轴实际位置
        gi32PosEjector           : DINT  :=  0;    // Ejector 轴实际位置
        gi32PosOutputCam         : DINT  :=  0;    // 喷嘴位置
        gboPosOutputCam          : BOOL  :=  FALSE; // 喷嘴激活/ 失效
        gboProductDetected       : BOOL  :=  TRUE;  //传送带上的盒子检测/ 不检测
        gbo1ProductDefect        : BOOL  :=  FALSE; // Product on belt 1 defect
        gbo1ProductDefectOld     : BOOL  :=  FALSE; // Value from last cycle
        gbo2ProductDefect        : BOOL  :=  FALSE; // Product on belt 2 defect
        gboHelp                  : BOOL  :=  FALSE; // 临时变量
        gboConveyorBelt          : BOOL  :=  FALSE; // 模拟传送带运行
        gboDoorOpen              : BOOL  :=  FALSE; // 安全门打开/ 关闭
        gi16Resolution           : INT   :=  3;    //HMI 分辨率
            // 0:640x480;1:800x600;2:1024x768;3:1280x1024;4:1600x1200
        gr32ResolutionBelt       : REAL  :=  1.0;  // Relation screen belt
        gr32ResolutionPusher     : REAL  :=  1.0;  // Relation screen pusher
        gr32ResolutionValve      : REAL  :=  1.0;  // Relation screen valve
        gboSet1ProductDefect     : BOOL  :=  FALSE; // Simulation from HMI
        gi32Tank                 : DINT  :=  0;
        gi16Language             : INT   :=  0;    //HMI 语言选择 English = 0,
                                                          German=1

    END_VAR
    PROGRAM pHMIout;          // 声明程序 pHMIout
END_INTERFACE
IMPLEMENTATION
  PROGRAM pHMIout            //程序 pHMIout 开始
  IF gboDriveActive THEN
    // HMI 分辨率
    CASE gi16Resolution OF
    0:gr32ResolutionBelt:= 0.5; gr32ResolutionPusher:= 0.5; gr32ResolutionValve:=
0.468;//640×480
    1:gr32ResolutionBelt:= 0.625;gr32ResolutionPusher:=0.625; gr32ResolutionValve:=
```

```
0.585; //800×600
    2: gr32ResolutionBelt := 0.8; gr32ResolutionPusher := 0.8; gr32ResolutionValve :=
0.75;  //1024×768
    3: gr32ResolutionBelt := 1.0; gr32ResolutionPusher := 1.0; gr32ResolutionValve :=
1.0;   //1280×1024
    ELSE gr32ResolutionBelt:=1.25;gr32ResolutionPusher:=1.25; gr32ResolutionValve:=
1.17;//1600x1200
    END_CASE;
    // HMI: LREAL to DINT
    // Simulation of coveyor belt movement
    gi32PosConveyorBelt:= LREAL_TO_DINT (Conveyorbelt.positioningstate.
actualposition*gr32ResolutionBelt);
    gi32PosEjector := LREAL_TO_DINT (Ejector.positioningstate.actualposition*40*
gr32ResolutionPusher) MOD REAL_TO_DINT(360*gr32ResolutionPusher);
    IF gi32PosEjector < 0 THEN gi32PosEjector := -gi32PosEjector; END_IF;
    // Simulation pusher
    IF Valve.State = ON THEN
        gi32PosOutputCam    := LREAL_TO_DINT(62*gr32ResolutionValve);
        gboProductDetected  := FALSE;
        gboPosOutputCam     := TRUE;
    ELSE
        gi32PosOutputCam    := 0;
        gboPosOutputCam     := FALSE;
    END_IF;
    // Highlight defect product
    IF gi32PosConveyorBelt >= 20 AND gi32PosConveyorBelt < 330 THEN
        gboHelp     := FALSE;
        IF iboEject OR gboSet1ProductDefect THEN gbo1ProductDefect :=  TRUE;
            gboSet1ProductDefect := FALSE; END_IF;
        END_IF;
        IF gi32PosConveyorBelt < 20 AND gboHelp = FALSE THEN
            gboProductDetected := TRUE;
            gbo2ProductDefect  := gbo1ProductDefect;
            gbo1ProductDefect  := FALSE;
            gboHelp     := TRUE;
        END_IF;
        // Defect product: start motiontask 4
        IF _GetStateOfTask (MotionTask_4)= 16#0002 AND gbo1ProductDefect = TRUE AND
                        gbo1ProductDefectOld = FALSE THEN
            _StartTask (MotionTask_4);
```

```
        END_IF;
        gbo1ProductDefectOld := gbo1ProductDefect;
        // Simulation conveyor belt
        IF (gi32PosConveyorBelt MOD 60) > 30 THEN
            gboConveyorBelt := TRUE;
        ELSE
            gboConveyorBelt := FALSE;
        END_IF;
        // Door
        gboDoorOpen := NOT (iboProtDoor);
        // Simulation of movement in the tank
        IF gboPosOutputCam THEN
            gi32Tank := gi32PosConveyorBelt - 20;
        ELSE
            gi32Tank := 0;
        END_IF;
    END_IF;
  END_PROGRAM    ////程序 pHMIout 结束
END_IMPLEMENTATION
```

3. "pAuto" 的 MCC 程序

"pAuto" 程序用于控制生产线的自动运行,在所有轴都回零以后,开始执行此程序。按照工艺要求,需要先将虚主轴MasterAxis使能,在接到启动信号iboStartBelt以后,传送带轴Conveyorbelt开始跟随主轴做齿轮同步,同时将喷嘴阀门的快速输出功能使能。因为此时轴Ejector仍处于停止状态,所以喷嘴阀门一直关闭。然后启动虚主轴。当虚主轴的速度设定值发生变化时,设定值必须立即生效。这样在虚主轴启动以后,传送带轴Conveyorbelt也开始运动。当检测到有停止信号 "gboProgEnd" 时,程序结束。

(1) 创建MCC程序单元 "pAuto",建立单元变量引用,如图9-28所示。

(2) 创建MCC程序段 "pAuto",如图9-29所示。编写程序如图9-30所示。虚主轴使能指令、等待启动信号指令、齿轮同步指令、快速输出打开指令、等待虚主轴速度变化的指令、启动虚主轴指令、虚主轴速度值存储、修改虚主轴速度的循环结束指令等的设置如图9-31~图9-39所示。

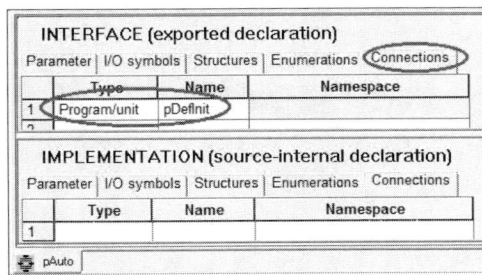

图 9-28 "pAuto" 程序单元引用

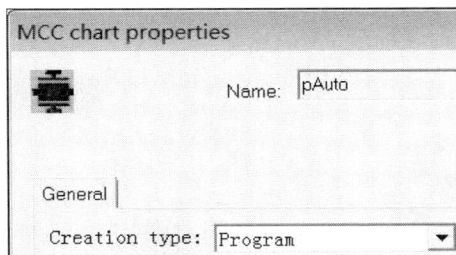

图 9-29 "pAuto" 程序段创建

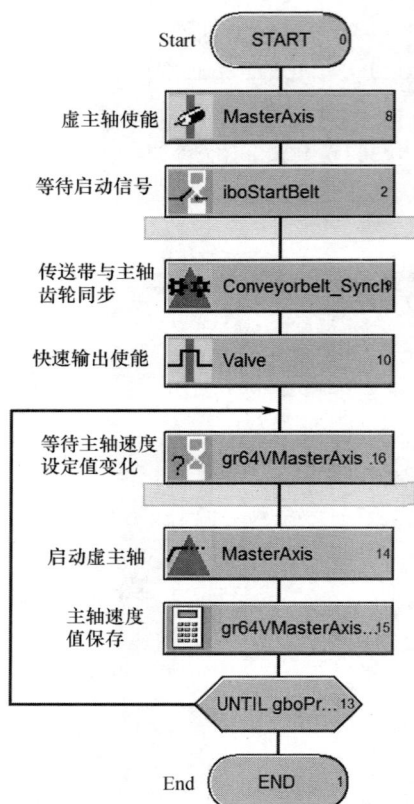

图 9-30 "pAuto"程序段

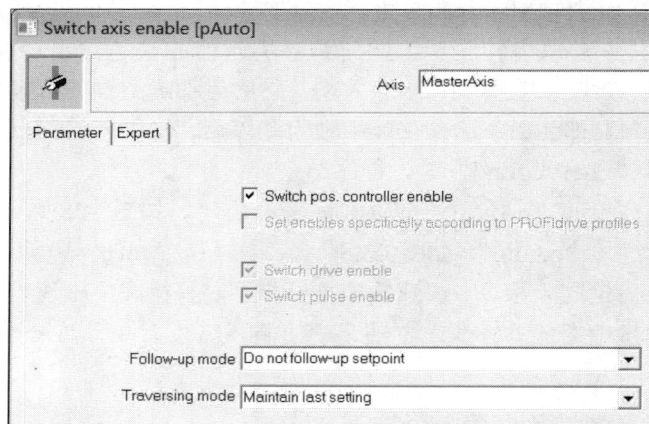

图 9-31 虚主轴使能命令属性设置

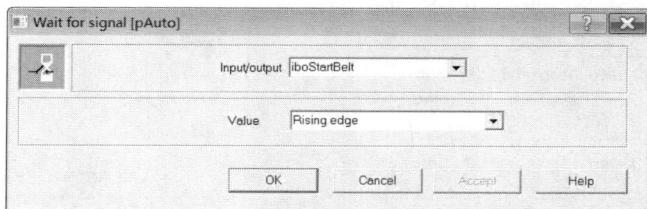

图 9-32 等待启动信号指令设置

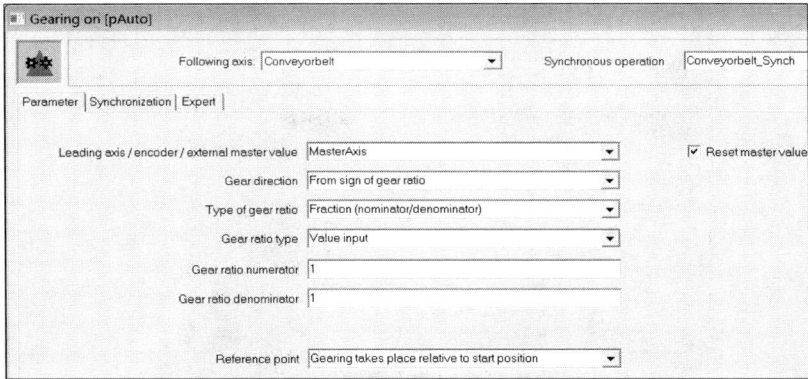

图 9-33　传送带与主轴齿轮同步命令的参数设置

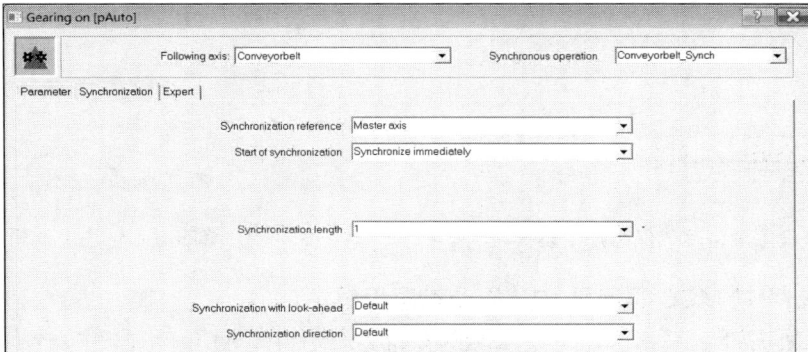

图 9-34　传送带与主轴齿轮同步命令的同步设置

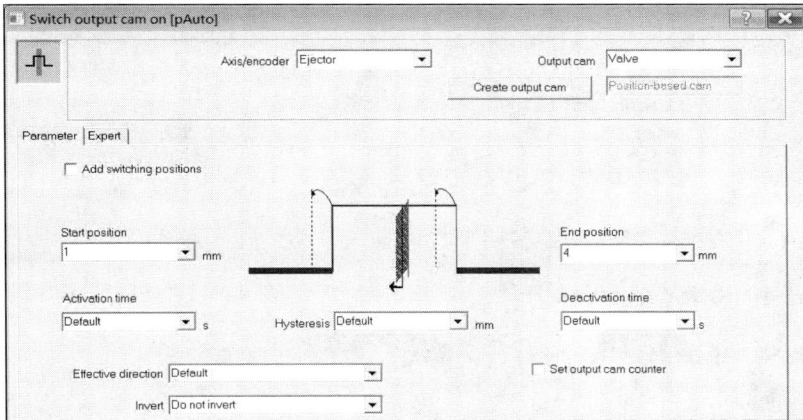

图 9-35　快速输出使能命令设置

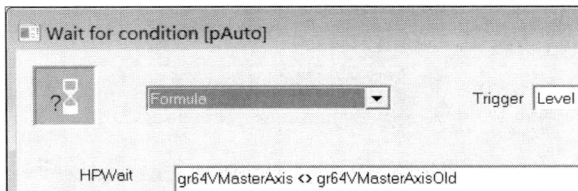

图 9-36　等待虚主轴速度设定值变化的指令设置

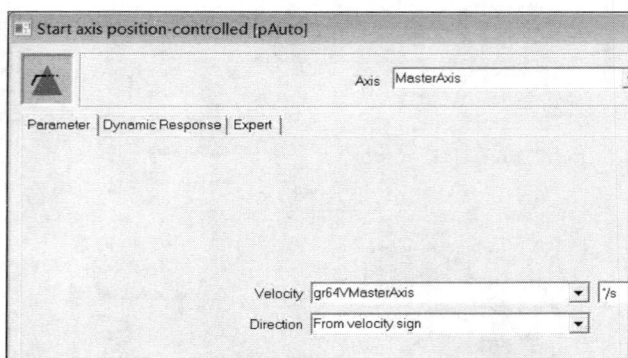

图 9-37　启动虚主轴指令设置

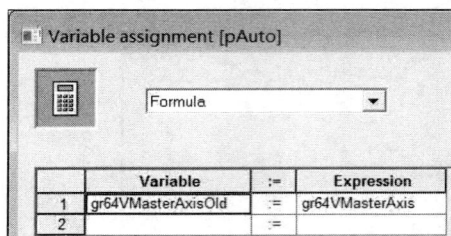

图 9-38　虚主轴速度值保存指令设置

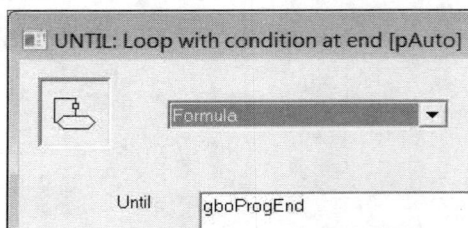

图 9-39　修改虚主轴速度的循环指令设置

4. "pEject" 的 MCC 程序段(吹出器凸轮同步程序)

创建MCC程序单元"pEject"，并创建MCC程序段"pEject"，如图9-40所示。编写程序如图9-41所示。凸轮同步指令的设置如图9-42和图9-43所示。

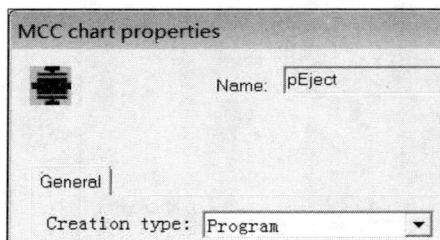

图 9-40　创建 "pEject" 程序段

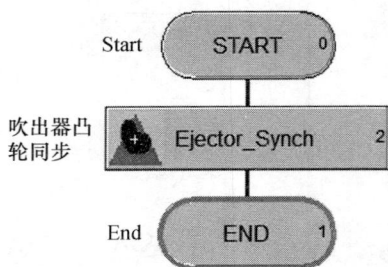

图 9-41　"pEject" 程序段内容

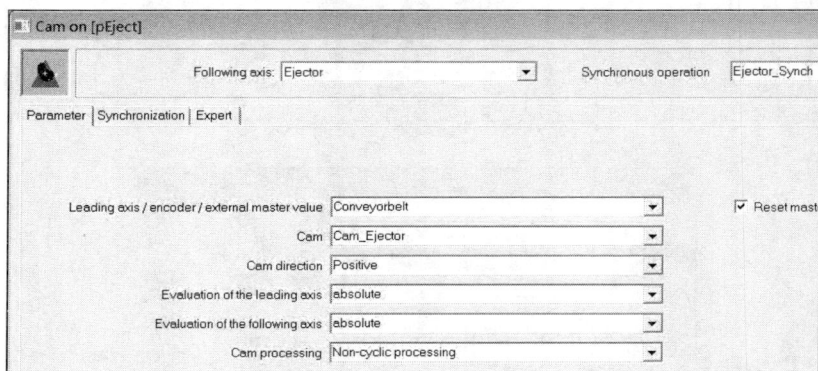

图 9-42　凸轮同步命令之主要参数设置

336

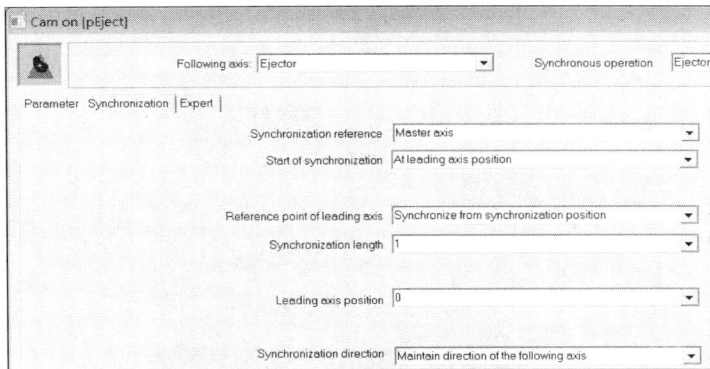

图 9-43　凸轮同步命令之同步参数设置

5. "pHoming"的 MCC 程序段(回零处理程序)

创建MCC程序单元"pHoming"，建立单元变量引用如图9-44所示。创建MCC程序段"pHoming"，如图9-45所示。编写程序如图9-46所示。指令的设置如图9-47～图9-56所示。

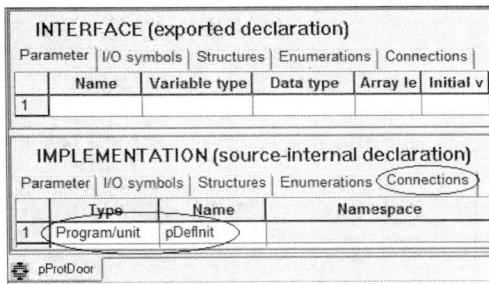

图 9-44　"pHoming"程序单元引用

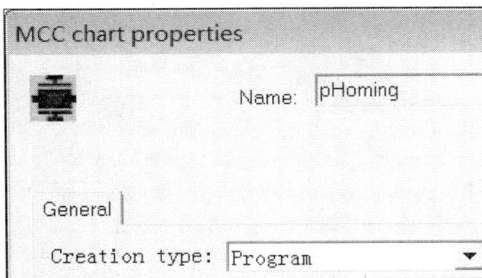

图 9-45　创建"pHoming"程序段

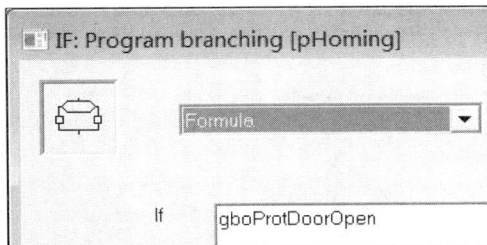

图 9-47　安全门打开的急停处理分支指令设置

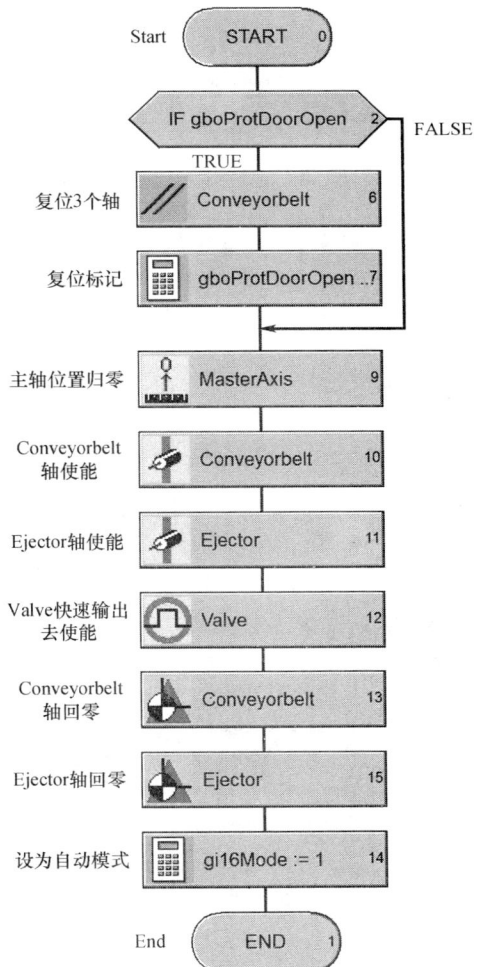

图 9-46　"pHoming"程序段

337

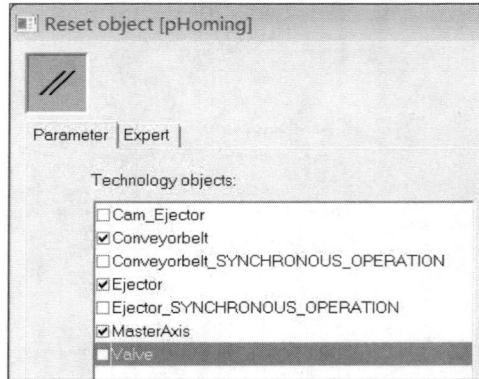

图 9-48　复位轴的指令设置

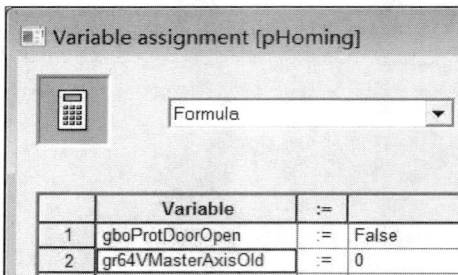

图 9-49　复位标记的指令设置

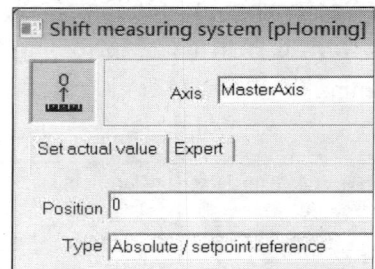

图 9-50　虚主轴位置归零指令设置

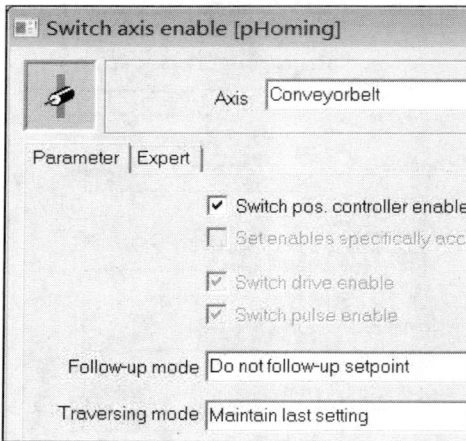

图 9-51　Conveyorbelt 轴使能指令设置

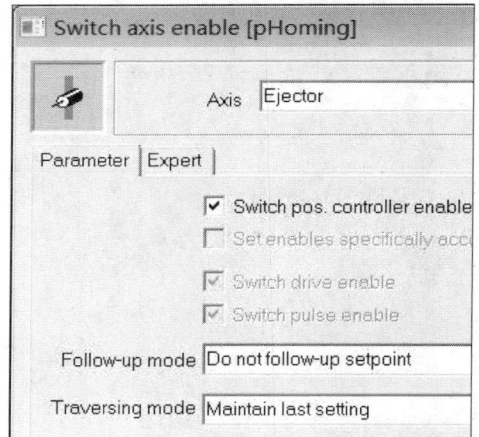

图 9-52　Ejector 轴使能指令设置

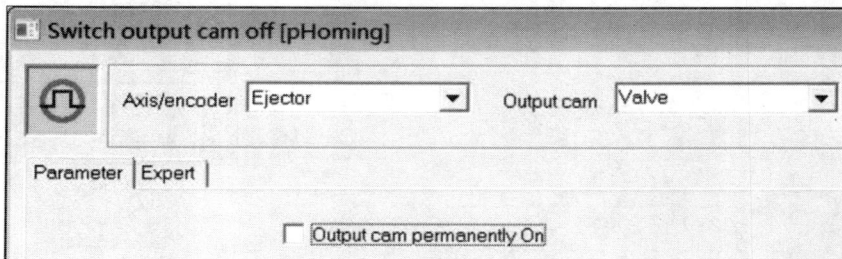

图 9-53　Valve 快速输出去使能指令设置

338

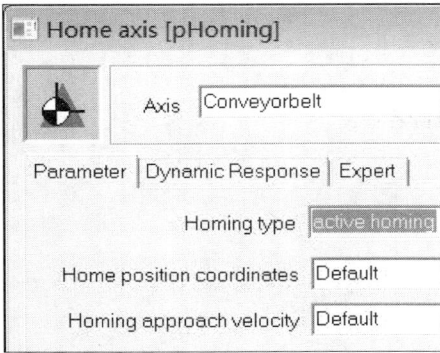

图 9-54　Conveyorbelt 轴回零指令设置

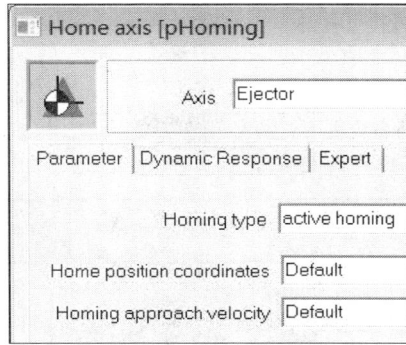

图 9-55　Ejector 轴回零指令设置

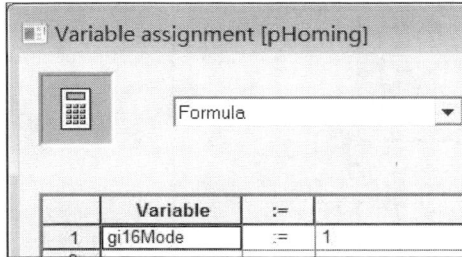

图 9-56　设置自动模式指令设置

6. "pProtDoor" 的 MCC 程序(安全门保护处理程序)

创建MCC程序单元"pProtDoor"，建立单元变量引用如图9-57所示。创建MCC程序段"pProtDoor"如图9-58所示，编写程序如图9-59所示，指令的设置如图9-60～图9-73所示。

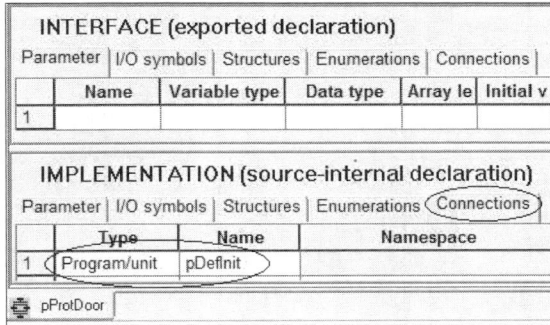

图 9-57　"pProtDoor"程序单元引用

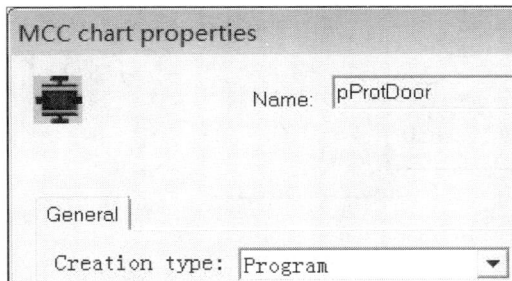

图 9-58　"pProtDoor"程序段创建

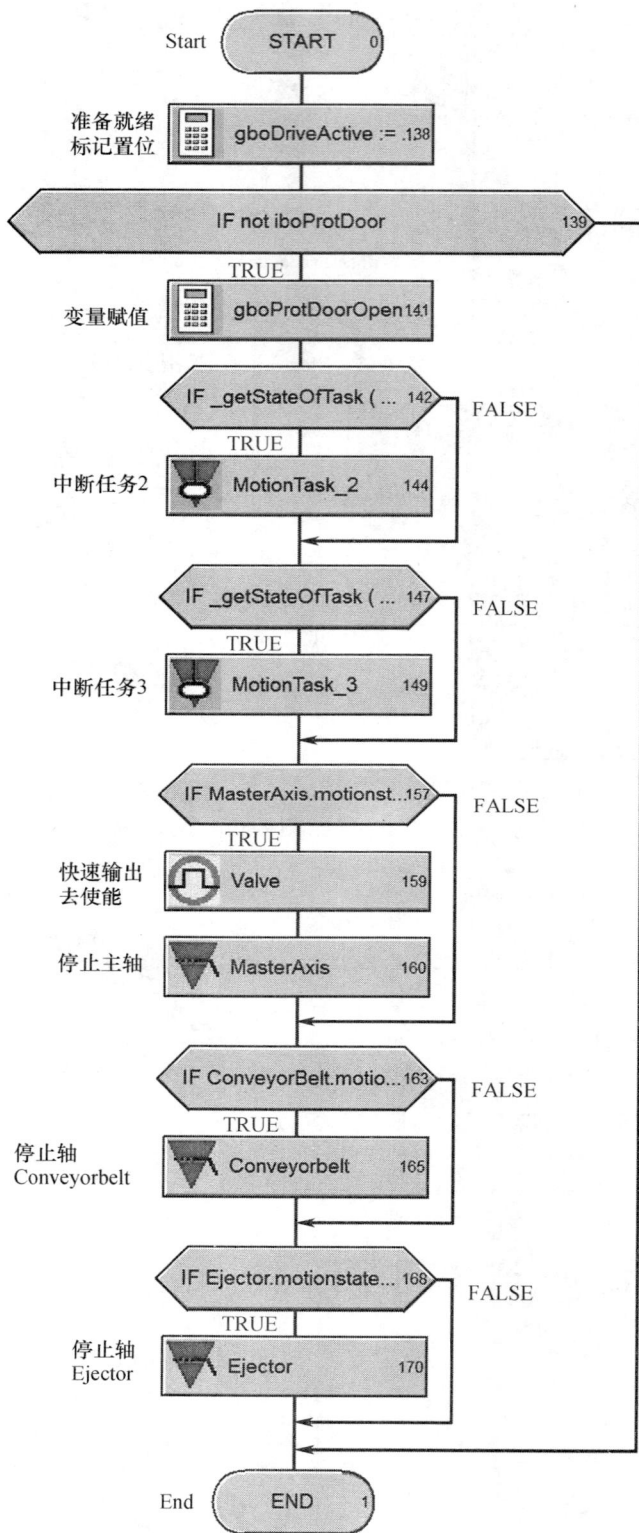

图 9-59　"pProtDoor" 程序段

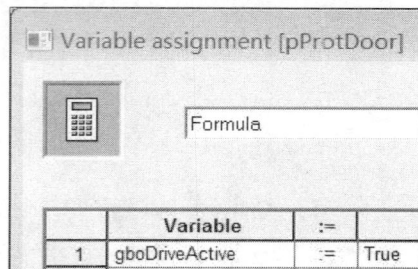

图 9-60　准备就绪标记置位的指令设置

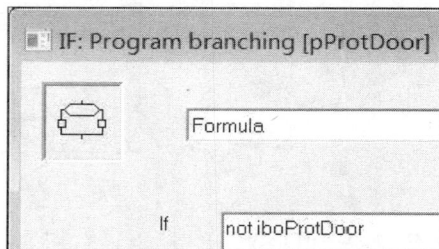

图 9-61　"安全门未关" 条件
判断(关闭=True)指令

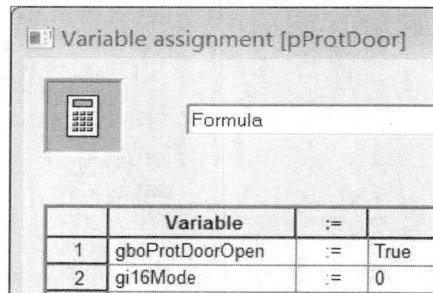

图 9-62　"安全门打开" 时变量赋值的
指令设置

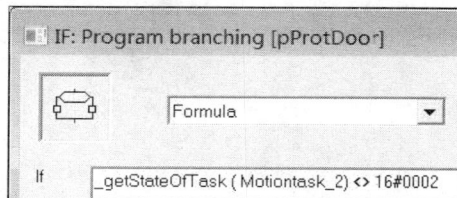

图 9-63　"Motiontask_2" 停止条件
判断(停止=2)的指令设置

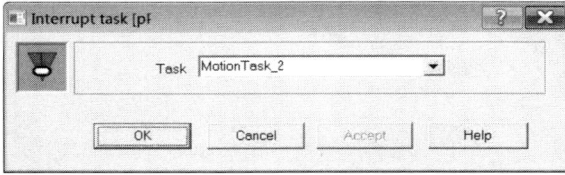

图 9-64　中断"Motiontask_2"任务
的指令设置

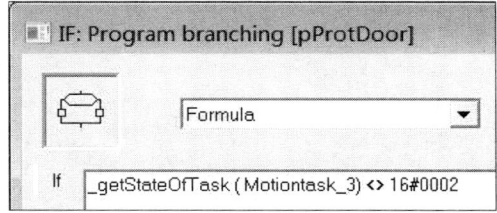

图 9-65　"Motiontask_3"停止
条件判断(停止=2)的指令设置

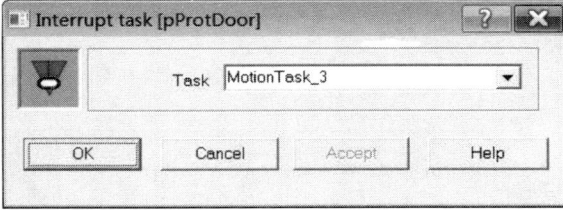

图 9-66　中断"Motiontask_3"任务的指令设置

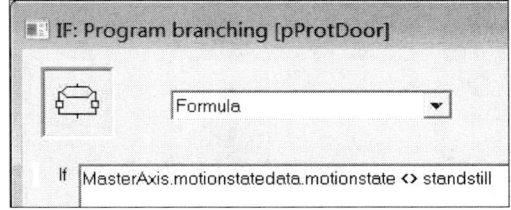

图 9-67　主轴 MasterAxis 停止条件判断的指令设置

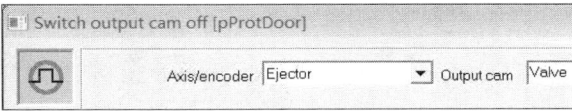

图 9-68　Valve 快速输出去使能的指令设置

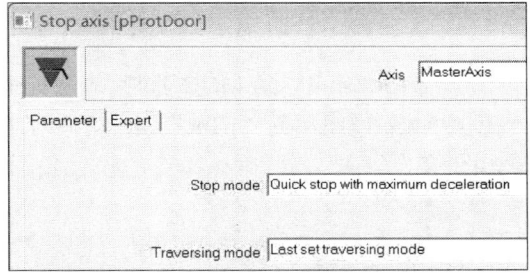

图 9-69　停止主轴的指令设置

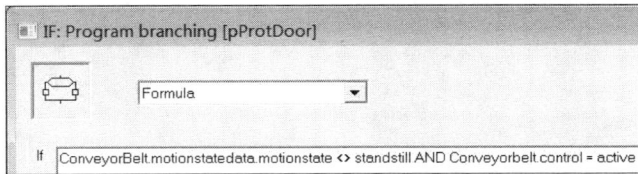

图 9-70　ConveyorBelt 轴停止条件判断的指令设置

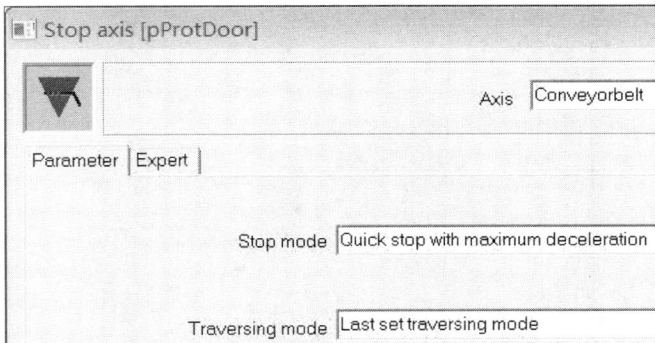

图 9-71　停止 ConveyorBelt 轴的指令设置

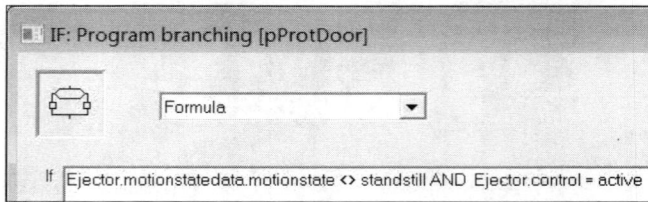
图 9-72   Ejector 轴停止条件判断的指令设置

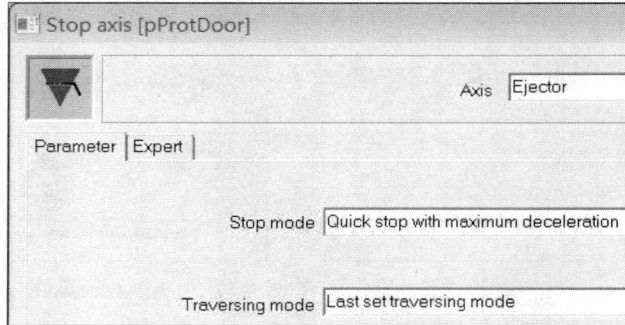
图 9-73   停止 Ejector 轴的指令设置

7. "pTecFault" 的 MCC 程序(故障处理程序)

创建MCC程序单元"pTecFault",并创建如图9-74所示的MCC程序段"pTecFault"。编写程序如图9-75所示。报警确认指令的设置如图9-76和图9-77所示。

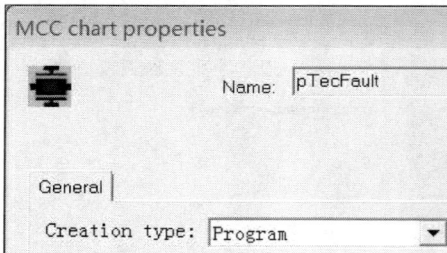
图 9-74   "pTecFault" MCC 程序段创建

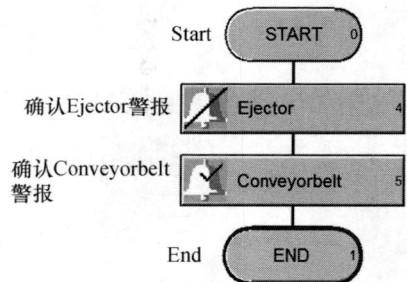
图 9-75   "pTecFault" MCC 程序

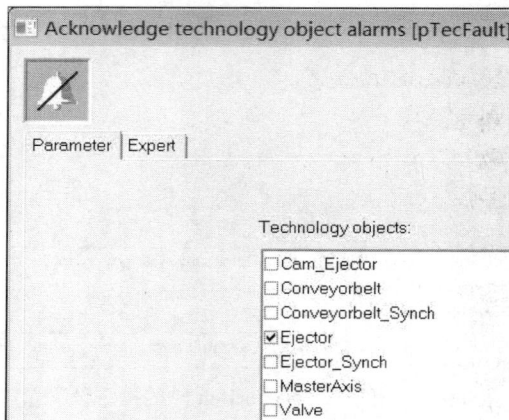
图 9-76   确认 "Ejector" 轴报警的指令设置

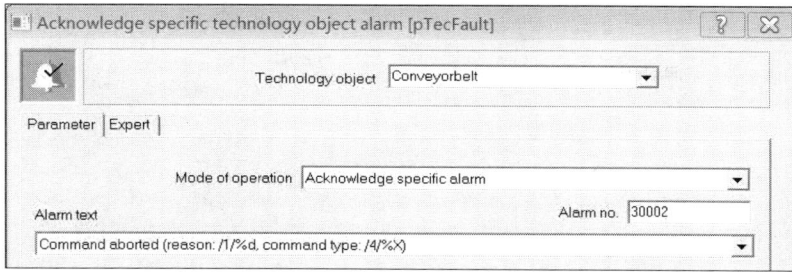

图 9-77　确认“Conveyorbelt”轴报警的指令设置

8.“pBckFBD”程序单元

创建LAD程序单元“pBckFBD”，建立单元变量引用，如图9-78所示。

该单元有“pLADFBD”和“pPLCopenProg” 两个程序段。pLADFBD程序段就是用于各MotionTask重新自动运行的程序；“pPLCopenProg”程序段实现在HMI上手动运行“Ejector”和“Conveyorbelt”两轴。

1) “pLADFBD”程序段

本项目中，变量“gi16Mode”的值决定回零还是自动运行。

gi16Mode = 0 → 回零操作

gi16Mode = 1 → 自动运行

本项目中，在安全门打开时，所有设备停止运行；在安全门关闭以后，所以设备重新自动运行。 pLADFBD程序段就是用于各MotionTask重新自动运行的程序。本程序中，自动判断当前系统状态并重新启动运动任务MotionTask_2和MotionTask_3。创建LAD程序段如图9-79所示，建立程序段的局部变量如图9-80所示，程序如图9-81所示。

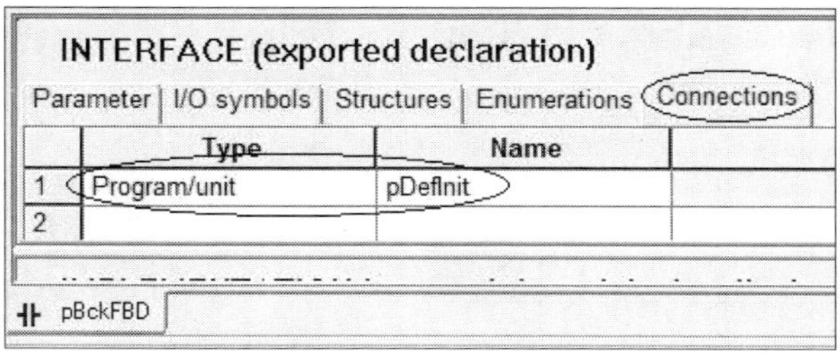

图 9-78　“pBckFBD”单元引用的建立

图 9-79　“pLADFBD”程序段创建

Parameters/variables | I/O symbols | Structures | Enumerations

	Name	Variabl	Data type	Arr	Ini	Comment
1	b32TaskState	VAR	DWORD			State of MotionTask_2 or MotionTask_3
2	b32RetStart	VAR	DWORD			Return value of _restartTaskId()
3	boResult	VAR	BOOL			Dummy result
4	b32ResAnd	VAR	DWORD			Result of the task state evaluation
5	boGo	VAR	BOOL			Task restart command
6	sTaskSel	VAR	STRUCTTASKID			TaskID to restart

图 9-80　“pLADFBD”程序段局部变量表

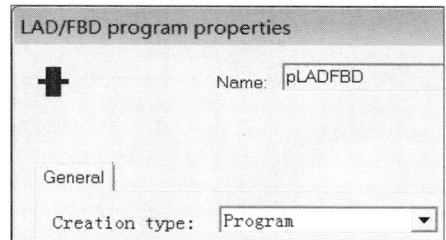

001 - Title

如果驱动系统未准备好，就跳转到end结束

```
    gboDriveAc
       tive              end
├───┤ ├──────────────( JMPN )───┤
```

002 - Title

如果安全门打开，跳转到end结束

```
    iboProtDoo
        r                 end
├───┤/├──────────────( JMP )───┤
```

003 - 启动MotionTask_2
Comment

```
                                        MOVE                      boResult
                                      ┌─────────┐                  ( )
                      ┌──────┐        │EN    ENO│
├──────────────────────│ Cmp  │────────┤         │────────────────────┤
                      │  =   │        │         │
        gi16Mode──────│      │   _task.moti──│IN   OUT│──sTaskSel
                      │      │   ontask_2
              0───────│      │
                      └──────┘
```

004 - 启动MotionTask_3
Comment

```
                                        MOVE                      boResult
                                      ┌─────────┐                  ( )
                      ┌──────┐        │EN    ENO│
├──────────────────────│ Cmp  │────────┤         │────────────────────┤
                      │  =   │        │         │
        gi16Mode──────│      │   _task.moti──│IN   OUT│──sTaskSel
                      │      │   ontask_3
              1───────│      │
                      └──────┘
```

005 - 获取任务状态
Comment

```
              _getstateo                              boResult
               ftaskid                                 ( )
             ┌──────────┐
├──────────────│EN     ENO│──────────────────────────────┤
             │          │
   sTaskSel──│id     OUT│──b32TaskSta
             │          │   te
             └──────────┘
```

006 - Title

判断任务是否处于停止或暂停状态，如果是，那么boGo为1

```
                  AND                                boResult
                ┌─────────┐                          ( )
                │EN    ENO│
├────────────────┤         │──────────────────────────────┤
                │         │
  b32TaskSta────│IN1   OUT│──b32ResAnd
     te         │         │
  16#0022───────│IN2      │
                └─────────┘
```

007 - Title

判断任务是否处于停止或暂停状态，如果是，那么boGo为1

```
                  Cmp                                 boGo
                ┌──────┐                              ( )
                │  >   │
├────────────────┤      │──────────────────────────────┤
  b32ResAnd─────│      │
                │      │
  16#0000───────│      │
                └──────┘
```

008 - Title

如果boGo为1，那么重启任务，否则跳转到end结束

```
     boGo               end
├───┤/├──────────────( JMP )───┤
```

009 - Title

如果boGo为1，那么重启任务

```
              _restartta                              boResult
                skid                                   ( )
             ┌──────────┐
├──────────────│EN     ENO│──────────────────────────────┤
             │          │
   sTaskSel──│id     OUT│──b32RetStar
             │          │   t
             └──────────┘
```

010 - Title
Comment

```
┌─────────────┐
│    end      │
└─────────────┘
```

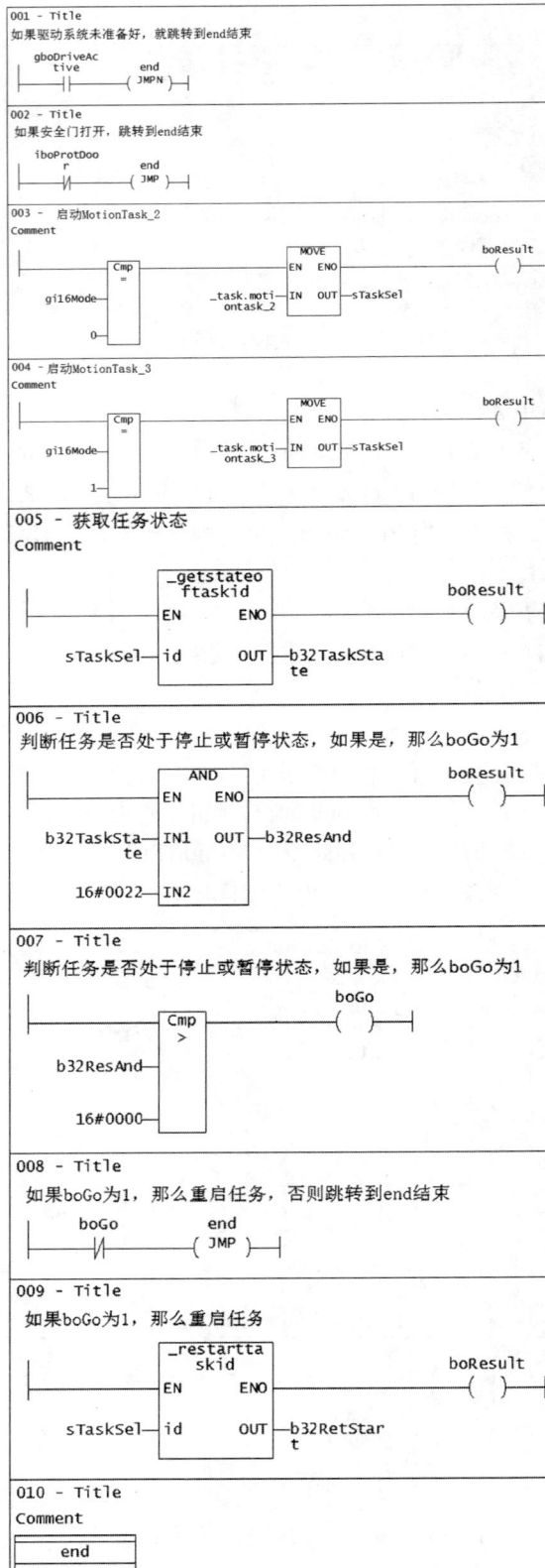

图 9-81 "pLADFBD"程序段

2) "pPLCopenProg"程序段

创建"pPLCopenProg"程序段如图9-82所示,程序的局部变量如图9-83所示,程序如图9-84所示。

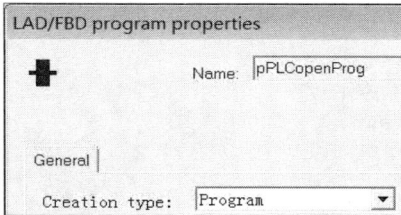

图 9-82 "pPLCopenProg"程序段创建

	Name	Variabl	Data type	Arr	Init	Co
1	fInstConveyor	VAR	_MC_MOVERELATIVE			
2	fInstEjector	VAR	_MC_MOVERELATIVE			
3	b32ErrorID	VAR	DWORD			
4	boIsDone	VAR	BOOL			
5	boIsActive	VAR	BOOL			
6	boIsError	VAR	BOOL			
7	boIsBusy	VAR	BOOL			
8	boIsAborded	VAR	BOOL			
9						

图 9-83 "pPLCopenProg"程序段局部变量表

使用功能块"_MC_MoveRelative"实现在HMI上手动运行"Ejector"和"Conveyorbelt"两轴。变量"gboStartConveyor"来自HMI。运行该指令后,轴停止。

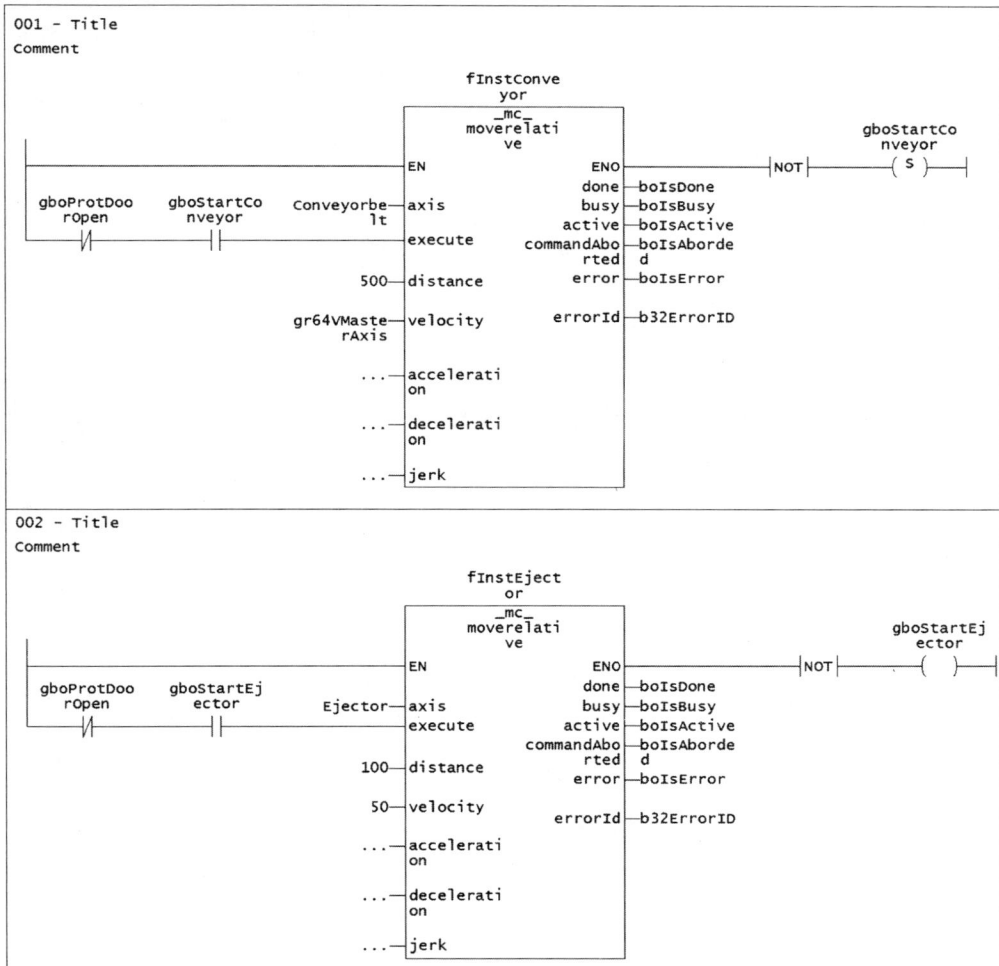

图 9-84 "pPLCopenProg"程序

在程序编写完成后，单击工具栏上的 ![按钮] 按钮进行保存和编译。

9.4.3　分配执行系统

在所有程序编写并编译完成后，将其分配到执行系统。在SCOUT软件中，双击"C240→Execution System"，即可打开执行系统的配置画面。如图9-85所示，在右侧窗口中为不同的任务添加程序。配置完成后，重新编译项目。

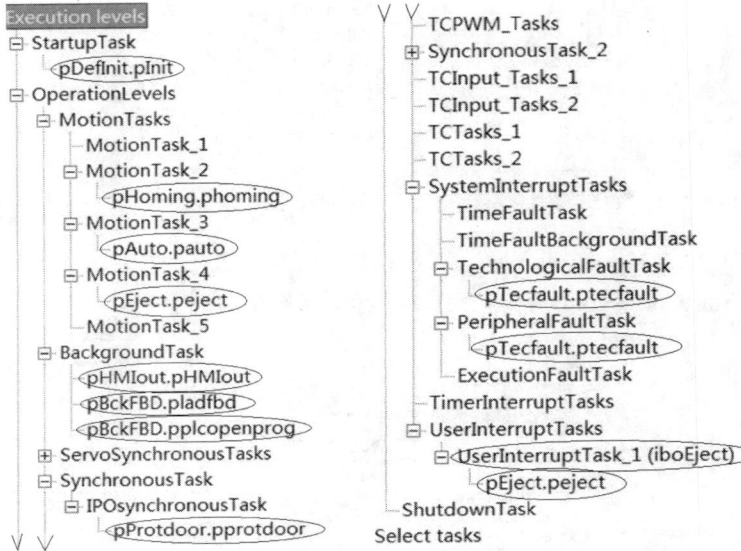

图 9-85　分配执行系统

9.5　连接 HMI 设备

HMI(人机界面)可以通过PROFIBUS、IE或MPI网络与SIMOTION设备连接。HMI设备的组态需要使用WinCC Flexible软件。网络配置及HMI连接方法参考8.1节。

第 10 章　液压采样机械手控制实例

电液比例伺服系统以其响应速度快(相对于机械系统)、负载刚度大、控制功率大等独特的优点在工业控制中得到了广泛的应用。电液比例伺服系统是通过使用电液比例阀,将小功率的电信号转换为大功率的液压动力,从而实现一些重型机械设备的伺服控制。

1. 电液比例伺服系统的组成

电液比例伺服系统如图 10-1 所示,主要由以下几部分组成:

(1) 液压油箱。

(2) 液压泵。

(3) 电液比例方向阀+比例放大器。

(4) 液压缸。

(5) 直线编码器(测量反馈系统)。

(6) C240+SM331 (控制系统)。

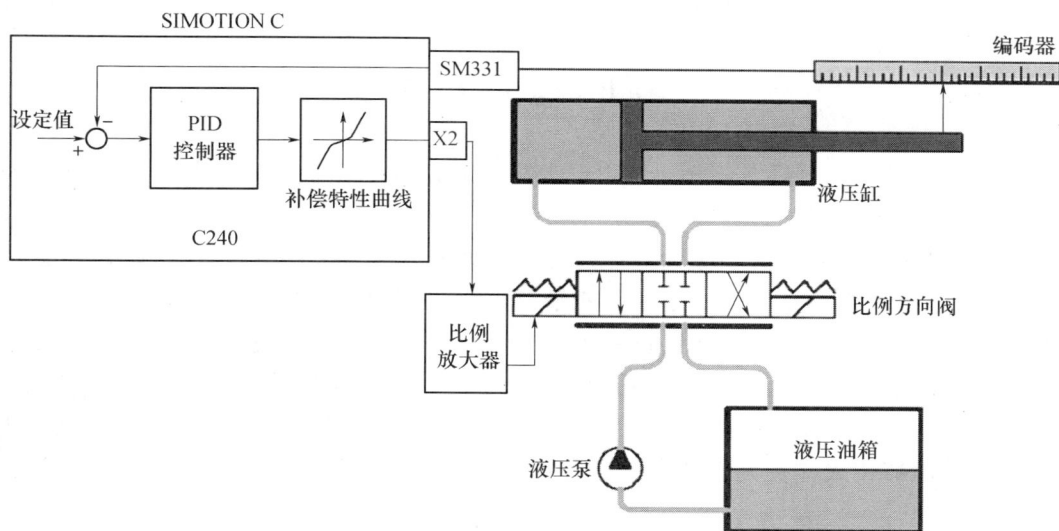

图 10-1　电液比例伺服系统

C240 是该系统中的控制器。C240 以模拟量形式从 X2 端口输出模拟量信号,通过比例放大器来控制比例换向阀的开度和方向,从而控制液压缸的运动方向和速度;测量反馈系统(直线编码器)的模拟信号通过模拟量输入模块 SM331 将信号反馈给 C240,从而形成闭环位置控制系统。

2. 电液比例伺服系统的特点

电气伺服系统的执行机构(通常为伺服电动机)能够根据给定速度改变运行速度,响应快,动态特性好,给定与输出之间呈线性比例关系;而电液比例伺服系统因其液压油的物理特性决定了其响应速度和动态特性都较低，而且在电液比例伺服系统启动、停止以及换向时都会出现大滞后，这就导致了给定信号与执行速度之间的非线性关系，如图 10-2 所示。如果用控制线性电气轴的方法来控制非线性液压轴，速度就会非常不稳定，而且位置闭环会不停的修正由速度不稳定所带来的位置偏差，这时液压执行机构就会来回跳动或者抖动，造成定位误差大甚至损坏机械设备。所以在控制电液比例伺服系统时就应该先了解电液比例系统的给定与输出之间的关系，确定补偿曲线来保证执行机构平稳运行。

在 C240 中，补偿曲线可以由多种方法来确定。

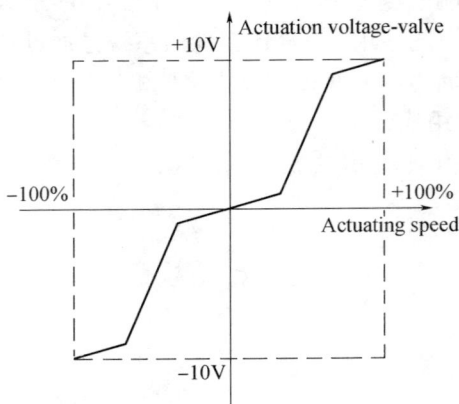

图 10-2 给定电压与实际速度之间的关系

10.1 项目概述

本章通过一个采样设备的液压采样机械手的控制来介绍SIMOTION项目组态、配置和编程过程。该项目使用SIMOTION C240运动控制器。

该项目要实现的功能是采样机械手对料厢(料堆或车厢料)中的粉料，按照采样要求(如2.5m深的全断面采样)进行钻采，然后把按照规定收集到的样品料卸入接料口。其工作原理如图10-3所示。其中，底座回转马达驱动大回转和采样机械手一起绕底座回转(图中运动①)；大臂油缸3及小臂油缸4的运动(图中运动②和③)使大臂和小臂绕各自的轴摆动；伸缩油缸7的运动(图中运动④)能够使伸缩臂7伸长或缩短；采样头10绕悬挂点自由下垂；采样马达8的旋转能够使采样头完成钻取料样；集料口9装有料门，在将收集的样品卸入接料口时开启。

其自动采样过程如下：采样机械手处于图10-3所示上极限位置时，按下启动按钮，在大臂油缸3、小臂油缸4和伸缩油缸7的同步运动过程中，采样头垂直下行(沿图中虚线所示采样动作路线)，同时采样马达8高速旋转以完成钻取料样；当采样头到达下极限位置后，油缸3、4、7反向同步运动，采样头垂直上行(沿图中虚线所示采样动作路线)；当采样头到达上极限位置后，底座回转马达1和油缸3、4、7同步运动，采样头沿图中所示卸料动作路线移动到接料口位置(采样头的集料口与接料口对接)；到达接料口后，集料口9的料门打开，完成卸料过程(持续一定时间)，然后关闭料门；最后，又通过底座回转马达1和油缸3、4、7同步运动，使采样头沿原路返回到初始位置。

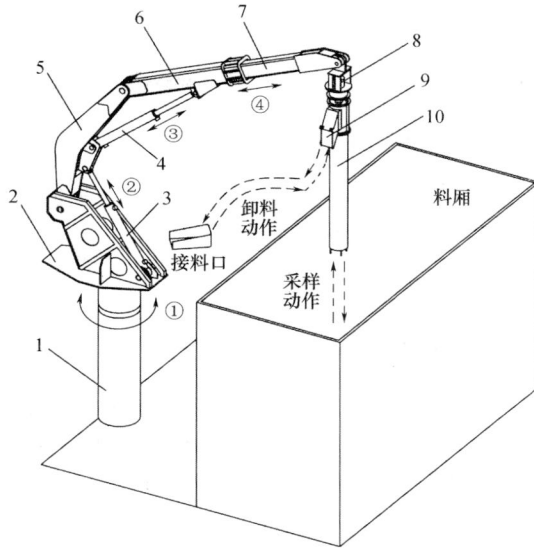

图 10-3 液压采样机械手

1—底座与回转马达；2—大回转；3—大臂油缸；4—小臂油缸；5—大臂；6—小臂；

7—伸缩臂及油缸；8—采样马达；9—集料口；10—采样头。

10.2 电气控制系统设计

1. 采样机械手控制系统框图

采样机械手是基于SIMOTION C240运动控制器的控制系统，其组成原理如图10-4所示。

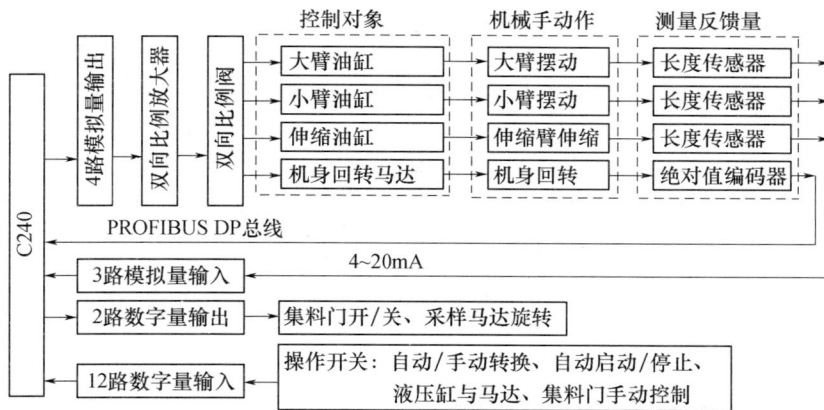

图 10-4 采样机械手控制框图

2. 主要电气控制原理图

控制系统硬件主要包括C240、S7-300 PLC的模拟量输入模块SM331(AI8X12Bit)，其电气原理如图10-5～图10-7所示。

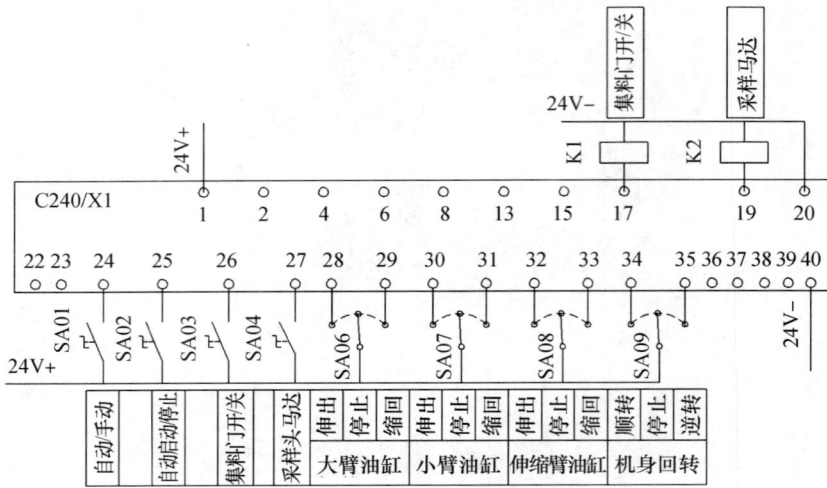

图 10-5 数字量 I/O 电气原理图

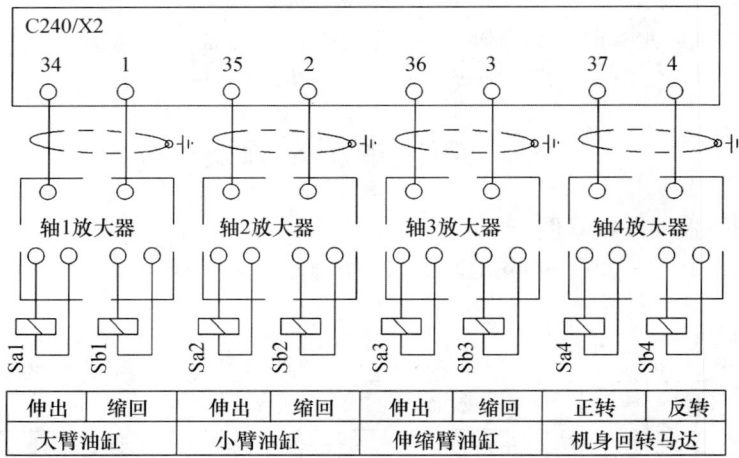

C240/X1

24V+ ... 24V−

集料门开关 K1 采样马达 K2

1 2 4 6 8 13 15 17 19 20

22 23 24 25 26 27 28 29 30 31 32 33 34 35 36 37 38 39 40

24V+ SA01 SA02 SA03 SA04 SA06 SA07 SA08 SA09 24V−

自动/手动 | 自动启动/停止 | 集料门开关 | 采样头马达 | 伸出 停止 缩回 | 伸出 停止 缩回 | 伸出 停止 缩回 | 顺转 停止 逆转

大臂油缸 | 小臂油缸 | 伸缩臂油缸 | 机身回转

图 10-6 比例电磁阀控制电气原理图

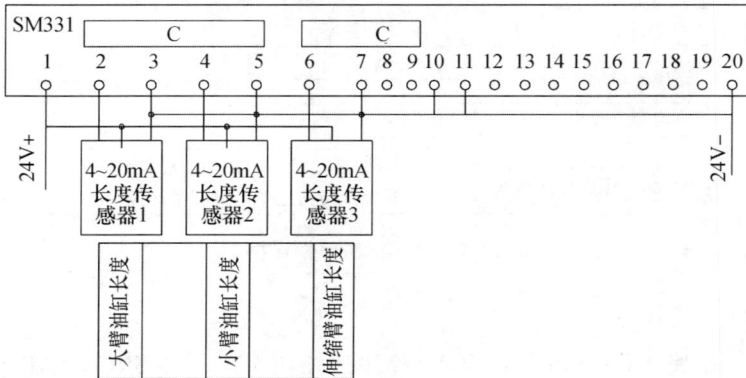

C240/X2

34 1 35 2 36 3 37 4

轴1放大器 | 轴2放大器 | 轴3放大器 | 轴4放大器

Sa1 Sb1 | Sa2 Sb2 | Sa3 Sb3 | Sa4 Sb4

伸出	缩回	伸出	缩回	伸出	缩回	正转	反转
大臂油缸		小臂油缸		伸缩臂油缸		机身回转马达	

图 10-7 测量传感器输入电气原理图

SM331

C   C

1 2 3 4 5 6 7 8 9 10 11 12 13 14 15 16 17 18 19 20

24V+ ... 24V−

4~20mA 长度传感器1 | 4~20mA 长度传感器2 | 4~20mA 长度传感器3

大臂油缸长度 | 小臂油缸长度 | 伸缩臂油缸长度

10.3 C240 系统的硬件组态

1. 新建项目并插入新设备 C240

打开 SCOUT 软件，建立一个新项目"caiyangji"。在项目下，插入新设备 C240(V4.4)。

2. 硬件组态

(1) 在新建项目完成后自动进入硬件组态界面，如图 10-8 所示。单击 "选项→安装 GSD 文件"，安装具有 DP 接口的绝对值编码器 GSD 文件，这样编码器就可以和 C240 进行 DP 通信了。

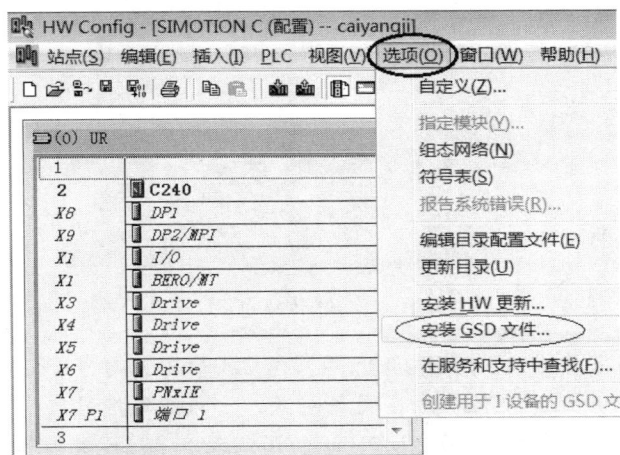

图 10-8 安装具有 DP 接口的绝对值编码器 GSD 文件

(2) 在弹出的图 10-9 所示的 GSD 文件安装界面中，单击"浏览"按钮，选择编码器厂家提供的 GSD 文件。

图 10-9 选择编码器 GSD 文件

(3) 在图 10-10 所示窗口中，选择编码器 GSD 文件(本例为"PFDG5046.GSD")，单击"安装"按钮完成安装。

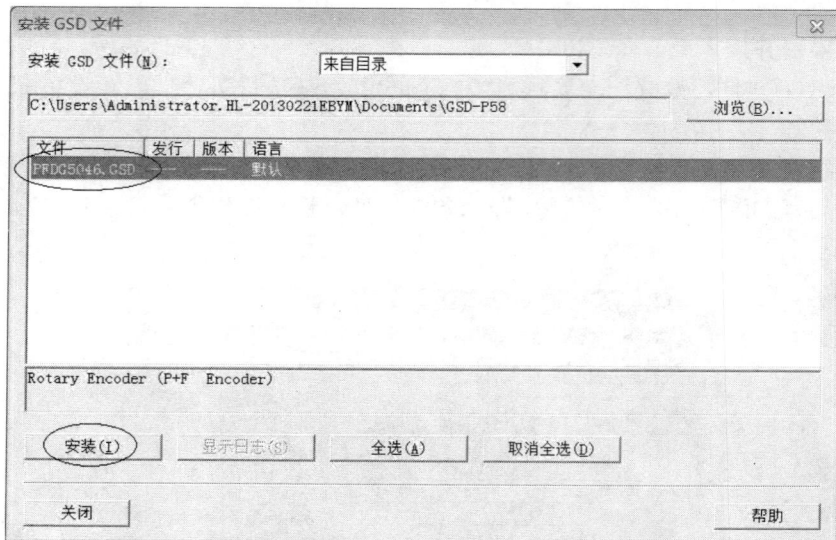

图 10-10　安装编码器 GSD 文件

(4) 创建以太网，设置 C240 的 IP 地址(可参考 2.3 节相关内容)。

注意： C240 的 IP 地址和上位机应在同一网段，子网掩码相同。

(5) 创建 MPI 网络，设置 C240 的 MPI 地址(可参考 2.3 节相关内容)。

(6) 创建 PROFIBUS 网络及设置 DP1 接口的 DP 地址(可参考 2.3 节相关内容)。

(7) 在窗口右侧目录里找到前边安装的编码器，如图 10-11 所示，将其拖拽到刚刚创建的 PROFIBUS 网络上。并按图 10-12 所示设置旋转编码器的 DP 地址(注意，编码器上的 DP 地址设置开关必须和此一致)。

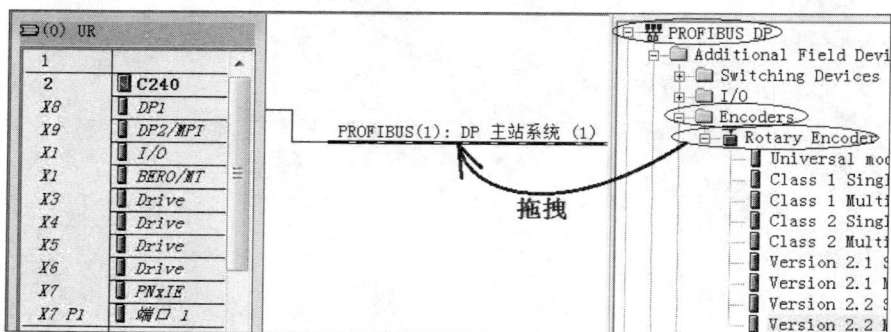

图 10-11　在 PROFIBUS 网络上插入旋转编码器

(8) 在图 10-13 中，单击 DP 网络上连接的编码器图标，这时在下部出现编码器插槽；然后按照编码器厂家提供的说明，在右侧的目录中找到相应的通信协议，拖放到编码器插槽中。本例中，根据编码器厂家提供的说明，图 10-13 中的编码器位置地址为 PIW258。

(9) 在插槽 4 中插入 SM331 模块，如图 10-14 所示。

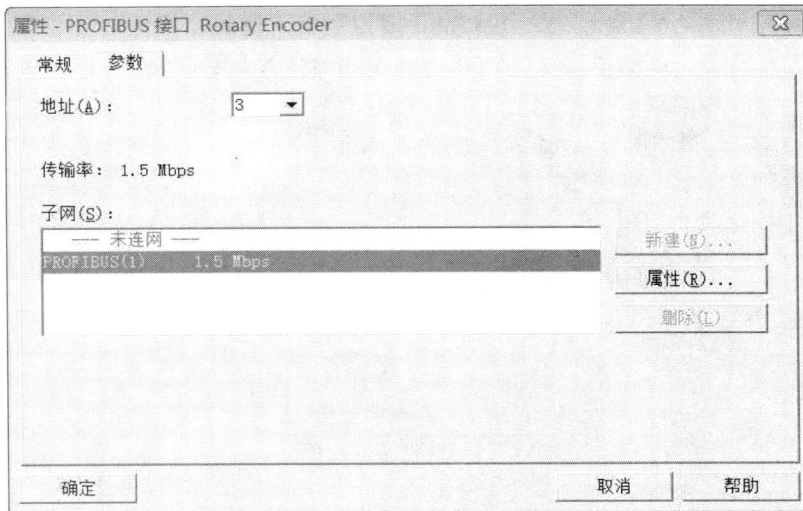

图 10-12　设置旋转编码器的 DP 地址

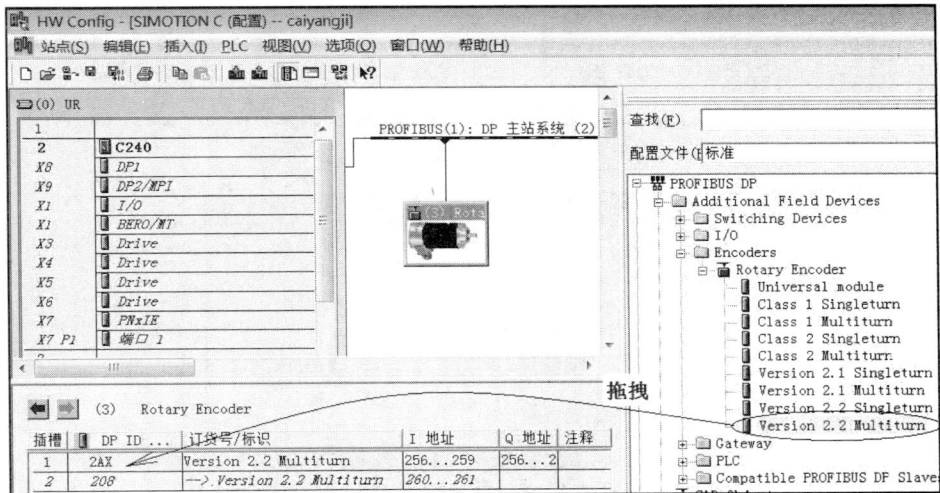

图 10-13　配置旋转编码器的通信协议

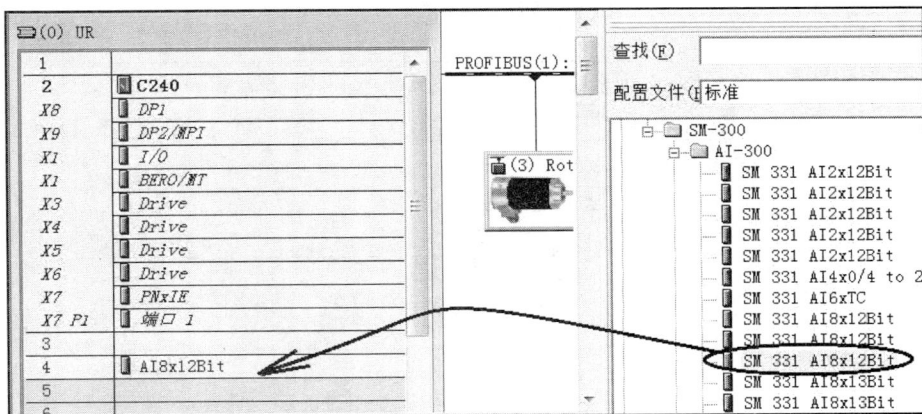

图 10-14　插入 SM331 模块

(10) 双击 4 号槽内中的 SM331 AI8×12bit 模拟量输入模块，根据实际电路中输入信号的类型进行设置。本例中的传感器为 4 线制 4~20mA 电流信号，所以设置如图 10-15 所示。同时应注意修改模块硬件中的信号类型设置卡，使之与软件设置一致(本例中为"C")；另外对不使用的通道取消激活。本例中还对输入地址做了修改，如图 10-16 所示。

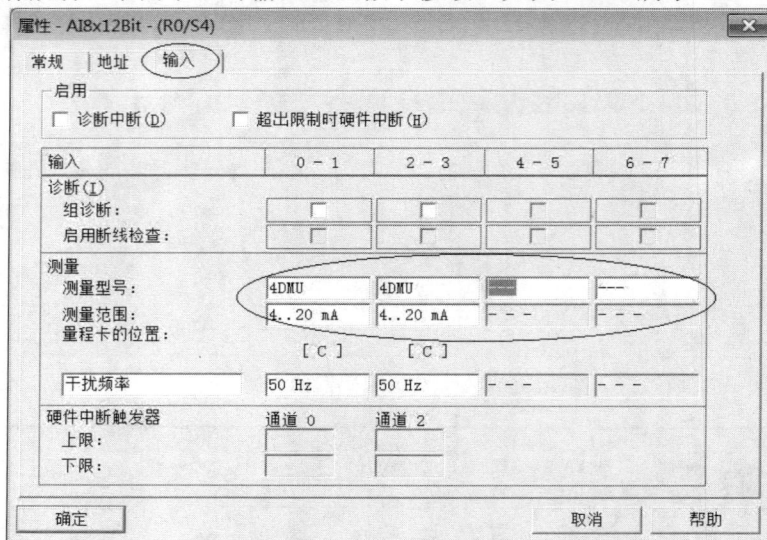

图 10-15 设置 SM331 模块中测量信号类型

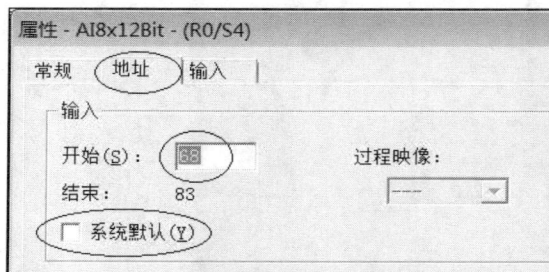

图 10-16 设置 SM331 模块的输入通道地址

(11) 配置完成后如图 10-17 所示，单击"编译和保存"按钮；编译无错后，单击"组态网络"，进入如图 10-18 所示的窗口；单击"保存并编译"按钮，编译无错后，关闭组态窗口。

插槽	模块 ...	订货号	固件	M..	I 地址	Q 地址	注释
1							
2	C240	6AU1 240-1AA00-0AA0	V4.4	2			
X8	DP1				4095*		
X9	DP2/MPI			2	4094*		
X1	I/O				66...67	66	
X1	BERO/MT				64...65		
X3	Drive				128...159	128...159	
X4	Drive				160...191	160...191	
X5	Drive				192...223	192...223	
X6	Drive				224...255	224...255	
X7	PNxIE				4093*		
X7	端口 1				4092*		
3							
4	AI8x12Bit	6ES7 331-7KF02-0AB0			68...83		
5	AO4x12Bit	6ES7 332-5HD01-0AB0				68...75	

图 10-17 组态完成的 C240 系统

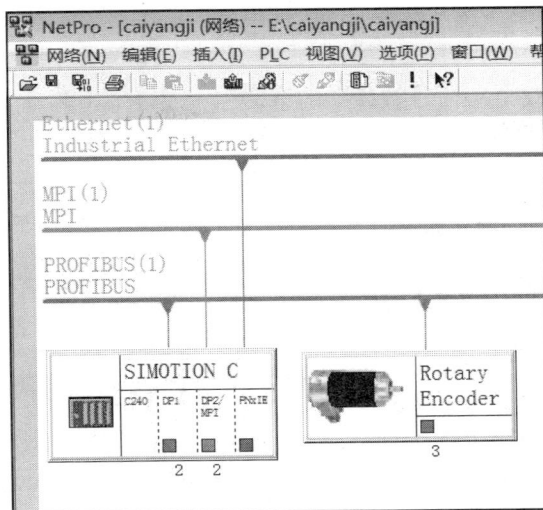

图 10-18　组态网络

3. 设置 PG/PC 通信方式(可参考 2.3 节相关内容)

10.4　液压轴的配置

本项目中有3个液压缸和1个旋转马达需要配置为位置轴(闭环控制)，分别为大臂油缸(轴 Axis_1)、小臂油缸(轴 Axis_2)、伸缩油缸(轴 Axis_3)和回转马达(轴 Base)。另外，还需要1根主轴(虚轴 Master)。

油缸的测量采用长度传感器，大回转位置角度测量采用绝对值旋转编码器，其换算关系可以用公式表示，即

$$l = k \cdot AIW + b$$

式中　　l——实际值，测量长度时单位为mm，测量角度时单位为(°)；

　　　　AIW——C240读到的传感器裸值；

　　　　k——换算系数；

　　　　b——修正系数。

经过实际标定可以得到4个传感器的换算系数和修正系数。表10-1所列为各液压轴的特性。

表 10-1　所有液压轴的特性

轴			传感器		传感器输入	
对应油缸	名称	类型	类型	地址	裸数范围	
大臂油缸	Axis_1	线性位置液压轴	2m 长度传感器	PIW68	5500	27648
小臂油缸	Axis_2	线性同步液压轴	2m 长度传感器	PIW70	5500	27648
伸缩油缸	Axis_3	线性同步液压轴	2m 长度传感器	PIW72	5500	27648
回转马达	Base	线性同步液压轴	绝对值编码器	PIW258	0	32768
主轴	Master	虚线性模态轴	模态初始值=0　模态长度=250			

10.4.1 轴 Axis_1(大臂油缸)的创建

(1) 如图10-19所示，双击项目导航栏中的"C240→Insert axis"，插入轴Axis_1，在"General"(常规) 选项卡中，选择"Speed control"(速度控制) 和"Positioning"(定位)。

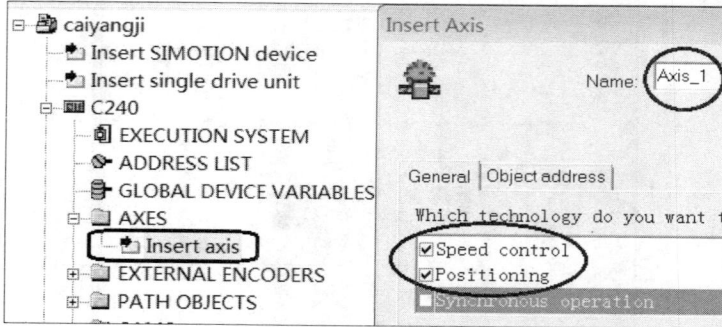

图 10-19　插入轴 Axis_1

(2) 如图10-20所示，在轴类型对话框中，选择"Linear"(线性) 、"Hydraulic"(液压) 轴类型。将阀类型定义为"Q-valve"(流量控制)，控制选择为"Standard"。

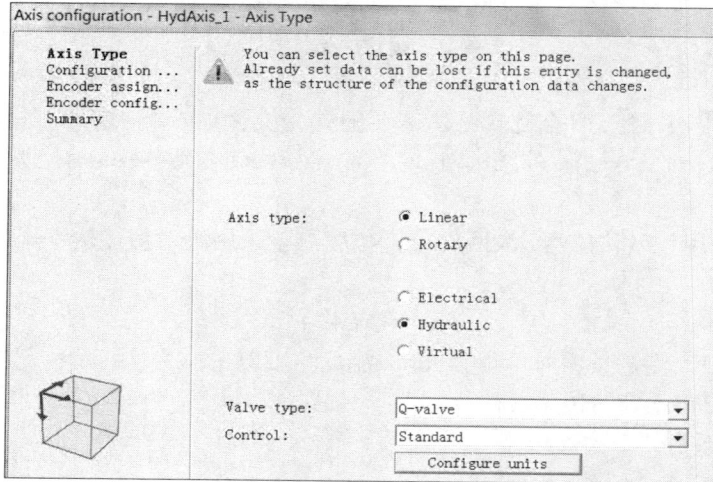

图 10-20　选择轴 Axis_1 的类型

(3) 选择Q阀的输出通道为"AnalogActor_1"，如图10-21所示。

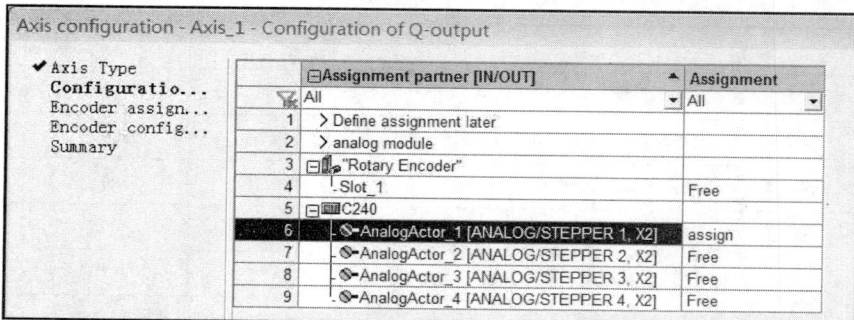

图 10-21　选择轴 Axis_1 的输出通道

(4) 在编码器选择界面，选择模拟量输入模块作为编码器输入通道，修改模拟量输入地址为PIW68，如图10-22所示。

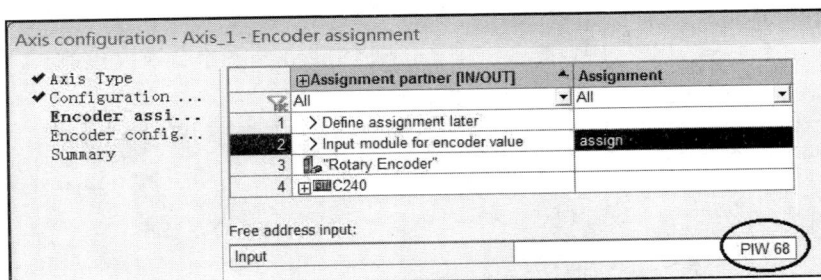

图 10-22　选择轴 Axis_1 的编码器输入通道

(5) 进入编码器配置界面，如图10-23所示。设置"Factor"(比例因子)=0.072649573，"Offset"(偏移量)=1282.0。此选项用于把编码器测量的裸值转换成具有实际意义的长度(单位mm)。

其他相关参数设置：

No. of bits for evaluation：模拟量模板的输入精度(不含符号位)，本例为12位。

Minimum raw value：输入裸值的最小值，本例为5500。

Maximum raw value：输入裸值的最大值，本例为27648。

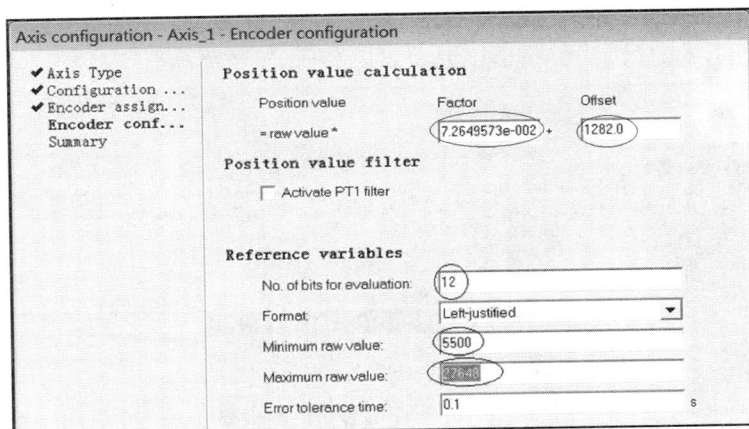

图 10-23　轴 Axis_1 的编码器配置

(6) 完成后的轴配置信息如图10-24所示。

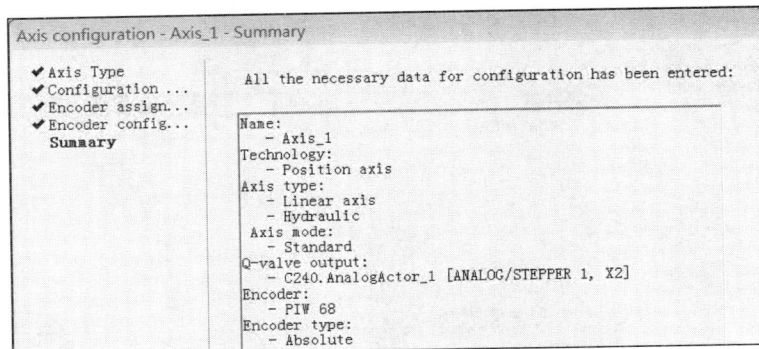

图 10-24　轴 Axis_1 创建完成界面

10.4.2 其他实轴的创建

(1) 创建轴Axis_2(小臂油缸)，如图10-25所示。双击项目导航栏中的"C240→Insert axis"，插入轴Axis_2，在"General"(常规) 选项卡中，选择"Speed control"(速度控制) 、"Positioning"(定位)和"Synchronous operation" (同步操作)。

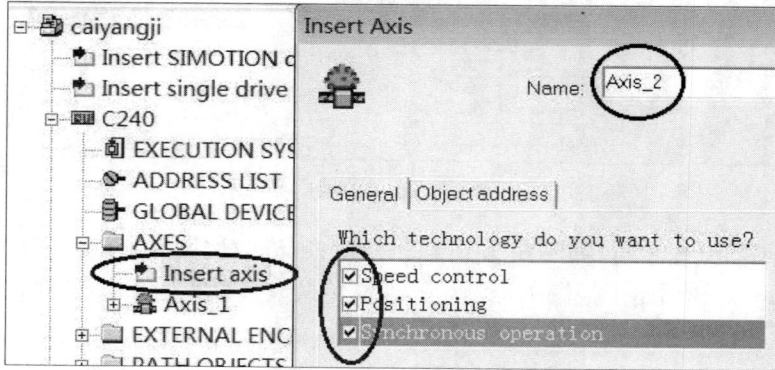

图 10-25　插入轴 Axis_2

(2) 选择轴类型为"Linear"(线性) 、"Hydraulic"(液压)，阀类型为"Q-valve"，控制选择"Standard"。

(3) 选择Q阀的输出通道为"AnalogActor_2"，如图10-26所示。

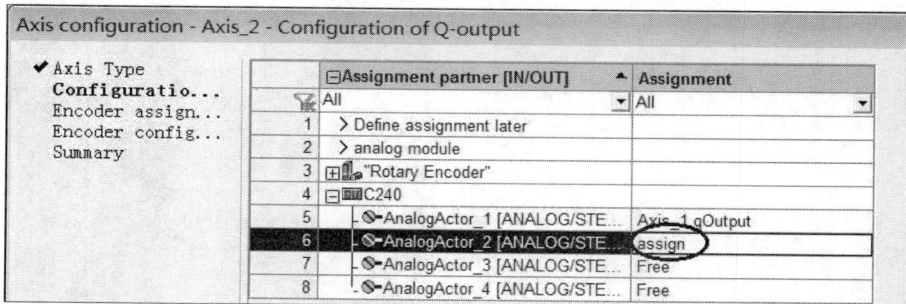

图 10-26　选择轴 Axis_2 的输出通道

(4) 选择轴Axis_2的编码器输入地址为PIW70，如图10-27所示。

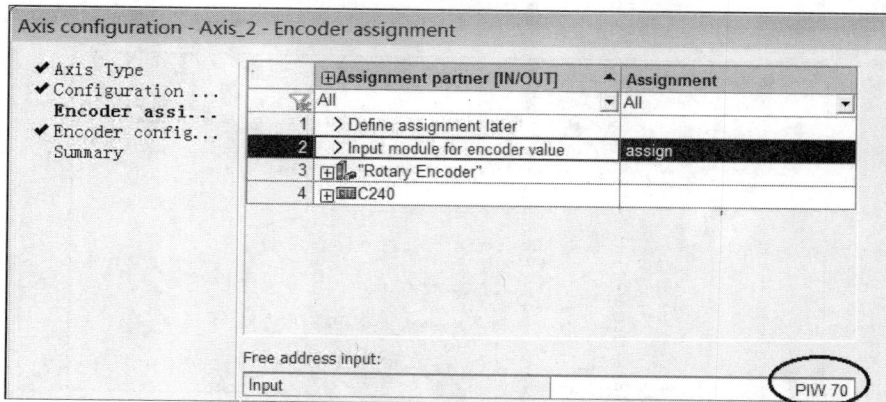

图 10-27　选择轴 Axis_2 的编码器输入通道

(5) 设置 "Factor" (比例因子)=0.07.375335，"Offset" (偏移量)=1528.378016，如图10-28所示。

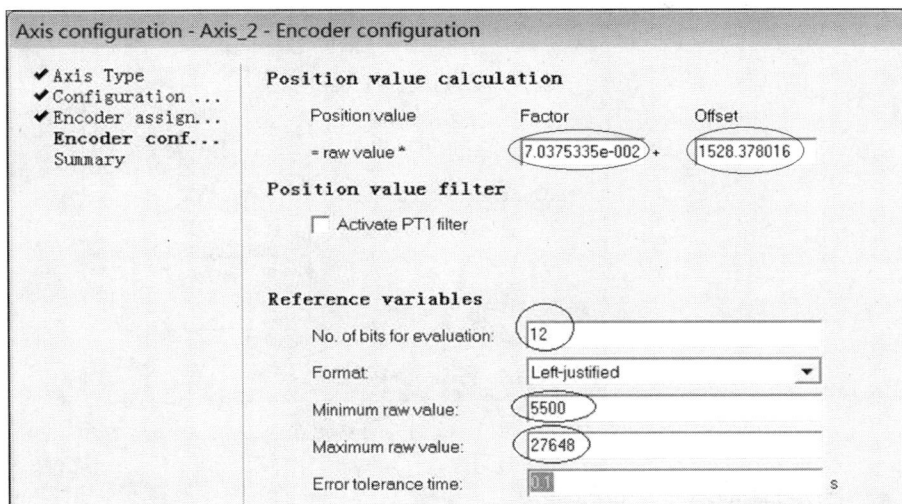

图 10-28　轴 Axis_2 的编码器配置

(6) 用同样的方法创建伸缩油缸(轴Axis_3)。轴类型为 "Speed control" (速度控制) 、"Positioning" (定位)、"Synchronous operation" (同步操作) 、"Linear" (线性) 、"Hydraulic" (液压)，"Q-valve" (流量控制)，Q阀的输出通道为 "AnalogActor_3"，编码器输入地址为PIW72。编码器配置界面如图10-29所示。

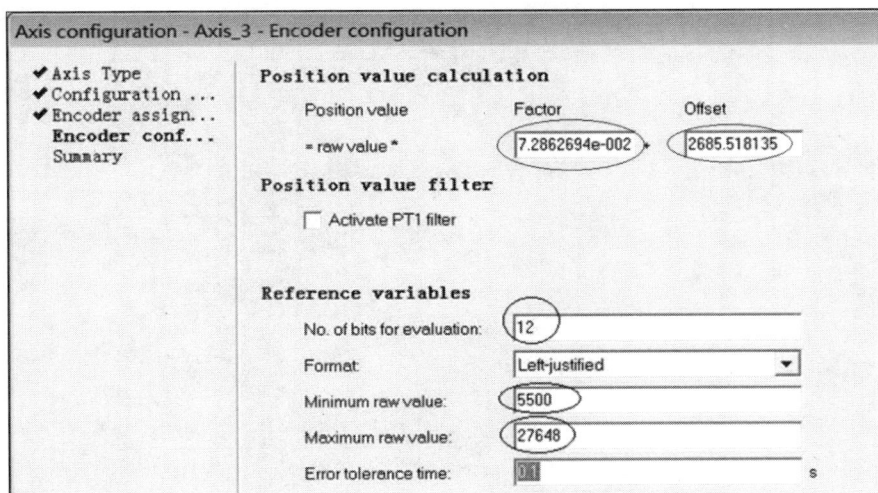

图 10-29　轴 Axis_3 的编码器配置

(7) 用同样的方法创建回转马达(轴Base)。轴类型为 "Speed control" (速度控制) 、"Positioning" (定位)、"Synchronous operation" (同步操作) 、"Linear" (线性) 、"Hydraulic" (液压)，"Q-valve" (流量控制)，Q阀的输出通道为 "AnalogActor_4"，编码器输入地址为PIW258。编码器配置界面如图10-30所示。

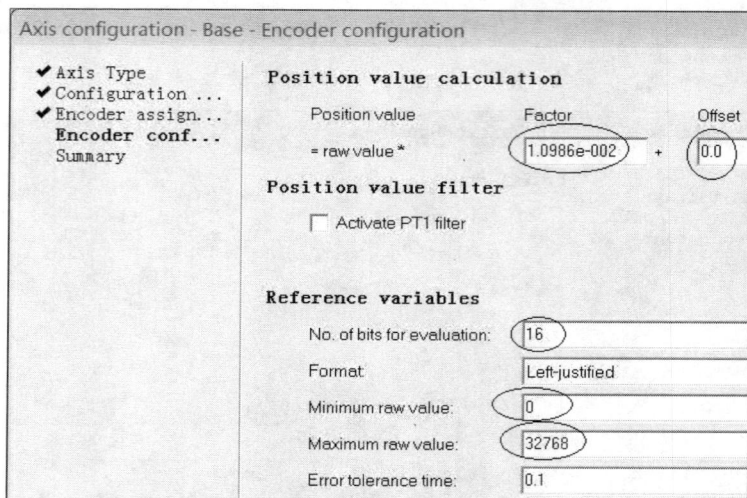

图 10-30　轴 Base 的编码器配置

10.4.3　虚主轴 Master 的创建

(1) 双击项目导航栏中的"C240→Insert axis",插入虚轴Master,选择"Speed control"(速度控制) 和"Positioning"(定位)。

(2) 如图10-31所示,在轴类型对话框中,选择轴类型为"Linear"(线性)、"Virtual"(虚轴)。

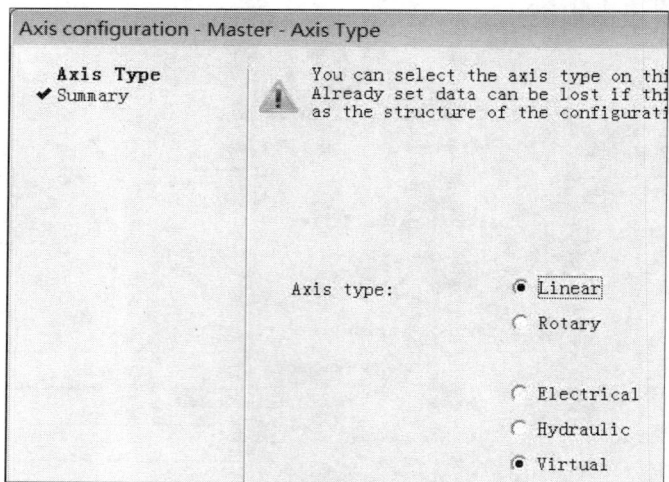

图 10-31　选择虚主轴 Master 的类型

(3) 双击"Master→Mechanics",勾选"Modulo axis",设置"Modulo start value"为0.0,设置"Modulo length"为250.0,如图10-32所示。

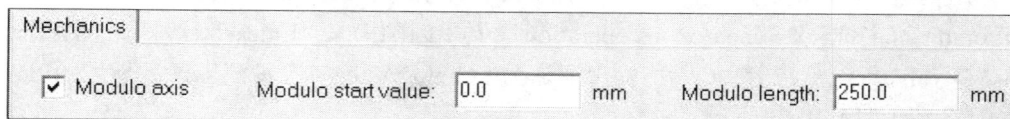

图 10-32　虚主轴 Master 的模态设置

所有轴配置完成后如图10-33所示。

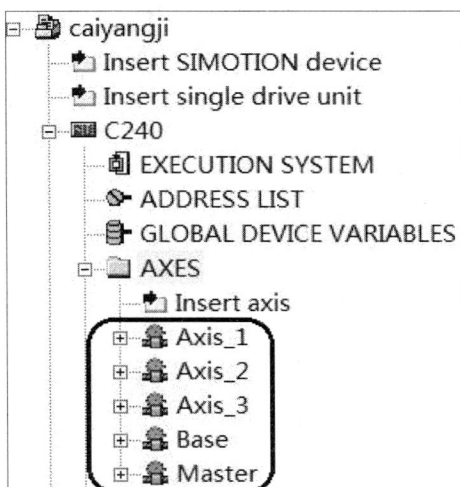

图 10-33　所有轴列表

10.5　液压阀特性测试

在进行测试前，先解压西门子的液压轴调试小软件"090804_VChar_V2_0"，并保证计算机上安装好 SCOUT 所需的必备组件和 WINCC flexible 2008。

10.5.1　C240 的测试编程

(1) 上述配置完成后，单击"Options→settings"，更改编译设置如图 10-34 所示。

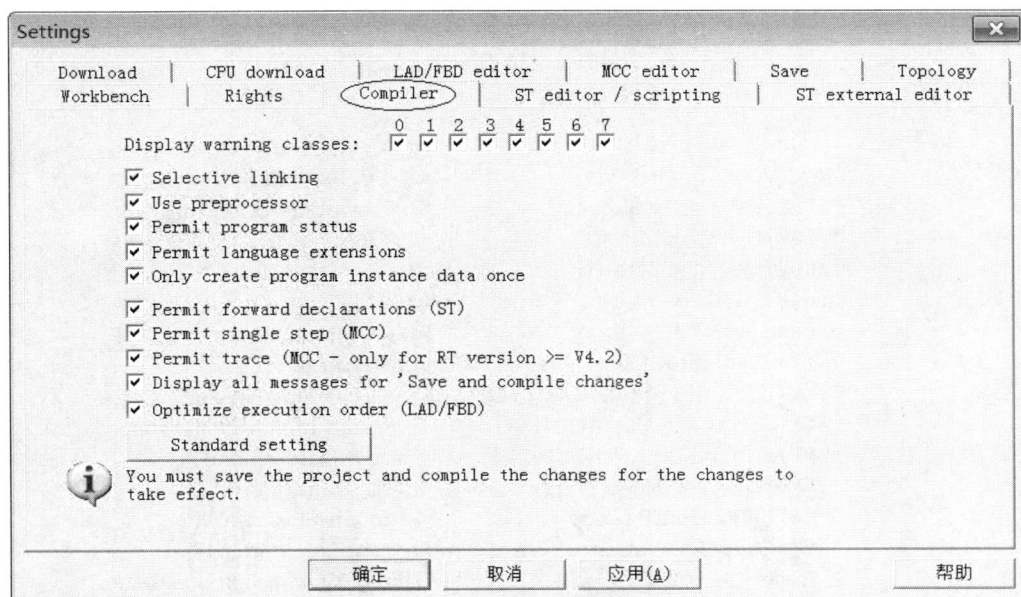

图 10-34　更改编译器配置

(2) 导入"090804_VChar_V2_0\Units"文件夹下的 ST 项目"CamTableHMI.st""TraceHMI.st""VChar.st""VCharProg.st"到项目导航栏中的"PROGRAMS"文件夹下,方法如图 10-35～图 10-37 所示。对导入的 ST 程序单元逐一编译(图 10-38)。

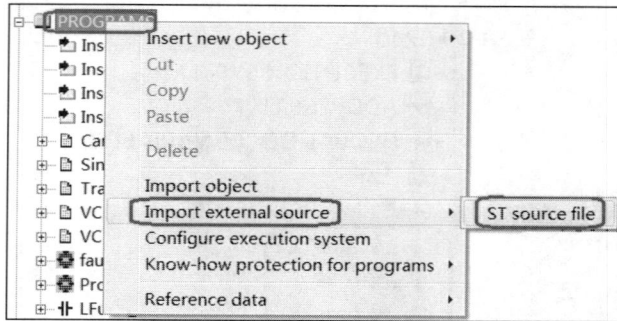

图 10-35　导入 ST 程序文件——单击导入命令

图 10-36　导入 ST 程序文件——选择导入文件

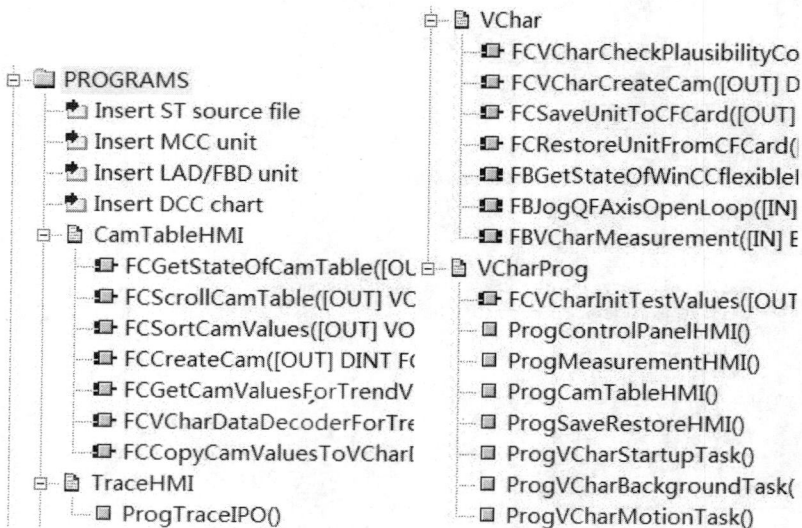

图 10-37　导入的 ST 程序文件

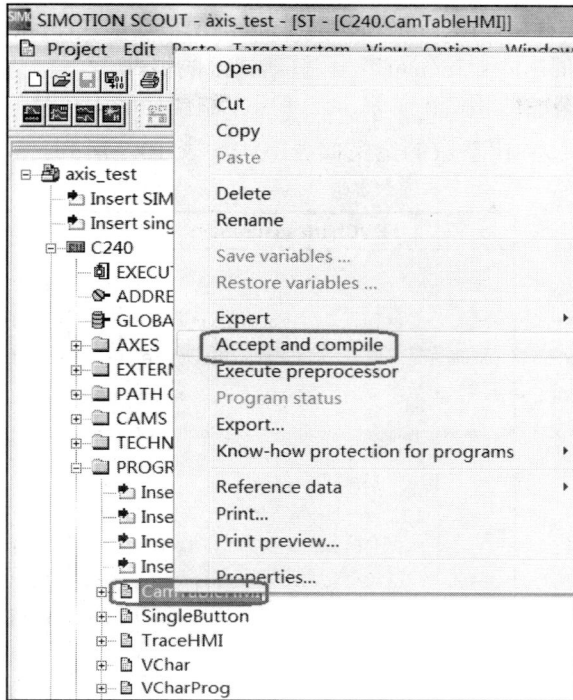

图 10-38　编译导入的 ST 程序

其中："VChar.ST"源程序包括了自动记录(跟踪)阀特性和在 HMI 界面的"控制面板"中手动操作所需要的功能(函数)、功能块、自定义类型和结构；"CamTableHMI.ST"源程序包括了在 HMI 界面上生成、编辑凸轮曲线所需要的功能(函数)、功能块；"VcharProg.ST"源程序包括了这个测试软件的所有主程序(program)和全局变量，以及生成阀特性测量基准的"Startup Task"所需要的程序；"HydAxisSim.ST"源程序用于模拟液压轴，测试本软件。

导入的 ST 程序之间的关系如图 10-39 所示。

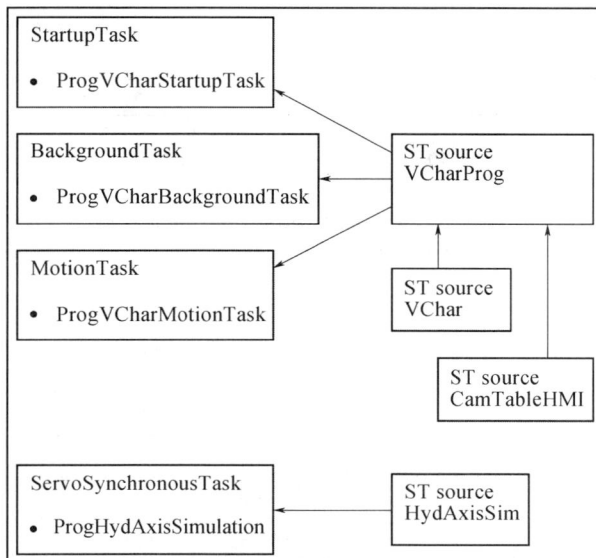

图 10-39　导入的 ST 源程序之间的关系

引入的 ST 源程序中程序(Program)和功能(Function)、功能块(Function block)介绍如下:

① 功能块"FBVCharMeasurement" :自动记录阀特性。

使用方法:功能框图如图 10-40 所示。功能块在循环任务中执行,如 BackgroundTask。功能块的输入、输出、输入/输出参数的定义如表 10-2~表 10-7 所列。

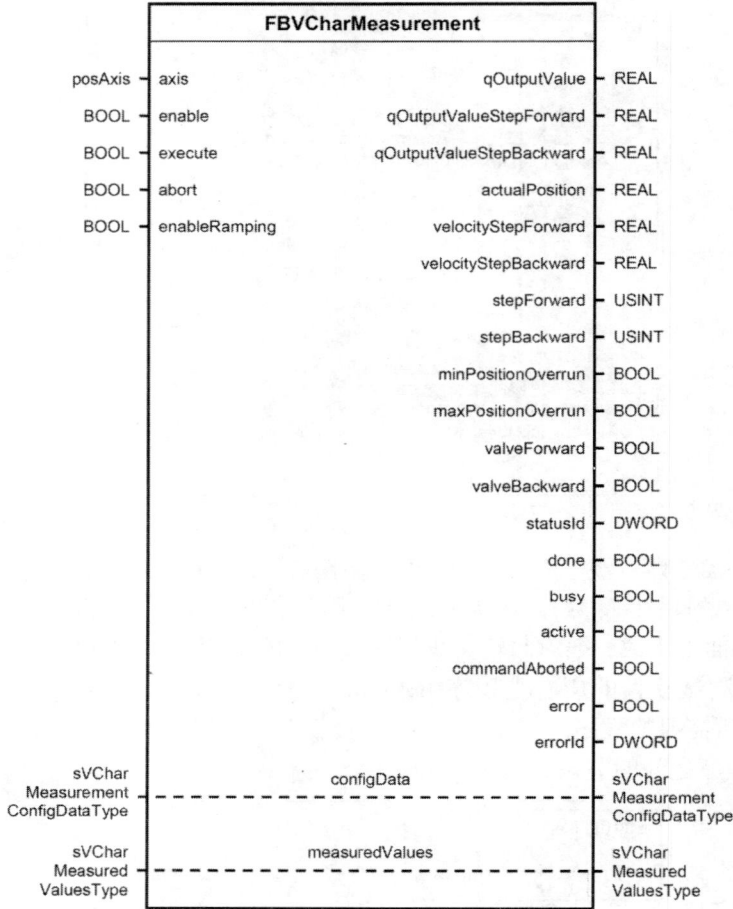

图 10-40 FBVCharMeasurement 功能块

表 10-2 FBVCharMeasurement 功能块的输入参数

名　　称	数据类型	取值范围	注　　释
axis	posAxis	—	液压轴
enable	BOOL	TRUE	模块使能——FB 执行
		FALSE	模块去使能——FB 跳过
execute	BOOL	pos. edge	启动/重启测试功能
abort	BOOL	pos. edge	中断测试功能
enableRamping	BOOL	TRUE	使能插补功能
		FALSE	功能暂停

表 10-3　FBVCharMeasurement 功能块的输出参数

名　称	数据类型	取值范围	注　释
qOutputValue	REAL	[%]	输出的液压阀控制变量
qOutputValueStepForward	REAL	[%]	输出的液压阀正方向控制变量测量值
qOutputValueStepBackward	REAL	[%]	输出的液压阀负方向控制变量测量值
actualPosition	REAL	[mm]	轴位置
velocityStepForward	REAL	[mm/sec]	轴正方向运行速度测量值
velocityStepBackward	REAL	[mm/sec]	轴负方向运行速度测量值
stepForward	USINT		正方向运动成功测量点数
stepBackward	USINT		负方向运动成功测量点数
minPositionOverrun	BOOL	TRUE	允许轴位置小于最小位置
		FALSE	允许轴位置≥最小位置
maxPositionOverrun	BOOL	TRUE	允许轴位置大于最大位置
		FALSE	允许轴位置≤最大位置
valveForward	BOOL		电磁开关阀的正方向运动的开关
valveBackward	BOOL		电磁开关阀的负方向运动的开关
statusId	DWORD	16#0000	FB状态：无错
		16#0001	FB状态：测试距离太短
		16#0002	FB状态：负测试点数太多
		16#0003	FB状态：正测试点数太多
		16#0004	FB状态：运动距离太短
done	BOOL		测试成功完成
busy	BOOL		测试功能激活
active	BOOL		FB 控制轴
commandAborted	BOOL		测量功能停止
error	BOOL		FB 中出错
errorId	DWORD	16#0000	FB错误代码：无错
		16#0001	FB错误代码：输入参数错
		16#xxxx	FB错误代码：参考系统功能块 "_move()"

表 10-4　FBVCharMeasurement 功能块的输入/输出参数(一)

名　称	数据类型	取值范围	注　释
configData : sVCharMeasurementConfigDataType			测试 "功能" 的变量
r32SafetyDistance	REAL	[mm]	避免最大/最小过冲的安全距离
r32WaitTime	REAL	[msec]	开关阀换向的延时时间
r32DelayTimeValveForward	REAL	[msec]	开关电磁阀正向开启滞后时间
r32DelayTimeValveBackward	REAL	[msec]	开关电磁阀反向开启滞后时间
r32WaitTimeMeasurement	REAL	[msec]	开关阀换向操作时测量启动的滞后时间
r32MaxMeasurementTime	REAL	[msec]	下一步启动操作前的最大延时时间
sVelocity : sVelocityType			最大速度的结构体变量

名　　称	数据类型	取值范围	注　　释
sForward : sLimitsRealType			…正方向
r32Max	REAL	[mm/sec]	最大速度：当达到此速度，正方向的测量终止
r32Min	REAL	[mm/sec], 1 \m/sec	正方向速度的分辨率。不可修改
sBackward : sLimitsRealType			… 负方向
r32Max	REAL	[mm/sec]	最大速度：当达到此速度，负方向的测量终止
r32Min	REAL	[mm/sec], 1 \m/sec	负方向速度的分辨率。不可修改
sPosition : sLimitsRealType			位置极限的结构体变量
r32Max	REAL	[mm]	正方向最大位置
r32Min	REAL	[mm]	负方向最小位置

表 10-5　FBVCharMeasurement 功能块的输入/输出参数(二)

名　　称	数据类型	取值范围	注　　释
configData : sVCharMeasurementConfigDataType			测试"功能"的变量
sQOutput : sQOutputType			操作变量结构体
r32Offset	REAL	[%]	操作变量偏置
sForward : sQOutputValueType			…正方向
sLimit : sLimitsRealType			操作变量极限
r32Max	REAL	[%]	操作变量最大值：达到此值，正方向测量终止
r32Min	REAL	[%]	操作变量起始值
r32SubstituteValue	REAL	[%]	正方向不可测量时的代替值。
r32Ramp	REAL	[%/sec]	操作变量的增幅
asIncrement : ARRAY[0..n] OF sIncrementType			操作变量的增方向的增幅
r32Value	REAL	[%]	连续增操作变量到r32MaxQOutputValue前的增幅
r32MaxQOutputValue	REAL	[%]	操作变量增加的上限
sBackward : sQOutputValueType			…负方向
sLimit : sLimitsRealType			操作变量极限
r32Max	REAL	[%]	操作变量最大值：达到此值，负方向测量终止
r32Min	REAL	[%]	操作变量起始值
r32SubstituteValue	REAL	[%]	负方向不可测量时的代替值。
r32Ramp	REAL	[%/sec]	操作变量的增幅
asIncrement : ARRAY[0..n] OF sIncrementType			操作变量连续增加的增幅
r32Value	REAL	[%]	操作变量连续增加到r32MaxQOutputValue前的增幅
r32MaxQOutputValue	REAL	[%]	操作变量增加的上限
boBidirectional	BOOL	TRUE	双方向阀
		FALSE	单方向阀
boCurrentInterface	BOOL	TRUE	电流型阀
		FALSE	电压型阀
boInvert	BOOL		操作变量反向

表 10-6　FBVCharMeasurement 功能块的输入/输出参数(三)

名　　称	数据类型	取值范围	注　　释
configData : sVCharMeasurementConfigDataType			测试"功能"的变量
sStartPosition : sStartPositionType			起始位置结构体变量
r32Position	REAL	[mm]	起始位置
boEnable	BOOL		移动到起始位置的使能信号
ePositionControl	ENUM		测试中的位置控制器状态: EnumActiveInactiveNoChange: 　激活 -ACTIVE (4) 　不更改 -DO_NOT_CHANGE (43，默认) 　不激活-INACTIVE (61)
u8NumberOfRetryMeasurement	USINT		速度测试尝试次数，应大于等于1
boStartDirectionForward	BOOL		启动正方向测试
boStartDirectionBackward	BOOL		启动负方向测试
boEnableMeasurementForward	BOOL		正方向测试使能
boEnableMeasurementBackward	BOOL		负方向测试使能

10-7　FBVCharMeasurement 功能块的输入/输出参数(四)

名　　称	数据类型	取值范围	注　　释
measuredValues : sVCharMeasuredValuesType			测试结果 …
sForward : sVCharTpye			…正方向结构体变量
asPoint : ARRAY[0..n] OF sVCharPointTpye			特性曲线上的点
r32QOutput	REAL	[%]	正方向操作变量
r32Velocity	REAL	[mm/sec]	正方向速度
r32ValvePressureDifferential	REAL	[bar]	未用
r32MaxVelocity	REAL	[mm/sec]	最大速度
r32MaxQOutput	REAL	[%]	正方向最大操作变量
i16MaxIndexMeasurement	INT		测量值最大索引号
i16MaxIndex	INT		预测值最大索引号
sBackward : sVCharTpye			…负方向结构体变量
asPoint : ARRAY[0..n] OF sVCharPointTpye			特性曲线上的点
r32QOutput	REAL	[%]	负方向操作变量
r32Velocity	REAL	[mm/sec]	负方向速度
r32ValvePressureDifferential	REAL	[bar]	未用
r32MaxVelocity	REAL	[mm/sec]	最大速度
r32MaxQOutput	REAL	[%]	负方向最大操作变量
i16MaxIndexMeasurement	INT		测量值最大索引号
i16MaxIndex	INT		预测值最大索引号

② 功能"FCVCharCreatCam"：生成液压轴的阀特性凸轮曲线。

使用方法：功能框图如图10-41所示。此FC必须在顺序任务中执行(如StartupTask 或MotionTask)。FC的输入参数如表10-8所列，输入/输出参数的定义如表10-7所列。

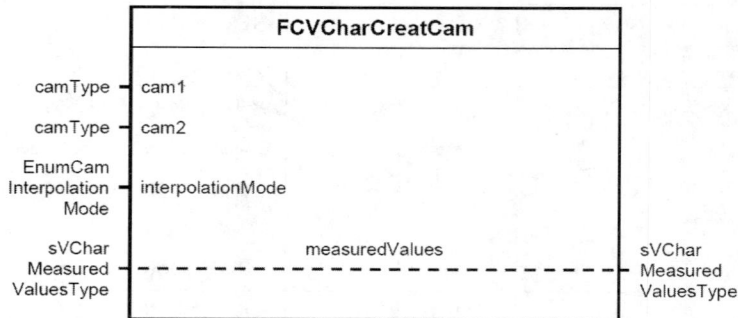

```
                    FCVCharCreatCam

camType ──────── cam1

camType ──────── cam2

EnumCam
Interpolation ── interpolationMode
Mode

sVChar                          measuredValues              sVChar
Measured     ─────────────────────────────────────────     Measured
ValuesType                                                  ValuesType
```

图 10-41   "FCVCharCreatCam"功能

对于双比例电磁阀，只在输入参数cam1端口调用即可，cam2端口必须为空(TO#NIL)。

对于单比例电磁阀，通常正、负方向各一个凸轮。如果两个方向用一个参数测试，那么cam2端口为第2个凸轮。这可以生成2个凸轮曲线。cam1代表阀特性曲线正方向，cam2代表阀特性曲线负方向。

表 10-8   "FCVCharCreatCam"功能的输入参数

名　称	数据类型	备　注
cam1	camType	凸轮由输入/输出参数measuredValues组成的特性曲线(sForward和sBackward)上的点生成。 如果在输入端cam2也定义一个凸轮，则cam1仅表示特性曲线正方向(sForward)上的点
cam2	camType	默认情况下，cam2输入端为TO#NIL。如果再次定义一个凸轮，那么这个凸轮由特性曲线负方向(sBackward)上的点生成
interpolationMode	ENUM	这个参数定义了特性曲线上的点的内插类型(EnumCamInterpolationMode)： LINEAR (72，默认)：线性内插法； C_SPLINE (38)：三次插值法； SPLINE (25)："Bézier样条插值法

③ 功能块"FBJogQFAxisOpenLoop"：在阀特性未知的情况下，手动操作液压轴。

使用方法：功能框图如图10-42所示。这时液压轴的运动控制建立在位置闭环或速度闭环控制基础上。功能块在循环任务中执行，如BackgroundTask。此功能块的输入参数定义如表10-9所列，输出参数定义如表10-10所列。

(3) 在"library"文件夹下导入"090804_VChar_V2_0\Libraries"文件夹中的"Lbasic"项目(LBasic.xml 文件)。导入过程如图 10-43～图 10-45 所示。

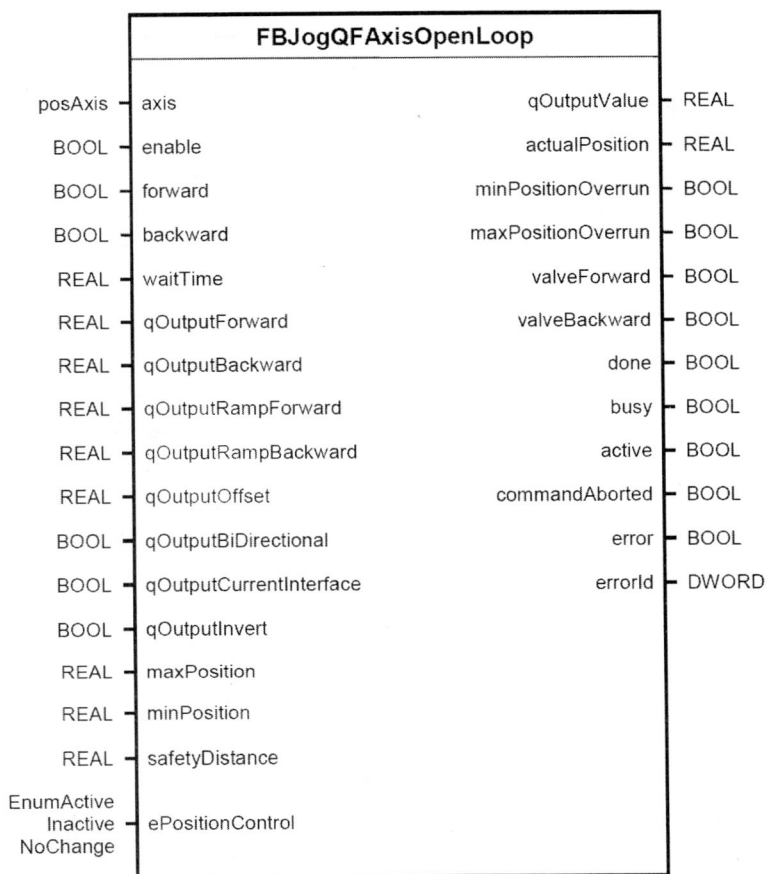

图 10-42 "FBJogQFAxisOpenLoop" 功能块

表 10-9 "FBJogQFAxisOpenLoop" 功能块的输入参数

名　称	数据类型	取值范围	注　释
axis	posAxis		液压轴
enable	BOOL	TRUE	模块使能——FB 执行
		FALSE	模块去使能——FB跳过
forward	BOOL	pos. edge	正方向手动
backward	BOOL	pos. edge	负方向手动
waitTime	REAL	[msec]	正负方向切换间隔时间
qOutputForward	REAL	0..100 [%]	正方向手动控制变量
qOutputBackward	REAL	0..100 [%]	负方向手动控制变量
qOutputRampForward	REAL	[%/sec]	正方向控制变量增减幅度
qOutputRampBackward	REAL	[%/sec]	负方向控制变量增减幅度
qOutputOffset	REAL	[%]	控制变量的补偿量
qOutputBiDirectional	BOOL	TRUE	双电控阀
		FALSE	单电控阀

369

(续)

名　称	数据类型	取值范围	注　释
qOutputCurrentInterface	BOOL	TRUE	电流控制型阀（如 4~20 mA）
		FALSE	电压控制型阀(如0~10 V)
qOutputInvert	BOOL	TRUE	激活反向输出
		FALSE	不激活反向输出
maxPosition	REAL	[mm]	正方向最大位置
minPosition	REAL	[mm]	负方向最小位置
safetyDistance	REAL	[mm]	避免过冲的安全距离
ePositionControl	ENUM		手动时位置控制器状态 (EnumActiveInactiveNoChange) ACTIVE (4)：激活； DO_NOT_CHANGE (43，默认)：不改变； INACTIVE (61)：未激活

表 10-10　"FBJogQFAxisOpenLoop" 功能块的输出参数

名　称	数据类型	取值范围	注　释
qOutputValue	REAL	[%]	液压阀的实际控制变量
actualPosition	REAL	[mm]	轴的实际位置
minPositionOverrun	BOOL	TRUE	轴越过最小位置
		FALSE	轴大于等于最小位置
maxPositionOverrun	BOOL	TRUE	轴越过最大位置
		FALSE	轴小于等于最大位置
valveForward	BOOL		开关阀的正方向开关
valveBackward	BOOL		开关阀的负方向开关
done	BOOL		正负方向手动结束
busy	BOOL		手动处于工作/非工作状态
active	BOOL		FB 是否控制轴
commandAborted	BOOL		手动操作中断
error	BOOL		FB 出错
errorId	DWORD	16#0000	FB错误号：无错
		16#0001	FB错误号：输入参数错
		16#xxxx	参看系统功能"_move()"

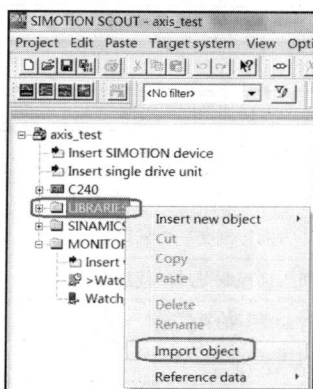

图 10-43　导入"Lbasic"项目

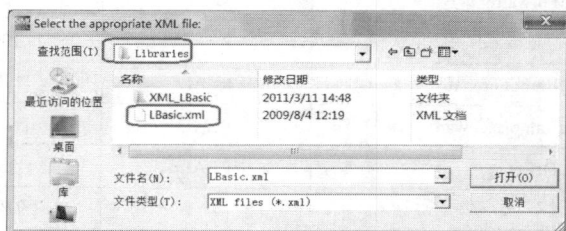

图 10-44　选择需要导入的"LBasic.xml"文件

370

(4) 针对不同的 SIMOTION 设备硬件，还需更改 LBasic 设置。选择导入的 LBasic，在右键菜单中选"属性"，更改第 2 项的设置，如图 10-46 所示。

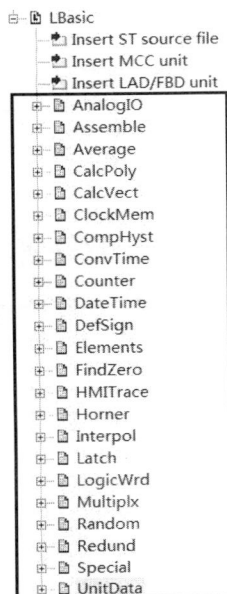

图 10-45　导入的"Lbasic"项目

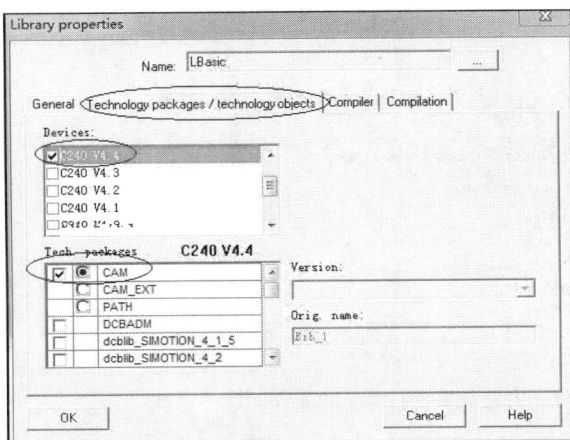

图 10-46　更改 LBasic"属性"

(5) 在"CAMS"文件夹下导入"090804_VChar_V2_0\ Cams 下的"AuxCam_HMI"(AuxCam_HMI.xml 文件)和"VChar_ActiveCam"(VChar_ActiveCam.xml 文件)凸轮曲线，如图 10-47 和图 10-48 所示。导入后的凸轮曲线如图 10-49 所示。

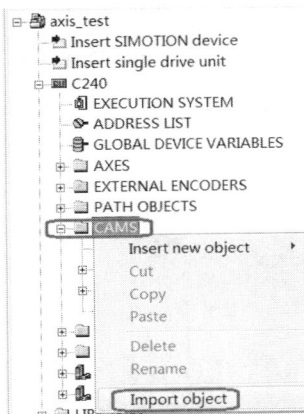

图 10-47　导入凸轮曲线

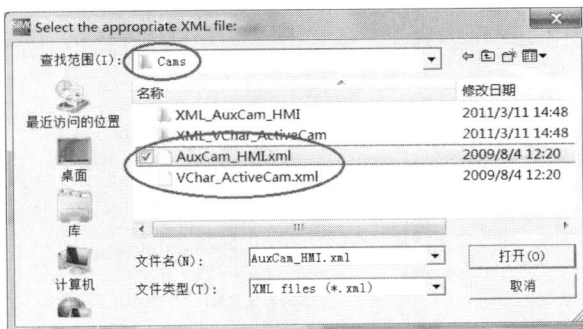

图 10-48　选择需要导入的凸轮曲线文件

(6) 在"CAMS"下新建 4 个空的 CAM，命名为"VChar_HydAxis_1"～"VChar_HydAxis_4"，如图 10-50 所示。

(7) 为液压轴指定阀特性曲线(凸轮曲线)。在项目导航栏中打开轴 Axis_1 下的"Profiles"选项，在"Valve characteristic"(阀特性)选项卡上钩选"VChar_ActiveCam"(由于测试期间它作为阀特性被激活，因此每个测试轴都必须与之关联)和"VChar_HydAxis_1"(空的)两条凸轮曲线。其他液压轴的设置与此类似，如图 10-51～图 10-54 所示。

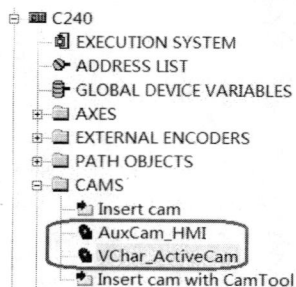

图 10-49　导入的两条凸轮曲线

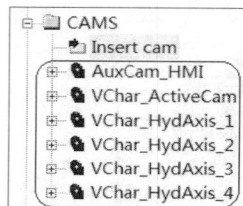

图 10-50　阀特性测试用 CAM 曲线

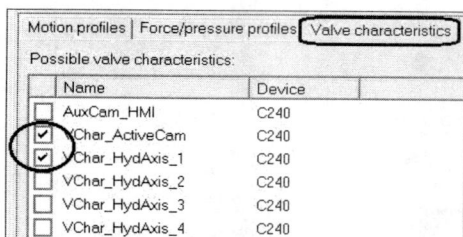

图 10-51　大臂油缸(轴 Axis_1)配置阀特性曲线

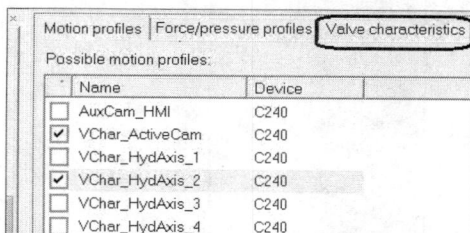

图 10-52　小臂油缸(轴 Axis_2)配置阀特性曲线

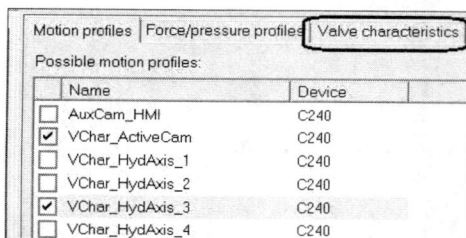

图 10-53　伸缩臂油缸(轴 Axis_3)配置阀特性曲线

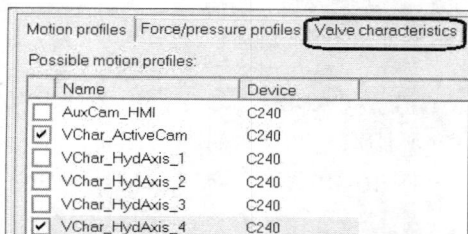

图 10-54　机身回转(轴 Base)配置阀特性曲线

(8) 更改"VcharProg"ST 程序中"USINT：=4"(轴数)，如图 10-55 所示。

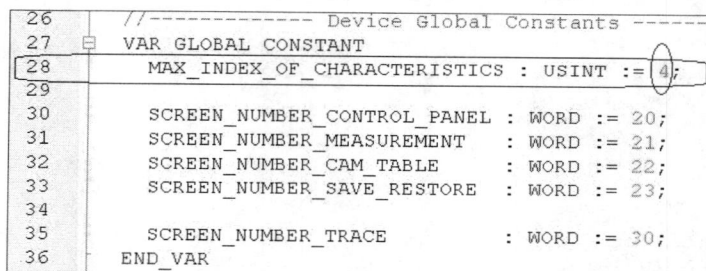

图 10-55　修改 VCharProg 程序

"VcharProg"ST 程序中的"ProgVCharStartupTask()"程序也要作相应修改，如图 10-56 所示。

(9) 在 MCC 下建立故障处理程序 FAULT(空白程序即可)。分配程序至执行系统任务中，如图 10-57 所示。

保存并编译后下载到控制器 C240 中。

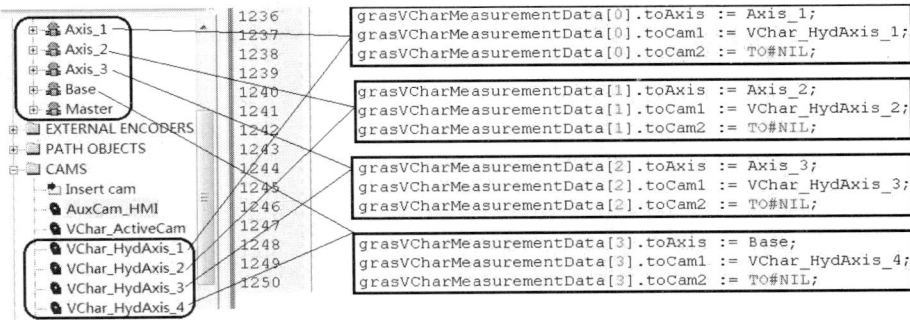

图 10-56　修改"ProgVCharStartupTask()"程序

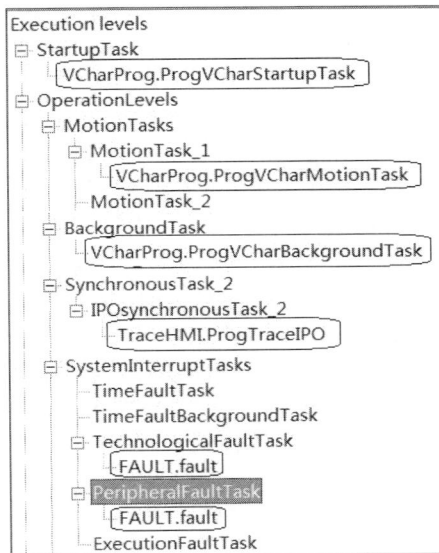

图 10-57　分配系统任务

10.5.2　上位机测试界面的集成

(1) 用 SIMATIC Manager 同时打开包含"VChar"(西门子提供)的项目和"caiyangji"项目，复制前者项目的 HMI 站"VChar"到"caiyangji"项目下，如图 10-58 所示。

图 10-58　复制 HMI 站至"caiyangji"项目

(2) 打开"caiyangji"项目的"组态网络"，如图 10-59 所示，设置"VChar"站的 HMI 和 C240 在一个网段上。编译并保存。

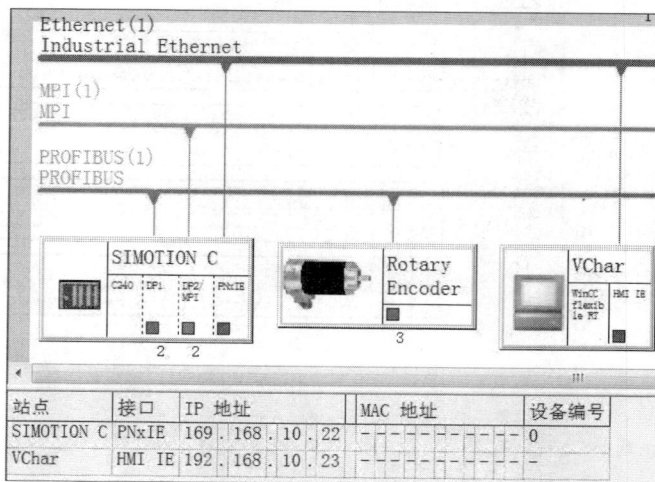

图 10-59　设置 HMI 的 IP 地址

(3) 如图 10-60 所示，双击"Verbindungen"，打开 WinCC flexible 软件和"VChar"项目。

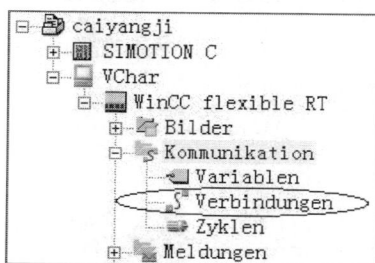

图 10-60　SIMATIC Manager 中的"caiyangji"项目

注意：有时西门子公司提供的测试小软件无法用 WinCC flexible 2008 SP4 打开，主要是因为原软件中选用的人机界面型号在 SP4 版本中不存在。可以用 SP2 版打开小软件，修改人机界面型号，之后再用 SP4 即可打开。

10.5.3　联机测试

在 SCOUT 中配置好待测试的轴之后，连接控制器，将程序下载到控制器中并运行。然后打开 WinCC flexible 运行界面。如图 10-61 所示，界面上有"控制面板(ControlPanel)"、"测试(Measurement)"、"凸轮表(CamTable)"、"存储/恢复(Save/Restore)"、"跟踪(Trace)" 5 个窗口(可以将原来的窗口画面的标签修改为中文)。每个窗口的功能、参数的意义及调试操作方法分别介绍如下。

1. "控制面板(ControlPanel)"窗口

"控制面板(ControlPanel)"窗口是手动操作的控制面板，如图 10-61 所示。被选择的轴处于手动状态，控制器是开环控制。

1) 输入变量含义

Valve characteristic：选择要测试的轴的名称。

374

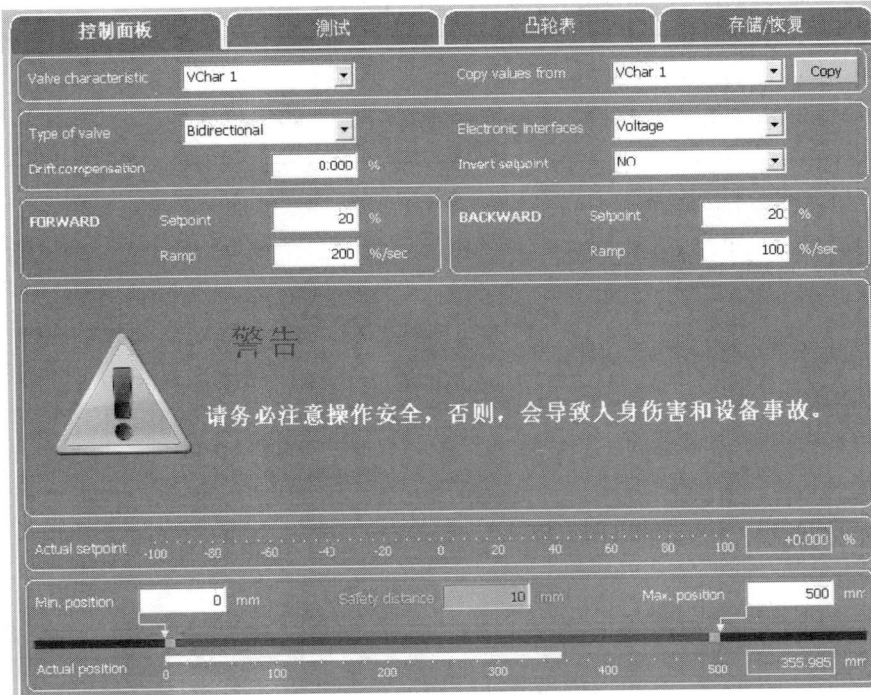

图 10-61 WinCC flexible "控制面板"窗口

Copy values from：可以复制已经设置好的轴的参数到别的轴。选择需要复制的轴。

Type of valve：选择轴是双电控还是单电控，"Bidirectional"为双电控 (如控制电压-10～+10V)；"Unidirectional"为单电控 (如控制电压 0～10V)。

Electronic interface：选择电磁阀放大器信号输入类型，是电压(Voltage)还是电流型(Current)。例如，电压型双电控电磁阀(-10～+10V)，其控制变量范围为(-100%～+100%)；电流型单电控电磁阀(4～20mA)，其控制变量范围为(0%～100%)；

Drift compensation：漂移补偿。利用这一参数，可以修正零位置。

Invert setpoint：设置是否反向。

Setpoint (Forward/Backward)：测试轴手动运行所需加的电压或电流百分量。

Ramp (Forward/Backward)：设置斜坡百分比。

Min./max. position：轴能运动到的最大/最小位置。

Safety distance：安全距离。安全距离被用来使轴在达到最大最小距离前停止的距离，对大惯量系统非常必要，因为这是一个开环系统。

2) 输出变量含义

Actual setpoint：以百分比形式直观显示测试轴控制变量输出值的真实大小。

Actual position：以 mm 为单位(单位取决于轴配置)显示测试轴真实位置。如果 SIMOTION 项目中配置的轴位置单位是其他形式，HMI 上还是以 mm 为单位(需在 WinCC flexible 项目中修改)。

3) 按钮功能

按钮功能如表 10-11 所列。

表 10-11　"控制面板"窗口按钮的功能

按钮	功能描述
位置控制	单击此按钮，激活/去激活位置控制器。位置控制器的状态用LED灯显示
(打印图标)	单击此按钮，打印全屏
↑	单击此按钮，测试轴正向运动(松开此按钮测试轴停止运动)。 注意：当按下此按钮时，轴必然在正方向运动!否则，轴的配置必须修改，如操作变量反向
↓	单击此按钮，测试轴负向运动(松开此按钮测试轴停止运动)。 注意：当按下此按钮时，轴必然在负方向运动!否则，轴的配置必须修改，如操作变量反向
VChar	单击此按钮，界面切换到包含"控制面板""测试""凸轮表""存储/恢复"窗口的界面
Trace	单击此按钮，界面切换到"跟踪"窗口，来记录控制变量的真实值、位置和速度
(电源图标)	单击此按钮，软件退出

4) 测试设置。测试前，需要设置所有待测阀的相关参数。

① 在"Valve characteristic"的下拉菜单中选择待测阀的名称(名称可在编辑状态下修改)。

② 在"Type of valve"的下拉菜单中选择待测阀类型："Bidirectional"(双电控)，或"Unidirectional"(单电控，如 0~10V)；本例为-10~+10V，故选"Bidirectional"。

③ 在"Electronic interface"的下拉菜单中选择待测阀的接口类型为"Voltage(电压)"或"Current(电流)"。本例选"Voltage"。

④ 在"Drift compensation(漂移补偿)"和"Invert setpoint(是否反向)"中保持默认值。

⑤ 在 Forward(正向运动)和 Backward(反向运动)的"Setpoint"的中设置手动运行所需的电压或电流(百分比表示)，在"Ramp"中设置斜坡百分比。本例中保持默认值。

⑥ 在"Min. / max. position"处设置轴能运动到的最小/最大位置，本例为 0~280mm。

⑦ 在"Safety distance"处设置安全距离，本例为 10mm。

2. "测试(Measurement)"窗口

"测试"窗口用于设置阀特性测试所需主要参数，如图 10-62 所示。

(1) 按钮功能：单击"Play"按钮 ▶，开始测试；单击"Pause"按钮 ▮▮ 可以暂停测试，然后单击"Play"按钮 ▶，可以继续测试，直到全部测试过程完成。单击"Stop"按钮 ■，会中断并结束测试，测试数据丢失；如果再次单击"Play"按钮 ▶，测试从 0.0%重新开始。

(2) "测试"窗口上半部分设置内容同"控制面板"。除此之外的其他输入变量的含义如下：

Substitute value (Forward/Backward)：如果在某一方向不做测试(如"increment 1"= 0.0% 或"until"= 0%)，使用此值作操作变量。

Ramp (Forward/Backward)：　此操作变量的斜坡百分比。

Increment x (Forward/Backward)：将增加区间划分为数段(最多可设 3 个区段)。

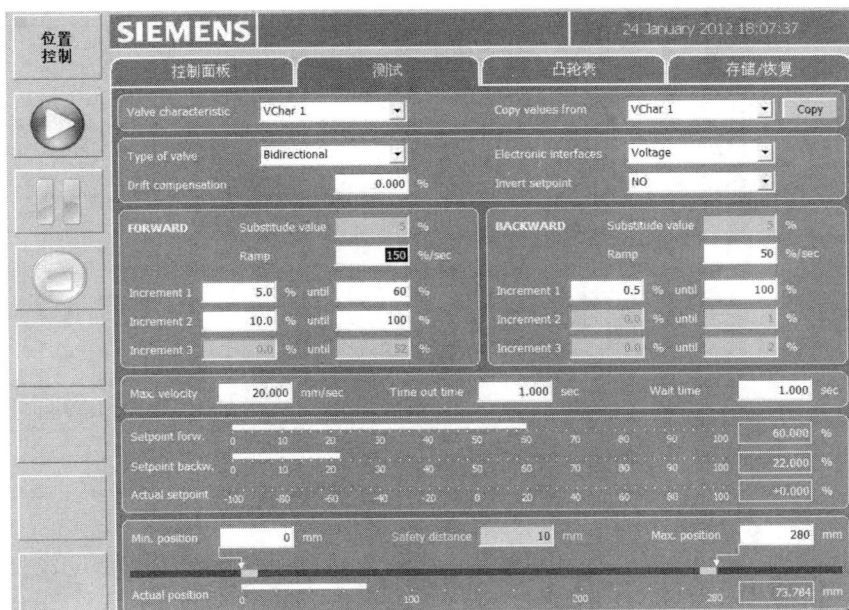

图 10-62   WinCC flexible "测试"窗口

如 "Increment 1：5.0%   until 60%"，表示在第 1 区段(0%~60%)，以每秒 5.0% 的梯度增加电压。如 "increment 1" = 0.0%，或 "until" = 0%，表示在这一方向不做测试。因为对于单电控阀只能测试一个方向，而 HMI 不像 SIMOTION 程序中的 FBVCharMeasurement 功能块，它不支持同时测试单电控阀的两个方向。

Max. velocity：可以限制轴运动的最大速度。

Time out time：在这个设定时间结束后才能开始下一步的测试。受极限位置控制，测试时间应小于或等于 "Time out time"。测试时间越长，速度测试越准确。

Wait time：因为液压轴动作与控制变量的变化总存在一个滞后，所以必须设置一个延迟时间。一旦延迟时间到，液压轴刚好达到一个恒速值。这就意味着，延迟时间结束后，速度测试才能开始，如此才能增加测试精度。

(3) "测试(Measurement)"窗口待测阀的相关参数设置。

① 在 "Forward" 和 "Backward" 中设置 "Substitute value (替代值)"。本例为双向比例阀，两个方向都需要测试，所以此项设置对于本例无实际意义，使用默认值。

② 设置 "Forward" 和 "Backward" 中的 "Ramp(电量的增加梯度)"，本例为 150 和 50。

③ 将测试范围划分为数段(最多可设 3 个区段)。本例中，在 "Forward" 方向分为 2 个区段，在第 1 区段(0%~60%)上，以 5.0% 的梯度增加电压；在第 2 区段(60%~100%)上，以 10.0% 的梯度增加电压；在 "Backward" 方向分为 1 个区段，在第 1 区段(0%~100%)上，以 0.5% 的梯度增加电压，设置如图 10-62 所示。

④ 设置轴运动的最大速度 "Max. velocity"、超时时间 "Time out time" 和等待时间 "Wait time"，本例分别为 20mm/s、1s、1s。

(4) 测试操作方法。当各项设置完成后，可以单击左侧的 "开始" 按钮![button]，对轴进行测试。

测试开始后，轴将正向/反向由慢及快地反复运行数次，直到正/反向电压都达到100%后，整个测试过程完成。如果有异常情况，可以单击左侧 "停止" 按钮![button] 或![button] 停止测试。

测试可反复进行几次。其中有些参数的设置很重要。一般可先大致估计出阀的死区电压，然后设为3个区间：在死区前设置快速增加，接近死区到死区后缓慢增加，越过死区后可以加大电压，这样测出来的特性曲线较准确。

测试完成后，可以在"凸轮表"窗口里看到测试出的阀的特性曲线，如图10-63所示。

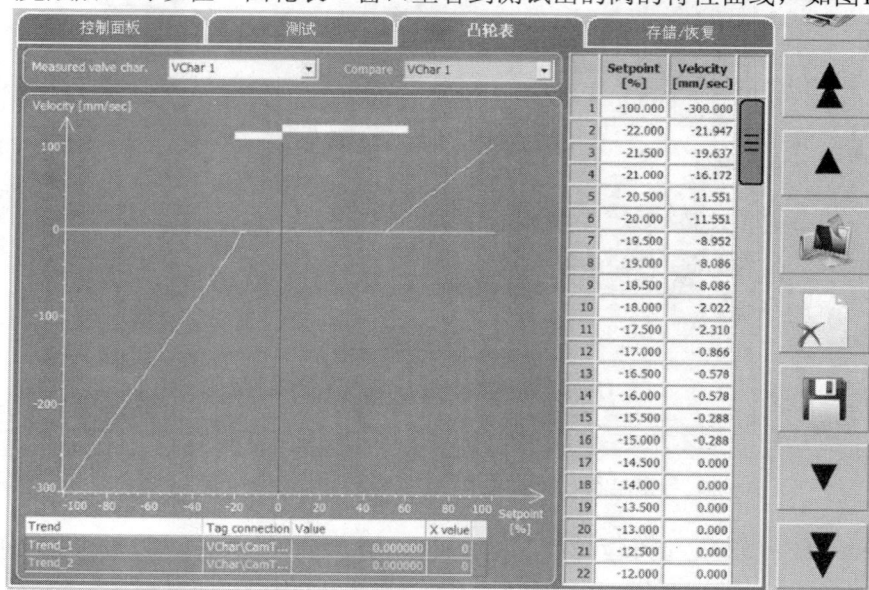

图 10-63　WinCC flexible "凸轮表"窗口

3. "凸轮表(CamTable)"窗口

"凸轮表"窗口图形化显示被测阀特性曲线，如图10-63所示。可以对测试结果在右侧数据表中调整部分曲线段形状，更改完后单击"保存"按钮 🖫，这样，临时数据就被复制到永久区域。

1) 输入变量含义

Measured valve char：选择一个需要显示的阀特性(白色)。

Compare：选择一个需要对比显示的阀特性(黄色)。

Diagram：右侧图表的两列显示的是控制变量和相应的实测速度值(可修改)。

2) 按钮功能

按钮功能如表 10-12 所列。

表 10-12　"凸轮表"窗口按钮功能

按钮	功　　能
⏫	单击此按钮，可以每次20行向上移动数据表
🔼	单击此按钮，可以每次1行地向上移动数据表
📥	单击此按钮，可以重显最终的测试数据
✖	选择右侧数据表中的某一行，单击此按钮，可删除这行数据。如果希望删除整张表，那么，按住此按钮1s以上即可
🖫	单击此按钮，测试数据保留到永久存储区
🔽	单击此按钮，可以每次1行向下移动数据表
⏬	单击此按钮，可以每次20行向下移动数据表

4. "存储/恢复(Save/Restore)"窗口

"存储/恢复"窗口存储/恢复测量数据和配置如图 10-64 所示。

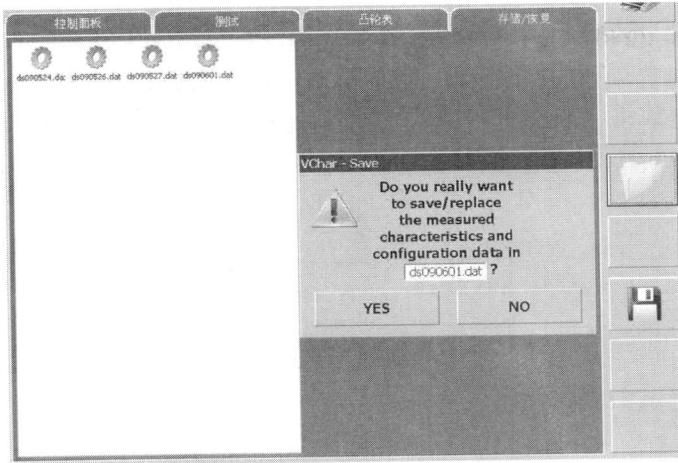

图 10-64　WinCC flexible "存储/恢复"窗口

单击▨按钮：重新获得已经被测量的数据集；所选择的数据集将被下载到 SIMOTION 运行系统。该数据集的名称必须显式指定。

单击▯按钮：以 DAT 文件格式保存测量数据到 SIMOTION 的卡上。

5. "跟踪(Trace)"窗口

"跟踪"窗口显示某一系统变量的任一记录(如每一测试步骤的测量速度)。单击▶按钮，开始跟踪，如图 10-65 所示。

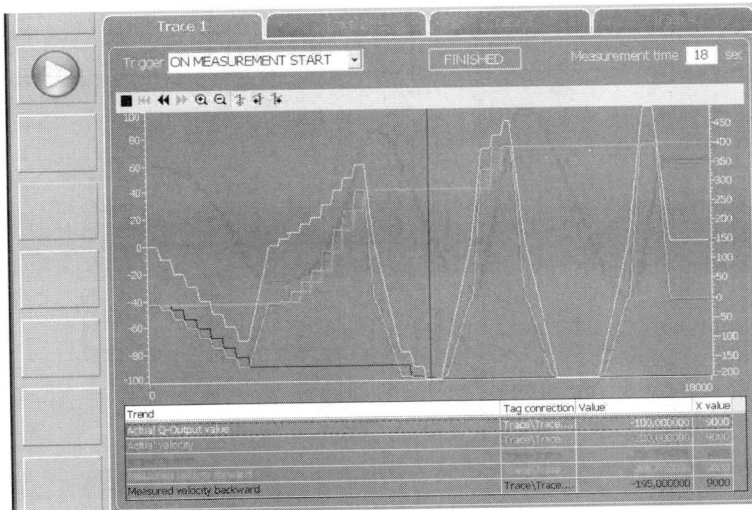

图 10-65　WinCC flexible "跟踪"窗口

Measurement time：跟踪时间。

Trigger：跟踪开始条件，"IMMEDIATELY"为测量值立即被跟踪；"ON MEASUREMENTSTART"为阀特性测量开始时，立即被跟踪。

10.5.4 保存阀特性到项目中

(1) 经过 10.5.3 节中联机测试之后，阀的特性曲线已经保存到 C240 中。把刚才测得的阀的特性曲线从控制器 C240 中上传到 SCOUT 打开的项目中，方法如下：

打开项目中原来已创建的空 CAM 曲线"VChar_HydAxis_1"，如图 10-66 所示。先单击"Upload"按钮，再单击"Accept"按钮，此时阀特性曲线就从控制器 C240 中上传到项目中的 CAM 曲线"VChar_HydAxis_1"中了。至此，阀的特性曲线测试完成。其他轴的阀特性曲线测试与此法相同。

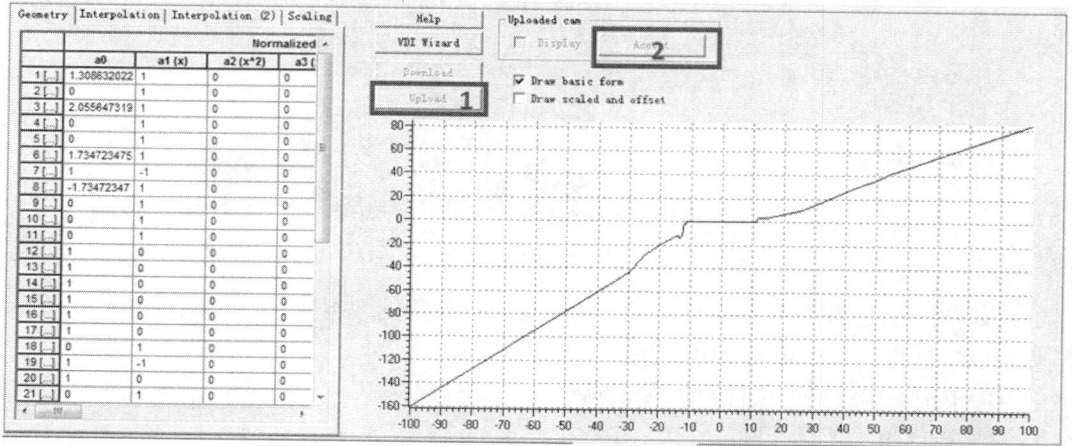

图 10-66　上传阀特性曲线

(2) 在项目导航栏，打开 HydAxis_1 轴下的"Profiles"选项，在"Valve characteristic(阀特性)"选项卡上钩选"VChar_HydAxis_1"CAM 曲线，如图 10-67 所示。

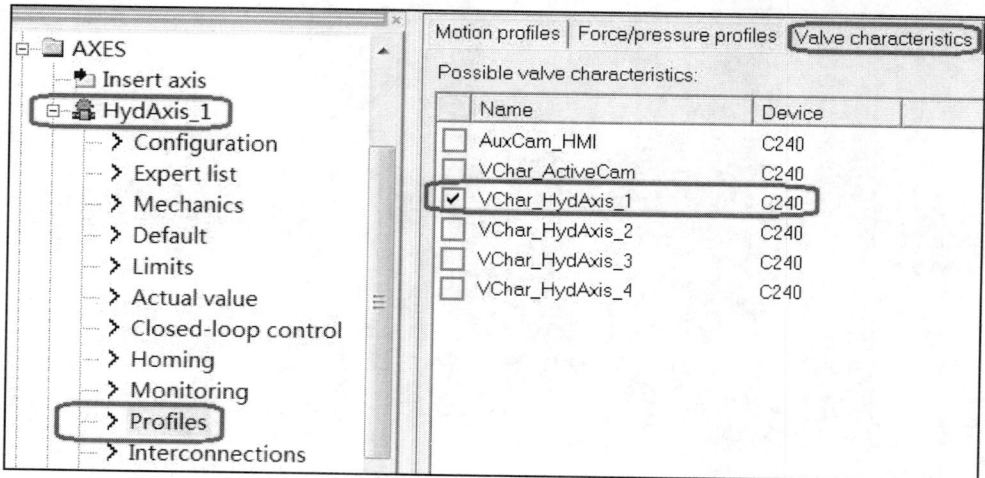

图 10-67　指定轴 Axis_1 的阀特性曲线

(3) 在执行系统的任务窗格，取消测试用的已分配的任务。保存并编译后下载到控制器 C240 中。

10.6 同步过程的配置

10.6.1 同步凸轮曲线的创建

采样头在垂直下行(匀速)采样和返回过程中,大臂油缸和底座回转马达均不动作(停留在某一位置),而小臂油缸和伸缩油缸同步运动,其随时间的位移曲线如图10-68所示(借助其他方法分析所得)。

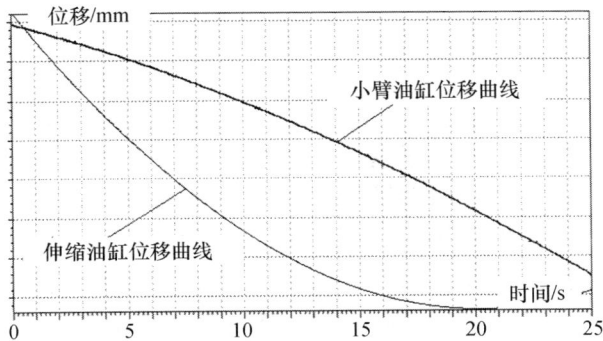

图 10-68　小臂油缸和伸缩油缸位移曲线

采样头从采样的最高位置到达卸料位置的运动过程,是机身先回转30°,然后采样头垂直匀速下行(小臂油缸和伸缩油缸同步运动),同时机身匀速回转30°;返回则是逆过程。

以上两个过程中,小臂油缸和伸缩油缸始终按图10-68所示关系同步运动。只不过采样过程为25s,而卸料过程仅运行到15s处,所以共用一套凸轮曲线。

小臂油缸和伸缩油缸采样同步运动可分解为两个油缸跟随一个虚轴(匀速运行250mm)做同步运动,即两个凸轮曲线如图10-69和图10-70所示。

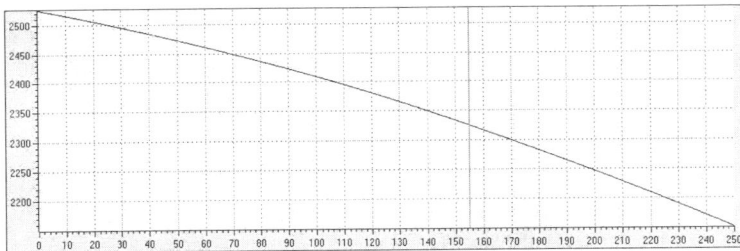

图 10-69　小臂油缸采样同步运动 CAM 曲线

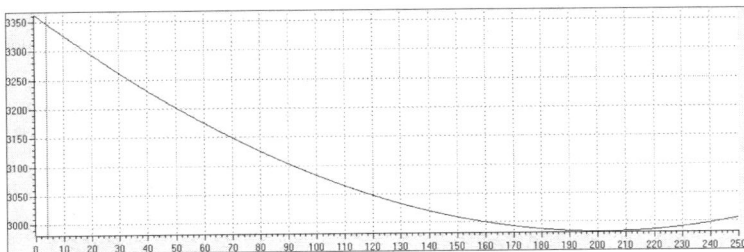

图 10-70　伸缩油缸采样同步运动 CAM 曲线

在SCOUT软件中打开已建项目"caiyangji"，依次打开"C240→CAMS"，双击"Insert cam"，弹出如图10-71所示窗口，输入CAM曲线的名称为"xiaobi"。

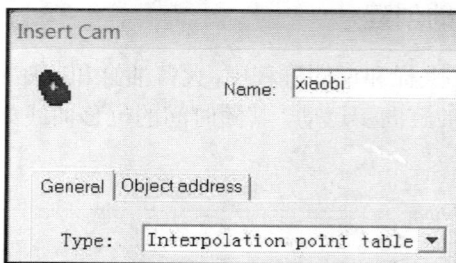

图10-71　创建小臂油缸采样同步CAM曲线

由于本例的曲线数据存在Excel表格中，所以可以用复制粘贴的方法将数据粘贴到凸轮表格中。生成的小臂油缸采样同步凸轮曲线"xiaobi"如图10-69所示。

同样，可以生成如图10-70所示的伸缩油缸采样同步凸轮曲线"shensuo"。

卸料过程中小臂和伸缩臂同步所用的两条凸轮曲线"xiaobi_1"和"shensuo_1"，仅是上述两条曲线的一部分，所以将上述两条曲线经过复制、粘贴、删除部分数据即可获得，如图10-72和图10-73所示。最后一共得到4条CAM曲线，如图10-74所示。

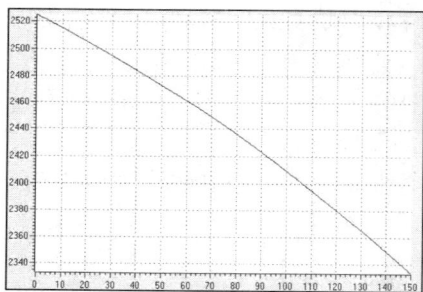

图10-72　小臂油缸卸料同步运动CAM曲线

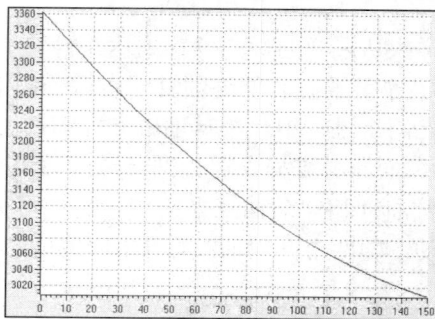

图10-73　伸缩油缸卸料同步运动CAM曲线

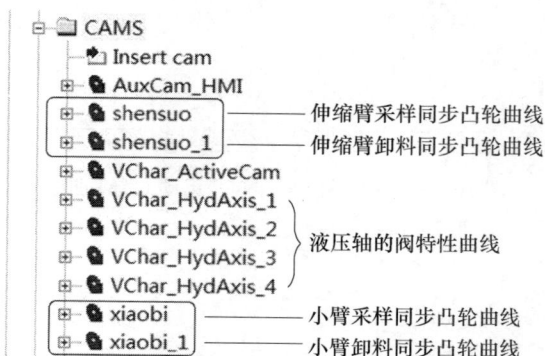

图10-74　4条同步运动CAM曲线

10.6.2　凸轮同步关系的配置

在创建了凸轮曲线以后，还需要配置轴Axis_2(小臂油缸)、Axis_3(伸缩油缸)与主轴

Master(虚轴)的凸轮同步关系互连。

(1) 轴Axis_2与主轴Master的凸轮同步关系互连的配置。配置方法：在SCOUT软件中依次打开"C240→AXES→Axis_2→Axis_2_SYNCHRONOUS_OPERATION"，双击其中的"Interconnections"，在右侧窗口勾选Master轴的设定值，并选择两条互连的CAM曲线"xiaobi"(采样过程同步运动使用)和"xiaobi_1"(卸料过程同步运动使用)，如图10-75所示。

(2) 轴Axis_3与主轴Master的凸轮同步关系互连的配置。配置方法同上，选择的2条互联的CAM曲线为"shensuo"(采样过程同步运动使用)和"shensuo _1"(卸料过程同步运动使用)，结果如图10-76所示。

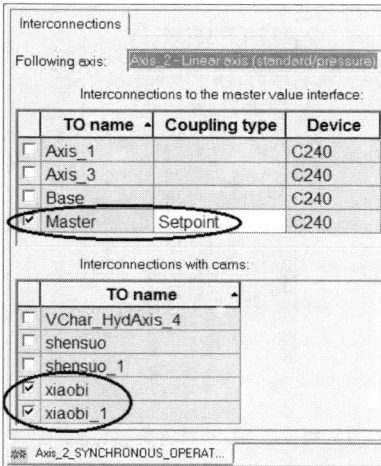

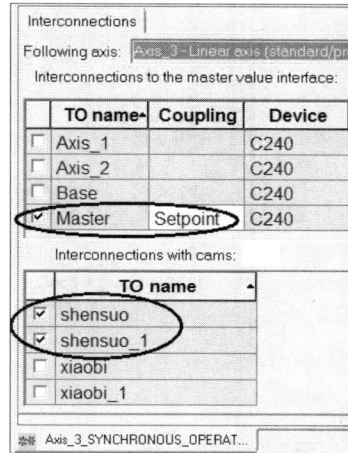

图 10-75　轴 Axis_2 与主轴 Master 的凸轮同步关系互连　　图 10-76　轴 Axis_3 与主轴 Master 的凸轮同步关系互联

10.6.3　齿轮同步关系的配置

在接近卸料口的一段卸料运动过程中，除了小臂和伸缩臂同步运动外，机身还必须同步回转30°，即齿轮同步。故需要配置轴Base(机身回转)与主轴Master(虚轴)的齿轮同步关系互连。配置方法：在SCOUT软件中依次打开"C240→AXES→Base→Base _SYNCHRONOUS_ OPERATION"，双击其中的"Interconnections"，勾选Master轴的设定值，如图10-77所示。

同步关系互连配置完成后，Master轴的目录树如图10-78所示。

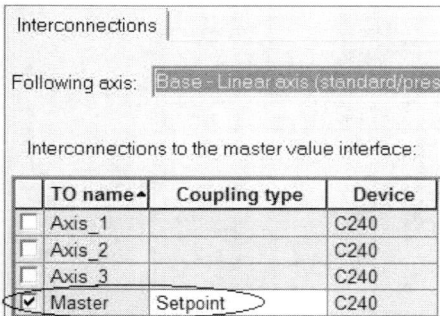

图 10-77　轴 Base 与主轴 Master 的齿轮同步关系互连　　　　图 10-78　Master 轴的互连配置

10.7 编写程序并分配到执行系统

10.7.1 声明 I/O 变量

在SCOUT软件中，双击"C240"下的"ADDRESS LIST"，配置全局I/O变量，如图10-79所示。

图 10-79　I/O 变量

表内容：

	Name	I/O address	Rea	Data ty	Arr	
	All	All	A ▾	All	A ▾	
1	Base_angle	PIW 258		WORD	1	
2	k1	PQ 66.6	☐	BOOL	1	集料门电磁阀
3	k2	PQ 66.7	☐	BOOL	1	采样马达电磁阀
4	SA01	PI 64.2		BOOL	1	手/自动切换
5	SA02	PI 64.3		BOOL	1	自动:启/停
6	SA03	PI 65.4		BOOL	1	集料门开/关
7	SA04	PI 65.5		BOOL	1	采样马达启/停
8	SA06_axis1_negitive	PI 66.1		BOOL	1	大臂油缸缩回
9	SA06_axis1_positive	PI 66.0		BOOL	1	大臂油缸伸出
10	SA07_axis2_negitive	PI 66.3		BOOL	1	小臂油缸缩回
11	SA07_axis2_positive	PI 66.2		BOOL	1	小臂油缸伸出
12	SA08_axis3_negitive	PI 66.5		BOOL	1	伸缩臂油缸缩回
13	SA08_axis3_positive	PI 66.4		BOOL	1	伸缩臂油缸伸出
14	SA09_base_negitive	PI 66.7		BOOL	1	机身逆转
15	SA09_base_positive	PI 66.6		BOOL	1	机身顺转

10.7.2 手动控制程序

1. 创建手动控制 MCC 单元及单元变量

创建手动控制的MCC单元，名称为"Jog_move_axis"，如图10-80所示。并在MCC单元的INTERFACE接口，建立单元变量，如图10-81所示。此变量为各轴的手动操作时的正反向运动速度。

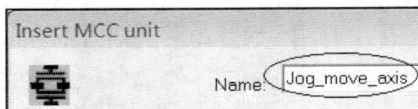

图 10-80　手动控制 MCC 单元的创建

INTERFACE (exported declaration)
Parameter | I/O symbols | Structures | Enumerations | Connections

	Name	Variable type	Data type	Arra	Initial value	Comment
1	axis1_positive_speed	VAR_GLOBAL	LREAL		35	
2	axis1_negitive_speed	VAR_GLOBAL	LREAL		30	
3	axis2_positive_speed	VAR_GLOBAL	LREAL		25	
4	axis2_negitive_speed	VAR_GLOBAL	LREAL		20	
5	axis3_positive_speed	VAR_GLOBAL	LREAL		50	
6	axis3_negitive_speed	VAR_GLOBAL	LREAL		40	
7	Base_positive_speed	VAR_GLOBAL	LREAL		2.2	
8	Base_negitive_speed	VAR_GLOBAL	LREAL		1.5	

图 10-81　手动控制 MCC 单元变量

2. 创建大臂油缸手动控制 MCC 程序段

在"Jog_move_axis" MCC单元下，双击"Insert MCC chart"，在弹出的窗口选择程序类型为"Program"，程序名称框输入"MT_Jog_axis1"，如图10-82所示。

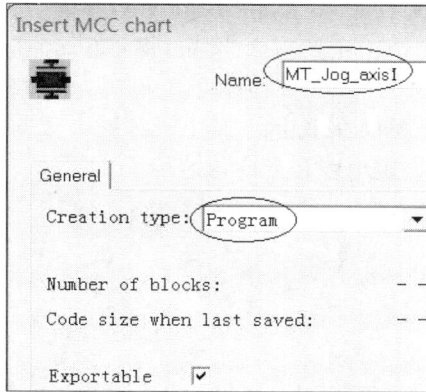

图 10-82　大臂油缸手动控制 MCC 程序段的创建

然后，编写如图10-83所示的大臂油缸手动控制MCC程序。一般液压轴(位置轴)的运行包括轴的使能、运动启动、运动停止和轴的去使能4个环节。

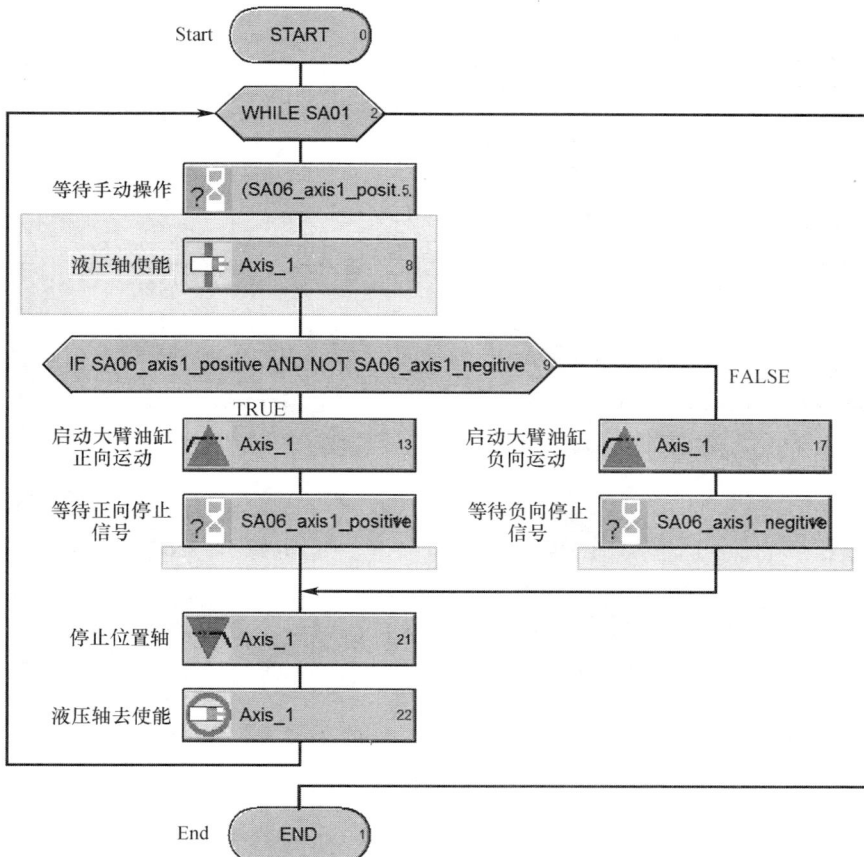

图 10-83　大臂油缸手动控制 MCC 程序段

程序流程为：当处于手动状态(SA01=ON)且SA06_axis1_positive=ON时，大臂油缸Axis_1使能、正向运动(设定速度axis1_positive_speed=35mm/s)；当检测到SA06_axis1_positive的下降沿时，大臂油缸Axis_1停止运动。

当处于手动状态(SA01=ON)且SA06_axis1_negitive=ON时，大臂油缸Axis_1使能、反向运动(设定速度axis1_negitive_speed=30mm/s)；当检测到SA06_axis1_negitive的下降沿时，大臂油缸Axis_1停止运动。

具体语句设定如图10-84～图10-93所示。其中，轴的正负向运动命令(图10-88和图10-89)是一个轴移动命令，要求轴按设定速度和方向匀速运动。

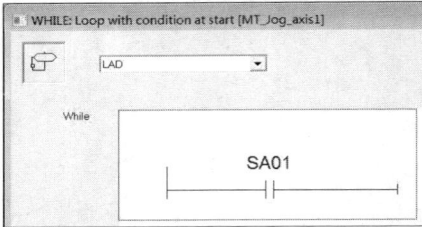

图 10-84　WHILE 循环语句

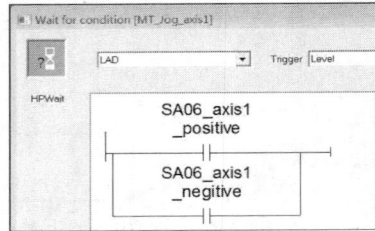

图 10-85　等待手动操作语句

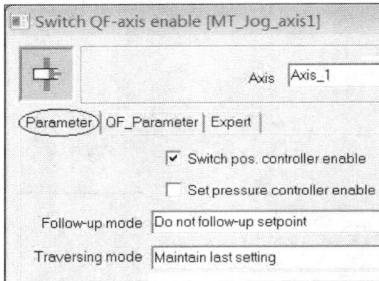

图 10-86　轴 Axis_1 使能语句

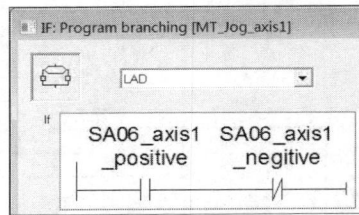

图 10-87　起分支作用的 IF 语句

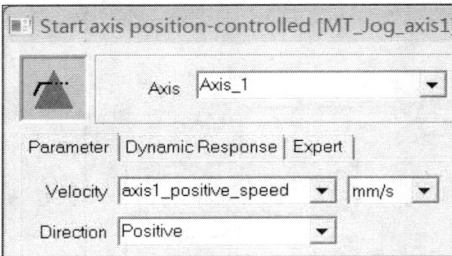

图 10-88　轴 Axis_1 正向运动设置

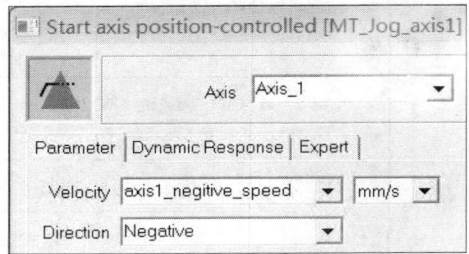

图 10-89　轴 Axis_1 负向运动设置

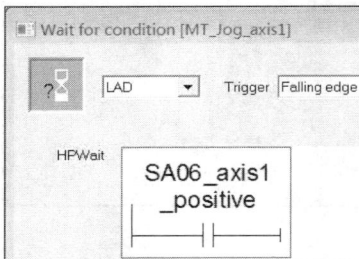

图 10-90　等待轴 Axis_1 正向停止信号

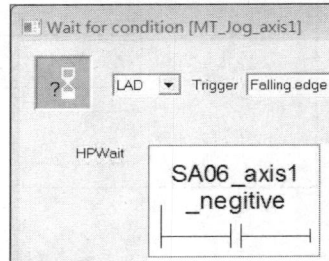

图 10-91　等待轴 Axis_1 负向停止信号

386

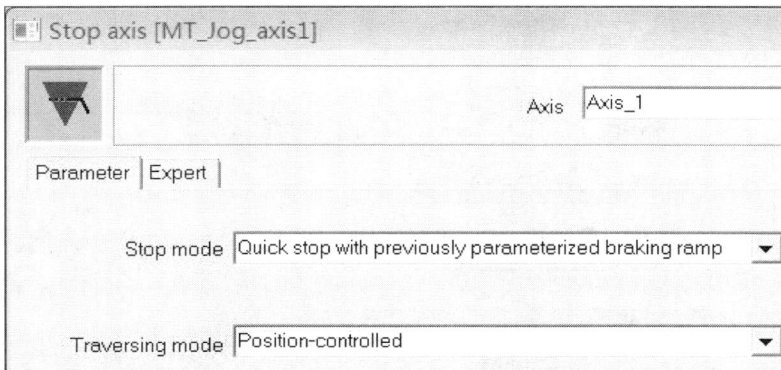

图 10-92　停止轴 Axis_1(大臂油缸)运动

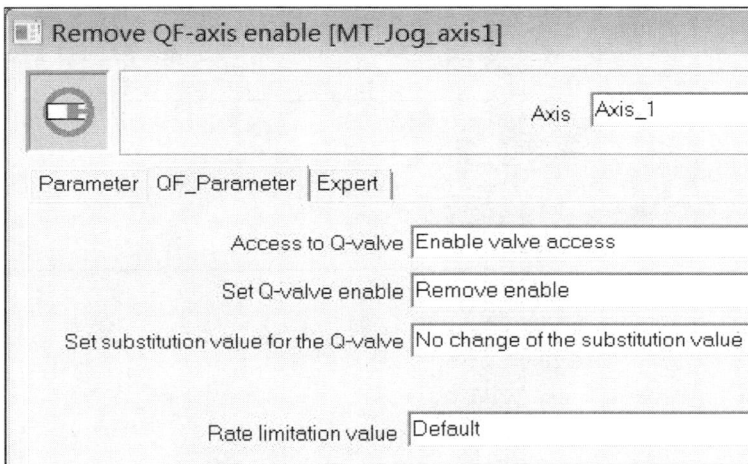

图 10-93　轴 Axis_1 去使能语句

3. 创建小臂油缸、伸缩臂油缸和机身回转的手动控制 MCC 程序段

用同样的方法，分别创建小臂油缸手动控制MCC程序段"MT_Jog_axis2"(图10-94)、伸缩臂油缸手动控制MCC程序段"MT_Jog_axis3"(图10-95)和机身回转手动控制MCC程序段"MT_Jog_Base"(图10-96)，程序类型皆为"Program"。

在图10-94所示程序中，当处于手动状态(SA01=ON)且SA07_axis2_positive=ON时，小臂油缸Axis_2使能、正向运动(设定速度axis2_positive_speed=25mm/s)；当检测到SA07_axis2_positive的下降沿时，小臂油缸Axis_2停止运动。

当处于手动状态(SA01=ON)且SA07_axis2_negitive=ON时，小臂油缸Axis_2使能、反向运动(设定速度axis2_negitive_speed=20mm/s)；当检测到SA07_axis2_negitive的下降沿时，小臂油缸Axis_2停止运动。

在图10-95所示程序中，当处于手动状态(SA01=ON)且SA08_axis3_positive=ON时，伸缩臂油缸Axis_3使能、正向运动(设定速度axis3_positive_speed=50mm/s)；当检测到SA08_axis3_positive的下降沿时，伸缩臂油缸Axis_3停止运动。

当处于手动状态(SA01=ON)且SA08_axis3_negitive=ON时，伸缩臂油缸Axis_3使能、反向运动(设定速度axis3_negitive_speed=40mm/s)；当检测到SA08_axis3_negitive的下降沿时，伸缩臂油缸Axis_3停止运动。

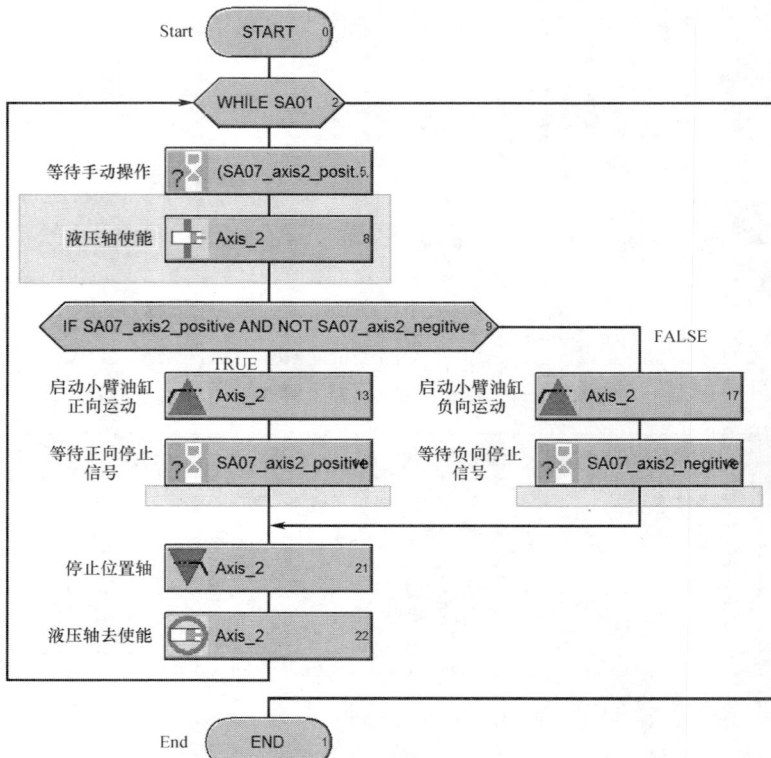

图 10-94　小臂油缸手动控制 MCC 程序段

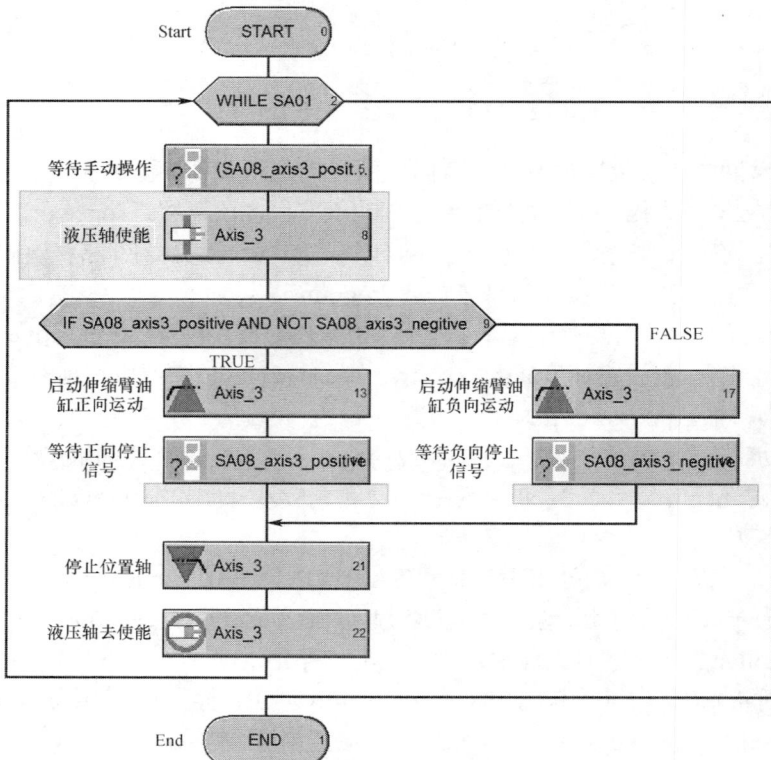

图 10-95　伸缩油缸手动控制 MCC 程序段

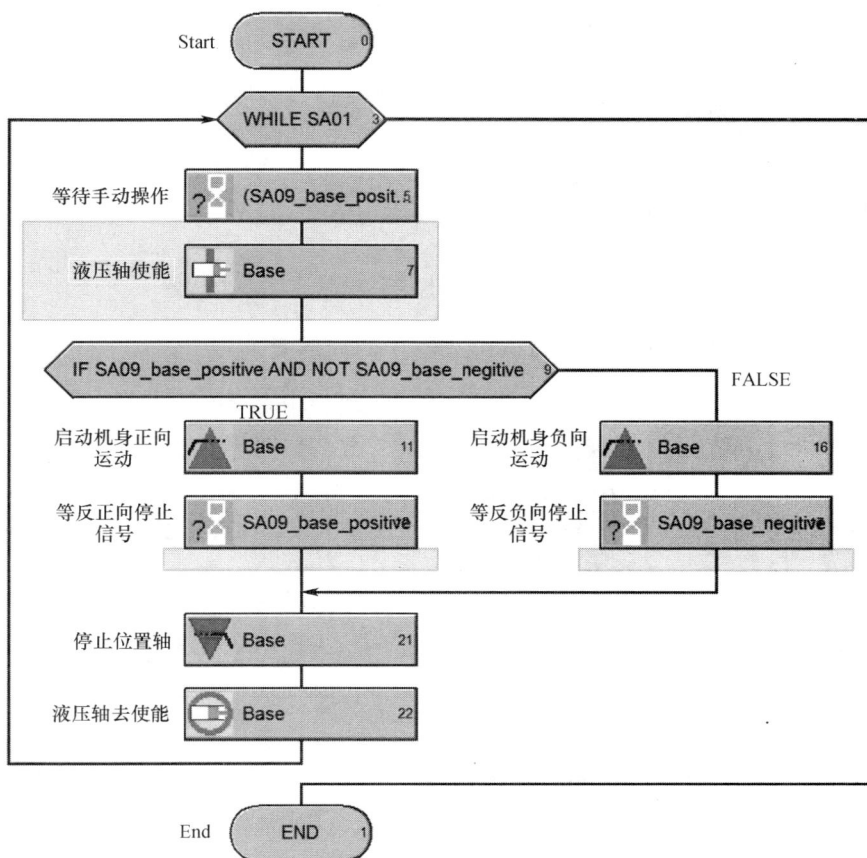

图 10-96　底座回转手动控制 MCC 程序段

在图10-96所示程序中，当处于手动状态(SA01=ON)且SA09_base_positive=ON时，机身回转(轴Base)使能、正向转动(设定转动速度Base_positive_speed=2.2°/s)；当检测到SA09_base_positive的下降沿时，机身回转(轴Base)停止转动。

当处于手动状态(SA01=ON)且SA09_base_negitive=ON时，机身回转(轴Base)使能、反向转动(设定转动速度Base_negitive_speed=1.5°/s)；当检测到SA09_base_negitive的下降沿时，机身回转(轴Base)停止转动。

4. 创建集料门和采样马达手动控制 LAD 程序段

在手动控制方式下，集料门和采样马达的开关控制就是开关相应电磁阀，编程较为简单，故采用LAD编程。

首先，创建LAD单元"JBack_ground_program"，如图10-97所示。

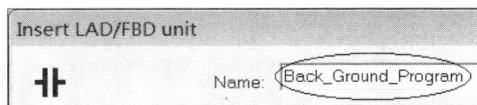

图 10-97　创建 LAD 单元"JBack_ground_program"

其次，在"JBack_ground_program"LAD单元下，双击"Insert LAD/FBD program"，在弹出的窗口选择程序类型为"Program"，程序名称框输入"shoudong"，如图10-98所示。

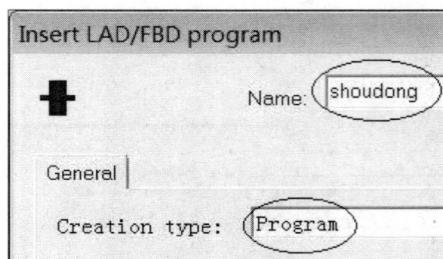

图 10-98 创建集料门和采样马达控制的 LAD 程序段

然后，创建如图10-99所示的"shoudong"程序的局部变量。

Parameters/variables	I/O symbols	Structures	Enumerations			
	Name	Variable t	Data type	Ar	Init	Comment
1	SA03_risingedge	VAR	BOOL			
2	SA03_fallingedge	VAR	BOOL			
3	SA04_risingedge	VAR	BOOL			
4	SA04_fallingedge	VAR	BOOL			

图 10-99 "shoudong"程序的局部变量

最后，创建如图10-100所示的采样马达和集料门的手动控制LAD程序段。

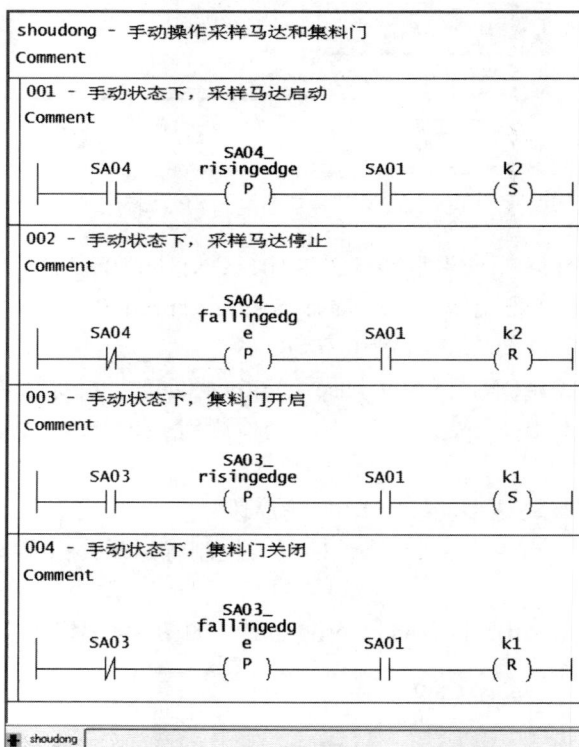

图 10-100 采样马达和集料门的手动控制 LAD 程序段

在图10-100所示程序中，当检测到SA04上升沿时，k2置位，即采样马达转动(转动速度由液压系统调定)；当检测到SA04下降沿时，k2复位，即采样马达停止转动。

390

当检测到SA03上升沿时，k1置位，即集料门开启；当检测到SA03下降沿时，k1复位，即集料门关闭。

10.7.3 自动采样控制程序

自动采样过程包括：开启采样马达→采样头下降(采样)→采样头上升(采样返回)→卸料阶段1(机身回转 30°)→卸料阶段 2(采样头下降，机身同步回转)→卸料(开集料门、停顿一定时间和关集料门)→卸料返回阶段 1(采样头上升，机身同步回转)→卸料返回阶段 2(机身反回转 30°)。

同步运动过程中的主轴为一个匀速运动的虚轴(其运动不受外界影响)，而且是一个线性模态轴，这样整个运动过程就比较平稳。

1. 创建自动采样控制 MCC 单元

创建自动采样控制的MCC单元"Auto_Run_Program"，如图10-101所示。

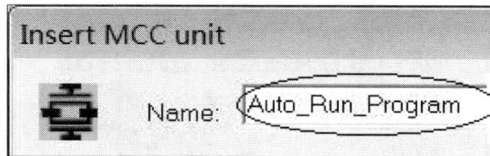

图 10-101　自动采样控制 MCC 单元的创建

2. 创建自动采样控制 MCC 程序段

在"Auto_Run_Program"MCC单元下，双击"Insert MCC chart"，在弹出的窗口选择程序类型为"Program"，程序名称框输入"auto_caiyang"，如图10-102所示。

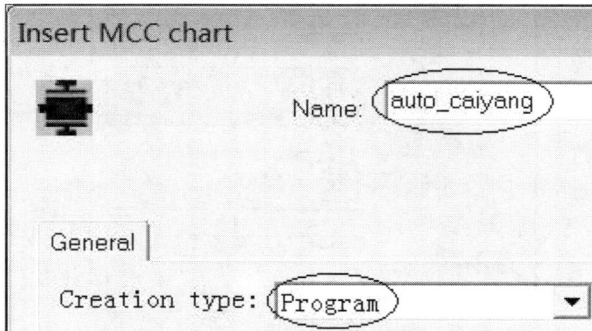

图 10-102　自动采样控制 MCC 程序段的创建

3. 编写程序

为了便于阅读，编程时可以将实现某一功能的连续的几个语句打包成一个程序块，也可以加旁注。如图10-103所示为自动采样控制的整个程序段。

1) "大臂油缸初始化"程序块

在图10-103中，当满足自动控制启动的两个条件，即处于自动状态(SA01=OFF)且自动开关闭合(SA02=ON)时，大臂油缸运动到规定位置，其程序块展开如图10-104所示。其中使能语句如图10-105所示；大臂油缸(轴Axis_1)定位运动(运动速度25mm/s，运动到绝对位置1850mm处)指令设置如图10-106所示；当轴Axis_1运动到位(图10-107)后，停止轴Axis_1运动(图10-108)、轴Axis_1去使能(图10-109)。

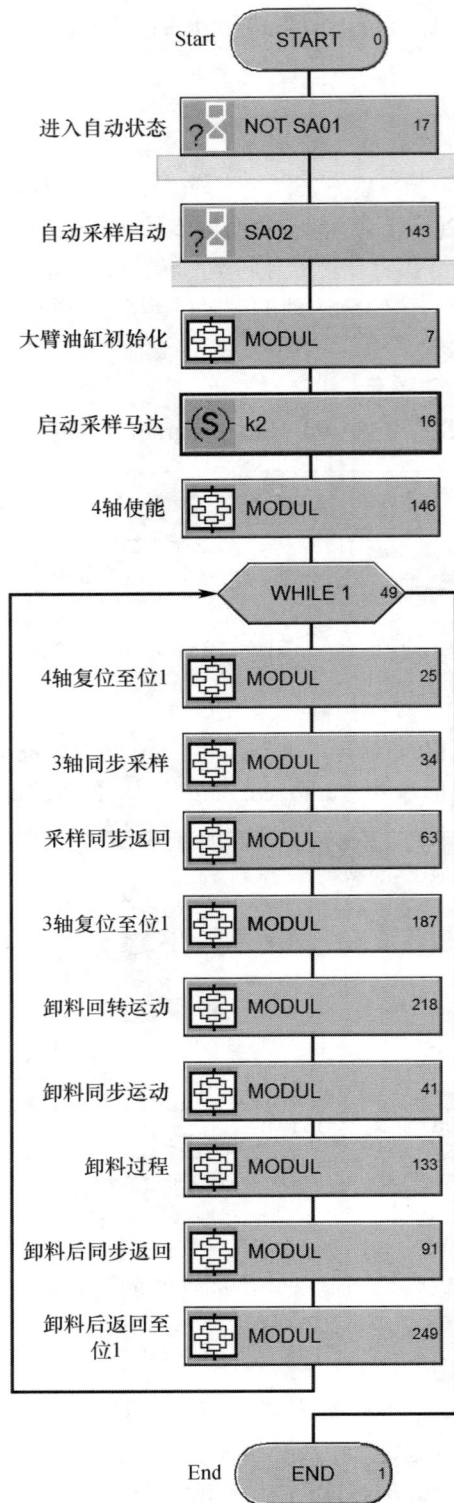

Start	START	0	
进入自动状态	NOT SA01	17	
自动采样启动	SA02	143	
大臂油缸初始化	MODUL	7	
启动采样马达	(S) k2	16	
4轴使能	MODUL	146	
	WHILE 1	49	
4轴复位至位1	MODUL	25	
3轴同步采样	MODUL	34	
采样同步返回	MODUL	63	
3轴复位至位1	MODUL	187	
卸料回转运动	MODUL	218	
卸料同步运动	MODUL	41	
卸料过程	MODUL	133	
卸料后同步返回	MODUL	91	
卸料后返回至位1	MODUL	249	
End	END	1	

图 10-103　自动采样控制 MCC 程序段

当检测到SA03上升沿时，k1置位，即集料门开启；当检测到SA03下降沿时，k1复位，即集料门关闭。

10.7.3 自动采样控制程序

自动采样过程包括：开启采样马达→采样头下降(采样)→采样头上升(采样返回)→卸料阶段1(机身回转 30°)→卸料阶段 2(采样头下降，机身同步回转)→卸料(开集料门、停顿一定时间和关集料门)→卸料返回阶段 1(采样头上升，机身同步回转)→卸料返回阶段 2(机身反回转 30°)。

同步运动过程中的主轴为一个匀速运动的虚轴(其运动不受外界影响)，而且是一个线性模态轴，这样整个运动过程就比较平稳。

1. 创建自动采样控制 MCC 单元

创建自动采样控制的MCC单元"Auto_Run_Program"，如图10-101所示。

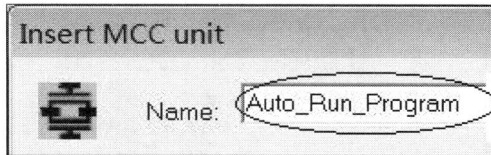

图 10-101　自动采样控制 MCC 单元的创建

2. 创建自动采样控制 MCC 程序段

在"Auto_Run_Program"MCC单元下，双击"Insert MCC chart"，在弹出的窗口选择程序类型为"Program"，程序名称框输入"auto_caiyang"，如图10-102所示。

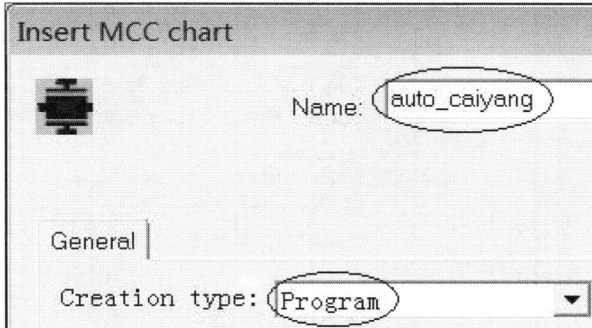

图 10-102　自动采样控制 MCC 程序段的创建

3. 编写程序

为了便于阅读，编程时可以将实现某一功能的连续的几个语句打包成一个程序块，也可以加旁注。如图10-103所示为自动采样控制的整个程序段。

1) "大臂油缸初始化"程序块

在图10-103中，当满足自动控制启动的两个条件，即处于自动状态(SA01=OFF)且自动开关闭合(SA02=ON)时，大臂油缸运动到规定位置，其程序块展开如图10-104所示。其中使能语句如图10-105所示；大臂油缸(轴Axis_1)定位运动(运动速度25mm/s，运动到绝对位置1850mm处)指令设置如图10-106所示；当轴Axis_1运动到位(图10-107)后，停止轴Axis_1运动(图10-108)、轴Axis_1去使能(图10-109)。

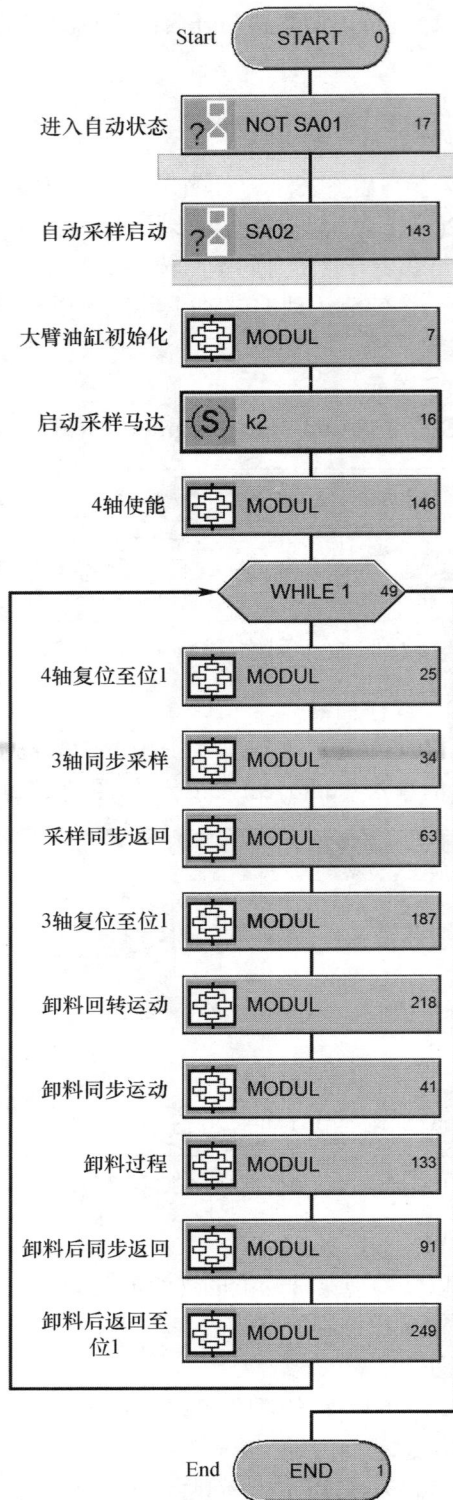

图 10-103　自动采样控制 MCC 程序段

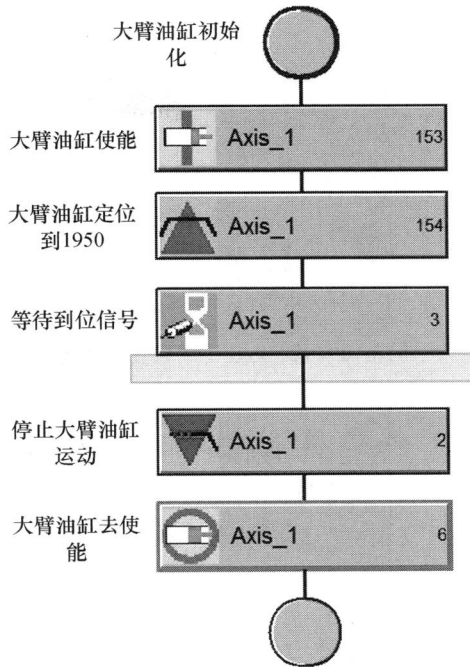

图 10-104　"大臂油缸初始化"程序块

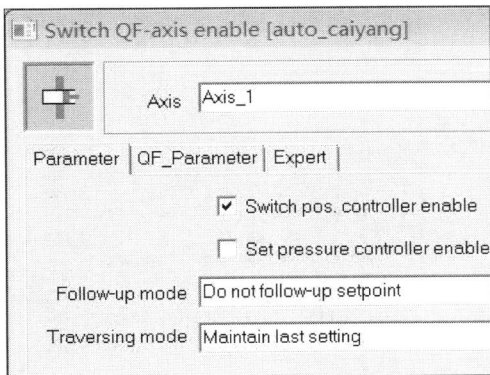

图 10-105　轴 Axis_1 使能语句

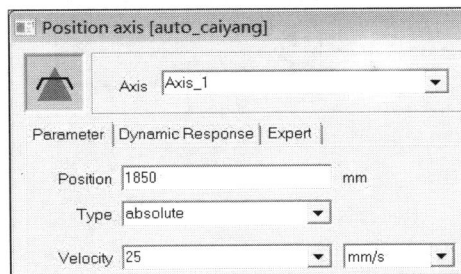

图 10-106　轴 Axis_1 定位运动语句

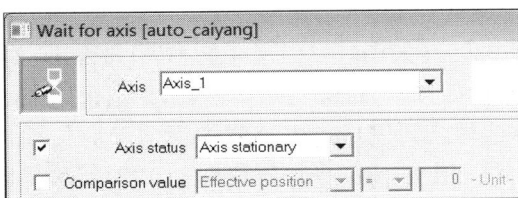

图 10-107　等待轴 Axis_1 运动到位语句

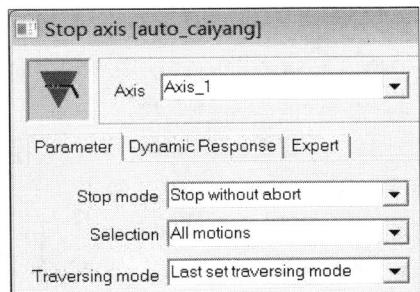

图 10-108　停止轴 Axis_1 运动语句

393

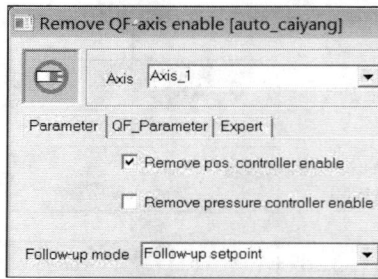

图 10-109　轴 Axis_1 的去使能语句

2) "4轴使能"程序块

图10-103中的"4轴使能"程序块展开如图10-110所示,其中主轴使能语句如图10-111所示,其他3个轴的使能皆为液压轴使能,指令格式同图10-105。

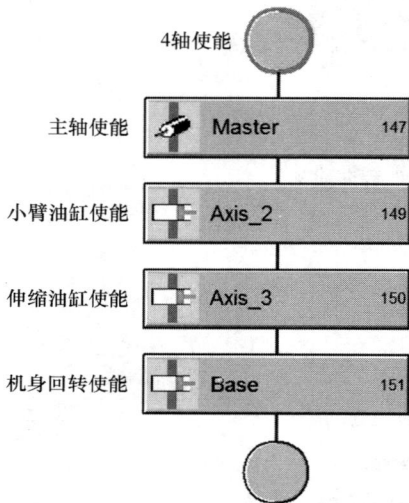

图 10-110　"4 轴使能"程序块

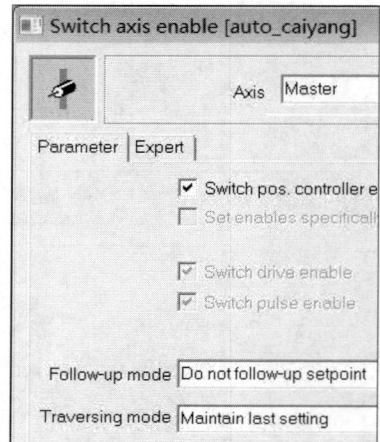

图 10-111　主轴 Master 使能语句

3) "4轴复位至位1"程序块

当完成一系列的准备工作之后,程序进入一个无限循环中(语句whie=1),从而实现不间断的采样、卸料循环。

每个循环开始时,主轴、小臂、伸缩臂和机身回转等4个轴先复位至位置1(程序块如图10-112所示)。4个轴的移动命令设置如图10-113～图10-116所示。

4) "3轴同步采样"程序块

"3轴同步采样",即采样头下行采样程序块展开如图10-117所示。小臂(轴Axis_2)和伸缩臂(轴Axis_3)随主轴做凸轮同步运动,命令设置如图10-118～图10-119所示,而主轴Master做匀速运动,命令设置如图10-120所示。采样行程是否完成,由小臂的当前绝对位置判断,命令设置如图10-121所示。当采样行程结束,停止主轴,命令设置如图10-122所示,其他轴随之停止。

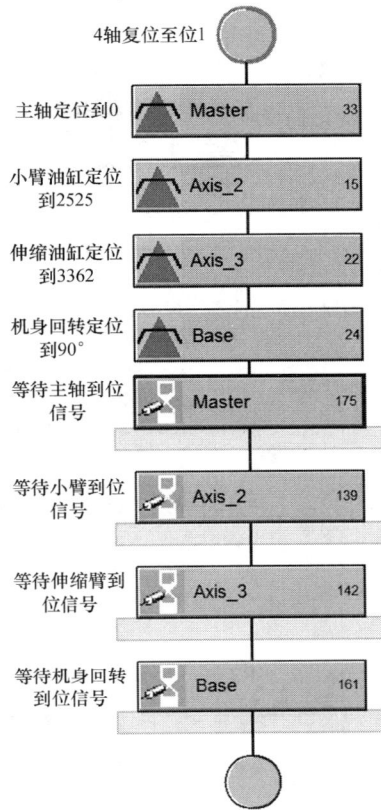

图 10-112　"4 轴复位至位 1" 程序块

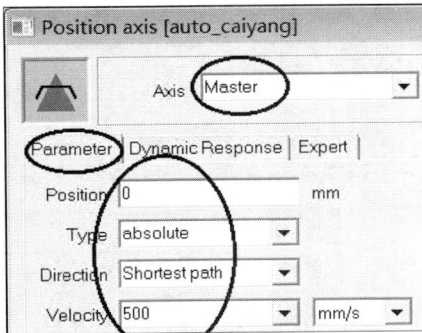

图 10-113　主轴定位运动到绝对位置 0mm

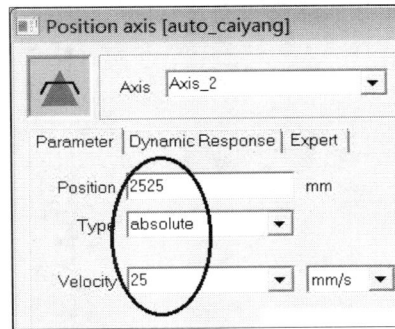

图 10-114　小臂定位运动到绝对位置 2525mm

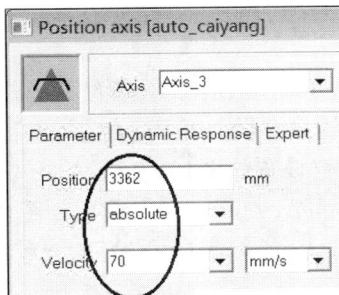

图 10-115　伸缩臂定位运动到绝对位置 3362mm

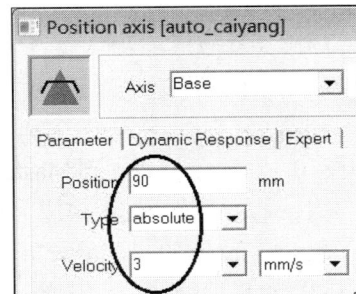

图 10-116　机身回转定位到绝对位置 90°

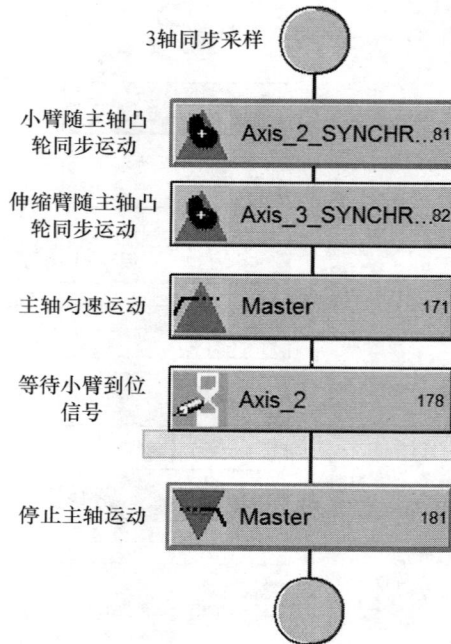

图 10-117 "3 轴同步采样"程序块

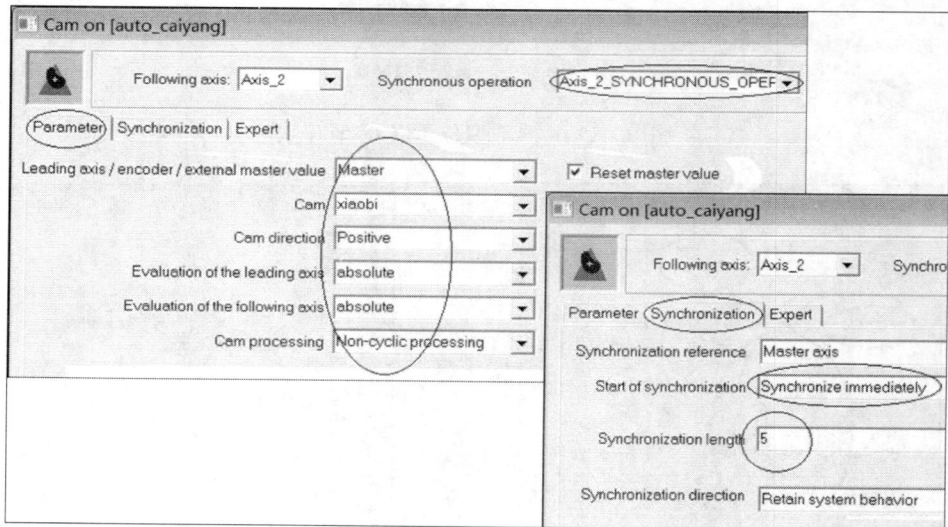

图 10-118 轴 Axis_2 采样的凸轮同步指令设置

5) "同步采样返回"程序块

采样头"同步采样返回"程序块展开如图10-123所示。即当采样行程结束，主轴停止后，采样头上升返回，小臂(轴Axis_2)和伸缩臂(轴Axis_3)随主轴做凸轮同步运动，命令设置如图10-124和图10-125所示，而主轴Master做匀速运动，命令设置如图10-126所示。与下行采样过程相同，采样头上行返回是否完成，由小臂的当前绝对位置判断，命令设置如图10-127所示。返回到位后，停止主轴(轴Master)，其他轴随之停止。最后，解除凸轮同步关系(命令设置如图10-128和图10-129所示)，完成一次采样。

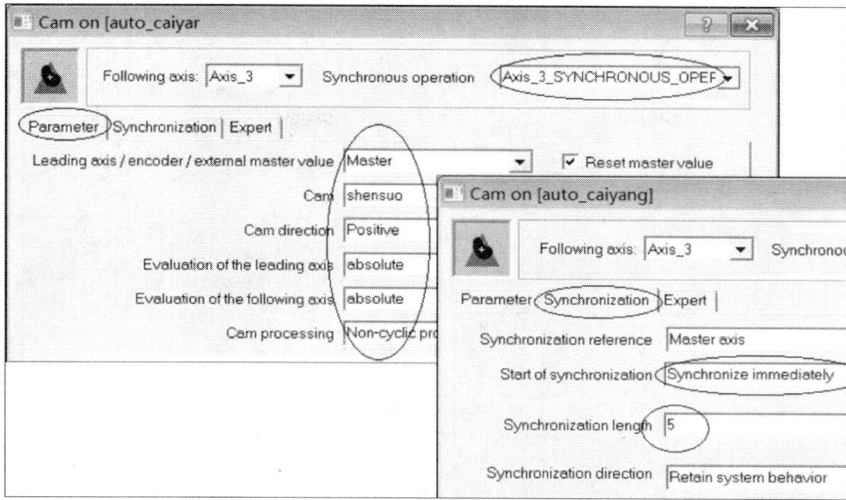

图 10-119　轴 Axis_3 采样的凸轮同步指令设置

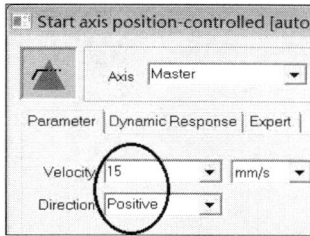

图 10-120　主轴匀速运动命令(采样过程)设置

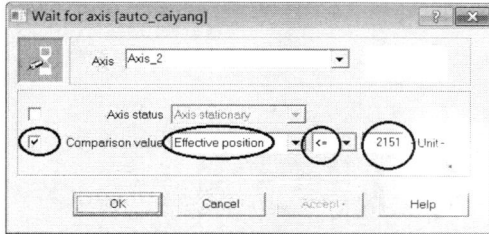

图 10-121　等待采样完成的指令设置

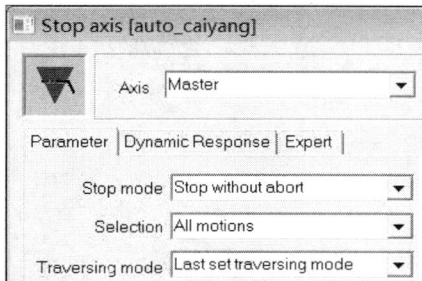

图 10-122　停止主轴 Master(采样过程)指令

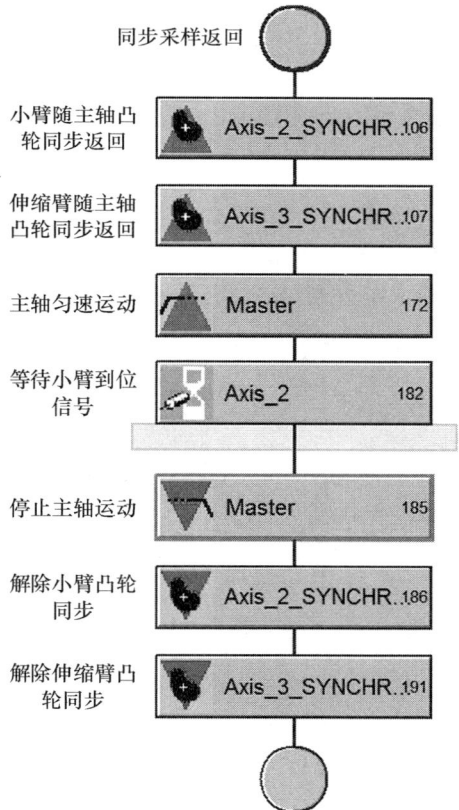

图 10-123　"同步采样返回"程序块

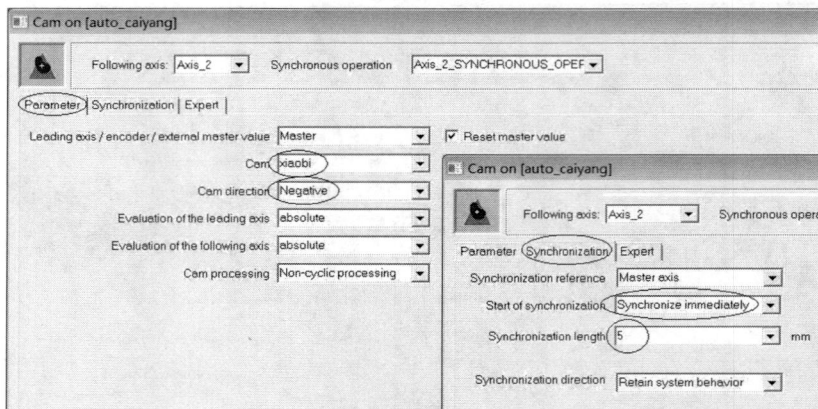

图 10-124　轴 Axis_2 采样返回的凸轮同步指令设置

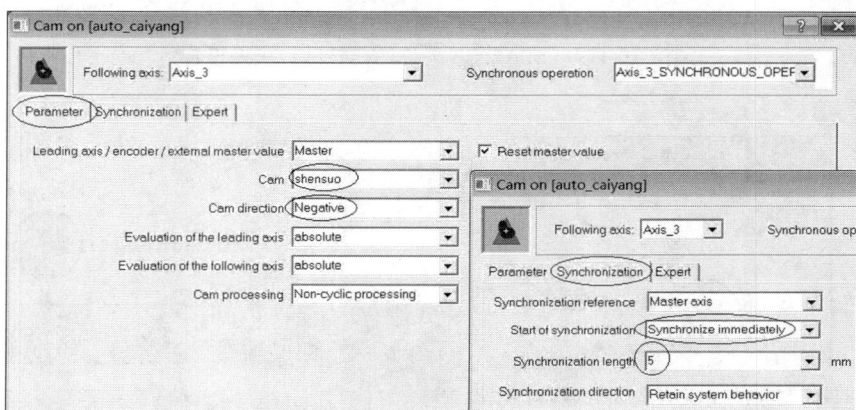

图 10-125　轴 Axis_3 采样返回的凸轮同步指令设置

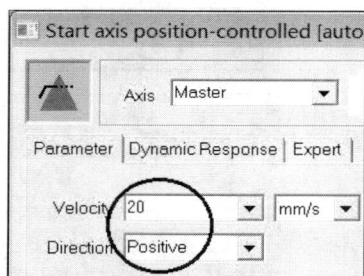

图 10-126　主轴匀速运动指令(采样返回)设置

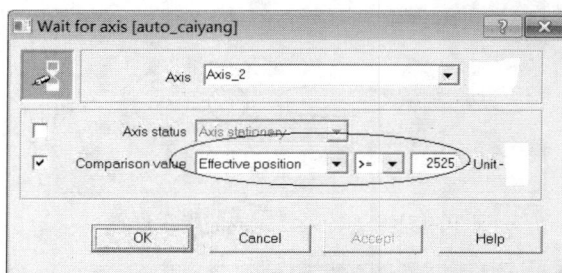

图 10-127 等待采样返回完成的指令设置

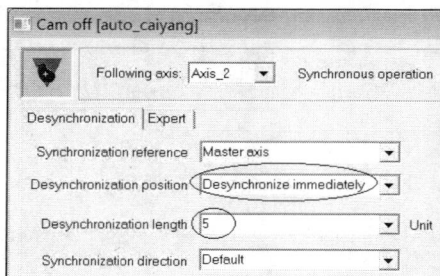

图 10-128　解除轴 Axis_2 的凸轮同步关系

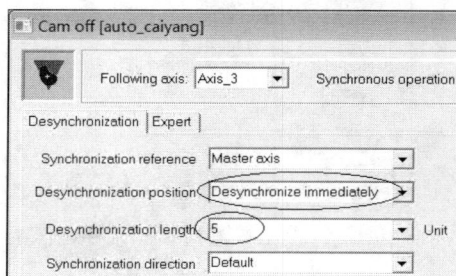

图 10-129　解除轴 Axis_3 的凸轮同步关系

6) "3轴复位至位1"和"卸料回转运动"程序块

采样头上行返回到位后，需要进行初始化(3轴复位到位置1)，程序块展开如图10-130所示。

机身回转至60°位置，程序块展开如图10-131所示。其中机身回转至60°的定位移动控制指令如图10-132所示。

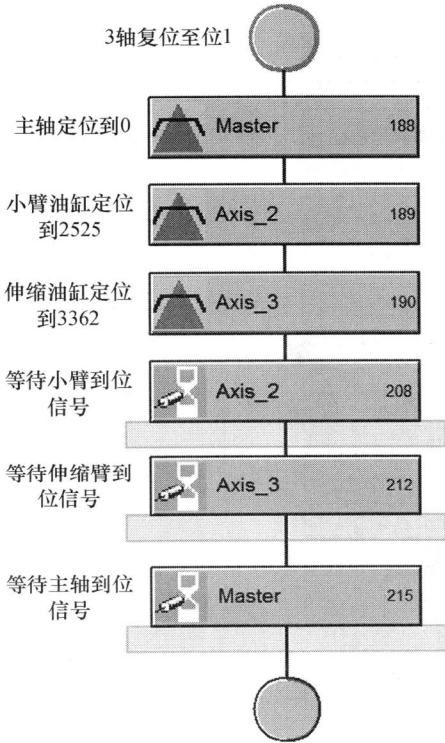

图 10-130　"3轴复位到位1"程序块

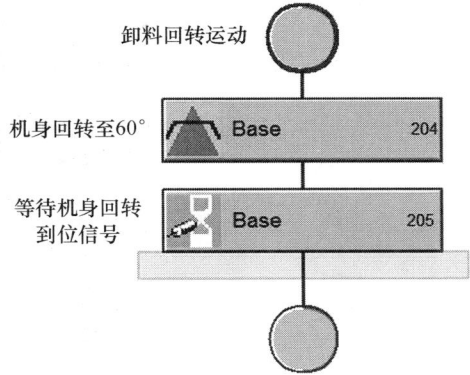

图 10-131　"卸料回转运动"程序块

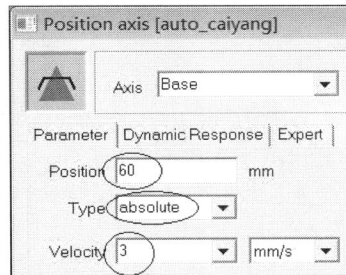

图 10-132　机身回转至60°的指令设置

7) "卸料同步运动"程序块

机身回转至60°位置后，随主轴做齿轮同步运动；小臂和伸缩臂随主轴做凸轮同步运动，直至到达接料口，程序块展开如图10-133所示。

齿轮同步命令设置如图10-134所示，凸轮同步命令设置如图10-135和图10-136所示。是否到达接料口位置，由机身回转的当前绝对位置判断，命令设置如图10-137所示。当到达接料口位置后，停止主轴运动，其他轴随之停止。最后，解除齿轮同步、凸轮同步。

8) "卸料过程"程序块

采样头同步运动到达接料口后的卸料过程的程序块展开如图10-138所示。其中开启集料门使用置位指令，料门开启后用等待指令持续一定时间以保证充分卸料，最后关闭集料门使用复位指令。

9) "卸料后同步返回"和"卸料后返回至位1"程序块

卸料后的返回动作包括同步返回和机身单独回转两个阶段，程序块展开分别如图10-139和图10-140所示。

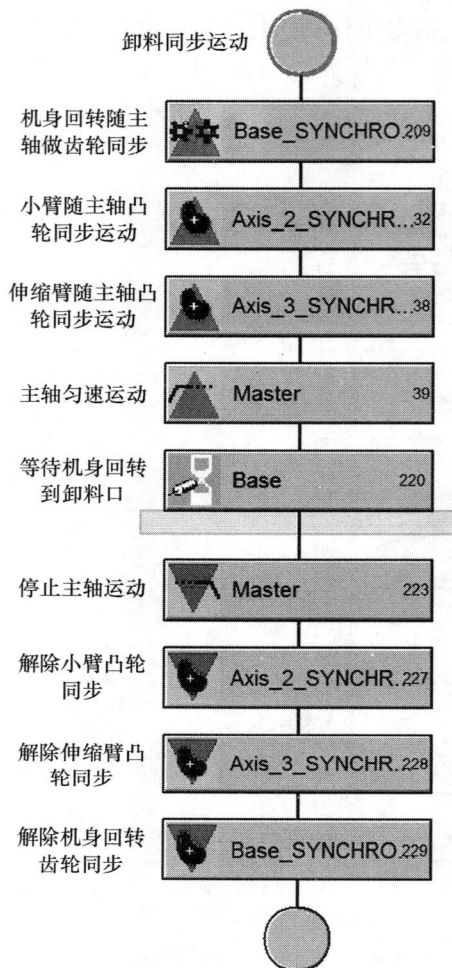

图 10-133　"卸料同步运动"程序块

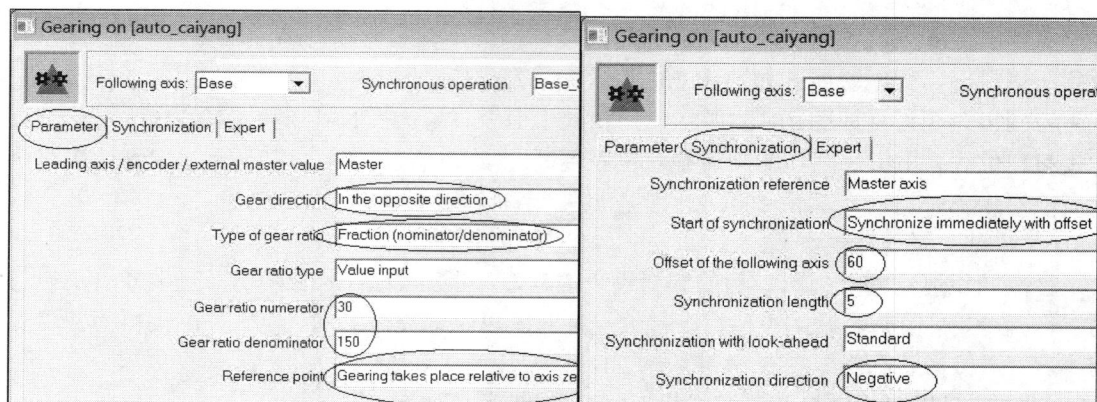

图 10-134　齿轮同步运动(卸料过程)指令设置

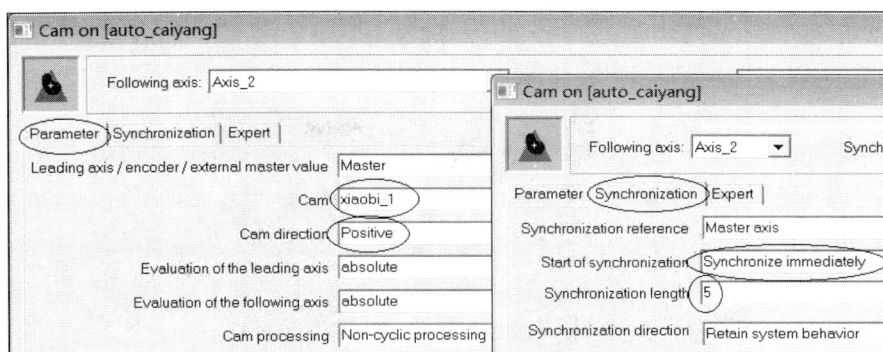

图 10-135 小臂凸轮同步运动(卸料过程)指令设置

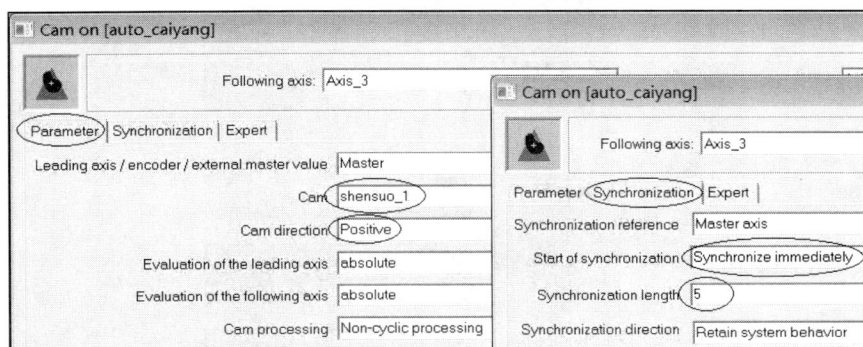

图 10-136 伸缩臂凸轮同步运动(卸料过程)指令设置

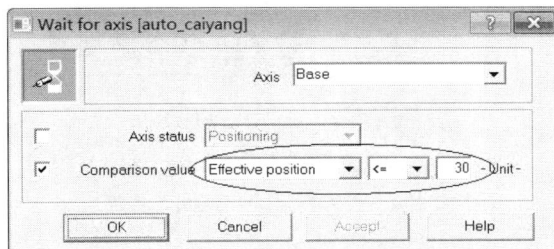

图 10-137 等待机身回转到达接料口的指令设置

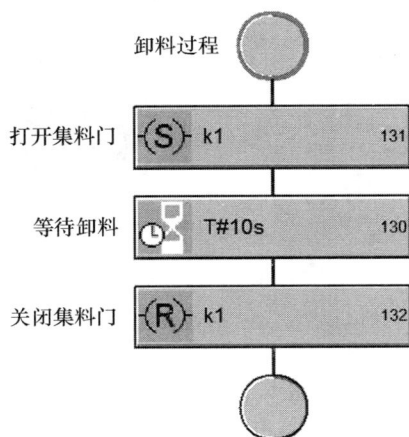

图 10-138 "卸料过程"程序块

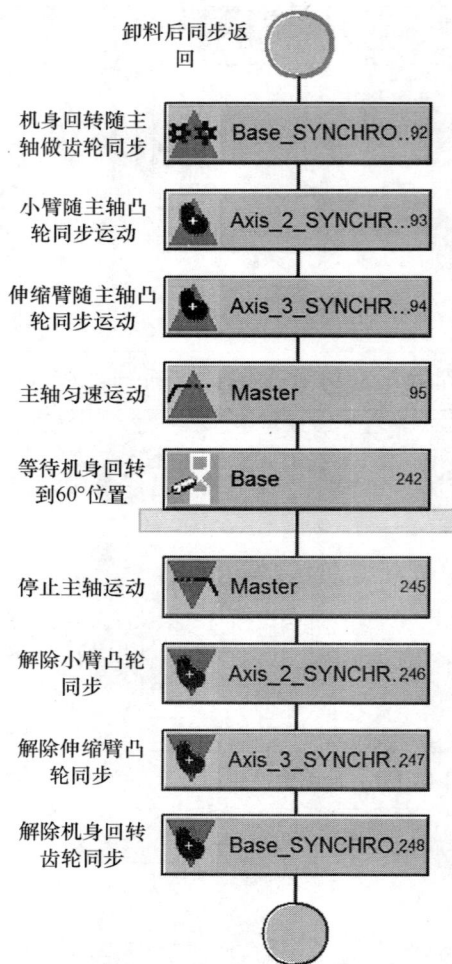

图 10-139 "卸料后同步返回"程序块

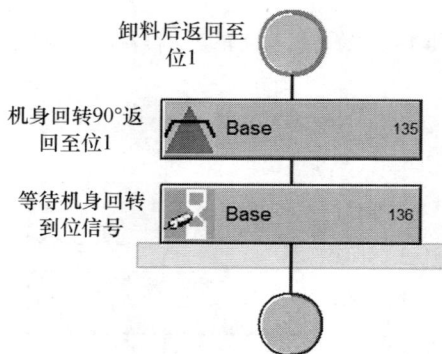

图 10-140 "卸料后返回至位 1"程序块

返回运动过程的第一阶段中，机身回转的齿轮同步指令设置如图10-141所示，小臂和伸缩臂的凸轮同步指令设置如图10-142和图10-143所示。同步运动阶段是否结束，由机身回转的当前绝对位置判断，指令设置如图10-144所示。当同步运动结束后，停止主轴，并解除齿轮同凸轮同步。

返回运动过程的第二阶段为单独的机身回转，由移动指令和等待指令实现。

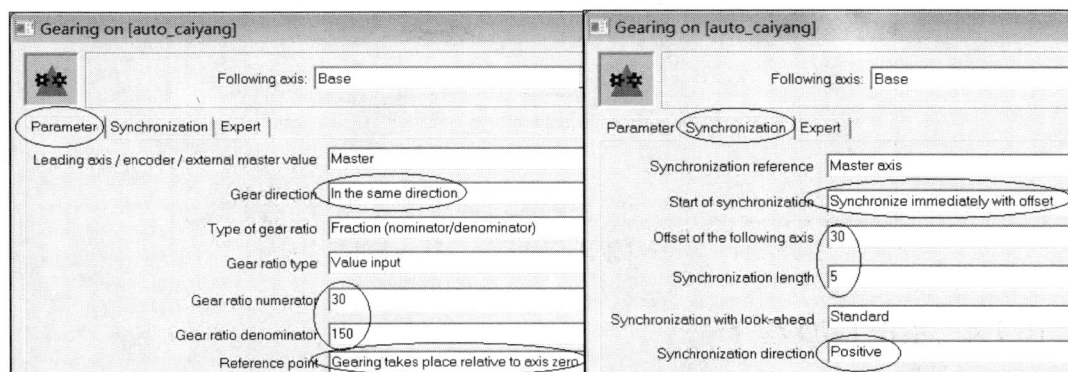

图 10-141　机身的齿轮同步运动(卸料返回)指令设置

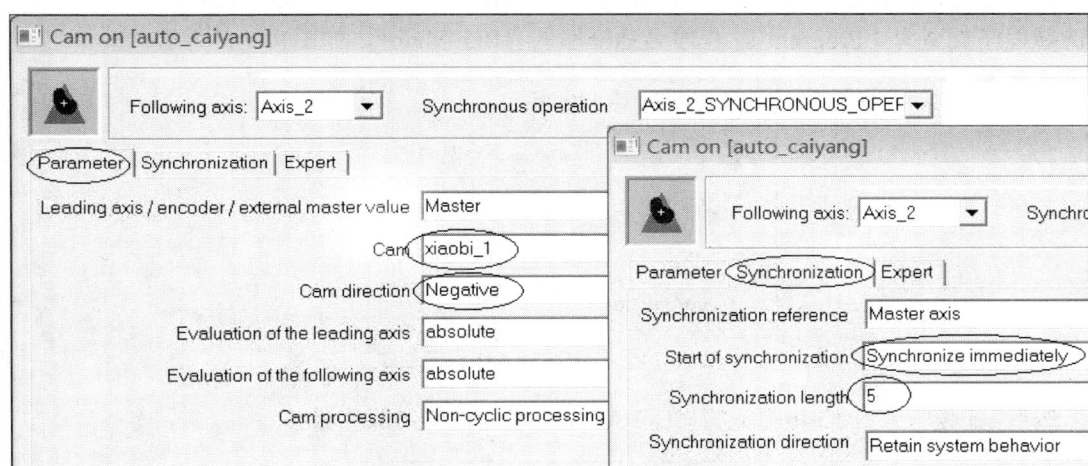

图 10-142　小臂的凸轮同步运动(卸料返回)指令设置

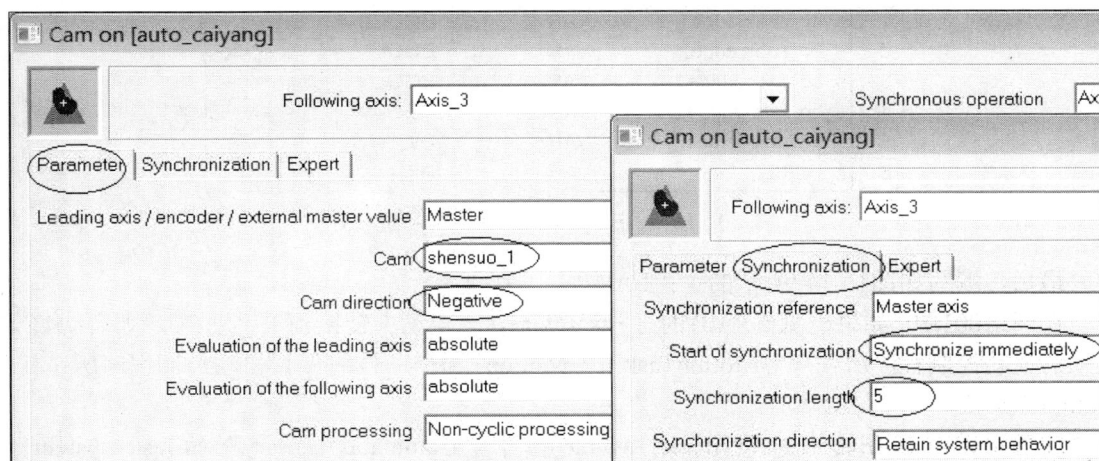

图 10-143　伸缩臂的凸轮同步运动(卸料返回)指令设置

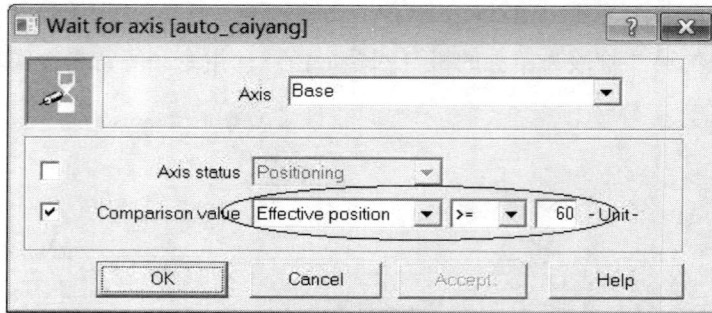

图 10-144　等待卸料同步返回运动阶段结束的指令设置

10.7.4　主控 LAD 程序

主控程序用LAD语言编写，主要实现自动和手动切换时应启动或关闭的任务。

在"JBack_ground_program"LAD单元下，双击"Insert LAD/FBD program"，在弹出的窗口选择程序类型为"Program"，程序名称框输入"BG_Main"，如图10-145所示。

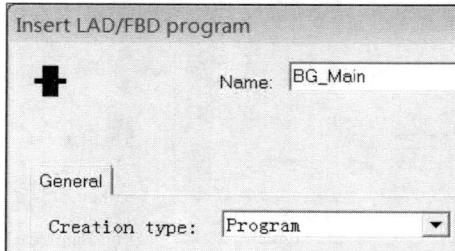

图 10-145　主控的 LAD 程序创建

然后，创建如图10-146所示的"BG_Main"程序段的局部变量。

	Name	Variable type	Data type	Ar	Ini	Co
1	s_bo_risingedge1	VAR	BOOL			
2	s_bo_risingedge2	VAR	BOOL			
3	s_bo_fallingedge1	VAR	BOOL			
4	s_bo_fallingedge2	VAR	BOOL			
5	s_b32_motiontask_state	VAR	DWORD			
6	s_i32RET	VAR	DINT			

图 10-146　"BG_Main"程序的局部变量

最后，编写如图10-147所示的主控LAD程序。

在网络001中：如果检测到SA01的上升沿(状态从"自动"转换到"手动")，则启动4个液压轴的手动控制程序所在任务MotionTask_1～MotionTask_4，同时停止自动控制程序所在任务MotionTask_5。

注意：启动任务的ST命令_restartTaskID()位于"Command Library"的Task system→_restartTaskID；停止任务的ST命令_resetTaskID()命令位于"Command Library"的Task system→_resetTaskID。

在网络002中：如果检测到SA01的下降沿(状态从"手动"转换到"自动")，则停止4个液压轴的手动控制程序所在任务MotionTask_1～MotionTask_4，同时启动自动控制程序所在任务MotionTask_5。

在网络003中：每次手动/自动状态转换的时候，都应该停止包括虚主轴在内的5个轴。

注意：停止轴的ST命令_stop()位于"Command Library"的Technology→Positioning Axis→Motion → _stop()。

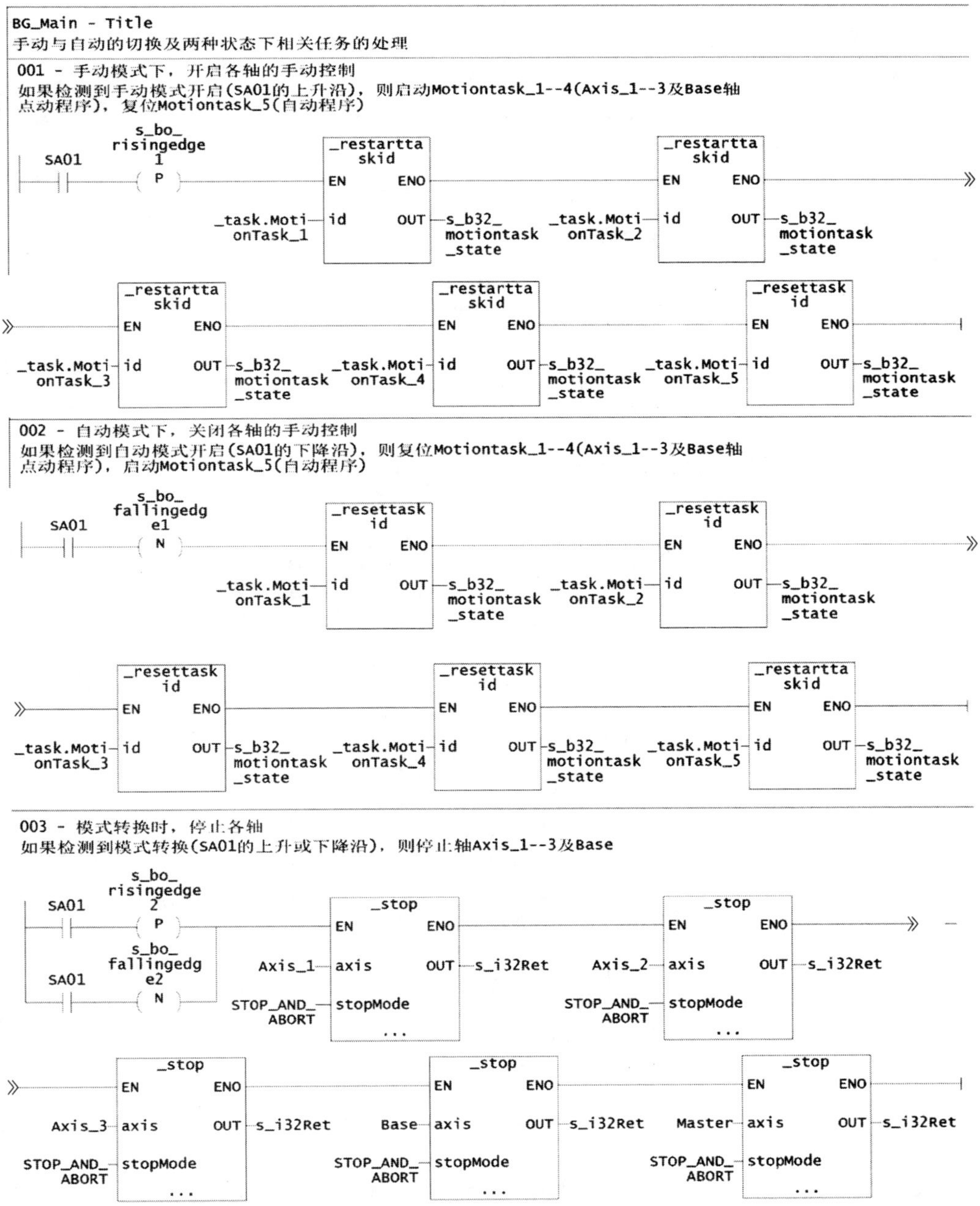

图 10-147　主控 LAD 程序

10.7.5 故障处理程序

1. 创建空的故障处理程序

(1) 创建故障处理的MCC单元，名称为"FAULT"。

(2) 在"FAULT"MCC单元下，双击"Insert MCC chart"，在弹出的窗口选择程序类型为"Program"，程序名称框输入"Fault"，然后单击"OK"按钮。为了简化程序，"Fault"中无任何程序。

2. 创建复位故障处理程序

在"FAULT"MCC单元下，双击"Insert MCC chart"，在弹出的窗口选择程序类型为"Program"，程序名称框输入"ExecutionFault"。编写图10-148所示程序段。此程序运行时，停止所有控制任务和轴。

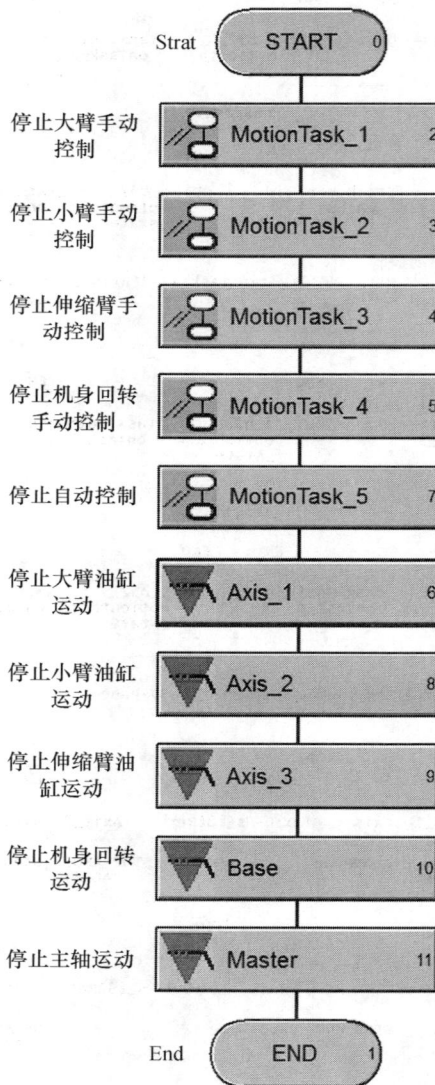

图 10-148　故障处理 ExecutionFault 程序段

10.7.6 执行系统指定任务

所有编程完成后的目录树如图10-149所示。将程序分配到相应的执行系统中，如图10-150所示。配置完成后，重新编译项目。

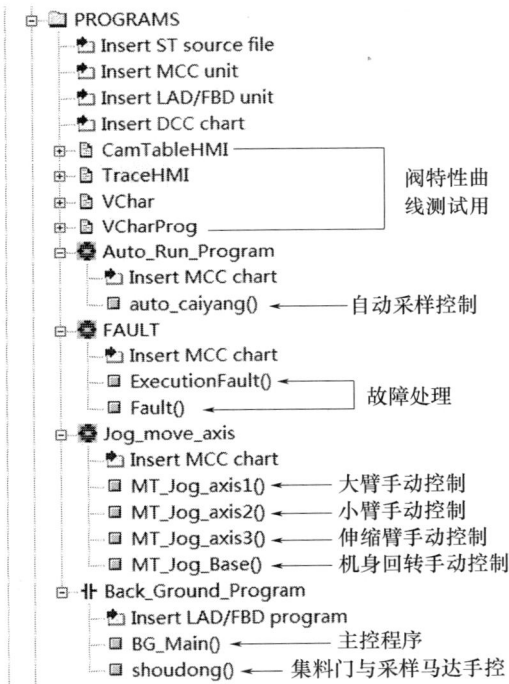

图 10-149 所有程序目录树

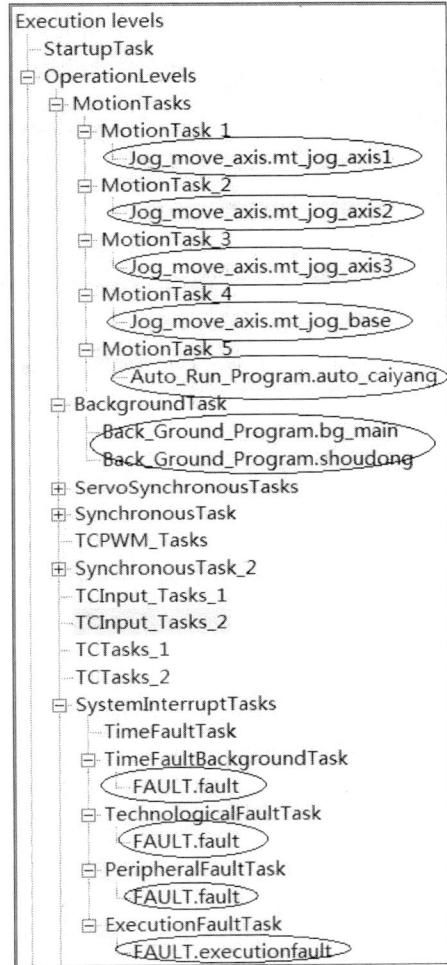

图 10-150 分配执行系统

然后在线连接设备，编译并下载项目后，系统就可以正常运行了。

参 考 文 献

[1] 王薇. 深入浅出西门子运动控制器[M].北京：机械工业出版社，2013.

[2] 王光磊，同志学，张站平，等. 基于AMESim的液压机械手负载敏感系统仿真研究[J]. 矿山机械，2011(12): 105-109.

[3] 冯涛,同志学,王光磊. 基于C240运动控制器的电液伺服系统控制的研究[J]. 液压与气动，2012(245):18-21.

[4] 同志学,史丽晨,张立岗. 火车煤采样机多自由度机械臂运动轨迹控制研究[J]. 机械设计，2012(9):81-84.

[5] 同志学,冯涛,张立岗，等. 多液压缸采样臂同步运动控制的设计与实现[J]. 控制工程，2012(6):1090—1092，1096.

[6] 杨晶,同志学,王瑞鹏,等. 液压机械手电液比例系统模糊PID控制研究[J]. 机械科学与技术，2013(6): 834-838.

[7] 袁文康,同志学. 基于 MATLAB 的四自由度液压机械手运动轨迹规划研究[J]. 矿山机械，2014(4): 110-113.

[8] 西门子工业与自动化网站：www.4008104288.com.cn